Pentagonien, Andromeda und die gekämmte Kugel

Ian Stewart

Pentagonien, Andromeda und die gekämmte Kugel

50 mathematische Kurzgeschichten

ELSEVIER
SPEKTRUM
AKADEMISCHER
VERLAG

Zuschriften und Kritik an:
Elsevier GmbH, Spektrum Akademischer Verlag, Katharina Neuser-von Oettingen, Slevogtstr. 3-5, 69126 Heidelberg

Titel der Originalausgaben:
Buch I: Another Fine Maths You've Got Me Into ... Aus dem Amerikanischen übersetzt von Johannes Leckebusch. Amerikanische Originalausgabe bei W. H. Freeman and Company, New York. © 1992 by Freeman and Company.

Buch II: Das Versteck der Andromeda / 17 mathematische Kurzgeschichten aus Spektrum der Wissenschaft / Ian Stewart. – Heidelberg; Berlin; Oxford: Spektrum, Akad. Verl., 1996. © deutsche Übersetzung der einzelnen Beiträge 1991, 1992, 1993 bei Spektrum der Wissenschaft Verlagsgesellschaft mbH, Heidelberg.

Buch III: Die gekämmte Kugel / 17 mathematische Kurzgeschichten aus Spektrum der Wissenschaft / Ian Stewart. – Heidelberg; Berlin; Oxford: Spektrum, Akad. Verl., 1997. © deutsche Übersetzung der einzelnen Beiträge 1993, 1994, 1995 bei Spektrum der Wissenschaft Verlagsgesellschaft mbH, Heidelberg.

Bibliografische Information Der Deutschen Bibliothek
Die Deutsche Bibliothek verzeichnet diese Publikation in der Deutschen Nationalbibliografie; detaillierte bibliografische Daten sind im Internet über http://dnb.ddb.de abrufbar.

1. Auflage 2004

Spektrum Akademischer Verlag ist ein Imprint der Elsevier GmbH.

04 05 06 07 08 5 4 3 2 1 0

Planung und Lektorat: Katharina Neuser-von Oettingen, Anja Groth
Herstellung: Ute Kreutzer
Druck und Bindung: Ebner & Spiegel GmbH, Ulm
Umschlaggestaltung: WSP-Design, Heidelberg

Printed in Germany
ISBN 3-8274-1548-9

Aktuelle Informationen finden Sie im Internet unter www.elsevier-deutschland.de

Inhaltsverzeichnis

Buch I

Die Reise nach Pentagonien

Vorwort

Auf Ian Stewart wurde ich zum erstenmal vor zwei Jahrzehnten aufmerksam, als ich *Manifold* abonnierte, ein schrulliges, von Studenten zusammengestelltes Blatt, das vierteljährlich am Mathematischen Institut der Universität von Warwick in Coventry, England, erscheint. Stewart schrieb regelmäßig für dieses respektlose Magazin. Ich erinnere mich besonders an seinen Dialog zwischen Rosen Cranz und Guilden Stern über die umgekehrte Goldbachsche Vermutung, daß jede Primzahl die Summe zweier gerader Zahlen sei.

Später war Stewart Mitherausgeber von *Seven Years of Manifold* (Shiva Publishing, 1981), der besten Sammlung mathematischen Humors, die je zusammengestellt wurde. Das Titelbild zeigte „den Hochzeitstanz der gehörnten Sphären". Im Inneren fanden sich solche Kostbarkeiten wie ein Bild von Bertrand Russel, der alle Leute rasierte, die sich nicht selbst rasierten, eine naturgemäß kurze Abhandlung über das Einfarben-Theorem und Bemerkungen über das Basteln einer Kleinschen Flasche.

Bald wurde Stewart Redakteur bei *The Mathematical Intelligencer* und fing an, seine wundervollen Artikel und Bücher zu schreiben. Er verkörperte die seltene Doppelbegabung, die Mathematik auf allen ihren erstaunlichen Ebenen zu beherrschen und zu lieben und auch mit lustvollem Humor und für jeden verständlich darüber schreiben zu können. Dazu gesellt sich bei ihm ein Faible für unterhaltsame Themen und amüsante Wortspiele. Es ist unmöglich, ihn zu lesen, ohne eine Menge zu lernen und daran auch noch Spaß zu haben.

Martin Gardner

Einleitung

Zu den nachhaltigsten Eindrücken in meinen letzten Schuljahren zählte die Lektüre der neu erschienenen Zeitschrift *Scientific American* mit Martin Gardners Kolumne „Mathematical Games“ (mathematische Spielereien). Heute, dreißig Jahre später, finde ich mich als vierter Nachfolger in der von ihm geschaffenen Position wieder. Das ist ein sonderbares Gefühl, wenngleich sich dieses Zusammentreffen durch eine Art „anthropisches Prinzip“ erklären läßt. Nur jemand, der schon als Jugendlicher von der Denkungsart angesteckt war, die seine Kolumne unwiderstehlich anziehend ausstrahlt, kann überhaupt als sein Nachfolger in Frage kommen.

Es ist immer noch ein seltsames Gefühl.

Ich möchte näher darauf eingehen, wie ich dazu kam, ihn zu beerben: zum einen, weil es ein Beispiel für eine Lieblingsthese von mir ist, daß nichts so geschieht, wie man es erwartet, und zum anderen, weil es den Werdegang des Buchs beschreibt, das Sie gerade in Händen halten. Dieses ist *keine Zusammenstellung* von Artikeln aus *Scientific American* – wenngleich die Beiträge, die ich jetzt schreibe, wie das Schicksal es will, eine ähnliche Form annehmen. Es ist vielmehr eine Auswahl von Kolumnen aus *Pour la Science*, der französischen Ausgabe dieses Magazins, und viele davon sind auch in anderen europäischen Ausgaben erschienen.

Es gibt zahlreiche nationale Ausgaben von *Scientific American* (darunter *Spektrum der Wissenschaft*). Diese sind nicht nur wortwörtliche Übersetzungen der amerikanischen Ausgabe, sondern enthalten eigene Originalartikel, und ein Großteil der redaktionellen Beiträge ist unterschiedlich, da jedes Land seine eigenen Forschungsschwerpunkte hat. Von Gardner ging die Kolumne an Douglas Hofstadter über, der sie als „Metamagical Themas“ (Metamagische Themen) weiterführte, um dann, sich neuen Zeitinteressen anpassend, von A. K. Dewdney als „Computer Recreations“ (Computerkurzweil) fortgeführt zu werden. Aufmerksamen Lesern dürfte nicht entgangen sein, daß der Titel vor kurzem in „Mathematical Recreations“ (Mathematische Unterhaltungen) geändert wurde, was einen Trend zurück zur ursprünglichen Materie widerspiegelt.

Als „Computer Recreations“ begonnen wurde, war Philippe Boulanger, der Herausgeber der französischen Ausgabe des *Scientific American*, begeistert und hielt es für eine großartige Sache. Er wollte aber auch das Interesse derjenigen Leser wachhalten, die mathematische Spielereien schätzten, jedoch keine Computerfreaks waren. Daher übersetzte *Pour la Science* „Computer Recreations“, begann aber unter wechselnden Autoren eine eigene Kolumne namens „Jeux Mathématiques“. Schließlich begann ich, diese Kolumne zu verfassen, die damit zu „Visions Mathématiques“ wurde: sie blieb unterhaltsam, nahm aber Stoffe auf, die keinen so offenkundigen Zusammenhang mit Spielen hatten.

Wie kommt ein Engländer dazu, eine regelmäßige Kolumne in einer französischen Zeitschrift zu verfassen? Alles fing mit einem französischen Physiker namens Jean-Pierre Petit an. Er hatte für seine Studenten ein paar Unterlagen in der Art von Comic-Heften angefertigt, die sich mit Themen wie Aerodynamik, Schwarzen Löchern und dergleichen befaßten. Einige davon wurden von der Librairie Classique Eugène Belin, die *Pour la Science* herausgibt, veröffentlicht (und bei VCH in der Reihe *Abenteuer des Anselm Wüßtegern* übersetzt erschienen). Sie waren außerordentlich erfolgreich, und auf Betreiben von Christopher Zeeman – damals mein Vorgesetzter und ein Freund von Petit – fiel mir die Aufgabe zu, ein paar davon ins Englische zu übersetzen. Ich war ein wissenschaftlich bewanderter Amateurcartoonist mit einem verschrobenen Humor, und man glaubte, daß ich einen Sinn für das hätte, was Petit vermitteln wollte.

Philippe Boulanger hatte dann die Idee, daß ich einige mathematische Comics für die oben genannte Serie verfassen könnte. Ich sollte sie auf Englisch schreiben, er wollte sie ins Französische übersetzen, und jedermann sollte glauben, die französische Fassung wäre das Original und die englische eine Übersetzung. Das klappte recht gut, und einige Mitarbeiter des satirischen Magazins *Le Canard Enchaînée* wurden angeheuert, um typisch französische Scherze einzuarbeiten. Etwa um diese Zeit entschied der vorwiegende Lieferant regelmäßiger Beiträge für „Jeux Mathématiques“, daß er nicht mehr länger die Zeit hätte, die Kolumne zu verfassen, und Philippe trat an mich mit der Frage heran, ob ich irgend jemanden wüßte, der diese Aufgabe regelmäßig wahrnehmen könnte.

Natürlich kannte ich jemanden.

Einige Jahre zuvor waren verschiedene Redaktionen der internationalen Ausgaben des *Scientific American* übereingekommen, die Kolumne ebenfalls zu übernehmen. Schließlich entschied die Mutterzeitschrift in den Vereinigten Staaten, daß ich mir ihre Kolumne „Mathematical Recreations“ mit Dewdney teilen sollte. Jetzt schreibe ich sechs Folgen im Jahr, die sich mit „The Amateur Scientist“ (Experiment des Monats) abwechseln. Außerdem schreibe ich sechs zusätzliche Folgen für die französische Ausgabe, so daß sie monatlich in

Frankreich (und Spanien), aber zweimonatlich in Amerika, Großbritannien, Deutschland und den anderen nationalen Ausgaben erscheinen.

Manchmal ganz schön verwirrend.

Dieses Buch bildet nun eine Auswahl von sechzehn der Beiträge, die für *Pour la Science* geschrieben wurden. Der Stil ist identisch mit dem dem, was Sie vielleicht in Ihrer Ausgabe des *Scientific American* gelesen haben. Weitere zwölf Geschichten wurden bereits unter dem Titel *Game, Set, and Math* (Spiele, Mengen und Mathematik) veröffentlicht. Der Stoff wurde ein wenig überarbeitet, um neuen Erkenntnissen Rechnung zu tragen, die seit ihrer ersten Abfassung gewonnen wurden.

Ich habe keine Ambitionen, Martin Gardners Stil zu kopieren. Das ist unmöglich: Gardner ist einzigartig. Mein Stil hat sich zu einer Form der fiktiven Erzählung entwickelt, in der eigenartige Gestalten wie die Mitglieder der Wurmfamilie (Heiner, Amelia und Baby Wermentrude), Maxdoch Murwell, der internationale Finanzier, und Snitchswisher Wishsnitchersdorter, die sich mit neolithischer Numerosophie beschäftigt, Begegnungen der mathematischen Art erleben. Die Geschichten sind mit Humor gewürzt, aber die Scherze enthalten immer auch eine Prise Ernst. Die meisten beruhen auf einer wichtigen mathematischen Idee, von der ich hoffe, daß sie durch die Handlung vermittelt wird und im Gedächtnis des Lesers hängenbleibt.

Zum Beispiel erzählt „Der Löwe, das Lama und der Lollo Riesa" von dem Farmer Algernon Quinn in Weffolk und beschreibt, wie dieser seine Produkte zu Markte trägt, handelt aber außerdem von Graphentheorie. In „Unter dem Evoluskop" werden fliegende Katzen und Walpferde betrachtet, und außerdem geht es um die Katastrophentheorie. Es ist klar, von welcher mathematischen Disziplin „Der Gruppentheoretiker von Notre Dame" handeln muß, aber der Bucklige und Tarzans Geliebte werden Ihnen nicht oft in ein und derselben Geschichte begegnen.

Spiele und vergnügliche Mathematik bleiben die Hauptsache. In „Kacheln und Ominospiele" versucht Heiner Würmeling, sein Badezimmer zu kacheln, gelangt aber erst durch die Hilfe von Albert Wurmstein zum Erfolg. Merlins Bemühungen, in „Die Ritter der flachen Torusrunde" seinen König zu unterhalten, enden mit einem der übelsten Wortspiele im ganzen Buch. Und Gänseliesel und Ziegenpeter entdecken überraschende Strategien, um Würfelspiele und Karomuster in Einklang zu bringen.

Ich hatte beim Schreiben all dieser Geschichten viel Spaß. Ich hoffe, daß sich einiges von diesem Vergnügen auf den Leser überträgt.

1
Der Löwe, das Lama und der Lollo Riesa

Auf einer der staubigen Landstraßen, die so typisch für das Land von Weffolk sind, war ein Bauer unterwegs. Mit der Rechten umklammerte er einen großen Lollo Riesa (sicher haben Sie schon einmal diese modisch gezüchteten Salate im Supermarkt gesehen). Seine linke Hand hielt zwei Halfter. An dem einen trottete ein Lama voraus. Von dem anderen geführt, schlich ein Löwe hinterher. Eine sonderbare Prozession, werden Sie denken, aber ein solcher Anblick ist nichts Ungewöhnliches in der rauhen Landschaft von Weffolk, einer Gegend, die – besonders an Freitagen – für die absonderlichen Eigenheiten ihrer Landwirtschaft bekannt ist. Freitags ist Markt, und Algernon Quinn war unterwegs, um seine Erzeugnisse auf denselben zu bringen.

Doch Quinn hatte ein Problem. Die Brücke über die Gebirgsschlucht war eingestürzt, und man hatte sie einstweilen durch eine Seilgondel ersetzt. Deren Tragkraft reichte gerade, um Quinn mit einem seiner Produkte – entweder dem Löwen, oder dem Lama oder dem Lollo Riesa – zu tragen. (Ich sagte schon, es war ein gigantischer Salatkopf. Und ein ziemlich ausgewachsenes Lama, um genau zu sein.)

Ich höre schon Ihre vernichtenden Kommentare: Das ist doch trivial! Bring den Löwen hinüber, kehre zurück, um das Lama zu holen, und transportiere zuletzt den Salat. Offenbar verstehen Sie nichts von der Landwirtschaft. Jeder Bauer weiß intuitiv und ohne logische Grübeleien, wie ein solches Vorgehen enden wird. Wenn Al Quinn vom Transport des Löwen zurückkehrt, wird er ein wohlgenährtes und zufriedenes Lama vorfinden, aber keinen Lollo mehr. Ein Lama verzehrt einen Salatkopf, wie riesig er auch immer sein mag, im Nu. Tatsächlich enthält dieser Plan einen zweiten verhängnisvollen Fehler, denn wenn ein Löwe mit einem Lama alleingelassen wird, neigt er dazu, dieses Wesen als Lamaburger zu betrachten. Im Gegensatz dazu ist nicht zu erwarten, daß ein hungriger Löwe sich auf die Pirsch durch ein Gemüsebeet begibt, um einen saftigen Salatkopf zu reißen, folglich kann man das Gemüse bedenkenlos mit dem Raubtier alleine lassen.

Inzwischen haben Sie erkannt, daß Algernon Quinns Problem eine Verkleidung der Knobelei mit dem Missionar, der Ziege, dem Salat und dem Wolf darstellt; wahrscheinlich haben Sie auch bemerkt, daß Al Quinn die Reinkarnation des mittelalterlichen Mathematikers Alkuin (ca. 735–803) ist, dem diese Aufgabe zugeschrieben wird. Sie ist sicherlich recht alt und erscheint in Ozanams *Récréations Mathématiques et Physiques* von 1694. In gewisser Weise haben Sie recht, denn Algernon hat den präzisen logischen Verstand eines Mathematikers. Nicht die Methode von Versuch und Irrtum ist seine Sache, sondern ausschließlich systematisches Schlußfolgern. Und Al überlegt wie folgt:

„Zuerst muß ich das Problem vereinfachen und seine wesentlichen Eigenschaften erkennen. Worauf es ankommt ist, auf welcher Seite der Schlucht sich jedes meiner Marktgüter befindet. Es spielt keine Rolle, wo *ich* bin oder wo sich die Gondel befindet, da sich diese beiden frei bewegen können. Die zuvor erwähnten Nahrungsbeziehungen verbieten es lediglich, daß der Löwe mit dem Lama oder das Lama mit dem Salatkopf alleingelassen werden."

„Ich kann die Position einer Sache durch die Ziffern 0 und 1 darstellen, wobei eine 0 diese Seite der Schlucht darstellt und eine 1 die andere. Folglich wird die Anordnung aller drei Objekte durch ein Tripel (L,λ,l) im dreidimensionalen Löwen-Lama-Lollo-Raum dargestellt. Beispielsweise bedeutet $(L,\lambda,l) = (1,0,1)$ die Zustände $L = 1$, $\lambda = 0$, $l = 1$; das heißt, der Löwe befindet sich auf der gegenüberliegenden Seite der Schlucht, das Lama auf dieser und der Lollo Riesa auf der gegenüberliegenden Seite."

„Wie viele Kombinationen gibt es? Nun, jede der Koordinaten L, λ oder l kann einen der beiden Werte 0 oder 1 annehmen. Folglich gibt es $2 \times 2 \times 2 = 8$ Möglichkeiten. Was liegt näher als dies mit einem wunderschönen geometrischen Gebilde zu verbinden: Die acht Zustände entsprechen den acht Ecken eines Würfels im Löwe-Lama-Lollo-Raum (Abb. 1A)."

„Ich kann nur eine Sache auf einmal transportieren, das bedeutet, ich kann mich nur auf den Kanten des Würfels bewegen. Doch einige der Kanten sind verboten. Zum Beispiel entspricht die Kante von (0,0,0) nach (1,0,0) dem Transport des Löwen über die Schlucht. Doch läßt diese Operation Lama und Lollo ohne Aufpasser zurück, so daß mich kurz darauf ein fettes Lama ohne Salat empfangen wird. Tatsächlich schließen diese Nahrungsbeziehungen genau vier Kanten aus, die ich als strichpunktierte Linien darstelle. Die übrigen Linien, die erlaubte Bewegungen darstellen, zeichne ich durchgezogen."

„In eine geometrische Form gebracht sieht das Problem dann so aus: Kann ich von der Position (0,0,0) ausgehend – alle meine Güter befinden sich auf dieser Seite – einen Weg entlang der ausgezogenen Würfelkanten zur Position (1,1,1) finden, so daß am Ende alle Frachtstücke auf der anderen Seite sind? Die Antwort lautet natürlich ‚ja'. Aus topologischer Sicht kann ich sogar die Ecken flach ausbreiten (Abb. 1B), so daß mir die Lösung ins Gesicht springt. Zwei Lösungen in der Tat, und nur zwei, wenn ich unnütze Wiederholungen

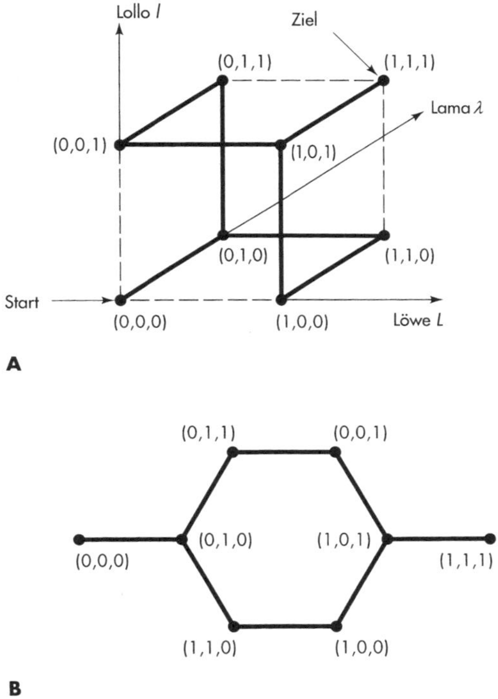

Abb. 1 (**A**) Mögliche Züge in der graphischen Darstellung des Löwe-Lama-Lollo-Raums. Punktierte Linien sind verbotene Wege, durchgezogene bedeuten erlaubte. (**B**) Ein vereinfachter Graph der ausgezogen dargestellten Kanten macht die beiden verschiedenen Lösungen offensichtlich.

vermeide [beachte Exkurs 1]. Sie unterscheiden sich lediglich in einer Löwe-Lollo-Symmetrieoperation."

Al Quinns geometrisches Verfahren läßt sich auf eine Vielzahl von Puzzles anwenden, bei denen Gegenstände nach bestimmten Regeln umgruppiert werden müssen, wobei es darum geht, von einer gegebenen Ausgangssituation ein bestimmtes Ziel zu erreichen. Die Idee besteht darin, eine Zeichnung (einen Graphen) anzufertigen, die aus Knoten (Punkten) besteht, die durch Kanten (Linien) verbunden sind. Jeder Knoten entspricht einem Zustand des Puzzles, und jede Kante einem erlaubten Zug. Die Lösung des Puzzles ist folglich ein Weg durch die Zeichnung, der den Ausgangsknoten mit dem Endknoten verbindet. Einen solchen Weg sieht man oft auf einen Blick – vorausgesetzt, das

Exkurs 1: Ein Verfahren, mit dem man seine Güter heil hinüberschafft

Lösung 1

(0,0,0) Start
(0,1,0) Bringe das Lama hinüber
(0,1,1) (Kehre zurück und) bringe den Lollo hinüber
(0,0,1) Bringe das Lama zurück
(1,0,1) Bringe den Löwen hinüber
(1,1,1) (Kehre zurück und) bringe das Lama hinüber

Lösung 2

(0,0,0) Start
(0,1,0) Bringe das Lama hinüber
(1,1,0) (Kehre zurück und) bringe den Löwen hinüber
(1,0,0) Bringe das Lama zurück
(1,0,1) Bringe den Lollo hinüber
(1,1,1) (Kehre zurück und) bringe das Lama hinüber.

Puzzle ist einfach genug, so daß man den ganzen Graphen aufzeichnen kann. Puzzles von dieser Art sind in Wahrheit verkappte Irrgärten, denn ein Irrgarten ist nichts weiter als ein auf etwas andere Art dargestellter Graph.

Aufgabe 1

In der folgenden Woche trug Al Quinn einen Lollo, ein Lama, einen Löwen und einen Leviathan zu Markte. Die Brücke war immer noch kaputt. Unbeaufsichtigte Leviathane verspeisen bekanntlich Löwen – ausgenommen, wenn außerdem ein Lollo zugegen ist, da Leviathane sehr sanftmütig werden, wenn sie frischen Salat riechen. Zeichne den Graphen und prüfe, ob eine Lösung existiert oder nicht (es mag hilfreich sein oder vielleicht auch nicht, sich zu vergegenwärtigen, daß dies ein Einheits-Hyperwürfel im Leviathan-Löwen-Lama-Lollo-Raum ist, dessen Koordinaten $(\pounds, L, \lambda, l)$ alle 0 oder 1 sind und bei dem einige Kanten entfernt wurden).

Im Prinzip läßt sich Quinns graphisches Lösungsverfahren zwar auf viele Puzzles anwenden, doch die Sache hat oft einen Haken: Wenn die Anzahl der Positionen oder Züge allzu groß wird, läßt sich der Graph nicht zeichnen. Zum Beispiel könnte man das Problem des Rubik-Würfels lösen, indem man seinen Graphen zeichnet – aber der Graph müßte aus 43 252 003 274 489 856 000 Knoten bestehen! Die nächste Aufgabe bewegt sich nahe an der Grenze dessen, was praktikabel ist, zeigt aber auch, daß man durch ein wenig tieferes Nachdenken vielleicht auf eine einfachere Lösung kommt.

Aufgabe 2

Benutze Al Quinns graphisches Verfahren, um einen Weg zu finden, die drei Klötze (Abb. 2) so zu verschieben, ohne sie herauszunehmen, daß sie alle in die rechte Hälfte der gezeigten Figur gelangen.
Erinnert Sie dieses Blockpuzzles an ein anderes, einfacheres? Inwiefern ist dies eine Hilfe?

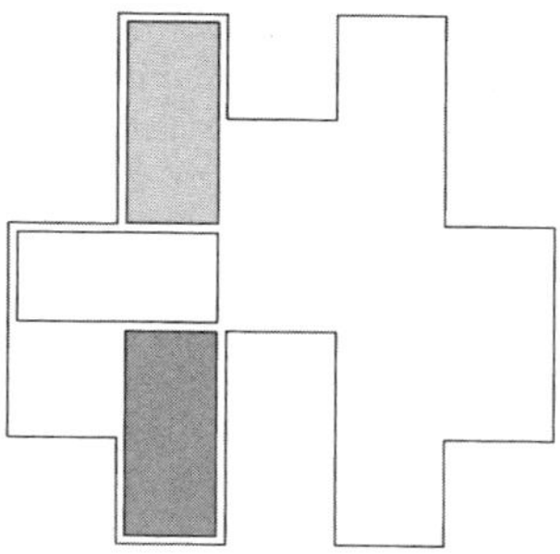

Abb. 2 Können Sie die Blöcke auf die rechte Seite der Figur schieben?

Es gibt ein lange bekanntes Puzzle, das einen Graphen von bemerkenswerter Schönheit besitzt. „Der Turm von Hanoi“ wurde 1883 von dem großen französischen Unterhaltungsmathematiker Edouard Lucas (unter dem Pseudonym M. Claus) in Umlauf gebracht. 1884 hat M. De Parville in *La Nature* das Problem romantisch beschrieben:

> Im großen Tempel von Benares, unter dem Dom, der die Mitte der Welt markiert, ruht eine Messingplatte, in der drei Diamantnadeln befestigt sind, jede eine Elle hoch und so stark wie der Körper einer Biene. Bei der Erschaffung der Welt hat Gott vierundsechzig Scheiben aus purem Gold auf eine der Nadeln gesteckt, wobei die größte Scheibe auf der Messingplatte ruht, und die übrigen, immer kleiner werdend, eine auf der anderen. Das ist der Turm von Brahma. Tag und Nacht sind die Priester unablässig damit beschäftigt, den festgeschriebenen und unveränderlichen Gesetzen von Brahma folgend, die Scheiben von einer Diamantnadel auf eine andere zu setzen, wobei der diensthabende Priester nur jeweils eine Scheibe auf einmal umsetzen darf, und zwar so, daß sich nie eine kleinere Scheibe unter einer größeren befindet. Sobald dereinst alle vierundsechzig Scheiben von der Nadel, auf die Gott sie bei der Erschaffung der Welt gesetzt hat, auf

> eine der anderen Nadeln gebracht worden sein werden, werden der Turm samt dem Tempel und allen Brahmanen zu Staub zerfallen, und die Welt wird mit einem Donnerschlag untergehen.

Der Turm von Hanoi ähnelt dem Turm des Brahma, ist jedoch mit nur acht (oder manchmal noch weniger) Scheiben bestückt. Das Spiel ist ein alter Bekannter der Unterhaltungsmathematiker, und es mag scheinen, als ließe sich darüber wenig Neues sagen. Doch führt Al Quinns graphisches Lösungsverfahren, wie wir sehen werden, zu einer freudigen Überraschung, die etwas mit ganz modernen Forschungsproblemen zu tun hat.

Zur Definition betrachten wir ein Dreischeiben-Problem, also den Turm von Hanoi mit nur drei Scheiben. Abbildung 3 zeigt Stellungsbeispiele und gültige Züge. Um den Graphen zu konstruieren, brauchen wir zunächst ein Verfahren, um alle möglichen Stellungen darzustellen, um dann die erlaubten Züge zwischen ihnen herauszufinden und schließlich den Graphen zu zeichnen. Ich werde erklären, was ich letztendlich gemacht habe, denn am Anfang erkennt man nicht so leicht, wie man am besten zum Ziel gelangt – hinterher aber ist jeder klüger und erkennt, daß es einen viel einfacheren Weg gegeben hätte.

Wie läßt sich eine Stellung darstellen? Man numeriert die drei Scheiben als 1, 2 und 3, wobei 1 die kleinste und 3 die größte bezeichnet. Auch die Nadeln werden, von links nach rechts, mit 1 bis 3 numeriert. Wir nehmen an, daß wir wissen, auf welcher der drei Nadeln sich jede Scheibe befindet: Zum Beispiel ist Scheibe 1 auf Nadel 2, Scheibe 2 auf Nadel 1 und Scheibe 3 auf Nadel 2. Damit haben wir die Positionen aller Scheiben erschöpfend bestimmt, da die Regeln festlegen, daß sich die Scheibe 3 *unter* der Scheibe 1 befindet. Diesen Sachverhalt können durch die Zahlenfolge 212 codieren, wobei die Werte der drei Ziffern von links nach rechts für die Nadeln stehen, auf denen sich die

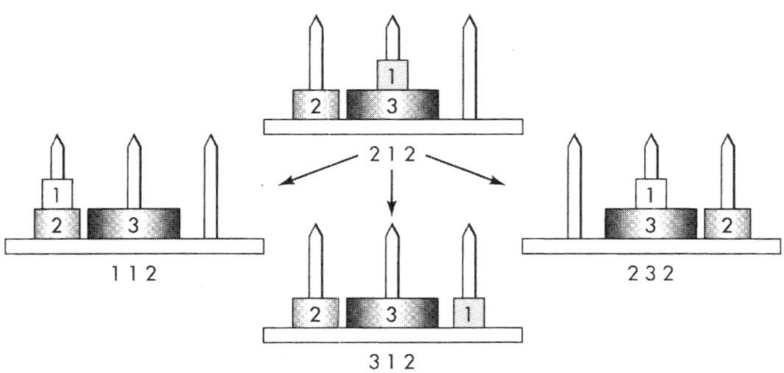

Abb. 3 Die drei von der Position 212 aus erlaubten Züge.

Scheiben 1, 2 und 3 befinden. Die erste Ziffer gibt an, daß Scheibe 1 auf Nadel 2 sitzt, die zweite Ziffer, daß Scheibe 2 auf Nadel 1 sitzt und so weiter. Also entspricht jeder Spielstellung im Turm von Hanoi mit drei Scheiben eine Folge von drei Ziffern, wovon jede eine 1, 2 oder 3 ist. Zur Verdeutlichung sind in Abbildung 3 die entsprechenden Codezahlen eingetragen.

Daraus ergibt sich, daß es genau $3 \times 3 \times 3 = 27$ verschiedene Stellungen bei einem Turm von Hanoi mit drei Scheiben gibt. Welches aber sind die erlaubten Züge?

Auf einer bestimmten Nadel muß die jeweils kleinste Scheibe zuoberst sitzen. Folglich korrespondiert sie mit dem *ersten* Erscheinen der Nummer dieser Nadel in der Ziffernfolge. Wenn diese Scheibe umgesetzt wird, muß sie auf die Spitze des Stapels auf einer anderen Nadel gesetzt werden. Das bedeutet, wir verändern die Ziffer so, daß sie das *erste* Vorkommen einer anderen Ziffer bildet.

Angenommen, wir wollen in der oben erwähnten Stellung 212 die Scheibe 1 umsetzen. Sie befindet sich auf der Nadel 2 und entspricht dem ersten Vorkommen von 2 in der Ziffernfolge. Wenn wir nun diese erste 2 in eine 1 verwandeln wollen, so wird diese (trivialerweise) das erste Vorkommen der Ziffer 1, also ist der Zug von 212 nach 112 zulässig! Ebenso der Zug von 212 nach 312, da das erste Vorkommen von 3 an erster Stelle in der Ziffernfolge steht.

Wir können auch die Scheibe 2 versetzen, da das erste Vorkommen der Ziffer 1 den zweiten Platz in der Folge einnimmt. Wir können sie aber nicht zu 2 verändern, da die 2 bereits weiter vorn, an der ersten Position, steht.

Eine Veränderung zu 3 ist jedoch zulässig, wir können also von 212 einen Zug nach 232 machen (nicht aber nach 222).

Die Scheibe 3 kann jedoch nicht versetzt werden, da die dritte Ziffer in der Sequenz eine 2 ist, dies aber nicht das erste Vorkommen der 2 bildet. Auf ihr sitzt eine andere Scheibe – eben die Scheibe 1 (siehe die 2 als erste Ziffer der Folge).

Zusammenfassend ist also festzustellen, daß wir ausgehend von der Stellung 212 gültige Züge nach 112, 312 und 232 machen dürfen, aber auch *nur* diese.

Alle 27 Stellungen und alle sich nach den obigen Regeln erlaubten Züge lassen sich auflisten, das Ergebnis ist in Exkurs 2 zu sehen.

Aufgabe **3**

Alle Stellungen mit Ausnahme dreier lassen genau drei gültige Züge zu, diese drei anderen Stellungen lassen nur zwei gültige Züge zu. Weshalb?

Der nächste Auftrag erfordert Sorgfalt und Genauigkeit, aber wenig Kopfzerbrechen. Zeichnen Sie 27 Punkte auf ein Stück Papier, beschriften Sie diese mit den 27 Stellungen und zeichnen Sie dann Verbindungslinien, die den gültigen Zügen entsprechen. Mein erster Versuch scheiterte in einem Wirrwarr

Exkurs 2: Die zulässigen Züge in Drei-Scheiben-Hanoi

Ausgehend von hier ...	kommt man auf eine dieser Positionen		
111	211	311	
112	212	312	113
113	213	313	112
121	221	321	131
122	222	322	132
123	223	323	133
131	231	331	121
132	232	332	122
133	233	333	123
211	111	311	231
212	112	312	232
213	113	313	233
221	121	321	223
222	122	322	
223	123	323	221
231	131	331	211
232	132	232	212
233	133	333	213
311	111	211	321
312	112	212	322
313	113	213	323
321	121	221	311
322	122	222	312
323	123	223	313
331	131	231	332
332	132	232	331
333	133	233	

verknoteter Spaghetti. Doch nach ein wenig Nachdenken verschob ich die Knotenpunkte so, daß Überschneidungen der Kanten vermieden wurden und gelangte so zu Abbildung 4.

Dieses Bild kann unmöglich ein bloßes Zufallsergebnis sein!

Doch bevor wir der Frage nachgehen, warum dieser Graph so eine regelmäßige Form besitzt, wollen wir uns davon überzeugen, daß er eine Lösung für das ursprüngliche Problem aufzeigt. Um alle drei Scheiben von Nadel 1 (Stellung 111) auf Nadel 2 (Stellung 222) zu bringen, brauchen wir nur die linke Kante des Graphen nach unten zu verfolgen und diese Züge auszuführen:

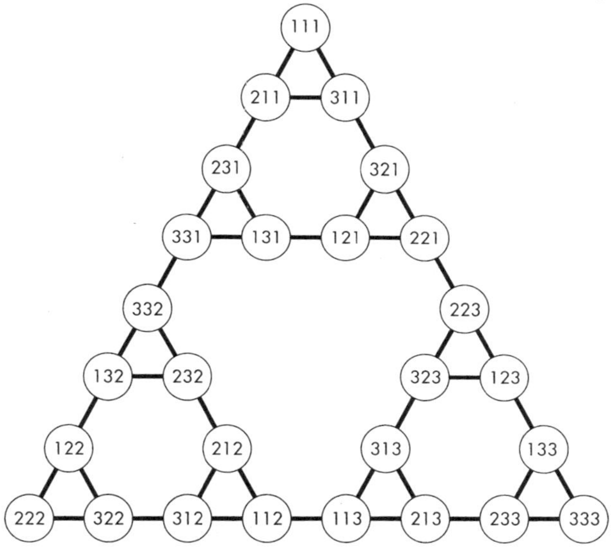

Abb. 4 Der Graph für den Turm von Hanoi mit drei Scheiben hat eine bemerkenswert elegante Form. Warum?

$$111 \rightarrow 211 \rightarrow 231 \rightarrow 331 \rightarrow 332 \rightarrow 132 \rightarrow 122 \rightarrow 222.$$

Tatsächlich wird beim Betrachten des Graphen klar, daß man von jeder Stellung zu jeder anderen gelangen kann – und es ist auch offensichtlich, welches der kürzeste Weg ist.

Aufgabe 4

A. Welcher ist der schnellste Weg von 211 nach 212?
B. Welcher ist der schnellste Weg von 211 nach 213?

Nun zu einer tiefschürfenderen Frage: Wie ist die bemerkenswerte Struktur von Abbildung 4 zu erklären?

Der Graph besteht aus drei Kopien eines kleineren Graphen, die durch drei einzelne Kanten so verbunden sind, daß sie ein Dreieck bilden. Aber auch jeder dieser kleineren Graphen hat seinerseits eine ähnliche Dreiecksstruktur. Wieso dieses mehrfache Auftreten der Zahl 3, und warum sind die Teile in gerade dieser Weise miteinander verbunden?

Wenn Sie den Graphen für den Turm von Hanoi mit zwei Scheiben ausarbeiten, werden Sie feststellen, daß er genau so aussieht wie das obere Drittel von

Abbildung 4. Sogar die Beschriftungen der Knoten sind dieselben, abgesehen davon, daß die abschließende Ziffer 1 fehlt. In Wirklichkeit erkennt man dies auch leicht, *ohne* den Graphen neu zu zeichnen. Man kann ja auch die zweischeibige Version mit drei Scheiben spielen, indem man die dritte Scheibe einfach ignoriert. Angenommen, Scheibe Nummer 3 steckt auf Nadel 1 und wir spielen Dreischeiben-Hanoi, richten unsere Aufmerksamkeit aber ausschließlich auf die dreiziffrigen Folgen, die mit einer 1 enden, wie etwa 131 oder 221. Das sind genau die Ziffernfolgen im oberen Drittel der Abbildung. Auf entsprechende Weise korrespondiert Dreischeiben-Hanoi, bei dem die Scheibe 3 auf Nadel 2 fixiert ist – also ein verkapptes Zweischeiben-Hanoi – mit dem linken unteren Drittel, und ein Dreischeiben-Hanoi, bei dem Scheibe 3 auf Nadel 3 festsitzt, entspricht dem rechten unteren Drittel.

Das erklärt, warum man in dem Graphen der dreischeibigen Version drei Kopien der zweischeibigen Ausführung sieht. Bei genauerem Hinsehen erkennt man zudem, daß diese drei Teilgraphen nur durch drei Kanten in der gesamten Figur verbunden sind. Um von einem der Teilgraphen zu den anderen zu gelangen, müssen wir die Scheibe 3 *umsetzen*. Wann ist das möglich? Nur dann, wenn eine Nadel leer ist, auf einer die Scheibe 3 steckt und alle anderen Scheiben auf der letzten Nadel stecken! Dann kann man die Scheibe 3 auf die leere Nadel umsetzen und eine leere Nadel erzeugen (die, auf welcher die Scheibe vorher steckte), ohne die anderen Scheiben anzurühren. Es gibt sechs solche Stellungen, die durch die möglichen Züge paarweise ineinander übergeführt werden können.

Die gleiche Betrachtungsweise läßt sich auf jede beliebige Anzahl von Scheiben anwenden. So besteht der Graph für Vierscheiben-Hanoi aus drei Wiederholungen des Graphen für drei Scheiben, die an den Ecken miteinander zu einem Dreieck verbunden sind. Jeder Teilgraph beschreibt Vierscheiben-Hanoi, bei dem die vierte Scheibe auf einer der drei Nadeln fixiert ist. Das ist aber nichts anderes als ein verkapptes Dreischeiben-Hanoi. Und so läßt sich

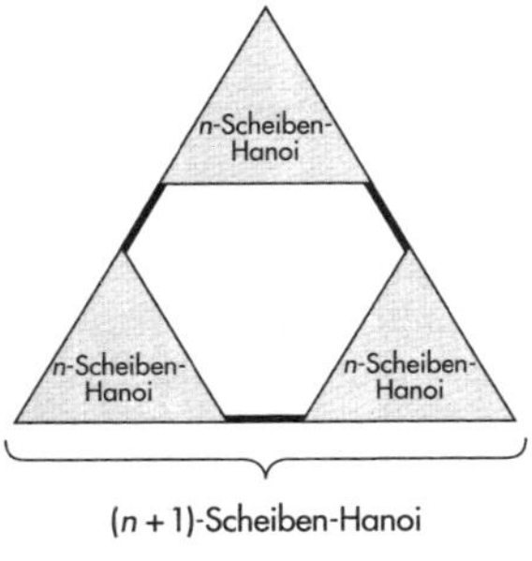

Abb. 5 Rekursive Struktur von Hanoi mit *n* Scheiben.

das weiter fortsetzen (Abb. 5). Man sagt, daß das Knobelspiel „Der Turm von Hanoi“ eine rekursive Struktur hat. Die Lösung von Hanoi mit $(n + 1)$ Scheiben beruht nach einer festen Regel auf der für Hanoi mit n Scheiben. Die rekursive Struktur erklärt, warum sich der Graph für Hanoi mit $(n + 1)$ Scheiben aus dem für n Scheiben zusammensetzen läßt. Die Dreiecksymmetrie kommt dadurch zustande, daß die Spielregeln die Nadeln 1, 2 und 3 exakt gleich behandeln. So läßt sich der Graph für Brahma mit 64 (oder irgendeiner anderen Anzahl) Scheiben ableiten, indem man diese Regel wiederholt auf den Graphen für Hanoi mit 0 Scheiben anwendet – der aus einem einzelnen Punkt besteht. Abbildung 6 zeigt zum Beispiel den Graphen für Hanoi mit 5 Scheiben, wie er durch die zeichnerische Anwendung dieses rekursiven Verfahrens entsteht. So erspart man sich mit etwas Köpfchen viel Knochenarbeit! Man würde Stunden benötigen, um Fünfscheiben-Hanoi zu lösen, indem man alle 243 möglichen Stellungen auflistet und alle zulässigen Züge zwischen ihnen sucht – und dabei würden einem wahrscheinlich mehrfach Fehler unterlaufen.

Abb. 6 Der Graph für Hanoi mit fünf Scheiben erinnert an ein Fraktal, das als Sierpiński-Kurve bekannt ist.

Aufgabe 5

Welches ist die Mindestzahl an Zügen, die man benötigt, um in n-Scheiben-Hanoi alle n Scheiben von einer Nadel auf eine andere umzusetzen?

Aufgabe 6

Wie viele verschiedene Züge (das heißt, Kanten in dem Graphen) gibt es in Hanoi mit n Scheiben?

Aufgabe 7

Ich habe die Knoten in Abbildung 6 nicht beschriftet. Nein, ich möchte nicht, daß Sie sich dieser Mühe unterziehen. Ich möchte Sie nur dazu veranlassen, zu zeigen, daß dies im Prinzip möglich ist. Erarbeiten Sie eine Regel für die Beschriftung des Graphen für $(n + 1)$-Scheiben-Hanoi, ausgehend von der Annahme, daß Sie wissen, wie der Graph für n-Scheiben-Hanoi zu beschriften ist.

Einige Bemerkungen zum Abschluß. Mit steigender Anzahl von Scheiben wird der zugehörige Graph immer komplizierter und ähnelt mehr und mehr der Sierpiński-Kurve. Das ist ein Fraktal, ein geometrisches Objekt, das bei jeder beliebigen Vergrößerung eine detaillierte Feinstruktur aufweist. Das ist bemerkenswert und überraschend, denn das Knobelspiel wurde beinahe ein Jahrhundert vor der Entdeckung der Fraktale erfunden – eine weitere Demonstration für die auffällige Einheitlichkeit der Mathematik. Damit nicht genug gibt es eine sonderbare praktische Anwendung. Kurze Zeit nach dem Erscheinen des Originals dieses Kapitels in der Ausgabe vom August 1989 von *Pour la Science* besuchte ich den Internationalen Mathematikerkongreß in Kyoto, auf dem sich ein deutscher Mathematiker namens Andreas Hinz vorstellte. Er hatte versucht, die mittlere Bogenlänge entlang einer Sierpiński-Kurve zu berechnen. Ein Experte, den er befragte, meinte, das sei „sehr schwierig“. Ein anderer gab zur Auskunft, es sei „trivial und der Wert betrage (8/15)“, doch hielt der Beweis einer genaueren Prüfung nicht stand. Hinz hatte bereits eine Formel für die durchschnittliche Anzahl von Zügen zwischen Stellungen beim Turm von Hanoi gefunden.

Tatsächlich hatten Hinz und unabhängig von ihm Chan Hat-Tung eine exakte Formel für die durchschnittliche Anzahl von Zügen zwischen zwei Stellungen im n-Scheiben-Hanoi gefunden. Die Gesamtzahl von Zügen (auf kürzestmöglichem Wege) zwischen allen möglichen Paaren von Stellungen erhält man durch folgende erstaunliche Formel:

$$\frac{466}{885}18^n-\frac{1}{3}9^n-\frac{3}{5}3^n+\left(\frac{12}{29}+\frac{18}{1003}\sqrt{17}\right)\left(\frac{1}{2}\left(5+\sqrt{17}\right)\right)^n+\left(\frac{12}{29}-\frac{18}{1003}\sqrt{17}\right)\left(\frac{1}{2}\left(5-\sqrt{17}\right)\right)^n,$$

die ich hier als ein Beispiel dafür vorstelle, was Mathematiker manchmal so ausbrüten.

Hinz und Chan kamen nicht auf die Idee, daß es da irgend einen Zusammenhang mit der Sierpiński-Kurve geben könnte. Nachdem Hinz meinen Artikel gelesen hatte, erkannte er, daß er sein Rechenverfahren für den Turm von Hanoi benutzen könnte. Da es 3^n Stellungen gibt, kann man die mittlere Distanz zwischen zwei Stellungen aus dieser Formel abschätzen, indem man alle Terme außer dem ersten (größten) Term in der Formel wegläßt und durch 3^n teilt – als asymptotischer Wert ergibt sich dann: $466/885 \cdot 2^n$. Das bedeutet, daß das Verhältnis der genauen Lösung und dieser Annäherung sich dem Betrag 1 nähert, wenn n sehr groß wird. Nun beträgt die Länge einer Seite des Graphen 2^n, und indem wir hierdurch dividieren, um die Seite auf den Wert 1 zu bringen, bekommen wir die Lösung 466/885 im Grenzfall unendlich vieler Scheiben. Der Graph für Hanoi mit unendlich vielen Scheiben ist aber die fragliche Kurve. Also beträgt die mittlere Distanz zwischen zwei Punkten auf der Sierpiński-Kurve mit der Seitenlänge 1 *genau* 466/885.

Dies ist rund 2% kleiner als der Wert, den der zweite Experte vorgeschlagen hatte. Wer sagt da noch, Unterhaltungsmathematik führe zu keinen ernsthaften Resultaten? Wer sich für statistische Fakten interessiert, dem sei noch gesagt, daß Hinz weiterhin bewies, daß die Varianz des Abstandes genau 904 803 318/ 14 448 151 575 beträgt. Wer von Ihnen skurrile mathematische Zahlen sammelt, dem seien diese beiden für sein Album wärmstens empfohlen.

Antworten

1. Der Graph ist jetzt ein Einheits-Hyperkubus im Leviathan-Löwe-Lama-Lollo-Raum, wobei einige Kanten entfernt wurden, wie in Abbildung 7 zu sehen. Eine mögliche Lösung wäre die folgende:
   - Bringe das Lama über die Schlucht
   - (Kehre zurück und) bringe den Löwen hinüber
   - Hole das Lama zurück
   - Bringe den Salat hinüber
   - (Kehre zurück und) bringe den Leviathan hinüber
   - Bringe das Lama hinüber

   Es gibt noch eine andere sechszügige Lösung, können Sie diese finden?
2. Der Graph ist ziemlich umfangreich und enthält zahlreiche Schleifen und Sackgassen. Man braucht dafür ein größeres Blatt Papier als diese Seite, und der Platz reicht nicht aus, um die Antwort hier aufzuschreiben. Doch gibt es in jedem Fall eine schnellere Möglichkeit, die Knobelaufgabe zu lösen, da sie eine verkleidete Version des Löwe-Lama-Lollo-Problems ist. Der dunkelste Block ist das Lama.

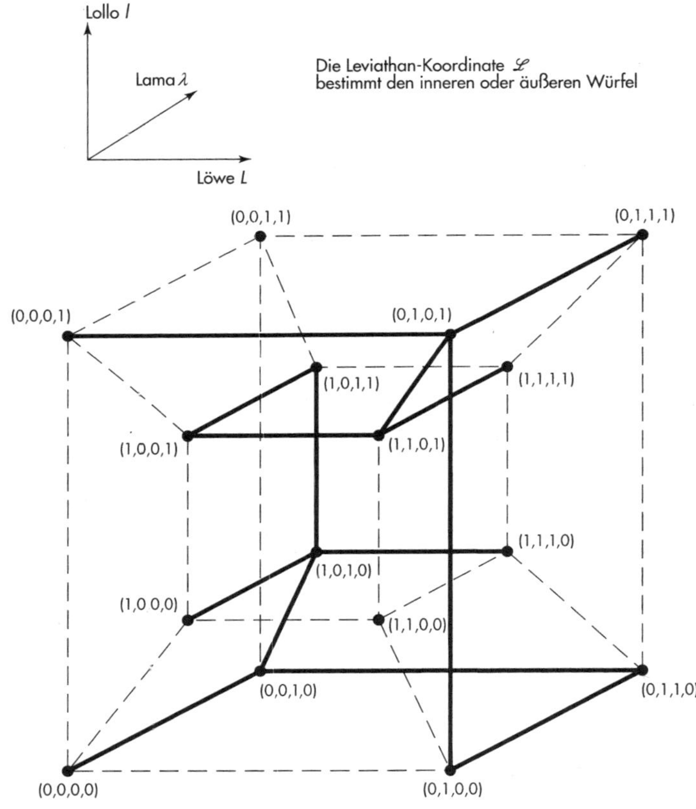

Abb. 7 Graph in Form eines Hyperkubus für das Problem Leviathan-Löwe-Lama-Lollo. Punktiert dargestellte Kanten sind verbotene, ausgezogene erlaubte Züge.

3. Allgemein trägt jede Nadel eine verschieden große Scheibe zuoberst. Dann gibt es drei mögliche Züge: die kleine Scheibe kommt auf eine der beiden anderen, oder die mittlere Scheibe kommt auf die größte. Wenn eine der Nadeln leer ist, sind ebenfalls drei Züge ausführbar: entweder wird eine der beiden obersten Scheiben auf die leere Nadel gesetzt, oder man setzt die kleinere Scheibe auf die größere. Wenn jedoch zwei Nadeln leer sind (so daß sich alle Scheiben auf einer Nadel befinden), dann gibt es nur zwei Züge: Umsetzen der obersten Scheibe auf eine der beiden leeren Nadeln.

4. A. 211 → 231 → 331 → 332 → 232 → 212
   B. 211 → 311 → 321 → 221 → 223 → 323 → 313 → 213
5. Die Anzahl der *Knoten* entlang einer Seite des Graphen verdoppelt sich auf jeder Stufe und beträgt folglich für n-Scheiben-Hanoi 2^n. Gefragt ist nach der Anzahl von Kanten längs einer Seite, diese ist um eins kleiner, also $2^n - 1$.
6. Angenommen, es gibt E_n Kanten in dem Graphen für n Scheiben. Aus der rekursiven Struktur ergibt sich, daß $E_n + 1 = 3E_n + 3$, und ferner, daß $E_1 = 3$. Also ist $E_n = 3 + 3^2 + 3^3 + \ldots + 3^n = (3^{n+1} - 3)/2$.
7. Beschrifte den oberen Teilgraphen für $(n + 1)$-Scheiben-Hanoi genau wie für n-Scheiben-Hanoi und hänge zusätzlich jeweils eine 1 am Ende an. Um den Teilgraphen links unten zu erhalten, drehe den oberen Teilgraphen (und die angebrachten Beschriftungen) um 120° im Gegenuhrzeigersinn und ersetze die Ziffer 1 durch 2, 2 durch 3 und 3 durch 1. Um den Teilgraphen rechts unten zu erhalten, drehe um 120° im Uhrzeigersinn und ersetze die Ziffer 1 durch 3, 3 durch 2 und 2 durch 1.

Weiterführende Literatur

Ball, W.; Rouse, W. *Mathematical Recreations and Essays*. London (Macmillan) 1959.

Chan Hat-Tung. *A statistical analysis of the towers of Hanoi problem.* In: *International Journal of Computer Mathematics* 28 (1989) S. 57–65.

Graham, R. L.; Knuth, D. E.; Patashnik, O. *Concrete Mathematics*. Reading, Mass. (Addison-Westley) 1989.

Hinz, A. M. *The tower of Hanoi*. In: *L'Enseignement Mathématique* 35 (1989) S. 289–321.

Hinz, A. M. *Shortest path between regular states of the tower of Hanoi*. In: *Information Science Abstracts*.

Hinz, A. M. *The average distance on the Sierpiński gasket*. In: *Probability Theory and Related Fields*.

Kasner, E.; Newman, J. R. *Mathematics and the Imagination*. London (Bell) 1961.

O'Beirne, T. H. *Puzzles and Paradoxes*. Oxford (Oxford University Press) 1965.

Ozanam, A. F. *Récréations Mathématiques et Physiques*. Paris 1694.

Rubik, E.; Varga, T.; Kéri, G.; Marx, G.; Verkedy, T. *Rubik's Cubic Compendium*. Oxford, New York (Oxford University Press) 1986.

Stewart, I. *Game, Set, and Math.* Oxford, Cambridge, Mass. (Basil Blackwell) 1989; Harmondsworth, England (Penguin Books) 1991. Deutsch: *Spiel, Satz und Sieg für die Mathematik.* Basel (Birkhäuser) 1992.

Stewart, I. *Four encounters with Sierpiński gasket.* In: *Mathematical Intelligencer.*

2
Kacheln und Ominospiele

Heiner Würmeling, seine Frau Amelia und Baby Wermentrude hatten die Schrecken des Umzugs in eine moderne Bungahöhle überstanden. Das neue Heim war mit allen Schikanen ausgestattet, einschließlich eines elektronischen Vogelalarms. Endlich konnten sie ausspannen und die Vorzüge ihres neuen Zuhause genießen. Amelia war besonders davon angetan, daß sie keine steilen Gänge mehr zu erklimmen brauchte. Vom Zustand des Bads war sie jedoch *nicht* angetan.

„Heiner! Komm sofort hierher!"

Heiner Würmeling schlängelte sich widerwillig aus seinem Arbeitszimmer, das mit einem bequemen Sessel und einem Regal mit seinen Lieblingsbüchern ausgestattet war, und machte sich auf den Weg durch den noch unvertrauten Gang zum Badezimmer.

„Ja, Liebling?"

„Heiner, hat der Bauleiter nicht versprochen, daß das Bad vollständig gekachelt würde?"

„Das hat er in der Tat, mein Schlängelchen."

„Ist es aber nicht. Die Wände sind noch im Rohputz, und in der Ecke steht eine riesige Kiste mit Kacheln!"

„Ich gehe gleich und rufe ihn an, Schatz.", antwortete Heiner resigniert.

Was er auch sogleich tat – nur um zu hören: „Ja, Chef. Ja, das stimmt, Chef. Tja – hatte ein kleines Problem. Schau'n Sie, diese Kacheln, die gnädige Frau bestellt hat, diese ulkigen mit der komischen Form, also ... wir kriegen sie nicht aneinander."

„Entschuldigung, ich verstehe nicht ganz."

„Unser junger Fliesenleger Fritz sagt, es bleiben ihm Lücken."

Heiner Würmeling stampfte vor Ärger mit dem Schwanz: „Das ist ja lächerlich! In meinem ganzen Leben habe ich noch keine so alberne Ausrede gehört!"

„Das ist schon möglich, Chef, wir konnten's selbst fast nicht glauben, glauben Sie mir!"

„Warum haben Sie nicht einfach ein paar zu einem Rechteck zusammengesetzt, und dann mit den Rechtecken die Wände ausgefüllt?“

„Ja, Chef, Fritz hat's versucht. Ist'n alter Handwerkertrick, Sie wissen ja. Bloß – das Verrückte war, er kriegte sie nicht zu einem Rechteck zusammen. Außerdem, Sie wissen ja, Chef, ist das mit dem Rechteck nicht die *einzige* Methode, um eine Wand zu kacheln.“

Aber Heiner hatte sich nun einmal in die Lösung mit dem Rechteck verbohrt, daher erwiderte er rasch: „Unfug!“

„Schaun Sie, ich schick ihn nochmal hin, daß er's nochmal probiert“, sagte der Bauleiter in verbindlichem Ton, „hmmmm - ich könnte Sie am ... Donnerstag in drei Wochen einplanen.“

„Lächerlich!“ schnappte Henry, „Ich werde es selbst machen“, knallte den Hörer auf die Gabel und stampfte aus dem Zimmer. (Falls Sie Schwierigkeiten haben, sich vorzustellen, wie ein Wurm stampft, denken Sie an eine sehr wütende Ziehharmonika.) Er stampfte zurück ins Bad, äußerte seiner Frau gegenüber einige allgemeine Betrachtungen über die fachlichen Qualifikationen von Handwerkern und öffnete den Karton mit den Kacheln.

„Hmmmtja. Allerdings, die Form ist ein bißchen ungewöhnlich.“, bemerkte er (Abb. 8). „Aber doch wohl nicht kompliziert. Man muß nur herausfinden, wie sie sich zu einem Rechteck zusammenfügen lassen. Das ist doch ganz einfach ...“

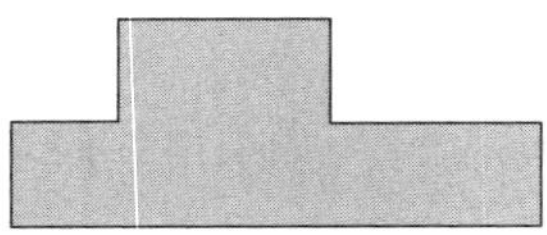

Abb. 8 Heiner Würmelings Badezimmerkachel. Können Sie mit Kopien davon ein Rechteck ausfüllen?

Zwei Tage verstrichen, und Heiner Würmeling wurde allmählich immer kleinlauter. Schließlich sah er keinen anderen Ausweg, als seinen Freund Albert Wurmstein, der im Patentamt arbeitete, um fachlichen Beistand zu bitten.

„Interessant“, bemerkte Wurmstein, nachdem er lange nachgedacht hatte. „Ich stelle fest, daß deine Kachel eine Art Polyomino ist, das heißt, eine ebene Figur, die sich aus einer Anzahl von gleichgroßen, Kante an Kante aneinandergefügten Quadraten zusammensetzt, so daß die Ecken der Quadrate gleichauf liegen. Wenn du n solcher Quadrate brauchst, nennt man's ein n-Omino.“ Die Anzahl der n-Ominos wächst rascht mit n (siehe Tabelle 1).

„Um es präzise zu formulieren“, fuhr Wurmstein fort, „folge ich David Klarner, der 1969 die Ordnung eines Polyomino als die kleinste Anzahl defi-

Tab. 1: Die Anzahl der *n*-Ominos

n	P(n)	Q(n)
1	1	1
2	1	2
3	2	6
4	5	19
6	35	216
7	108	760
8	369	2 725
9	1 285	9 910
10	4 655	36 446
11	17 073	135 268
12	63 600	505 861
13	238 591	1 903 890
14	901 971	7 204 874
15	3 426 576	27 394 666
16	13 079 255	104 592 937
17	50 107 911	400 795 860
18	192 622 052	1 540 820 542

Anmerkung: *P(n)* = Anzahl der verschiedenen *n*-Ominos, wobei gedrehte oder gespiegelte Formen als identisch betrachtet werden. *Q(n)* = Anzahl der verschiedenen *n*-Ominos, wenn gedrehte oder gespiegelte Formen *nicht* als identisch betrachtet werden.
David Klarner, John Conway und Richard Guy haben bewiesen, daß für große *n*, *P(n)* annährend *Q(n)*/8 beträgt, und daß *Q(n)* ungefähr den Wert a^n hat, wobei $3{,}72 < a < 4{,}5$.

niert hat, die sich zu einem Rechteck zusammenfügen läßt. Natürlich nur, wenn das möglich ist. Wenn nicht, ist die Ordnung nicht definiert."

Aufgabe 1

Können Sie sich irgendwelche Polyominos vorstellen, die keine Ordnung haben, das heißt, mit denen man kein Rechteck kacheln kann? Sie dürfen das Rechteck so lang und breit oder groß und klein machen, wie es Ihnen einfällt (so lange es nur rechteckig bleibt).

In Abbildung 9 sind einige Beispiele für Polyominos unterschiedlicher Ordnung zu sehen. Beachten Sie, daß Sie zweierlei tun müssen, um zu beweisen, daß ein Polyomino beispielsweise von der Ordnung *m* ist:

A. Einen Weg finden, um das Rechteck vollständig mit *m* Exemplaren der Kacheln auszufüllen.

B. Beweisen, daß keine kleinere Anzahl als *m* Kacheln ebenfalls ein Rechteck restlos ausfüllen kann.

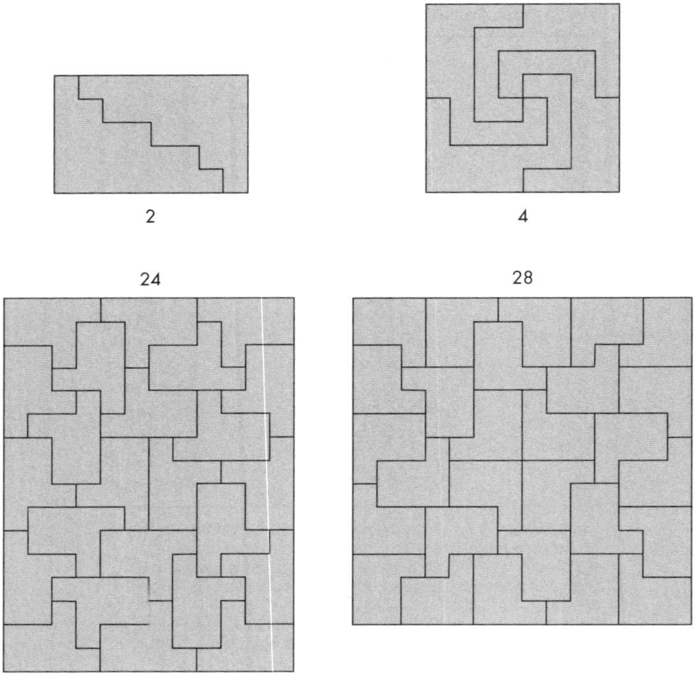

Abb. 9 Polyominos der Ordnungen 2, 4, 24 und 28.

Sie nehmen vielleicht an, daß Teil A des Beweises schwieriger ist, aber häufig ist es Teil B, der Ärger macht. Theoretisch läßt sich für jede gegebene Größe und Form eines Rechtecks und für ein bestimmtes Polyomino entscheiden, ob man mit dem Polyomino das Rechteck lückenfrei auslegen kann. Die einzige bekannte systematische Methode besteht jedoch darin, dies auf intelligente Weise auszuprobieren, und das wird schon für mäßig große Rechtecke ziemlich unpraktikabel. Es gibt keine bekannte *effiziente* Methode, außerdem sind da einige ungelöste Probleme. Daher öffnet sich hier für den Unterhaltungsmathematiker ein breites Betätigungsfeld.

„Also", sagte Albert zu Heiner, „deine Kachel ist ein trügerisch einfach scheinendes Beispiel eines Heptominos, das heißt, eines Polyominos, das aus sieben Quadraten besteht. Was wir eigentlich wissen wollen, ist, ob es eine Ordnung besitzt, und falls ja, von welcher Ordnung es ist. Aber ich finde, es ist ein wenig zu ehrgeizig, gleich mit einem Heptomino anfangen zu wollen.

Warum fangen wir nicht lieber mit Monominos, Dominos, Trominos, Tetrominos oder Pentominos an?

Aufgabe 2

Die möglichen n-Ominos für $n = 1, 2, 3, 4$ oder 5 sind in Abbildung 10 zu sehen. Können Sie herausfinden, von welcher Ordnung sie sind? Hier ein Hinweis: Das Y-Pentomino wird Ihnen vielleicht einige Schwierigkeiten bereiten, aber es hat eine Lösung!

„Aha! Schon in diesem frühen Stadium erkenne ich einige allgemeine Prinzipien", sagte Albert. „Offensichtlich hat ein Polyomino dann, und nur dann, die Ordnung 1, wenn es selbst ein Rechteck ist."

„Albert, wenn das der Gipfel deiner Weisheit ist, gehe ich lieber nach Hause und beschäftige mich mit etwas Aufregenderem, zum Beispiel damit, zuzuschauen, wie mein Kaktus wächst."

„Ich habe nur eine Tatsache festgestellt", bemerkte Albert gekränkt. „Auch die trivialsten Fakten können entscheidend sein. Doch laß uns zu weniger einfachen Dingen übergehen. Ein Polyomino der Ordnung 2 erhält man, indem man ein Rechteck in zwei gleiche Teile zerschneidet. Dazu muß die Schnittlinie symmetrisch in Bezug auf eine Rotation um 180° sein. Damit erhalten wir eine effektive Beschreibung aller Polyominos der Ordnung 2. Das ist hilfreich, weil die meisten bekannten Polyominos, die überhaupt eine Ordnung haben, von der Ordnung 2 sind.

Die Ordnung dritten Grades ist eine verwickeltere Angelegenheit. Klarner stellte im Jahre 1969 die Vermutung auf, daß es keine Polyominos der Ordnung 3 gäbe, wozu er bemerkte: ‚Diese Feststellung ist intuitiv klar, es scheint aber schwierig, einen exakten Beweis dafür anzugeben.' Soweit ich weiß, hat bis heute niemand einen solchen Beweis veröffentlicht: Zumindest enthält ein 1989 veröffentlichter Artikel eine Anspielung darauf, daß dies ein ungelöstes Problem ist. Aber Klarner hatte recht, denn ich, Albert Wurmstein, habe vor kurzem einen Beweis dafür gefunden."

Aufgabe 3

Können Sie Klarners Vermutung beweisen? Alberts Beweis ist zu kompliziert, um ihn hier wiederzugeben. Interessanterweise stützt er sich in hohem Maße auf Symmetrieargumente. Albert ist gerade dabei, ihn in einem gemeinsam mit mir verfaßten Artikel zu veröffentlichen, da mathematische Fachzeitschriften die Neigung haben, Beiträge von Würmern nicht zu akzeptieren – ein aufrüttelndes Beispiel dafür, wie sehr die Wissenschaft von Vorurteilen beeinflußt wird. (Wie viele von Würmern eingereichte Artikel haben Sie schon in mathematischen Journalen gelesen?) Dies ist die erste mathematische Vermutung, die durch einen Wurm bewiesen wurde.

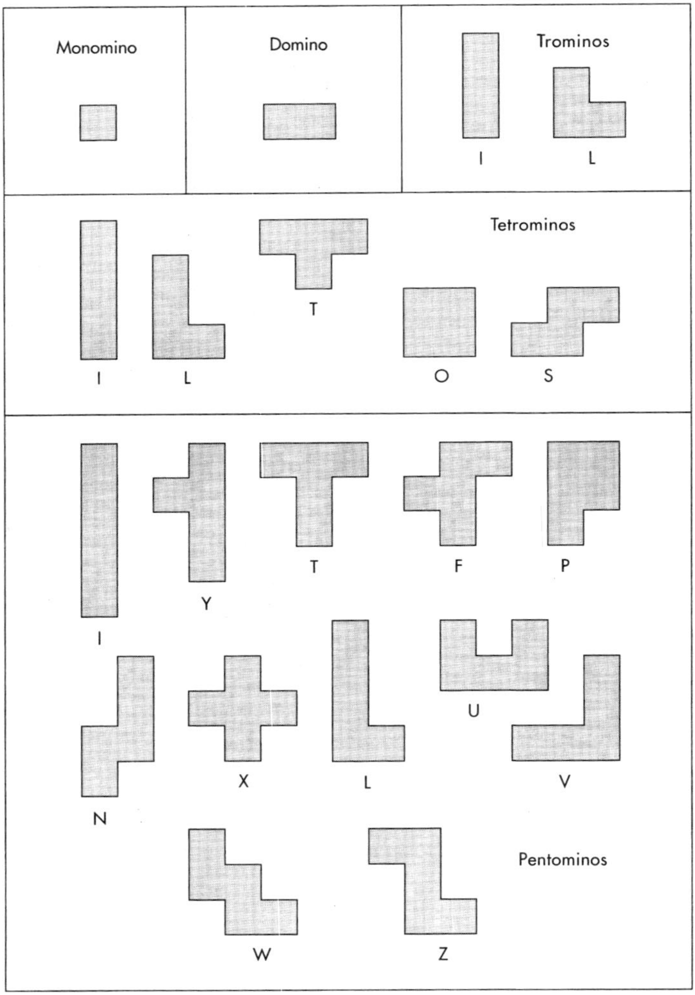

Abb. 10 Alle n-Ominos für $n \leq 5$.

„Was ist mit der Ordnung vierten Grades“, fragte Heiner, der sich auf die Art und Weise des Vorgehens einzustellen begann. Es war offensichtlich, daß Albert einige Zeit brauchen würde, um zu dem Problem von Amelias Badezimmer vorzustoßen, aber Heiner hatte es nicht eilig. Ganz gewiß nicht. Besonders dann nicht, wenn es keine Antwort gab, was allmählich in den Bereich des Möglichen zu rücken drohte.

„Es steht zu vermuten, daß Polyominos der Ordnung 4 genau in zwei Formen erscheinen“, erklärte Albert (siehe Abb. 11). „Ein Beweis dafür scheint schwierig zu sein – jedenfalls, ich habe noch keinen gefunden –, aber er scheint nicht unmöglich, wenn man nur sorgfältig Buch führt.“

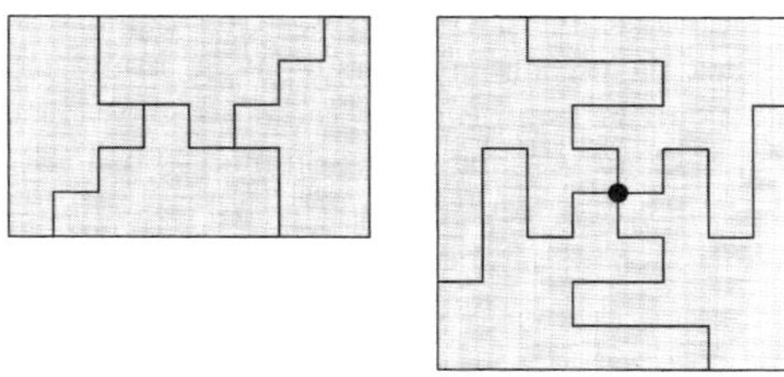

Abb. 11 Zwei Möglichkeiten, Poloyminos der Ordnung 4 zu erhalten.

„Und die fünfte Ordnung?“

„Niemand kennt einen Fall. Bis vor kurzem waren 10, 18, 24, 28, 76 und 92 die einzigen Ordnungen, die größer sind als 4.“

„Das sind aber sehr merkwürdige Zahlen“, meinte Heiner.

„Das kann man wohl sagen“, stimmte Albert zu. „Falls das die einzigen möglichen sind, wäre 92 eine höchst ungewöhnliche Zahl, die größte mögliche Ordnung eines Polyominos.“

„Hmmm. Hat 92 sonst irgendwelche ungewöhnlichen Eigenschaften?“

Wurmstein fischte ein Exemplar von David Wells *Taschenbuch der merkwürdigen und bemerkenswerten Zahlen* aus seinem Regal. „Hier steht nichts darüber“, meinte er.

„Vermutlich ist sie weder merkwürdig noch bemerkenswert“, warf Heiner ein.

„Darüber gibt es einen alten Mathematikerwitz“, entgegnete Albert. „Eine Theorie, daß jede Zahl interessant ist. Der Beweis geht so: Wenn irgendeine Zahl nicht interessant ist, dann muß es eine kleinste uninteressante Zahl geben. Das wäre jedoch in der Tat eine höchst interessante Zahl! Also gibt es einen logischen Widerspruch, aus dem folgt, daß die Annahme, es existiere eine uninteressante Zahl, falsch sein muß."

„Aha, ich verstehe", antwortete Heiner. „Aber wäre sie auch merkwürdig?"

„Das weiß ich nicht", entgegnete Albert. „Das ist eine sehr seltsame Frage. Aber das mag ohne Bedeutung sein, denn 1989 hat Solomon Golomb bewiesen, daß jedes Vielfache von 4 eine Ordnung sein kann."

„Und was ist mit meiner Badezimmerkachel?" wollte Heiner wissen.

„Die ist ein Heptomino, und ich bin noch nicht einmal bei den *Hexominos*", wies ihn Wurmstein zurecht. „Nun, es gibt genau 35 Hexominos, und man weiß, daß exakt 10 von ihnen ein Rechteck ausfüllen können. Ich werde dir ein paar Tips geben, dann kannst du versuchen, sie zu finden. Zwei sind erster Ordnung, fünf sind zweiter Ordnung, und eines ist vierter Ordnung." Wurmstein griff rasch zu Papier und Bleistift und machte eine Skizze für Heiner. „Hier ist ein Polyomino [Abb. 12A] der Ordnung 18, und wenn du Lust hast, schneide dir 18 Stück davon aus und versuche, sie in ein Rechteck mit den Seitenlängen 9 × 12 einzupassen. Bis vor kurzem gab es genau einen Fall, in dem die Antwort unbekannt war, das Y-Hexomino [Abb. 12B]. Doch im Jahre 1989 führte Karl Dahlke den Beweis, daß das Y-Hexomino die Ordnung 92 besitzt. Ich hatte versprochen, darüber mehr zu sagen, jetzt bin ich so weit."

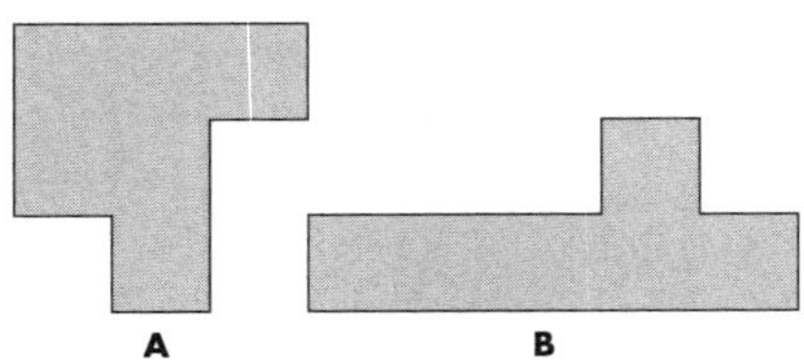

Abb. 12 (**A**) Ein Hexomino der Ordnung 18. (**B**) Das Y-Hexomino, dessen Ordnung bis 1989 unbekannt war.

Aufgabe 4

Können Sie die acht Hexominos vierter oder geringerer Ordnung finden? Können Sie ein Rechteck unter Verwendung des Polyominos in Abbildung 12A kacheln? Sie können versuchen, die 92 Y-Hexominos in einem Rechteck mit den Seiten 23 × 24 anzuordnen, wenn Sie möchten, aber Dahlke brauchte mit Hilfe eines Mikrocomputers drei Tage dazu, wobei er die Programmiersprache C benutzte.

„Ja, Albert. Außerdem hattest du versprochen, etwas über Amelias Badezimmerkachel zu sagen."

„Selbstverständlich. Die ist äußerst faszinierend. Siehst du, wiederum war bis vor kurzem nur ein einziges Heptomino mit einer Ordnung größer als 2 bekannt. Die anderen, mit einer Ausnahme, waren das Rechteck mit dem Seitenverhältnis 1 × 7, oder sie ergaben sich aus der Konstruktion, die ich früher für Ordnung 2 beschrieben habe, oder man wußte, daß sie keine Ordnung besaßen. Das einzige Heptomino höherer Ordnung wurde von James Stuart in Endwell, New York, entdeckt und es hat die Ordnung 28“ (siehe Abb. 9 auf Seite 32).

„Ah! Und das ist unsere Badezimmerkachel?“

„Natürlich nicht. Nein, deine Kachel ist diejenige, die noch nicht aufgeklärt werden konnte –“

Heiner entfuhr ein sehr unwürmliches Wort.

„– bis vor *sehr* kurzer Zeit“, schloß Albert. „Karl Dahlke war wiederum dein Retter! Ebenfalls 1989 modifizierte er sein Programm für das Y-Hexomino, so daß es bewies, daß deine Heptomino-Kachel ganz exakt die Ordnung 78 hat“ (Abb. 13). (Ein aufmerksamer Leser machte mich auf einen recht mysteriösen Umstand in Dahlkes Schrift aufmerksam: Ihr Titel besagte, daß die Ordnung 76 sei, aber das zum Beweis gezeigte Bild enthält 78 Heptominos.)

Heiner dankte seinem Freund überschwenglich und machte sich hastig auf den Heimweg zu seiner Bungahöhle, um Amelia zu berichten. *Sie wird riesig beeindruckt sein!*, dachte er. Er traf sie in der Küche an, wo sie gerade damit beschäftigt war, einen Pudding aus vermodertem Laub zuzubereiten.

„Amelia! Ich habe das Kachelproblem geknackt!“

Abb. 13 Die Lösung von Heiners Problem, ein Rechteck mit 78 seiner Badezimmerkacheln auszufüllen.

„Solange du nur keine der Kacheln angeknackst hast, Heiner“, gab sie herablassend zur Antwort.

„Nein, ehrlich! Alles, was man tun muß, ist, 78 von ihnen zu nehmen und ein Rechteck zu bilden!“

„Heiner, es gibt Zeiten, da übertriffst du dich selbst. Das sind ja wunderbare Neuigkeiten. Laß uns gleich damit anfangen. Du zählst 78 Kacheln ab, und ich bereite die Wände vor.“ Sie rauschte hoheitsvoll aus dem Raum und durch die Diele zum Badezimmer. Heiner folgte ihr.

Während Amelia die Wände energisch zu scheuern begann, nahm sich Heiner den Karton mit den Kacheln vor. *Mal sehen, ob nicht draufsteht, wie viele da drin sind*, dachte er bei sich. *Dann kann ich es mir einfach machen, indem ich nur ein paar weglege*. Er drehte die Schachtel herum, um den Aufkleber zu lesen. Dort stand:

Kombinatorische Keramikwerke
Heptomino-Kacheln
Inhalt: 77 Stück

Heiner entfuhr ein weiteres nicht sehr wurmgemäßes Wort, aber nur im Flüsterton, so daß Amelia es nicht hören konnte. Voller Nervosität wandte er sich zu seiner Frau um.

„Ähm. Amelia, meine Süße, ich glaube, wir haben ein kleines Problem …“

Antworten

1. Wohl das einfachste Beispiel eines Polyomino, mit dem man kein Rechteck füllen kann, ist das Oktomino, das aus 3×3 Quadraten mit einem Loch in der Mitte besteht. Die Schwierigkeit besteht im Füllen des Loches.
2. Das Monomino und das Domino sind Rechtecke, sie haben folglich die Ordnung 1. Dasselbe gilt für das I-Tromino, I-Tetromino, O-Tetromino und das I-Pentomino. Das L-Tromino, L-Tetromino, L-Pentomino und das P-Pentomino sind von der Ordnung 2. Das T-Tetromino hat Ordnung 4 und das Y-Pentomino hat Ordnung 10. (Letzteres ist der einzige Fall, bei dem Sie vielleicht eine Weile herumprobieren müssen, verwenden Sie ein Rechteck mit den Seitenverhältnissen 5×10.)
   Die verbleibenden Fälle – das S-Tetromino und die T-, F-, N-, X-, U-, V-, W- und Z-Pentominos – eignen sich nicht zum Ausfüllen eines Rechtecks. Den Beweis dafür erhält man leicht, indem man überprüft, was in einer Ecke des Rechtecks geschieht, das sie mutmaßlich ausfüllen: Es wäre nötig, weitere Stücke anzufügen, so daß es ausgeschlossen ist, daß irgend-

etwas in die angrenzende Ecke paßt.
Tabelle 2 faßt diese Ergebnisse zusammen.
3. Alberts Beweis wird demnächst veröffentlicht; beachten Sie die Hinweise auf die weiterführende Literatur am Ende dieses Kapitels.
4. In Abbildung 14 sind die zehn Hexominos endlicher Ordnung zu sehen. Links unten ist Dahlkes Lösung für das Y-Hexomino.

Tab. 2: Ordnungen der *n*-Ominos für $n \leq 5$

	Ominoform	Ordnung
Monomino		1
Domino		1
Trominos	I	1
	L	2
Tetrominos	I, O	1
	L	2
	T	4
	S	*
Pentominos	I	1
	L, P	2
	Y	10
	F, N, T, U, V, W, X, Z	*

* bedeutet, daß die Ordnung nicht definiert ist

Weiterführende Literatur

Albrecht-Bühler, G. *Die Pentomino-Werkstatt*. Frankfurt (Fischer) 1992.*
Dahlke, K. A. *The Y-hexomino has order 92*. In: *Journal of Combinatorial Theory* Series A 51 (1989) S. 125–126.
Dahlke K. A. *A heptomino of order 76*. In: *Journal of Combinatorial Theory* Series A 51 (1989) S. 127–128.
Gardner, M. *Mathematical Magic Show*. New York (Alfred A. Knopf) 1977; Harmondsworth, England (Penguin Books) 1985. Deutsch: *Mathemagische Tricks*. Braunschweig, Wiesbaden (Vieweg) 1981.
Golomb, S. W. *Polyominoes*. New York (Scribner) 1965.
Golomb, S. W. *Tiling with polyominoes*. In: *Journal of Combinatorial Theory* 1 (1966) S. 280–296.

* Die mit * gekennzeichneten Titel wurden in der deutschen Ausgabe ergänzt.

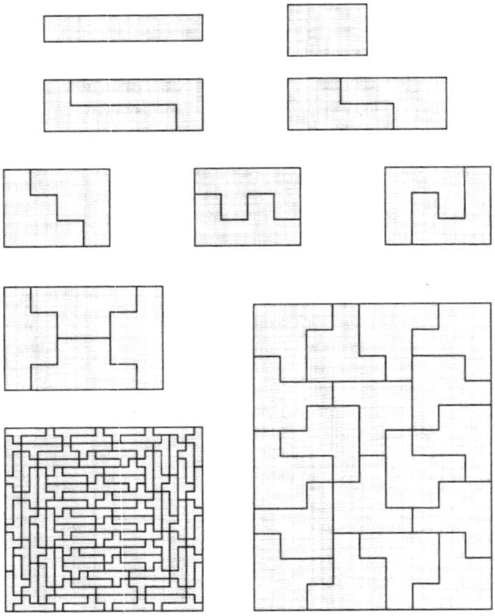

Abb. 14 Die Hexominos endlicher Ordnung.

Golomb, S. W. *Polyominoes with tile retangles*. In: *Journal of Combinatorial Theory* Series A 51 (1989) S. 117–124.

Grünbaum, B.; Shephard, G. C. *Tilings and Patterns*. New York (W. H. Freeman) 1987.

Klarner, D. A. *Packing a retangle with congruent* n*-ominoes*. In: *Journal of Combinatorial Theory* 7 (1969) S. 107–115.

Stewart, I.; Wormstein A. *Polyominoes of order 3 do not exist*. In: *Journal of Combinatorial Theory* Series A.

Wells, D. *The Penguin Dictionary of Curious and Interesting Numbers*. Harmondsworth, England (Penguin Books) 1986); New York (Viking Penguin) 1986. Deutsch: *Das Lexikon der Zahlen*. Frankfurt (Fischer) 1990.

3
Unter dem Evoluskop

Seit Charles Darwin sie 1859 in seinem Buch *Die Entstehung der Arten* veröffentlichte, ist die Theorie der Evolution der Arten durch natürliche Auslese eine Quelle ständiger Kontroversen. Das nimmt nicht wunder – bezieht sie sich doch auf lang zurückliegende Ereignisse und rückt zudem die Position des Menschen nicht nur als Zierde, sondern auch als *Ziel und Zweck* der Schöpfung zurecht und legt den Finger auf die wunden Punkte des Schöpfungsglaubens der halben Menschheit. Einige Sekten haben ihren Frieden mit dem Darwinismus geschlossen, indem sie ihn als den Mechanismus ansehen, dessen sich Gott bediente, um die Menschheit zu erschaffen; andere jedoch – wie die „Kreationisten" in den Vereinigten Staaten – haben es politisch durchgesetzt, daß anstelle der Theorien von Darwin ihre eigenen gelehrt werden. In den achtziger Jahren erließen die Staaten Arkansas und Louisiana Gesetze, die eine Gleichbehandlung der Evolutionstheorie und des Kreationismus im Schulunterricht verlangten, und das, obwohl letzterer keiner vergleichbaren wissenschaftlichen Prüfung wie die Evolutionstheorie unterzogen worden ist. Nach erheblichen Protesten wurde das Gesetz wegen Verletzung der Trennung zwischen Kirche und Staat vom Obersten Gerichtshof wieder aufgehoben. Es ist wichtig sich klarzumachen, daß die Darwinsche Evolutionstheorie nur eine wissenschaftliche Theorie und keine definitive Tatsache ist; es ist aber genauso wichtig einzusehen, daß wissenschaftliche Theorien im allgemeinen wesentlich strenger überprüft werden als die von Religionen oder philosophischen Anschauungen unterstellten Tatsachen. Die Evolution wird weiterhin erforscht, und viele Probleme sind noch ungelöst, wie wir in Kürze sehen werden.

Darwins grundlegende Idee – daß eine Kombination von zufälligen Mutationen und Konkurrenzdruck zwischen den sich fortpflanzenden Individuen unvermeidlich zu einem Evolutionsprozeß und zur Ausbildung immer höher entwickelter Arten führt – ist von eleganter Einfachheit. Sie ist so einfach, daß manche Leute sie für eine Tautologie halten (was sie in einem gewissen Sinne auch ist), die folglich keinerlei Erklärungen liefert (was nicht der Fall ist). Doch die Wissenschaft macht keine Fortschritte, indem sie Ideen aufnimmt, nur weil diese elegant sind, sondern dadurch, daß sie solche Vorstellungen den strengstmöglichen Prüfungen unterwirft und ihre Vorhersagen mit tatsächlichen Ereignissen vergleicht.

Bei der Evolutionstheorie ist das nicht so einfach. Ihre „Vorhersagen" beziehen sich auf eine ferne Vergangenheit, und ihre Überprüfung geschieht weitgehend anhand von Fossilfunden, welche die schlechteste Datenbasis bilden, die ein Wissenschaftler sich nur vorstellen kann: unzuverlässig, schwer zu deuten, voller Lücken und ständigen Veränderungen unterworfen. Deshalb macht die Sache aber auch so viel Spaß, und gerade daraus beziehen die einschlägigen Kontroversen ihre Nahrung.

Eine der gegenwärtigen Auseinandersetzungen – nur eine von vielen, die alle ineinander verwoben sind – ist die Debatte zwischen den Punktualisten und den Gradualisten, wie ich die gegnerischen Lager bezeichnen möchte. Die Gradualisten, die (etwas vereinfachend gesagt) durch Richard Dawkins vertreten werden, gehen davon aus, daß die Evolution ein kontinuierlicher Vorgang ist, der aus einer langen Serie von kleinen Schritten besteht. Die Punktualisten, deren bekanntester Vertreter Stephen Jay Gould ist, vertreten die Auffassung, daß die Entwicklung einer neuen Art einen abrupten Umbruch darstellt. Wir kennen alle diese eleganten Stammbäume in den Lehrbüchern, deren Äste sich verzweigen und majestätisch in den Himmel wachsen, um beim *Homo sapiens* zu gipfeln, der dort oben triumphierend thront wie der Engel auf einem Weihnachtsbaum. Diese rekonstruierten Bäume sind sehr schön geordnet und zusammenhängend, während die fossilen Funde, auf denen sie beruhen, sehr viel unzusammenhängender, sporadischer und ungeordneter erscheinen. Die Gradualisten erklären solche augenscheinlichen Diskontinuitäten durch Lücken in den Fossilfunden, die wahrscheinlich durch zukünftige Entdeckungen neuer Fossilien ergänzt werden oder die aufgrund der lückenhaften Art, in der Versteinerungen vorkommen, unausgefüllt bleiben werden. Man muß festhalten, daß diese Deutung der Befunde keine unvernünftige Annahme ist. Die Punktualisten glauben andererseits, daß die Diskontinuität der Fossilfunde den natürlichen Abläufen entspricht und in der Tat Zeugnis von den einstigen Vorläufern neuer Arten ablegen. Wer hat recht: die Punktualisten, die Gradualisten – oder keines der beiden Lager?

Neulich saß ich abends gemütlich auf der Couch, die Katze auf dem Schoß, und gab mich müßigem Sinnieren über das Problem der stetigen und abrupten Veränderungen in der Evolution hin, als es an der Tür läutete. Es war ein Bote mit einem Paket. Das Paket war in einfaches braunes Papier eingewickelt und trug einen blauen Aufkleber, auf dem ich las: „EcoMat Instrument Company Inc.", und einen zweiten roten Aufkleber, auf dem stand „ZERBRECHLICH". Das war rätselhaft, denn ich hatte noch nie von der Firma *EcoMat Instrument* gehört, und ganz sicher hatte ich nichts bei ihr bestellt. Doch was nützt es, sich über das Äußere verschlossener Pakete den Kopf zu zerbrechen, also öffnete

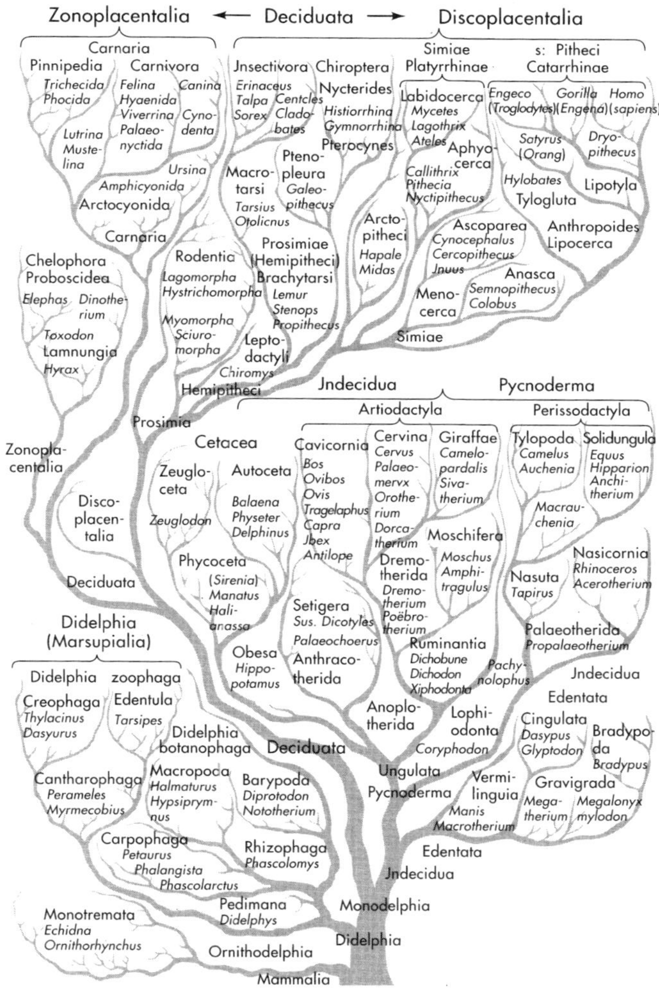

Abb. 15 Evolutionsbaum mit der Menschheit an seiner Spitze aus einem Lehrbuch, hier aus E. Haeckel, 1866, *Generelle Morphologie der Organismen*.

ich die Verpackung und fand eine Pappschachtel mit der Aufschrift: „Evoluskop, Prototyp Modell I".

Das machte mich nun wirklich neugierig, also öffnete ich die Schachtel und fand eine merkwürdige Kopfbedeckung, so etwas wie eine Kreuzung zwischen Stereokopfhörern und Sonnenbrille. Das Schaltkästchen war übersät mit Zifferblättern, Schaltern, Knöpfen, Hebeln und blinkenden Leuchtdioden. Ja, es sah ganz nach einem Mini-Kassettenrecorder aus.

Darunter lag ein dickes Handbuch in einem Plastikhefter.

Ich nahm den Apparat und setzte ihn auf meinen Kopf. Einen Moment lang verschwamm der Raum um mich, und ich empfand ein befremdliches Gefühl von Diskontinuität, dann wurde die Umgebung schlagartig wieder klar, aber alles war anders als zuvor. An die Stelle des Zimmers war eine flache Ebene getreten. Eigentlich war es nicht wirklich eine Ebene – je mehr ich mich konzentrierte, um so mehr Dimensionen konnte ich erkennen, Hunderte, Tausende, ja Millionen. Aber in Gedanken blieb ich dabei, es als Ebene zu bezeichnen. Sie war dichtgedrängt von den sonderbarsten Kreaturen bevölkert, die mir je zu Gesicht gekommen waren. Ich sah in die Richtung, in der sich mein Schoß befinden sollte – und dort sah ich in der Tat ein schläfriges Bündel braunen Fells hocken – meine Katze. Aber neben ihr war eine andere Katze, und noch eine und noch eine – Millionen von Katzen, enger aneinandergedrängt als Sardinen in der Dose ..., und alle unterschieden sich auf subtile Weise voneinander. Einige waren getigert, andere schwarzweiß gefleckt, manche fett, wieder andere dürr. Als ich meinen Blick weiter zur Seite schweifen ließ, bemerkte ich Katzen mit zwei Schwänzen, fünf Füßen, drei Augen; eine grüne Katze mit Rollbrettern anstelle von Pfoten, eine durchsichtige Katze; eine kugelförmige Katze, die über den Boden rollte und eine ebenso kugelrunde Maus verfolgte ...

Wie paßten nur die ganzen Viecher auf einen so engen Raum? Verwirrt öffnete ich das Handbuch. Es war so gut geschrieben wie die meisten Handbücher, das heißt, völlig unverständlich. Unter Schwierigkeiten fand ich einen Absatz, der wesentlich zu sein schien:

> *Formenraum.* Die Standardeinstellung des Evoluskops zeigt die statische Ansicht des Echtzeit-Formenraums. Jeder Punkt in diesem multidimensionalen Kontinuum entspricht der Form eines möglichen Lebewesens. Das Evoluskop bietet nicht nur die direkte Darstellung des Formenraums, sondern auch der jedem seiner Punkte entsprechenden Geschöpfe. Um die Überlebensfähigkeit darzustellen, drücke den Knopf mit der Bezeichnung TÜCHTIGKEITSFUNKTION auf dem Steuergerät.

Ich fand den Knopf und drückte ihn. Die Ebene fing an sich zu wellen und sich auszubauchen, bis eine rundliche Hügellandschaft entstanden war (Abb. 16). Meine Katze schwebte mir vor der Nase und hockte auf einer kleinen Erhe-

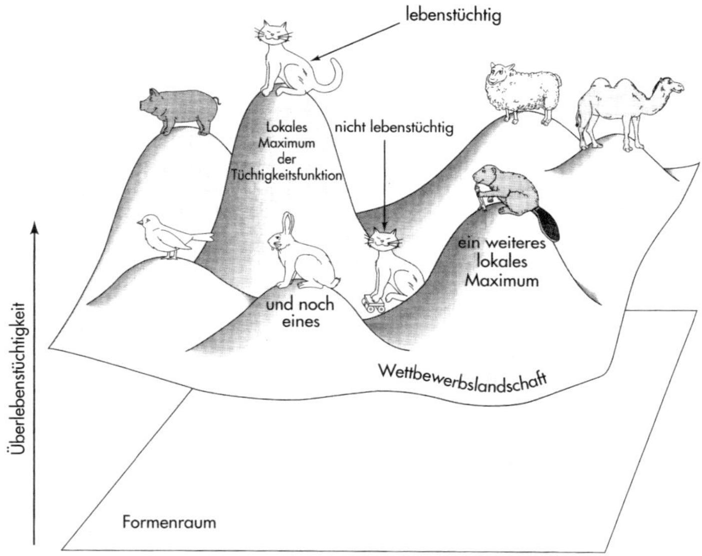

Abb. 16 Die Wettbewerbslandschaft. Formen, die ein lokales Maximum besetzt halten, sind wettbewerbsfähig und überleben, während die in den Tälern angesiedelten Formen lebensuntüchtig sind und aussterben.

bung. In der Ferne sah ich Hunde, eine Kuh, eine Giraffe und einen Regenwurm, jedes Tier thronte auf seinem eigenen Hügelchen. Es gab auch andere, merkwürdigere Gestalten: Eine davon nannte ich Telefant, da diese Kreatur aussah wie ein Elefant mit einem Rüssel in Form eines Telefons. Es gab eine Geißkrake (eine Ziege mit einem spiralförmigen Gehäuse auf dem Rücken, wie es Polypen bewohnen) und eine Fledergrille (die Kreuzung einer Grille mit einer Fledermaus, versteht sich). Ich entdeckte ein Schimpanzebra und ein Schwanguruh, ein Froschodil und ein Walpferd. Ich hielt zunächst vergeblich nach der Katze mit dem Rollbrett Ausschau, bis ich in ein tiefes Tal spähte, wo sie sich versteckt hielt – umgeben von anderen ihres Schlags. Tatsächlich erkannte ich bald, daß alle uns wohlvertrauten Tiere die Hügelkuppen besetzt zu halten schienen, während die eher bizarren Kreaturen sich in den Talsohlen aufhielten. Je weiter ich den Blick von der Talsohle zu den Hügeln schweifen ließ, desto vertrauter wurden die Geschöpfe: Auf den Hügelkuppen tummelten sich ausschließlich Tiere, die ich als normale Bewohner unseres Planeten erkannte. Einige Hügel aber schienen verwaist.

Ich blätterte im Handbuch, und allmählich kam Licht in das Dunkel.

Tüchtigkeitsfunktion: Auslösen durch Drücken des entsprechenden Knopfes auf dem Steuergerät. Zeigt eine Skala der Lebenstüchtigkeit jedes beliebigen Lebewesens im Formenraum, schematisch auf eine eindimensionale Größe reduziert, die als *Höhe* dargestellt wird. Tüchtigkeit wird als Funktion dieser Größe für die Punkte im Formenraum aufgetragen. Das bewirkt, daß der Formenraum in vertikaler Richtung um einen Betrag verschoben wird, der proportional der Tüchtigkeitsfunktion ist: mathematisch entspricht dies dem Graphen der Tüchtigkeitsfunktion. Die Standardebene des Formenraumes erscheint gewellt und stellt nun die *Konkurrenz-* oder *Wettbewerbslandschaft* dar. Spezies, die bessere Überlebenschancen haben, besetzen höhere Niveaus in dieser Landschaft.

Optionale Vergrößerung: Durch Drehen an der Skala am Nasenstück kann der lokale Maßstab verändert werden, um mikroskopische Formen sichtbar zu machen.

Ach, *deshalb* schienen manche Hügel leer! Ich zoomte auf einige von ihnen und fand eine Amöbe, eine Hydra und ein Salmonellenbakterium.

Nun wurde mir klar, was das Evoluskop war. Es war eine Apparatur, welche die verschiedenen mathematischen Aspekte der Darwinschen Evolution sichtbar machte. Obwohl Darwin seine Theorien verbal formuliert hat, können diese in mathematische Konzepte übertragen werden, wodurch es leichter wird, ihre Konsequenzen unzweideutig zu analysieren. Natürlich ist jedes mathematische Modell der Darwinschen Evolution lediglich eine Annäherung an die Realität – vorausgesetzt, es gibt eine solche Realität der Evolution, was natürlich eine ebenso kontroverse Annahme ist wie alles in diesem Zusammenhang –, aber präzise mathematische Formulierungen helfen, unterschiedliche theoretische Interpretationen zu unterscheiden. Sie können auch Widersprüche in der logischen Analyse aufdecken, indem man sie als Entsprechung für bestimmte Arten von verbalen Argumenten einsetzt. Worte haben das Problem, daß sie im Laufe der logischen Argumentation auf subtile Weise ihre Bedeutung ändern können, so daß die erzielten Schlußfolgerungen womöglich ungültig werden. Die Mathematik ist präziser und hilft uns, die jeweiligen Annahmen exakt festzunageln.

Bei dem bestimmten Modell der Evolution, das dem Evoluskop zugrundelag, wurden die Erscheinungsformen von Tieren durch Punkte im Formenraum wiedergegeben. Dieser Raum enthielt nicht bloß alle lebenstüchtigen, sondern alle *vorstellbaren* Kreaturen. Es gab außerdem ein Maß der Überlebenstüchtigkeit, die Tüchtigkeitsfunktion, wobei diejenigen Formen, die im Kampf ums Dasein erfolgreich waren, die mit den höchstmöglichen Werten für die Tüchtigkeit waren. Arten entsprachen lokalen Maxima der Tüchtigkeitsfunktion – also Hügeln in der Konkurrenzlandschaft oder ökologischen Nischen (Abb. 17).

Dies hilft zu erklären, warum die Arten trotz eines gegebenen Kontinuums an möglichen Formen dazu neigen, sich klar voneinander abzugrenzen. Mäuse

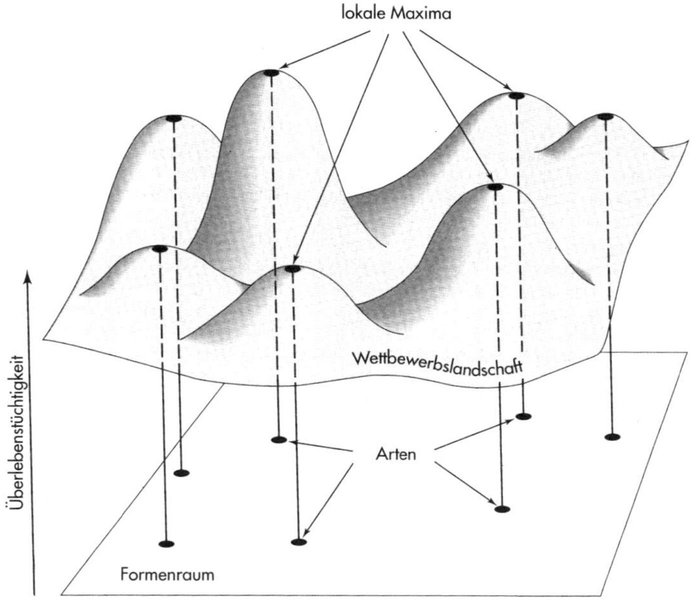

Abb. 17 Der Formenraum und die Wettbewerbslandschaft sind kontinuierlich, aber Arten korrespondieren nur mit den lokalen Maxima der Hügellandschaft und sind daher diskret.

sind beispielsweise recht klein, und es gibt keine breite Vielfalt an mausartigen Tieren aller denkbaren Größen. Der Formenraum ist zusammenhängend, aber jedes lokale Maximum ist von seinem eigenen Hügel umgeben, und die Hügel sind voneinander getrennt. Sowohl die ökologischen Nischen als auch die sie bevölkernden Arten sind diskret.

Ein anderes Phänomen, das sich gut einfügt, ist die konvergente Evolution, das Erscheinen von einander ähnlichen Formen, die jedoch sehr verschiedene Gene haben. So gibt es erstaunlich enge Parallelen zwischen den Beuteltieren Australiens und den mit einer Plazenta ausgestatteten Säugetieren der anderen Kontinente:

Tab 3:	Beuteltiere	Plazentatiere
	Beutelwolf	Wolf
	Flugbeutler	Flughörnchen
	Beutelspringmaus	Wüstenspringmaus
	Beutelmull	Maulwurf
	Ameisenbeutler	Ameisenbär
	Wombat	Murmeltier

Aufgabe 1

Finden Sie zwei weitere Beispiele für konvergente Evolution.

An diesem Punkt hörte ich auf, mit dem Evoluskop herumzuspielen – ich hatte keine Ahnung, welche unheimlichen Fähigkeiten (oder Kreaturen) es in sich bergen mochte, und es war nicht meine Absicht, die irdischen Lebewesen um mutierte menschenfressende Gurken oder was auch immer zu bereichern. Bevor ich weiteres unternahm, las ich erst einmal das ganze Handbuch von der ersten bis zur letzten Seite.

Als ich daraufhin befriedigt festgestellt hatte, daß das Gerät nur eine Simulation produzierte und keinerlei Einfluß auf die realen Zustände auf der Erde nehmen konnte, begann ich zu experimentieren. Die nächste manuelle Einflußmöglichkeit bezog sich auf den Kern von Darwins Argumenten.

> Um eine exaktere Darstellung der realen Verhältnisse zu erhalten, betätigen Sie den Regelknopf ZUFÄLLIGE MUTATIONEN. WARNUNG! Eine zu hohe Einstellung der Mutationsrate kann zu Chaos führen. Experimentieren Sie mit *feinfühligen* Einstellungen.

Ich drehte schüchtern an dem Knopf, und meine Katze errötete. Beim Weiterdrehen wurde sie getigert, zur Siamesin und dann zur stummelschwänzigen Man-Katze. Ich drehte den Knopf noch ein bißchen weiter, worauf die Katze faserig verschwommen wirkte und zu vibrieren begann.

Um diesen Vorgang genauer erkennen zu können, betätige ich den Schalter ZEITLUPE. Meine Katze änderte alle paar Sekunden ihr Aussehen ein wenig und wanderte dabei auf der Konkurrenzlandschaft umher. Alle erdenklichen Katzenformen bevölkerten grüppchenweise den Hügel und führten einen verwirrenden Tanz auf. Gelegentliche stärkere Veränderungen versetzten eine Katze um eine größere Strecke als normal, aber für gewöhnlich wanderte sie wieder auf den Gipfel ihres Hügels zurück. Zum Beispiel wuchsen ihr vorübergehend Elefantenohren, aber dadurch rutschte sie ein Stück den Hang hinab. Offenbar waren Elefantenohren für eine Katze keine vorteilhafte Mutation, da sie sie weniger lebenstüchtig machten. Durch die Anstrengung, diese riesigen

Ohren schleppen zu müssen, war sie nicht mehr so flink, und wenn die Katze sich mit laut klatschenden Ohren auf Mäusejagd begab, wurden diese von dem Lärm aufgeschreckt.

Mutationen, die eine Katze hügelabwärts versetzten, überdauerten nicht. Die Katzen tendierten dazu, zurück auf die Spitze des Hügels zu steigen, wobei sie wieder ein katzenartigeres Aussehen gewannen, indem die natürliche Auslese die unorthodoxeren Ausprägungen verwarf.

Ich drehte den Mutationsregler noch weiter hoch. Der Hügel wimmelte von lauter hektisch herumschwirrenden Katzen, die in Wellen die Hänge hinabbrandeten. Plötzlich löste sich mit einem vernehmlichen PLOP ein Pulk von Katzen, der den Hügel hinunterglitt, kurz unschlüssig im Tal verharrte und dann einen der nächstgelegenen Hügel emporschoß, der bislang leer gewesen war (Abb. 18).

Ich verlangsamte das Geschehen wieder, um die Neuankömmlinge in Augenschein zu nehmen.

Faszinierend.

Die ersten fliegenden Katzen der Welt!

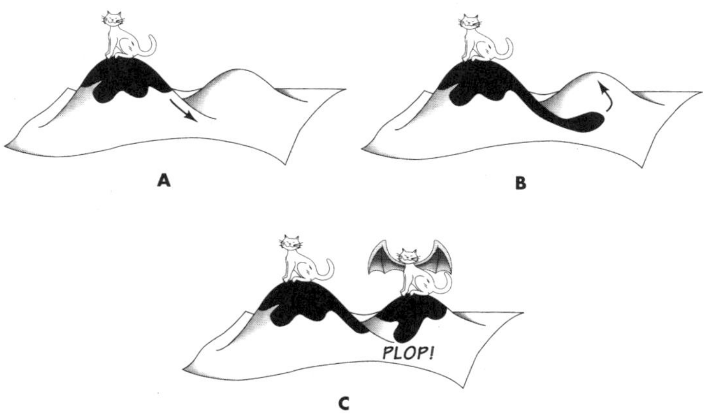

Abb. 18 Auswirkungen zufallsbestimmter Mutationen auf Lebewesen, die eine ökologische Nische besetzt halten. (**A**) Ein Ensemble von möglichen Formen (dunkler Bereich), das auf die Nische beschränkt ist. (**B**) Zufällige Variationen bewirken, daß das Ensemble einen „Fühler“ in Richtung einer benachbarten, leerstehenden Nische ausstreckt. (**C**) Ein Teil des Ensembles spaltet sich ab, um eine neue Art zu bilden.

Aufgabe 2

Auf den ersten Blick erscheint eine fliegende Katze überlebenstüchtiger als eine Katze ohne Flügel. Erklären Sie, weshalb das Fehlen von fliegenden Katzen in unserer Welt nicht im Widerspruch zur Darwinschen Evolutionstheorie steht.

Ich begriff, daß ich soeben Zeuge der *Entstehung einer neuen Art* geworden war.

Durch die starke Beschleunigung zufälliger Mutationen hatte sich im Zeitraffertempo innerhalb von ein paar Minuten eine neue Lebensform entwickelt, und zwar eine, die – im Gegensatz zu den meisten Mutationen – überlebensfähig war. Der Mischmasch lebenstüchtiger Katzenformen war in eine bislang unbesetzte ökologische Nische übergeschwappt und hatte sie in Besitz genommen, was sich in der Besetzung eines neuen Hügels in der Konkurrenzlandschaft ausdrückte. Zufällige, als „Störungen" wirkende Mutationen hatten einen Teil der Katzenarten aus einem der lokalen Maxima vertrieben und ein neues einnehmen lassen.

Konnte das die sprunghaften Änderungen in den Fossilfunden erklären?

Im Grunde nicht.

Erstens sind Mutationen von der Art, wie ich sie gerade beobachtet hatte, höchst ungewöhnlich; dies ist sogar einer der hauptsächlichen Einwände gegen die Darwinsche Theorie. Das zeitlich und örtlich zusammenhängende Auftreten aller einzelnen Änderungen der Erscheinungsform, die notwendig sind, um wirklich eine neue Art zu bilden, wäre äußerst unwahrscheinlich. Ich hatte entweder unwahrscheinliches Glück, oder ich hatte die Mutationsrate zu hoch eingestellt.

Mehr noch, wenn in den fossilen Funden plötzliche Veränderungen auftreten, findet man häufig eine ganze Reihe von neuen Arten, die auf einmal auftreten. Anstelle einer Spaltung des Evolutionsbaumes (das heißt, der Aufteilung einer Art in zwei neue) trifft man häufig eine Vervielfachung (zahlreiche neue Äste erscheinen zur gleichen Zeit). Darwin erkannte dies wohl; tatsächlich gibt es in *Die Entstehung der Arten* nur eine einzige Abbildung, und die zeigt genau diesen Sachverhalt. Wenn die Entstehung einer neuen Art dadurch geschähe, daß einzelne Individuen zufällig von einer ökologischen Nische zu einer anderen wechseln, dann sollte in jedem Fall nur eine einzige neue Art entstehen.

Schließlich würde in diesem Fall die ursprüngliche Art weiterbestehen, keine Art würde jemals aussterben. Nicht sehr überzeugend. Natürlich könnte der ganze Bestand an Katzen in die Nische der geflügelten Katzen überwechseln, doch erscheint das noch weit unwahrscheinlicher, als daß ein Teil von ihnen das tun würde.

Nicht sehr überzeugend.

Was ich mir von dem mathematischen Modell wünschte, war eine robustere Methode für die Entstehung neuer Arten. Nachdem ich jetzt das Handbuch gelesen hatte, fand ich bald eine vielversprechende Fragestellung.

> *Veränderung der Umwelt.* In der Realität hängt die Lebenstüchtigkeit eines Lebewesens von seiner Umwelt ab. Um ein Beispiel zu nennen: Ein Tier, das einen langen Hals entwickelt hat, um Blätter von hochwachsenden Bäumen zu fressen, verliert seinen Wettbewerbsvorteil und wird somit weniger tüchtig, wenn infolge einer Dürrezeit die Bäume weniger hoch wachsen. Der Schalter UMWELTVERÄNDERUNG gibt dem Benutzer die Möglichkeit, mit verschiedenartigen Veränderungen in Zeit oder Raum zu experimentieren.
>
> Es wird empfohlen, daß beim ersten Versuch, die Umwelt zu verändern, die Rate der zufälligen Mutationen auf Null oder einen sehr kleinen Wert gesetzt wird.

Gute Idee, dachte ich mir. Wollen wir es mit einer zeitlichen Veränderung versuchen. (Räumliche Veränderungen sind auch interessant, aber ich will einschlägige Experimente dem Leser überlassen.) Ich betätigte den Schalter sehr vorsichtig.

Die Landschaft begann sich zu wellen, so daß es aussah wie die Zeitlupenaufnahme einer stürmischen See. Die Gruppierungen lebenstüchtiger Lebewesen klammerten sich an ihre ökologischen Nischen, sprich blieben auf den Gipfeln ihrer Hügel hocken, auch wenn diese anschwollen, schrumpften, sich hoben oder senkten oder wie Kamelhöcker hin und herwogten. Die Arten waren in der Lage, schnell genug zu reagieren, um ihre Wettbewerbsfähigkeit und Überlebenstüchtigkeit aufrechtzuerhalten. Mir wurde bewußt, daß dies anschaulich das Phänomen der inneren Stabilität einer bestimmten Art vorführte: In einer sich langsam ändernden Umwelt wandelt sich die Erscheinungsform einer Art allmählich, wenn überhaupt. Dies schien für die gradualistische Theorie der Evolution zu sprechen ...

Aber was war das? Aus dem Augenwinkel hatte ich eine plötzliche, gewaltsame Veränderung wahrgenommen. Ich beobachtete weiterhin die wogende Landschaft, und dann sah ich, wie es geschah. Eine ganze Spezies raste blitzschnell zu einem Nachbarhügel hinüber, und mit der Besetzung einer neuen ökologischen Nische änderte sich augenblicklich ihre Form.

Warum hatten sie ihre alte Nische verlassen? Wo war übrigens ihre alte Nische abgeblieben?

Mein nächster Gedanke war: Im Fernsehen wäre jetzt der Zeitpunkt für eine Zeitlupenrückblende. Dann könnte ich sehen, was wirklich ... – Moment, vielleicht gab es einen weiteren Schalter?

Er war mit ZEITLUPEN-WIEDERH. beschriftet. Was will man mehr? Ich drückte ihn.

Nun wurde der Ablauf der Ereignisse verständlich (Abb. 19). Die rasche Bewegung trat beim *Verschwinden* einer ökologischen Nische auf. Zuerst war

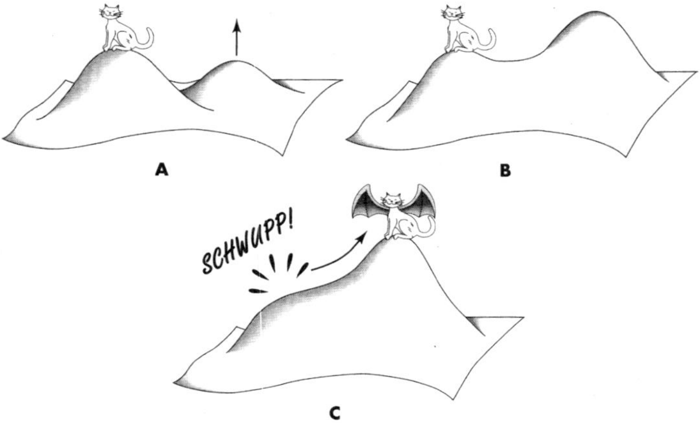

Abb. 19 Katastrophenbedingte Entstehung einer neuen Art, verursacht durch das Verschwinden einer ökologischen Nische.

da nur eine Nische: ein niedriger, besetzter Hügel. Dann fing in der Nachbarschaft einer zuvor unauffälligen Gegend der Landschaft eine unbesetzte Erhebung an zu wachsen. Die Veränderung der Umwelt hatte die Möglichkeit für die Existenz einer neuen Art geschaffen. Die neue ökologische Nische war jedoch unbesetzt, da noch keine Lebewesen in der Lage gewesen waren, die notwendigen Gestaltänderungen anzunehmen, um sie in Besitz zu nehmen. Die neue Nische weitete sich aus, und bald waren ihre Vorzüge größer als die der alten. Sie bewegte sich auf die alte Nische zu, so daß sich zwischen beiden ein direkter Weg – ein Sattel in der bergigen Oberfläche – ausbildete. Der Sattel wurde höher und wuchs mit der alten Nische zusammen – wodurch die beiden einander auslöschten, wie Teilchen und Antiteilchen, wenn sie zusammenstoßen. Mit dem Unterschied, daß nicht Energie freigesetzt wurde, sondern die Lebewesen aus der Falle ihrer alten ökologischen Nische freikamen. Diese Freiheit nutzten sie, um ihre Überlebenstüchtigkeit zu verbessern, sie erstürmten blitzartig den neuen Hügel, tollten eine Weile herum und besetzten dann die Kuppe. Doch hatte sich dabei ihr Aussehen gewandelt: Sie hatten sich adaptiv verändert, um zu der neuen Nische zu passen.

Und schnell war das geschehen! Diesmal sah es also so aus, als hätten die Punktualisten recht!

Könnte es sein, daß *beide* recht hatten? Mir kam es so vor, als gäbe es da zwei unterschiedliche Phänomene. Beiden lag die gleiche allgemeine Ursache zugrunde – die Veränderung der Umwelt – aber sie traten unter verschiedenen Bedingungen auf. Wenn die Veränderung langsam und gleichmäßig geschieht, so ändert die ökologische Nische ihre Gestalt oder bewegt sich, aber sie bleibt dieselbe Nische; bei schnellen, praktisch diskontinuierlichen Veränderungen kollidiert eine ökologische Nische mit einer anderen und verschwindet.

Das schien realistischer! Interessant ist, daß sowohl allmähliche Veränderungen als auch zeitweilig bestehendes Gleichgewicht als natürliche Konsequenzen aus ein und demselben Modell der Darwinistischen Evolution folgen. Mehr noch, selbst wenn das mathematische Modell nicht der wirklichen Evolution entspricht, beweist es dennoch, daß beide Arten der Weiterentwicklung gemeinsam existieren können, ohne daß es dazu besondere und voneinander verschiedene Ursachen geben müßte und daß es keine logische Notwendigkeit gibt, sie als einander widersprechende Theorien aufzufassen. Mit anderen Worten, die Gradualisten und Punktualisten sollten ihre Argumente zusammenfügen, anstatt sie gegeneinander auszuspielen.

Das Handbuch enthielt eine Fußnote:

> Die von René Thom, Vladimir Arnold, John Mather und anderen entwickelte mathematische Theorie der Singularitäten, auch als Katastrophentheorie bekannt, zeigt, daß die beiden oben behandelten Verhaltensformen typische Merkmale – und die einzigen typischen Merkmale – sind, die in dieser Art mathematischer Modelle vorkommen. Der Unterschied ist, daß langsame Veränderungen während der meisten Zeit stattfinden, während plötzliche Änderungen (oder Katastrophen) nur in isolierten Momenten auftreten. Das ist aber genau das, was sich in den Fossilfunden abzeichnet. Christopher Zeeman wandte, an die Arbeiten von Maurice Dodson und anderen anknüpfend, die Katastrophentheorie auf die Evolution an.
>
> Kurioserweise wurden die frühesten Verfechter plötzlicher Veränderungen in der Evolution zu Darwins Lebzeiten als Katastrophisten bezeichnet.

An diesem Punkt stellte ich fest, daß noch nicht alle Schwierigkeiten gelöst waren. Diese Art von plötzlichem Sprung, der in dem Modell vorkam – und nach Aussagen der Katastrophentheorie die einzig mögliche Art von Sprüngen, ausgenommen in höchst unwahrscheinlichen Ausnahmefällen – ist an das *Verschwinden* einer einzelnen alten und das Hervorbringen einer einzelnen neuen Art gekoppelt. Das erklärt nicht Darwins Beobachtung der gleichzeitigen Entstehung mehrerer Arten, die alle von demselben Vorgänger abstammen.

Nach einiger Zeit fiel mir ein, daß ich die ZUFÄLLIGE MUTATION abgestellt hatte. Mochte sein, daß das einen entscheidenden Unterschied bedeutete, obwohl ich nicht sagen konnte welchen.

Ich startete das Experiment neu, diesmal aber mit eingeschalteter ZUFÄLLIGER MUTATION. Diesmal war jede Nische, anstatt von einer einzigen Form besetzt zu sein, von einer turbulenten Gruppe ähnlicher, aber nicht gleicher Individuen besetzt, die gelegentlich ein Stück bergab glitten, sich jedoch im allgemeinen aufgrund der natürlichen Auslese nahe der Hügelkuppe aufhielten. Der erste Versuch ergab keine besonderen Unterschiede. Wenn die Nische verschwand, raste die ganze Gruppe den neuen Hügel hinauf und fand sich schließlich am selben Platz wie zuvor ein.

Mir fiel jedoch auf, daß die Meute, während sie hügelan strebte, dazu neigte, seitlich auseinanderzuweichen. Das hatte einen guten Grund. Stellen Sie sich ein Lebewesen vor, das ein bestimmtes Aussehen hat und von einer Anzahl von Individuen mit zufällig variierenden Eigenschaften umgeben ist. Setzen Sie nun diese Blase auf einen Abhang. Die Gestalten weiter rechts und weiter links befinden sich auf dem gleichen Niveau der Lebenstüchtigkeit, sie sitzen auf derselben Höhenlinie der Wettbewerbslandschaft. Sie sind also gleichermaßen angepaßt und überleben mit derselben Rate. Die Formen weiter hangabwärts sind weniger gut angepaßt und daher in geringerem Maße überlebensfähig. Diejenigen weiter oben sind dagegen um so lebenstüchtiger und überleben zu einem höheren Prozentsatz. Also wird der anfangs kreisförmige Aufenthaltsbereich von hinten her zusammengedrückt, kann sich aber seitwärts ausbreiten; er neigt dazu, die Form einer Ellipse anzunehmen, die an der unteren Seite abgeflacht wird.

Angenommen nun, eine Gruppe möglicher Lebensformen wandert einen Hang hinauf, der nicht nur zu einer, sondern mehreren Hügelkuppen führt. Dann kann diese Gruppe, indem sie sich seitlich ausbreitet, in Teilgruppen zerfallen, die *alle* nahegelegenen Hügel erklimmen. Das bedeutet eine Aufspaltung in mehrere Arten – genau wie Darwin es beobachtet hat. Der entsprechende Stammbaum sieht aus wie in Abbildung 20A gezeigt; da gesteinsbildende Sedimente jedoch sehr langsam abgelagert werden, wird die Zeitskala gestaucht, und was man anhand der Fossilfunde sieht, entspricht mehr Abbildung 20B – genau dem, was man tatsächlich gefunden hat. Alles paßt zusammen!

Wenn wir also die beiden wesentlichen Merkmale von Darwins Theorie zusammenfügen – zufällige Mutationen und das Überleben des Tüchtigsten – so weist das einfachste, natürlichste mathematische Modell die folgenden Eigenschaften auf:

- In den meisten Epochen verändert sich eine Art nur langsam oder gar nicht.
- In Zeiten langsamer Veränderung der Umwelt entstehen keine neuen Arten.
- Zu vereinzelten Zeitpunkten können Arten sich wesentlich schneller ändern.
- Wenn plötzliche katastrophale Veränderungen auftreten, entwickeln sich häufig mehrere Arten gleichzeitig.

Beachten Sie, daß die Katastrophen nicht einfach das beschleunigte Abbild der langsamen Veränderungen sind, sondern daß sie eine völlig andere Qualität haben. Mathematisch gesehen sind sie mit dem Verschwinden einer Nische

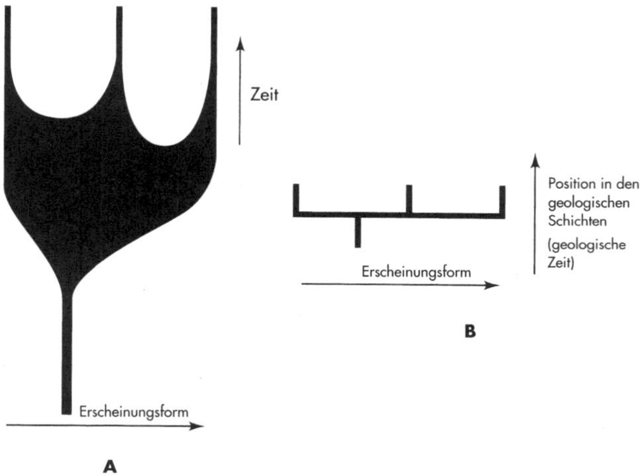

Abb. 20 (**A**) Ein Stammbaum mit einer mehrfachen Verzweigung (gemäß Abb. 15). (**B**) In den fossilen Funden erscheint derselbe Baum hochgradig komprimiert, was den Eindruck von sprunghaften Veränderungen erweckt. Vergleiche mit Abb. 16.

verknüpft, während die langsamen Änderungen lediglich die kontinuierliche Veränderung einer Nische bedeuten. Mehr noch, auch eine beschleunigt ablaufende „langsame" Veränderung kann keine neue Art hervorbringen, das vermag nur eine Katastrophe. All das entspricht den Belegen durch Fossilfunde so gut, daß es wirklich zweifelhaft erscheint, ob Gradualismus und Punktualismus einander widersprechende Theorien sind. Möglicherweise sind sie nur zwei verschiedene Aspekte derselben Theorie. Weder Gradualismus noch Punktualismus – sondern beides.

Es handelt sich hier natürlich nur um ein sehr einfaches Modell. Es gibt viele Möglichkeiten außer der Katastrophentheorie, Darwins Hypothesen mathematisch wiederzugeben. Doch kompliziertere und realistischere Modelle sollten den fossilen Funden noch besser entsprechen. Auch diese Theorien können langsame und schnelle Veränderungen in einer konsistenten Theorie kombinieren. In der Tat läßt der relativ gute Erfolg dieser einfachen Vorstellung vermuten, daß die Modelle zutreffen müßten, und daß diese Kombination eine natürliche Konsequenz allgemeiner mathematischer Prinzipien ist, und nicht das Ergebnis bloßen Probierens.

Das Handbuch endete mit einem Warnhinweis:

VORSICHT! Das Modell 1 des Evoluskops ist ein Versuchsgerät. Künftige fortschrittlichere Modelle werden über ausgeklügelte multivariante Skalen für den

Grad der Lebenstüchtigkeit anstelle von eindimensionalen numerischen Skalen verfügen. Der Wettbewerb zwischen den Individuen wird die Umwelt beeinflussen, um die Möglichkeit zu modellieren, daß Änderungen der Wettbewerbsteilnehmer die Regeln des Wettbewerbs selbst ändern können.

Das war ein ausgezeichneter Gedanke. Die Entwicklung geflügelter Katzen würde die Wettbewerbslandschaft für Vögel dramatisch verändern!

Die Unterscheidung zwischen *Genotyp* (den genetischen Anlagen eines Lebewesens) und *Phänotyp* (seiner Erscheinungsform) wird künftig angemessen berücksichtigt. Die natürliche Selektion wirkt anhand des Phänotyps, während die zufälligen Mutationen Einfluß auf den Genotyp haben. Folglich muß das Modell die bei der Fortpflanzung wirksam werdende Interaktion zwischen diesen Faktoren berücksichtigen ...

Mir schwirrte der Kopf vor lauter brodelnden Ansammlungen von Walpferden, die über die wogende Landschaft zappelten. Ich versuchte, das Evoluskop von meinem Kopf zu ziehen – aber da war gar nichts.

Es war alles nur ein Traum.

Doch beanspruchen Träume und mathematische Überlegungen in gleicher Weise die Phantasie. Mir wurde klar, daß das Evoluskop – oder besser gesagt, etwas wie eine sehr ausgeklügelte Version davon, vielleicht das Modell XXVI – letztendlich tatsächlich existiert. Es befindet sich seit den letzten ungefähr vier Milliarden Jahren hier. Es ist aber ein unsichtbarer Mechanismus, der in Zeiträumen von Millionen von Jahren arbeitet, und wir sehen nur seine Ergebnisse.

Wollen Sie ein wirkliches Evoluskop sehen?

Sie leben mitten darin.

Antworten

1. Die fischartige Gestalt eines Delphins und die Flügel von Fledermäusen und Vögeln.
2. Hier gibt es drei mögliche Antworten. *A*. Es könnte durchaus sein, daß eine fliegende Katze nicht lebenstüchtiger wäre als eine ohne Flügel. Wenn die Flügel der Katze auch helfen würden, Vögel zu fangen und vor Hunden zu fliehen, so würden diese sie beim Erklettern von Bäumen behindern und sie auf der Mäusejagd mit zusätzlichem Gewicht belasten. *B*. Die notwendigen Mutationen zur Hervorbringung einer fliegenden Katze sind noch nicht aufgetreten; das Schicksalselement der Evolution war am Werk. *C*. Es gibt physische und chemische Einschränkungen, die Einfluß darauf haben, was sich entwickeln *kann*. Ein Merkmal tritt nicht

schon deshalb bei einer Art auf, weil es sich als nützlich erweisen könnte; es muß einen praktischen Entwicklungsweg geben.

Weiterführende Literatur

Arnold, V. I. *Catastrophe Theory*. 2. Ausg. New York (Springer-Verlag) 1986.

Darwin, C. *The Origin of Species*. New York (Viking Penguin) 1982; Harmondsworth (Penguin Books) 1985. Deutsch: *Die Entstehung der Arten durch natürliche Zuchtwahl*. Stuttgart (Reclam).

Dawkins R. *The Selfish Gene*. 2. Ausg. New York (Oxford University Press) 1990. Deutsch: *Das egoistische Gen*. Heidelberg (Spektrum Akademischer Verlag) 1994.

Dawkins R. *The Blind Watchmaker*. Harlow, England (Longman) 1986; New York (W. W. Norton) 1987.

Dodson, M. M. *Quantum evolution and the fold catastrophe*. In: *Evolutionary Theory* 1 (1975) S. 107–118.

Gould, S. J. *Ontogeny and Phylogeny*. Cambridge (Harvard University Press) 1977.

Gould, S. J. *Wonderful Life: The Burgess Shales and the Nature of History*. New York (W. W. Norton) 1989; London (Hutchinson) 1990.

Gould, S. J. *Zufall Mensch. Das Wunder des Lebens als Spiel der Natur*. München (dtv) 1994.*

Levy, S. *KL - Künstliches Leben aus dem Computer*. München (Droemer-Knaur) 1993.*

Maynard-Smith, J. *Evolution and the Theory of Games*. Cambridge (Harvard University Press) 1982.

Stewart, I. *Oh! Catastrophe*. Paris (Belin) 1982.

Stewart, I. *The Problem of Mathematics*. Oxford, New York (Oxford University Press) 1987. Deutsch: *Mathematik. Probleme – Themen – Fragen*. Basel (Birkhäuser) 1990.

Zeeman, E. C. *Decision making and evolution*. In: *Theory and Explanation in Archaeology*, ed. C. Renfrew, M. J. Rowlands, and B. A. Seagraves-Whallon. New York (Academic Press) 1982.

* Die mit * gekennzeichneten Titel wurden in der deutschen Ausgabe ergänzt.

4
Die Zahnräder des Geistes

Es war Frühling im traditionsreichen Cambridge als ich im Park am Cam spazierenging, wo die Osterglocken die Flußufer gelb färbten. Ich schritt über die hölzerne Brücke, die der Legende zufolge Isaac Newton konstruiert und ohne einen einzigen Nagel zusammengefügt hatte. Einmal wurde sie zerlegt, und als man sie wieder aufbauen wollte, gelang es niemandem, sie wieder zusammenzusetzen, ohne dabei ein, zwei unverzeihliche Nägel einzuschlagen. Newtons Ideen lassen sich eben oft nur schwer nachvollziehen.

Die ganze Stadt ist geprägt von geschichtsträchtigen mathematischen Ereignissen. Newton war in Cambridge, am Trinity College. Am nahegelegenen St. John's College gelangte John Couch Adams 1845 aufgrund seiner Berechnungen der Planetenbahnen zur Vorhersage der Existenz – und der Position – des damals noch unentdeckten Planeten Neptun. (Zu ähnlichen Schlüssen kam unabhängig von Adams der französische Astronom U. J. J. Leverrier, wobei die Franzosen ihre Teleskope als erste auf den Punkt richteten, den ihnen ihr Theoretiker angegeben hatte, so daß Leverrier zu Recht den Entdeckerruhm einheimste. Hätte der Königlich Britische Astronom Sir George Airy die Sache auch so wichtig genommen, dann hätte vielleicht Adams den Zuschlag erhalten.) In Cambridge begegnete der geniale indische Autodidakt Srinivasa Ramanujan am Trinity College erstmals europäischen Mathematikern. Alan Turing, einer der Väter des Computers, war eine Zeitlang Mitglied des King's College. John Horton Conway, unter mathematischen Visionären als Erfinder des „Game of Life" bekannt, war bis vor kurzem in Cambridge, bevor er nach Princeton abwanderte. Mathematikern ist seine Erfindung der einfachen Conway-Gruppe ·O („Punkt-Oh") geläufig, die aus $2^{22} \cdot 3^9 \cdot 5^4 \cdot 7^2 \cdot 11 \cdot 13 \cdot 23$ Rotationen im 24dimensionalen Raum besteht, während er selbst vor allem auf seine Fähigkeit stolz war, seine Zunge so verdrehen zu können, daß sie vertikal stand.

Und zwei ehemalige Präsidenten vom Gonville beziehungsweise Caius College, John Venn und Sir Ronald Fisher, waren ebenfalls Mathematiker. Der berühmte Statistiker Sir Ronald war von 1956 bis 1959 Präsident. Der als Erfinder der Venn-Diagramme bekannte Logiker John Venn übte das Präsidentenamt zwischen 1903 und 1923 aus. Ich hielt mich in Cambridge auf, um ein jüngst in der Halle des Caius College zum Gedenken an die beiden großen Männer installiertes farbiges Glasfenster zu besichtigen. Genauer gesagt handelte es sich um zwei Fenster, eines über dem anderen: drei einander überlappende Scheiben in Gelb, Blau und Purpur für Venn, und eine Tafel aus 7×7 verschiedenfarbigen Quadraten für Fisher.

Nun, das war der vorgebliche Grund. In Wahrheit war ich dort, um eine alte Freundin, Lucretia Borges, zu besuchen, die sich wie Venn der mathematischen Logik verschrieben hat, und die ähnlich wie er in den Kreuzgängen von Caius zuhause ist.

Wir saßen in der ehrenwerten Runde der graduierten Collegemitglieder, festlich bewirtet mit Wildhuhnbraten in Orangensoße und tranken beträchtliche Mengen an Rotwein. Mitglieder des College dürfen bis zu zwei Gäste mitbringen, und so hatte sich Jules, Lucretias Ehemann, zu uns gesellt. Jules ist ein sehr unterhaltsamer aber auch redseliger Philosoph. Er war in voller Fahrt und hielt einen längeren Vortag zur Bedeutung von Imagination und bildhafter Vorstellung im Werk von Nikolaus von Kues(1401–1464):

„... und das dürfte dich interessieren, Ian, da du doch Mathematiker bist, nicht wahr, Cusanus war außerordentlich, und ich meine außerordentlich, angetan von mathematischen Symbolen. Ich meine, er benutzte den Kreis als ein Bild für ... nun, Gott. Du weiß ja, wenn ein Kreis größer wird, dann nimmt seine Krümmung, also das Maß seiner Biegung, ab ... Dies zeigt, wie widersprüchlich sich die Aspekte des Göttlichen im Unendlichen verhalten; ein unendlich großer Kreis ist eine gerade Linie, nicht wahr, aber der Mensch muß sich damit abfinden, daß er die Unendlichkeit Gottes nie anders als in Annäherungen begreifen kann."

„Jules, das ist faszinierend", sagte ich. „Könnte ich bitte die kandierte Ananas in Rum bekommen ..."

„Jedes Zeitalter", fuhr er fort, „scheint seinen eigenen Schatz an bildhaften Metaphern zu besitzen, so eine Art Urbilder, grundsätzliche Schemata, du weißt schon, Platons Höhlengleichnis und so etwas in der Art ... allgemein gültige Symbole."

„Wie die Mandelbrotmenge", warf Lucretia ein. „Ein Fraktal. Das Sinnbild des ausgehenden 20. Jahrhunderts für das Chaos."

„Ja, absolut! Richtig! Und diese beiden Diagramme in dem bunten Glasfenster da oben, siehst du, die sind auch Sinnbilder. Sie haben Ihre Wurzeln tief im gemeinsamen Unbewußten, sozusagen der Menschheit, so daß –"

„Jules", sagte ich. „Wenn die Symbole von *universeller* Gültigkeit sind, dann muß Nikolaus von Kues' Verwendung des Kreises als ein Symbol für Gott bedeuten, daß Venns Diagramm ein Symbol für *drei* Götter wäre."

„Die heilige Dreieinigkeit", erwiderte er und schaute gedankenverloren umher. „Drei *verbundene* Kreise, wie ihr bemerken werdet. Das wäre übrigens auch ein besseres Symbol für das *Trinity* College –"

„Naja, du weißt aber doch, Jules, daß das nicht so *ganz* das ist, was Venn im Sinn hatte, als er sie erfand“, wandte Lucretia ein. „Ich glaube nicht, daß er dabei an die Dreieinigkeit gedacht hat.“

„Na gut, aber *was* stellen seine drei Kreise dann dar?“

„Mengen“, erklärte Lucretia mit Bestimmtheit.

„Laßt mich dazu etwas erklären“, sagte ich. „Lucretia weiß zu viel über mathematische Logik, und sie läßt es komplizierter klingen als es ist, und im Handumdrehen, wette ich, langt sie bei der pränexen Normalform an. Jules, sag', was haben die folgenden Dinge gemein: eine schwarze Katze, eine Krähe, eine Pelzmütze, ein Schirm, ein Eisbär, ein Chamäleon, eine blonde Perükke und ein Wasserball?“

„Wollen mal sehen ... das kann man alles bei Hertie kaufen! Nein, ich ziehe das zurück, ich glaube, bei Hertie gibt's keine Krähen, die werden heutzutage kaum noch verlangt. Ah, ich weiß! Man kann nichts davon gebrauchen, um darauf zu den Kanarischen Inseln zu reisen!“

„Nahe dran“, gab ich zur Antwort. „Ich schätze, du würdest glatt den Ritt auf einer vorüberfliegenden Krähe versuchen. Aber falsch. Versuch's nochmal.“

„Ich geb's auf.“

„Was sie gemeinsam haben, ist dies: Sie haben absolut nichts gemeinsam“, erklärte ich. Ich kann nur sagen: Meine klare Erklärung klärte das Verständnis nicht. „Laß mich das klarstellen“, fuhr ich bedachtsam fort. „Die acht Gegenstände, die ich aufgezählt habe – und die Anzahl Acht ist sehr bedeutsam, wie du gleich sehen wirst – „

„O wie herrlich“, schrie Jules. „Ich liebe numerologische Bedeutsamkeit! Zum Beispiel bedeutet in Platons Staat die Zahl 729 den Unterschied zwischen dem König und dem Tyrannen –“

Ich ließ nicht locker: „Die acht Gegenstände verkörpern alle möglichen Kombinationen von drei Eigenschaften: schwarz, lebendig und behaart.“

„Ach herrjeh, daran hätte ich denken sollen“, gab er zurück.

„Zum Beispiel ist die Katze schwarz, lebendig und behaart. Die Krähe ist schwarz und lebendig, aber *nicht* behaart. Die blonde Perücke ist nicht schwarz, nicht lebendig, aber sie ist behaart. Und der Wasserball ist nicht-schwarz, nicht-lebendig und nicht-behaart. Tatsächlich“, fuhr ich fort, „kann ich die acht Gegenstände für jede der drei Eigenschaften in jeweils vier unterteilen, die diese Eigenschaft besitzen, und vier, die sie nicht aufweisen. So sind die Katze, die Pelzmütze, der Eisbär und die blonde Perücke behaart, die übrigen aber nicht. Ich kann die Objekte, die eine Eigenschaft besitzen, in einem Kreis anordnen (Abb. 21). Oder ich kann – John Venns genialem Einfall folgend – drei Kreise gleichzeitig zeichnen, einen für jede Eigenschaft, und dadurch alle möglichen Kombinationen der drei darstellen (Abb. 22).

„Prachtvoll!“ rief Lucretia aus, indem sie meine Zeichnungen betrachtete.

„Ich verstehe nicht so recht, was das mit Gott zu tun hat“, bemerkte Jules.

Abb. 21 Zusammenfassung von Objekten aufgrund der Merkmale *schwarz*, *lebendig*, *behaart*.

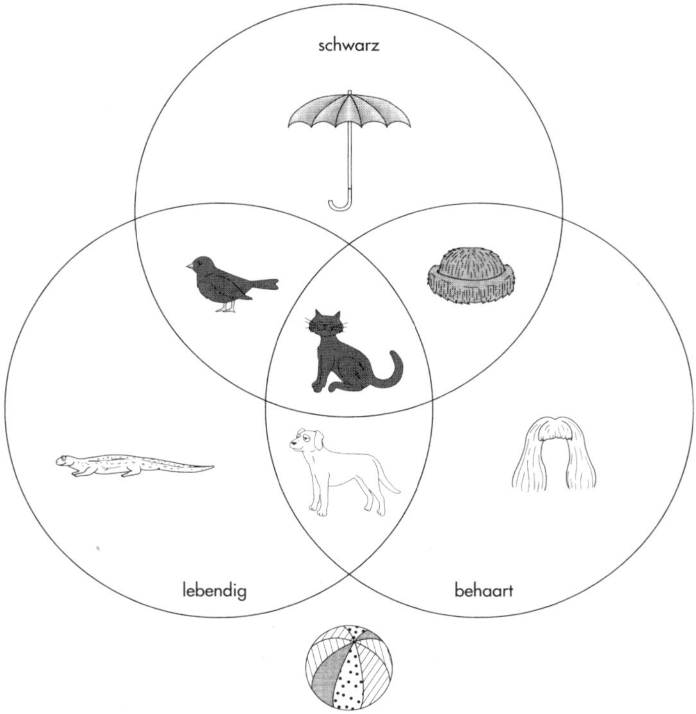

Abb. 22 Ein Venn-Diagramm stellt alle drei Attribute gleichzeitig dar.

„Gar nichts.“

„Solange du nicht in Schöpfungskategorien denkst“, fuhr er unbeirrt fort, „ich meine, etwa so wie: ‚schwarz, lebendig und behaart hat Er sie geschaffen, und Er sah, daß es gut war – ich meine, daß sie gut waren.‘“

„Die Kreise sind nur visuelle Hilfsmittel“, verdeutlichte ich, „um Objekte mit ähnlichen Eigenschaften zusammenzufassen.“

„Bist du *sicher*?“

„Ganz sicher.“

„Ah! Logischer Positivismus ... Aber Venn hätte keine Kreise benutzen sollen, weißt du. Falsches Symbol. Zu verwirrend. Dabei denkt jeder an Gott. Irreführend, das Ganze.“

„Wenn du es sagst, Liebling“, meinte Lucretia, etwas müde. „Ian, zeichne sie doch künftig ein bißchen eierig, ja?“

„Die eiern doch schon, Lucretia. Das kommt vom Rotwein.“

„Was ist denn überhaupt so besonders an drei Kreisen, die sich überschneiden?“ fragte Jules.

„Nun, die Idee ist, daß verschiedene Kombinationen der drei Eigenschaften durch verschiedene Bereiche des Diagramms repräsentiert werden“, erklärte Lucretia. „Denk zum Beispiel mal an das De Morgansche Gesetz.“ Sie kritzelte hastig etwas auf eine Serviette:

$$\neg (p \wedge q) = (\neg p) \vee (\neg q)$$

„Wenn's Dir nichts ausmacht, verzichte ich gerne darauf“, konterte Jules.

„Hier sind p und q logische Aussagen“, erklärte Lucretia hilfsbereit.

„Das Symbol ¬ bedeutet ‚nicht‘, also liest man ¬p ‚nicht-p‘“

„‚To p or not to p‘“, murmelte ich leise, „das ist hier die Frage.“

„Ian, sagtest du etwas?“

„Eigentlich nicht, meine liebe Lucretia.“

„Gut. Das ‚∧‘ bedeutet ‚und‘, und das ‚∨‘ steht für ‚oder‘. De Morgans Gesetz lautet ‚nicht-(p-und-q) ist dasselbe wie (nicht-p)-oder-(nicht-q)‘.“

„Könntest Du das nochmal sagen, Lucretia?“

„Sie macht es viel zu kompliziert, wie ich schon sagte“, warf ich ein. „Nimm an, Jules, p bedeutet ‚schwarz‘ und q bedeutet ‚behaart‘. Dann sagt De Morgans Gesetz aus, daß jedes Ding, das nicht schwarz-und-behaart ist, nicht-schwarz *oder* nicht-behaart sein muß.“

Er würdigte diese Bemerkung schweigend.

Schließlich meinte Jules: „Das ist doch offensichtlich!“, um dann unsicher hinzuzufügen: „Oder etwa nicht?“

„Schau“, fing ich wieder an, „du könntest dir vorstellen, daß alles, was nicht schwarz-und-behaart ist, *sowohl* nicht-schwarz *als auch* nicht-behaart sein muß.“

Lucretia sagte: „Das wäre:“

$$\neg (p \wedge q) = (\neg p) \wedge (\neg q)$$

„Aber das ist albern“, meinte Jules. „Ich meine, eine blonde Perücke ist nicht schwarz-und-behaart, aber sie ist nicht nicht-schwarz *und* nicht-behaart, nicht wahr? Ich will sagen, eine Perücke ist behaart, nicht nicht-behaart, verstehst du? Und eine blonde ist nicht schwarz, sie kann also nicht schwarz-und-behaart sein ... ich drücke mich wohl nicht besonders klar aus, wie?“

„Du machst es sehr gut“, antwortete ich. „Und was du gerade gesagt hast, läßt sich in einem Venn-Diagramm darstellen [Abb. 23A und B]. Die blonde Perücke liegt in dem Bereich, der dem Zustand *nicht schwarz-und-behaart* entspricht, aber sie liegt nicht in dem Bereich, der mit *nicht-schwarz und nicht-*

behaart korrespondiert. Folglich sind diese Bereiche voneinander verschieden, und das bedeutet, daß die entsprechenden Kombinationen von Merkmalen einander logisch nicht äquivalent sind."

„Anderseits aber", ergänzte Lucretia, „ist das Gebiet für *nicht-schwarz oder nicht-behaart* exakt dasselbe wie das für *nicht schwarz-und-behaart* [Abb. 23C]. Das demonstriert, wie man Venn-Diagramme zum Beweis logischer Äquivalenz benutzen kann, in diesem Fall für den De Morganschen Satz."

Jules stieß einen tiefen Seufzer aus. „Das heißt, es hat überhaupt nichts mit der Dreieinigkeit zu tun?"

„Nein, Liebling. Es sind doch eierige Kreise, hast du das vergessen?"

„Ach ja. Toll."

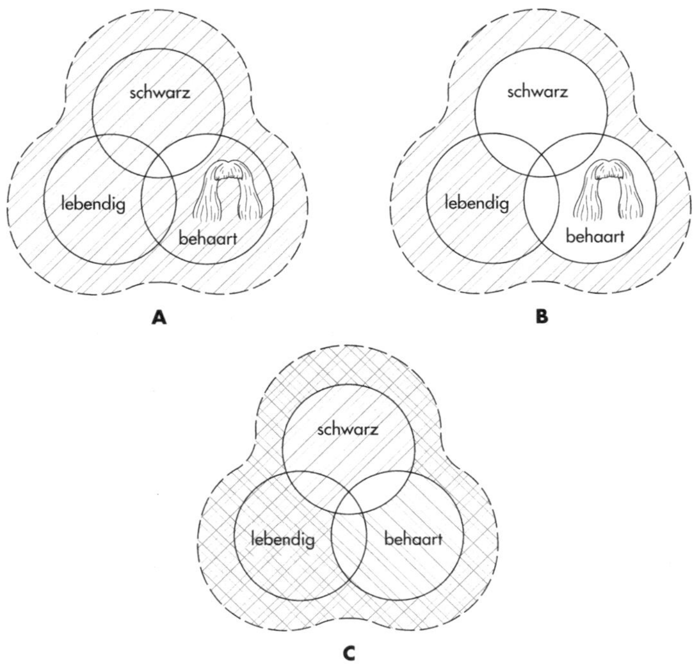

Abb. 23 (**A**) Der schraffierte Bereich entspricht den Eigenschaften *nicht schwarz-und-behaart*. (**B**) Dieser Bereich stellt die Eigenschaftskombination *nicht-schwarz und nicht-behaart* dar, der sich von **A** darin unterscheidet, daß bespielsweise die Perücke nicht in ihm enthalten ist. (**C**) Das Gebiet der Eigenschaftskombination *nicht-schwarz* (linksschraffiert) *oder nicht-behaart* (rechtsschraffiert), die gemeinsam dasselbe Gebiet wie die Region **A** einnehmen. Dies bildet einen anschaulichen Beweis für De Morgans Gesetz.

„Nun laß uns davon ausgehen, daß wir es nicht mit drei, sondern mit vier Eigenschaften zu tun haben“, fuhr Lucretia fort. „Schwarzsein, Lebendigkeit, Behaartheit und – tja – Wohlklang.“

„Häh?“ machten Jules und ich gleichzeitig.

„Ein Schirm“, bemerkte Lucretia, „ist schwarz, unbelebt, unbehaart und nicht wohltönend. Auf der anderen Seite ist eine Klarinette schwarz, unbelebt, unbehaart und wohltönend.“

„Was ist schwarz, lebendig, behaart und wohltönend?“ wollte Jules wissen.

Es ist immer wieder schön, wenn man die Leute mit alten Witzen erfreuen kann. Als wir uns wieder einigermaßen beruhigt hatten, nahm Lucretia den Faden des Gesprächs wieder auf: „Was für eine Art von Diagramm braucht man, um alle möglichen Kombinationen von *vier* Eigenschaften darzustellen?“

„Vier Kreise“, sage Jules ohne zu zögern.

„Tut mir leid – das klappt nicht“, entgegnete Lucretia. „Es gibt sechzehn mögliche Kombinationen der Eigenschaften, aber nur vierzehn von den Kreisen ausgeschnittene Gebiete. Zum Beispiel fehlt ein Gebiet für etwas, das schwarz, nicht-lebendig, behaart und nicht wohltönend ist.“ (Abb. 24A)

„Wie zum Beispiel die Pelzmütze“, fügte Jules hinzu.

„John Venn kannte die richtige Antwort“, bemerkte Lucretia. „Er benutzte vier *Ellipsen*.“ (Abb. 24B)

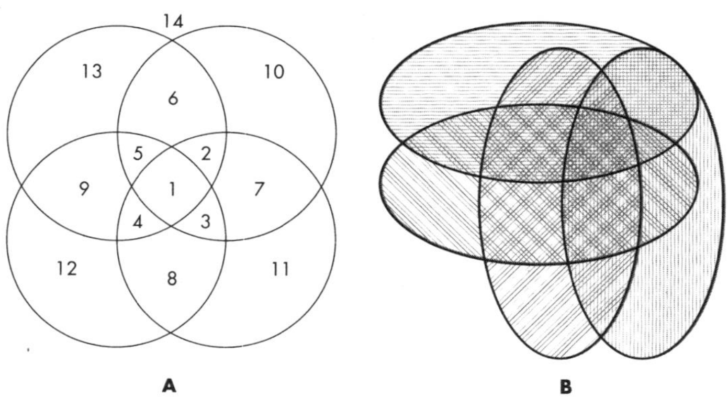

Abb. 24 (**A**) Vier überlappende Kreise bilden nur 14 Gebiete, aber es gibt 16 Kombinationen von vier Eigenschaften. Hier fehlen die Kombinationen *schwarz und nicht-lebendig, behaart und nicht-wohlklingend* und *nicht-schwarz, lebendig, unbehaart und wohlklingend*. Also bekommt man mit vier Kreisen kein passendes Diagramm für vier Eigenschaften. (**B**) Vier Ellipsen leisten jedoch, wie Venn hervorhob, das Gewünschte.

„Ich hab's Euch doch gesagt, daß es Blödsinn ist, Kreise zu benutzen", triumphierte Jules. „Ist doch von vornherein viel zu leicht mit Gott zu verwechseln. Ich frage mich, wofür eine Ellipse bei Nikolaus von Kues –"

„Du bist nicht der einzige Kritiker", sagte Lucretia. „1896 schrieb Lewis Carroll, der seine eigene Variante von Venn-Diagrammen hatte, folgendes:

> Meine Methode der Diagrammdarstellung erinnert insofern an die von Mr. Venn, als sie verschiedenen Klassen voneinander getrennte Sektoren zuordnet, und indem sie diese Abschnitte als besetzt oder leer markiert; sie unterscheidet sich jedoch insofern von seiner Methode, als sie der Allmenge ein geschlossenes Gebiet zuweist, so daß die Klasse, die unter Mr. Venns liberaler Herrschaft die Freiheit genoß, sich nach Belieben in einem unendlichen Raum auszubreiten, sich nun zu ihrem Schrecken in einem begrenzten Feld eingesperrt findet wie irgendeine der anderen Klassen!

Carroll schlug eine andere Art von Diagrammen vor, die Rechtecke benutzt."

Aufgabe 1

Finde Anordnungen aus drei und vier Rechtecken, die brauchbare Venn-Diagramme darstellen.

Jules wollte wissen: „Gibt es für jede denkbare Anzahl von Mengen Diagramme?"

„Jetzt sprichst du wie ein wahrer Mathematiker, mein Liebling!" antwortete Lucretia. „Venn selbst kam über fünf Mengen nicht hinaus. Das heißt, er fand nie eine wirklich befriedigende Lösung. 1880 präsentierte er ein Diagramm für fünf Mengen, aber einige Gebiete waren auf mehrere nicht zusammenhängende Bereiche verteilt. Im Jahre 1881 fand er einen Weg, um eine fünfte Menge in Form eines Kreisrings, also eines Kreises mit einem Loch in der Mitte, einzubeziehen, aber auch damit war er nicht richtig zufrieden. Er meinte, eine Lösung sollte ‚nur symmetrische Figuren verwenden, die nicht nur eine Hilfe bei Schlußfolgerungen bieten, sondern auch bis zu einem gewissen Grade Eleganz besitzen'. Andererseits sagte er auch, daß ‚es keine theoretische Schwierigkeit gibt, das Schema unbegrenzt zu erweitern'."

„Ich sehe es vor mir", entgegnete ich darauf. „Man läßt jede neue Menge Fühler in alle bereits vorhandenen Gebiete ausstrecken. Aber dann sehen die Mengen bald sehr unregelmäßig und zittrig aus."

„Auch Venn wußte das", meinte Lucretia. „Er sagte, daß, da eine Tendenz besteht, daß nach den ersten vier oder fünf nacheinander gezeichneten Mengen die resultierenden Umrißlinien eine kammartige Struktur annehmen'."

„Richtig!"

„Die ganze Angelegenheit führte zu einer sehr eigenartigen Konsequenz", fuhr Lucretia fort. „Und ich versichere euch, die Geschichte ist absolut wahr."

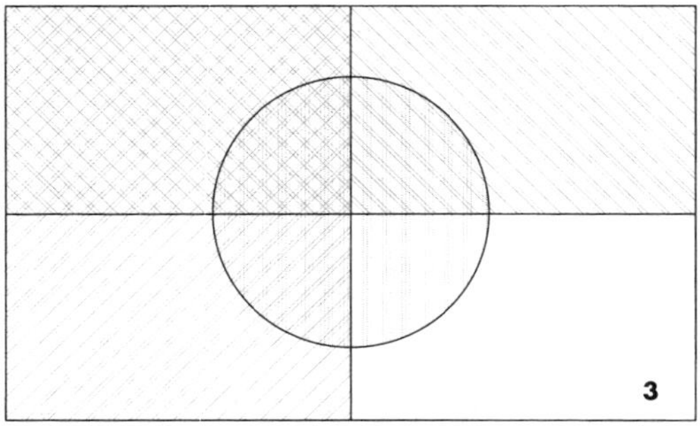

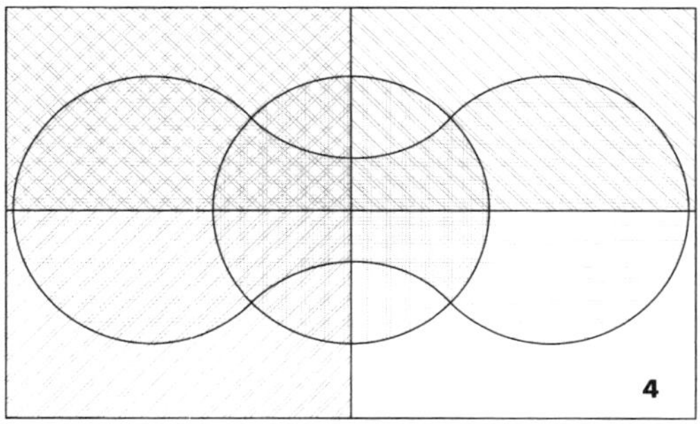

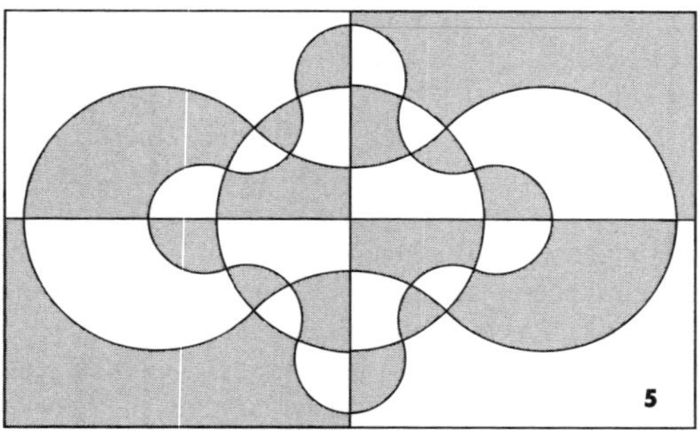

Abb. 25 Die Edward-Vennschen Zahnräder, die für jede Anzahl von Mengen passen. (Fortsetzung auf der nächsten Seite.)

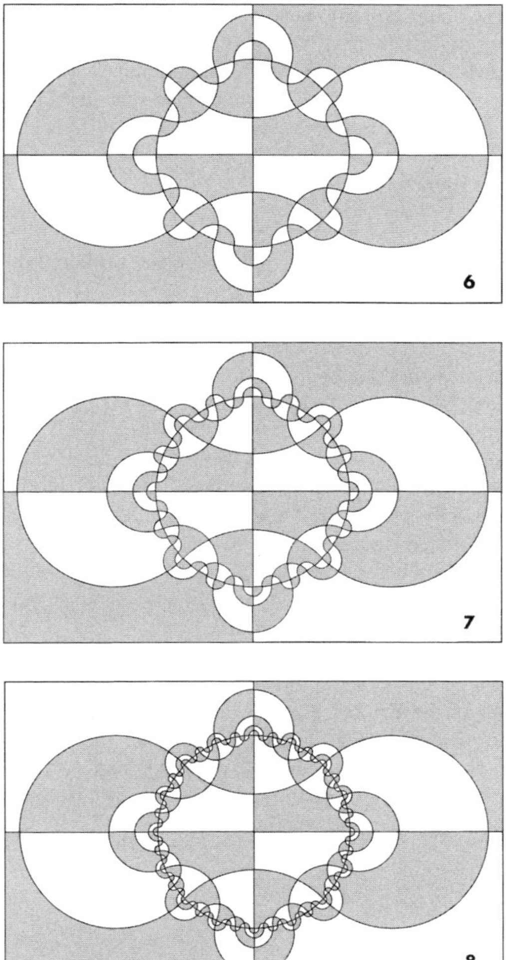

Abb. 25 (Fortsetzung)

„Als sich das College entschlossen hatte, zum Andenken an Fisher und Venn ein Glasfenster zu installieren, bat es einen mathematischen Biologen, Dr. Anthony Edwards, es zu gestalten. Wie er nun damit beschäftigt war, stieß er auf eine wunderschöne Lösung des Problems, wie sich ein Venn-Diagramm für eine beliebig große Zahl von *n* Mengen finden läßt. Seine Mengen waren [Abb. 25] ähnlich, wie Venn es beschrieben hatte, sie erinnerten jeoch eher an Zahnräder als an Kämme."

„Zahnräder des Geistes", rief Jules aus. „Das gäbe einen großartigen Titel für ein Buch."

„Er löste dabei ein seit über einem Jahrhundert offenes Problem", schloß Lucretia.

„Donnerwetter!" entfuhr es Jules.

„Es handelt sich um eine dieser Entdeckungen, die so schwer zu machen und so leicht zu zerreden sind", sagte ich. „Sie ist nicht so berühmt wie die Poincarésche Vermutung oder die große Riemannsche Hypothese."

„Die sind berühmt?" fragte Jules.

„Unter Mathematikern. Heute zählen Venn-Diagramme nicht mehr gerade zur Hauptforschungsrichtung der Mathematik. Aber, wichtig oder nicht, sie griffen eine offene Frage auf, die wirklich nach einer Antwort verlangte. Und die Antwort ist einfach und elegant, ganz im Sinne wahrer Mathematik. Ich halte sie für ausgesprochen raffiniert. Sie schlägt einen in ihren Bann."

„Und sie *hat* mit der Hauptforschungsrichtung zu tun", betonte Lucretia. „Sie hat Anwendungen in der Kombinatorik."

„Nicht nur das!" fügte ich hinzu. Die Sache wurde interessant. „Um es zeitgemäß zu sagen, das Diagramm ist ein Fraktal. Das heißt, das Bild unendlich vieler Mengen besitzt bei jedem Maßstab Strukturen, und es wird von einer rekursiven Prozedur erzeugt. Man kann also sagen, daß die Edward-Venn-Diagramme sozusagen ein Sinnbild der modernen Zeit darstellen."

„Ich glaube, wir sollten jetzt nach Hause gehen", erklärte Lucretia plötzlich. „Ian spricht allmählich genauso wie du, Jules."

Antworten

1. Lewis Carrolls Venn-Diagramm ist in Abbildung 26 zu sehen.

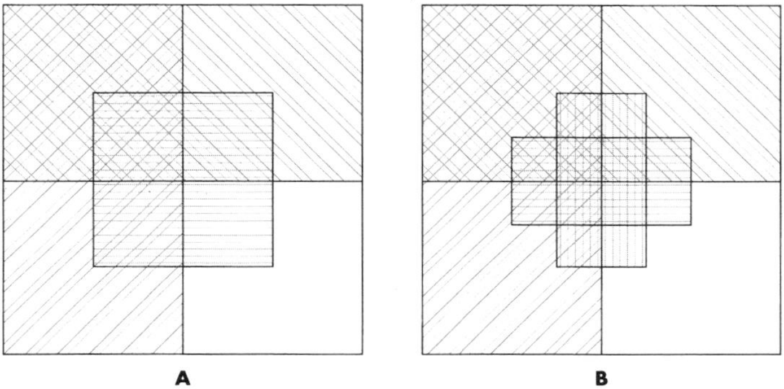

Abb. 26 Lewis Carrolls alternative Diagramme.

Weiterführende Literatur

Dodgson, C. L. (Lewis Carroll). *Symbolic Logic*. London (Macmillan) 1896.

Clarence, I. L.; Langford, C. H. *History of symbolic logic*. In: *The World of Mathematics*, ed. James R. Newman, vol. 3. New York (Simon and Schuster) 1956.

Stewart, I.; Tall, D. *The Foundations of Mathematics*. Oxford, New York (Oxford University Press) 1988.

Venn, J. *On the diagrammatic and mechanical representation of propositions and reasonings*. In: *Philosophical Magazine* (5th series) 10 (1880) S. 1–18.

Venn J. *Symbolic Logic*. London (Macmillan) 1881.

5
Zu viele Goaßn und Obstler

„Balthes!“

Der Krinner-Bauer war überhaupt nicht guter Laune. „Balthes, du host scho wida die vafluachten Goaßn in Obstgartn einiglaßn!“

„Ja, Bauer, jetzad is zeidi, daß ma's grosn lassn.“

Der Krinner seufzte. „Ned ender als daß de Äpfi pflückt san, Balthes! De hand des Johr a weni spat dro, weis gor so trucka war.“ Es war ein sehr trockener Sommer gewesen in Waging, und daher reiften die Äpfel verspätet. „Du woaßt genau, wos de Viecha dean, Balthes! De Mistviecha rempln an de Bam und schüttln de Äpfi oba, nachad fressn se's razibuzi zamm! Hois da aussa, aba glei!“ Er warf seinen Hut auf den Boden und trampelte ein paarmal darauf herum, um seinem Ärger Luft zu machen. Dann lief er im Obstgarten herum um nachzuzählen, wieviele Bäume schon ihre Äpfel verloren hatten: es waren 314 an der Zahl. Er lehnte sich gegen den obersten Balken des Gatters vom Ziegenstall und kaute gedankenversunken auf einem Strohhalm.

Schließlich traf er eine Entscheidung. „Wos soi's, mach ma hoid as bessa draus, wie da Ahndl Herbert oiwei gsogt hod. Balthes! Jetzad machst an Zaun um de Bam umi, wo de Äpfi scho herunt san, und nachad treibst do de Goaßn eini, daß de do drinna grosn kenna. Aba schaug ja, daß de Mistviecha ned in den andern Teil eini kemma!“

Balthes beeilte sich, dem Folge zu leisten, und den ganzen Nachmittag hörte man nichts anderes mehr als das Hämmern, mit dem ein Drahtzaun an die Bäume genagelt wurde, und das Meckern der verstörten Ziegen.

Am späteren Nachmittag tauchte Balthes wieder auf, verdreckt und schwitzend. „Jetzad bin i firti, Bauer. A Sauarbat. I hob den Zaun an hundert und neinaneinzg Bam hignagelt. I hoabs nochzeid, wia i ganga bi. Jetzad woid i grod de Goaßn aussa lassn.“

„Guad. Aba paß ja auf, daß de Viecha ned des ganze Gros zammfressn.“

„Hah?“

„Schaug her, Balthes, des is do kinderleicht. De Äpfibam hand do olle in an Viereck wia in an Muster opflanzt, host mi?“

„Ja, Bauer.“

„Guad. A jede Goaß frißt exakt sovui Gros, wia zwisch'n vier Bam wachst. Host mi? Oa Viereck, oa Goaß."

„Guad."

„Oiso brauchst blos de Viereck im Zaun drinna zein, nachad woaßt, wiavui Goaßn d' einilaßn derfst."

„Ja, freili. Aba – Bauer?"

„Ja, Balthes?" antwortete der Krinner Alois verärgert.

„Des hand ja gor koane Viereck, Bauer. I hob an Haufn von de Zäun querumi ziagn miassn, oda aso."

„Nachad findst as hoid aussi, wiavui des oiszamm is, indem daß du zammzeist wiavui des mitananda is. (Anm. d. Üs.: Dann rechne ihren Inhalt in der Maßeinheit der Quadrate aus.)"

„Wann i wißt, wia i des doa soi, Bauer."

„Jetzad host aba zwoa Brettln vorm Hirn, Balthes. An jeda gottverlassne Depp woaß wia ma an Grund und Bodn darechnet!"

„Da Zaun hod aba a recht gschpaßige Form, Bauer." (Abb. 27) Alois ging nachschauen. Das Resultat war, daß er ein weiteres Mal auf seinem Hut herumtrampelte und schrie und zeterte, dann kehrte er mit Balthes zum Hof zurück und telefonierte Jakob Staff, einen Landvermesser aus der naheliegenden Stadt, herbei. Sie setzten sich an den Tisch mit der karierten Tischdecke in

Abb. 27 Wie viele Ziegen dürfen in dem abgezäunten Bereich des Obstgartens grasen? (Jede Ziege benötigt die Grasmenge, die in einem Einheitsquadrat des Gitters wächst.)

der guten Stube, und nachdem es ja um einen Obstgarten ging, gesellte sich auch ein entsprechendes Fläschchen hinzu.

„Das nenne ich mal ein *interessantes* Problem“, meinte Jakob und kippte sein erstes Stamperl. „Ich könnte dir eine Karte von dem Feld anfertigen, und dann die Fläche durch Triangulation berechnen –“

„Guad.“

„– vorausgesetzt, du bist bereit, das übliche Honorar zu bezahlen.“

„Honorar? Wos für a Honorar?“

„Viertausend Mark für die Kartographie und nochmal viertausend Mark für die Triangulation.“

„Achttausend Mark? Da Ahndl Herbert dat si im Grob umdrahn, bald er schon hi war. Aba g'wiß dat er aufm Fleck dot umfoin, bald er des hörn kannt. So einen Schmarrn hob i no nia g'hört!“

„Na schön, ‘s ginge auch billiger. Alter Landvermessertrick. Schau, du hast doch deine Birnbäume in einem rechtwinkligen Gitter angepflanzt, wie wir Mathematiker das nennen.“

„Äpfibam! Des is koa Gatta, wei des a Obstgartn is!“

Jakob korrigierte sich hastig: „Ein Gitter, das ist ein gewürfeltes Muster, Alois, so wie eine rotweiß-karierte Tischdecke!“

„Oiso. Aba wos sogst ma des ned glei?“

„Ich meinte, das hätte ich getan, aber egal. Nun hast du zum Glück außerdem den Zaun von Baum zu Baum gezogen, so daß er ein Gitterpolygon bildet.“

„Eine Polliwos?“

„Ein Vieleck, dessen Ecken auf den Gitterpunkten liegt, host mi? Wie du schon gesagt hast, befinden sich 314 Bäume auf oder innerhalb des Poly... des Vielecks. Davon stehen 199 genau auf der Grenze, weil Balthes den Zaun an grad so viele Bäume angenagelt hat. Also sind 115 Bäume innerhalb vom Zaun.“

„Ja, freili. Aba wos dad mia des scho taugn? I ko mia des ned denga ...“

„Ja, aber gewiß doch! Da gibt es eine bemerkenswerte Formel, das sogenannte Picksche Theorem. Wurde 1899 von G. Pick entdeckt, und damit kann man die Fläche eines Gitterpolygons berechnen. Du brauchst dazu nur die Anzahl der Gitterpunkte – der Bäume – im Inneren zu wissen, und die Anzahl derer genau auf der Grenze. Das ist kinderleicht anzuwenden ... und das Honorar beträgt dann nur zweihundert Mark.“ Er reihte die geleerten Gläschen auf den Karos der Tischdecke auf.

„Oha. Zwoahundat. Deia gnua, dad i sogn.“ Es entstand eine längere Pause. „Meinatwegn. Red weida.“

„Die Sache hat nur einen kleinen Haken. Ich hab' die Formel vergessen“, meinte Jakob kleinlaut.

„Landvamessa, du taugst grad sovui wia a Teelöffi zum Stoiausmistn.“

„Nicht so voreilig, Alois! Es ist schon sehr hilfreich, bloß zu *wissen*, daß es so eine Formel gibt."

„Soso, und wemma woaß, daß do a Flächn is, des nutzt nix?"

„Das ist nicht dasselbe. Wenn wir nur wissen, daß es eine Formel gibt, können wir sie immer aufstellen. Was die Berechnung der Fläche betrifft – damit wären wir wieder bei dem Achttausend-Mark-Geschäft."

„Mach scho weida, Jackl. Aba loß da's gsogt sei, ois Bauer kenn i mi net so aus mit der Algebra und Geometrie und so am Zeigs. Mit de Kia und de Roß, da woaß i Bscheid. Mogst no oan?"

„Pferdeverstand führt in der Mathematik nicht sehr weit, Alois. Ich glaube, in diesem speziellen Fall kommen wir mit Algebra weiter als mit Kühen und Pferden."

„Ja, und wia nachad?"

„Ha! Ich glaube, indem wir Spezialfälle betrachten. Ich werde mit A die Fläche des Polygons bezeichnen, und mit B die Anzahl der Grenzpunkte, und mit I die Anzahl der Punkte im Inneren. Und dann schaue ich mir einfache Beispiele an. Nimm mal ein Quadrat mit den Seitenlängen 1×1, dann ist $A = 1$, $B = 4$ und $I = 0$. Ähnlich sind bei einem 1×2-Rechteck $A = 2$, $B = 6$, $I = 0$, bei einem 1×3-Rechteck $A = 3$, $B = 8$, $I = 0$ und so weiter [Abb. 28A]. Wir können das auf einer kleinen Tafel aufstellen."

„Guad. I werd' d' Saag hoin."

„Halt – ich meine es doch so, schau *her*." Er nahm eine der Papierservietten und malte darauf etwas auf:

Tab. 4:	**Seite**	**A**	**B**	**I**
	1 × 1	1	4	0
	1 × 2	2	6	0
	1 × 3	3	8	0
	1 × 4	4	10	0

„Ah, jetzad!"

„So – kannst Du irgend ein Schema in den Zahlen erkennen?"

„Scho. In der Spoitn I is gar nix drin."

„Ich pflichte Dir bei, Alois, daß I immer gleich Null, aber das war es eigentlich nicht, worauf ich hinauswollte, und das stört mich ein wenig, denn es läßt mich vermuten, daß ich noch nicht genügend allgemeine Polygone ausgewählt habe. Trotzdem sehe ich eine Art Regel. Der Wert von B ist ungefähr doppelt so groß wie der von A. Tatsächlich haben wir in jedem Fall

$$B = 2A + 2.$$

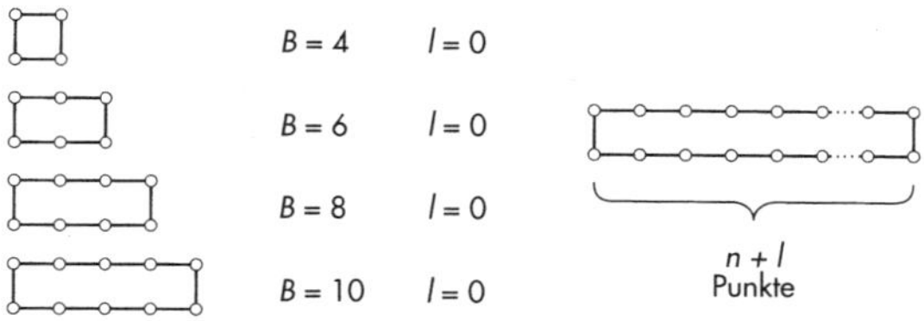

Abb. 28 (**A**) $1 \times n$-Rechtecke für $n = 1, 2, 3, 4$. (**B**) Das allgemeine $1 \times n$-Rechteck.

Nach der Fläche aufgelöst bekommen wir

$$A = \tfrac{1}{2}B - 1.$$

Die Fläche ist halb so groß wie die Anzahl der Grenzpunkte minus Eins. Prost."

„Des host wirkli g'scheit ausg'rechnet, Herr Professor!"

„Das läßt sich sogar beweisen für ein allgemeines Rechteck mit den Seiten $1 \times n$ [Abb. 28B]. Die Fläche ist ganz leicht: sie beträgt n Einheiten, wobei jede Einheit die Fläche einer einzelnen Gitterzelle ist. Es gibt $n + 1$ Gitterpunkte an der oberen Kante und $n + 1$ an der unteren, also $2n + 2$ miteinander."

Alois murmelte halblaut vor sich hin: „Da schaug her. Ja, mit de Henna kemma uns aus. Zwoa Henna und no zwoa, des gibt via mitanand. Außer, wenn zwoa davon Hahna san, nachad –"

„Alois, n, nicht Henn! Das ist ein Symbol für eine x-beliebige Zahl!"

„Ah, x, ja, dös hamma in da Schui glernt!"

„Nein, n, nicht x!"

„Ah, nachad!"

Dies drohte in eine tiefe Verwirrung zu führen, doch schließlich dämmerte es Jakob, daß Alois nur bestätigend vor sich hin sinnierte und nicht wirklich andere mathematische Symbole einführen wollte, und so hörte er auf, ihn immerfort zu verbessern. „Folglich ist $A = n$, $B = 2n + 2$, $I = 0$, die Formel ist korrekt", schloß er triumphierend.

„Blitz un Dunna. Jackl, du bist ein Schenie!"

„Jetzt kommt die Gegenprobe. Versuchen wir ein Quadrat mit den Seiten 2×2. Also $A = 4$, $B = 8$, $I = 1$ und $\tfrac{1}{2}B - 1 = 4 - 1 = 3$. Herrgottsakra, haut net hi!"

„Naa, aba wenigstens san de Punkte innendrin nimmer nix!"

„Das hilft jetzt auch nichts – ich meine, du hast schon Recht damit, Alois! Hmmm – laß mich ein paar $2 \times n$-Rechtecke ausprobieren, um zu sehen, wie sich A und $\tfrac{1}{2}B - 1$ verhalten ..."

Tab. 5:	Größe	A	B	I	$\frac{1}{2}$B–1	A–($\frac{1}{2}$B–1)
	2 × 1	2	6	0	2	0
	2 × 2	4	8	1	3	1
	2 × 3	6	10	2	4	2
	2 × 4	8	12	3	5	3
	2 × 5	10	14	4	6	4
	2 × 6	12	16	5	7	5

„Ha! *Jetzt* sehe ich ein Muster!"

„Ja, jetzad siagt's jeda Depp! Des is so klar wia an Obstler!"

„Das hast du schön gesagt, Alois. In der letzten Spalte steht das gleiche wie in der Spalte I. Das legt nahe, daß $A - (\frac{1}{2}B - 1) = I$, und das kann man auch schreiben als:

PICKS THEOREM

Für jedes Gitterpolygon erhält man die Fläche A anhand der Anzahl der Grenzpunkte B und der Innenpunkte I durch die Formel

$$A = \tfrac{1}{2}B + I - 1.$$

Ist das nicht berauschend schön!"

„Ganz gwiss. So schee wia dreizehn Stamperl Klare."

„Hmmm. Aber noch haben wir Hicks – ich meine, Picks – Th. . .eorem nicht bewiesen."

„Ah. Was hamma denn sonst grad g'macht?"

„Verführung und Vermutung, Alois, nichts weiter. Klar ist der nächste Schritt: Wir müssen andere Beispiele ausprobieren."

„Dann Prost!"

Aufgabe 1

Probieren Sie Picks Theorem an den Gitterpolygonen in Abbildung 29 aus.

Nach einigen weiteren Diskussionen erklärte der Krinner Alois: „Du, Professor, des langt mir schon. Gehma, schau ma zum Obstgartn, die Anzahl Bam auf der Grenzn san –"

„Halt, nicht so schnell. Halt die Pferde noch im Zaum!"

„Ich sog's ja, Jackl, du bist halt ned vom Land. Es dad si um Goaßn handln, ned um Rösser! Ganz leicht zum unterscheidn – an de Hörndln, und riachn doans ah a weni anderst."

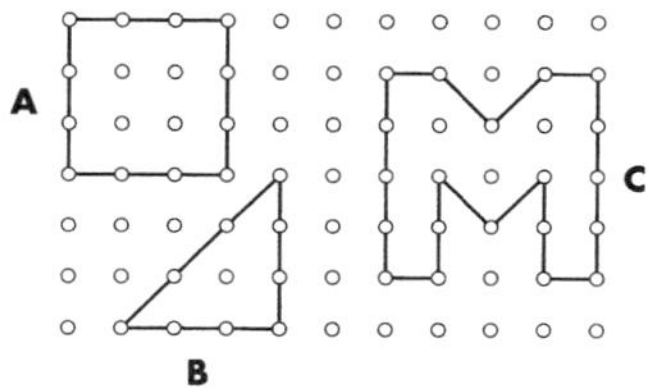

Abb. 29 Einige Gitterpolygone zum Experimentieren.

„Ganz recht. Tut mir leid, Alois, wir müssen erst noch *beweisen*, daß die Theorie auch stimmt."

„Aba mir ham do scho an ganzn Stadl voi vo Beweise!"

„Das haben wir auch gedacht bei der Formel $A = \frac{1}{2}B{-}1$, aber nix war's. Woher willst wissen, daß wir jetzt nicht wieder danebenhauen?"

„Des hob i in da Nosn, da stinkt nix mehr!"

„Hmm – pffft. Nichts gegen deine olfaktorische Kompetenz, aber ich bestehe auf einem Beweis. Betrachten wir noch einmal den Fall $1 \times n$. Angenommen, wir fügen an einem Ende ein einzelnes Quadrat dazu [Abb. 30A]. Dann nimmt A um 1 zu, B nimmt um 2 zu, I bleibt gleich 0. Also wird $\frac{1}{2}B + I - 1$ um 1 größer, was gerade A entspricht. Und im Falle $2 \times n$ [Abb. 30B] addieren wir einen 2×1 großen Block, so daß A um 2 größer wird, B ebenfalls um 2, I wird um 1 größer, und $\frac{1}{2}B + I - 1$ wächst um 2, genauso wie A. Aha! Da dämmert mir was! *Wenn du zwei Gitterpolygone zusammentust, dann wird der Ausdruck* $\frac{1}{2}$B + I – *1 einfach aufsummiert*. Das funktioniert auch: siehe Exkurs 3 …

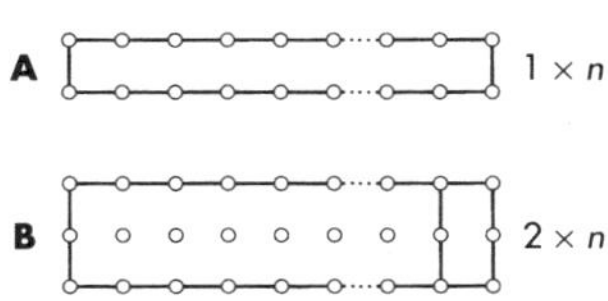

Abb. 30 Hinzufügen eines Quadrats an ein Ende eines Rechtecks.

Ja, klar doch. Schau, das sagt uns, daß, falls Picks Theorem für zwei Gitterpolygone Q und R gilt, dann gilt es auch für deren Zusammenfassung P."

„Wiaso?"

„Weil sich die Flächen genauso addieren wie die Spitzen."

„Gell, die Flascherl san Spitze." Pause. „Oha. Richti. Oans zu Nui für di, Professor, jetzt sieg i's aa. Ois Klare is weg!"

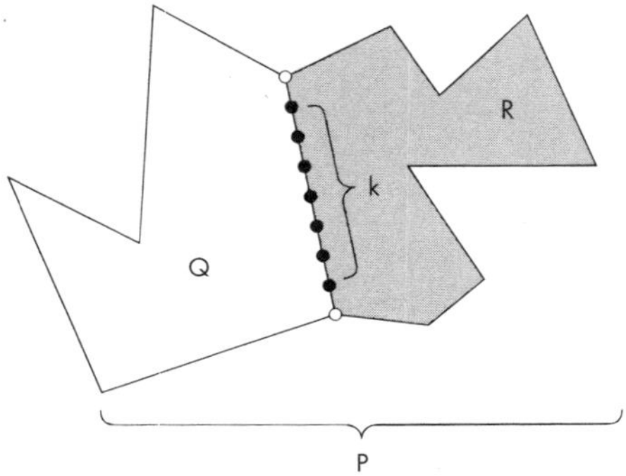

Abb. 31 Zusammenfügen zweier Gitterpolygone längs einer gemeinsamen Grenze.

„Das führt uns zu einer exzellenten Beweisstrategie. Wir können das Theorem für ein allgemeines Gitterpolygon beweisen, wenn wir dieses in geeignete Stücke zerlegen und das Theorem für jedes Stück beweisen können. Wie sollen wir es nun zerstückeln – ich meine, in was für Stücke zerlegen wir es?"

„Quadrate?"

„Nein, wir wollen ja mit ganz beliebigen Stücken mit schiefen Seiten klarkommen."

„Aha. Dreieckate Stückln?"

„Du hast den Nagel auf den Kopf getroffen! Schau, *jedes* Vieleck – gitterförmig oder nicht – läßt sich in Dreiecke zerlegen." (Abb. 32A).

„‚s is, wias is."

„Und jedes Dreieck läßt sich anhand von rechtwinkligen Dreiecken und Rechtecken ausmessen. Nimm zum Beispiel dieses." Jakob zeichnete hastig Abbildung 32B auf die Serviette. „Nennen wir das große Dreieck D und die kleinen Stücke U, V, W und X. Dann ist

$$\text{Pick (D)} = \text{Pick (U)} + \text{Pick (V)} + \text{Pick (W)} + \text{Pick (X)},$$

und

$$\text{Fläche (D)} = \text{Fläche (U)} + \text{Fläche (V)} + \text{Fläche (W)} + \text{Fläche (X)}.$$

Nachdem wir nun wissen, daß Pick = Fläche für alle Rechtecke und rechtwinkligen Dreiecke gilt, wissen wir auch, daß dies für D, V, W und X zutrifft. Durch Vergleich der beiden Gleichungen erkennen wir, daß dies ebenso für U gilt, das gesuchte Dreieck."

Exkurs 3: $\frac{1}{2}B + I - 1$ ist additiv

Wir betrachten zwei beliebig geformte Gitterpolygone Q und R, die wie in Abb. 31 aneinandergefügt werden. P sei das daraus entstehende Polygon. Angenommen die gemeinsame Grenzlinie enthält k innere Punkte (ausgefüllte Punkte), plus zwei an den Enden (hohle Punkte). Für das Gitterpolygon P definieren wir:

$$\text{Pick (P)} = \tfrac{1}{2} B_P + I_P - 1,$$

wobei B_P die Anzahl der Grenzpunkte von P ist, und I_P die Anzahl der Punkte in seinem Inneren; ähnliches gilt für Pick (Q) und Pick (R). Ich behaupte, daß der Ausdruck *Pick* additiv ist, das heißt, wenn man P durch Zusammenfügen von Q und R erhält, dann ist Pick (P) = Pick (Q) + Pick (R). Nun gilt

$$\text{Pick (P)} = \tfrac{1}{2} B_P + I_P - 1,$$

und aus Abb. 31 erkennen wir, daß

$$B_P = B_Q + B_R - 2k - 2$$

gilt.

Das ergibt sich daraus, daß die ausgefüllten Punkte k vorher Grenzpunkte sowohl von Q als auch von R waren, jetzt aber innere Punkte von P sind, so daß also $2k$ subtrahiert werden muß, und die beiden hohlen Grenzpunkte vorher Grenzpunkte sowohl von Q als auch von P waren, so daß sie ursprünglich als 4 zählten, jetzt aber nur noch als 2, daher wird zusätzlich 2 abgezogen. Auf gleiche Weise erhalten wir

$$I_P = I_Q + I_R + k$$

da alles, was ein innerer Punkt von Q oder R war, jetzt ein innerer Punkt von P ist, wir aber zusätzlich k ausgefüllte innere Punkte erhalten haben.

Folglich ist

$$\text{Pick (P)} = \tfrac{1}{2} (B_Q + B_R - 2\text{k} - 2) + (I_Q + I_R + k) - 1,$$

was gleich

$$[\tfrac{1}{2}B_Q + I_Q - 1] + [\tfrac{1}{2}B_R + I_R - 1]$$

ist, und das ist exakt

$$\text{Pick (Q)} + \text{Pick (R)},$$

wie zuvor behauptet.

„Beachte als nächstes, daß rechtwinklige Dreiecke Rechteckhälften darstellen [Abb. 32C], wobei sich wieder Picks und Flächen gleich verhalten: Sie besitzen jeweils die Hälfte des Wertes für das Rechteck. Also schließt die Richtigkeit von Picks Theorem für Rechtecke auch seine Richtigkeit für rechtwinklige Dreiecke ein. Rechtecke bestehen jedoch aus Einheitsquadraten [Abb. 32D]. Somit läuft alles darauf hinaus, das Picksche Theorem für Einheitsquadrate zu beweisen [Abb. 32E], was wir natürlich bereits in der ersten Tabelle erledigt haben."

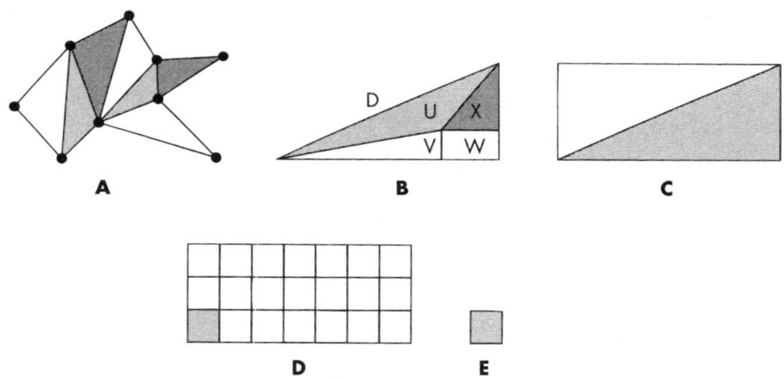

Abb. 32 Schritte zum Beweis von Picks Theorem. Kompliziertere Fälle werden auf einfachere reduziert. (**A**) Wenn das Theorem für Dreiecke gültig ist, dann ist es für alle Gitterpolygone gültig. (**B**) Wenn es für rechtwinklige Dreiecke gültig ist, dann ist es auch für beliebige Dreiecke gültig. (**C**) Wenn es für Rechtecke gilt, dann gilt es auch für rechtwinklige Dreiecke. (**D**)Wenn es für das Einheitsquadrat 1×1 gilt, dann gilt es auch für Rechtecke. (**E**) Der einzige Fall, den wir nachprüfen müssen!

Aufgabe **2**

Wenn Sie noch nicht überzeugt sind, machen Sie ein paar weitere Experimente (Abb. 33). Bestimmen Sie zuerst die Flächen der Figuren, ohne Picks Theorem anzuwenden, dann mit seiner Hilfe, und vergewissern Sie sich, daß die Ergebnisse dieselben sind.

Aufgabe **3**

Können Sie das Picksche Theorem so verallgemeinern, daß es sich auf Polyeder anwenden läßt, deren Ecken auf den Punkten eines dreidimensionalen Gitters liegen?

„So, Alois, jetzt kannst du festlegen, wie viele Geißn du im Obstgarten weiden läßt."

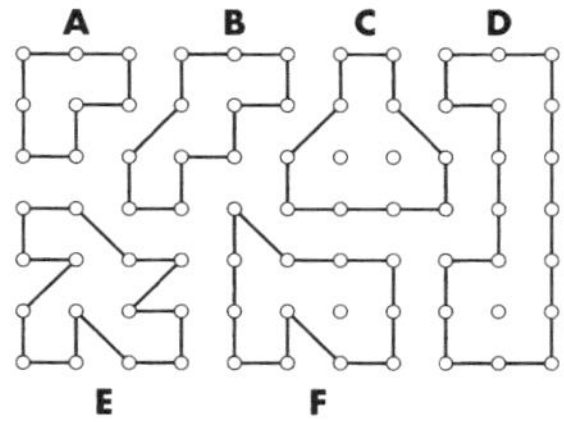

Abb. 33 Probieren Sie Picks Theorem an diesen Gitterpolygonen aus.

„Ha? Aaso, ja, klar. Schaugn ma moi – mir ham $B = 199$, des I is 115. Nachad war de Fläche $A = \frac{1}{2}B + I - 1 = 99\frac{1}{2} + 115 - 1 = 213\frac{1}{2}$. Stimmt!"

Er drehte sich nach seinem Knecht um: „Balthes! Jetzt treibst glei zwoahundat un dreizehn un a hoibe Goaß in Obstgartn eini!"

„Ja, Bauer. Bloß – wo soll i denn a hoibate Goaß hernehma?"

„Wia? Ja nachad nimmst hoid des groaße Messa aus da –"

„Dürfte ich einen Vorschlag machen, Alois? Nehmt's doch ein Zicklein. Eine in zwei Hälften zerschnittene Geiß frißt nämlich überhaupt kein Gras mehr."

„Des is wor, du bist do wirkli a ganz a odrahda Hund, Jackl, da gibt's koan Zweifi. Jetzt trinkst no oan mit mia!" Alois nickte weise. Er ging hinaus und bückte sich, um etwas von seinen Schuhen zu wischen, und stapfte dann zu einer Stelle, an der acht Betonplatten zu einem Quadrat ausgelegt waren (Abb. 34), um einen Bereich des Hofes von Schlamm und anderen ungesunden Stoffen freizuhalten. „Interessant", sagte er, „no a Gitterpolygon. Woin ma dem Pick a letzte Prüfung stoin. Laß amoi schaugn ... da hamma $B = 16$, $I = 0$, oiso de Flächn $\frac{1}{2}B + I - 1 = 8 + 0 - 1 = 7$. Aba des soit ned sei, de Flächn is 8! Jackl, do hamma a kloans Problem!"

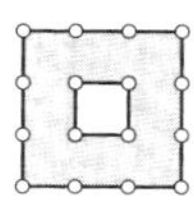

Abb. 34 Was geht hier schief?

Aufgabe 4

Was ist hier schiefgegangen, und warum? Welche versteckte Annahme war in unserem behaupteten „Beweis" der Formel enthalten? Wie läßt sich die Formel modifizieren, so daß sie auch diesen Fall abdeckt?

Antworten

1. „Bei oam Quadrat mit de Soatn 3 × 3 [Abb. 29A]", sagte der Krinner Alois, „sans amoi $A = 9$, $B = 12$ und $I = 4$. Oiso is $\frac{1}{2}B + I - 1 = 6 + 4 - 1 = 9$, wos korrekt is."
   „Ja", sagte Jakob Staff, „aber die Formel muß nicht nur bei Rechtecken funktionieren – das wäre viel zu einfach. Wie wäre es mit einem Dreieck [Abb. 29B], der Hälfte eines 3 × 3-Quadrats?"
   „Dann", so antwortete der Krinner Bauer, „is de Flächn $A = 4\frac{1}{2}$, de Hälftn vo 9; und $B = 9$, $I = 1$. Oiso is $\frac{1}{2}B + I - 1 = 4\frac{1}{2} + 1 - 1 = 4\frac{1}{2}$, un wieda hot's hig'haut. Un des M-förmige Objekt [Abb. 29C]", fuhr er fort, „hot $B = 20$, $I = 3$, un des ergibt dann $A = 10 + 3 - 1 = 12$."
2. Hier ist eine Tabelle, die zeigt, was geschieht:

Tab. 6:	Form	I	B	$\frac{1}{2}$B+I–1	Fläche
	A	0	8	3	3
	B	0	11	$4\frac{1}{2}$	$4\frac{1}{2}$
	C	2	10	6	6
	D	1	18	9	9
	E	0	14	6	6
	F	1	12	6	6

3. Es gibt keine Formel für den Rauminhalt eines Gitterpolyeders, die auf der Anzahl der Gitterpunkte in seinem Inneren oder auf seiner Oberfläche beruht. Dies wurde 1957 von John Reeve bewiesen. Eine Pyramide, deren Ecken auf (0,0,0), (1,0,0), (0,1,0) und (1,1,z) liegen, hat immer vier Grenzpunkte und null Punkte im Inneren, doch beträgt ihr Volumen $1/6z$, verändert sich also mit z (Abb. 35). Doch hat Reeve auch gezeigt, daß bei Einführung eines zweiten Gitters, beispielsweise so, daß Koordinaten mit halbzahligen Beträgen erlaubt sind, eine Formel existiert, mit der sich alle konvexen Gitterpolyeder berechnen lassen. Die Formel ist aber zu kompliziert, um sie nach so vielen Obstlern hier wiederzugeben: Reeves Artikel ist in den weiterführenden Literaturhinweisen aufgeführt.
4. Das Problem liegt in den wegfallenden inneren Punkten, sozusagen in dem Loch, das den Beweis, den wir für Picks Theorem geführt haben, außer Kraft setzt. Der Beweis setzt voraus, daß die beiden Teile Q und R voneinander getrennt werden, wenn P entlang einer einzelnen gemeinsamen Linie zerschnitten wird. Um die Formel anzupassen, muß man die

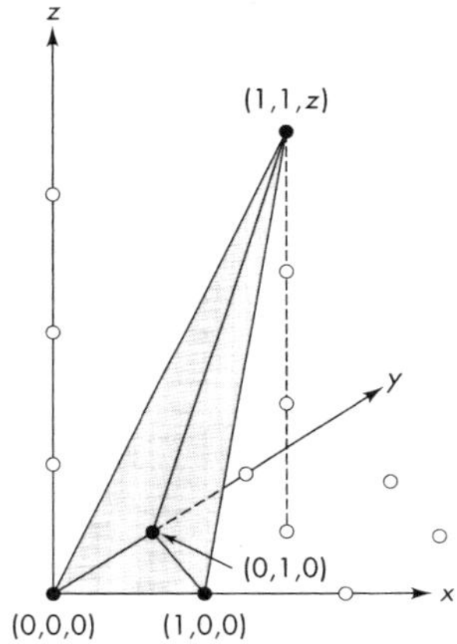

Abb. 35 John Reeves Gegenbeispiel zu einem einfachen dreidimensionalen Pickschen Theorem.

Anzahl der Löcher mit aufnehmen. Diese Modifikation wird ebenfalls in Reeves Artikel besprochen, sie bildet außerdem den Ausgangspunkt für eine dreidimensionale Verallgemeinerung. Er stellt also Vermutungen für höhere Dimensionen an.

Weiterführende Literatur

Coxeter, H. S. M. *Introduction to Geometry*. New York (John Wiley & Sons) 1969. Deutsch: *Unvergängliche Geometrie*. Basel (Birkhäuser) 1981.

Pick, G. *Geometrisches zur Zahlenlehre*. In: *Zeitschrift des Vereines „Lotos"*. Prag 1899.

Reeve, J. E. *On the volume of lattice polyhedra*. In: *Proceedings of the London Mathematical Society* (3rd series) 7 (1957) S. 378–395.

Steinhaus, H. *Mathematical Snapshots*. Oxford, New York (Oxford University Press) 1950. Deutsch: *Studentenfutter*. Leipzig (Urania) 1991.

6
Die Reise nach Pentagonien

Das Buch mit dem Titel *Einführung in die Matrizentheorie* war schwarz und schwergewichtig. Die Broschüre dagegen war dünn und in Hochglanz aufgemacht, mit dem Foto eines sonnenüberfluteten Strands mit Palmen und einer bronzefarbenen Schönheit im Bikini.

Die Broschüre gewann den Wettbewerb um meine Aufmerksamkeit. Ihr lag ein Computer-Formbrief bei, der folgendermaßen begann:

> Lieber Mr. Sheward,
> dies ist Ihre Glückschance für den *Urlaub* Ihres LEBENS!!!

und setzte sich auf weiteren zwei Seiten mit derartigen Alpträumen eines Typographen fort. *Paaahhhh*, dachte ich, *nicht mal meinen Namen können die richtig schreiben.* Ich legte den Reiseprospekt wieder beiseite und nahm den dickleibigen Wälzer zur Hand. Doch draußen heulte ein Sturm, Hagel bombardierte mein Dach, und der Meteorologe im Fernsehen kündigte Erdbeben an ...

Eigentlich sah der Ort nicht schlecht aus. Und der Flug war auch recht billig. Sondertarif außerhalb der Saison, insgesamt nur DM 498,– für eine ganze Woche in –

Ja, wo? Wo um alles in der Welt liegt Pentagonien? Der Broschüre nach ist es bei den Papageieninseln zu finden, fünfhundert Kilometer nordwestlich von Ouagadougou, vor der Küste von Obervolta.

Hörte sich exotisch an.

Ich las weiter.

Das Inselparadies von Pentagonien, so erläuterte der Prospekt, ist berühmt für seine landschaftlich schöne Bahnstrecke. Um 1890 von italienischen Besatzungstruppen erbaut, winden sich die Geleise malerisch entlang der wunderschönen Küste. Sie verbinden die fünf Inselstädte, nämlich Abbindolare (die Hauptstadt), Bancarotta, Canzonatura, Dappoco und Esoso. Die Strecke bildet eine geschlossene Schleife, auf welcher Züge in beiden Richtungen verkehren (Abb. 36). Eines der verlockenden Angebote bestand in einer Frei-

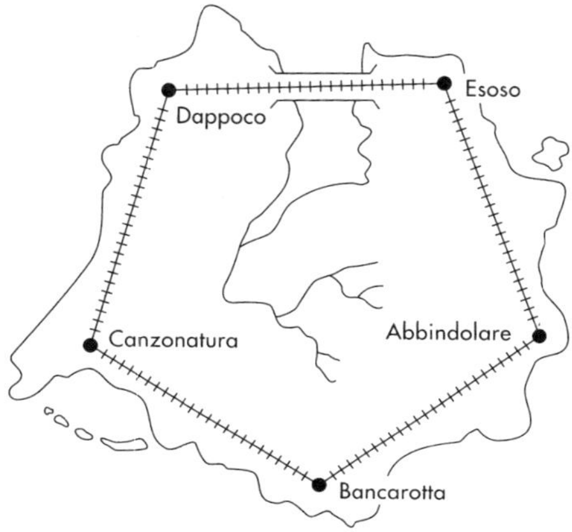

Abb. 36 Das Inselparadies von Pentagonien und seine landschaftlich sehenswerte Bahnstrecke.

karte für acht Fahrten mit der Bahn, jeweils zwischen einer und der nächsten Stadt.

Die Strände und Hotels sahen zu schön aus, um wahr sein zu können, also waren sie es wohl. Zu schön, um wahr zu sein. Ich nahm wieder *Einführung in die Matrizentheorie* zur Hand und machte mich daran, mich durch die Seiten geschwollener Formulierungen hindurchzukämpfen.

Dann muß ich eingeschlafen sein, und ich hatte einen sehr merkwürdigen Traum.

Ich stand vor einer riesigen Neon-Leuchtschrift: WILLKOMMEN AUF DEM INTERKONTINENTAL-FLUGHAFEN VON ABBINDOLARE.

Ich hielt die Bahnfreikarte krampfhaft in meiner Hand. *Eine Rundreise um die Küste*, dachte ich, *besteht aus fünf Fahrten.* Also bleiben von den acht Gutschriften drei übrig. Hmmm … die will ich natürlich nicht verfallen lassen. Ich könnte noch einmal nach Bancarotta fahren und zurück – nein, dann bleibt ja immer noch eine Fahrt übrig. Ich kann nicht von Abbindolare wegfahren, ohne zurückzukehren, denn ich muß ja von hier aus den Heimflug antreten.

Das ist doch ein Schwindel, dachte ich. *Man kann nicht alle acht Tickets ausnutzen. Was für ein fauler Trick!*

Doch rasch sah ich meinen Fehler ein. Es gibt zahlreiche verschiedene Möglichkeiten, eine acht Fahrten lange Reise zu machen, die von Abbindolare ausgeht und dort wieder endet. Zum Beispiel die folgende, wobei die Städte durch ihre Anfangsbuchstaben dargestellt werden: ABABABABA.

Das gäbe allerdings einen reichlich eintönigen Urlaub. Besser wäre schon ABCDEDCBA. Oder ABCBAEDEA, was den Vorteil hat, daß in der Mitte ein Besuch von Abbindolare, der Hauptstadt, liegt.

Aufgabe 1

Auf wie viele verschiedene Weisen kann ich eine Reise von genau acht Fahrten machen, die jeweils in Abbindolare startet und endet?

Ich saß auf dem Flughafen von Abbindolare in einem rosafarbenen Papierkorb – es war, wie gesagt, ein sehr merkwürdiger Traum – und dachte nach. Jede Fahrt erfolgt entweder im Uhrzeigersinn oder im Gegenuhrzeigersinn. Um nach acht Fahrten zum Ausgangspunkt zurückzukehren, müssen vier von jeder Sorte enthalten sein. Folglich ist die Anzahl der Fahrten gleich der Anzahl der Wege, die acht Fahrten in je vier im Uhrzeigersinn und vier im Gegenuhrzeigersinn aufteilen. Doch sobald die vier Fahrten im Uhrzeigersinn gewählt wurden, müssen die übrigen automatisch im Gegenuhrzeigersinn verlaufen. Mit anderen Worten, die Zahl, die ich suche, ist die Anzahl der Möglichkeiten, vier Objekte aus einer Menge von acht auszuwählen. Das läßt sich berechnen, die gesuchte Zahl ist 70.

Das ist aber kein geschickter Weg, um ein derartiges Problem in Angriff zu nehmen. Nehmen Sie zum Beispiel an, es gäbe eine sechste Stadt – sagen wir, Fallacia – in der Rundreise. Auf den ersten Blick glauben Sie vielleicht, die Antwort würde, aus dem gleichen Grund wie zuvor, ebenfalls 70 Fahrten lauten. In Wahrheit aber gibt es nun 86 unterschiedliche Reisen. Das liegt daran, daß bei sechs Städten vier Fahrten im Uhrzeigersinn und vier Fahrten im Gegenuhrzeigersinn nicht die einzige Möglichkeit darstellen, am Schluß wieder nach Abbindolare zurückzugelangen. Man könnte auch sieben Fahrten im Uhrzeigersinn und eine zurück nehmen, oder sieben im Gegenuhrzeigersinn und eine umgekehrt. Jede davon liefert zusätzliche acht Reisen, daraus resultieren die fehlenden 16 Möglichkeiten.

Was geschieht bei anderen Städteanzahlen oder anderen Anzahlen von Fahrten? Insbesondere: Wie viele verschiedene Reisen aus n Fahrten kann ich auf der pentagonischen Eisenbahn machen, die mich wieder zum Ausgangspunkt zurückbringen? Versuchen wir, es herauszufinden.

Ich begann, auf den sandigen Boden der Ankunftshalle zu schreiben, während mir ein grüner Pfefferfresser, der auf einem Laternenpfahl saß, zuschaute. Ich stellte eine Tabelle auf, so wie diese:

Tab. 7:	n	A	B	C	D	E
	0	1	0	0	0	0
	1	0	1	0	0	1
	2	2	0	1	1	0
	3	0	3	1	1	3
	4	6	1	4	4	1
	5	2	10	5	5	10
	6	20	7	15	15	7
	7	14	35	22	22	35
	8	70	36	57	57	36

Die *n*te Reihe zeigt die Anzahl der Reisen der Länge *n*, die von A ausgehen und in der jeweiligen Spalte enden. Lassen Sie mich erklären, wie man das berechnet.

Reihe 6, Spalte C mit dem Eintrag 15 ist ein typischer Fall. Auf wie vielen Wegen kann ich in sechs Fahrten von A nach C gelangen? Da die sechste Fahrt in C enden muß, handelt es sich entweder um BC oder DC, da B und C die einzigen Städte sind, von denen eine direkte Verbindung zu C besteht. Ich muß also eine aus fünf Fahrten bestehende Reise von A nach B machen und von da aus nach C weiterfahren, oder ich muß in fünf Fahrten von A nach D gelangen, um schließlich nach C zu fahren. Anders gesagt, die gesuchte Zahl ist die Summe von zwei Zahlen in Reihe 5, und zwar derjenigen in den Spalten B und D. Also ergibt sie sich aus 10 + 5 = 15.

Auf dieselbe Weise gelangt man zu einer Vorschrift für das Aufstellen der Tabelle. *Jede Zahl ist die Summe der Zahlen links und rechts von ihr in der darüberliegenden Reihe.* (Man muß sich dabei vorstellen, daß der rechte und linke Rand der Tabelle zu einem Zylinder zusammengeklebt sind, um auch an den Rändern sowohl eine linke als auch eine rechte Zahl zu finden.)

Um mit dem Verfahren beginnen zu können, muß man die Reihe 0 bereits vorliegen haben. Nehmen Sie also an, ich starte in A und mache 0 Fahrten. Augenscheinlich kann ich dadurch nur nach A gelangen. Also ist der Eintrag für A in Reihe 0 die Zahl 1, während alle anderen 0 sind. Ab jetzt läßt sich die oben beschriebene Regel anwenden, um Reihe 1 zu berechnen, dann Reihe 2 und so weiter. Beachten Sie, daß in Reihe 8, Spalte A der Wert 70 steht, ein Resultat, das meine frühere Berechnung bestätigt. Dieselbe Reihe zeigt, daß es genau 36 verschiedene Wege aus acht Fahrten von A nach B oder E gibt, und 57 Wege um nach C oder D zu gelangen.

Das ist ein wirkungsvolles Verfahren, um für eine kleine Anzahl von Fahrten die Anzahl der Reisen zu berechnen. Doch angenommen, man möchte wissen, wie viele Reisen mit 100 Fahrten möglich sind? Das Ausarbeiten der Tabelle würde eine Ewigkeit dauern. Gibt es ein allgemeines Verfahren, um sich diese Arbeit zu ersparen?

Ich erweiterte die Tabelle auf 9, 10, 11, ... Reihen und suchte verzweifelt nach einem Muster in den Zahlen. Meine Berechnungen bedeckten schon halb Abbindolare Interkontinental. Der Pfefferfresser begann mein Gepäck zu verspeisen. Er nahm einen Bissen von *Einführung in die Matrizenalgebra*, spuckte ihn aber wieder aus. Zu schwer verdaulich!

In diesem Augenblick erwachte ich. Das Buch lag auf dem Boden. Ich blickte auf die aufgeschlagene Seite – und erkannte, daß eine Verbindung zwischen dem Problem der Reisen auf der Pentagonischen Eisenbahn und der Matrizenalgebra bestand.

Eine Matrix ist eine quadratische (oder rechteckige) Anordnung von Zahlen. Matrizen wurden vor rund hundert Jahren von dem Englischen Mathematiker Arthur Cayley erfunden. „Meine Idee wird niemals eine praktische Anwendung finden", meinte er dazu. Ein größerer Irrtum als diese Feststellung ist schwer denkbar: Heutzutage gehört die Anwendung der Matrizenalgebra zum täglichen Brot von Ingenieuren, Ökonomen, Physikern, Biologen und Statistikern.

Es gibt eine Algebra für Matrizen. Sie lassen sich addieren oder multiplizieren. Die Regel für die Addition ist ganz einfach: Um zwei Matrizen M und N zu addieren, addiert man die Einträge in einander entsprechenden Positionen. Aber dafür haben wir in diesem Fall keine Verwendung. Was wir brauchen, ist die Regel für die *Multiplikation* von M und N, um $M \times N$ zu erhalten. Das geschieht auf eine viel merkwürdigere Weise: siehe Abbildung 37. Mit dieser

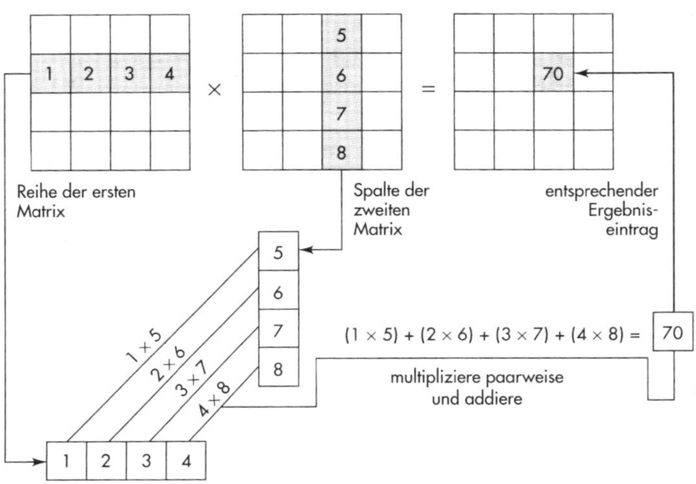

Abb. 37 Die Regel für die Multiplikation von Matrizen.

Regel lassen sich auch die Potenzen $M^2 = M \times M$, $M^3 = M \times M \times M$ und so weiter berechnen. Potenzen von Matrizen sind der Schlüssel zum Pentagonischen Problem.

Das Eisenbahnnetz von Pentagonien kann durch seine Ausgangs- oder Inzidenzmatrix beschrieben werden. Das ist eine Tabelle aus Zahlen, die beschreiben, welche Sachverhalte zueinander in Beziehung stehen, in unserem Fall, welche Städte durch Eisenbahnstrecken verbunden sind. Wenn es eine Bahnverbindung zwischen den Städten X und Y gibt, wird in die Reihe X in der Spalte Y der Inzidenzmatrix eine 1 eingetragen, andernfalls eine 0. Daher sieht die Inzidenzmatrix für die Pentagonische Bahn folgendermaßen aus:

	A	B	C	D	E
A	0	1	0	0	1
B	1	0	1	0	0
C	0	1	0	1	0
D	0	0	1	0	1
E	1	0	0	1	0

Zum Beispiel gibt es eine Verbindung zwischen den Städten C und D, also befindet sich in der Spalte D von Zeile C eine 1, zwischen den Orten E und B nicht, daher steht in Spalte B der Reihe E eine 0.

Zu jedem System aus Städten und Bahnlinien – abstrakt gesprochen, jedem Graphen, der aus Punkten besteht, die durch Linien verbunden sind – gibt es eine Inzidenzmatrix, die in dieser Weise definiert ist (Abb. 38). Da C mit D verbunden ist, ist D ebenso mit C verbunden, also muß es auch eine 1 in Reihe D, Spalte C geben. Anders gesagt, die Inzidenzmatrix muß symmetrisch sein, das heißt, eine Hälfte gleicht ihrer Spiegelung an der Diagonale, die von links oben schräg nach rechts unten führt.

Angenommen, M sei die Inzidenzmatrix der Pentagonischen Eisenbahn. Können Sie M^2, M^3 und so weiter berechnen? Einige meiner Resultate, berechnet nach den oben beschriebenen Multiplikationsregeln, sind in Abbildung 39 zu finden. Wenn Sie diese Zahlen mit denen in der Tabelle vergleichen, werden Sie ein überraschendes Muster erkennen.

Insbesondere ist die oberste Reihe von M^n genau der $n$te Eintrag in der Tabelle 7. Die anderen Reihen von M^n ergeben sich jeweils aus der ersten Reihe, indem man alle Ziffern eine Spalte weiter nach rechts verschiebt und die Ziffer der letzten Spalte in die erste Spalte setzt.

Das ist kein Zufall. Für jeden Graphen gilt, daß der Eintrag in Reihe X und Spalte Y der $n$ten Potenz der Inzidenzmatrix stets gleich der Zahl der verschiedenen Reisen ist, die aus n Fahrten bestehen sowie von der Stadt X ausgehen und in Y enden. Dies ergibt sich aus den Regeln der Matrizenmultiplikation und der Tatsache, daß jede Reise der Länge n von X nach Y aufgeteilt werden

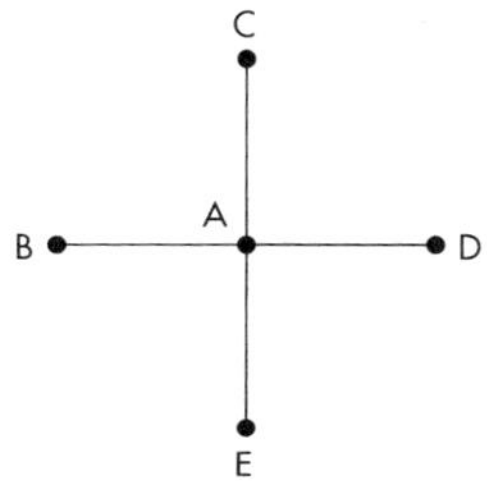

	A	B	C	D	E
A	0	1	1	1	1
B	1	0	0	0	0
C	1	0	0	0	0
D	1	0	0	0	0
E	1	0	0	0	0

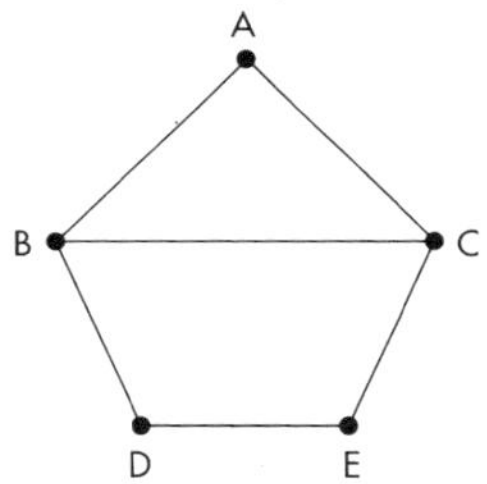

	A	B	C	D	E
A	0	1	1	0	0
B	1	0	1	1	0
C	1	1	0	0	1
D	0	1	0	0	1
E	0	0	1	1	0

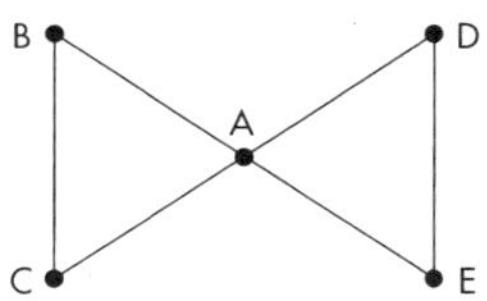

	A	B	C	D	E
A	0	1	1	1	1
B	1	0	1	0	0
C	1	1	0	0	0
D	1	0	0	0	1
E	1	0	0	1	0

Abb. 38 Drei Graphen und ihre Inzidenzmatrizen.

kann in eine Reise der Länge $n-1$ von X nach irgendeinem Z, der dann eine Reise der Länge 1 von Z nach Y folgt.

Sie können dieses Ergebnis dazu verwenden, die Anzahl der Reisen mit gegebener Länge zwischen zwei Punkten in einem beliebigen Graphen zu berechnen. Zum Beispiel zeigt Abbildung 40 die zehnte Potenz der Inzidenzmatrix für 11 Städte, durch die eine Rundreise führt. Sie zeigt, daß es 252 Wege gibt, um eine Reise in zehn Fahrten abzuschließen, aber nur einen Weg, um von einer bestimmten Stadt in zehn Fahrten zu ihrer nächsten Nachbarin zu gelangen. Warum ist das so?

Wie steht es nun mit allgemeinen Mustern? Lassen Sie mich mit einem einfacheren Problem anfangen: Potenzen der Inzidenzmatrix für eine Rundreise durch vier Städte. Hier sehen Sie, was man dafür erhält:

Erste Potenz

0	1	0	1
1	0	1	0
0	1	0	1
1	0	1	0

Zweite Potenz

2	0	2	0
0	2	0	2
2	0	2	0
0	2	0	2

Dritte Potenz

0	4	0	4
4	0	4	0
0	4	0	4
4	0	4	0

Vierte Potenz

8	0	8	0
0	8	0	8
8	0	8	0
0	8	0	8

Das Muster, das man in diesem Fall erhält, könnte nicht erstaunlicher sein. Die Zahlen bilden eine Art Schachbrettmuster und verdoppeln sich jedesmal, wobei die Positionen der Nullen einander abwechseln. Die Anzahl der Wege von einer Stadt zurück zu dieser selbst auf einer Rundreise aus vier Fahrten ist

$$0 \ (n \text{ ungerade})$$
$$2^{n-1} \ (n \text{ gerade}).$$

Etwas kompakter schreibt man dies

$$\tfrac{1}{4}(2^n + (-2^n)).$$

Hier liegt der Unterschied zwischen einem geraden und ungeraden Wert für n in dem Minuszeichen. Gibt es eine ähnliche Formel für Reisen auf der pentagonischen Eisenbahn zwischen fünf statt vier Städten? Tatsächlich existiert sie. Bemerkenswerterweise enthält sie die Teilungszahl für den Goldenen Schnitt

1te Potenz der Matrix M

0	1	0	0	1
1	0	1	0	0
0	1	0	1	0
0	0	1	0	1
1	0	0	1	0

5te Potenz der Matrix M^5

2	10	5	5	10
10	2	10	5	5
5	10	2	10	5
5	5	10	2	10
10	5	5	10	2

2te Potenz der Matrix M^2

2	0	1	1	0
0	2	0	1	1
1	0	2	0	1
1	1	0	2	0
0	1	1	0	2

6te Potenz der Matrix M^6

20	7	15	15	7
7	20	7	15	15
15	7	20	7	15
15	15	7	20	7
7	15	15	7	20

3te Potenz der Matrix M^3

0	3	1	1	3
3	0	3	1	1
1	3	0	3	1
1	1	3	0	3
3	1	1	3	0

7te Potenz der Matrix M^7

14	35	22	22	35
35	14	35	22	22
22	35	14	35	22
22	22	35	14	35
35	22	22	35	14

4te Potenz der Matrix M^4

6	1	4	4	1
1	6	1	4	4
4	1	6	1	4
4	4	1	6	1
1	4	4	1	6

8te Potenz der Matrix M^8

70	36	57	57	36
36	70	36	57	57
57	36	70	36	57
57	57	36	70	36
36	57	57	36	70

Abb. 39 Potenzen der Inzidenzmatrix von Pentagonien.

$$\phi = \frac{1+\sqrt{5}}{2} = 1{,}618034\ldots,$$

die eine unheimliche Affinität zu Fünfecken hat. Die Formel für die Anzahl der Reisen zwischen fünf Städten lautet:

$$\frac{1}{5}\{2^n + 2(\phi - 1)^n + 2(-\phi)^n\}.$$

252	1	210	10	120	45	45	120	10	210	1
1	252	1	210	10	120	45	45	120	10	210
210	1	252	1	210	10	120	45	45	120	10
10	210	1	252	1	210	10	120	45	45	120
120	10	210	1	252	1	210	10	120	45	45
45	120	10	210	1	252	1	210	10	120	45
45	45	120	10	210	1	252	1	210	10	120
120	45	45	120	10	210	1	252	1	210	10
10	120	45	45	120	10	210	1	252	1	210
210	10	120	45	45	120	10	210	1	252	1
1	210	10	120	45	45	120	10	210	1	252

Abb. 40 Die zehnte Potenz der Inzidenzmatrix für 11 Städte, durch die eine Rundreise führt.

Der Beweis benutzt die Matrixalgebra, verlangt aber zu eingehende Kenntnisse, um ihn hier vorzustellen. Auf den ersten Blick ist nicht zu erkennen, daß diese Formel eine ganze Zahl liefert. Es ist aber so!

Tatsächlich gibt es eine allgemeine Formel zur Berechnung von Rundreisen zwischen m Städten. Ich werde sie geometrisch darstellen. Zeichnen Sie einen Kreis mit dem Radius 2, und zeichnen Sie in den Kreis ein regelmäßiges m-seitiges Polygon, wie in Abbildung 41 zu sehen. Projizieren Sie die Ecken auf die Achse, wie gezeigt, wobei die resultierenden Abstände vom Zentrum d_1, d_2, $\ldots$, d_m seien.

Aufgabe **2**

Bestimmen Sie auf trigonometrischem Wege eine Formel für d_k.

Setzen Sie nach links gerichtete Entfernungen negativ ein. Dann ergibt sich die Anzahl von Rundreisen aus n Fahrten zu

$$\frac{1}{m}(d_1^n + d_2^n + \ldots + d_m^n).$$

Das heißt, sie ist *der Durchschnitt der* n*ten Potenz der projizierten Distanzen.* Das ist ein noch bemerkenswerteres Ergebnis. Es ist noch weniger einleuchtend, daß die Summe dieser $n$ten Potenzen eine ganze Zahl ist. Doch die Formel besagt, daß es für *jedes n* so sein muß, und weiter, daß diese ganze Zahl durch m teilbar ist.

Nehmen Sie beispielsweise an, es gelte $m = 7$. Die projizierten Distanzen sind:

$$d_1 = 2 \cos (360 \times 0/7) = 2$$
$$d_2 = 2 \cos (360 \times 1/7) = 1{,}24698$$

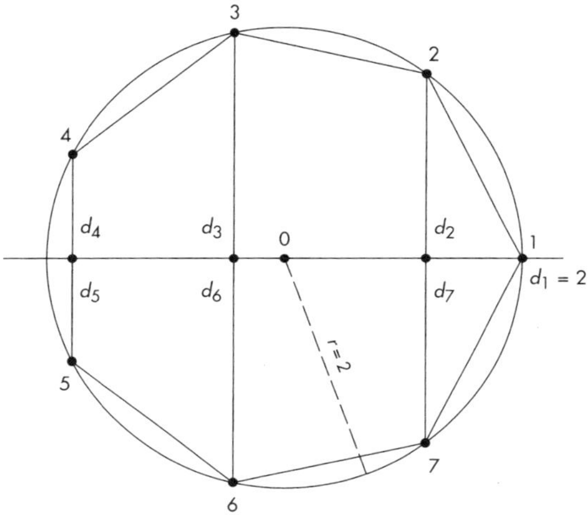

Abb. 41 Ein geometrisches Rezept, um die Anzahl der Rundreisen mit *n* Einzelfahrten auf einem Ring von *m* Städten zu ermitteln. Zeichne ein regelmäßiges *m*-Eck in einen Kreis mit dem Radius $r = 2$, projiziere die Ecken *d* auf den Durchmesser, um die Distanzen d_k zu erhalten, und bestimme den Mittelwert der *n*ten Potenzen für die d_k.

$$d_3 = 2 \cos (360 \times 2/7) = -0{,}44504$$
$$d_4 = 2 \cos (360 \times 3/7) = -1{,}80194$$
$$d_5 = 2 \cos (360 \times 4/7) = -1{,}80194$$
$$d_6 = 2 \cos (360 \times 5/7) = -0{,}44504$$
$$d_7 = 2 \cos (360 \times 6/7) = 1{,}24698$$

Also ist die Anzahl der Reisen mit Länge *n*, die in ein und derselben Stadt starten und enden, ein Siebtel der Summe der *n*ten Potenzen dieser sieben Zahlen. Rechnet man das zur Probe auf einem Computer nach, so erhält man für die ersten paar Werte:

Tab. 8:	**genauer Wert**	**berechneter Wert**
	0	0,00000018
	2	2
	0	0,00000040
	6	6,000001
	0	0,00000027
	20	20
	2	1,999996
	70	70,00002
	18	17,99999
	252	252

Um es noch einmal zu sagen: Die Formel an sich ist exakt, die kleinen Abweichungen in der Tabelle beruhen auf Rundungsfehlern in der Computerarithmetik.

Alles, was Sie wissen müssen, um meine Formel für die pentagonische Eisenbahn abzuleiten, ist, daß bei $m = 5$ gilt $d_1 = 2$, $d_2 = d_5 = \phi - 1$, $d_3 = d_4 = -\phi$. Sie können die Formel auch für $m = 4$ aufstellen, wenn Sie beachten, daß in diesem Fall $d_1 = 2$, $d_2 = d_4 = 0$ und $d_3 = -2$ ist.

Angefangen haben wir mit einem Eisenbahnproblem. Nun haben wir eine Rundreise durch die Theorie der Graphen und Matrizen hinter uns, um bei der Trigonometrie anzulangen. Die Mathematik ist doch eine erstaunliche Wissenschaft!

Aufgabe **3**

Wie viele aus 50 Fahrten bestehende Reisen starten und enden in Abbindolare?

Aufgabe **4**

Wenn zwischen Canzonatura und Esoso eine zusätzliche Eisenbahnverbindung gebaut wird, wie viele Reisen aus acht Fahrten, die in Abbindolare starten und enden, gibt es dann?

Ich lehnte mich glücklich in meinem Stuhl zurück, mehr als zufrieden mit der Bahn, der meine Gedanken gefolgt waren. *Ich werde Pentagonien besuchen. Ich werde die Panoramastrecke persönlich kennenlernen. Wo ist der Atlas? Wo* genau sind *die Papageieninseln?*

Ich konnte sie nicht finden.

Aber ich machte eine Anzahl interessanter Entdeckungen.

150 Kilometer nordwestlich von Ouagadougou landet man in der Sahara. Obervolta ist ein Inlandsstaat: er hat keine Küste. Und in Italien bedeuten die Städtenamen „Abbindolare", „Bancarotta", „Canzonatura", „Dappoco" und „Esoso" folgendes: „Schwindel", „Bankrott", „Streich", „jämmerlich", „abscheulich".

Ich glaube, ich bleibe doch lieber bei der Matrizentheorie.

Antworten

1. Es gibt genau 70 Reiserouten der Länge 8 durch Pentagonien:

ABCDEDCBA	ABCDCDCBA	ABCDCBCBA
ABCDCBABA	ABCDCBAEA	ABCBCDCBA
ABCBCBCBA	ABCBCBABA	ABCBCBAEA
ABCBABCBA	ABCBABABA	ABCBABAEA
ABCBAEABA	ABCBAEAEA	ABCBAEDEA
ABABCDCBA	ABABCBCBA	ABABCBABA
ABABCBAEA	ABABABCBA	ABABABABA
ABABABAEA	ABABAEABA	ABABAEAEA
ABABAEDEA	ABAEABCBA	ABAEABABA
ABAEABAEA	ABAEAEABA	ABAEAEAEA
ABAEAEDEA	ABAEDEABA	ABAEDEAEA
ABAEDEDEA	ABAEDCDEA	AEABCDCBA
AEABCBCBA	AEABCBABA	AEABCBAEA
AEABABCBA	AEABABABA	AEABABAEA
AEABAEABA	AEABAEAEA	AEABAEDEA
AEAEABCBA	AEAEABABA	AEAEABAEA
AEAEAEABA	AEAEAEAEA	AEAEAEDEA
AEAEDEABA	AEAEDEAEA	AEAEDEDEA
AEAEDCDEA	AEDEABCBA	AEDEABABA
AEDEABAEA	AEDEAEABA	AEDEAEAEA
AEDEAEDEA	AEDEDEABA	AEDEDEAEA
AEDEDEDEA	AEDEDCDEA	AEDCDEABA
AEDCDEAEA	AEDCDEDEA	AEDCDCDEA
AEDCBCDEA		

2. $d_{k+1} = 2 \cos \frac{360k}{m}$

3. Es gibt genau 225 191 238 869 774 Reisen der Länge 50, die von Abbindolare ausgehen und zu derselben Stadt zurückführen.
4. Wenn eine zusätzliche Bahnverbindung zwischen Canzonatura und Esoso gebaut wird, gibt es 189 acht Fahrten lange Reisen, die von Abbindolare ausgehen und dorthin zurückführen.

Weiterführende Literatur

Harary, F. *Graph Theory*. Reading, Mass. (Addison-Wesley) 1969.
Read, R. *The graph theorists who count – and what they count*. In: *The Mathematical Gardner*, ed. David A. Klarner. Boston (Prindle, Weber and Schmidt) 1981.
Tuttle, W. T. *Graph Theory*. Reading, Mass. (Addison-Wesley) 1984.
Wilson, R. J. *Introduction to Graph Theory*. Harlow, England (Longman) 1985; New York (John Wiley & Sons) 1985. Deutsch: *Einführung in die Graphentheorie*. Göttingen (Vandenhoeck & Ruprecht) 1976.

7
Die Ritter der flachen Torusrunde

„Es ist fertig, Euer Majestät."

König Arthus lehnte sich über die Brüstung des Balkons, um den nach seinem Vater Uther Pendragon benannten Turnierplatz, zugleich Fischmarkt, in Augenschein zu nehmen. *Nichtch icht cho gut wie ein anchtändigech Turnier, um die Leute von der Lebenchmittelverknappung abchulenken,* dachte er bei sich. Es ist kaum bekannt, daß König Arthus unter einer Sprachstörung litt, die ihn daran hinderte, den Buchstaben S auszusprechen. Das zog sogar seine gedanklichen Monologe in Mitleidenschaft. Das Lächeln verschwand aus seinem bärtigen Gesicht, als ihm klarwurde, daß dies alles andere als ein guter Turnierplatz war.

„Merlin!"

„Ja, Euer Lordschaft?"

„Diecher Platch für das Lanchenchtechen icht ja reichlich merkwürdig. Wo chollen denn die Chlachtröcher galoppieren?"

„Auf dem Feld da hinten, Euer Majestät, das mit dem Würfelmuster."

„Aber Merlin, dach icht doch quadratich. Und viel chu kurch für die Röcher, um genügend Gechwindigkeit aufchubauen!"

„Ah. Euer Majestät haben Recht, wie immer. Aber ich habe kraft meiner Magie eine neue Kreatur entworfen. Gebt acht!" Es gab einen Knall, und in einer Wolke grünen Rauches erschien eine fremdartige Figur.

„Merlin, ich glaube, dach chieht bloch auch wie der Kopf einech Pferdech!"

„Das ist eine Neuheit, meine Lordschaft. Ich nenne es Springritter."

„Chir Lachviel hätte Euch für eine derartige Verleumdung umgebracht."

„Es ist natürlich kein *wirklicher* Ritter. Euer Majestät wird verstehen, daß ich eher zu Scherzen denn zu Stechen wünschte. Ich habe ein Spiel erdacht, in dem sich ein Krieg mit hölzernen Figuren führen läßt." Wieder erschien grüner Rauch und entlang zweier Kanten des Feldes tauchten zwei Reihen geschnitzter Statuen auf.

„Dieche Figuren chehen merkwürdig aus, Merlin. Bechonderch die da unten, die wie ein Chloch auchchieht."

„Das ist ein Turm, meine Lordschaft."

„Wenn Ihr dach für einen Turm haltet, Merlin, dann bin ich froh, dach Ihr nicht für die Vogelcheuchen chuchtändig cheid. Wie nennt man Euer Chpiel?"

„Ich nenne es Schachtelspiel, Euer Majestät. Denn die Figuren werden, wenn man sie gerade nicht benötigt, in einer hölzernen Schachtel aufbewahrt."

„Chachtelchpiel." Der König ließ sich den Namen ein paarmal auf der Zunge zergehen. Sein Klang gefiel ihm. Merlin seufzte und gab in Gedanken seinem Kind einen neuen Namen. Er hatte noch keine Zeit gehabt, um die Spielregeln auszuarbeiten, aber er hatte sich bereits entschieden, wie die Figuren bewegt werden durften. Arthus blickte finster drein, als er erfuhr, daß der König sich jeweils nur um ein Feld bewegen durfte. Noch ärgerlicher wurde seine Miene, als er hörte, daß die Königin sich in jeder gewünschten Richtung beliebig weit bewegen durfte.

„Hoheit, einen einzelnen Schritt zu tun entspricht viel mehr der königlichen Würde", sagte Merlin mit Bestimmtheit. „Es obliegt den anderen Spielfiguren, ihren König zu schützen."

Arthus fand großen Gefallen an der Figur des Springritters, war aber betrübt darüber, als er erfuhr, daß jedem König nur zwei davon zur Verfügung standen. „Wen choll ich dafür erwählen?" fragte er gequält. „Natürlich Chir Lachviel, choncht much ich mir einen Monat lang von Gwinni Vorwürfe anhören. Doch choll Chir Garrulous oder Chir Belvedere der andere chein? Wen ich auch immer erwähle, der andere wird beleidigt chein ..."

Unter den sechs verschiedenen Schachfiguren sticht der Springritter durch seine besondere Eigenart hervor. Im Gegensatz zu den anderen Teilnehmern besteht sein Zug in einem Sprung: Er bewegt sich von seiner Ausgangsposition zu seinem Ziel, ohne die dazwischenliegenden Felder zu berühren. Der Zug selbst ist ungewöhnlich: eine Bewegung um die Ecke – zwei Felder horizontal oder vertikal und dann ein Feld im rechten Winkel dazu. „Ganch wie Chir Golaime", meinte der König, in Gedanken an einen Ritter, der nur knapp der Begegnung mit einem Drachen entronnen war und nun ziemlich stark hinkte.

„Und wach sind die Gechetche Eurech Chpielch, dach Ihr Chachtel nennt?" wollte Arthus wissen. Arthus liebte Gesetze, war er doch selbst ein Gesetzesgeber. Natürlich nur, solange er selbst ihnen nicht zu gehorchen brauchte.

Merlin hatte noch gar nicht die Zeit gefunden, diese auszuarbeiten, und so mußte er improvisieren. „Sie begeben sich auf eine – äh, auf einen *Abenteuerritt*, Euer Majestät. Der Ritter muß seine Sprünge so kunstvoll wählen, daß er jedes Quadrat des Schachtelfeldes genau einmal betritt."

Dies ist natürlich ein berühmtes Schachtel- – pardon, Schach- – Rätsel. In unserer Welt ist es mit den Namen berühmter Mathematiker verbunden. Die erste schriftlich überlieferte Lösung ist die von Abraham De Moivre, besser bekannt durch sein Theorem über komplexe Zahlen. In De Moivres Lösung beendet der Springer seinen Abenteuerritt (oder, wie wir in unserer weniger blumigen Sprache sagen, seine Tour) auf einem Feld, das mehr als einen Zug vom Ausgangsfeld entfernt ist. Adrien-Marie Legendre fand eine bessere Lösung, bei welcher das erste und das letzte Feld nur einen Zug voneinander entfernt sind, so daß die Tour nach 64 Zügen des Springers in sich selbst geschlossen ist. Solch eine Tour nennt man geschlossen. Damit nicht genug, fand Leonhard Euler – der produktivste Mathematiker aller Zeiten, der einen Großteil seiner Arbeit leistete, als er erblindet war – eine geschlossene Tour, die abwechselnd beide Hälften des Spielfeldes durchläuft (Abb. 42).

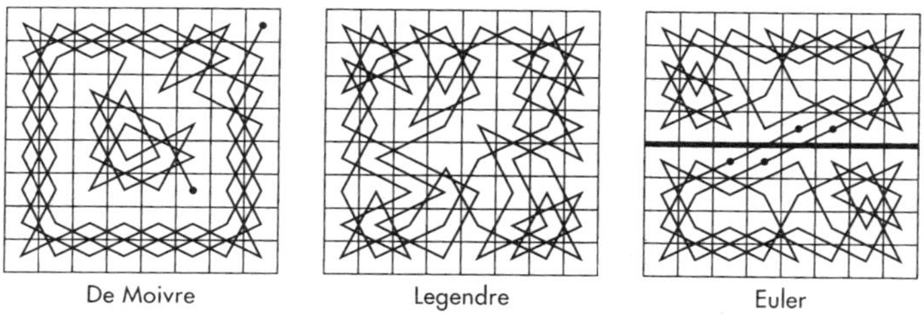

Abb. 42 Drei Touren nach berühmten Persönlichkeiten.

Unter Verwendung eines Zauberspruchs zum Transport zwischen Zukunft und Vergangenheit ließ Merlin die drei mathematischen Genies zur Erbauung des Königs leibhaftig erscheinen, um sie ihre Lösungen vortragen zu lassen. Dann kam ihm eine neue Idee. Bei welchen Größen eines Schachbretts ist der Abenteuerritt eines Springritters möglich? Mit einer Bewegung seines Zauberstabs und einem passenden magischen Spruch änderte der Platz aus Quadraten in der Uther-Pendragon-Arena, zugleich Fischmarkt, seine Größe.

Sir Lachviel sprengte herbei, er hatte einen dünnen, rosafarbenen Brief im Gürtel stecken und fuchtelte mit seinem Schwert *Maßlos* herum. „Meine Hoheit, ich bringe Euch dringende Nachrichten von großer Bedeutung –"

„Halt Er den Mund, Lachviel. Merlin erklärt mir gerade allech über mein *fachchinierendech* neuech Chpiel."

„Aber Euer Majestät –"

Arthus gebot ihm mit der Bewegung eines Fingers, zu schweigen. Sir Lachviel machte ein unglückliches Gesicht, beschloß aber, um des lieben Friedens willen, den Mund zu halten.

Merlin führte aus, daß sich Abenteuerritte auf Feldern der Seitenlänge 5 oder größer austragen ließen (Abb. 43). Die Touren auf den 5×5 und 7×7 messenden Feldern führen nicht in sich zurück.

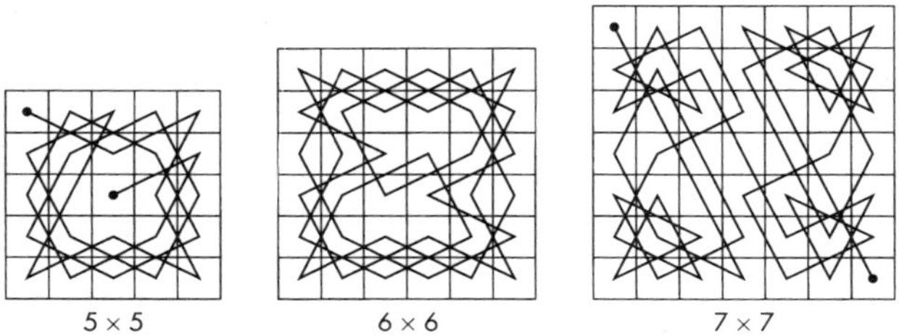

Abb. 43 Springer-Abenteuerritte für kleine Quadrate.

Aufgabe 1

Können Sie herausfinden, warum es nicht möglich ist, auf den Feldern dieser Größe geschlossene Touren zu finden? Gibt es eine solche Tour auf einem Feld der Größe 999×999?

Aufgabe 2

Falls Sie eine Lösung zu Aufgabe 1 finden, können Sie bestimmen, ob eine geschlossene Tour auf dem unregelmäßigen oktogonalen Feld möglich ist, das in Abbildung 44 zu sehen ist?

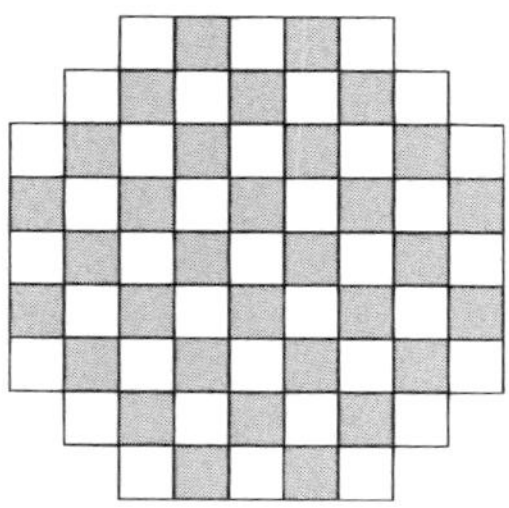

Abb. 44 Gibt es hier eine Springer-Tour?

„Merlin, Er hat etwach auchgelachen."

„Euer Majestät?"

„Eine Tour auf einem 4×4-Feld."

„Meine Hoheit, für ein Feld der Seitenlängen 4×4 wird aus einem einfachen Grund keine Tour gezeigt: Es gibt sie nicht."

„Hmmm. Wie kann er chich dechen cho chicher chein?"

„Majestät, ich habe es oft genug probiert, aber ohne Erfolg."

„Ihr habt auch oft genug erfolglos versucht, aus dem Nichts eine Jungfrau zu zaubern", bemerkte Sir Lachviel trocken. „Jedoch beweist dies keinesfalls die Nichtexistenz von Jungfrauen."

Wie sollte man auch in Deiner Nähe eine Jungfrau finden, dachte Merlin bei sich, sagte aber kein Wort. Er nahm ein großes Tuch aus seiner Tasche, um es sich über den Kopf zu stülpen. „Ich brauche völlige Dunkelheit für diesen Zauber", erklärte er dazu. In diesem sicheren Versteck zog er eine Kristallkugel hervor und rief den Geist des großen Englischen Tüftlers Henry Ernest Dudeney, der – von Merlin mit drakonischen Strafen bedroht, falls er schwiege – dem Zauberer das Geheimnis von Dudeneys „Nagel-und-Schnur"-Methode enthüllte.

Stellen Sie sich in jedem Quadrat des 4×4-Feldes einen eingeschlagenen Nagel vor, und spannen Sie zwischen allen Nägeln, die einen Springer-Zug voneinander entfernt sind, eine Schnur. Ordnen Sie dann die Nägel mit den an diesen befestigten Schnüren neu an, so daß das Muster der Verbindungen deutlicher erkennbar ist. An der Aufgabe, jeden Nagel entlang der Verbindungsschnüre einmal aufzusuchen, ändert sich dadurch nichts. Etwas abstrakter ausgedrückt können wir sagen, daß das Schachbrett und die Verknüpfungen seiner Felder durch einen Graphen dargestellt werden. Die Knoten des Graphen entsprechen den Feldern auf dem Brett, und zwischen zwei Knoten wird dann eine Kante eingezeichnet, wenn die entsprechenden Felder genau einen Springerzug voneinander entfernt sind. Dann wird die geschlossene Tour des Springers zu einem Hamiltonschen Kreis in dem Graphen, das heißt, zu einem geschlossenen Weg, der entlang der Kanten (Schnüre) jeden Knoten (Nagel) genau einmal berührt. Solche Kreise sind nach dem irischen Mathematiker William Rowan Hamilton benannt. Hamiltonsche Kreise sind bis heute nicht gut verstanden und bilden weiterhin den Gegenstand mathematischer Forschung.

Merlin zeigte Arthus und Lachviel das sich für die Tour des Springritters auf einem Feld der Seitenlänge 4×4 ergebende Diagramm. Beachte, daß es darin vier äußere Nägel 1, 4, 13 und 16 gibt, vier mittlere Nägel 6, 7, 10, 11 und zwei *innere Quadrate* – 3, 5, 12 und 14 sowie 2, 8, 9 und 15. Diese inneren Quadrate sind durch eine dicke und eine dicke punktierte Linie in Abbildung 45 hervorgehoben, sie spielen eine maßgebliche Rolle.

„Euer Majestät, ich beginne, indem ich darlege, daß eine geschlossene Tour nicht möglich ist; mehr noch, wenn dort überhaupt eine Tour existiert, so muß sie auf den äußeren Nägeln beginnen und enden."

„Wechhalb, Merlin?"

„Hoheit, nehmen wir einmal an, es gäbe eine geschlossene Tour. Sie muß über Nagel Nummer 13 führen. Doch da nur die Nägel 6 und 11 mit 13 verbunden sind, muß die Tour die Folge 6–13–11 oder 11–13–6 enthalten. Ähnlich muß sich der vierte Nagel in der Mitte einer Zugfolge 6–4–11 oder

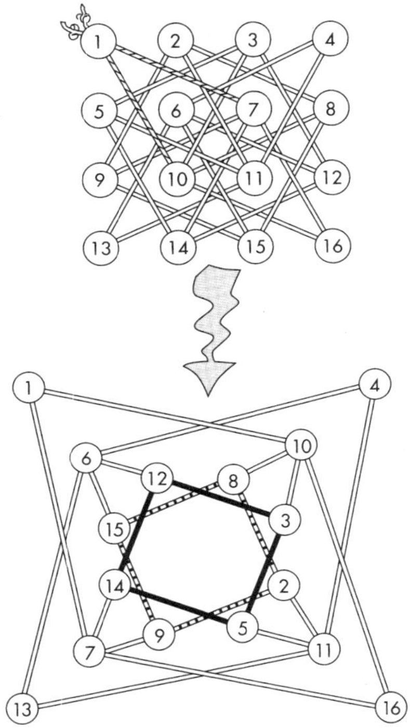

Abb. 45 Nagel-und-Schnur-Beweis dafür, daß es keinen Abenteuerritt auf einem 4 × 4-Feld gibt.

11–4–6 befinden. Diese Abschnitte der angenommenen Tour fügen sich jedoch zu einer geschlossenen Schleife 6–13–11–4 und wieder zurück zu 6. Eine vollständige Tour besucht aber jedes der 16 Felder und darf keine geschlossene Schleife mit der Länge 4 enthalten. Folglich ist eine geschlossene Tour unmöglich. Einer der beiden Nägel 13 oder 4 befindet sich am einen Ende der Tour. Aus ähnlichen Gründen befindet sich Nagel 1 oder 16 am anderen Ende.“

Die Diskussion wurde durch das Eintreffen von Sir Garrulous unterbrochen, der einen toten Basilisken auf dem einen und eine recht zerzauste Jungfrau auf dem anderen Arm trug. Er stellte das Fräulein als Lady Migraine vor. Doch Merlin, unbeeindruckt von derartigen Störungen, fuhr weiter in seiner Beweisführung fort.

„Zum Beweis nehmen wir an, die Tour starte beim Nagel 13 und ende bei 1. Dann beginnt die Tour mit der Folge, sagen wir, 13–11–4–6 und endet mit 7–16–10–1. Es gibt andere Möglichkeiten, aber die folgende Argumentation trifft auf sie genauso zu: die gewählten Wege sind typisch. Folglich müssen wir eine Teiltour zwischen den mittleren Nägeln 6 und 7 finden, die nicht über irgendeinen der bereits besuchten Nägel führt. Das sind die äußeren Nägel 1, 4, 13 und 16 und die anderen beiden mittleren Nägel 10 und 11. Wir brauchen also eine Teiltour, die von Nagel 6 zu Nagel 7 führt *und nur die acht Nägel auf den beiden inneren Quadraten durchläuft.*"

„Diese Nägel sind ja schrecklich", meldete sich Lady Migraine zu Wort. „Die Farbe paßt überhaupt nicht zu meinen Augen, liebster Garry. Ich finde, wir sollten –"

„Jedoch", fuhr Merlin unerschrocken fort, „gibt es keine direkten Verbindungen zwischen den beiden inneren Quadraten. Ausgehend von 6, müssen wir uns auf eines der inneren Quadrate begeben, sagen wir durch einen Sprung von 6 nach 12 auf das durchgezogene Quadrat. Doch können wir dieses innere Quadrat nur auf dem Weg von 14 nach 7 verlassen. Von dort aus gibt es jedoch keinen Weg zu dem anderen (gepunkteten) inneren Quadrat, da 7 bereits mit Nagel 16 verbunden ist! Das gleiche gilt, wenn wir bei 6 starten und zu dem gepunkteten Quadrat gehen: Der einzige Weg, um auf das durchgezogene zu gelangen, führt über das Feld 7, und das ist nicht möglich, weil die Teiltour ja auf Nagel 7 *enden* sollte.

Folglich ist eine Springrittertour auf einem 4×4-Feld unmöglich", schloß er triumphierend. Es entstand ein langes Schweigen, das nur hin und wieder durch das laute Schnarchen von Sir Garrulous gestört wurde. Allmählich wurde es peinlich, da ergriff der König das Wort. „Chelbchtverchtändlich", sagte er leichthin. „Ich wuchte dach schon, bevor Er mit cheiner Rede begonnen hatte." Es war schon immer das Vorrecht der Könige, im nachhinein klug zu erscheinen, und Merlin widersprach nicht. Er war es gewohnt.

Lachviel trat nun unruhig von einem Fuß auf den anderen. „Meine Hoheit, ich muß Euch unbedingt mit einigen höchst wichtigen Neuigkeiten vertraut machen –"

Aber Arthus hatte plötzlich eine eigene Idee. Das war eine so ungewöhnliche Erfahrung, daß er förmlich in Verzückung geriet. „Wenn ein vollchtändiger Abenteuerritt auf einem 4×4-Chachtelbrett gar nicht möglich icht", sagte er, „dann frage ich mich, wach die längchte mögliche Tour icht."

Aufgabe 3

Können Sie Arthus Frage beantworten? Sir Lachviel konnte es nicht, daher mußte er schweigen.

Springer können einen Abenteuerritt auch auf Brettern ausführen, die nicht quadratisch sind. Die einfachsten solcher Bretter sind Rechtecke. Auf einem Rechteck mit den Seiten 2×3 ist keine vollständige Tour möglich, aber auf einem Feld 3×4 gibt es eine geschlossene Tour. Sie können die Nagel-und-Schnur-Methode benutzen, um zu beweisen, daß auf den Brettern mit 3×5 beziehungsweise 3×6 keine Tour möglich ist.

Aufgabe **4**

Touren auf einem Spielfeld mit 3×7 Quadraten sind möglich, aber die Wahl der Start- und Endquadrate unterliegt einer schweren Einschränkung. Welcher?

Der Springer kann sich auch in drei statt zwei Dimensionen bewegen. Dudeney führt in seinem Buch *Amusements in Mathematics* aus: „Vor einigen Jahren las ich zufällig irgendwo, daß Abnit Vandermonde, ein kluger Mathematiker, der 1736 geboren wurde und im Jahre 1793 starb, ... das Problem vorgeschlagen hat, daß die Tour eines Springers auf den sechs Flächen eines Würfels erfolgen solle, von denen jede ein Schachbrett enthalten sollte.“ Dudeney fand eine Lösung, bei welcher jeweils eine Fläche nach der anderen durchlaufen wird.

Aufgabe **5**

Können Sie das Problem lösen?

Zufällig irrte sich Dudeney in seiner Erinnerung ein wenig. Der Name lautete Alexandre-Théophile Vandermonde, und er lebte von 1735 bis 1796.

Sind ähnliche Touren auf Würfeln anderer Größe möglich? Auf einem Würfel mit den Maßen $2 \times 2 \times 2$ ist es offenkundig nicht möglich, eine Fläche nach der anderen zu durchlaufen, doch trotz des Platzmangels ist eine geschlossene Tour möglich. Bevor wir zeigen, wie man eine solche findet, müssen wir sorgfältiger angeben, wie sich ein Springer auf der Oberfläche eines Körpers bewegen soll. Wir betrachten einen Zug dann als zulässig, wenn für den Fall, daß die Oberfläche in irgendeiner Weise flach ausgebreitet wird, das Muster dasselbe ist wie bei einem normalen Springerzug. Bei einem $2 \times 2 \times 2$-Würfel führt das zu einer Überraschung. Abbildung 46A zeigt einen Zug, der auf den ersten Blick nicht wie ein Springerzug aussieht, der aber als solcher zu erkennen ist, wenn man die Oberfläche aufschneidet und flach ausbreitet, wie in Abbildung 46B.

Tatsächlich gibt es auf einem $2 \times 2 \times 2$-Würfel eine geschlossene Springertour (Abb. 46C), die vorwiegend aus diesen „Überraschungszügen“ zusammengesetzt ist. Sie steht in Beziehung zu einem alten Rätsel: Wie kann man einen Würfel so zerschneiden, daß ein regelmäßiges Sechseck entsteht. Es gibt

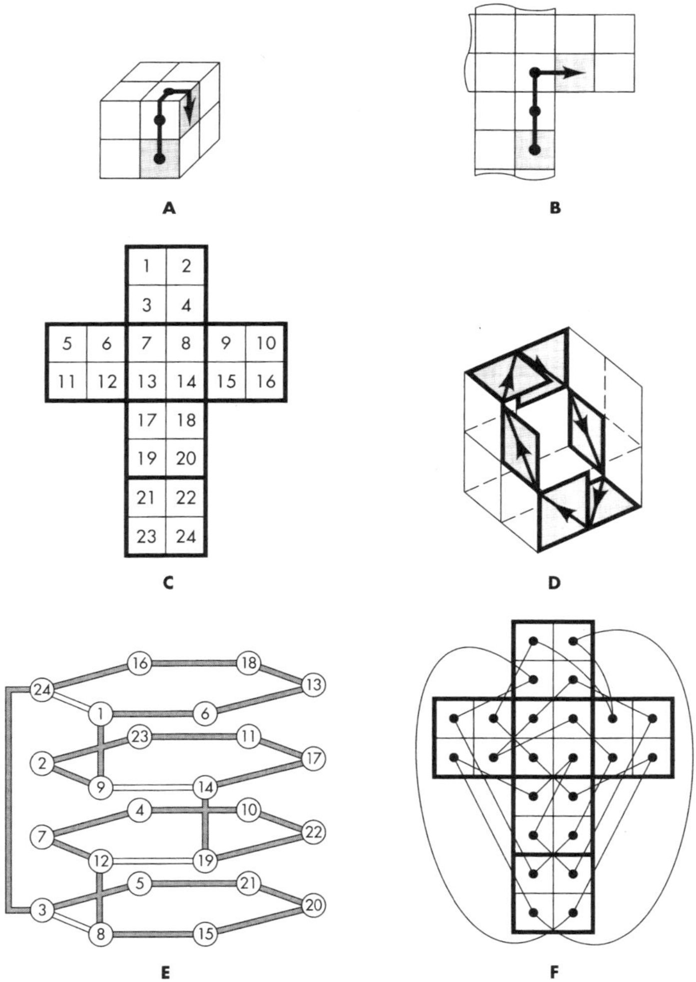

Abb. 46 (**A**), (**B**) Der Überraschungszug des Springritters auf einem Würfel. (**C**) Bezeichnung der Quadrate. (**D**) Ein Überraschungssechseck. (**E**) Zusammensetzen der Springertour auf einem $2 \times 2 \times 2$-Würfel aus vier Überraschungssechsecken. (**F**) Die resultierende Lösung. Der Übersicht halber wurde der Würfel abgewickelt.

vier Möglichkeiten, und jedes Sechseck verläuft diagonal durch sechs der Quadrate auf einem 2 × 2 × 2-Würfel (Abb. 46D). Folglich definiert jedes Sechseck eine Kette von sechs Quadraten, die durch Überraschungszüge des Springers verbunden sind (Abb. 46E). Es ist nicht schwer, Verbindungszüge zwischen diesen vier Überraschungssechsecken zu finden, durch die sie alle zu einer einzelnen geschlossenen Tour verbunden werden (Abb. 46F).

So ist trotz des engen Bewegungsraumes auf einem 2 × 2 × 2-Würfel eine Springertour möglich. Aber ein 1 × 1 × 1-Würfel ist doch wohl zu mickrig? Nicht die Spur! Wieder gibt es Überraschungszüge, die diesmal vom Ausgangsquadrat zu irgendeinem angrenzenden Quadrat führen. Auf einem 1 × 1 × 1-Würfel wird der Springer zum Bauern. Eine Tour für diesen Springer im Bauerngewand ist dann so leicht auszudenken, daß ich sie nicht erst aufzeichne.

Nach all diesen Erläuterungen erlaubte König Arthus Sir Lachviel schließlich, seine wichtigen Neuigkeiten zu überbringen.

„Eure Hoheit, ich versuchte, Euch mitzuteilen, daß in Romney Marsh eine Horde von Schlangen eingefallen sind, deren Blick lebendige Wesen in Stein verwandelt. Die Bauern sind auf der Flucht, aber viele werden trotzdem erwischt."

Der König dachte einen Moment darüber nach. Schließlich meinte Sir Lachviel resigniert: „Auf jeden Fall ist es jetzt viel zu spät."

„Macht nichtch", entgegnete der König. „Ech gibt noch viele andere Bauern."

„Ich pflichte Euch bei, Eure Hoheit. Aber was fangen wir mit zwanzigtausend versteinerten Schafen an?"

Arthus hatte das Gefühl, daß es ratsam wäre, die Aufmerksamkeit seiner Untertanen durch irgendetwas abzulenken, während ein Trupp seiner Ritter in aller Stille die steinernen Schafe in die See warf. Also ordnete er an, daß Merlin ein großes „Chachtel"-Turnier veranstalten sollte. Dieser führte unverzüglich den königlichen Schachzug aus, und er funktionierte sogar, wenngleich sich einige Untertanen über einen mysteriösen Anstieg des Meeresspiegels beunruhigten. Das „Chachtel"-Turnier war ein großer Erfolg, denn auch dies hatte Arthus angeordnet, und wer würde schon seinem König die Gefolgschaft verweigern? Doch danach mußte der Uther-Pendragon-Turnierplatz, zugleich Fischmarkt, geräumt werden, um Platz zu schaffen für einige Lasttiere, die Sir Capstan, so ging das Gerücht, auf der Rückkehr von den Kreuzzügen aus dem fernen Arabien mitgebracht hatte. König Arthus fand, daß die Arena einen neuen Namen erhalten sollte, der dem neuen Verwendungszweck angemessen wäre, aber es fiel ihm keiner ein. Daraufhin ließ er verkünden, daß diejenige Person einen Preis von einer halben Goldkrone erhalten sollte, die als erste einen passenden Namen fände.

In der Zwischenzeit war der Platz einfach ein Schachbrett. Aber nicht für lange.

Jeder hat schon einmal von König Arthus Tafelrunde gehört. Aber der König fand so großen Gefallen an seiner Erfindung (wie er es sah) des „Chachtel"-Spiels, daß er den runden Tisch durch einen quadratischen hatte ersetzen lassen, dessen Platte durch ein Schachbrettmuster aus 8×8 Feldern unterteilt war. Merlin, der innerlich vor Wut darüber kochte, daß man ihm seine Idee geklaut hatte, sprach heimlich einen Zauberspruch über den Tisch, so daß seine gegenüberliegenden Kanten miteinander verbunden schienen. Er war sich natürlich nicht bewußt, daß er damit bestimmte Konstruktionen der Topologie vorwegnahm. Es ist eine alte Leidenschaft der Topologen, eine Vielzahl von Oberflächen zu erzeugen, indem sie Ausschnitte der Ebene verbiegen und die Ränder zusammenkleben. Klebt man die beiden Enden eines rechteckigen Papierstreifens aneinander, so entsteht ein Zylinder. Wenn sie vor dem Zusammenkleben verdreht werden, erhält man ein Möbius-Band. Werden die gegenüberliegenden Kanten eines Rechtecks zusammengeklebt, so entsteht ein Torus. Wenn man schließlich die gegenüberliegenden Kanten eines Rechtecks verklebt, aber vorher eine Seite verdreht wird, so entsteht die Kleinsche Flasche – eine Fläche ohne Kanten, die nur eine Seite besitzt (Abb. 47).

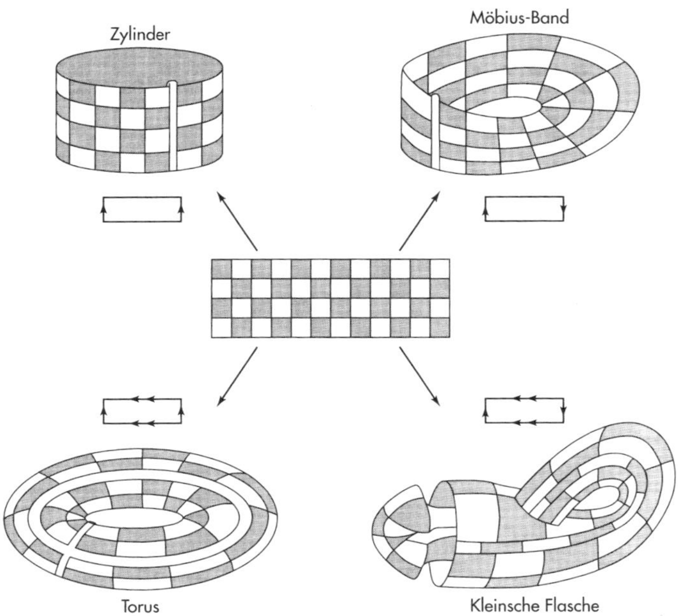

Abb. 47 Vier Möglichkeiten, ein Rechteck zu verkleben.

Rein mathematisch gesehen sind die Verbiegungen überflüssig: Es genügt, sich vorzustellen, daß die betreffenden Felder einander benachbart sind, während man überlegt, wie ein Zug über eine Kante hinweg auszuführen ist. Auf diese Weise bleiben die Rechtecke flach, sie lassen sich also mit exakten Quadraten pflastern, auch wenn die übliche Darstellung von Flächen wie einem Torus diese mit Kurven darstellt. Ein Rechteck, dessen Kanten miteinander identifiziert werden, bildet einen flachen Torus. Und da der Torus flach ist, können wir auf dem Rechteck Schachbretter abstecken und über Springertouren auf Zylindern, Möbius-Bändern, Tori und Kleinschen Flaschen nachgrübeln.

Arthus war etwas beunruhigt über die Geometrie seines neuen Tisches, doch Merlin sagte ihm (wahrheitsgemäß und doch irreführend), daß ein böser Magier ihn verzaubert habe, womit sie leben müßten, bis es ihm, Merlin, gelingen würde, einen wirksamen Gegenspruch zu finden. Er würde daran arbeiten, vorausgesetzt, der König wäre willens, sein Forschungsunternehmen mit einem Budget von 5 000 Goldkronen auszustatten. Einstweilen, so fuhr er fort, könnte die Gesellschaft ihre geistigen Fähigkeiten dadurch schärfen, daß sie über die Mysterien von Zylindern, Möbius-Bändern, Kleinschen Flaschen und Tori nachdächte.

Sir Garrulous geriet durch das Nachdenken über Kleinsche Flaschen sogleich in Schwierigkeiten. „Ich kann mir nicht vorstellen, wie man so eine Flasche herstellen sollte, ohne daß sie sich selbst durchdringt“, teilte er Merlin eines Tages mit. „Und das schiene mir doch ein bißchen geschwindelt“, fügte er entschuldigend hinzu.

Merlin bestätigte, daß sich die Kleinsche Flasche im dreidimensionalen Raum nicht ohne Selbstdurchdringung konstruieren läßt. „Aber“, fuhr er voller Eifer fort, „das kann uns nicht daran hindern, Springrittertouren auf einem einer Kleinschen Flasche aufgemalten Schachbrettmuster zu untersuchen.“

„Wiecho nicht?“ wollte Arthus wissen.

„Wir werden sehen“, antwortete Merlin geheimnisvoll. „Doch laßt uns mit Zylindern beginnen. Um den Abenteuerritt anschaulich zu machen, werde ich ‚Geisterkopien‘ des Originalrechtecks an allen Seiten anbringen und so tun, als wären die entsprechenden Felder dieselben wie im Originalrechteck. Der Springritter kann sich dann über die Kante auf eines der Geisterrechtecke bewegen, vorausgesetzt, es wird unverzüglich an die entsprechende Position des Originalrechtecks versetzt. Abenteuerritte sind auf einem Zylinder oder Möbius-Band $2 \times n$ nur dann möglich, wenn n ungerade ist. Auf einem Zylinder $3 \times n$ oder $5 \times n$ sind unter Verwendung eines einfachen, sich wiederholenden Musters immer Touren möglich. Außerdem können mehrere derartige Zylinder Kante an Kante aneinandergefügt werden, wobei sich die Touren durch Unterbrechen an passender Stelle und Neuzusammensetzen kombinieren lassen [Abb. 48]. Ein solcher Zylinder kann jede Höhe gemäß der Formel

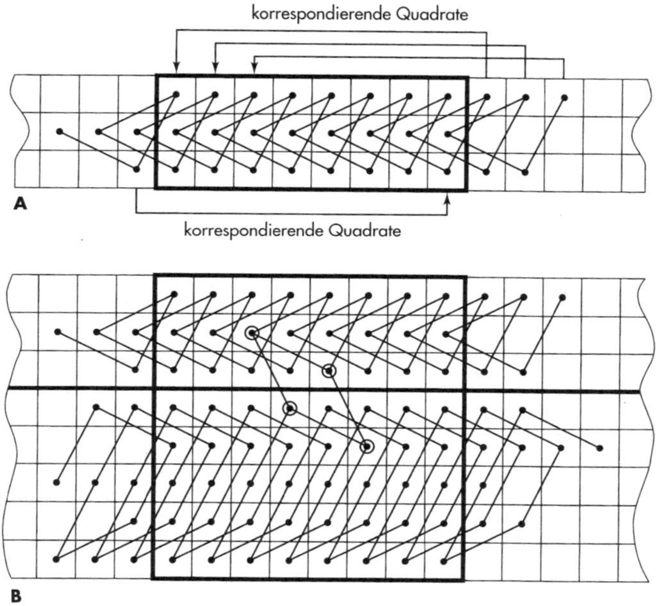

Abb. 48 (**A**) Abenteuerritte auf einem Zylinder lassen sich anschaulich darstellen, indem man Geisterbilder an den Enden anfügt und korrespondierende Quadrate miteinander gleichsetzt. (**B**) Abenteuerritte auf mehreren Zylindern können durch Ändern der Verbindungen in einem geigneten Parallelogramm zusammengefügt werden.

$3a + 5b$ haben. Nur die Zahlen 1, 2, 4 und 7 entsprechen nicht dieser Formel, somit habe ich bewiesen, daß eine Springrittertour auf einem $m \times n$-Zylinder für alle m, ausgenommen vielleicht 1, 2, 4 und 7, möglich ist. Touren auf einem $1 \times n$-Zylinder sind nicht möglich, und $2 \times n$-Zylinder habe ich bereits besprochen."

„Und was ist mit den anderen beiden?" wollte Lachviel wissen. Doch darauf hatte Merlin die Antwort, die Mathematiker immer parat haben, wenn sie – im Streß – die Lösung eines Problems vergessen: „Zylinder mit den Maßen $4 \times n$ und $7 \times n$ überlasse ich Euch als Übung", sagte er großzügig. „Zusammen mit ähnlichen Fragen für Möbius-Bänder."

„Was mich betrifft", erwiderte Lachviel, „so würde ich lieber ein Drachennest mit einem Zahnstocher angreifen." Aber vielleicht besitzt der Leser ja größeren Wagemut.

Merlin war nun in voller Fahrt und nicht mehr zu bremsen. „Auch Touren auf dem Torus", führte er aus, „können durch das Anbringen von Geisterrechtecken neben dem Original veranschaulicht werden. Und obwohl es auf einem Quadrat mit 4 × 4 Feldern keine Springrittertour gibt, gibt es eine geschlossene Tour auf einem 4 × 4-Torus. Auf dem Zylinder mit 4 × 4 Feldern gibt es eine Tour, aber sie ist nicht geschlossen. Ich benutze wieder die Nagel-und-Schnur-Methode, um zu zeigen, weshalb. Für einen 4 × 4-Torus entspricht der entstehende Graph genau den Ecken und Kanten eines Hyperkubus – des vierdimensionalen Analogons zum Würfel [Abb. 49A]. Die Springrittertour auf einem 4 × 4-Torus ist in der Tat eine Tour in vier Dimensionen! Aus dem Graphen liest man mit Leichtigkeit einen Hamiltonschen Kreis heraus, der zu der gezeigten geschlossenen Tour führt.“ Er hielt kurz inne, um Atem zu schöpfen, aber bevor irgend jemand ein Wort sagen konnte, redete er bereits weiter. „Für einen 4 × 4-Zylinder ergibt sich ein ähnlicher Graph, bei dem jedoch mehrere Kanten entfernt sind. Die Grund- und Deckfläche des Hyperkubus bleiben intakt, aber von den vertikalen Kanten bleiben nur vier übrig [Abb. 49B].

Ich habe einen raffinierten Beweis dafür, daß keine geschlossene Springrittertour möglich ist – laßt ihn mich Euch erläutern.“ Lady Migraine ließ ein Stöhnen hören, aber Merlin tat, als habe er nichts gehört. „Ich schattiere die Nägel, die den Quadraten 5, 7, 10 und 12 sowie 6, 8, 9 und 11 entsprechen, wie hier zu sehen. Beachtet, daß jeder Zug, der bei einem weißen Nagel beginnt, auf einem dunklen Nagel enden muß. Die meisten Züge, die von dunklen Nägeln ausgehen, enden auf weißen, doch gibt es hiervon vier Ausnahmen. Diese sind die vertikalen Verbindungen 5–11, 7–9, 10–8 und 12–6. Wenn eine geschlossene Tour existiert, muß sie über jeden Nagel führen. Es gibt acht weiße und acht dunkle Nägel, und auf jeden weißen Nagel muß ein dunkler folgen, die Farben müssen einander also abwechseln. Um aber von der oberen Fläche des Hyperkubus zum Boden zu gelangen, muß man eine der vier verbliebenen Verbindungen benutzen, bei denen die Farbe nicht wechselt. Es ist also nicht möglich, die Farbe wechseln zu lassen, und daher existiert keine geschlossene Tour. Andererseits *existieren* nicht-geschlossene Touren, und dieselbe Methode zeigt, daß diese Touren auf einem weißen Nagel anfangen und enden müssen, wovon sich einer in der oberen und einer in der Bodenfläche befindet.“

Begleitet von Sir Garrulous’ volltönendem Schnarchen, für welches dieser in sechs benachbarten Königreichen berühmt war, wandte Merlin sich verwandten Fragestellungen bei der Kleinschen Flasche zu, für die aufeinanderfolgende Reihen von Geisterrechtecken jeweils umgedreht werden müssen. Er legte ausführlich dar, warum eine große Zahl an Fällen keine grundsätzlich neuen Probleme aufwarf. Wenn zum Beispiel eine normale Springertour auf einem $m \times n$-Rechteck möglich ist, dann funktioniert dieselbe Tour, wenn die Kanten miteinander verklebt werden, folglich löst (zum Beispiel) die Springertour auf einem 6 × 6-Feld ebenso das Problem auf einem 6 × 6-Zylinder, einem Möbius-Band, einem Torus oder einer Kleinschen Flasche mit dieser Anzahl

1	2	3	4	1	2	3	4	1	2	3	4
5	6	7	8	5	6	7	8	5	6	7	8
9	10	11	12	9	10	11	12	9	10	11	12
13	14	15	16	13	14	15	16	13	14	15	16
1	2	3	4	1	2	3	4	1	2	3	4
5	6	7	8	5	6	7	8	5	6	7	8
9	10	11	12	9	10	11	12	9	10	11	12
13	14	15	16	13	14	15	16	13	14	15	16
1	2	3	4	1	2	3	4	1	2	3	4
5	6	7	8	5	6	7	8	5	6	7	8
9	10	11	12	9	10	11	12	9	10	11	12
13	14	15	16	13	14	15	16	13	14	15	16

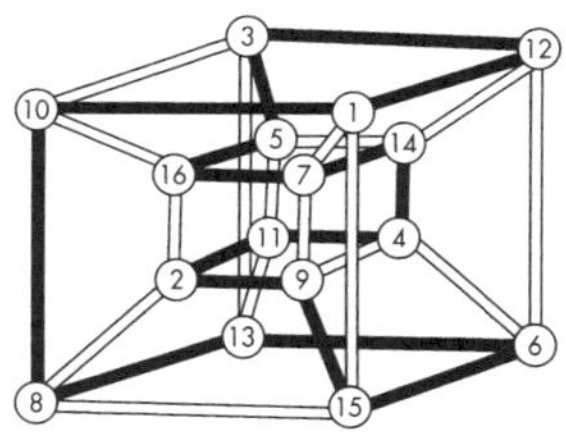

A

1	2	3	4	1	2	3	4	1	2	3	4
5	6	7	8	5	6	7	8	5	6	7	8
9	10	11	12	9	10	11	12	9	10	11	12
13	14	15	16	13	14	15	16	13	14	15	16

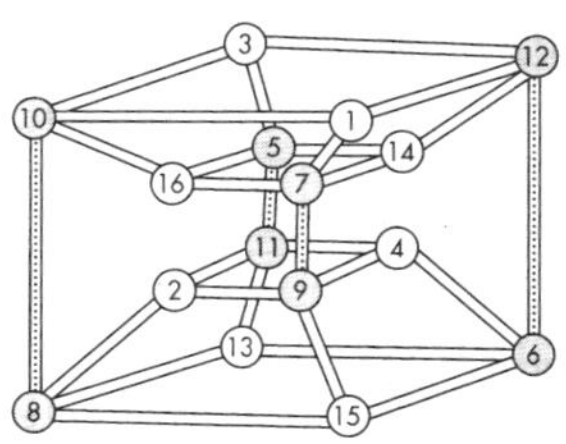

B

Abb. 49 (**A**) Der 4 × 4-Torus, umgeben von Geisterrechtecken; der zugehörige Graph in Form eines Hyperkubus; und ein Hamiltonscher Kreis (dicke Linien), der auf eine Springertour führt. (**B**) Der 4 × 4-Zylinder plus Geisterrechtecke, sowie sein Graph, teilweise schattiert zum Beweis, daß es keine geschlossene Springertour gibt.

Quadrate. Aus ähnlichen Gründen gilt: Wenn eine Tour auf einem zu einem Zylinder geformten $m \times n$-Rechteck möglich ist, dann muß sie ebenfalls auf einem Torus oder der Oberfläche einer Kleinschen Flasche mit denselben Abmessungen möglich sein.

Jetzt zum vierdimensionalen Raum –"

Sir Lachviel stieß einen gellenden Schrei aus und rannte aus dem Zimmer.

„Wohin will Er cho eilig?" rief der König dem Enteilenden hinterher. Lachviel hielt inne und wandte sich um.

„Mir ist gerade eine dringende Verabredung eingefallen", sagte er. „Ich muß gehen und den – das – äh, finden ..."

„Der – der heilige Gral!" brüllte Sir Garrulous, der durch Lachviels Schrei erwacht war. „Auch ich muß ihn finden. Welch erstaunlicher Zufall! Wartet auf mich!" Beide entfernten sie sich mit blechernen Schritten quer über den mit Steinplatten ausgelegten Hof.

„Sieh an." Lady Migraine grinste höhnisch. „Ich hab's ja immer schon gewußt, daß Sir Garrulous nicht zu trauen ist. Ab zu einer anderen einsamen Jungfrau, möchte ich wetten. Oh, dieser verfaulte, üble –"

Ganz offensichtlich war Lady Migraine gerade erst am Beginn ihrer Haßtirade. Arthus schaute hilflos auf Merlin, der sich die Ohren mit den Händen zuhielt. Er fing allmählich an zu verzweifeln, und erwog, ob er den Zauberspruch riskieren sollte, der als „Furnwolds Unberechenbarer Lippenverschließer" bekannt war, als ein Page die Trompete blies und eine hochgewachsene, in einen schwarzen Panzer gekleidete Gestalt mit langen Schritten in den Hof trat und sich vor dem König tief verbeugte.

„Eure Hoheit, ich bitte um die Belohnung."

„Erhebt Euch, Chir Perimachon. Wach für eine Belohnung?"

„Die Ihr verkünden ließet. Der Wettstreit um einen Namen für die Arena zur Unterbringung der Lasttiere, die Sir Capstan von den Arabischen Kreuzzügen mitgebracht hat."

„Ach ja", sagte der König, der das schon völlig vergessen hatte. „Alcho herauch damit, Mann. Welchen Namen hat er vortchuchlagen?"

Sir Perimason räusperte sich. „Camel Lot", sagte er, während er an Capstans Kamele dachte.

Antworten

1. Jede geschlossene Tour muß die gleiche Anzahl an schwarzen und weißen Quadraten berühren. Daher ist auf einem Spielfeld mit 5×5 oder 7×7 – oder in der Tat auf jedem Feld mit einer ungeraden Anzahl an Quadraten – eine geschlossene Tour unmöglich.

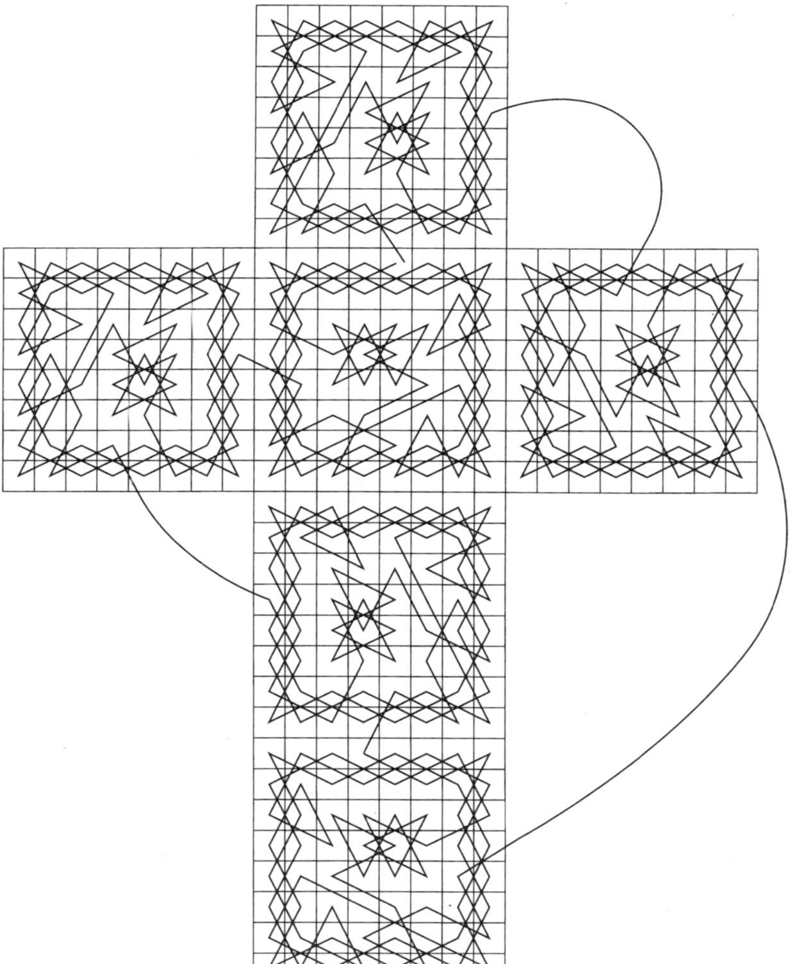

Abb. 50 Dudeneys Tour auf der Oberfläche eines $8 \times 8 \times 8$-Würfels.

2. Auf dem achteckigen Feld, das in Abbildung 44 zu sehen ist, ist keine Tour möglich. Um herauszufinden, warum nicht, färben Sie die Quadrate abwechselnd schwarz und weiß wie auf einem Schachbrett. Beachten Sie, daß der Springer bei jedem Zug die Farbe seines Feldes wechselt. Folglich gibt es entweder gleich viele schwarze und weiße Quadrate, oder es gibt ein schwarzes Quadrat mehr oder eines weniger als weiße. Das achteckige Feld, von dem wir hier reden, hat jedoch 32 schwarze und 37 weiße Quadrate. Die längste Tour, die denkbar wäre, würde 65 Quadrate berühren, 32 schwarze und 33 weiße, wobei sie auf einem weißen Quadrat beginnt und endet. Gibt es eine solche Tour? (Ich gebe an dieser Stelle keine Antwort darauf.)
3. Die längste Tour auf einem 4×4-Feld führt über 15 Quadrate, beispielsweise 1–7–16–10–3–5–14–12–6–4–11–2–8–15–9.
4. Auf einem Rechteck mit den Seiten 3×7 müssen das Ausgangs- und das Endquadrat jeweils in diagonaler Richtung einen Schritt von einer Ecke entfernt sein.
5. Eine Tour über die Oberfläche eines Würfels ist in Abbildung 50 zu sehen. Es gibt eine Vielzahl anderer Lösungen.

Weiterführende Literatur

Ball, W.; Rouse, W. *Mathematical Recreations and Essays*. London (Macmillan) 1959.

Dudeney, H. E. *Amusements in Mathematics*. New York (Dover) 1958.

Gardner, M. *Mathemagical Magic Show*. New York (Alfred A. Knopf) 1977; Harmondsworth, England (Penguin Books) 1985. Deutsch: *Mathemagische Tricks*. Braunschweig, Wiesbaden (Vieweg) 1981.

Kraitchik, M. *Mathematical Recreations*. London (Allen and Unwin) 1960.

Wegener I. et al. *Mathematische Unterhaltungen*. In: *Spektrum der Wissenschaft* 2/92 (1992) S. 10.*

* Die mit * gekennzeichneten Titel wurden in der deutschen Ausgabe ergänzt.

8
Die endliche Leichtigkeit des Weins

In einem klapprigen Bus, dessen laut knallende Fehlzündungen auf der Fahrt nach Frascati für Kurzweil sorgten, war ich angereist, um meine Freunde Elena und Enrico Marcaroni im Weinberg von Enricos Bruder zu besuchen. Nachdem Enrico mich seinem Bruder Alberto vorgestellt hatte, wurde offenbar, daß die beiden mich mit einem Hintergedanken eingeladen hatten. Es ging um mein mathematisches Fachwissen. Scherzhaft einigten wir uns auf ein „Beratungshonorar". Es wurde mir in einer Kiste überreicht – ich habe eine Schwäche für Frascati.

„Also, Alberto – um was für ein Problem geht es?"

„Teroldego", begann Alberto.

„Entschuldige, aber ich spreche kein ..."

„Nebbiolo, Trebiano, Malvasia, Moscato, Aleatico, Sangiovese", fuhr er fort.

„Was?"

„Trauben. Das sind Weintraubensorten. Ich habe sieben verschiedene Traubensorten zum Test, um festzustellen, aus welcher man den besten Wein gewinnt. Ich möchte sie in Parzellen auf dem Hang anpflanzen. Leider ist der Hügel ziemlich klein, so daß ich nur drei Sorten Trauben in jeder Parzelle anpflanzen kann. Ich möchte aber die Einflüsse durch unterschiedliche Böden und Sonneneinfall möglichst gering halten."

„Das ist sehr fachmännisch", bemerkte ich mit wissender Miene. „Die sorgfältige Vorbereitung eines Versuchs ist unerläßlich, um Fehler zu vermeiden."

„Genau. Ich habe einige Voraussetzungen notiert, die meiner Meinung nach diesem Ziel dienlich sind." Mit einer großen Geste zog er ein Blatt Papier hervor, auf dem folgendes geschrieben stand:

Sieben Sorten von Trauben sollen Parzellen zugeteilt werden.
Jede Parzelle enthält genau *drei* verschiedene Sorten.
Folgende Bedingungen müssen eingehalten werden:
- *A*. Beliebige zwei Parzellen enthalten genau eine Sorte gemeinsam.
- *B*. Beliebige zwei Sorten stehen in genau einer gemeinsamen Parzelle.

„Ganz hervorragend exakt formuliert", sagte ich zu ihm. „Wo liegt das Problem?"

Er antwortete: „Es gelingt mir nicht, eine passende Anordnung zu finden, die beiden Bedingungen genügt."

Ich sagte nichts dazu, aber es schien mir, daß er sich nicht sehr bemüht hatte. *Bevor Sie weiterlesen, versuchen Sie, ob es Ihnen gelingt, eine geeignete Anordnung zu finden.*

„Keine Sorge", meinte ich, „Stewart ist hier, und deine Sorgen haben ein Ende. Ich kenne eine Lösung."

„Ausgezeichnet!" rief Alberto.

„Herrlich!" schrie Elena. „Ausnahmsweise machst du dich einmal nützlich, anstatt uns die Ohren mit diesen provokanten Erben vollzuquasseln."

„Projektive Ebenen*, Elena."

„Das habe ich ja gesagt. Ich kann deine provokanten Erben nicht leiden. Alberto, laß uns dem Himmel danken, daß dein Problem nichts mit Geometrie zu tun hat! Dieser wahnwitzige Mensch wird dir den Kopf mit Parallelen, die sich im Unendlichen schneiden, Kreisen, die gerade Linien sind, und Flächen, die nur eine Seite haben, vollstopfen!" Sie wandte sich zu mir. „Nun, Ian, sag uns deine Antwort."

„Es tut mir leid, das sagen zu müssen –", sagte ich.

„O nein."

„Es – ähm – hat mit projektiven Ebenen zu tun." gestand ich. „Endliche projektive Ebenen. Wie du siehst, *ist* es ein geometrisches Problem, aber eines, das mit endlich vielen Punkten zu tun hat."

„Dadurch wird es nicht besser. Er hat wieder durchgedreht", erwiderte Elena betrübt und seufzte. Ich hielt es für das beste, die Fassung zu bewahren und einfach weiterzumachen.

„Deine drei Bedingungen ähneln sehr dem, wovon die projektive Geometrie handelt", erklärte ich. „Wenn wir ‚Parzelle' durch ‚Linie' und ‚Art der Traubensorte' durch ‚Punkt' ersetzen, lauten deine Bedingungen folgendermaßen:

Sieben Punkte sollen auf Linien angeordnet werden.
Jede Linie enthält genau drei verschiedene Punkte.
Folgende Bedingungen müssen eingehalten werden:
A. Zwei beliebige Linien enthalten genau einen gemeinsamen Punkt.
B. Jedes Paar von zwei Punkten liegt auf genau einer gemeinsamen Linie.

* Siehe Kapitel 11.

Siehst du? Es geht um Geometrie."

„Hmmm. Aber Trauben sind, auch wenn sie klein und rund sind, doch keine Punkte. Und Landparzellen, selbst wenn sie lang und schmal sind, sind keine Linien."

„Richtig. Aber unwichtig. Wir reden über abstrakte Eigenschaften der *Anordnungen* von Objekten, nicht von den Objekten selbst. Es macht keinen logischen Unterschied, welche Namen wir ihnen geben. Wie schon der große David Hilbert sagte, sollte die logische Struktur der Geometrie dieselbe Bedeutung haben, wenn die Wörter ‚Punkt', ‚Linie' und ‚Fläche' durch ‚Tasse', ‚Stuhl' und ‚Tisch' ersetzt werden. Namen spielen keine Rolle."

„‚Die Pinguine auf dem Kamin einer gleichschenkeligen Konzertina sind gleich ...' Ja, es hat so etwas erfrischend Modernes –".

„*Logisch* gesehen spielen Namen keine Rolle. Aber *psycho*logisch erinnern uns Namen an Analogien zu realen geometrischen Objekten. Hier haben wir es mit einer Art von Geometrie ohne parallele Linien zu tun. Zwei Linien haben *immer* einen gemeinsamen Punkt. Dies gilt nicht in der Euklidischen Geometrie, aber in der *projektiven* Geometrie trifft es zu."

„Die übrigens in Italien entstanden ist", fuhr ich hastig fort, als ich Albertos skeptischen Blick bemerkte. „Sie geht auf die Entdeckung der Gesetze der Perspektive durch Filippo Brunelleschi (1377–1446) zurück. Und auf *Alberti*", fügte ich noch hinzu (Leo Battista Alberti (1404–1472)).

Seine Miene hellte sich auf. „Aber natürlich", meinte er. „Euklid, das war doch ein Grieche, oder? Für ein italienisches Problem brauchen wir eine *italienische* Geometrie." Die italienische Kultur hatte ihn schon halb überzeugt, und sein Beinahe-Namensvetter bewirkte den Rest.

„Um Gottes willen!" flüsterte Elena vernehmlich, „Bring ihn bloß nicht auf die Steinersche Römische Fläche, oder er wird wieder mit all diesem Unsinn daherkommen."

Ich versuchte sie zu beruhigen: „Keine Angst, liebe Elena. Endliche projektive Ebenen sind ein Zweig der Kombinatorik, nicht der Topologie. Alberto, ich werde die Lösung deines Problems aufzeichnen." Mit diesen Worten zeichnete ich ein Diagramm (Abb. 51).

„Sehr interessant", bemerkte Alberto. „Aber eine der Linien ist *gebogen*", protestierte er dann. „Und ich sehe nicht –"

„Entschuldige, ich werde das Diagramm in den Begriffen der ursprünglichen Problemstellung erklären. Wenn ich die Dreiergruppen der ‚Punkte' auf jeder ‚Linie' aufliste, erhalten wir dies:

1	2	6
1	3	5
1	4	7
2	3	4

2	5	7
3	6	7
4	5	6

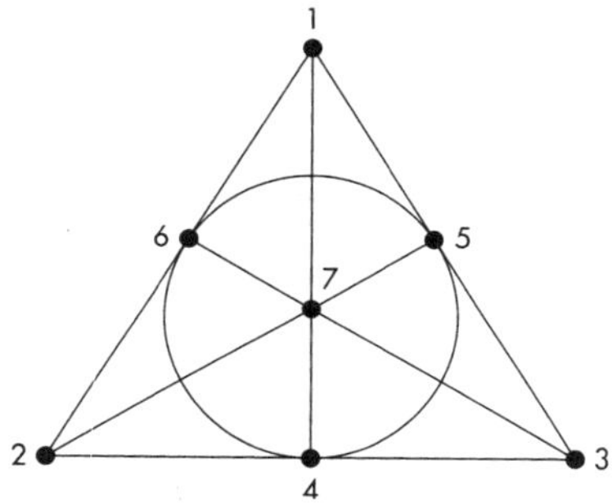

Abb. 51 Eine endliche projektive Ebene mit drei Punkten auf jeder von sieben Linien.

Die Zahlen 1 bis 7 bezeichnen die verschiedenen Traubensorten, und die Liste stellt sieben verschiedene Parzellen auf dem Hang dar, von denen jede drei Sorten enthält. Wenn du es nachprüfst, wirst Du feststellen, daß deine beiden Bedingungen erfüllt sind.

‚*A*. Je zwei Parzellen enthalten genau eine Sorte gemeinsam.‘ Zum Beispiel enthalten die beiden ersten Parzellen 126 und 135 nur die 1 gemeinsam. Die Parzellen 234 und 456 haben genau die 4 gemeinsam und so weiter.

‚*B*. Beliebige zwei Sorten liegen in genau einer Parzelle gemeinsam.‘ So liegen etwa die Sorten 1 und 5 gemeinsam in 135, aber in keiner anderen Parzelle. Und die Sorten 3 und 6 liegen nur in 367 gemeinsam.

Tatsächlich kann ich zwei Tabellen aufzeichnen, die alle möglichen Kombinationen auflisten“ (siehe die Tabellen 9 und 10).

„Aber diese *gekrümmte* Linie –“

„Sie muß als Kurve gezeichnet werden, weil die ‚Punkte‘ und ‚Linien‘ keine *wirklichen* Punkte und Linien sind, sondern Traubensorten und Landparzellen! Schau auf die Liste! Es funktioniert! Macht es dir jetzt immer noch Probleme, daß eine ‚Linie‘ gebogen ist?“

„Ich schätze, nein.“

„Aber das Diagramm *ist* nützlich“, betonte ich. „Viel leichter zu merken als eine Liste. Und man kann *sehen*, daß alle drei Bedingungen erfüllt sind. Man braucht die Tabellen gar nicht mehr zu überprüfen.“

„Richtig. Großartig. Ich werde auf der Stelle Pigro die Anweisungen zum Anpflanzen geben. Ach, und macht es dir etwas aus, wenn ich meinen Vetter

Tab. 9: Linien zwischen Paaren und Punkten

erster Punkt		1	2	3	4	5	6
zweiter Punkt	**2**	126					
	3	135	234				
	4	147	234	234			
	5	135	257	135	456		
	6	126	126	367	456	456	
	7	147	257	367	147	257	367

Tab. 10: Punkte, in denen sich Geraden treffen

erste Gerade		126	135	147	234	257	367
zweite Gerade	**135**	1					
	147	1	1				
	234	2	3	4			
	257	2	5	7	2		
	367	6	3	7	3	7	
	456	6	5	4	4	5	6

Vittorio anrufe. Er hat ein ähnliches Problem wie ich, vielleicht kannst du ihm ja auch helfen."

„Je mehr, desto lieber", antwortete ich gedehnt. „Vorausgesetzt, das Honorar ist von vergleichbarer Menge und Qualität!"

„Wunderbar! Und während wir auf die Ankunft von Vittorio warten, will ich dir ein Glas hiesigen Weins anbieten – aus Montefiascone – der den merkwürdigsten Namen aller Weine hat." Er verschwand und kehrte mit einer Flasche zurück. Ich warf einen Blick auf das Etikett.

„Was für eine Art Name ist denn *Est Est Est*?" wollte ich wissen.

„Der Name, so leid es mir tut, ist die am besten zu merkende Eigenschaft des Weins", antwortete Alberto. „Obwohl er an einem heißen Tag gut mundet. Vor vielen Jahren war ein Geistlicher, Bischof Fugger, auf der Reise nach Rom, und jedesmal schickte er einen Diener voraus, der herausfinden sollte, welches Gasthaus am besten geeignet sei (und damit meinte er den Wein, denn alle Betten waren muffig und das Essen ungenießbar). Der Diener sollte mit Kreide das lateinische Wort *est* – das bedeutet ‚es ist' – auf die Tür eines akzeptablen Wirtshauses schreiben, und *non est* – ‚es ist nicht' – auf die anderen. Eines abends traf der Diener, erschöpft und schmutzig von der Reise, in Montefiascone ein. Der Ort wirkte völlig heruntergekommen, aber als er Wein bestellte, brachte man ihm zufällig eine gute Flasche. Er war so beeindruckt, daß er *Est! Est! Est!* an die Tür schrieb, und –“

„Nun mach mal halblang.“

„Nein, wirklich, jedes Wort ist wahr – naja, die meisten jedenfalls. Der Diener erfand den Namen, und außerdem erfand er die Drei-Sterne-Auszeichnung für Hotels!“ Ein Geräusch veranlaßte ihn, sich in seinem Sessel umzuwenden. „Aha. Hier ist Vetter Vittorio!“.

Nach einer Unmenge von Umarmungen und Schulterklopfen kamen wir zum Geschäft. Es stellte sich heraus, daß auch Vittorio etliche Traubensorten zu testen beabsichtigte.

„Ich habe aber dreizehn Sorten, nicht nur sieben. Und meine Parzellen sind größer: Auf jeder kann ich vier verschiedene Sorten anpflanzen. Trotzdem möchte ich Albertos zwei Regeln einhalten.“

„Fantastisch“, sagte ich und dachte rasch nach. *Dreizehn Punkte, in Linien zu je vier, jedes Paar von Linien trifft sich in einem einzigen Punkt und jedes Paar von Punkten liegt auf einer einzigen Linie. Das ist wieder eine projektive Ebene*!

Ich teilte ihnen mit, daß ich das Problem lösen könnte. „Aber“, so sagte ich, um den größten Nutzen zu erzielen, „ich werde euch die Lösung nur verraten, wenn ihr mir gestattet, sie *richtig* zu erklären. Ich möchte erklären, wie man auf die Antwort kommt, und auch worin sie besteht.“

„Warum?“

„Erstens, weil Antworten ohne Begründung Magie sind und keine Mathematik. Zweitens, weil das Wissen, wie man auf die Antwort kommt, euch helfen kann, später ähnliche Probleme selbst zu lösen. Einverstanden?“

„Einverstanden“, meinte Vittorio. Elena seufzte und Alberto rief nach einem weiteren Dutzend Flaschen *Est Est Est*.

Ich setzte mich in der Erwartung eines langen Nachmittags nieder. „Der Ausgangspunkt ist die Verbindung zwischen der vertrauten Euklidischen Ebene und der projektiven Ebene. Um die projektive Ebene zu erhalten, nimmst du die Euklidische Ebene und fügst eine ‚Extralinie im Unendlichen‘ hinzu, die einen Punkt für jede *Richtung* in der Euklidischen Ebene enthält. Alle Geraden einer parallelen Schar gehen dann durch denselben Extrapunkt, der für die Richtung dieser Geraden definiert wurde. Sie treffen sich folglich in ihm auf der Linie im Unendlichen [Abb. 52]. Soweit OK, Vittorio?“

„Ich denke schon.“

„Gut. Nun können wir Punkte in der Euklidischen Ebene bestimmen, indem wir zwei *Koordinaten* x und y benutzen, die reelle Zahlen sind. Tatsächlich bekommt man ein Koordinatenkreuz, das mit den beiden Zahlen x und y bezeichnet ist. Um eine *endliche* projektive Ebene zu erhalten, gehen wir zunächst von einer endlichen Euklidischen Ebene aus. Genaugenommen lautet der Terminus technicus *affine Ebene*. Dazu wählen wir die Koordinaten etwas

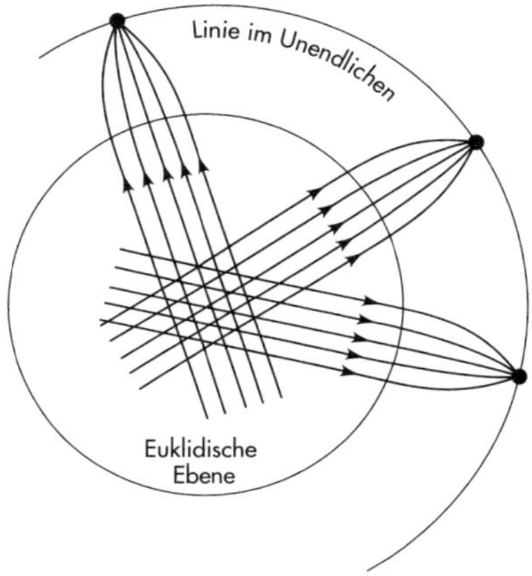

Abb. 52 Konstruktion der projektiven Ebene durch Hinzufügen von „Punkten im Unendlichen“ zur Euklidischen Ebene, die mit Bündeln paralleler Linien korrespondieren.

anders als üblich und nicht einfach alle reellen Zahlen. Wir könnten beispielsweise nur die zwei Koordinatenwerte 0 und 1 verwenden. Dann erhalten wir vier Punkte, nämlich (0,0), (0,1), (1,0) und (1,1). Diese lassen sich als Quadrat darstellen [Abb. 53A].

Nun müssen wir entscheiden, wie die ‚geraden Linien‘ in dem Diagramm aussehen sollen. In diesem Fall ist das leicht: die Seiten des Quadrats zuzüglich seiner Diagonalen [Abb. 53B].

Jetzt simulieren wir die Konstruktion der realen projektiven Ebene indem wir eine ‚Linie im Unendlichen‘ hinzufügen. Die obere und die untere Linie des Quadrats sind ‚parallel‘ in dem Sinne, daß sie sich nicht treffen. Also fügen wir jeder Linie einen Punkt ‚im Unendlichen‘ hinzu. Ähnliches gilt für die linke und rechte Seite. Die Diagonalen bilden ein drittes Paar von ‚parallelen‘ Linien.“

„Aber sie treffen sich“, protestierte Enrico.

„Nicht auf dem Gitternetz“, widersprach ich. „Auf *dieser* Ebene existieren nur die Zahlen 0 und 1. Die Diagonalen treffen sich bei (1/2,1/2), und das zählt nicht. Da sie sich nicht *auf dem Gitter* treffen, betrachte ich sie als parallel.“

„Na gut ...“

„Einen Moment noch, dann werde ich das etwas plausibler machen. Wie auch immer, die drei Gruppen von Parallelen liefern drei Extrapunkte, die eine neue Linie bilden – ‚im Unendlichen‘ – und wir erhalten ein System mit sieben Punkten und sieben Linien [Abb. 53C], wie wir es vorhin schon gesehen

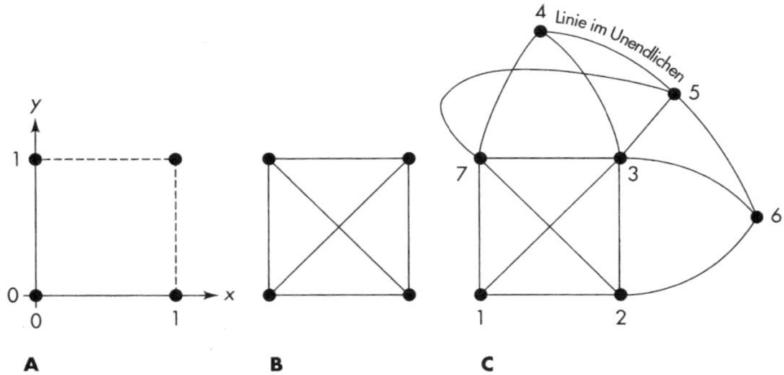

Abb. 53 Konstruktion einer endlichen projektiven Ebene in Analogie zu Abb. 52. (**A**) Das ursprüngliche Koordinatenkreuz ist eine endliche Analogie der Euklidischen Ebene, wobei nur 0 und 1 als Koordinatenwerte benutzt werden. (**B**) Linien im Koordinatenkreuz. (**C**) Hinzufügen einer Linie im Unendlichen, mit einem Punkt für jede Gruppe von 'Parallelen' im Koordinatensystem.

haben, allerdings in anderer Form dargestellt. Wenn du die an den Punkten angeschriebenen Zahlen vergleichst, wirst du sehen, daß sich dieselbe Liste von Linien wie zuvor ergibt" (Abb. 51).

„Wunderbar!" schrie Alberto. Dann fügte er hinzu: „Glaube ich jedenfalls."

„Um wirklich zu verstehen, warum wir die Diagonalen als ‚parallel' auffassen, mußt du dir vorstellen, daß die gegenüberliegenden Seiten des Quadrats zueinander herumgebogen sind", sagte ich.

„Ja, aber ..."

„Warum ‚herumgebogen'? Tja, das ist eine lange Geschichte: homogene Koordinaten und endliche Körper –"

„Oh, wessen Körper?"

„Kein Grund sich aufzuregen, Vittorio! ‚Körper' ist ein technischer Ausdruck, der ein System bedeutet, in dem man addieren, subtrahieren, multiplizieren und dividieren kann, wobei alle üblichen algebraischen Gesetze gültig bleiben. Die Koordinaten in der Euklidischen Ebene sind reelle Zahlen. Man kann die Koordinaten addieren und multiplizieren und erhält dabei andere reelle Zahlen. Außerdem ist in der Koordinatengeometrie die Bedingung, unter der zwei Geraden parallel sind, mit der algebraischen Struktur verknüpft, es gibt also eine Verbindung zwischen Geometrie und Algebra.

Wenn man eine ähnliche Verbindung für ein System von Koordinaten schaffen will, in dem nur die Zahlen 0 und 1 vorkommen, so muß man darauf bestehen, daß Summen und Produkte *ebenfalls* nur die Werte 0 und 1 ergeben. Das macht keine Schwierigkeit bei

$$0 \times 0 = 0, \qquad 0 \times 1 = 0, \qquad 1 \times 1 = 1$$

oder

$$0 + 0 = 0, \qquad 0 + 1 = 1,$$

aber es ist nicht erlaubt, daß 1 + 1 = 2, da dieses Ergebnis außerhalb der Menge 0 und 1 läge. Stattdessen muß man sich damit abfinden, daß

$$1 + 1 = 0.“$$

„Wieso?“

„Die einzige andere Möglichkeit wäre, daß 1 + 1 = 1, aber dann könnte man 1 subtrahieren, woraus folgte, daß 1 = 0, was lächerlich ist.“

„Oh, natürlich. Lächerlich. Aber 2 = 0 ist völlig in Ordnung. Warum verstehe ich nicht –“

„In diesem System *gibt* es keine Zahl 2.“

Vittorio sah unglücklich drein. „Nun sag bloß, daß 1 + 1 = 2 kein ‚übliches algebraisches Gesetz‘ ist?“

„Es ist für reelle Zahlen üblich, aber nicht für andere Systeme. Wenn es dir besser gefällt, kannst du dir vorstellen, daß 0 ‚gerade‘ und 1 ‚ungerade‘ bedeutet. Wie du siehst, wird die Regel ungerade + ungerade = gerade befolgt, so daß 1 + 1 = 0 korrekt ist.“

„Verrückt“, bemerkte Elena und tippte sich mit dem Finger an die Stirn.

„Nein, ich rede von der Algebra endlicher Körper“, wandte ich ein. „Aber jetzt ist weder die Zeit noch der Ort, das zu vertiefen. Alles wovon ich euch überzeugen möchte ist, daß die Methode, gerade Linien auf einem begrenzten Blatt Papier zu zeichnen, darin besteht, sie ‚herumzubiegen‘.“

„Das Gitter 2 × 2 ist so einfach, daß es einen nur irreführt. Alles wird klarer, wenn wir von einem System ausgehen, in dem die horizontalen Koordinaten 0, 1 und 2 sind. Dann erhalten wir ein 3 × 3-Gitter aus neun Punkten [Abb. 54A]. Dies entspricht einem endlichen Körper mit drei Elementen 0, 1 und 2, in dem Addition und Multiplikation durch ‚Modulo 3‘ definiert werden. Das heißt, Vielfache von 3 werden weggeworfen. Folglich ist 1 + 2 = 0, 2 + 2 = 1, 2 × 2 = 1 und so weiter.

Dieses Zahlensystem ist von 3 nach 0 ‚herumgebogen‘. In entsprechender Weise sind die Linien um das Gitter herumgebogen. Sie bestehen aus Gruppen von drei ‚parallelen‘ Linien [Abb. 54B]. Leicht zu erkennen sind die horizontalen Linien 123, 456, 789 und die vertikalen 147, 258, 369. Aber es gibt zwei weitere Gruppen – diejenigen, die herumgebogen sind –, ‚gebrochene Diagonalen‘, die sich in eine Richtung neigen, 159, 267, 348, und ‚gebrochene Diagonalen‘, die sich in die andere Richtung neigen, nämlich 753, 429 und 186.“

„Was ist mit Linien unter einem anderen Neigungswinkel? Beispielsweise die Linie von 1 nach 6? Die verläuft weder horizontal noch vertikal oder diagonal!“

Ich mußte zugeben, Vittorio fing an, die Sache zu kapieren. „Wenn du diese Linie verlängerst und sie herumbiegst, wirst du feststellen, daß sie durch Punkt 8 läuft. Sie ist nichts anderes als die Diagonale 186 in anderer Verkleidung“ (Abb 54C).

„Alles, was nun noch zu tun bleibt, ist, eine ‚Linie im Unendlichen‘ mit vier Punkten hinzuzufügen, die mit 10, 11, 12 und 13 beziffert werden, eine für jede Gruppe von Parallelen. Damit erhält man eine projektive Ebene mit 13 Punkten [Abb. 54D]. Und nun kann man eine Liste von 13 Parzellen ablesen, von denen jede vier Sorten von Trauben enthält, und die Vittorios Problem löst, etwa so:

1	2	3	11	
4	5	6	11	
7	8	9	11	
1	4	7	13	
2	5	8	13	
3	6	9	13	
1	5	9	12	
2	6	7	12	
3	4	8	12	
7	5	3	10	
4	2	9	10	
1	8	6	10	
10	11	12	13	(Linie im Unendlichen)

Ich habe sie entsprechend den vier Richtungen unterteilt, die durch die vier Gruppen von drei ‚Parallelen‘ festgelegt werden, und die Linie im Unendlichen habe ich am Schluß angefügt.“

„Das ist erstaunlich!“ bemerkte Vittorio. „Laß mich mal probieren! Ich nehme ein 4×4-Gitter!“

„Oh Schreck, nein, du –“

„Ich kann es. Unterbrich mich bitte nicht, ich werde es gleich ausgetüftelt haben ...“

Zwei Stunden später, die Sonne war schon am Untergehen, hatte Vittorios Blick etwas Glasiges.

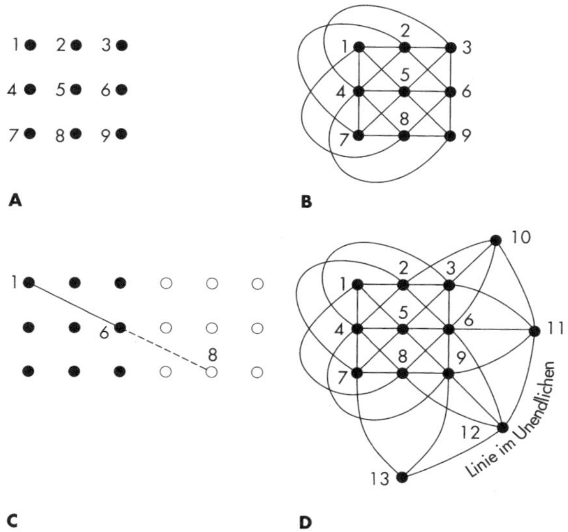

Abb. 54 Konstruktion einer endlichen projektiven Ebene mit 13 Punkten. (**A**) Den Ausgang bildet ein Gitter aus 3 × 3 Punkten. (**B**) Die vier Gruppen von Parallelen. (**C**) Warum die Verbindung von 1 nach 6 keine neue Linie ist: herumgebogen führt sie auf Punkt 8, aber 186 ist bereits enthalten. (**D**) Die fertige Konstruktion.

„Es klappt nicht“, meinte er schließlich. „Entweder bekomme ich zu viele Punkte auf den Linien oder nicht genügend Linien durch die Punkte. Schau, wenn ich die Linien herumbiege, finde ich bestimmte Linien, die sich in zwei Punkten treffen statt in einem!“ (Abb. 55).

„Das wollte ich dir ja erklären“, sagte ich. „Wenn du dasselbe Konzept auf ein 4 × 4-Gitter anwendest, funktioniert es nicht richtig. Du schaffst es nicht, daß sich die Gruppen von ‚Parallelen‘ vernünftig verhalten. Das liegt daran, daß 4 keine Primzahl ist. Man muß ein Gitter verwenden, dessen Seitenlänge eine Primzahl ist. Dann geht es immer. Du kannst also ein 5 × 5-Gitter nehmen, dann bekommst du sechs Gruppen mit je fünf ‚parallelen‘ Linien und erhältst schließlich eine projektive Ebene mit 31 Punkten, die in Linien zu je 6 angeordnet sind.“

Aufgabe 1

Vittorio zeichnete rasch eine solche projektive Ebene. Können Sie es auch?

„Woher kommen diese Zahlen?“ fragte Alberto.

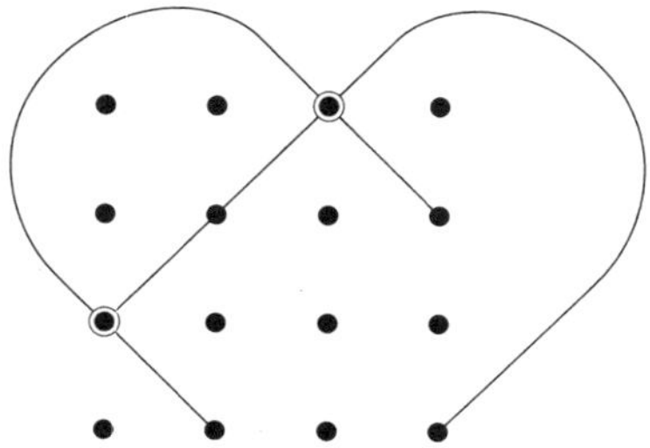

Abb. 55 Das 4 × 4-Gitter hat einen Haken. Hier treffen sich zwei Linien in mehr als einem Punkt.

„Das ist eine allgemeine Regel. Wir erhalten

$$7 = 2^2 + 2 + 1$$
$$13 = 3^2 + 3 + 1$$
$$31 = 5^2 + 5 + 1$$

Das ist kein Zufall. Wenn wir eine projektive Ebene der *Ordnung n* haben, was bedeutet, daß sich auf jeder Linie $n + 1$ Punkte befinden, dann muß die Anzahl aller Punkte $n^2 + n + 1$ sein“ [siehe Exkurs 4].

„Ich sagte, daß die Gittermethode funktioniert, wenn die Seitenlänge des Quadrats – das heißt, seine Ordnung – eine Primzahl ist. Tatsächlich läßt sich die Methode so verallgemeinern, daß sie projektive Ebenen für jede Ordnung, die einer Primzahl entspricht, erzeugt. Das kommt daher, daß endliche Körper für alle Potenzen von Primzahlen existieren.

So existieren projektive Ebenen der Ordnungen

2 3 4 5 7 8 9 11 13 16 17 19 ...

und so weiter. Und obwohl man keine Ebene der Ordnung 4 aus einem 4 × 4-Gitter gewinnt, *kann* man eine erhalten, wenn man von einer etwas abgewandelten Anordnung von 16 Punkten ausgeht.“

Elena fragte: „Was ist mit den anderen Ordnungen? Zum Beispiel 6.“

„Jetzt fängst sogar du an, dich dafür zu interessieren, wie mir scheint.“

„Diese Ordnung hat immerhin Charme.“

„Eben, Elena. Schönheit liegt im Auge des Betrachters. Aber endliche projektive Ebenen besitzen einen eigenen Charme. Wie auch immer, du fragtest nach den anderen Ordnungen

6 10 12 14 15 20 ...

Exkurs 4: Numerologie der projektiven Ebenen

Angenommen, jede Gerade in einer projektiven Ebene enthält $n + 1$ Punkte. Nimm irgend eine Gerade L und irgend einen Punkt P, der nicht auf dieser Geraden liegt. Verbinde P mit jedem Punkt von L (Abb. 56, schwarze Punkte). Die resultierenden $n + 1$ Geraden sind verschieden; jede enthält P, einen Punkt von L, und $n - 1$ andere Punkte. Folglich erhalten wir insgesamt

$n + 1$	Punkte auf L
$+ 1$	Punkt P
$+ (n + 1)(n - 1)$	Punkte auf den Linien von L nach P,

was zusammengezählt $n^2 + n + 1$ ergibt.

Nun müssen wir zeigen, daß es in der projektiven Ebene keine weiteren Punkte gibt. Doch wenn Q irgendein Punkt ist, dann gibt es eine Gerade M durch P und Q. Weiterhin müssen sich M und L in irgendeinem Punkt R treffen. Doch dann liegt Q auf der Geraden, die P mit R verbindet, und R ist einer der Punkte auf L. (Abb. 56, weiße Punkte).

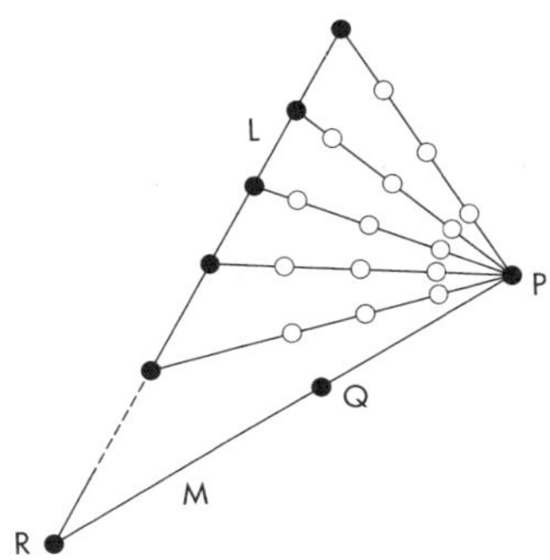

Abb. 56 Abzählen der Punkte in einer projektiven Ebene der Ordnung n.

Diese sind *sehr* interessant.

Um 1900 wußte man, daß es keine projektive Ebene der Ordnung 6 gibt. Das heißt, man kann nicht 43 Punkte in 7 Linien so anordnen, daß jedes Paar von Linien sich in einem einzelnen Punkt trifft und jedes Paar von Punkten auf genau einer Linie liegt. Hätte Vittorio 43 Sorten Trauben in Parzellen testen wollen, in die man je sieben Sorten pflanzen kann, dann hätte er Pech gehabt. Im Jahre 1949 bewiesen R. H. Bruck und H. J. Ryser den *einzigen* bekannten allgemeinen Satz über die Nichtexistenz von endlichen projektiven Ebenen. Wenn die Ordnung n von der Form $4k + 1$ oder $4k + 2$ ist, und n nicht die Summe zweier perfekter Quadrate ist, dann existiert keine projektive Ebene der Ordnung n. Beispielsweise ist 14 gleich $4 \times 3 + 2$ und damit nicht die Summe von zwei Quadraten, also scheidet die Zahl 14 aus. Das Bruck-Ryser-Theorem schießt auch 6, 21, 22 und unendlich viele weitere Werte aus."

„Bemerkenswert."

„Aber damit bleiben 10, 12, 15, 18, 20 und so weiter ungelöst. Bei der Ordnung 10 haben wir zum Beispiel 111 Punkte, die in Linien von je 11 anzuordnen sind –"

„Das *ist* aber auch ein Zufall! Mein Onkel Giorgio möchte 111 Traubensorten testen, und auf seine Parzellen passen jeweils 11 davon. Er ist ein sehr reicher Mann, mein Onkel Giorgio, und er hat viele große Weingärten. Vielleicht würdest du –"

„Warte! Nichts überstürzen, Vittorio! Leider muß ich dir sagen, daß Onkel Giorgio in großen Schwierigkeiten steckt."

„Meinst du?"

„Es gibt keine projektive Ebene zehnter Ordnung."

„Wer sagt das?"

„Eine Gruppe von vier Mathematikern an der Concordia University in Montreal – Clement Lam, Larry Thiel, Stanley Swiercz und John MacKay. Sie haben einen Supercomputer benutzt, um das herauszufinden, und sie haben dafür neun Jahre gebraucht. Sie sagen, dafür sei ungefähr die hundertfache Computerleistung eines anderen bekannten Computerbeweises erforderlich gewesen – des Vierfarbensatz-Beweises von Kenneth Appel und Wolfgang Haken. Vielleicht hast du schon davon gehört: Man kann jede Landkarte mit nur vier Farben so einfärben, daß benachbarte Länder verschiedene Farben haben. Das zu berechnen hat tausend Stunden gedauert, also hätte der Beweis von Lam, Thiel, Swiercz und MacKay auf derselben Maschine hunderttausend Stunden gedauert! Natürlich haben sie eine schnellere benutzt –"

„Diese Leute sollten sich in acht nehmen. Onkel Giorgio wird sehr ärgerlich sein."

„Tut mir leid, aber es ist nun einmal so. Die Frage der Ordnung 12 ist übrigens noch offen, aber ein Computerversuch auf derselben Basis würde zehntausend Millionen mal so lange dauern."

„Onkel Giorgio wird sehr wütend sein", fuhr Vittorio verbissen fort. „Alberto hat eine projektive Ebene, und ich, Vittorio, habe eine projektive Ebene, aber mein schwerreicher Onkel Giorgio, er hat keine –"

„Ach, stopf dir doch deinen reichen Onkel aus!" schrie ich.

„Ich glaube nicht, daß du wollen würdest, daß er das gehört hätte", bemerkte Vittorio leise und schüttelte den Kopf.

„Warum nicht?"

„Nun, Onkel Giorgio hat – ich würde sagen – Verbindungen. Einflußreiche Verbindungen.“

„Ich fürchte mich nicht vor Politikern!“

„Keine Politiker“, meinte Vittorio. „Nichts so – Offizielles. Weißt du, Onkel Giorgio lebt in Palermo.“

Es wurde dunkel. Nein, mit der Mathemafia wollte ich mich sicher nicht anlegen.

Antworten

1. Eine projektive Ebene der Ordnung 5 auf der Basis eines 5×5-Gitters, ist in Abbildung 57 zu sehen.

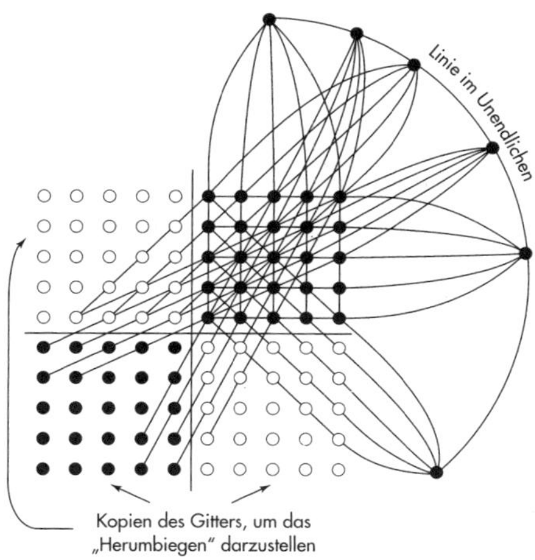

Abb. 57 Projektive Ebene bei einem 5×5-Gitter. (Sie kann auf andere, scheinbar verschiedene Weisen gezeichnet werden: Nur die Menge der Punkte auf einer bestimmten Linie zählt, nicht die Gestalt der Kurve, welche sie verbindet.)

Weiterführende Literatur

Batten, L. M. *Combinatorics of Finite Geometries*. Cambridge, New York (Cambridge University Press) 1986.

Bruck, R. H.; Ryser, H. J. *The nonexistence of certain finite projective planes*. In: *Canadian Journal of Mathematics* 1 (1949) S. 88–93.

Cipra, B. *Computer search solves an old math problem*. In: *Science* 242 (16.12.1988) S. 1507–1508.

Marshall, H. jr. *Combinatorial Theory*, 2d ed. New York (John Wiley & Sons) 1986.

9
Maxdoch Murwells Marktstrategie

„Du kannst die Gesetze des Markts nicht besiegen“, bemerkte Robert.

„Ich will ja gar nicht versuchen, die Gesetze des Markts zu *besiegen*“, gab ich zur Antwort. „Man kann auch Gewitter nicht *besiegen*, aber daraus folgt noch lange nicht, daß es nicht klug wäre, ein Dach auf sein Haus zu setzen.“

Er beachtete mich nicht, sondern deutete überschwenglich in unsere Umgebung. „*Das* ist, was die Kräfte des Markts zustandebringen können! Das bestmögliche Ergebnis für jedermann!“ Ich muß zugeben, was er sagte, hatte etwas für sich. Man hatte die Mittelmeerinsel Taxa, die sich bis vor kurzem in Privatbesitz befand, dem Tourismus geöffnet. Der Strand an der Costa Narmana ist einen Kilometer lang und schnurgerade. Goldgelber Sand vor einer azurblauen See. Für gewöhnlich halte ich mich nicht an solchen Orten auf, denn ich bin weniger ein Yuppie als vielmehr ein Vügsu (Vierziger, übergewichtig, gehe spurlos unter), aber ich nahm an einer Konferenz über nichtlineare Optimierung im Glitz-Hotel teil. Beim Strandspaziergang lief ich einem alten Bekannten in die Arme, Robert Barreich, sowie seiner augenblicklichen Freundin Fiona. Wir hatten ein abgeschiedenes Plätzchen zwischen den Felsbuchten am westlichen Ende gefunden. Es war idyllisch. Und heiß.

Ein paar hundert Meter entfernt stand ein Eisverkäufer, und die roten und gelben Sonnenschirme an seinem kleinen weißen Kühlwagen leuchteten uns verheißungsvoll entgegen.

„Was haltet ihr von einem Eis?“ schlug Robert vor. „Ich werde mal rasch rüberlaufen und schauen, wie die Aktien stehen“. Seit sich Robert aus seinen erfolgreichen Aktienspekulationen zurückziehen mußte – er hattte mit Insiderwissen sehr viel Geld verdient, so daß er mit seinen 32 Jahren schon ausgesorgt hatte – gab es für ihn nur noch dieses Thema. „Gute Idee“, pflichtete ich ihm bei. „Bring mir ein Schokoladeneis mit Krokant.“

„Okay“, meinte er. „Und du, Fiona?“

„Für mich nichts“, antwortete sie und zog ein langes Gesicht. „Ich halte Diät.“

„Davon habe ich letzte Nacht nichts gemerkt, als wir bei Hummer und Champagner saßen“, gab er zurück.

„Es ist eine Meeresfrüchte-Diät."

Robert und ich sahen uns an. Dann riefen wir gleichzeitig: „Je mehr Hummer, desto besser!" Die alten Kalauer sind noch immer die besten, sage ich immer. Ist ja wahr. Ich meine, ich sage das immer.

Robert schlenderte gemächlich in Richtung des Eisverkäufers, der prompt seine Sonnenschirme zuklappte und seinen Kühlschrank zuschloß. Ich war nicht überrascht, so wirkt Robert eben auf viele Menschen. Aber diesmal war es nicht seine Schuld, was sich herausstellte, als er mit niedergeschlagenem Ausdruck in seinem feinen, sonst eher blasiert wirkenden Gesicht zurückkehrte. „Vorübergehend geschlossen", bemerkte er. „Aus Gründen des Wettbewerbs." Der Bürgermeister hatte die Auflagen für Gewerbetreibende gelockert, und die ganze Insel war nun ein Eldorado für private Unternehmer. Wie sich herausstellte, hatte ein zweiter Eisverkäufer einen Stand am anderen Ende des Strands errichtet. „Dieser Konkurrent hat auf einen Schlag die Hälfte des Markts erobert", meinte Robert. „Und deshalb verlegt unser Eisverkäufer seinen Stand näher zur Mitte, um seinen Marktanteil zu vergrößern."

„Die Kräfte der Marktwirtschaft", seufzte ich, „haben uns gerade unserer kühlen Erfrischung beraubt."

„Schon, aber das Gesamtangebot hat sich verbessert", entgegnete Robert. „Nun gibt es zwei Eisverkäufer, also wird der ganze Strand besser versorgt, denn die Leute haben es nicht mehr so weit bis zum nächsten Eisstand. Ich wette, daß der zusätzliche Verkauf die Kosten eines zweiten Eiswagens mehr als aufwiegt." Inzwischen hatte der Eismann seinen Stand wieder geöffnet, ungefähr in der Mitte der östlichen Strandhälfte, und war von einer Horde braunhäutiger und kreischender Kinder umringt. Vielleicht hatte Robert ja recht.

„Mach dir nichts draus, Ian", versuchte Fiona mich zu trösten. „Da ist noch Champagner im Eiskübel."

„Jetzt werde ich mich um das Eis kümmern. Was möchtest du, Robert?"

„Miststück!" rief Robert aus, und fügte hastig hinzu: „Nein, ich meine nicht dich, Fiona. Das Autotelefon ist kaputt!" Es war so ein tragbares Gerät, das er aus dem Lamborghini zum Strand mit hinuntergebracht hatte. „Der Teufel soll das verfluchte Ding holen. Warum muß es ausgerechnet *jetzt* kaputtgehen!"

„Was ist denn los?" wollte Fiona wissen.

„Die Übernahme der Gebrüder Dross", knurrte er. „Ich warte auf einige Insiderinformationen, um meine Anteile entweder rechtzeitig abzustoßen oder aber Aktien zukaufen zu können, und ausgerechnet jetzt ist das Telefon hin!"

„Dann such doch ein anderes Telefon, Liebling."

Er stapfte wütend davon. Als er zehn Minuten später zurückkam, brach es aus ihm heraus. „Die Verbindung ist hin. Der Satellit sendet, aber er empfängt keine Gespräche mehr. Ich kann von der Insel aus anrufen, wohin ich will, aber ich bekomme keine Rückmeldung! Ich kann kaufen oder verkaufen, aber nicht herausfinden, was draußen los ist!"

„Ach du Schande", warf ich ein. „Es steht schlecht um die Welt, wenn du keine Insiderinformationen über eine Übernahme bekommen kannst."

„Schau, Ian", sagte er, „das ist eine ernste Angelegenheit. Ich trete gegen Maxdoch Murwell an, und wenn ich einen Fehler mache, werde ich ein Vermögen verlieren. Ich kann nicht einfach dasitzen und nichts tun, er wird mich hinwegfegen. Ich muß eine Entscheidung treffen, aber dazu fehlen mir die nötigen Informationen!"

„Vielleicht kann ich dir helfen", bot ich ihm an.

„Du? Was weißt du vom Aktiengeschäft?"

„Nichts."

„Ha!"

„Aber", fügte ich hinzu, „ich weiß eine Menge über Entscheidungsfindung." Robert gab sich unbeeindruckt, aber ich merkte, daß ich ihn an der Angel hatte. Wie ein Ertrinkender griff er nach jedem Strohhalm. „Erkläre mir dein Problem", forderte ich ihn auf. Aus dem Augenwinkel bemerkte ich, wie der zweite Eismann auf der westlichen Strandseite mühsam seinen Eiswagen mit geschlossenem Deckel und zusammengefaltetem Sonnenschirm in unsere Richtung schob. Aber er war immer noch weiter weg als unser erster Eisverkäufer.

„Das ist kompliziert", meinte Robert. „Wenn wir beide, Maxdoch Murwell und ich, Aktien kaufen, gewinnt er fünf Millionen Dollar und ich eine Million. Wenn wir beide verkaufen, machen wir beide weder Verlust noch Gewinn. Wenn ich verkaufe und er kauft, dann gewinnen wir beide vier Millionen. Aber wenn ich kaufe und er verkauft, dann gewinnt er neun Millionen, und ich *verliere* eine Million."

„Großartig!" rief ich. „Ein klassisches Zweipersonen-Nicht-Nullsummen-Spiel!"

„Ich habe dir doch gesagt, daß dies eine todernste Sache ist –"

„Das gilt auch für die Spieltheorie", antwortete ich ihm. „Sie wurde von John von Neumann, einem Spitzenmathematiker, erfunden. Der Name Spieltheorie hört sich nur so spielerisch an. Ich werde mal die Gewinnmatrix aufzeichnen." (Siehe Exkurs 5, „Die Gewinnmatrix".)

„Es gibt verschiedene Lehrmeinungen darüber, wie Spieler zu rationalen Entscheidungen finden können, die man spieltheoretisch als Gleichgewicht beschreibt", fuhr ich fort. „Eine Idee besteht darin, nach erfolgreichen Strategien zu suchen."

„Welche sind das?" fragte Fiona.

„Eine Strategie ist einfach durch die Wahl ‚*kaufe* oder *verkaufe*' gegeben. Im Hinblick auf die Gewinnaussichten durch eine erfolgreiche – oder dominante – Strategie ..." Ich schrieb mit einem Stöckchen in den Sand:

> Bei einer *dominanten Strategie* muß für *jeden beliebigen Gegenzug* der *Gewinn strikt größer* sein als bei jeder *anderen Strategie* und *demselben Gegenzug*.

„Strikt größer", fügte ich hinzu, „bedeutet größer und nicht nur gleich. Der springende Punkt ist, daß, was immer der Gegenspieler tut, eine dominante Strategie den größten Gewinn erzielt."

„Super!"

„Wenn *beide* Spieler über eine dominante Strategie verfügen, spricht man von einem Gleichgewicht dominanter Strategien. Nach der Theorie sollten dann beide Spieler ihre dominanten Strategien verfolgen. Wie wir noch sehen werden, ist das tatsächlich nicht immer eine so gute Idee, aber oft ist es sinnvoll.

Zuerst wollen wir feststellen, ob *du* eine dominante Strategie hast. Sie muß entweder *kaufe* oder *verkaufe* lauten. Mal sehen, was für dich jeweils dabei herausspringt. Zuerst nehmen wir an, Maxdoch Murwell *kauft*:

Robert *verkauft*, Maxdoch *kauft*: Gewinn für Robert = 4 Millionen Dollar
Robert *kauft*, Maxdoch *kauft*: Gewinn für Robert = 1 Million Dollar

Exkurs 5: Die Gewinnmatrix

In einem Zweipersonenspiel hat jeder Spieler die Auswahl aus einer begrenzten Zahl von Aktionen oder Strategien (hier zwei). Die Gewinn- oder Auszahlungsmatrix für ein solches Spiel listet alle möglichen Kombinationen von Strategien der beiden Spieler zusammen mit ihrem jeweiligen Gewinn oder Verlust auf. Die Gewinnmatrix für Maxdoch Murwell und Robert lautet:

		Robert	
		kaufen	verkaufen
Maxdoch	kaufen	5,1	4,4
	verkaufen	9,–1	0,0

Die Zeilen repräsentieren die beiden Strategien *kaufen* und *verkaufen* von Maxdoch Murwell; die Spalten dementsprechend die Strategien von Robert. Die beiden Zahlen in einer bestimmten Reihe und Spalte geben den Gewinn oder Verlust der beiden Spieler in Millionen Dollar an; der erste Eintrag steht für Maxdoch, der zweite für Robert. Zum Beispiel besagt der Eintrag links unten, daß, wenn Maxdoch *verkauft* und Robert *kauft*, Maxdoch 9 Millionen Dollar Gewinn macht, Robert aber eine Million verliert.

Folglich ist *verkaufen* die erste Wahl für dich. *Falls* du also eine dominante Strategie hast, muß es der *Verkauf* sein. Nun nehmen wir an, auch Maxdoch *verkauft*.

Robert *verkauft*, Maxdoch *verkauft*: Gewinn für Robert = 0 Millionen Dollar
Robert *kauft*, Maxdoch *verkauft*: Gewinn für Robert = –1 Million Dollar

Wieder ist dein Gewinn größer, wenn du *verkaufst*. Also ist deine dominante Strategie *verkaufen*.

Aber was ist mit Maxwell, hat er auch eine dominante Strategie? Wenn du dich für *kaufen* entscheidest, dann sieht das Spiel so aus:

Maxdoch *verkauft*, Robert *kauft*: Gewinn für Maxdoch = 9 Millionen Dollar
Maxdoch *kauft*, Robert *kauft*: Gewinn für Maxdoch = 5 Millionen Dollar

Also ist *verkaufen* die erste Wahl für Maxdoch. Aber nun nehmen wir an, daß du *verkaufst*:

Maxdoch *verkauft*, Robert *verkauft*: Gewinn für Maxdoch = 0 Millionen Dollar
Maxdoch *kauft*, Robert *verkauft*: Gewinn für Maxdoch = 4 Millionen Dollar

Diesmal ist der Gewinn für Maxdoch *schlechter*, wenn er *verkauft* als wenn er *kauft*. Folglich besitzt Maxdoch Murwell *keine* dominante Strategie.

Und das bedeutet, es gibt kein Gleichgewicht dominanter Strategien, folglich auch keine einfache Regel zur Entscheidungsfindung."

„Deine Spieltheorie ist wirklich unheimlich nützlich", kommentierte Robert.

„Oh, ich bin noch nicht fertig", antwortete ich hastig. „Ich hatte nicht erwartet, daß es in diesem Fall ein Gleichgewicht dominanter Strategien gibt, das ist ziemlich selten. Wie auch immer, das Spiel des Fahrerdilemmas (siehe Exkurs 6) zeigt, daß dominante Strategiegleichgewichte nicht *immer* zum besten Ergebnis führen.

Wie wir gerade gesehen haben, gibt es nicht immer ein Gleichgewicht dominanter Strategien. Was wir brauchen, ist irgend etwas anderes, das *existiert*. Eine andere, von John Nash entwickelte Lehrmeinung besagt, daß das richtige Konzept ein Nash-Gleichgewicht ist."

„Was ist das?" fragte Robert.

„Nun, sagen wir einmal, du wählst R und Maxdoch wählt M. Das sei nun eine Kombination von Strategien für dich und Maxdoch, bei der folgendes zutrifft: Wenn Maxdoch bei seiner Wahl für M bleibt, ist *dein Gewinn mindestens so groß*, wenn du R wählst, wie er wäre, wenn du irgend eine andere

Exkurs 6: Das Autofahrerdilemma

Horatio Hornbläser und Charlotte Coupeln wollen in Paris gleichzeitig in eine Kreuzung einfahren. Jeder hat zwei Strategien: hupen oder ruhig bleiben. Der Gewinn, in Einheiten moralischer Überlegenheit, beträgt 10 Einheiten für den, der hupt, allerdings nur dann, wenn der andere dies nicht tut. Wenn beide hupen, verliert jeder 7 Einheiten, da dies sinnlos ist und außerdem eine Ruhestörung darstellt; wenn beide ruhig bleiben, ist der Gewinn für beide Parteien 0. Die Gewinnmatrix sieht so aus:

		Horatio	
		ruhig	hupend
Charlotte	ruhig	0,0	–10,10
	hupend	10,–10	–7,–7

Jeder Spieler hat eine einzige dominante Strategie: *hupen*. Dies führt zu einem eindeutigen Gleichgewicht dominanter Strategien (*hupen*, *hupen*), wobei sowohl Horatio als auch Charlotte hupen. Aber dieses Gleichgewicht dominanter Strategien trägt beiden einen *Verlust* von 7 Punkten ein! Die Strategie (*ruhig*, *ruhig*) ergibt für beide einen besseren Gewinn, nämlich Null. Im Fachjargon sagt man, das Gleichgewicht (*ruhig*, *ruhig*) ist Pareto-effizient.

Dieses Spiel ist in einer traditionelleren Form als das Gefangenendilemma bekannt. Hier sind Horatio und Charlotte zwei Gefangene, die desselben Verbrechens beschuldigt und getrennt befragt werden. Die Handlungsmöglichkeiten *ruhig bleiben* und *hupen* werden ersetzt durch *leugnen* und *gestehen*; der Gewinn oder Verlust stellt zu verbüßende Jahre dar (beispielsweise bedeutet –7 die Verurteilung zu 7 Jahren Haft). Die Analyse ist die gleiche.

Wahl triffst, und es soll gleichzeitig entsprechend umgekehrt gelten, daß, wenn du bei deiner Wahl für R bleibst und Maxdoch weiterhin M wählt, *Maxdochs Gewinn mindestens so groß* ist, wie er wäre, wenn Maxdoch irgend etwas anderes wählt. Anders ausgedrückt, keiner von euch hat irgendeinen Anlaß dazu, seine Wahl zu ändern, vorausgesetzt, der andere Spieler tut dies nicht."

„Und was bringt das?"

„Ein Nash-Gleichgewicht ist eine vernünftige Strategie für beide Spieler", sagte ich, „und daher vermutlich eine kluge Wahl."

„Oh."

„Das ist natürlich umstritten."

„In der Wirtschaft ist *alles* umstritten."

„Das Schöne ist, es gibt *immer* ein Nash-Gleichgewicht. Das ist als das Nashsche Theorem bekannt."

„So benannt nach Nash."

„Ganz recht."

„Wie seine Gleichgewichte."

„Genau!"

„Und wo ist diesmal der Haken?"

„Nun halt mal die Luft an, Robert. Gleichgewichte dominanter Strategien sind immer Nash, aber Nash-Gleichgewichte sind nicht notwendigerweise Gleichgewichte dominanter Strategien. Es handelt sich um ein allgemeineres Konzept."

„Aha."

„Du solltest aber im Kopf behalten, daß es in einem Spiel verschiedene Nash-Gleichgewichte geben kann."

„Oh."

„An die Arbeit! Versuchen wir es mit M = *kaufen*, R = *verkaufen*", fuhr ich fort. „Der Gewinn für Maxdoch ergibt sich zu

Maxdochs GEWINN (*kaufen, verkaufen*) = 4.

Wenn er dabei seine Strategie in *verkaufen* ändert, erhält er

Maxdochs GEWINN (*verkaufen, verkaufen*) = 0,

was eine Verschlechterung bedeutet. Also hat er keinen Anlaß zu wechseln, vorausgesetzt, du tust es nicht. Wir müssen aber auch beachten, was geschieht, wenn Maxdoch fortgesetzt *kaufen* wählt und du auch zu *kaufen* wechselst:

Roberts GEWINN (*kaufen, verkaufen*) = 4
Roberts GEWINN (*kaufen, kaufen*) = 1,

was wiederum bedeutet, daß du auch in diesem Fall keinen Anlaß zu einem Wechsel hast. Also ist (*kaufen, verkaufen*) ein Nash-Gleichgewicht. Es ist aber", fügte ich hinzu, „kein dominantes Strategiegleichgewicht, da wir ja bereits festgestellt haben, daß es keines gibt."

Aufgabe 1

Finden Sie das Nash-Gleichgewicht (oder die Gleichgewichte, wenn es mehrere gibt) für das Autofahrer-Dilemma.

„Und wohin bringt mich das alles?" wollte Robert wissen.

„Ich empfehle dir, zu verkaufen", gab ich zur Antwort. „Maxdochs Strategie sollte dann darin bestehen, zu kaufen, und jeder von euch verdient vier Millionen Dollar."

„Aber was, wenn er ebenfalls verkauft?"

„Das wird er nicht“, wandte ich ein. Inzwischen hatten sich *beide* Eisverkäufer entschlossen in Richtung auf die Mitte des Strands in Bewegung gesetzt, weiter und weiter weg von Kunden an den Strandenden – wie uns. „Es wäre nicht vernünftig“, fuhr ich fort. „Wenn er glaubt, daß du verkaufen wirst, dann ist seine beste Reaktion zu kaufen – sonst bekommt er gar nichts. Ich bezweifle, daß er sich die Chance eines 4-Millionen-Dollar-Profits entgehen läßt, nur um deinen Gewinn auf Null zu reduzieren!“

„Aber warum *sollte* er annehmen, daß ich verkaufen werde?“

„Weil“, erklärte ich voller Geduld, „du dumm wärst, es nicht zu tun. Wenn du dich für *kaufen* entscheidest, ist dein Profit höchstens eine Million. Und was noch schlimmer ist, Maxdoch könnte dir einen Verlust von einer Million bescheren, indem er *kauft*. Würdest du eine Strategie wählen, die ihm einen solchen Vorteil verschafft? Natürlich nicht! Und wenn wir uns das überlegen können, so kann er es auch, was bedeutet, daß er weiß, daß es idiotisch von dir wäre, zu kaufen! Also weiß er, daß du verkaufen wirst – so daß er kaufen muß, um seinen eigenen Gewinn zu maximieren. Ganz einfach!“

„Hm. Ich bin mir nicht sicher, daß Maxdoch Murwell imstande ist, solch verwickelte Überlegungen wie diese anzustellen.“

„Aber ich wette, sein Marktanalytiker kann es.“

„Wohl wahr ... und im schlimmsten Falle gewinne ich immer noch eine Million.“ Er wollte schon zu seinem Telefon greifen, doch in dieses war mittlerweile ein Einsiedlerkrebs mit ziemlich großen Scheren eingezogen, daher ging er lieber, um ein öffentliches Telefon zu suchen. Kurz darauf kehrte er mit wesentlich glücklicherer Miene zurück.

„Was ist mit meinem Anteil?“ wollte ich wissen.

„Pech gehabt, alter Junge. Du hättest Deine Expertise nicht umsonst machen sollen. Handle den Preis aus, *bevor* du die Information preisgibst!“ Ich verstand nun, warum Robert einen neuen Lamborghini fuhr, während ich mich mit einem alten Lambretta bescheiden mußte.

Dann wechselte sein Gesichtsausdruck. „Was machen diese beiden Idioten?“

Die beiden Eisverkäufer hatten sich inzwischen Seite an Seite in der Mitte des Strandes aufgebaut und erneut ihre Geschäfte geöffnet. Keiner machte den Eindruck, als wollte er noch einmal seinen Standort wechseln. Sie teilten sich jetzt den Markt zu gleichen Teilen, aber ihre Kunden mußten im Schnitt einen Viertelkilometer laufen, um Eis zu bekommen. Hätten sich die beiden Verkäufer auf einem Viertel des Wegs niedergelassen, so hätten sie den Markt ebenfalls zu gleichen Teilen aufgeteilt, aber der durchschnittliche Weg des Kunden hätte nur ein Achtel eines Kilometers betragen. Natürlich unter der Voraussetzung, daß der Strand gleichmäßig bevölkert war.

„Das ist lächerlich“, fauchte Robert. „Sie haben sich auf die schlechteste aller Lösungen geeinigt!“

„Die Kräfte des Markts sind nicht zu besiegen, alter Junge“, versetzte ich.

Aufgabe **2**

Erkennen Sie, warum die Eisverkäufer sich schließlich in der Mitte des Strands einfanden? Können Sie das Problem als Spiel formulieren?

Aufgabe **3**

Was ist die politische Analogie zu den Eisverkäufern?

Aufgabe **4** – Wurm-Rendezvous

Heiner und Amelia Würmeling gehen eines Abends aus. Sie haben unabhängig voneinander die Wahl zwischen einem Schwanzballspiel (das Wurm-Pendant zum Fußball) und der Oper. Sie kommen getrennt an und haben keine Möglichkeit zur Absprache. Jeder möchte gerne in der Gesellschaft des anderen sein, aber Heiner bevorzugt das Schwanzballspiel und Amelia die Oper. Die Gewinnmatrix sieht so aus:

		Amelia	
		Schwanzball	Oper
Heiner	Schwanzball	3,1	–1,–1
	Oper	–6,–6	1,3

Finden Sie alle dominanten Strategiegleichgewichte und Nash-Gleichgewichte.

Aufgabe **5** – Atomare Abrüstung

Ein realitätsnahes Spiel um ein tatsächliches Problem unserer Welt. Der Name spricht für sich selbst; die Gewinnmatrix lautet:

		wir	
		abrüsten	aufrüsten
die anderen	abrüsten	100,100	–200,200
	aufrüsten	200,–200	–160,–160

Die Einheiten sind Millionen Menschenleben. Finden Sie alle dominanten Strategiegleichgewichte und Nash-Gleichgewichte.

Aufgabe **6** – Schlacht in der Bismarcksee

Wir befinden uns im Jahre 1943 im Südpazifik. Admiral Imamuras Befehle lauten, Truppen über die Bismarcksee nach Neuguinea zu transportieren. Admiral Kenney beabsichtigt, die Truppentransporte zu bombardieren. Es gibt zwei mögliche Routen, eine kurze nördliche und eine längere südliche.

Wenn Kenney seine Flugzeuge auf den falschen Weg schickt, kann er es immer noch mit der anderen Route versuchen, aber er verliert Zeit für die Bombenabwürfe. Die Gewinnmatrix lautet:

		Imamura	
		Norden	Süden
Kenney	Norden	2,–2	2,–2
	Süden	1,–1	3,–3

Finden Sie alle dominanten Strategiegleichgewichte und Nash-Gleichgewichte.

Antworten

1. Das einzige Nash-Gleichgewicht für das Autofahrerdilemma ist wiederum (*hupen, hupen*). Manchmal sind rationale Entscheidungen nicht vernünftig!
2. Dieses klassische Beispiel der mathematischen Ökonomie zeigt, daß die Kräfte des Markts nicht immer zum Vorteil des Kunden wirken. Nennen wir die Eisverkäufer Alfredo und Benito, wobei Alfredo links von Benito arbeiten soll (Abb. 58A). Nehmen wir an, die Kunden kaufen beim nächstgelegenen Eisstand. Die Trennlinie zwischen ihren Gebieten ist der Mittelpunkt M der Strecke AB (Abb. 58B). Wenn sich Alfredo nicht genau in der Mitte des Strands befindet, dann kann Benito seinen Marktanteil verbessern, indem er sich *zwischen* Alfredo und das Zentrum postiert (Abb. 58C). Umgekehrt kann Alfredo dasselbe tun, wenn sich Benito nicht genau in der Mitte befindet. Also begeben sich beide Verkäufer ins Zentrum, so daß jeder die Hälfte des Markts für sich hat (Abb. 58D).
   Doch haben sie es damit fertiggebracht, den von ihren Kunden zurückzulegenden Weg zu *maximieren*. Würden sie sich stattdessen darauf einigen, sich auf den Punkten 1/4 beziehungsweise 3/4 der Länge des Strands aufzubauen, behält jeder die Hälfte des Markts für sich, aber der Weg, den die Kunden zurücklegen müssen, wäre minimiert. Die Verkäufer haben jedoch keinen Anlaß, die Punkte (1/4, 3/4) zu wählen.
   Das ähnelt ziemlich dem Autofahrerdilemma, mit dem Unterschied, daß jeder Spieler unendlich viele Strategien zur Auswahl hat (Positionen an der Küste). Um die Situation für ein Spiel zu vereinfachen, nehmen Sie an, daß Alfredo lediglich die Wahl hat, sich auf der Marke ein Viertel oder in der Mitte anzusiedeln, und Benito auf der Dreiviertel-Marke oder in der Mitte. Die Gewinnmatrix, ausgedrückt in den Marktanteilen der Verkäufer ist dann:

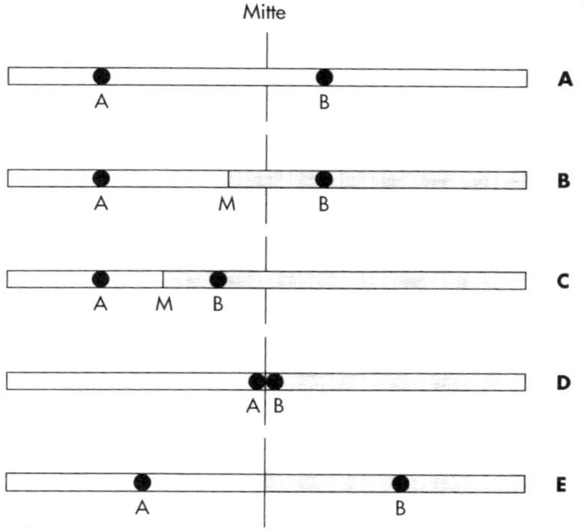

Abb. 58 Zwei Eisverkäufer am Strand und ihre Marktanteile. (**A**) Beliebige Ausgangsposition. (**B**) Die entsprechenden Marktanteile. (**C**) Erobern von Marktanteilen durch Verlegen des Verkaufsstands. (**D**) Das schließliche Ergebnis der Marktkräfte. (**E**) Eine Lösung, die sich nicht aus den Gesetzen des Markts ergibt, die aber vorteilhafter für die Kunden und genauso gut für die Händler wäre.

		Benito	
		3/4	1/2
Alfredo	1/4	1/2,1/2	3/8,5/8
	1/2	5/8,3/8	1/2,1/2

Das einzige Nash-Gleichgewicht ist (1/2,1/2), was gleichzeitig ein dominantes Strategiegleichgewicht darstellt.
Betrachten Sie das Spiel nun einmal aus dem Blickwinkel der Kunden. Dann ist der Gewinn die mittlere Distanz zum nächsten Verkäufer, der wir negative Werte zuordnen, da kürzere Distanzen vorteilhafter sind. Die Gewinnmatrix sieht nun folgendermaßen aus:

		Benitos Kunden	
		3/4	1/2
Alfredos Kunden	1/4	–1/8,–1/8	–5/48,–17/80
	1/2	–17/80,–5/48	–1/4,–1/4

Jetzt ist das Nash-Gleichgewicht (und das dominante Strategiegleichgewicht) (1/4,3/4). Der Kunde hat immer Recht!

3. Ersetzen Sie den Strand durch eine lineare Skala politischer Ideologien, von links nach rechts. Das Spiel stellt dann ein Zweiparteiensystem dar, in welchem beide Seiten, um eine höchstmögliche Zahl von Wählern zu werben, sich die Argumente der anderen Seite zu eigen machen und sich so schließlich in der „politischen Mitte“ treffen. Das hat sich in Großbritannien im letzten Jahrzehnt so entwickelt. In den Vereinigten Staaten scheint es schon vor langer Zeit geschehen zu sein.
4. Es gibt kein Gleichgewicht dominanter Strategien für die Abendgestaltung unseres Wurmpaars. Sowohl (*Schwanzball, Schwanzball*) als auch (*Oper, Oper*) sind Nash-Gleichgewichte.
5. Atomare Abrüstung ist natürlich nichts weiter als eine verkappte Version des Autofahrerdilemmas. Das Gleichgewicht dominanter Strategien lautet (*aufrüsten, aufrüsten*), und es ist auch das einzige Nash-Gleichgewicht.
6. Bei der Schlacht in der Bismarcksee verfügt keiner der Beteiligten über eine dominante Strategie, also gibt es auch kein Gleichgewicht dominanter Strategien. Kenney wird *Norden* wählen, wenn er glaubt, daß Imamura *Norden* wählt, aber *Süden*, wenn er denkt, daß Imamura dies tut. In ähnlichem Sinne würde Imamura immer die gegenteilige Strategie derjenigen bevorzugen, die Kenney wählt.

   Imamura verfügt über eine *schwach* dominante Strategie (man entferne in der Definition das Adjektiv „strikt“ bei „strikt größer“). Denn wenn Imamura *Norden* wählt, macht er keinen Fehler; falls dann noch Kenney *Süden* gewählt hat, gewinnt er sogar einen Vorteil.

   Wenn Kenney das erkennt, kann er voraussetzen, daß Imamura die Nordroute wählt; er kann also die zweite Spalte vertauschen, um somit ein neues Spiel zu bestimmen. Jetzt hat Kenney eine dominante Strategie, nämlich *Norden*. Die Kombination (*Norden, Norden*) wird als iteratives Gleichgewicht dominanter Strategien bezeichnet. Es ist auch das einzige Nash-Gleichgewicht. Und es entspricht dem historischen Geschehen.

Weiterführende Literatur

Davis, M. D. *Spieltheorie für Nichtmathematiker*. 2. Aufl. München (Oldenbourg) 1993.*

Nash, J. *Equilibrium points in* n-*person games*. In: *Proceedings of the National Academy of Sciences* 36 (1950) S. 48–49.

* Die mit * gekennzeichneten Titel wurden in der deutschen Ausgabe ergänzt.

Nash, J. *Non co-operative games*. In: *Annals of Mathematics* 54 (1951) S. 286–95.

Rasmusen, E. *Games and Information*. Oxford, New York (Basil Blackwell) 1989.

Thomas, L. C. *Games, Theory and Applications*. Chichester, England (Ellis Horwood) 1984.

Von Neumann, J.; Morgenstern, O. *Theory of Games and Economic Behavior*. Princeton (Princeton University Press) 1947.

10 Curies symmetrischer Irrtum

Im Sommer vor einigen Jahren war ich im US-Bundesstaat New York mit dem Auto unterwegs. Vor mir fuhr ein großer Lastwagen mit zwei Schmutzfängern am hinteren Ende, die munter flatterten, wie das Gummilappen nun einmal tun. Aber sie schwangen nicht im Gleichtakt: Wenn der linke Lappen nach vorne schwang, bewegte sich der rechte nach hinten, und umgekehrt. Einem Ingenieur würde auffallen, daß die Oszillationen um 180° phasenverschoben sind. Der Physiker würde die Beobachtung machen, daß die Schwingungen von Wirbeln verursacht werden, die der Lastwagen wie kleine Tornados hinter sich herzieht, und die sich abwechselnd rechts und links ablösen und beim Vorbeistreifen die Gummilappen in Schwingung bringen. Aber was mir ins Auge stach war ein Beispiel für einen Symmetriebruch. Die Anordnung der Schmutzfänger an dem Lastwagen war nahezu rechts-links-symmetrisch, aber ihre Bewegung war asymmetrisch: der linke und der rechte Schmutzfänger führten ungleiche Bewegungen aus. Tatsächlich hat das Muster der Wirbel (Abb. 59A) seine eigene Symmetrie, aber sie ist anders geartet als beim Lastwagen. Die Spiegelsymmetrie des Lastwagens vertauscht links und rechts (Abb. 59B), während der ausgelöste Wirbelstrom symmetrisch in bezug auf eine Gleitspiegelung ist (Abb. 59C).

Bei einer früheren Gelegenheit schaute ich mir in Nordkalifornien die Mammutbäume und die gigantischen Sequoias an. Der Stamm dieser Bäume ist annähernd zylindrisch und weist daher in guter Näherung eine zylindrische Symmetrie auf. Ein Zylinder besitzt drei Arten von Symmetrien: Rotations-, Translations- und Spiegelungssymmetrie. Wenn man einen Zylinder um seine Achse rotieren läßt (Abb. 60A), ändert sich nichts an seiner Erscheinungsform; das trifft ebenso zu, wenn er längs seiner Achse verschoben wird (Abb. 60B) – wobei die Translationssymmetrie streng genommen nur für einen unendlich langen Zylinder gilt; aber sie gilt in guter Näherung für einen genügend langen Zylinder. Ferner gibt es zwei verschiedene Arten von Spiegelungssymmetrie (Abb. 60C und D), horizontal und vertikal.

Es scheint einleuchtend, daß das Muster der Rinde am Baumstamm eine ähnliche Symmetrie wie der Baum selbst haben sollte. Dann müßte ein

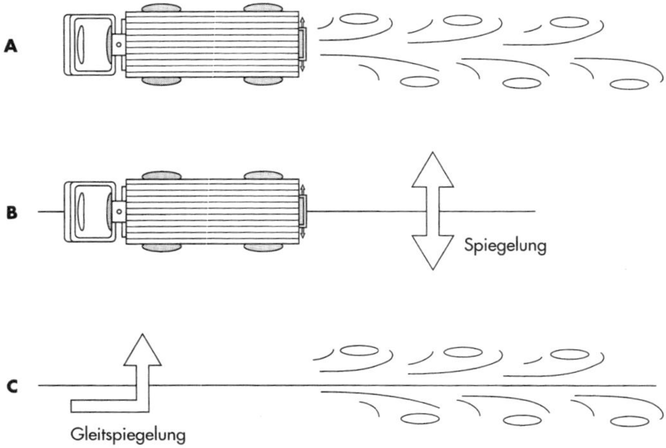

Abb. 59 (**A**) Wirbel, die hinter einem seiten- oder lateralsymmetrischen Lastwagen entstehen, weisen nicht die Links-Rechts-Symmetrie zur Längsachse des Lastwagens auf. (**B**) Stattdessen sind sie symmetrisch in bezug auf eine Gleitspiegelung. (**C**) Das hat zur Folge, daß die Schmutzfänger sich alternierend anstatt gleichsinnig bewegen.

Rindenmuster mit guter Annäherung an die zylindrische Symmetrie nach einer dieser Rotationen, Translationen oder Spiegelungen ziemlich gleich aussehen.

Das bedeutet, die Furchen in der Rinde sollten in etwa vertikal verlaufen, wie es bei den meisten Bäumen der Fall ist. Doch was ich bei *einigen* der kalifornischen Bäume tatsächlich sah, war ein spiralförmiges Muster in der Rinde, das sich um den Stamm wand wie die Windungen einer Schraube. Auch eine Spule oder Schraube ist symmetrisch, aber wieder auf andere Weise. Wenn man eine Schraubenfeder dreht *und* gleichzeitig längs ihrer Achse verschiebt, sieht sie genauso aus wie vorher. Folglich ist diese Symmetrie eine Zusammensetzung aus Rotation und Translation – eine sogenannte Schraubung. Das ist ja auch der Grund, warum eine Holzschraube funktioniert: Indem sie sich dreht *und* tiefer in das Holz vorschiebt – also eine Translation ausführt – paßt sie in ihr selbstgedrehtes Loch. Echte Holzschrauben verjüngen sich zur Spitze hin, so daß sie das Loch langsam ausweiten und so immer einen festen Sitz haben. Exakt symmetrisch sind dagegen Gewindestäbe.

War diesen Bäumen, die eine Rinde mit schraubenartig um den Stamm laufenden Furchen entwickelt hatten, irgendetwas Ungewöhnliches zugestoßen? Pestizide, ein strenger Winter, Dürre? Oder sind diese Rindenmuster als genauso normal anzusehen wie zylindersymmetrische? Um das aufzuklären,

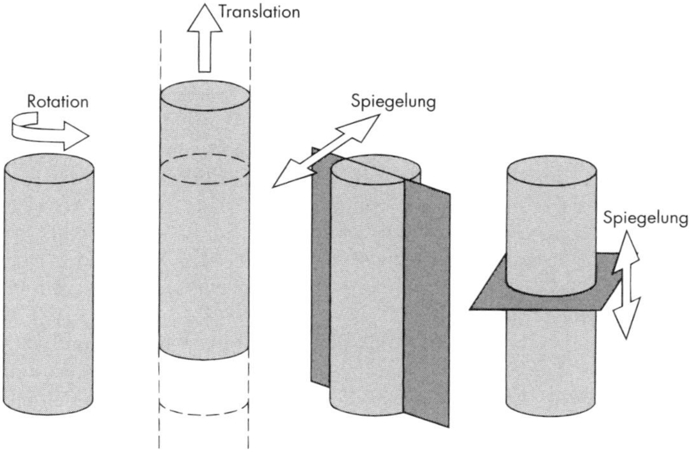

Abb. 60 Ein Zylinder besitzt vier verschiedene Symmetrien entlang der Achse: (**A**) Rotation um die Achse; (**B**) Translation (wobei ein unendlich langer Zylinder angenommen wird); (**C**) Spiegelung an einer Ebene durch die Achse; (**D**) Spiegelung an einer Ebene senkrecht zur Achse.

müssen wir eine grundlegende allgemeine Frage beantworten: Wie beeinflußt die Symmetrie eines Systems sein Verhalten?

Eine berühmte Antwort darauf stammt von dem großen Physiker Pierre Curie, der vor allem durch die gemeinsamen Arbeiten mit seiner Frau Marie zur Radioaktivität bekannt ist, die Marie Curies Entdeckung von Radium und Polonium vorausgingen und beiden den Nobelpreis eintrugen. Im Jahre 1894 stellte Pierre Curie zwei Behauptungen über ein allgemeines Prinzip der tradierten mathematischen Physik auf:

1. Wenn bestimmte Ursachen gewisse Wirkungen hervorrufen, dann drückt sich die Symmetrie der Ursachen in den Wirkungen aus.
2. Wenn gewisse Wirkungen eine bestimmte Asymmetrie aufweisen, so ist diese Asymmetrie auch in den Ursachen zu erkennen, welche die Wirkungen hervorbrachten.

Aber hatte Curie damit recht? Curies Behauptung wird oft und nicht selten unbewußt in der wissenschaftlichen Alltagsarbeit vorausgesetzt. Im Kensington Science Museum von London ist beispielsweise das technische Modell eines Passagierflugzeugs zu sehen, das im Windkanal dazu benutzt wurde, die

Luftströmung um das Flugzeug zu untersuchen. Da das Flugzeug eine bilaterale Symmetrie aufwies, bauten die Ingenieure nur eine Hälfte davon als Modell – in der stillschweigenden Annahme, daß auch die Luftströmungen spiegelsymmetrisch zu sein hätten. Ist diese Annahme begründet?

Auf den ersten Blick sind Curies Prinzipien „offensichtlich“ wahr. Wenn ein perfekt kugelrunder Planet einen Ozean besitzt, erwarten wir, daß dieser überall gleich tief ist. Sofern der Planet seine Kugelsymmetrie durch Rotation verletzt, aber dabei eine Rotationssymmetrie in bezug auf eine Achse beibehält, dann nehmen wir an, daß sich der Ozean am Äquator hochwölbt, aber in bezug auf die Breitenkreise seine Symmetrie behält. Wie also könnte die Luftströmung um ein spiegelsymmetrisches Flugzeug *anders* als spiegelsymmetrisch aussehen?

Das ist keine rhetorische Frage. Es gibt eine Antwort darauf, und zwar eine überraschende: Die Strömung kann *asymmetrisch* sein. Tatsächlich sind die Schmutzfänger des Lastwagens und die Rinde des weiter oben beschriebenen Baums Beispiele für symmetrische Systeme, deren Verhalten *weniger* symmetrisch ist. Es gibt viele weitere Beispiele. Wenn ein perfekt runder Zylinder, sagen wir, ein hohler Metallstab, von einer genügend starken Kraft zusammengedrückt wird, so wird er sich verbiegen. Das Verbiegen ist *keine* Folge eines Symmetrieverlusts aufgrund der Kraft: Selbst wenn die Kraft längs der Stabachse wirkt, wird diese sich verbiegen. Verbogene Zylinder hören auf, zylindrisch zu sein – das ist es ja, was „verbiegen“ bedeutet. Verformte Kugeln sind nicht mehr kugelförmig. Das computergenerierte Bild einer Hohlkugel, die von einer sphärisch symmetrischen Druckkraft deformiert wurde, ist in Abbildung 61 zu sehen: Die sphärische Symmetrie wurde zugunsten einer kreisförmigen durchbrochen.

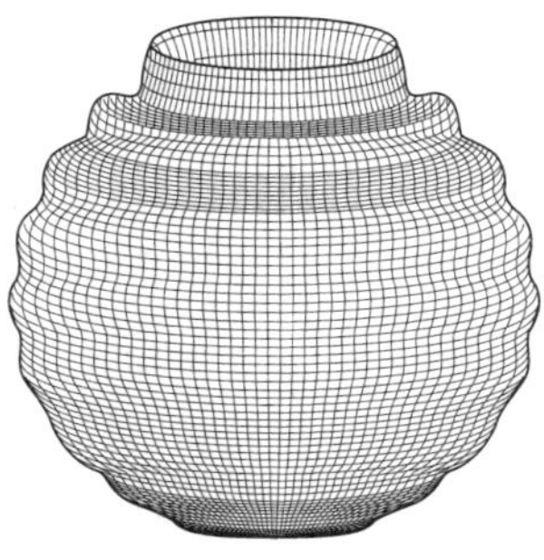

Abb. 61 Computerdarstellung einer kugelförmigen Hülle, die durch eine einheitlich kugelsymmetrische Kraft deformiert wurde. Die verbogene Form weist eine Kreissymmtrie, aber keine Kugelsymmetrie auf.

Wenn symmetrische Systeme ein Verhalten zeigen, das weniger (oder gar nicht) symmetrisch ist, bezeichnet man dies als Symmetriebrechung. Es scheint in vielen Fällen der natürlichen Musterbildung eine Rolle zu spielen. Außerdem hat es eine wohldefinierte mathematische Struktur, aufgrund der man die Entstehung der Muster verstehen kann.

Was verursacht diese Symmetriebrechung? Die Antwort lautet, daß natürliche Systeme stabil sein müssen; das heißt, sie sollten ihre Form behalten, auch wenn sie gestört werden. Eine Stecknadel, die auf der Seite liegt, ist stabil und kommt in der realen Welt vor. Eine Nadel, die auf der Spitze balanciert, ist *theoretisch* möglich – dieses labile Gleichgewicht stellt eine gültige Lösung der mathematischen Gleichungen dar, die beschreiben, wie sich eine Nadel verhalten sollte –, kommt aber in der Wirklichkeit nicht vor, da die Nadel beim leisesten Lufthauch umfallen würde. Nach mathematischen Maßstäben kann man auch einen langen Faden oder eine Kette auf einem ihrer Enden balancieren, was jedoch keine Erklärung des indischen Seiltricks ist; der Grund ist wiederum, daß das Seil instabil ist. Curie hatte recht in der Annahme, daß symmetrische Systeme symmetrische Zustände besitzen sollten; aber er versäumte es, sich über ihre Stabilität Gedanken zu machen. Wenn ein symmetrischer Zustand instabil wird, zeigt das System bei kleinsten Störungen irgendein anderes Verhalten – das nicht notwendigerweise symmetrisch ist.

Insbesondere ist an Bäumen mit schraubenförmiger Musterung der Rinde nichts Überraschendes. Wenn das perfekt symmetrische Muster einen instabilen Zustand darstellt, werden winzige Störungen zur Symmetriebrechung führen. Bei einer zylindrischen Symmetrie gehören Schrauben zu den üblichen Formen einer Symmetriebrechung – und sind insofern nicht ungewöhnlich.

Aufgabe 1

Können Sie fünf natürliche Beispiele für eine Symmetriebrechung angeben?

Zur Symmetriebrechung können Sie bei sich zuhause einfache Experimente anstellen. Nehmen Sie einen Gartenschlauch mit kreisförmigem Querschnitt und hängen Sie ihn, mit der Öffnung nach unten, senkrecht auf. Lassen Sie gleichmäßig Wasser hindurchfließen. Sie können dazu auch einen flexiblen Gummischlauch mit einem Durchmesser von etwa 5 mm benutzen, wie man ihn in chemischen Labors verwendet. Es handel sich in beiden Fällen um ein kreisförmig symmetrisches System, wobei der Kreismittelpunkt auf der Längsachse des Schlauchs liegt. Der Schlauch wird, solange das Wasser langsam genug läuft, einfach senkrecht herabhängen und seine Kreissymmetrie beibehalten.

Wenn man aber den Hahn weiter aufdreht, beginnt der Schlauch zu flattern. Es gibt sogar zwei Arten von Schwingungen. Welche davon bei Ihrem Experiment auftritt, hängt davon ab, wie lang und flexibel der Schlauch ist. In einem

Fall schwingt der Schlauch von einer Seite zur anderen, so wie ein Pendel (Abb. 62A). Im zweiten Fall dreht er sich im Kreise und stößt das Wasser in einer Spirale aus (Abb. 62B). Ähnliche Effekte kann man häufig beobachten, wenn die Kinder mit dem Gartenschlauch herumspritzen. Diese Schwingungen besitzen keine kreisförmige Symmetrie in bezug auf eine vertikale Achse, sondern brechen diese auf zweierlei Weise.

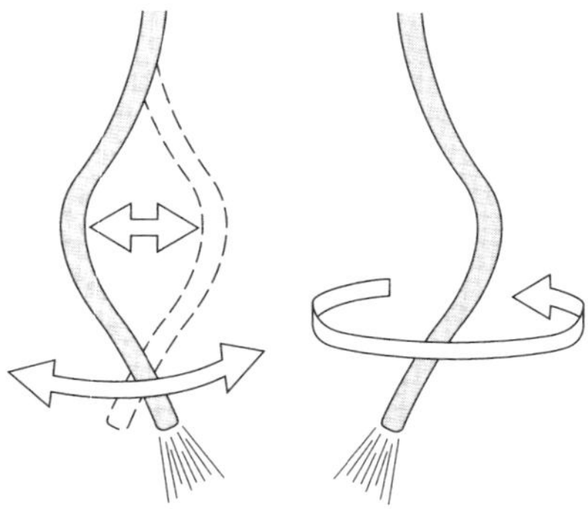

A B

Abb. 62 Zwei Schwingungsformen eines Schlauchs mit kreisförmigem Querschnitt: (**A**) Eine pendelförmig stehende Welle. (**B**) Ein kreisförmiger Tanz. Keine der Bewegungen besitzt die vollständige zylindrische Symmetrie des Schlauchs.

Sie brechen außerdem eine weniger offensichtliche, aber sehr wichtige Symmetrie: die Symmetrie in der Zeit. Der ursprünglich langsame Wasserfluß sieht zu allen Zeitpunkten exakt gleich aus; der oszillierende Fluß dagegen nicht. Allerdings geht die zeitliche Symmetrie nicht ganz verloren: Beide Schwingungen sind periodisch, sehen also exakt gleich aus, wenn man sie zu Zeitpunkten betrachtet, die ganzzahligen Vielfachen der Periode entsprechen. Die kontinuierliche zeitliche Symmetrie des gleichmäßigen Zustands wechselt zur diskreten Symmetrie eines periodischen Zustands (Abb. 63).

Symmetriebrechungen führen zur Ausbildung von Mustern. In manchen Teilen der Welt gibt es merkwürdige Bodenstrukturen, die ein ähnliches hexagonales Muster wie eine Bienenwabe aufweisen. Warum? Ursprünglich lag die Bodenfläche am Grund eines großen, flachen Sees. Die Sonnenstrahlung erwärmte den See und verursachte so Wasserströmungen. Nun ist ein großer See annähernd symmetrisch in bezug auf Translationen in beliebiger Richtung, auch hinsichtlich Rotation. Wenn keine Symmetrie verletzt wird, sollte die

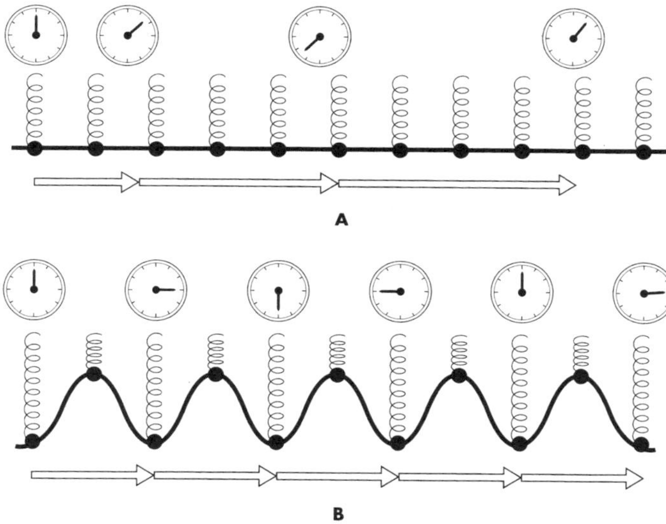

Abb. 63 Alle periodischen Schwingungen brechen die Zeitsymmetrie. Dies wird hier anhand eines Gewichts an einer Feder illustriert. (**A**) Das System befindet sich im Gleichgewicht und ist symmetrisch hinsichtlich einer Zeitverschiebung: zu jeder Zeit sieht es exakt gleich aus, egal wie groß die Zeitschritte (Pfeile) sind. (**B**) Wenn das Gewicht periodisch auf- und abschwingt, sieht das System nur zu den Zeitpunkten gleich aus, die ganzzahligen Vielfachen der Periode entsprechen.

Strömung des Wassers ebenfalls symmetrisch in bezug auf alle Verschiebungen und Rotationen sein – das bedeutet, es gibt überhaupt keine Strömung! Alles was geschähe, wäre, daß sich Wärme in einem völlig bewegungslosen See sammeln würde.

Um herauszufinden, was in Wirklichkeit passiert, können Sie eine Bratpfanne mit einer flachen Schicht Wasser (dem See) füllen und auf den Herd (die Sonne) stellen. Schalten Sie den Herd ein und erhitzen Sie das Wasser. (Leichter – und etwas gefährlicher – kann man das Experiment mit Öl machen.) Was geschieht?

Sie erhalten ein Muster aus eigenartigen Zellen.

Die physikalische Ursache ist, daß erhitzte Flüssigkeit dazu neigt, aufzusteigen. Mit steigender Temperatur ist die heiße Schicht am Boden unter einer kälteren, dichteren Flüssigkeitsschicht eingesperrt. Das ist eine instabile Situation, in der Konvektion einsetzen kann: In bestimmten Bereichen strömt heiße Flüssigkeit nach oben, in anderen kalte nach unten. Sie sehen die Konvektion als Schlierenmuster, und mit etwas Geduld und Glück erscheint ein Muster aus

Konvektionszellen, die man als Bénardsche Zellen bezeichnet. Manchmal besteht das Konvektionsmuster aus parallelen Walzen, manchmal ist es eine wabenförmige Anordnung von sechseckigen Zellen.

In der Realität bildet sich in der Pfanne nur eine näherungsweise Symmetrie aus, und das Muster ist ziemlich unregelmäßig, aber in einer idealisierten unendlich großen Pfanne oder mit anderen Flüssigkeiten als Wasser würde man perfekte Waben erhalten. Diese Muster wären immer noch in hohem Maße symmetrisch, aber nicht mehr so stark wie die Pfanne selbst.

Die Wirklichkeit ist also komplexer als es Curies Prinzipien nahelegen. (Man muß der Fairness halber sagen, daß Curie das wußte und an anderer Stelle darauf hingewiesen hat.) Ein symmetrisches System nimmt einen gleichermaßen symmetrischen Zustand ein, mit Ausnahme der Fälle, in denen es dies nicht tut! Es könnte scheinen, daß dies einfach nur sagt, daß Curie recht hatte, ausgenommen für die Fälle, in denen er nicht recht hatte, aber wenn wir Bedingungen genauer analysieren, unter denen Symmetrieverletzungen vorkommen, können wir diese Formulierung mit wirklichem Inhalt füllen. Dazu müssen wir den Begriff der Symmetrie präzisieren, und dazu brauchen wir den mathematischen Begriff der Gruppe.

Symmetrie ist eine wesentliche Grundlage unseres wissenschaftlichen Verständnisses der Welt. Erhaltungssätze, etwa für Energie oder Impuls, drücken die Symmetrie der Raum-Zeit aus: Die Gesetze der Physik sollten überall gleich sein. Die Quantenmechanik der Elementarteilchen – eine verrückte Welt, in der ein Proton in ein Neutron „rotiert“ werden kann und deren Gesetze diese Möglichkeit berücksichtigen müssen – ist in der mathematischen Sprache von Symmetriegruppen formuliert. Die Symmetrien von Kristallen kennzeichnen nicht nur deren Gestalt, sondern bestimmen auch viele ihrer Eigenschaften. Viele natürliche Formen, vom Seestern bis zum Regentropfen, vom Virus bis zur Galaxie, zeigen auffällige Symmetrien. Von Menschen hergestellte Gegenstände sind häufig symmetrisch: zylindrische Röhren, kreisrunde Teller, quadratische Schachteln, halbkugelförmige Schüsseln, sechseckige Stahlgerüste.

„Wessen unsterbliche Hand oder Auge könnte Deine schreckliche Symmetrie erfassen?“ fragte William Blake mit Bezug auf den „Tyger“.

Aber was genau *ist* Symmetrie?

In der Umgangssprache wird der Begriff „Symmetrie“ in zweierlei Weise benutzt. Die erste ist recht vage, so etwa in der Art der Proportionen von Blakes Tiger. Die zweite ist spezieller und bezieht sich auf ein sich wiederholendes Formmerkmal. Diese letzte Bedeutung ist das, was den Mathematiker interessiert.

Der Körper des Menschen zeigt eine (annähernd) bilaterale Symmetrie: Eine Person sieht im Spiegel fast genauso aus, als wenn man sie direkt anschaut. Das heißt, die linke und die rechte Körperhälfte gleichen einander weitgehend

(Abb. 64A). Ein Seestern (Abb. 64B) weist eine fünfstrahlige Symmetrie auf: jeder seiner fünf Arme hat die gleiche Form wie die übrigen. Eine Schneeflokke (Abb. 64C) ist sechsstrahlig symmetrisch, und eine unendliche Honigwabe (Abb. 64D) besitzt neben der sechsstrahligen Symmetrie jeder Zelle eine räumlich ausgedehnte, sich wiederholende Struktur.

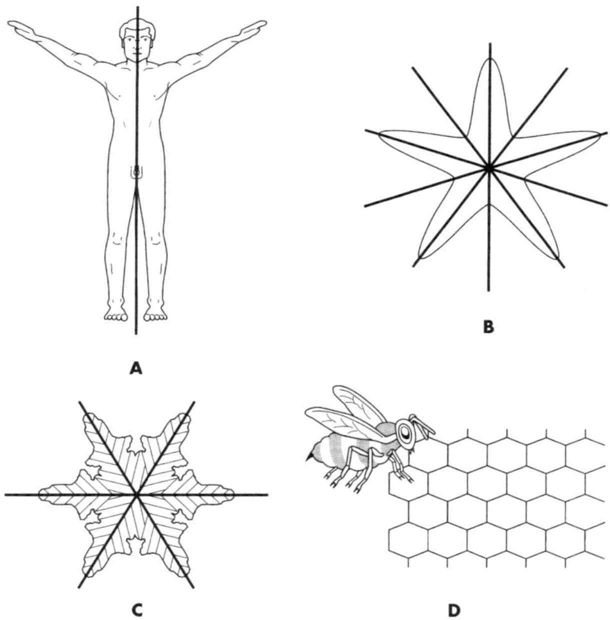

Abb. 64 Verschiedene Arten von Symmetrie: (**A**) bilateral; (**B**) fünfstrahlig; (**C**) sechsstrahlig; (**D**) sechsstrahlig mit einer zusätzlichen Translation.

Um das Wesen der Symmetrie in diesem zweiten Sinne zu erfassen, konzentrieren sich die Mathematiker weniger auf die Form eines Objekts als vielmehr auf die Transformationen, die sich darauf anwenden lassen. Nehmen Sie einmal an, einer Person wird ein perfekt symmetrischer Seestern gezeigt, der auf dem Tisch liegt. Dann wird, während die Person woanders hinschaut, der Seestern um eine Fünfteldrehung rotiert. Bei einem erneuten Blick auf den Seestern ist es schwer zu entscheiden, ob dieser sich bewegt hat. Das gleiche gilt, wenn er um zwei Fünftel oder um drei Fünftel oder vier Fünftel gedreht wurde, oder wenn er einfach ungestört liegenblieb. Folglich gibt es fünf verschiedene Transformationen, die man auf den Seestern anwenden kann, ohne daß sich seine äußere Erscheinungsform und Position ändert. Diese Transformationen zwischen den Stellungen bestimmen die Symmetriegruppe des Seesterns.

Das Wort „Gruppe“ bedeutet in diesem Zusammenhang nicht, daß es verschiedene Transformationen gibt. Angenommen, es werden zwei Symmetrietransformationen nacheinander angewandt. Jede läßt den Seestern augenscheinlich unverändert, also läßt ihn auch der Endzustand unverändert erscheinen. Das heißt, das Ergebnis der Anwendung von zwei Symmetrietransformationen muß selbst wieder eine Symmetrietransformation sein. Das Wort „Gruppe“ drückt unter anderem den Umstand aus, daß die Kombination zweier Symmetrieoperationen wieder eine Symmetrieoperation ergibt.

Beispielsweise hat es dieselbe Wirkung, wenn man den Seestern eine Fünfteldrehung und dann zwei Fünfteldrehungen machen läßt, als wenn man ihn einmal um drei Fünfteldrehungen dreht. Symbolisch läßt sich dies (in Einheiten von „einer vollen Drehung von 360°“) als $1/5 + 2/5 = 3/5$ schreiben, eine sehr einleuchtende Gleichung. Doch die Mathematik der Symmetriegruppen ist nicht ganz so einfach. Stellen Sie sich eine Drehung um drei Fünftel und eine anschließende um zwei Fünftel vor. Das Ergebnis ist eine volle Umdrehung; aber das läßt in Wahrheit jeden Punkt des Seesterns da, wo er vorher war. Wenn wir uns nur darum kümmern, wohin die Punkte zu liegen kommen, und nicht darum, auf welchem Wege sie da hingekommen sind, so ist dies das gleiche wie „keine Drehung“. Anders ausgedrückt, in der Welt der Seesternsymmetrie gilt $3/5 + 2/5 = 0$!

Die wichtigsten Arten von Symmetrietransformationen sind Rotationen, die einen bestimmten Punkt – das Zentrum der Rotation – unverändert lassen, Spiegelungen, die gewissermaßen die fragliche Figur in einem imaginären Spiegel erscheinen lassen, und Translationen, welche die ganze Figur in einer bestimmten Richtung verschieben, ohne sie zu drehen oder zu spiegeln. Das Wort „Transformation“ wird in der Regel weggelassen, man spricht einfach von den „Symmetrien“ des Objektes. Folglich hat im Jargon der Gruppentheorie ein Quadrat acht Symmetrien: drei Rotationen (um ein Viertel, eine Hälfte oder drei Viertel einer vollen Umdrehung), vier Spiegelungen (an den beiden Diagonalen und den beiden Mittelachsen, die gegenüberliegende Seiten halbieren) sowie die triviale Symmetrie „mache nichts“. Ein einzelnes Quadrat hat keine Translationssymmetrie. Eine unendliche, mit quadratischen Kacheln gepflasterte Ebene hat jedoch Translationssymmetrien: Wenn das gesamte Muster um eine ganze Anzahl von Kacheln seitlich verschoben wird, sieht es wieder genauso aus wie zuvor. Es mag scheinen, als wäre das kein ernstzunehmendes Beispiel, aber es ist im wesentlichen eine zweidimensionale Version des Vorgehens, mit dem Physiker die Symmetrie von Kristallen bestimmen.

Wo bleibt die Symmetrie, wenn sie gebrochen wird? Eine gute Frage! Die von Christopher Zeeman von der Warwick University 1969 aus ganz anderem Anlaß erfundene Katastrophenmaschine (Abb. 65) zeigt, daß Symmetrie nicht so sehr *gebrochen* als vielmehr *verteilt* wird. Sie können sich selbst eine solche Maschine bauen und damit experimentieren. Die folgende Anleitung führt zu einem arbeitsfähigen Modell; wenn Sie etwas Dauerhafteres wollen, müssen Sie etwas gründlichere handwerkliche Fähigkeiten entwickeln.

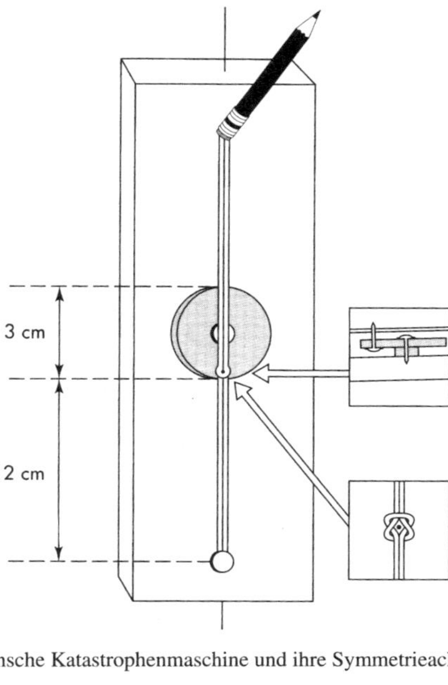

Abb. 65 Die Zeemansche Katastrophenmaschine und ihre Symmetrieachse. Siehe Anleitung im Text.

Befestigen Sie eine kreisrunde Scheibe aus dickem Karton mit einem Radius von 3 cm und einer Unterlegscheibe aus Papier mit einem Reißnagel auf einem Brett. Stechen Sie einen weiteren Reißnagel nahe am Rand durch die Scheibe, aber so, daß seine Spitze nach oben ragt. Binden Sie an diesem Nagel zwei Gummibänder, die im ungedehnten Zustand ungefähr 6 cm lang sein sollen, wobei Sie das Ende des einen Gummibands 12 cm vom Rand der Scheibe entfernt befestigen und das Ende des anderen Bandes frei lassen, um es längs der Mittellinie spannen zu können – beispielsweise indem Sie es an einem Bleistift befestigen, den Sie von Hand bewegen.

Das ganze System ist spiegelsymmetrisch zur Mittellinie. Wenn Sie nun anfangen, das freie Gummiband zu spannen, werden Sie feststellen, daß das System zunächst den Curieschen Grundsätzen folgt und symmetrisch bleibt – die Scheibe dreht sich nicht (Abb. 66A). Wenn Sie das Band aber immer weiter spannen, wird die Scheibe sich plötzlich drehen – vielleicht im Uhrzeigersinn, vielleicht aber auch entgegengesetzt dazu (Abb. 66B). Jetzt verletzt oder bricht das System die Spiegelungssymmetrie, und Curies Prinzipien erweisen sich als ungültig.

Was ist mit der abhanden gekommenen Symmetrie passiert?

Halten Sie den Bleistift, der das Gummiband spannt, in unveränderter Position, und drehen Sie die Scheibe in die symmetrische Position auf der anderen Seite (Abb. 66C). Sie werden feststellen, daß sie in dieser Position bleibt. Statt eines einzelnen symmetrischen Zustands haben wir zwei Zustände, die zuein-

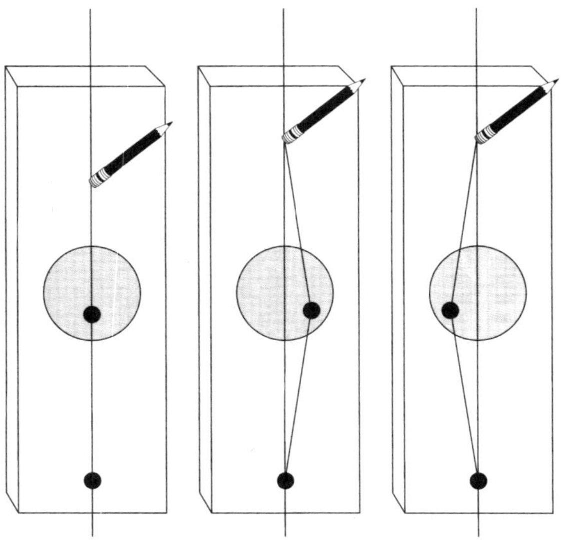

Abb. 66 (**A**) Wenn das freie Gummiband leicht gespannt wird, dann nimmt die Katastrophenmaschine eine symmetrische Position auf der Achse ein. (**B**) Wird das Gummiband jedoch stärker gespannt, so dreht sich die Scheibe trotz der bilateralen Symmetrie aus der Achse. Es gibt aber einen zweiten, dazu symmetrischen Zustand (**C**). Die individuellen Fälle (**B**, **C**) verletzen die ursprüngliche Symmetrie, aber gemeinsam bilden sie ein symmetrisches Paar. Die Symmetrie wird also auf verschiedene Lösungen verteilt, anstatt sich nur auf eine zu konzentrieren.

ander symmetrisch sind. Wenn ein System eine bestimmte Symmetriegruppe besitzt und diese bricht, so nimmt es im allgemeinen eine kleinere Gruppe oder Untergruppe von Symmetrien an. Außerdem kann das System dann in verschiedenen Zuständen existieren, von denen man jeden aus den übrigen durch eine der Symmetrien des vollständigen Systems erhält.

Die deformierte Kugel (Abb. 61) bricht zum Beispiel die sphärische Symmetrie, um eine kreisförmige anzunehmen, wobei aus der Gruppe aller Rotationen im dreidimensionalen Raum nur die Untergruppe der Rotationen um eine gegebene Achse übrigbleibt, die infolgedessen als Symmetrieachse der verbeulten Sphäre erscheint. Doch ist die Symmetrie nicht vollständig abhanden gekommen: Wenn man die verbeulte Sphäre auf beliebige Weise dreht, so erhält man eine andere Möglichkeit, wie die Sphäre verbeult werden kann. Im Prinzip können unendlich viele verschiedene Achsen auftreten; in der Praxis bestimmen kleine Unvollkommenheiten in der Kugel, welche es sein wird.

Zurück zu Blakes Tiger. Wir wollen allgemeine Prinzipien der Symmetriebrechung auf die Muster des Tigerfells anwenden. In erster Näherung sind Tiger zylindrisch. Wir haben dafür schon eine Möglichkeit der Symmetriebrechung kennengelernt: Schrauben. Eine andere Form der Symmetriebrechung tritt auf, wenn die Translationssymmetrie verletzt wird. Dabei wird ein einheitliches Muster durch periodische Streifen ersetzt (Abb. 67). Ist Blake auf eine tiefere Wahrheit gestoßen, als er selbst es ahnte?

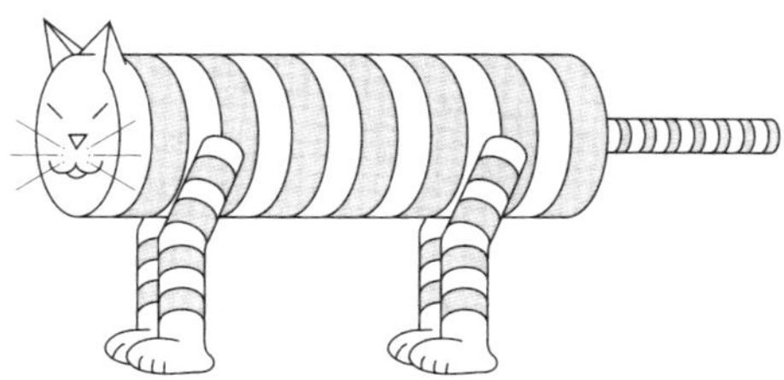

Abb. 67 Zylindrische Annäherung an einen Tiger mit symmetriebrechenden Streifen.

Wie mag sich das in der Natur auswirken? Angenommen, die Muster auf dem Fell eines erwachsenen Tigers werden von chemischen Substanzen gesteuert, die über die Haut eines Tigerembryos diffundieren, während er wächst. Wenn wir als Modell des Tigers einen perfekten Zylinder annehmen, dann ergäbe ein vollkommen symmetrisches Muster der Pigmentierung einen einheitlich goldbraunen Tiger – mit anderen Worten, einen Löwen. Doch die gleichförmige Verteilung eines chemischen Stoffs kann unstabil sein. Dann bricht die Symmetrie – und eine Möglichkeit dafür sind Streifen! Ist das der eigentliche Unterschied zwischen Löwen und Tigern?

Diese Idee geht auf Alan Turing zurück, einen der Väter idealer Rechenmaschinen, der sich außerdem für Biomathematik interessierte. Jim Murray von der Oxford University hat mit ähnlichem Ergebnis auf einem Computer ein Modell desselben Phänomens, aber in einer realistischeren Annäherung an ein ganzes Tier, simuliert. Man kann die Idee noch weiter treiben. Es gibt eine zweite Instabilität, durch welche die Streifen sich auflösen und zu Punkten zerfallen, die in einem sechseckigen Muster angeordnet sind. Damit wird aus dem Tiger ein Leopard. Computerberechnungen der Muster auf den Schwänzen großer Katzen sind in Abbildung 68 zu sehen. Lange dünne Streifen erweisen sich als weniger stabil als kurze dicke; und da der Schwanz eines Tieres dünner ist als sein Körper, sind Streifen auf dem Schwanz kürzer als solche auf dem Körper. Daher zerfallen sie weniger leicht. Folglich kann ein gepunktetes Tier einen gestreiften Schwanz haben, aber kein gestreiftes Tier einen gepunkteten Schwanz.

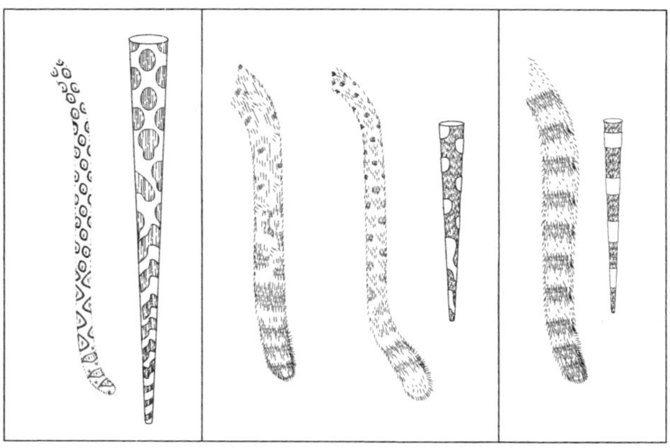

Abb. 68 Computermodell und Wirklichkeit am Beispiel der Schwänze eines Leoparden (links), Jaguars oder Geparden (Mitte) und der Ginsterkatze (rechts). [James Murray, Wie der Leopard zu seinen Flecken kommt. *Spektrum der Wissenschaft*, Mai 1988]

Es gibt auf diesem Gebiet noch viele ungelöste Probleme. Weshalb gibt es zum Beispiel keine Schraubentiger mit schraubenförmigen Streifen? Oder Quadroparden – Leoparden, deren Flecken in Quadraten statt in Sechsecken angeordnet sind? Dennoch ist das Konzept der Symmetriebrechung für eine bemerkenswerte Anzahl wissenschaftlicher Disziplinen, von der Astronomie bis zur Zoologie, von Bedeutung.

Die Zoologie hatten wir schon. Was die Astronomie anbelangt, so brauchen wir uns nur mit einer bemerkenswerten Entdeckung beim Planeten Saturn zu beschäftigen, die als Godfreys Strömungsanomalie bekannt ist. Der Saturn ist rotationssymmetrisch zu seiner Achse, und die von Stürmen auf seiner Oberfläche hervorgerufenen Muster bilden farbige Kreisbänder parallel zum Äquator. (Saturn ist waagrecht gestreift, also so etwas wie ein planetarischer „Sphärentiger".) Aber im Jahre 1988 entdeckte D. A. Godfrey bei der Computeranalyse von *Voyager*-Bildern, daß es rund um den Nordpol des Saturn ein langsam rotierendes *Sechseck* gibt! Die kreisförmige Symmetrie bei Rotationen um beliebige Winkel ist dort auf Vielfache von 60° reduziert: Die zirkuläre Symmetrie wurde zugunsten einer hexagonalen Symmetrie gebrochen.

Nicht alles in der Welt ist symmetrisch, und nicht jedes symmetrische System läßt sich sinnvoll in der Terminologie der Symmetriebrechung beschreiben. Doch auf eine überraschende Vielfalt von Sachverhalten trifft das zu. Im Gegensatz zu den meisten Dingen sind Symmetrien am wirkungsvollsten in unserer Welt, wenn sie brechen.

Antworten

1. In der Natur gibt es Tausende von Beispielen für Symmetriebrechung. Hier nur einige davon:

- Spiralgalaxien. Eine Scheibe aus Materie bricht ihre zirkuläre Symmetrie, wenn sie Spiralarme ausbildet.
- Tautropfen auf einer Spinnwebe. Eine gleichförmige Verteilung von Wasser auf der Spinnwebe in Form einer dünnen Haut wäre translationssymmetrisch, ist aber instabil. Sie bricht daher in gleichmäßig verteilte Tropfen auf.
- Der Strahlstrom in der oberen Atmosphäre der Erde. Die Erde besitzt eine kreisförmige Symmetrie, aber der Strahlstrom bildet große, weitgehend regelmäßige (äquidistante) Wellen aus.
- Die Vibration des Rohrblatts einer Klarinette. Der Klarinettist bläst gleichmäßig in das Instrument, aber das Rohrblatt schwingt auf und ab.
- Ein runder Wassertropfen in einer sehr heißen Pfanne wird in Form eines Vielecks vibrieren, wobei er die Kreissymmetrie bricht, wenn sich unter ihm Dampf bildet.
- Ein kugelförmiger Ballon, der zu stark aufgeblasen wird, verformt sich zu einem nichtsphärischen Gebilde. Oder er platzt!

– Das Universum. Zum Zeitpunkt des Urknalls war es kugelsymmetrisch und homogen, aber heute ist es mit einer endlosen Vielfalt von Formen angefüllt; wahrscheinlich ist es noch immer kugelförmig, aber bestimmt nicht mehr *kugelsymmetrisch*.

Weiterführende Literatur

Alperin, J. *Groups and symmetry*. In: *Mathematics Today*, ed. Lynn Arthur Steen. New York (Springer-Verlag) 1978.

Genz; H.; Decker, R. *Symmetrie und Symmetriebrechung in der Physik*. Braunschweig, Wiesbaden (Vieweg) 1991.*

Gierasch. P. *Hexagonal polar current on Saturn*. In: *Nature* 337 (26.01.1989) S. 309.

Golubitsky, M.; Field, M. J. *Symmetry in Chaos*.

Golubitsky, M.; Stewart, I. *Fearful Symmetry – Is God a Geometer?* Oxford, New York (Basil Blackwell). Deutsch: *Denkt Gott symmetrisch?* Basel (Birkhäuser) 1993.

Golubitsky, M.; Stewart, I.; Schaeffer, D. G. *Singularities and Groups in Bifurcation Theory*. Vol. 2. New York (Springer) 1988.

Krantz, W.; Gleason, K.; Caine, N. *Les sols polygonaux*. In: *Pour la Science* 136 (1989) S. 18–24.

Murray, J. *How the leopard gets its spots*. In: *Scientific American* 258 (1988) S. 62–69.

Stewart, I. *Spielt Gott Roulette?* Basel (Birkhäuser) 1990.*

Weyl, H. *Symmetry*. Princeton (Princeton University Press) 1952. Deutsch: *Symmetrie*. 2. Aufl. Basel (Birkhäuser) 1981.

* Die mit * gekennzeichneten Titel wurden in der deutschen Ausgabe ergänzt.

11
Würfelpoker ohne Verluste

„Sechsundzwanzig“, rief Gänseliesel, indem sie den Würfel um ein Viertel drehte, so daß die 5 nach oben zu liegen kam.

Ziegenpeter schnitt eine Grimasse. „Du gemeines Luder! Ich *brauche* diese 5, um zu gewinnen!“

„Deswegen habe ich sie ja nach oben gedreht, damit du sie nicht benutzen kannst“, sagte Liesel schnippisch. „Wer als erster die Punktesumme von 31 überschreitet, verliert. Du kannst mit einer Vierteldrehung nur 1, 3, 4 oder 6 spielen. Wenn du 6 spielst, verlierst du gleich. Wenn du die 1 wählst, wird die Summe 27, aber dann spiele ich 4 und gewinne. Wenn du 3 spielst, wird die Summe 29 und ich spiele 2 und gewinne. Wenn du 4 spielst, beträgt sie 30, ich spiele 1 und gewinne. Also gewinne ich auf jeden Fall!“

Ich nehme an, Sie wüßten gerne, wie die Regeln dieses Spiels lauten. Der erste Spieler setzt einen gewöhnlichen Spielwürfel, dessen Seiten mit 1 bis 6 markiert sind, auf den Tisch. Die Punktezahl wird durch seine obenliegende Fläche bestimmt. Die Spieler drehen abwechselnd den Würfel um eine Vierteldrehung, um eine neue, benachbarte Fläche nach oben zu bringen, deren Wert der Gesamtsumme zugerechnet wird. Wer als erster die Summe von 31 (oder eine andere vereinbarte Grenze) überschreitet, *verliert* das Spiel. In Abbildung 69 ist ein Spielbeispiel zu sehen.

Peter seufzte und drehte sich, einen Strohhalm kauend, auf den Rücken: „Du hast mich wieder besiegt.“

„Ich habe dir ja gesagt“, entgegnete Liesel, „daß ich eine perfekte Logikerin bin. Ich wußte schon beim ersten Zug, daß ich gewinnen würde – du hattest keine Chance. Möchtest du noch einmal spielen?“

„Nein. Was hat Logik mit Wettspielen zu tun? Beim Tennis schlage ich dich normalerweise.“

„Das ist ein körperlicher Wettkampf, und du bist stärker als ich. Aber bei diesem Spiel kommt es nur auf den Verstand an, und da ich die perfekte Strategie kenne, gewinne ich, ohne mich anzustrengen.“

„Strategie ... das ist so ein Allerweltswort. Aber ich habe nie verstanden, was es eigentlich bedeutet. Ich nehme an, es heißt so viel wie ‚das Spiel gut spielen‘.“

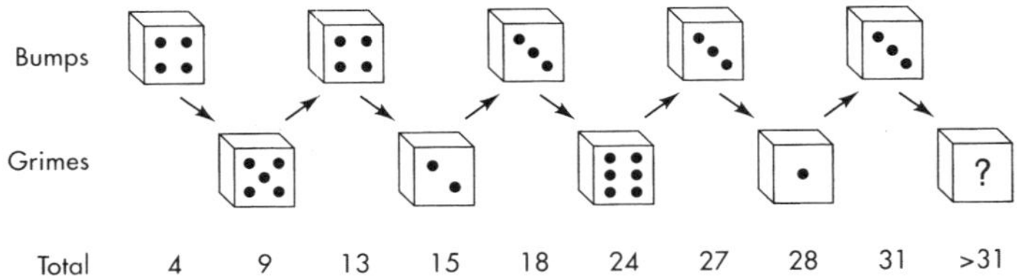

Abb. 69 Beispiel für einen Spielverlauf: Peter verliert, wie gewohnt.

„Bei dieser Art Spiel geht es darum, wie man *gewinnt*, unabhängig davon, was dein Gegner macht", erklärte Liesel. „Bei manchen Spielen gibt es eine Gewinnstrategie für den, der als erster am Zug ist, in manchen für den zweiten. Für manche Spiele, wie wahrscheinlich beim Tennis, gibt es überhaupt keine perfekte Strategie."

„Woran erkennt man den Unterschied?"

„Durch Logik. Mit deren Hilfe findet man auch eine Strategie, *falls* es eine gibt."

„Das verstehe ich nicht ganz."

Liesel streckte die Beine aus und strich sich über den Rock, um ihre Knöchel wieder zu bedecken. „Laß es mich so erklären. Nimm irgendein Spiel, das den folgenden vier Regeln entspricht:

1. Es gibt nur eine endlich Anzahl möglicher Stellungen.
2. Das Spiel endet in jedem Fall nach einer endlichen Anzahl von Zügen.
3. Es gibt am Ende immer einen Sieger (kein Unentschieden).
4. Die möglichen Züge in einer bestimmten Situation sind für beide Spieler dieselben."

Aufgabe 1

A. Überzeugen Sie sich davon, daß das Spiel, das Liesel und Peter spielen, alle vier Regeln erfüllt. Den „Situationen" entsprechen dabei zwei Zahlen: Die Anzahl der Augen auf der obenliegenden Seite des Würfels und die augenblickliche Spielsumme.
B. Welche der Regeln erfüllt Schach?

„Nun", fuhr Liesel fort, „jedes derartige Spiel hat entweder für den Spieler, der als erster am Zug ist, oder für den zweiten eine perfekte Gewinnstrategie. Und ich werde dir erklären, *wie* man jedes Spiel gewinnen kann, das meinen Regeln entspricht. Der Trick, so ein Spiel zu gewinnen, besteht immer darin, mit einer Gewinnsituation anzufangen. Wenn man von einer Verlierersituation ausgeht, wird man verlieren. Das heißt aber auch, daß der *andere* Spieler eine Gewinnstrategie hat. Natürlich kann es sein, daß er zu blöde ist, um sie anzuwenden, aber wir perfekten Logiker –“

„Ja, aber – ich meine, wie erklärst du –“

„Eine Gewinnsituation ist eine, in der du *einen bestimmten* Zug finden kannst, der deinen Gegner in eine Verlierersituation führt. In einer Verlierersituation wird *jeder* mögliche Zug dem Gegner zu einer Gewinnsituation verhelfen. Ach ja, noch ein letzter Punkt: die Regeln des Spiels müssen angeben, welche Endsituationen des Spiels als Gewinn- oder Verlierersituationen anzusehen sind. In unserem Beispiel ist zum Beispiel jede Situation, bei welcher die Spielsumme *genau* 31 beträgt, als Gewinnsituation definiert.“

„Das ist dummes Zeug“, behauptete Peter. „Zuerst definierst du ‚Gewinnsituationen‘ anhand von ‚Verlierersituationen‘, dann ‚Verlierersituationen‘ anhand von ‚Gewinnsituationen‘. Logik? So ein Quatsch. Deine Argumente drehen sich im Kreise!“

„Nein, das tun sie nicht“, widersprach Liesel, „wenn ich auch zugebe, daß es vielleicht so aussieht. Tatsächlich schließe ich rückwärts. Wenn du eine Spielsituation nimmst und die logische Kette der Züge verfolgst, findest du schließlich eine Endsituation, von der wir wissen, daß sie entweder Gewinnen oder Verlieren bedeutet, und dann läßt sich die logische Kette entwirren, um festzustellen, von welcher Art die Ausgangssituation ist. Da dies praktisch bedeutet, daß man von hinten nach vorne arbeitet, kann man genauso gut gleich damit beginnen, rückwärts zu arbeiten.“

„Häh?“

„Ich will dir ein Beispiel zeigen.“

Sie zog eine Tafel Schokolade aus der Tasche ihres Trägerkleids (Abb. 70). „Das schimmlige Stück ist verdorben, so daß es widerlich schmeckt – und aussieht. Die Spielregeln sind ganz einfach. Die Spieler wechseln sich darin ab, Schokoladenstücke abzubrechen, indem sie die Tafel längs der Rippen entzweibrechen. Das abgebrochene Stück essen sie auf. Wer das schimmlige Stück ißt, verliert. Eine Situation wird durch die Seitenlängen der Tafel be-

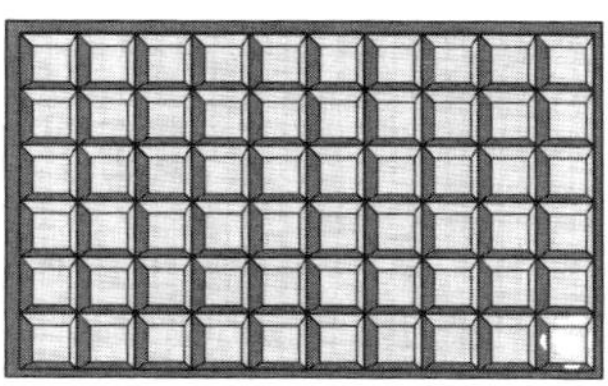

Abb. 70 Iß nicht das schimmelige Schokoladenstück!

stimmt. Diese ist zu Anfang 6×10 Stücke groß. Du kannst anfangen. Welchen Zug machst du?"

„Ähm. Das schimmlige Stück sieht ziemlich ekelig aus ..."

„Ich sagte schon, arbeite rückwärts. Wenn dir das schlechte Stück übrigbleibt, ist das eine Verlierersituation. Also ist jede Situation, die in einem Zug dahin führt, eine Gewinnstellung. Und das sind die Fälle, bei denen ein Streifen Schokolade der Größe 1×2, 1×3, 1×4 oder, allgemein gesprochen, $1 \times n$ für alle $n > 1$ übrigbleibt. Ist das klar? Wenn du zum Beispiel ein Stück der Ausmaße 1×5 hast, brichst du alles bis auf das schlechte Stück ab [Abb. 71A]. Genauer gesagt, *nur* die Situationen $1 \times n$ führen in einem einzigen Zug auf 1×1."

„Was ist mit 2×1, 3×1 und so weiter?"

„Die sind effektiv dieselben Situationen wie 1×2 und 1×3 – ich mache keinen Unterschied zwischen den beiden möglichen Ausrichtungen einer bestimmten Form."

„Oh. Dann werde ich – warte einen Augenblick, ich habe die Tafel mit 6×10. Das ist nicht $1 \times$ irgendwas. Heißt das, daß ich verliere? Hast du mich wieder geschlagen, bevor ich den ersten Zug gemacht habe?"

„Kann sein, aber das wissen wir noch nicht. Wir haben noch nicht genügend weit rückwärts geschlossen. Untersuchen wir den nächsten Schritt. Jede Situation, die *immer* zu einer Gewinnsituation führt, muß eine Verlierersituation sein. Kannst du dir eine Situation vorstellen, die immer zu irgendetwas der Form $1 \times n$, $n > 1$ führt?"

Peter dachte angestrengt nach. „Nein."

„2×2?"

„Warum?"

„Der einzig mögliche Zug besteht darin, es in zwei Hälften zu zerbrechen [Abb. 71B], wobei 1×2 übrigbleibt."

„Ach ja, richtig!"

„Weitere Verlierersituationen kann ich in diesem Stadium allerdings nicht entdecken. Also halten wir nach weiteren Gewinnsituationen Ausschau. Die einzigen neuen werden diejenigen sein, die in einem Zug auf ein Stück der Größe 2×2 führen. Welche sind das?" „Ähm ... 2×3, denn davon kann ich einen 2×1 großen Riegel abbrechen [Abb. 71C]. Und 2×4, 2×5, ..."

„Genau. Allgemein gesprochen, $2 \times n$, wobei $n > 2$. Und nun?"

„Wir suchen eine neue Verlierersituation, die immer auf Situationen führt, von denen wir bereits wissen, daß sie gewinnen ... ich hab's! 3×3!" (Abb. 71D).

„Richtig. Und dann finden wir neue Gewinnsituationen, die zu dieser führen, nämlich 3×4, 3×5, ... und allgemein $3 \times n$ wobei $n > 3$."

„Allmählich fange ich an, ein Muster zu erkennen."

„Ich auch."

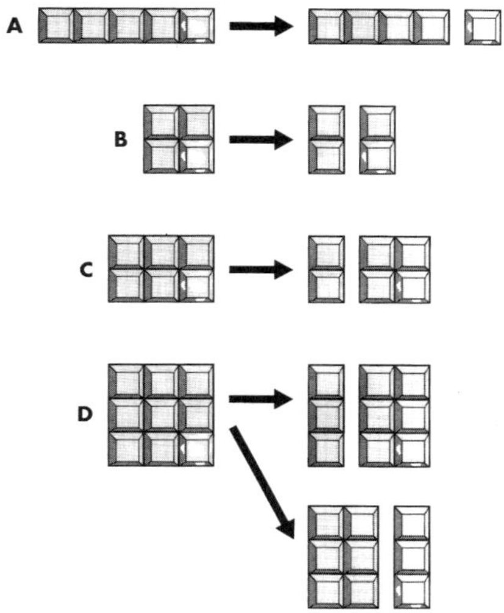

Abb. 71 Rekonstruktion der Strategie durch Rückwärtsschließen.

Aufgabe 2

Was ist das für ein Muster, und kann Peter das Spiel mit der 6×10 Stücke großen Schokoladentafel gewinnen?

Aufgabe 3

In *Teile und Herrsche* beginnen die Spieler mit zwei Schachteln, von denen jede eine von Null verschiedene Anzahl von Steinen enthält. Bei jedem Zug werfen sie den Inhalt einer Schachtel fort und teilen den Inhalt der anderen zwischen den beiden Schachteln auf, wobei in jede eine von Null verschiedene Anzahl kommt. Das Spiel endet, wenn ein Spieler keinen Zug machen kann, der diesen Regeln entspricht, er hat dann verloren. Welches sind Gewinn- bzw. Verlierersituationen?

„Das Würfeldrehspiel kann man auf dieselbe Weise angehen", meinte Liesel. „Es ist nichts Besonderes an der Summe 31, oder irgendeiner anderen, also werde ich dir zeigen, wie man eine Gewinnstrategie für eine beliebige Endsumme findet.

Wie du weißt, wird die Spielsituation am einfachsten durch zwei Zahlen beschrieben, der obenliegenden Augenzahl und der augenblicklichen Spielsumme. Aber ich werde das anders darstellen, um die Sache einfacher zu machen.

Erstens werde ich statt der laufenden Summe deren Differenz zu dem vorgegebenen Limit verwenden. Das heißt, die Anzahl Punkte, die *übrig* sind, ehe ein Spieler das Limit überschreitet. Wenn wir so vorgehen, ist es einfacher, rückwärts zu arbeiten.

Zweitens kannst du beobachten, daß die ausführbaren Züge, wenn die 1 oben liegt, nämlich 2, 3, 4 und 5, dieselben sind, als wenn sechs Augen oben liegen. Die von *entgegengesetzt* liegenden Flächen aus möglichen Züge bilden ein zwischen diesen liegendes Band. Also ist eine Situation, bei der die 1 obenliegt, praktisch dieselbe wie eine, bei der die 6 oben liegt. Das gleiche gilt für die 2 und die 5, oder 3 und 4. Also gibt es in Wirklichkeit nur drei Würfelsituationen: 1/6, 2/5 oder 3/4.“

„Moment mal. Wenn ich einen Zug ausführe, der auf die 6 führt, ändert sich die Summe um 6, aber wenn ich auf die 1 ziehe, ändert sie sich nur um 1.“

„Äh, aber das sind *Züge*, nicht die *Positionen*. Ich gebe zu, wir müssen bei den Zügen zwischen den gegenüberliegenden Seiten unterscheiden.“

„Ah.“

„Es ist kompliziert, die Gewinn- und Verlustsituationen durch Rückwärtsschließen zu finden, und man macht dabei leicht Fehler. Also werde ich mich selbst in einen kleinen Analogcomputer verwandeln.“ Sie zog eine Schere hervor und schnitt drei Karten aus, die aussahen wie in Abbildung 72A – C zu sehen. Dann zeichnete sie auf ein Blatt Papier drei Spalten, vergleiche Abbildung 72D.

„Das Schema stellt die möglichen Situationen des Spiels dar. Die Spalten entsprechen den obenliegenden Würfelseiten; die Reihen der Restsumme. Ich habe eine Reihe mit dem Buchstaben V gefüllt, um die Verlierersituationen darzustellen, wenn die Restsumme Null ist.“

„Was ist mit all den Gs?“

„Das ist eine Konvention, um für die Berechnungen eine einfachere Ausgangssituation zu schaffen. Wir wollen vereinbaren, daß eine negative Summe bedeutet, daß man gewonnen hat, weil der vorige Spieler bereits verloren haben muß. Also werden negative Summen als Gewinnsituationen betrachtet.“

„Schön …“

„Paß auf, wie das geht, dann wirst du bald verstehen, daß das sinnvoll ist“, meinte Liesel selbstsicher. „Ich habe die Karten noch nicht erklärt. Es gibt eine für jede mögliche Würfelstellung 1/6, 2/5 oder 3/4. Nehmen wir die Karte für 1/6. Das Loch unter 1/6 befindet sich da, damit man durch es in das Schema schreiben kann. Durch die anderen vier Löcher sieht man, wie die vier möglichen Züge 2, 3, 4 oder 5 die Restsumme ändern. Schau, wenn du 2 spielst, wird die Restsumme um 2 vermindert, und so weiter.“

„Ich glaube, ich verstehe.“

„Ich kann die Karten benutzen, um rückwärts vorzugehen. Um die Gewinnzüge in einer gegebenen Reihe zu finden, lege ich die drei Karten nacheinander

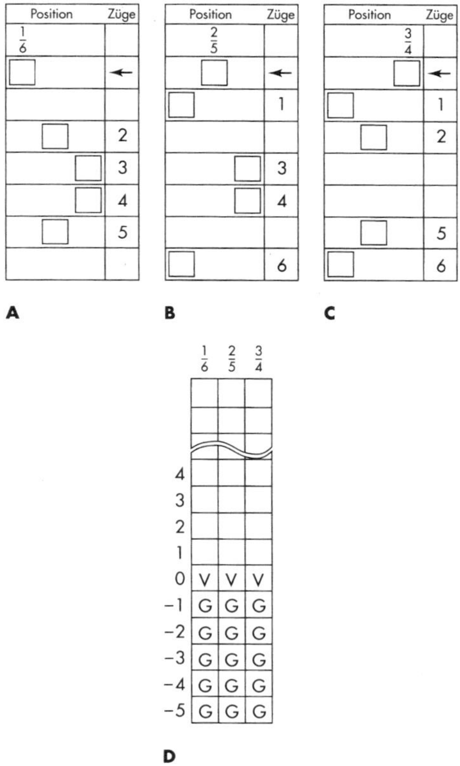

Abb. 72 (**A**) – (**C**) Drei Strategiekarten: Schneiden Sie Fenster aus, wo sich die kleinen Quadrate befinden. (**D**) Das anfängliche Schema.

auf das Schema, so daß die durch Pfeile bezeichneten Schreiblöcher auf diese Reihe zu liegen kommen. Wenn in *keinem* der anderen Löcher ein V zu sehen ist, bedeutet das, daß jeder mögliche Zug auf eine Gewinnsituation führt. Das ist die Definition einer Verliererposition, also schreibe ich in das Loch mit dem Pfeil ein V. Umgekehrt liegt eine Gewinnposition vor, wenn Vs zu sehen sind, also schreibe ich stattdessen die entsprechenden Züge hinein. Ich werde dies an den Reihen 1 und 2 vorführen [Abb. 73A und B].

Wenn man dies wiederholt, kann man sich zu immer höheren Restsummen vorarbeiten [Abb. 74]. Und dann hat man die perfekte Strategie gefunden!

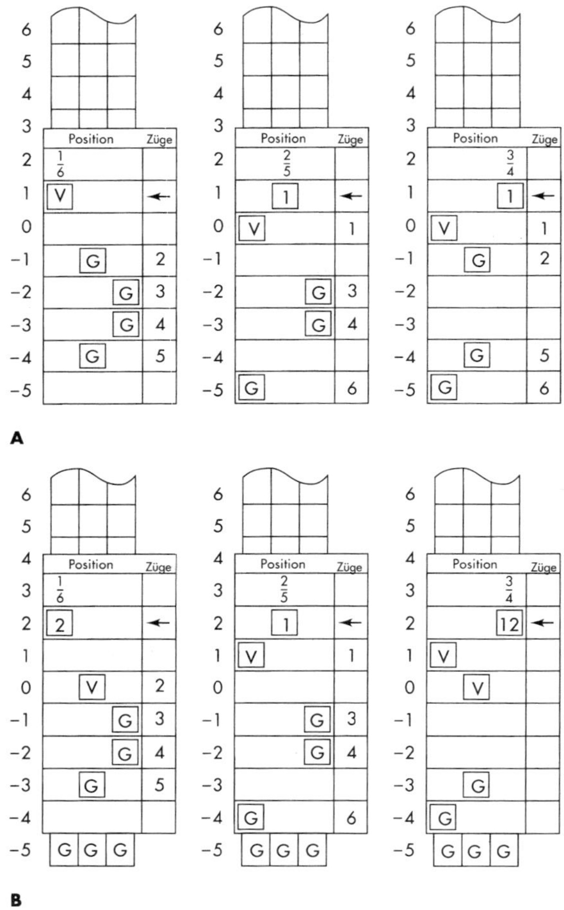

Abb. 73 (**A**) Anleitung zum Ermitteln der Strategie in Reihe 1. Bringen Sie die Karte für Situation 1/6 in eine Position, bei der sich der Pfeil in Reihe 1 befindet, und schauen Sie auf die Fenster darunter. Jedes Fenster zeigt ein G, also handelt es sich um eine Verlierersituation: schreiben Sie ein V in das Fenster gegenüber dem Pfeil. Wiederholen Sie das mit der Karte 2/5. Diesmal ist ein V in dem Fenster gegenüber Zug 1 zu sehen, also ist 1 ein Gewinnzug: schreiben Sie 1 in das Fenster gegenüber dem Pfeil. Machen Sie schließlich dasselbe mit der Karte 3/4: wieder ist 1 ein Gewinnzug. (**B**) Gehen Sie nun zur zweiten Reihe über und so weiter, und arbeiten Sie sich, so weit wie Sie wollen, rückwarts durch das Schema.

	obenliegende Seite		
	1/6	2/5	3/4
31	4	4	V
30	34	34	V
29	23	3	2
28	5	1	15
27	V	V	V
26	4	4	V
25	234	34	2
24	3	36	6
23	5	V	5
22	4	4	V
21	34	34	V
20	23	3	2
19	5	1	15
18	V	V	V
17	4	4	V
16	234	34	2
15	3	36	6
14	5	V	5
13	4	4	V
12	34	34	V
11	23	3	2
10	5	1	15
9	V	V	V
8	4	4	V
7	234	346	26
6	3	36	6
5	5	V	5
4	4	4	V
3	3	3	V
2	2	1	12
1	V	1	1
0	V	V	V
−1	G	G	G
−2	G	G	G
−3	G	G	G
−4	G	G	G
−5	G	G	G

Abb. 74 Das Ergebnis: das Strategieschema für eine Endsumme von 31 oder weniger.

Ausgehend von einer gegebenen Restsumme und der obenliegenden Würfelseite schaut man in die entsprechende Reihe und Spalte. Wenn der Eintrag V ist, hat man gegen eine perfekte Spielerin verloren – die dasselbe Schema benutzt, um sicherzustellen, daß sie gewinnt. Wenn der Eintrag kein V ist, so kann man irgendeinen der in dem Feld angegebenen Züge ausführen, wobei sicher ist, daß es sich dabei um lauter Gewinnzüge handelt.

Es gibt eine letzte Komplikation, an die man denken muß. Der *erste* Zug ist willkürlich. Beispielsweise kann ich ausgehend von einer Summe von 31 folgende Situationen herstellen." – Liesel schrieb rasch eine Tabelle – „Du *könntest* das Schema benutzen, um zu bestimmen, welche davon gewinnen oder verlieren:"

Tab. 11:	erster Zug	Obenliegende Augen	Verbleibende Punkte	Art der Situation
	1	1/6	30	G (spiele 3 oder 4)
	2	2/5	29	G (spiele 3)
	3	3/4	28	G (spiele 1 oder 5)
	4	3/4	27	V
	5	2/5	26	G (spiele 4)
	6	1/6	25	G (spiele 2, 3 oder 4)

Aber es gibt eine Abkürzung, mit der man sich all diese Mühe erspart. Du brauchst nur in Reihe 31 zu schauen und *alle drei Spalten* möglicher Züge zu betrachten. Schau, du mußt auswählen, welche Seite beim ersten Zug oben liegt, denn die wird nicht durch eine vorhergehende Situation bestimmt. Die Züge in Reihe 31 sind 4 4 V. Der einzige Gewinnzug darunter ist 4. Das stimmt außerdem mit der Tabelle überein, die ich dir gerade gezeigt habe.

Als *wir* das Spiel spielten, war die Endsumme 31, und ich hatte den ersten Zug. Als perfekte Logikerin habe ich natürlich sofort alles analysiert, einschließlich der Strategietabelle, also *wußte* ich, daß ich 4 spielen mußte. Das ließ einen Rest von 27 Punkten. Du hast mit 5 geantwortet, also blieben noch 22. Nach dem Schema ist die Restsumme von 22 und die Augenzahl 2/5 ein Gewinnzug, und die Strategie lautet 4. So habe ich dann natürlich auch gezogen. Du hast die 2 gespielt und mir eine Restsumme von 16 und eine Würfelstellung 2/5 überlassen. Hier ist sowohl 3 als auch 4 ein Gewinnzug: ich habe 3 gespielt. Du hast 6 gespielt, was eine Restsumme von 7 und eine Würfelstellung von 1/6 hinterließ. Die Züge 2, 3 oder 4 gewinnen, und ich habe wieder 3 gespielt. Du *konntest* nicht die 4 spielen, um zu gewinnen, also hast du 1 gewählt. Dann habe ich meinen endgültigen Gewinnzug ausgespielt, eine weitere 3, und du warst draußen."

„Schlau. Aber bei einer großen Endsumme müßtest du dir eine reichlich lange Liste merken."

„Nicht unbedingt. Ab der Reihe 17 wiederholen sich die Werte von Reihe 8 aufwärts. Das Muster an Gewinn- und Verliererzügen wiederholt sich nach der achten Reihe alle 9 Reihen. Daher ist die Strategie für eine Ausgangssumme von 31 dieselbe wie für $31-9 = 22$, oder $22-9 = 13$, und so weiter. Was das betrifft, so ist die Strategie für 1012 die gleiche wie für $1012-9 \times (111) = 13$. Man muß sich also nur die ersten 17 Reihen des Schemas merken."

„Erstaunlich", meinte Peter, dem es schon Schwierigkeiten bereitete, sich die erste Reihe zu merken, von den ersten 17 gar nicht zu reden.

„Als Mathematiker würde man sagen, daß das Muster periodisch ist und durch die Gesamtsumme modulo 9 festgelegt wird", erklärte Liesel. „Das bedeutet, den Rest einer Division durch 9 bilden. Ausgenommen, wenn man in den Bereich 8 bis 16 schaut und die Zahl selbst größer als 8 ist. Beispielsweise ist die Strategie für eine Summe von 10 *verschieden* von der für 1, aber die für 19 ist dieselbe wie für 10. In den ersten paar Reihen ist das Muster aufgrund von Randeffekten abweichend.

Man geht also folgendermaßen vor:

- Wenn die ursprüngliche Restsumme 8 oder weniger ist, laß sie stehen.
- Andernfalls, bestimme ihre *digitale Wurzel*, durch wiederholte Quersummenbildung, bis du eine einzelne Zifffer erhältst. (Das ist dasselbe wie der Rest der Division durch 9, ausgenommen, daß 9 anstelle von 0 verwendet wird.)
- Wenn die digitale Wurzel 8 oder 9 beträgt, laß sie stehen.
- Andernfalls addiere 9.

Jetzt hast du die Ausgangsreihe, um deine Strategie zu bestimmen.

Nehmen wir zum Beispiel eine anfängliche Restsumme von 1012. Sie ist natürlich größer als 8. Die digitale Wurzel beträgt 1 + 0 + 1 + 2 = 4. Das ist weder 8 noch 9, also addierst du 9 um 13 zu erhalten. Folglich steht die Gewinnstrategie für 1012 in Reihe 13 des Schemas, wie ich ja schon gesagt habe."

„Allerhand!"

„Siehst du, was für ein mächtiges Werkzeug das Rückwärtsschließen ist? Damit habe ich das ganze Problem für jede beliebige Spielsumme gelöst. Im Gegensatz zu dem Schokoladenspiel ist die perfekte Strategie viel schwerer als Ganzes zu begreifen. Ich glaube nicht, daß du sie im voraus erraten hättest."

„Da hast du recht, Liesel."

„Das dachte ich mir. Nun möchte ich, um zu prüfen, ob du meine Methode verstanden hast, dir die Aufgabe überlassen, für dasselbe Spiel einen passenden Satz von Karten zu entwerfen, und dann die Gewinnstrategie auszuarbeiten – aber mit einem Tetraeder als Würfel, dessen Seiten mit den Zahlen 1 bis 4 bezeichnet sind. Diesmal ist es aber die untenliegende Seite, die zur Spielsumme addiert wird, weil es keine obenliegende Seite gibt."

Aufgabe **4**

Zu seiner Verblüffung gelang Peter dies. Wie steht es mit Ihnen? Als Anhaltspunkt will ich Ihnen sagen, daß sich für einen tetraedrischen Würfel das Muster mit einer Periode von 10 wiederholt. Das führt zu einer weiteren interessanten Frage, über die Sie nachdenken können:

Aufgabe **5**

Wiederholt sich für Spiele dieser Art, bei denen ein Objekt mit numerierten Oberflächen gedreht wird, um eine laufende Summe zu erhöhen, das

Strategiemuster in jedem Fall? Falls die Antwort Ja lautet, gibt es immer eine Strategie, die man auf endlich vielen Papierblättern aufschreiben kann.

Ich besitze einen Dodekaeder, einen Würfel mit 12 etwas willkürlich beschrifteten Flächen (siehe Abb. 75), mit dem ich „Dracheneinkerkern“ spielen kann. Ich würde nicht gerade vorschlagen, zur Lösung Strategiekarten zu verwenden, aber es ist nicht schwer, einen Personalcomputer so zu programmieren, daß er die Analyse durchführt. Gemäß der soeben gewonnenen allgemeinen Aussage wiederholt sich das Strategieschema schließlich periodisch. Wie sich herausstellt, beträgt die Periode 26. Die Periode setzt ab Zeile 1011 ein, wobei die Zeilen ab 985 wiederholt werden.

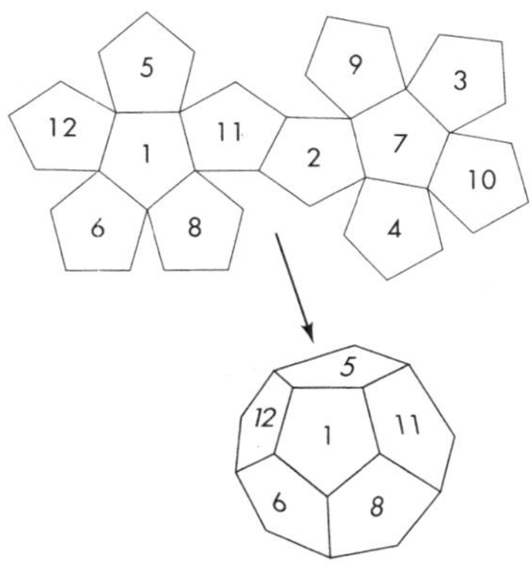

Abb. 75 Ein zwölfflächiger Würfel (Dodekaeder). Das zugehörige Schema enthält 12 Spalten. Die Strategie wiederholt sich ab Zeile 1011 mit einer Periode von 26.

Antworten

1. A. Bei einem Spielziel von 31 und 6 Flächen auf dem Würfel beträgt die Gesamtzahl der Positionen nicht mehr und nicht weniger als $32 \times 6 = 192$ (32, da die Anfangssumme 0 beträgt und 31 ein zulässiger Spielstand ist). Also wird Regel 1 erfüllt. Da die Summe in jeder Runde wächst, umfaßt das Spiel maximal 32 Züge: tatsächlich müssen es weniger sein, da man nicht immer eine 1 spielen kann. Das längste den Regeln entsprechende

Spiel mit den Zügen 1 2 1 2 ... 1 2 1 geht über 21 Runden. Auf jeden Fall wird Regel 2 eingehalten. Regel 3 und 4 sind klar.

B. Ein Schachspiel kann unentschieden enden, also wird Regel 3 nicht eingehalten. Ebensowenig Regel 4 (was ja auch der Grund ist, warum in Schachrätseln angegeben wird, welcher Spieler den nächsten Zug hat). Wenn wir allerdings „Situation" als ein Paar (P, Q) neu definieren, wobei P die Stellung der Figuren auf dem Brett bedeutet, und Q, welcher Spieler am Zug ist, so wird Regel 4 erfüllt. Regel 1 wird entsprochen: Bei 32 Figuren, die auf 64 Felder des Spielbrettes verteilt sind, gibt es höchstens 32^{65} Positionen, was ungefähr $6{,}835 \times 10^{97}$ entspricht. Regel 2 *kann* gebrochen werden: Im Prinzip kann ein Spiel unendlich lange hingezogen werden (man braucht nur die Könige auf zwei Feldern vor- und zurückzusetzen, nachdem ihnen Bewegungsfreiheit verschafft worden ist). Allerdings besagt eine der Schachregeln, daß ein Spieler auf einem Remis bestehen kann – aber nicht muß –, wenn dieselbe Position dreimal erreicht wird. Unter der Voraussetzung, daß entsprechend dieser Vorschrift *immer* ein Unentschieden verlangt wird, umfaßt das längste mögliche Spiel höchstens $334^{12\,600} \approx 10^{10^{4,5}}$ Züge.

2. Die Verlierersituationen im Spiel mit dem schimmeligen Schokoladenstück sind die „quadratischen" Formen 1×1, 2×2, ..., $n \times n$. Alle übrigen, also die „rechteckigen" Formen, sind Gewinnsituationen. Dies läßt sich sogar unmittelbar einsehen. Jedes Rechteck kann so zerbrochen werden, daß ein Quadrat übrigbleibt (aus jeder Gewinnsituation läßt sich eine Verlierersituation machen); aber wie immer man auch ein Quadrat zerbricht, es ergibt immer Rechtecke (jeder Zug von einer Verliererposition aus schafft eine Gewinnsituation).

   Folglich beginnt Peter mit einer Gewinnsituation. Sein erster Zug sollte darin bestehen, ein 4×6 Felder großes Stück abzubrechen, so daß die restliche Tafel die Maße 6×6 hat. Was auch immer Liesel danach tun mag, Peter kann ihr erneut ein quadratisches Schokoladenstück hinterlassen und sie somit zwingen, am Ende das schimmelige Stück zu behalten.

3. Ich habe die Strategie für „Teile und Herrsche" von Keith Austin von der Sheffield University. Die Situationen werden durch zwei Zahlen (m, n) bestimmt, die nicht Null sind und die m Steinen in der einen Schachtel und n in der anderen entsprechen. Gewinnsituationen sind diejenigen, bei denen mindestens eine der Zahlen m, n gerade ist. Die Verlierersituationen sind die, bei denen sowohl m als auch n ungerade sind.

   Wir wollen dies nachprüfen. In einer Gewinnposition mit mindestens einer geraden Anzahl spielt man folgendermaßen: Teile die gerade Anzahl zwischen den beiden Schachteln auf, so daß jede Schachtel eine ungerade Zahl an Steinen enthält. Wenn beispielsweise n gerade ist, teile sie in 1 und $n - 1$, die beide ungerade sind. Wirf den Inhalt der anderen Schachtel

fort. Das hinterläßt eine Verlierersituation, in der beide Zahlen ungerade sind.
Bei einer Verliererposition, in der beide Zahlen ungerade sind, muß in jedem Fall eine ungerade Anzahl geteilt werden. Wenn eine ungerade Anzahl in zwei Anteile aufgeteilt wird, muß eine davon ungerade und die andere gerade sein (ungerade + ungerade = gerade). Also erhält der andere Spieler wieder eine Gewinnposition.

4. In Abbildung 76 ist ein möglicher Satz Karten für das Spiel mit einem tetraedischen Würfel gezeigt, und die resultierende Strategie in Abbildung 77. Beachte, daß sich das Muster ab Zeile 10 wiederholt, wie durch den Pfeil angedeutet.

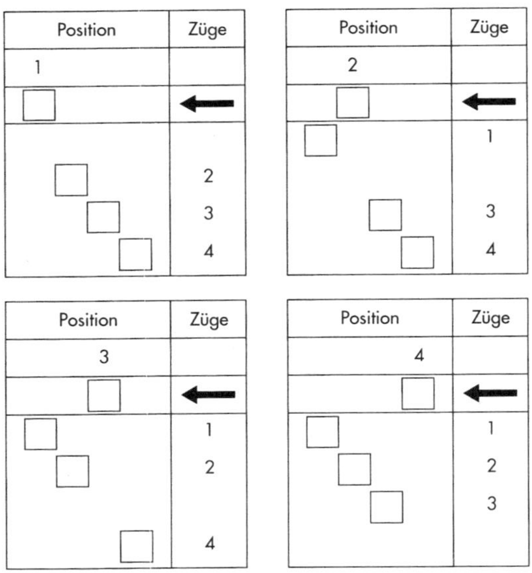

Abb. 76 Strategiekarten für das Drehen eines tetraedrischen Würfels.

5. Gibt es immer eine Wiederholung? Für diese Art von Spiel, bei der die Flächen eines Polyeders numeriert sind und der Körper verdreht wird, um eine laufend erhöhte Summe zu produzieren, lautet die Antwort Ja. Angenommen, die größte Zahl auf einer Fläche sei n. Wenn ein Block von n aufeinanderfolgenden Reihen in der Strategietabelle sich wiederholt, wird anschließend die gesamte Tabelle periodisch. (Die Strategiekarte enthält n

Restsumme	untenliegende Seite 1	2	3	4
11	V	1	1	1
10	V	V	V	V
9	24	4	24	2
8	34	34	4	3
7	2	V	2	2
6	3	13	1	13
5	V	V	V	V
4	4	4	4	V
3	3	3	V	3
2	2	1	12	12
1	V	1	1	1
0	V	V	V	V
−1	G	G	G	G
−2	G	G	G	G
−3	G	G	G	G
−4	G	G	G	G

Abb. 77 Das Schema für einen Tetraeder wiederholt sich alle 10 Zeilen.

zu prüfende Reihen, folglich „vergißt" sie alles, was mehr als *n* Züge zurückliegt.) Die Anzahl solcher Blöcke ist endlich (aber ziemlich groß), daher ist eine Wiederholung unvermeidlich.

Weiterführende Literatur

Allis, V. et al. *Eine Gewinnstrategie für Go-Moku*. In: *Spektrum der Wissenschaft* 4/93 (1993) S. 25.*

Berlekamp, R.; Conway, J. H.; Guy, R. K. *Winning Ways*. New York, London (Academic Press) 1982. Deutsch: *Strategien für mathematische Spiele*. Bde. 1–4. Braunschweig, Wiesbaden (Vieweg) 1985, 1986.

Nowatzyk, A. et al. *Eine Maschine als Schach-Großmeister*. In: *Spektrum der Wissenschaft* 12/90 (1990) S. 94.*

Stewart, I. *The number of possible games of chess*. In: *Journal of Recreational Mathematics* 4 no. 1 (1971) S. 50.

* Die mit * gekennzeichneten Titel wurden in der deutschen Ausgabe ergänzt.

Stewart, I. *Game, Set, and Math*. Oxford, Cambridge, Mass. (Basil Blackwell) 1989; Harmondsworth, England (Penguin Books) 1991. Deutsch: *Spiel, Satz und Sieg für die Mathematik*. Basel (Birkhäuser) 1992.
Thomas. L. C. *Games, Theory and Applications*. Chichester, England (Ellis Horwood) 1984.

12
Die Thermodynamik der Lockenkurven

„Vier Komma siebenundfünfzig Grad rechts, Liebling ... gut ... links etwas tiefer ... großartig, Schatz, fantastisch ... elf Komma zweiundsechzig Grad links, so bleiben, es klappt wirklich gut!“

Jakob Staff, der frisch eingestellte Landvermesser der Marktstadt Upwardle-Mobile, schlug sich verzweifelt mit der Hand an die Stirn. Er hatte dem Stadtarchitekten *gesagt*, er solle nicht Sandy Warthog für den Entwurf der Markierungen auf dem Parkplatz des Supermarkts engagieren. Was man dort brauchte, war ein hübsches, einfaches Gitter gerader Linien. Doch Warthog, der hauptsächlich versuchte, durch seine lebensgroßen Skulpturen von Mülltonnen berühmt zu werden, die aus echten Mülltonnen, montiert auf einen Betonsockel, bestanden, hatte nichts dergleichen im Sinn. Warthogs Kritiker betrachteten sein Werk als Schrott, aber der Stadtarchitekt hatte seine Laufbahn bei der Müllverwaltung begonnen und hielt Warthog für ein Genie.

Glauben Sie mir, das Design in Gestalt von gelbem Thermoplast auf der Oberfläche des Parkplatzes war bewundernswert: ein komplexes System von Spiralen und Kringeln (Abb. 78), das sich im Zickzack hierhin und dorthin wand, aber nicht wirklich regellos war. Jakob erinnerte sich, wie er mit Warthog über das Design gestritten hatte. „Was wir hier brauchen, Sandy, sind gerade Linien. Denk doch einmal logisch. Nichts Verspieltes.“ Darauf hatte Warthog geantwortet: „Ach, aber gerade Linien sind so – nun, so *linear*.“ Und der Stadtarchitekt war mit Warthog einer Meinung – Jakob hoffte zuversichtlich, einen Architekturpreis zu gewinnen, der seiner Auffassung nach immer für Entwürfe verliehen wurde, die intellektuell überspannt waren, aber hübsch aussahen, nicht aber für irgend etwas Funktionales vergeben wurde. „Ich möchte einmal etwas mehr *Oberflächliches* gestalten“, beschloß Warthog den Disput.

Jakob hatte von jeher alles, was Warthog tat, als oberflächlich angesehen und sagte dies auch, aber Warthog revanchierte sich schlagfertig, indem er zunächst Jakob beschuldigte, ignorant wie ein Huhn zu sein, und weiterhin „oberflächlich“ als „mehr als eine Dimension aufweisend“ definierte. „Wie kann“, wollte Jakob wissen, „eine Kurve mehr als eine Dimension besitzen?“

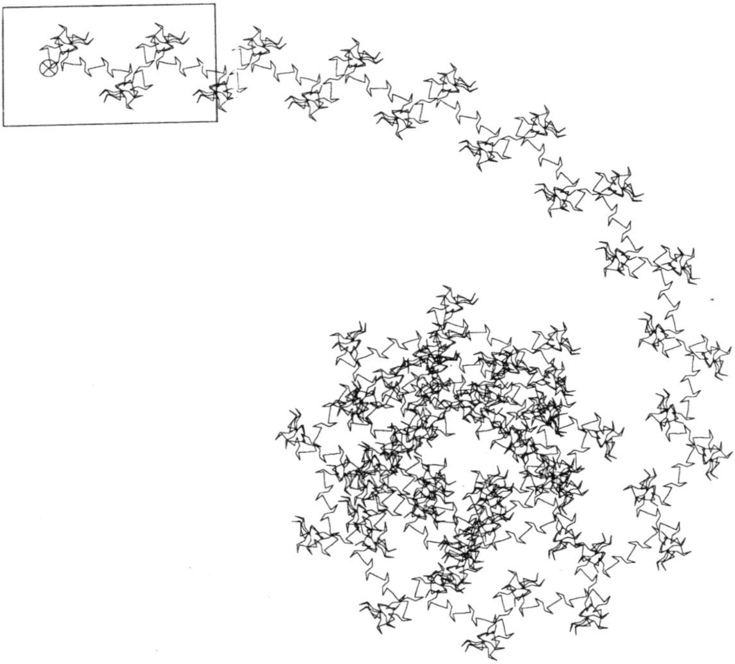

Abb. 78 Warthogs Kurve. Eine vergrößerte Darstellung des eingerahmten Ausschnitts sehen Sie in Abb. 86.

Anstelle einer Antwort wurde ihm beschieden, daß dank der einfallsreichen Forschungen von Michel Mendès-France eine Kurve nicht nur mehr als eine Dimension haben konnte, sondern außerdem Entropie, Temperatur und Druck.

Mendès-France definierte diese Größen anhand einleuchtender Analogien zur Thermodynamik. Wir wollen mit dem Einfachsten, den Dimensionen, anfangen. Im Zeitalter der Fraktale lockt die Idee von Dimensionen, die keine ganzen Zahlen sind, niemanden mehr hinter dem Ofen hervor; und es erscheint einsichtig, daß man einer hinreichend geschlängelten Kurve eine höhere Dimension zuschreibt als einer vergleichsweise linearen. Mendès-France fand, wie in Abbildung 79 gezeigt, zusammen mit Michel Dekking, einen vernünftigen Weg, um dies auszudrücken. Ihr Konzept ist *nicht* dasselbe wie eine Hausdorff-Besicovitch-Dimension, wie man sie üblicherweise bei der Untersuchung von Fraktalen benutzt.

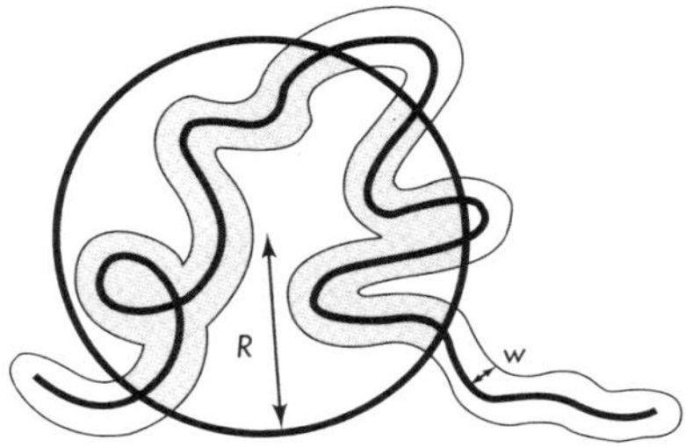

Abb. 79 Die Dimension einer Kurve nach Mendès-France. Man umgebe die Kurve mit einem Schlauch vom Durchmesser w. Sei A der Teil des Schlauchgebiets, der innerhalb eines Kreises mit Radius R und festem Mittelpunkt liegt. Dann ist die Dimension der Grenzwert des Quotienten $\log(A) / \log(R)$ für $R \to \infty$ und $w \to 0$, falls dieser Grenzwert existiert.

Wie Warthog Jakob gegenüber erklärte, nennt man eine Kurve *linear*, wenn ihre Dimension gleich 1 ist, und *oberflächlich*, wenn sie eine größere Dimension als 1 besitzt. So ist etwa eine logarithmische Spirale (Abb. 80A) linear, während eine archimedische Spirale (Abb. 80B) flächenhaft ist. Dekking und Mendès-France entdeckten eine Methode, mit der sich beliebige oberflächliche Kurven als unendliche Polygone erzeugen lassen. Um ihre Methode zu erläutern, stellen wir zuerst fest, daß jede reelle Zahl x eine eindeutige Richtung in der Ebene festlegt, indem man den Winkel $2\pi x$ zur Horizontalen bildet. Die Zahlen x zwischen 0 und 1 stellen bereits alle möglichen Richtungen dar, mehr noch, die Addition einer ganzen Zahl zu x ergibt wieder dieselbe Richtung. Das heißt, die Richtung wird nur durch die Nachkommastellen von x bestimmt, die man auch als den Bruchteil $\{x\}$ oder als x (mod 1) bezeichnet.

„Nun, Jake, mein alter Freund“, meinte Warthog leutselig, „wähle deine Lieblingsfolge $x_0, x_1, x_2, \ldots$ Wenn du zum Beispiel sagst

$$x_n = \sin(\sqrt{n}),$$

so lautet die Folge

$$0,\ 0{,}0174,\ 0{,}0246,\ 0{,}0302,\ \ldots$$

und so weiter. Dann konstruiert man eine polygonale Kurve $\Gamma(x)$ wie folgt:

„Zeichne von einem beliebig gewählten Anfangspunkt aus eine Linie bestimmter Länge in die der Zahl x_0 entsprechende Richtung. Zeichne von der neuen Position aus eine Linie gleicher Länge in die Richtung entsprechend x_1. Von da aus zeichne eine weitere Linie in der Richtung x_2 und so weiter, dabei die ganze unendliche Folge abarbeitend.“

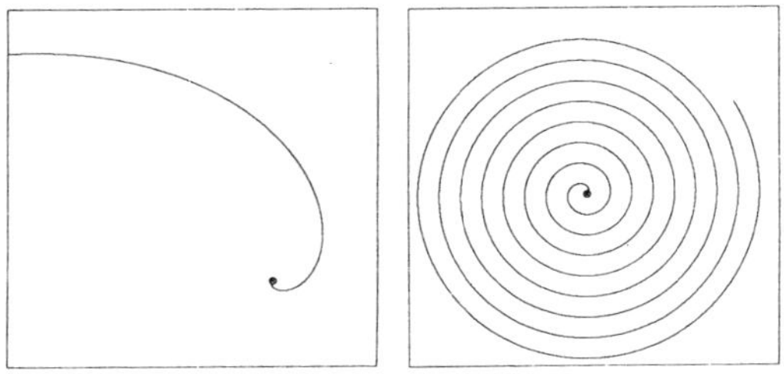

Abb. 80 (**A**) Die logarithmische Spirale, deren Gleichung in Polarkoordinaten $r = e^{\theta}$ lautet, hat die Dimension 1. (**B**) Die archimedische Spirale, deren Gleichung in Polarkoordinaten $r = \theta$ lautet, hat eine Dimension größer 1.

Nach der obigen Sequenz ergibt dies nacheinander Richtungen, die gegenüber der Horizontalen um die folgenden Winkel geneigt sind:

$$0 \times 360 = 0 \text{ Grad}$$
$$0{,}0174 \times 360 = 6{,}264 \text{ Grad}$$
$$0{,}0264 \times 360 = 8{,}856 \text{ Grad}$$
$$0{,}0302 \times 360 = 10{,}872 \text{ Grad}$$

und so weiter. Der Anfang der polygonalen Kurve ist in Abbildung 81A zu sehen, und in Abbildung 81B – in kleinerem Maßstab – ein wesentlich längerer Abschnitt. Es ist klar, daß diese spezielle Kurve nach rechts aus dem Bild wandert und dabei immer größere und größere Schleifen zieht. Die Schleifen wachsen langsam und bleiben voneinander hübsch getrennt, so daß es sich um eine lineare Kurve und nicht um eine flächenhafte handelt.

Jede Folge $x = (x_n)$ erzeugt eine andere Kurve $\Gamma(x)$: Beispiele dafür sind in Abbildung 82 zu sehen. Eine solche Kurve hatte Warthog auf dem Parkplatz des Supermarkts aufgezeichnet.

Aufgabe 1

In diesem Kapitel gibt es keine Denkaufgaben – die Überschrift ist eine Täuschung – aber wenn Sie einen Personalcomputer besitzen, können Sie Warthog nacheifern und sich selbst Lockenkurven erzeugen lassen. (Ich würde empfehlen, daß Sie mit Papier und Bleistift beginnen und erst nach Einholen einer offiziellen Genehmigung zu Parkplätzen übergehen.) Ein geeigneter Algorithmus ist in dem Kasten mit dem Titel „Algorithmus zum Zeichnen von $\Gamma(x)$" in Form eines Pseudocode angegeben (S. 189): Sie können ihn von Hand ausführen (das ist ein Haufen Arbeit) oder

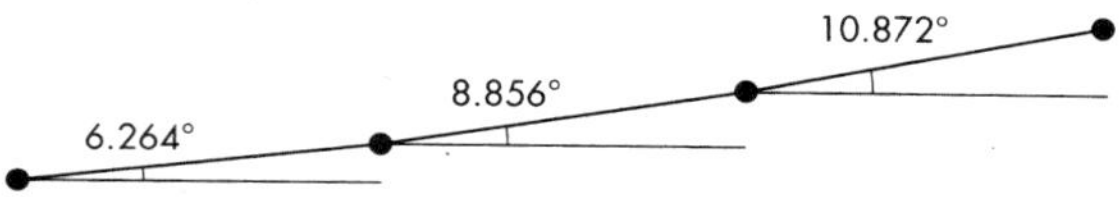

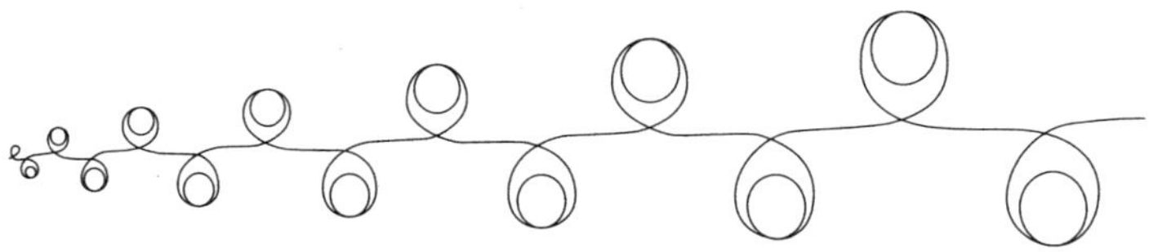

Abb. 81 (**A**) Die ersten drei Schritte in der Konstruktion von $\Gamma(\sin\sqrt{n})$. (**B**) Mehrere hundert Schritte in der Konstruktion von $\Gamma(\sin\sqrt{n})$.

auf einem Computer implementieren oder auch selbst eine Sequenz auswählen.

Dekking und Mendès-France haben diejenigen Folgen x charakterisiert, die zu flächenhaften Kurven führen. Genaugenommen haben sie bewiesen, daß die Folge x genau dann „gleichverteilt modulo 1" ist, wenn alle Kurven $\Gamma(mx)$ flächenhaft für alle positiven ganzen Zahlen m sind. Die Folge mx ist diejenige, deren Terme mx_0, mx_1, mx_2, ... und so weiter lauten. Eine Folge heißt gleichverteilt modulo 1, wenn die ihren Termen entsprechenden Richtungen gleichmäßig über den Winkelkreis verteilt sind; das heißt die Wahrscheinlichkeit, daß ein zufällig gewählter Term x_n in der Folge der Punkte in ein bestimmtes, beliebig gewähltes Richtungssegment fällt, ist für alle Richtungen gleich. Dies ist eine wichtige zahlentheoretische Eigenschaft von Folgen, so daß ihre Arbeit die Zahlentheorie mit sehr merkwürdigen geometrischen Ideen in Verbindung bringt. Man kann sie in beiden Richtungen anwenden: Wenn man weiß, daß eine Folge gleichverteilt ist, beweist dies, daß die Kurve flächenhaft ist; weiß man, daß die Kurve flächenhaft ist, so beweist dies, daß die Folge gleichverteilt ist. (WARNUNG: Meistens ist *keines* von beidem leicht zu zeigen!)

Die Thermodynamik von Kurven der Art $\Gamma(x)$ ist ein wenig kompliziert, daher wird sie in Exkurs 8 erläutert (siehe S. 190–191). Sie müssen ihn nicht lesen. Die in dem Kasten beschriebenen Konzepte lassen sich insbesondere auf die von den Folgen $x = (x_n)$ wie oben beschrieben gebildeten Kurven $\Gamma(x)$ anwenden, und man kann damit die Thermodynamik von Folgen untersuchen.

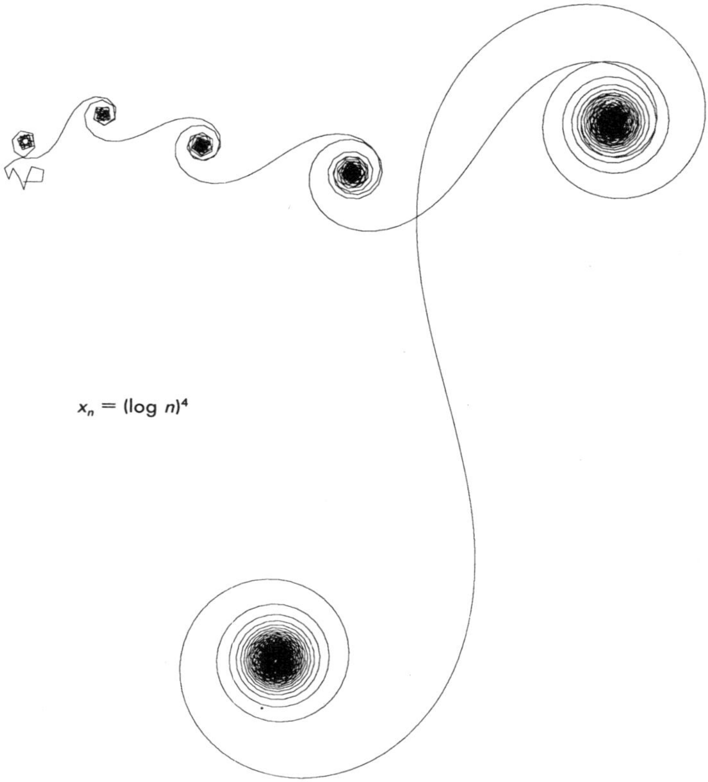

Abb. 82 Einige Beispiele dafür, was man mit der Methode von Mendès-France erreichen kann. (**A**) Das Ungeheuer von Loch Ness, $\gamma((\log n)^4)$; (**B**) Bögen, $\gamma(n^{3/2})$; (**C**) Stier, $\Gamma(n^3/1013)$; (**D**) Stierkreis, $\gamma(n^3/1002)$. (*Fortsetzung auf Seite* 187 f)

Jakob Staff kam ein ziemlich verzweifelter Einfall. *Eine Kurve mit der Temperatur Null muß gerade sein* … „He, Warthog! Ich werde dir sagen, warum du gerade Linien verwenden solltest. Das sind *coole* Kurven, Mann!" Unglücklicherweise ließ sich Warthog nicht durch Schlagworte beeindrucken, die längst *out* waren, stattdessen antwortete er mit einer neuen Herausforderung. „Du hast gesagt, ich sollte bei diesem Projekt logisch vorgehen, Jake. OK, also sei *du* logisch. Ich wette, daß du nicht herausfinden kannst, welche Folge ich zur Konstruktion dieser Kurve benutzt habe. Wenn ich recht behalte,

B. Bögen

Abb. 82 (Fortsetzung)

$x_n = n^3/1013$

C. Stier

$x_n = n^3/1002$

D. Stierkreis

Abb. 82 (Fortsetzung)

Exkurs 7: Algorithmus zum Zeichnen von $\Gamma(x)$

Ich setze voraus, daß x_n durch eine Formel oder eine eigene Unterroutine detailliert bestimmt wird. Wählen Sie einen Startpunkt (*sx*, *sy*) und passend zu Ihrem Grafiksystem einen Skalierungsfaktor *sf*. Der Befehl *Punkt* zeichnet an den angegebenen Koordinaten einen Punkt, und *Linie* verbindet zwei Punkte mit einer Linie. Der Algorithmus lautet:

```
Punkt (sx, sy)
x = sx: y = sy
wiederhole für n = 0,1,2, . . ., Endwert:
        x1 = x + sf cos(2πx_n): y1 = y + sf sin(2πx_n)
        Linie (x, y) nach (x1, y1)
        x = x1: y = y1
Ende Wiederholung
```

hörst du auf, dich wie ein Schwachkopf zu benehmen. Wenn ich verliere, werfe ich meine Entwürfe in den Müll und zeichne dafür lauter hübsche gerade Linien!"

„Das ist doch wohl nicht dein Ernst, Warthog! Es gibt unendlich viele Möglichkeiten. Ich hätte nicht die geringste Chance!"

„Na schön, ich werde dir einen Tip geben. Es ist eine der Folgen $\Gamma(an^2)$, die man aus $x_n = an^2$ für ein konstantes a erhält. Alles, was du tun mußt, ist, die Konstante zu bestimmen!" Diese besondere Familie von Zahlenfolgen hat eine tiefe Beziehung zur Zahlentheorie (wie wir noch sehen werden), also sollte die Geometrie der entsprechenden Kurven interessant sein (was der Fall ist).

„Aber da ist immer noch eine Unendlichkeit an ...", fing Jakob wieder an. Und hielt inne. Dies war eine wirkliche Chance – seine einzige Chance – Warthog davon abzuhalten, den ganzen Autoparkplatz zu ruinieren. Eine geringe Chance – das Problem war immer noch hübsch schwierig – aber immerhin eine Chance. Sein Verstand schaltete in den Schnellgang. Was Warthogs Herausforderung so schwierig machte, war, daß verschiedene Werte der Konstanten eine so bemerkenswerte Vielfalt an Kurven produzierten (Abb. 83). (Ignorieren Sie in dieser Abbildung für einen Augenblick die Verweise auf Renormierungsstufen, sie werden weiter unten erklärt.)

Wenn man sich mit einer Anzahl komplizierter Möglichkeiten konfrontiert sieht, beginnt man am besten damit, einfache Fälle zu untersuchen und zu prüfen, ob sich dabei irgendein allgemeines Prinzip abzeichnet. Der einfachste Fall von allen besteht darin, daß a der Kehrwert $1/N$ einer ganzen Zahl N ist. Die entsprechenden Kurven $\Gamma(n^2/N)$ haben eine sehr einfache spiralförmige

Exkurs 8: Thermodynamik einer Kurve

Die Thermodynamik untersucht die statistischen Eigenschaften von Gasen: dazu gehören traditionell definierte Größen wie die Temperatur T, Druck P, Volumen V und Entropie S. Das Boylesche Gesetz für Gase besagt daß $PV = RT$, wobei R eine Konstante ist; es ist für hohe Temperaturen T gültig. Wir suchen nun nach Analogien dieser Konzepte für Kurven anstelle von Gasen!
Γ sei eine Kurve endlicher Länge. Betrachte eine beliebige gerade Linie K in der Ebene: Sie schneidet Γ in einer endlichen Anzahl n_K von Punkten (ausgenommen wenn Γ ein gerades Liniensegment enthält, das exakt auf K liegt). Wir sagen, K trifft Γ im Zustand n_K. In der Thermodynamik wird die Entropie eines Systems wie folgt definiert:

$$-[p_1 \log p_1 + p_2 \log p_2 + \ldots],$$

wobei p_n die Wahrscheinlichkeit bezeichnet, daß sich das System im Zustand n befindet. Bei Kurven drücken wir durch p_n die Wahrscheinlichkeit aus, daß eine zufällig gewählte Linie K die Kurve Γ in dem Zustand n trifft, das heißt, p_n ist die Wahrscheinlichkeit, daß $n_K = n$. Um dem einen Sinn zu geben, benötigen wir eine geeignete Definition der Wahrscheinlichkeit p_n für alle Linien K im Raum. Untersuchungen von Hugo Steinhaus führten auf eine Formel, in der sich die Entropie einer Kurve wie folgt ausdrücken läßt. Sei l die Länge von Γ und h die Länge ihrer konvexen Hülle (der kleinsten konvexen Kurve, die sie einhüllt: Stellen Sie sich vor, daß die Kurve von einem elastischen Band umgeben ist, das sich so weit wie möglich zusammenzieht). Dann ergibt sich die Entropie der Kurve Γ zu

$$S = \log(2l/h) + \frac{\beta}{e^{\beta} - 1},$$

wobei

$$\beta = \log[2l/(2l - h)].$$

Unabhängig davon, ob die Analogie gerechtfertigt ist oder nicht, stellt die Größe S eine wohldefinierte Eigenschaft der Kurve Γ dar, daher betrachten wir ab jetzt die Formel als *Definition* der Entropie. In der herkömmlichen Thermodynamik wird die Temperatur T als Kehrwert der Größe β definiert, dadurch erhalten wir

$$T = \{\log[2l/(2l - h)]\}^{-1}.$$

Wir verfolgen die Analogie weiter, indem wir das Volumen V der Kurve als ihre Länge definieren:

$$V = l$$

und den Druck P als

$$P = 1/h.$$

Diese Definitionen sind geometrisch einleuchtend: Das Volumen (dreidimensionales Maß) des Gases wird durch die Länge (eindimensionales Maß) einer Kurve ersetzt; und je kleiner die konvexe Hülle, desto zusammengedrückter muß die Kurve sein, um hineinzupassen, also um so höher der Druck! Anhand der Definitionen erhält man als das „Gasgesetz“ für den Zusammenhang dieser Größen

$$2PV = (1-e^{-1/T})^{-1},$$

was für hohe Temperaturen auf

$$PV = \tfrac{1}{2}T$$

führt, der Analogie zum Boylschen Gesetz für Kurven, mit einer Gaskonstante R = 1/2!

Für Kurven unendlicher Länge werden ähnliche Größen in Form geeigneter Grenzen finiter Segmente der Kurven definiert. Insbesondere wird die Entropie einer solchen Kurve definiert als

$$\lim_{r \to \infty} \frac{\log(2\, l_r / h_r)}{\log r},$$

wobei l_r die Länge eines finiten Segmentes Γ_r von Γ und h_r die Länge seiner konvexen Hülle ist.

Diese Analogie hat interessante Konsequenzen. Die Entropie einer Kurve ist stets positiv und nur dann Null, wenn die Kurve eine gerade Linie ist. Eine algebraische Kurve, die durch ein Polynom vom Grad d definiert wird, hat mindestens die Entropie 1 + log d. Folglich scheint die Entropie ein natürliches Maß für die Komplexität der Kurve zu sein. Auch dies scheint sinnvoll: In der Informationstheorie entspricht die Entropie, wie sie oben definiert wurde, dem Maß für die Information (beachte, daß es Schwierigkeiten mit der Vorzeicheninterpretation geben kann, manche Autoren betrachten Entropie als das Gegenteil von Information). Folglich kann man die Entropie oder Komplexität einer Kurve grob als die Menge der Information betrachten, die man benötigt, um sie zu beschreiben.

Aus den obigen Gleichungen folgt, daß die Temperatur T einer Kurve dann und nur dann Null ist, wenn die Kurve eine gerade Linie bildet: Beim „absoluten Nullpunkt“ gibt es nur gerade Linien. Je heißer eine Kurve ist, desto zackiger kann sie erscheinen.

Natürlich sind diese Analogien sehr vereinfachend, und eine ernsthafte Untersuchung muß sich auf die exakten Definitionen stützen!

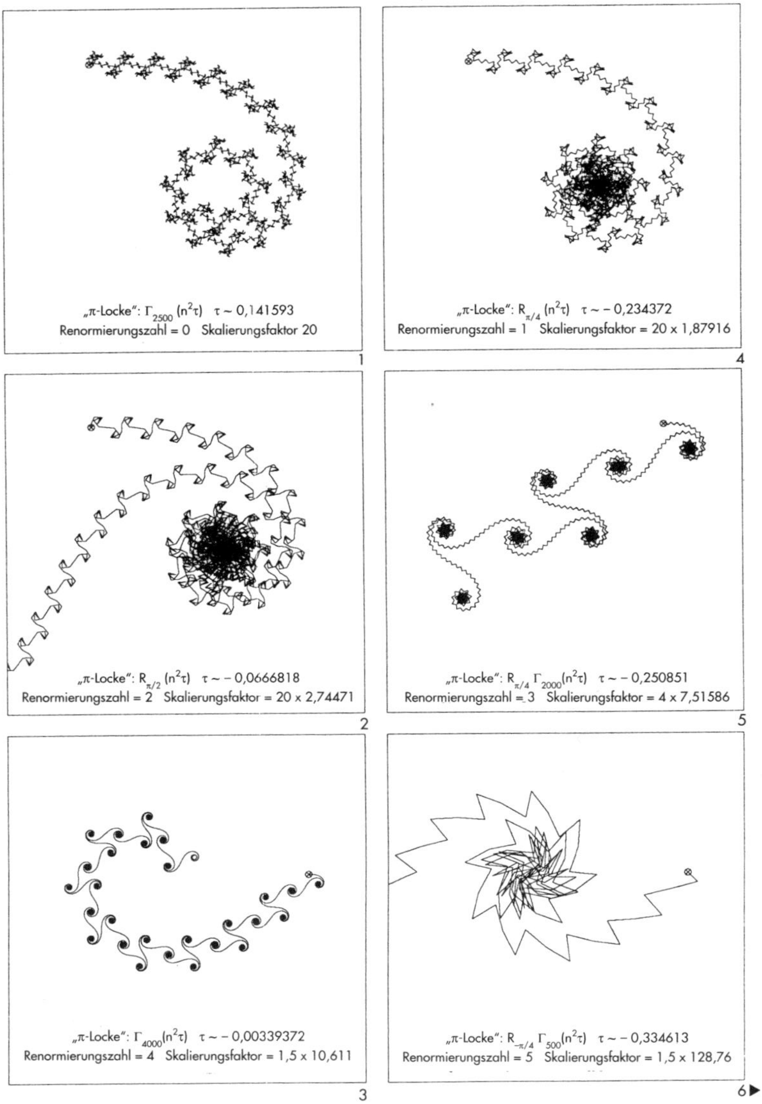

Abb. 83 Zwölf Kurven der Form $\Gamma(an^2)$. (*Fortsetzung auf der nächsten Seite*)

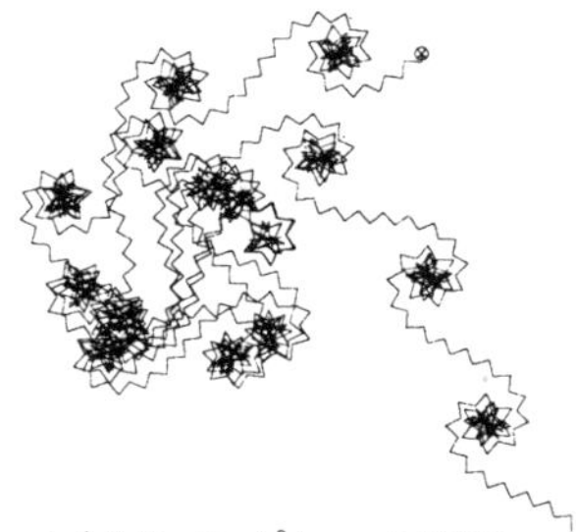

„π-Locke" $R_{-\pi/2}\,\Gamma_{2000}(n^2\tau)$ $\tau \sim -0{,}252869$
Renormierungszahl = 6 Skalierungsfaktor = 0,4 x 157,44

7

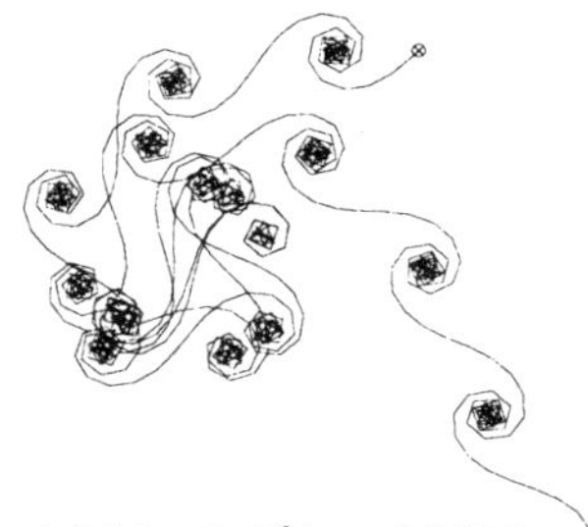

„π-Locke" $R_{-3\pi/4}\,\Gamma_{2000}(n^2\tau)$ $\tau \sim -0{,}0113469$
Renormierungszahl = 7 Skalierungsfaktor = 0,4 x 221,387

10

„π-Locke" $R_{-\pi}\,\Gamma_{2000}(n^2\tau)$ $\tau \sim 0{,}0324963$
Renormierungszahl = 8 Skalierungsfaktor = 0,04 x 1469,6

8

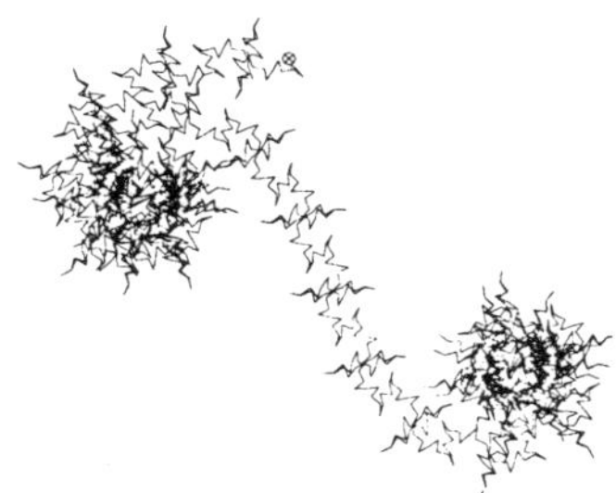

„π-Locke" $R_{-3\pi/4}\,\Gamma_{2000}(n^2\tau)$ $\tau \sim -0{,}306828$
Renormierungszahl = 9 Skalierungsfaktor = 0,008 x 5764,57

11

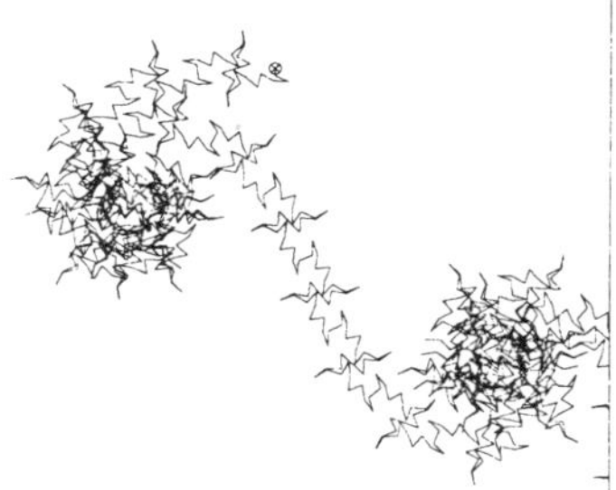

„π-Locke" $R_{-\pi/2}\,\Gamma_{2000}(n^2\tau)$ $\tau \sim -0{,}185212$
Renormierungszahl = 10 Skalierungsfaktor = 0,008 x 7358,75

9

„π-Locke" $R_{-\pi/4}\,\Gamma_{4000}(n^2\tau)$ $\tau \sim -0{,}349805$
Renormierungszahl = 11 Skalierungsfaktor = 0,002 x 12090,8

12

Abb. 83 (Fortsetzung)

Struktur (Abb. 84), die stark an die Klothoide erinnert, die eine wichtige Rolle in der Optik spielt. Das ist kein Zufall: Man kann das Verfahren zum Zeichnen von $\Gamma(n^2/N)$ als diskrete Annäherung an eine Cornu-Spirale oder Klothoide betrachten. Andere Werte von a liefern komplexere Kurven, doch sind sich wiederholende Spiralstrukturen oder Lockenkurven ein immer gern verwendetes Beispiel.

Der Parkplatz war ein Labyrinth aus lauter Lockenkurven. Konnte sich darin ein Hinweis verbergen?

Jakob mußte herausfinden, wie die Lockenkurven zustandekamen. Betrachten wir den Spezialfall a = $1/N$, wobei N eine einigermaßen große ganze Zahl ist. Betrachten Sie die $n$te Phasendifferenz, also den Winkel zwischen den Richtungen der $n$ten und $(n + 1)$ten Segmente in dem Polygon $\Gamma(n^2/N)$. Im Bogenmaß gemessen entspricht dieser Winkel $((n + 1)^2 - n^2)2\pi/N = (2n + 1)2\pi/N$. Wenn n klein ist, ist auch die Phasendifferenz klein, so daß das neue Segment in fast die gleiche Richtung deutet wie das vorige und somit eine glatte Kurve erzeugt. Wenn die Phasendifferenz größer als $\pi/2$ (ein rechter Winkel) wird, überdecken sich die Segmente gegenseitig und erzeugen bloß einen Klecks. Nähert sich n dem Wert $N/4$, bildet jedes Segment etwa die Umkehrung seines Vorgängers. Wächst n über $N/4$ hinaus, fängt die Lockenkurve wieder an, sich zu entwirren, und wenn n den Betrag von $N/2$ erreicht, streckt sie sich gerade, danach bildet sie eine neue Lockenform. Nach N Schritten wiederholt sich das Muster. Es gibt, abhängig von dem Wert von N (mod 4), vier Fälle, und zwar je nachdem, ob N von der Form $4m$, $4m + 1$, $4m + 2$ oder $4m + 3$ ist; auch dies ist in Abbildung 84 dargestellt.

Die Erklärung für dieses Phänomen liefert die Theorie der Gaußschen Summe. Eine „vollständige" Gaußsche Summe, die sich am einfachsten in komplexer Notation darstellen läßt, hat die Form

$$\sum_{n=0}^{N} e2^{\pi i,n^2}/N, \qquad (1)$$

wobei das große Sigma für die Summenbildung steht und $i = \sqrt{-1}$. Ihr Wert ist bekanntlich

$$2(1 + (-i)^N)\frac{1+i}{4}\sqrt{N}. \qquad (2)$$

Wir können uns vorstellen, daß die Ebene, in der die Kurve $\Gamma(n^2/N)$ gezeichnet wird, die komplexe Ebene ist, und dann finden wir, daß der r-te Knick der Kurve die aus (1) oben erhaltene Gaußsche Teilsumme ist, wobei die obere

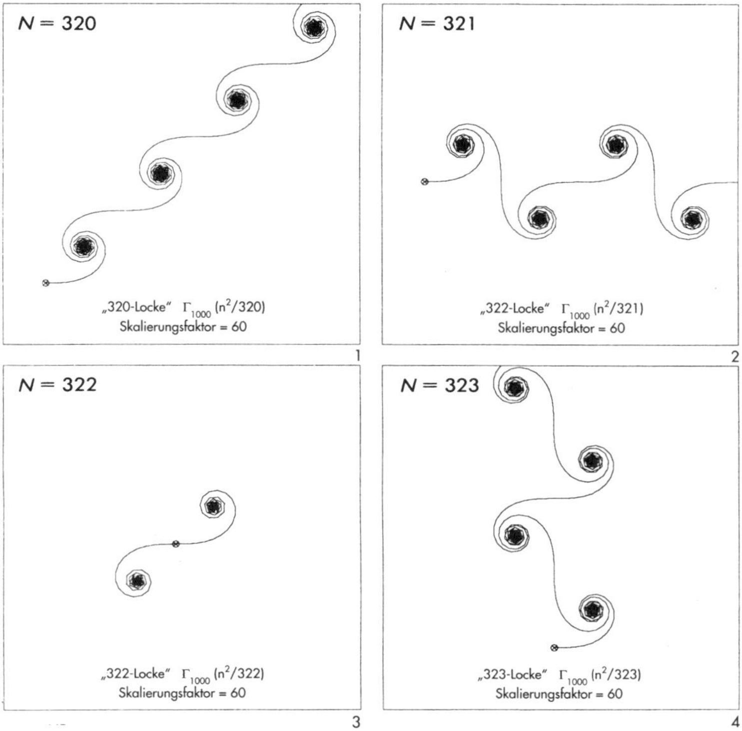

Abb. 84 Kurven nach der Formel $\Gamma(n^2/N)$ bilden Spiralen in der Art einer Klothoide. Die Symmetrie hängt von n (mod 4) ab, das Bild zeigt vier charakteristische Beispiele.

Schranke der Summation von N zu r geändert wurde. Wenn N genau p mal r mit Rest q teilt, dann ist $r = pN + q$, und die Gaußsche Summe für r Terme ist die für q Terme plus p vollständige Gaußsche Summen. Es läßt sich zeigen, daß (2) für die verschiedenen Perioden und Symmetrien in Abbildung 84 verantwortlich ist. Das qualitative Verhalten hängt nur von N (mod 4) ab, da $(-i)^N$ nur von N (mod 4) abhängig ist. Tatsächlich ist

$$\begin{aligned}(-i)^N &= 1 && \text{wenn } N \equiv 0 \pmod 4\\ &= -i && \text{wenn } N \equiv 1 \pmod 4\\ &= -1 && \text{wenn } N \equiv 2 \pmod 4\\ &= i && \text{wenn } N \equiv 3 \pmod 4\end{aligned}$$

Der nächsteinfache Fall liegt vor, wenn a eine rationale Zahl ist, sagen wir a = p/q für teilerfremde ganze Zahlen p und q. Diese rationalen Approximationen erzeugen periodische Spiralstrukturen in der Kurve, ganz ähnlich wie a = $1/N$ oben. Abbildung 85 zeigt was bei $p/7$ geschieht, wenn p = 1, 2, 3, 4, 5, 6.

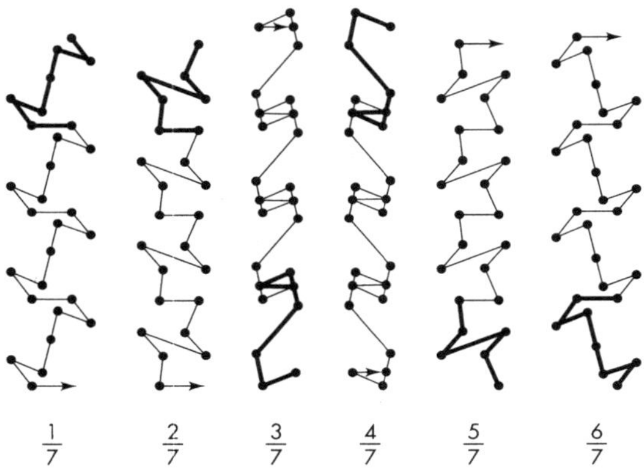

Abb. 85 Alle Kurven $\Gamma(pn^2/7)$ für p = 1, 2, 3, 4, 5, 6 erweisen sich als wiederholende Segmente der Länge 7, das erste derartige Segment ist als stark ausgezogene Linie hervorgehoben. Die Kurven für p und $7 - p$ sind mit Ausnahme einer Rotation um 180° identisch.

Als nächstes erkannte Jakob, daß er die Struktur von Γ ($p/q\text{n}^2$) für ganze Zahlen benutzen konnte, um einige der bei irrationalen Werten von a beobachteten Eigenschaften zu erklären. Nehmen wir an, p/q ist eine gute rationale Annäherung an a; dann wird der Anfang der Kurve $\Gamma(\text{a}\,n^2)$ in seiner Form stark an den von $\Gamma(p/q\,n^2)$ erinnern. Jakob könnte diese Idee dafür benutzen, um abzuschätzen, welchen Wert von a Sandy Warthog benutzt hatte. Welche rationalen Approximationen können Sie in Warthogs Kurve (Abb. 78) entdecken?

Zur Verdeutlichung ist in Abbildung 86 der Anfang dieser Kurve (er entspricht dem eingerahmten Teil in Abb. 78) vergrößert dargestellt. Die Windungen sind ziemlich kompliziert und neigen dazu, einander zu überlappen, daher werde ich Ihnen einige Hinweise geben. Es gibt ein Zickzackmuster der Länge 7, das sich annähernd wiederholt und somit einer rationalen Approximation der Form $p/7$ für irgendein p entspricht. Beim Vergleich des Aussehens dieser Zickzackform mit Abbildung 85 erkennen wir, daß p kongruent zu 1 oder 6 modulo 7 sein muß, so daß also die rationale Approximation eine der Reihe 1/7, 6/7, 8/7, 13/7, 20/7, 22/7, 27/7, 29/7 … sein muß. Entdecken Sie irgendetwas Vertrautes in der Liste? Um diese Vermutung zu erhärten zeigt Abbildung

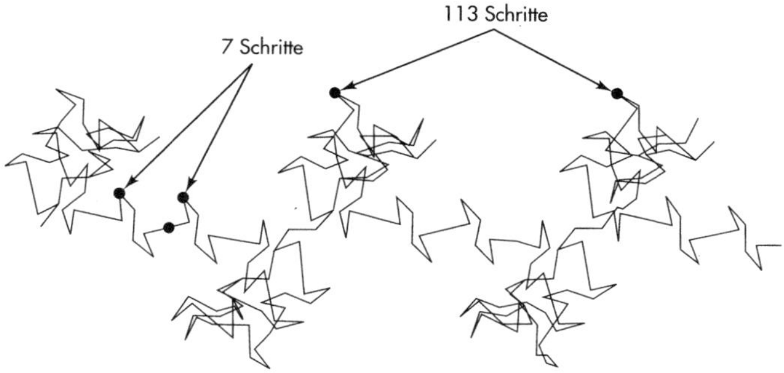

Abb. 86 Ausschnittvergrößerung des eingerahmten Bereiches aus Abb. 78 von Warthogs Kurve, die überwiegend sich wiederholende Strukturen der Periode 7 und 113 enthält.

86 außerdem eine größere, sich ungefähr wiederholende Struktur, deren Länge die ungewöhnliche ganze Zahl 113 ist. Kennen Sie irgendwelche interessanten rationalen Zahlen der Form $p/113$?

Na klar, π! Die ersten guten rationalen Annäherungen an π sind $22/7 \approx 3{,}1428\ldots$ und (wesentlich besser) $355/113 \approx 3{,}141592\ldots$. Also sieht es ganz so aus, als wäre Warthogs Kurve $\Gamma(\pi n^2)$. Die sich wiederholenden Zickzacklinien spiegeln die Annäherung an 22/7 wider; die großen Minilocken gehen auf 355/113 zurück. Auf diese Weise tritt die Zahlentheorie rationaler Approximationen in Beziehung zur Geometrie der zugehörigen Kurve.

„Du verwendest für a den Wert $a = \pi$!" rief Jakob triumphierend.

Warthog erbleichte. „Wie hast du –"

„Ich habe gewonnen! Jetzt laß diese albernen Lockenkurven sein und mach mir ein hübsches lineares Gitter, wie du es versprochen hast!"

In Warthogs Gesicht spiegelte sich unterdrückter Zorn wider, als er sich an die Arbeit machte.

Die ungefähren Perioden, die Jakob auf die Lösung geführt hatten, lassen sich anhand einer anderen, der Physik entlehnten, Überlegung weiter analysieren. Wenn Sie aus großer Entfernung auf die durch $\Gamma(\pi n^2)$ gebildete Kurve blicken, so werden die der rationalen Annäherung 22/7 entsprechenden Minilocken praktisch unterdrückt, und Sie erkennen nur noch die durch 355/113 gebildeten Spiralen. Man kann beweisen, daß lange Anfangssegmente von Kurven der Form $\Gamma(\mathrm{a}n^2)$ gut durch kürzere Anfangssegmente von Kurven der Form $\Gamma(\mathrm{b}n^2)$ angenähert werden, wobei b ein anderer Parameter ist. Tatsächlich können wir annehmen, daß a zwischen $-1/2$ und $1/2$ liegt, denn die Addition einer ganzen Zahl zu, oder die Subtraktion einer ganzen Zahl von a hat keinen Einfluß auf $\Gamma(\mathrm{a}n^2)$. Wenn wir

$$b = \left\{ \frac{1}{2a} \right\} - \frac{1}{2a}$$

setzen, wobei {1/2a} der gebrochene Anteil von 1/2a ist, so können wir die ersten N Segmente von $\Gamma(an^2)$ durch die ersten $2aN$ Segmente von $\Gamma(bn^2)$ annähern. Das Bild von $\Gamma(bn^2)$ muß um einen passenden Betrag skaliert und um einen rechten Winkel gedreht werden. Diese Behauptung wurde 1988 von den beiden Physikern Michael Berry und J. Goldberg bewiesen; sie hat Anwendungen in der Quantentheorie und in der Beugungsoptik. Man nennt diesen Vorgang, der seinen Ursprung in der Quantentheorie hat, Renormierung – wenngleich man hinzufügen sollte, daß 1914 die Zahlentheoretiker Godfrey Hardy und John Edensor Littlewood eine schwächere Version derselben Idee benutzt haben, um die Werte von Gaußschen Partialsummen zu schätzen.

Abbildung 83 zeigt eigentlich aufeinanderfolgende Stadien in der Renormierung von $\Gamma(\pi n^2)$. Die Ähnlichkeiten zwischen aufeinanderfolgenden Stadien sind manchmal offensichtlich – so zeigen beispielsweise die ersten drei Bilder sehr ähnliche Gestalten. Wenn die Ähnlichkeit weniger augenfällig ist, dann rührt das von einer veränderten Skalierung der Darstellung her: Das ist an der ersten Zahl nach dem Wort „Skalierungsfaktor" zu erkennen. Die zweite Zahl bezeichnet die natürliche Skalierung beim Renormierungsprozeß. So haben beispielsweise das fünfte und sechste Bild denselben Darstellungsmaßstab (1,5), kombinieren ihn aber mit unterschiedlichen Renormierungsskalen (10,611 und 128,796). Die Bilder, in denen der erste Skalierungsfaktor gleich ist, zeigen direkt vergleichbare Formen.

Zwei Tage später war die Kurve $\Gamma(\pi n^2)$ vom Parkplatz getilgt, und Warthog damit beschäftigt, das versprochene lineare Gitter anzulegen. Der Stadtarchitekt starrte Jakob wütend an. „Ich bin immer noch der Ansicht, wir hätten Warthog die Entscheidung überlassen sollen! Brillianter Mann ... großartige Phantasie –"

Jakob unterbrach ihn. Das neue Muster – Abbildung 87 – sah nicht wie erwartet aus. „He! Warthog!" schrie er. „Was treibst du denn *jetzt*? Ich dachte, du würdest ein Gitter aus geraden Linien anlegen!"

Sandy Warthog blickte von seiner Arbeit auf. „Das *ist* ein Gitter aus geraden Linien", stellte er fest.

„Ja, aber das sollte doch Rechtecke in der Größe eines Autos bilden!"

Warthog schüttelte betrübt den Kopf. „Damit kommst du mir *jetzt*, Jakob, nachdem ich die halbe Nacht damit verbracht habe, um mir für dich dieses Design auszudenken. Ich dachte, du würdest dich darüber *freuen*! Das ist doch eine undankbare Welt."

Der Stadtarchitekt grinste von einem Ohr zum anderen.

Jakob Staff begann, leise in sich hineinzuweinen.

Abb. 87 Warthogs Revanche, $\Gamma(n^7/1\,050)$.

Antworten

Die Antworten sind ebenfalls eine Fata Morgana.

Weiterführende Literatur

Berry, M. V.; Goldberg, J. *Renormalisation of curlicues*. In: *Nonlinearity* 1 (1988) S. 1–26.

Dekking, M.; Mendès-France, M. *Uniform distribution modulo one: a geometrical viewpoint*. In: *Journal für die Reine und Angewandte Mathematik* 329 (1981) S. 143–153.

Dekking, M.; Mendès-France, M.; Poorten, A. J. van der. *Folds!* In: *Mathematical Intelligencer* 4 (1982) S. 130–138, 173–181, 190–195.

Deshouillers, J.-M. *Geometric aspects of Weyl sums*. In: *Elementary and Analytic Theory of Numbers*. Warschau (Banach Centre Publications) 1985.
Hardy, G. H.; Littlewood, J. E. *Acta Mathematica* 37 (1914) S. 192–239.
Moore, R. R.; Poorten, A. J. van der. *On the thermodynamics of curves and other curlicues*. McQuarie University Reports 89-0031 (1989).

13
Der Gruppentheoretiker von Notre Dame

Quasimodulo, der mathematisierende Bucklige von Notre Dame, saß auf einem der Eichenholzbalken im Glockenstuhl der Kathedrale zwischen der größten und der gegenüber hängenden Glocke. Seine muskulösen Arme hielten behutsam einen zarten Frauenkörper umfangen. Aber schon öffnete sie ein Auge, blinzelte, schnappte nach Luft und begann wild zu zappeln.

„Esmeralda?" fragte Quasimodulo hoffnungsvoll.

„Lieber Gott, nein!" stieß das zarte Wesen hervor. „Sie ist mein Dienstmädchen. Ich fürchte, mein Herr, Sie haben einen Fehler gemacht!"

Ich werde allmählich zu alt dafür, dachte Quasimodulo. „Wer sind Sie dann?" fragte er.

„Das kann ich Ihnen nicht sagen, mein Herr, wir sind einander nicht vorgestellt worden", bemerkte die Besitzerin des zarten Körpers geziert. Quasimodulo lockerte seinen Griff ein wenig. Sie warf einen Blick in den tiefen Abgrund und klammerte sich heftig an seine Brust. „Andererseits war ich nie ein Freund übertriebener Formalitäten. Ich bin Jane Porter, die Tochter von Professor Archimedes Q. Porter! Ähm – könnte es vielleicht sein, daß Sie sich normalerweise durchs Urwaldgehölz anstatt durch das Gebälk von Glockenstühlen schwingen? Ich war schon immer scharf darauf, jemanden kennenzulernen, der sich durch den Urwald schwingt ..." Sie blickte ihn fragend an. „Du bist nicht etwa ein bronzehäutiger junger Supermann mit tollen Muskeln, den man Tarzan nennt? Sagt dir der Name Greystoke irgend etwas? Ich meine, schwingst du dich an Lianen ... du kommst nicht geradeswegs aus Afrika mit irgendeinem ...", sie verstummte und musterte seinen Rücken und seine zerlumpte Kleidung. Tarzan war nicht gerade als Meister der Verkleidung bekannt. Natürlich *könnte* die Kreatur einer seiner Affen sein ...

„Zut alors - was für eine Gedanke", wehrte Quasimodulo ab. „Isch fürschte, wir 'aben beide eine dumme Fehler gemacht." Er trug sie zu einem Mauervorsprung, mit freiem Blick auf die Steinplatten weit unten. „Bitte verßei'en Sie, Fräulein Jane. Meine Augen, wissen Sie, die werden von Tag zu Tag schlescher." Jane starrte ihn an, und er konnte ihrem Blick nicht standhalten. Vor

Verlegenheit fing er an, sich von Glocke zu Glocke zu schwingen, die dadurch lauter und lauter zu läuten begannen, bim, bam, bim, bam, ding, dong, BIM, BAM!!!

„Man merkt, daß du kein Campanologist bist“, bemerkte Jane hochmütig.

„Non, Mademoiselle, isch bin katholisch.“

„Ich wollte damit sagen, du bist kein Glöckner – jemand, der Glocken läutet.“

Quasimodulo sah sie an, dann auf die Glocken und schließlich wieder auf Jane. „Was glauben Sie, Mam'selle, was das sind. Vielleischt Teewärmer?“

„Na schön, ich gebe zu, daß du Glocken läutest, aber das macht dich noch lange nicht zum Glöckner. Jedenfalls nicht nach meinem Verständnis dieser Profession, nach dem, was man in *England* darunter versteht.“ Sie sprach mit Pausen, um ihren Worten Nachdruck zu verleihen. „Wir nehmen das Glockenläuten sehr ernst. Ich habe genau zugehört und festgestellt, daß du die Tenorglocke mindestens dreimal geläutet hast, und die Sopranglocke überhaupt nicht!“

„Ist das schlescht?“ fragte Quasiomodulo verdutzt.

„Sie haben die Kardinalregel jedes Glockenläutens verletzt, mein Herr.“ Und dann mußte Jane lang und breit erklären, was sie damit meinte.

In England ist Glockenläuten ein populäres Hobby. Dort treffen sich regelmäßig Gruppen von Glöcknern in einer Kirche, um Wechselläuten zu spielen. Dabei müssen sie so lange einen bestimmten Satz an Glocken in unterschiedlicher Reihenfolge läuten, bis alle möglichen Abfolgen genau einmal geläutet worden sind.

„Eine simple mathematische Problem“, murmelte Quasimodulo.

„Gott im Himmel, dieses Wesen ist *gebildet*!“ rief Jane überrascht.

„Auch das ist simpel ßu erßählen“, meinte Quasimodulo. „Isch war einmal Professeur des Mathématiques an der Université de Paris. Isch ‘abe über Schwingungen fester Objekte gearbeitet: die Glocken, die waren meine Passion. Ach, die Glocken, die Glocken! Im Schwingungsspektrum einer Glocke liegt so eine wilde Schön'eit! Die Besselfunktion, der Eigenwert des Laplace-Operators! Aber die zunehmende Deformation meines Körpers – die isch dem ‘erumschleppen umfänglischer Ab'andlungen über Wellengleischungen ßuschreibe – machte es mir unmöglisch, mit Kreide an der Tafel anßuschreiben, und so hat man misch genötigt, in einen verfrühten Ruhestand einßuwilligen. Isch wanderte als ’ungerndes, elendes Wrack ziellos durch die Straßen, und in all der Sseit ‘örte isch die Glocken von Notre Dame, wie sie misch riefen, misch riefen ... Eines Nachts bei Vollmond erkletterte isch den Turm, und inßwischen habe isch darin so viel Übung, daß es niemandem gelingt, misch ßu fassen.“

„Eine traurige Geschichte“, meinte Jane mitfühlend.

„Nischt unbedingt. Diese Leben 'at ihre guten Seiten. Zumindest brauche isch keine schriftlischen Prüfungen mehr ßu ßensieren. Aber in dieser Sseit nutzlosen Tuns rischtete sisch mein Rücken auf. Sie 'aben von den Glocken gesprochen."

„Allerdings, das tat ich", bemerkte Jane. „Dank meiner Lehrer in England bin ich in der Kunst der Mathematik wohl bewandert."

„Dann werden Mam'selle nischt übelnehmen, wenn isch be'aupte, daß das Problem trivial ist? Denn wenn es n Glocken gibt, dann ist die Anßahl der unterschiedlischen Reihenfolgen die Fakultät von n, geschrieben als

$$n! = n(n-1)(n-2)\dots 3 \times 2 \times 1,$$

und diese können in jeder erdenklischen Abfolge geläutet werden. Folglisch gibt es $(n!)!$ verschiedene Möglischkeiten, Reihenfolgen von n Glocken zu läuten, diese Ssahl wächst très rapidement –"

Aufgabe 1

Laut Stirlings Formel hat $n!$ ungefähr den Wert $\sqrt{2\pi n}\, n^n e^{-n}$. Finden Sie (für die nächstliegende Potenz von 10) den Wert von n, für den die Anzahl von Möglichkeiten, einen vollen Satz an Variationen für n Glocken zu läuten, ungefähr ein Googolplex ($10^{10^{100}}$) ist.

„Äh, aber Sie haben mich noch nicht alle Regeln aufzählen lassen", wandte Jane ein. „Kennzeichnen Sie die Glocken mit fortlaufend tieferem Klang mit den Nummern 1, 2, 3, ..., n. Nennen wir die erste Glocke den Sopran und die $n$te Glocke den Tenor. Jede Abfolge der Glocken, das heißt, jede Anordnung der Symbole 1, 2, 3, ..., n wird ein Wechsel genannt. Die Abfolge entsprechend der Tonleiter, das heißt, 1 2 3 ... n, wird *in der Reihe* genannt. Schließlich ergibt eine komplette Abfolge aller möglichen Wechsel (zuzüglich der Wiederholung des ersten) ein *Geläut*. Es gibt fünf Regeln für das Ausführen eines vollen Geläuts:

1. Das Geläut muß in der Reihe anfangen und enden.
2. Dazwischen muß es alle möglichen Wechsel ohne Wiederholung durchlaufen.
3. Keine Glocke darf zwischen zwei aufeinanderfolgenden Wechseln um mehr als einen Platz wechseln.
4. Keine Glocke darf für mehr als zwei aufeinanderfolgende Wechsel am selben Platz verbleiben.
5. Jede Glocke sollte ihre Position in gleichmäßig variierender Art wechseln.

„Regel 1 besteht aus musikalischen Gründen", betonte Jane.

„Läuten der Tonleiter", bemerkte Quasimodulo, „isch se'e schon. Also kommt die Folge 1 2 3 ... *n ßweimal* vor: einmal ßu Anfang und einmal am Ende. Aber alle anderen Anordnungen –"

„*Wechsel*, Quasimodulo. Bitte verwenden Sie die korrekten Fachbegriffe!"

„– *Wegsel* erscheinen genau einmal."

„Genau! Regel 2 ist mathematisch befriedigend, aber sie hat auch einen praktischen Grund: Sie sorgt für ein Höchstmaß an Abwechslung."

„Isch vermute, Regel 3 hat meschanische Gründe", fuhr Quasimodulo fort. „Eine Glocke 'at ein très grand Mass', und die Periode ßwischen aufeinanderfolgenden Schlägen läßt sisch nischt leicht verlängern oder verkürßen." Er machte eine Pause. „Als ob isch das nischt wüßte", fügte er dann hinzu.

„Korrekt! Regel 4 sorgt für Abwechslung, und Regel 5 – die zugegebenermaßen etwas vage ist – für Symmetrie. Ich sollte dazusagen, daß Regel 4 und 5 bisweilen aus künstlerischen Gründen gelockert werden.

Für die in der Praxis verwendeten unterschiedlichen Anzahlen von Glocken gibt es besondere Bezeichnungen: 3 = Singles, 4 = Minimus, 5 = Doubles, 6 = Minor, 7 = Triples, 8 = Major, 9 = Caters, 10 = Royal, 11 = Cinques und 12 = Maximus. Zum Beispiel handelt es sich beim Glasgow Surprise Major um ein Wechselläuten mit acht Glocken, wie man am letzten Wort „Major" ablesen kann.

Der Anfang von Glasgow Surprise Major ist in Abbildung 88 zu sehen. Die Linien deuten die Positionswechsel jeder Glocke an: Beachten Sie, daß keine Glocke ihre Position jemals um mehr als einen Platz nach links oder rechts ändert. Andererseits bleibt keine Glocke für mehr als drei Wechsel auf derselben Position. Einige Glocken verbleiben jedoch für diese Zeit an ihrem Platz – beispielsweise bleibt die Glocke mit der Nummer 6 während der ersten drei Wechsel auf Position 6. Das gesamte Geläut umfaßt 8! + 1 = 40 321 Wechsel, so daß es sich hier nicht vollständig auflisten läßt, doch hoffe ich, daß die zugrundeliegende Idee erkennbar wird."

„Parfaitement!" rief Quasimodulo laut. „Isch 'abe schon eine Theorem bewiesen! Mit drei Glocken es gibt nur ßwei möglische Geläuten!"

„Wenn es ein Theorem ist, dann muß es dafür auch einen Beweis geben."

„Das gibt es. Es ist leischt ßu se'en, daß bei jedem Wegsel ßwei Glocken die Plätze tauschen müssen: Es ist nischt möglisch, alle drei ßu bewegen und ßugleich jede nur um eine Position ßu verschieben. Die mittlere Glocke kann sisch nischt am Platze bleiben – das würde bedeuten, daß die beiden äußersten Glocken die Plätze tauschen, und jede um ßwei Plätze weiterrückt – ein Widerspruch ßu Regel 3. Daraus folgt, alle Wegsel müssen entweder die ersten oder letzten beiden Glocken vertauschen. Derselbe Tausch darf nicht ßweimal 'intereinander gesche'en, da dies einfach die Wieder'olung einer Permutation implißieren würde. Also müssen die beiden Tausche abwegselnd ausgeführt werden. Fängt man mit dem Vertauschen von 12 an, so er'ält man

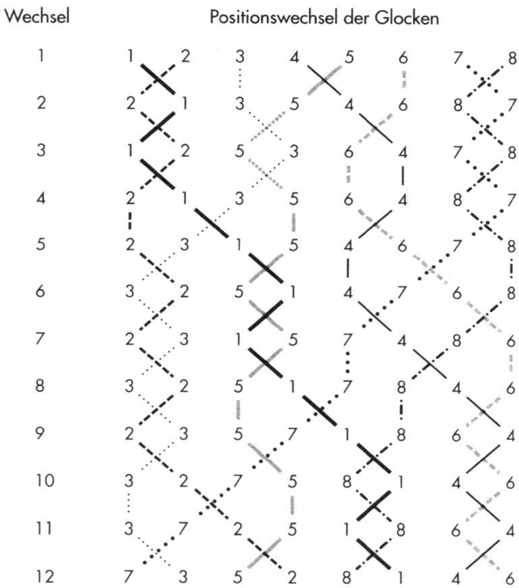

Abb. 88 Der Anfang von Glasgow Surprise Major.

123 213 231 321 312 132 123,

und wenn man mit dem Austausch von 23 beginnt, dann ergibt sisch die Folge

123 132 312 321 231 213 123,

was – wie isch gerade bemerke – nischts anderes als die Umkehrung der ersten Folge ist."

„Ausgezeichnet! Die erste Folge, die Sie gerade angegeben haben, nennt man *Schnelle Sechs*, und die andere trägt den Namen *Langsame Sechs*."

„Spaßig. Wenn eine die Umkehrung der anderen ist, so sollten sie beide die gleische Dauer 'aben!"

„Das ist wohl psychologisch gemeint: eine von beiden *klingt* langsamer." Jane sah nachdenklich drein. „Wissen Sie, Ihr Beweis, daß es nur zwei verschiedene Geläute mit drei Glocken gibt, scheint mir darauf hinzudeuten, daß hinter all dem eine bestimmte mathematische Struktur stehen muß."

„Nun ... isch könnten meinen Beweis mit eine *Graphe* darstellen. Ich ßeichne segs dicke Punkte für die segs möglischen Abfolgen der Symbole 1, 2 und 3. Das sind die segs Wegsel. Dann verbinde isch die Wegsel mit einer graue

Linie, wenn isch durch Vertauschen der ersten beiden Glocken von einem Wegsel ßum anderen kommen kann, und mit einer schwarße Linie, wenn der Übergang durch Vertauschen des ßweiten Glockenpaares möglisch ist. Die Aufgabe, alle segs Wegsel ßu läuten, wird damit ßu einem Problem der Graphentheorie: Finde eine ‘amiltonsche Kreis, das ‘eißt, eine geschlossene Linie, die jeden Punkt einmal und nur einmal berührt. ‘ier ist es einfach, weil die ganße Graph formt eine Kreise [Abb. 89]. Die beiden Lösungen durschlaufen die Kreise entweder im Uhrßeigersinn oder im Gegenuhrßeigersinn.“

„Hmmm ..., aber das allgemeine Finden von Hamiltonschen Kreisen ist ein ungelöstes Problem. Wie auch immer, ich glaube, es gibt da noch *mehr* Strukturen als nur diese!“

„Wahrscheinlisch es ist die Gruppentheorie.“

„Ja! Natürlich! Quasimodulo, Sie sind ein Genie! Wie haben Sie das herausgefunden?“

„Nur so eine Idee. Es lohnt sisch immer, seiner Eingebung ßu folgen.“

Die Gruppentheorie beschreibt hier eine Menge von Transformationen, die, wenn man sie nacheinander ausführt, auf eine andere Transformation aus derselben Menge führen. (Es gibt eine abstraktere Definition, aber die genannte reicht an dieser Stelle aus.) Sie werden gleich sehen, was damit gemeint ist. Der Schlüssel zur Mathematik des Wechselläutens liegt darin, sich nicht auf die Reihenfolge der Glocken zu konzentrieren, die in einem bestimmten Wechsel vorliegt, sondern auf die Transformation, durch die sie umgeordnet wird.

Definieren wir zwei Transformationen E und L wie folgt:

E = „vertausche die *ersten* beiden Glocken“
L = „vertausche die *letzten* beiden Glocken“

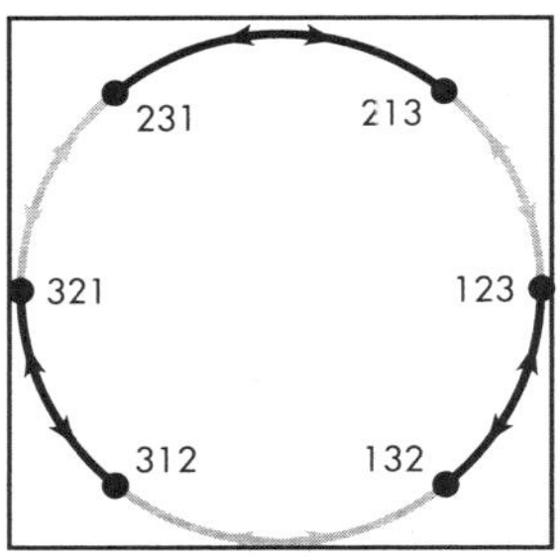

Abb. 89 Graph der möglichen Züge von einem Wechsel mit drei Glocken zum nächsten. Graue Linie = „tausche die ersten beiden Glocken“, schwarze Linie = „tausche die letzten beiden Glocken“.

Wenn wir zum Beispiel den Wechsel

$$312$$

haben und die Transformation E anwenden, erhalten wir

$$132,$$

wohingegen sich durch die Anwendung von L

$$321$$

ergibt. Die Transformationen E und L sind in Abbildung 90A dargestellt. Weiter soll I die *Identitäts*transformation darstellen:

I = „lasse alle Glocken unverändert“

Dann nehmen die Schnelle und die Langsame Sechs eine sehr regelmäßige Form an (siehe Exkurs 9). Dazu sind einige Erläuterungen notwendig. Die aufeinanderfolgenden Wechsel sind durchnumeriert und die zugehörige Abfolge der Glocken aufgelistet. In der Spalte „Zug“ ist angegeben, welche Transformation benutzt wurde, um diese Sequenz aus dem vorangehenden Wechsel zu erhalten – der Anfangseintrag I ist dabei reine Konvention, da es keinen vorhergehenden Wechsel gibt – und der kombinierte Effekt aller verwendeten Operatoren ist in der letzten Spalte unter der Überschrift „Permutation“ angegeben. Mit letzterem ist die Transformation gemeint, die den jeweiligen Wechsel aus der Ausgangssequenz 123 erzeugt. Jede Permutation wird als Folge der Buchstaben E und L geschrieben. Diese Folgen müssen von *rechts* nach *links* gelesen werden: beispielsweise bedeutet LEE „führe zuerst E aus, dann nochmal E, dann L“ (siehe auch Abb. 90B).

Wir wollen uns auf die Langsame Sechs konzentrieren. Ähnliche Feststellungen gelten für die Schnelle Sechs, wenn man L und E vertauscht.

Der siebente Wechsel entspricht der Anfangssituation – das heißt, die Folge ELELEL erzeugt dasselbe Ergebnis wie I. Symbolisch schreiben wir dies als

$$\mathrm{ELELEL} = \mathrm{I}$$

oder

$$(\mathrm{EL})^3 = \mathrm{I},$$

was in Abbildung 90C dargestellt ist.

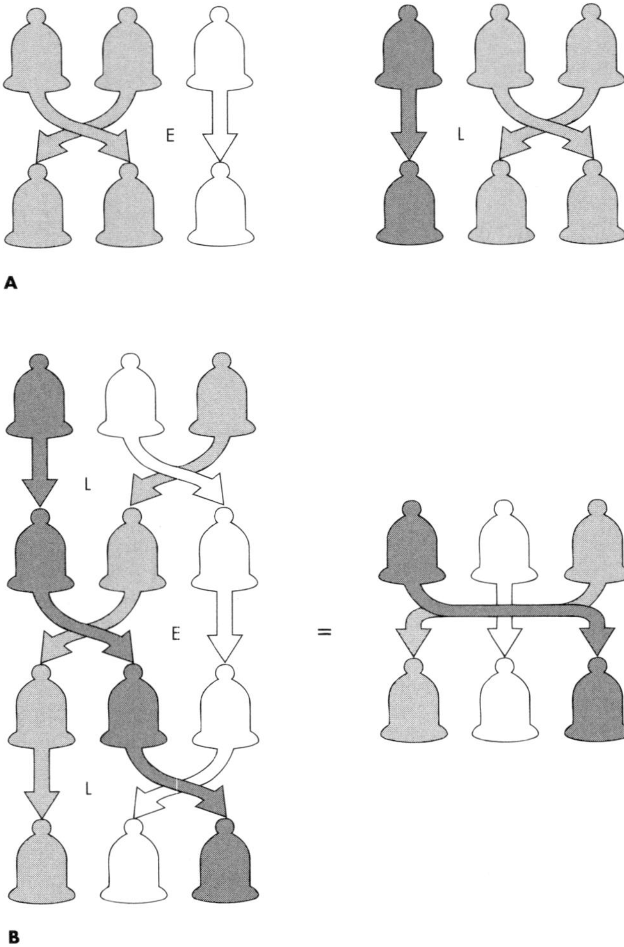

Abb. 90 (A) Die Permutationen E und L. (B) Die zusammengesetzte Permutation LEL. (C) Beweis für die Gleichheit LELELE = I.

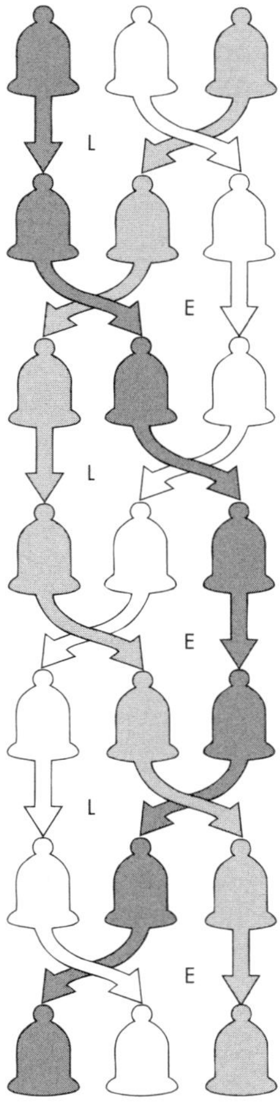

c

Abb. 90 (Fortsetzung)

Exkurs 9: Schnelle und langsame Sechs in der Terminologie der Transformationen

Schnelle Sechs

Wechsel	123	Zug	Permutation
1	123	I	I
2	213	E	E
3	231	L	LE
4	321	E	ELE
5	312	L	LELE
6	132	E	ELELE
7	123	L	LELELE

Langsame Sechs

Wechsel	123	Zug	Permutation
1	123	I	I
2	132	L	L
3	312	E	EL
4	321	L	LEL
5	231	E	ELEL
6	213	L	LELEL
7	123	E	ELELEL

Tatsächlich muß *jede* aus Ls und Es zusammengesetzte Zeichenfolge genau auf einen bestimmten der sechs verschiedenen möglichen Wechsel führen, also muß jede solche Folge zu einer der Folgen I, L, EL, LEL, ELEL, LELEL äquivalent sein. Insbesondere muß die Kombination zweier solcher Zeichenfolgen in ihrer Wirkung einer der sechs eben aufgeführten gleich sein. Zum Beispiel ist

(LELEL)(ELEL)

dasselbe wie (ohne Klammern)

LELELELEL.

Dies entspricht aber (bei anderer Klammersetzung)

(LELELE)(LEL),

woraus wir wegen LELELE = I erhalten

(I)(LEL),

was dasselbe ist wie

LEL,

da I ja keinerlei Änderung bewirkt. Das heißt

(LELEL)(ELEL) = LEL.

Wie sieht es mit (LELEL)(LEL) aus? Wir können die Klammern weglassen und dies folgendermaßen schreiben:

LELELLEL,

doch was nun?

Um weiterzukommen beachten Sie, daß LL = I, denn L tauscht die letzten beiden Glocken, und wenn man das zweimal hintereinander macht, ist alles wieder wie vorher. Dafür kann man auch $L^2 = I$ schreiben. Entsprechend gilt $E^2 = I$. Damit erhalten wir

LELELLEL = LELEIEL = LELEEL = LELIL = LELL = LEI = LE.

Auf diese Weise läßt sich eine komplette Multiplikationstabelle für die oben aufgeführten sechs Zeichenfolgen aufstellen(siehe Exkurs 10).

Aufgabe **2**

Beim Aufstellen von Exkurs 10 gibt es einen hilfreichen Trick, der vielleicht nicht auf Anhieb ersichtlich ist. Die Transformation E muß einer der sechs aus der Liste entsprechen, aber welcher?

Exkurs 10 zeigt, daß *jedes* Produkt der sechs Zeichenfolgen I, L, EL, LEL, ELEL und LELEL eine andere dieser sechs Folgen ergibt. Das bedeutet, daß die Menge der sechs Folgen eine Gruppe bildet. Sie wird als Symmetriegruppe S_3 bezeichnet und besteht aus allen sechs möglichen Permutationen der drei Symbole. Ihre Struktur – die Multiplikationstabelle – wird vollständig durch die folgenden vier Gleichungen bestimmt:

IX = X = XI für jede Zeichenfolge X
$L^2 = I$
$E^2 = I$
$(LE)^3 = I$

Exkurs 10: Multiplikation der Transformationen L und E

1te Folge	I	L	EL	LEL	ELEL	LELEL
2te Folge						
I	I	L	EL	LEL	ELEL	LELEL
L	L	I	LEL	EL	LELEL	ELEL
EL	EL	LELEL	ELEL	L	I	LEL
LEL	LEL	ELEL	LELEL	I	L	EL
ELEL	ELEL	LEL	I	LELEL	EL	L
LELEL	LELEL	EL	L	ELEL	LEL	I

Beachte: Die Kombinationen werden entsprechend der Anordnung (2te Folge)(1te Folge) gebildet.

Aufgabe **3**

Arbeiten Sie auf die gleiche Weise die Gruppentabelle für die Schnelle Sechs aus.

Wir wollen das verallgemeinern. Erinnern Sie sich, daß die Permutation von n geordneten Objekten eine Transformation ist, die deren Anordnung verändert. Die übliche Notation für eine Permutation ist eine Klammer, in der zwei Zeilen mit Symbolen stehen:

$$\begin{pmatrix} \text{Anfangsreihenfolge} \\ \text{Endreihenfolge} \end{pmatrix}$$

Zum Beispiel bedeutet

$$\begin{pmatrix} 1234567 \\ 2317564 \end{pmatrix}$$

folgendes:

Bringe das erste Symbol auf die zweite Position.
Bringe das zweite Symbol auf die dritte Position.
Bringe das dritte Symbol auf die erste Position.
Bringe das vierte Symbol auf die siebte Position.
Lasse das fünfte Symbol auf der fünften Position.
Lasse das sechste Symbol auf der sechsten Position.
Bringe das siebente Symbol auf die vierte Position.

Die Auswirkung dieser Maßnahmen ist in Abbildung 91 dargestellt. Es ist wesentlich, zwischen einer *bestimmten* Anordnung der Symbole 1, 2, 3, …, n und einer Permutation zu unterscheiden: Eine Permutation ist eine Transformation, die auf *jede* Abfolge von Symbolen angewandt werden kann, um eine neue Folge zu erzeugen. (Dies kann verwirrend sein, da in der Umgangssprache eine Anordnung häufig als Permutation bezeichnet wird.) Beispielsweise erzeugt die in Abbildung 91 gezeigte Permutation aus der Buchstabenfolge ABCDEFG die Folge CABGEFD; auf die Zahlenfolge 7654321 angewandt liefert sie 5761324 und so weiter.

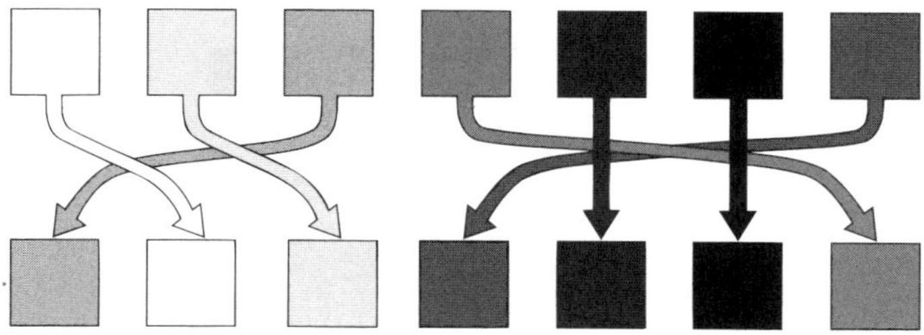

Abb. 91 Wirkung einer Permutation.

Wie in Abbildung 92 zu sehen ist, können mehrere Permutationen nacheinander ausgeführt werden. Die $n!$ möglichen Permutationen von n Symbolen bilden eine Gruppe, die als symmetrische Gruppe S_n bezeichnet wird.

Es gibt eine kompaktere Notation für Permutationen, die man Zyklendarstellung nennt. Zum Beispiel bedeutet der Zyklus

(345)

Bringe das dritte Symbol auf die vierte Position.
Bringe das vierte Symbol auf die fünfte Position.
Bringe das fünfte Symbol auf die dritte Position.

Ein Beispiel illustriert Abbildung 93A. Man beachte, daß der letzte Zug wieder zurück auf den Anfang des Zyklus führt, wie in Abbildung 93B zu sehen. Angewandt auf acht Glocken in der Anordnung

12345678

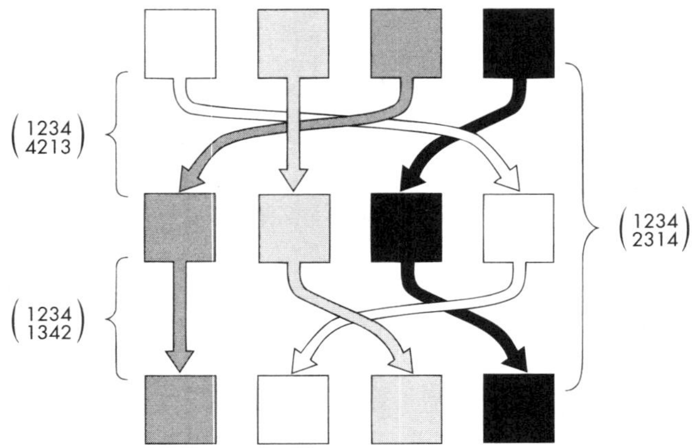

Abb. 92 So kombiniert man zwei Permutationen, um eine dritte zu erhalten.

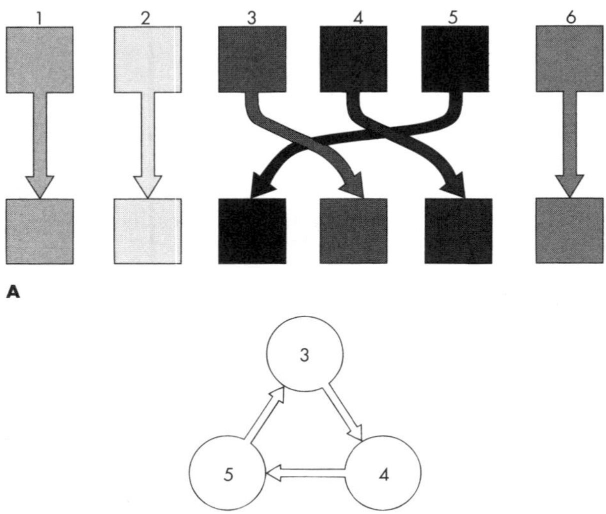

Abb. 93 (A) Der Zyklus (345) als Permutation. (B) Der Übergang vom Ende zum Anfang des Zyklus.

erzeugt der Zyklus (345) die neue Sequenz

12534678.

Wendet man sie auf die Sequenz

35718243

an, so erzeugt sie

35871243

und so weiter.

Verallgemeinert bedeutet das Produkt von Zyklen wie

(345)(26)

Bringe das dritte Symbol auf die vierte Position. Bringe das vierte Symbol auf die fünfte Position. Bringe das fünfte Symbol auf die dritte Position.	} Zyklus (345)
Bringe das zweite Symbol auf die sechste Position. Bringe das sechste Symbol auf die zweite Position.	} Zyklus (26)

und so weiter.

Welche Transformationen kann man verwenden, um beim Glockenläuten von einem Wechsel zum nächsten zu gelangen? Man sieht leicht, daß sie aus der Kombination von Zyklen der Länge 2 gebildet werden müssen, die *benachbarte* Glocken vertauschen, und zwar so, daß keine zwei Zyklen einander überlappen. Bei acht Glocken kann man beispielsweise (34), (23)(56) oder (12)(45)(67) anwenden, nicht aber (13) oder (2345) (siehe Abb. 94).

Mit dieser Notation ausgerüstet können wir uns einem komplizierteren Geläut zuwenden, dem Minimus, der auf vier Glocken gespielt wird und in Abbildung 95 graphisch dargestellt ist. Hier werden die Transformationen A = (23), B = (34) und C = (12)(34) in einem regelmäßigen Muster angewendet. Im Diagramm treten nun drei Schleifen auf, und A und C werden abwechselnd beim Durchlaufen jeder Schleife benutzt. Der Zug B fällt aus dem Rahmen und führt von einer Schleife zur nächsten.

„Eh!" schrie Quasimodulo. „Da fällt mir etwas auf! Wenn wir genau vor diesem irregulären Zug an'alten und nur die ersten acht Wegsel betrachten, dann bilden die Permutationen, die sie erßeugen, eine eigene Gruppe. Eine *Untergruppe*!"

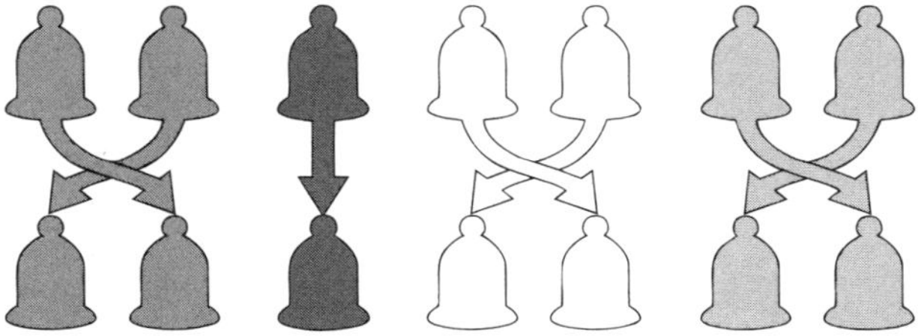

Abb. 94 Zulässige Züge zwischen zwei Wechseln müssen nicht-überlappende Paare benachbarter Glocken vertauschen.

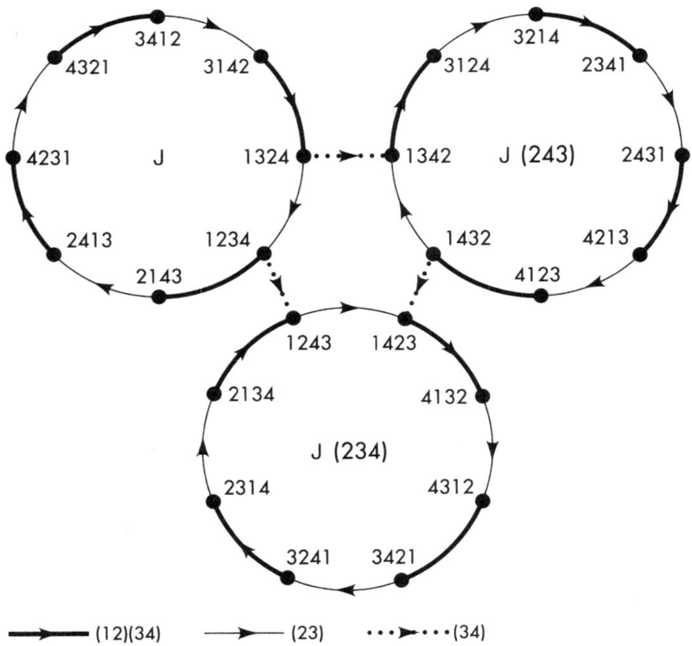

Abb. 95 Minimus

„Da haben Sie recht“, erwiderte Jane. „Wir wollen diese Untergruppe Jagdgruppe nennen und sie mit J bezeichnen.“

„Warum? Ah, isch weiß, ihr Engländer seid besessen von der Jagd.“

„Nein, nein! Man sagt, daß eine Glocke *jagt*, wenn sie sich ständig um eine Position in einer Richtung bewegt. Und in J jagen alle drei Glocken der Reihe nach in beide Richtungen.“

Die jagende Untergruppe J spielt in dem gesamten Geläut beim Minimus eine entscheidende Rolle. Nicht nur, daß sie die ersten acht Wechsel erzeugt – die *nächsten* acht Wechsel korrespondieren mit Permutationen, die sich als das Produkt j(234) formulieren lassen, wobei j eine Permutation in der jagenden Untergruppe J ist. Diese Menge wird als die Nebenklasse J(234) bezeichnet. In entsprechender Weise liegen die letzten acht Wechsel in der Nebenklasse J(234), das heißt, man erhält sie durch Permutationen der Form j(234), wobei j in J enthalten ist. Mit anderen Worten, das Muster des Minimus entspricht einer Aufspaltung der Gruppe aller 24 Permutationen in drei Nebenklassen, die mit der Untergruppe J in Beziehung stehen. In Abbildung 94 entspricht jede Schleife aus acht Wechseln einer Nebenklasse.

„Das war eine brilliante Beobachtung, Quasimodulo!“ rief Jane aufgeregt, nachdem sie all dies ausgetüftelt hatte. „Jetzt sehe ich, wie man *Stedman's Doubles* gruppentheoretisch herleiten kann!“

Stedman's Doubles ist ein Wechselläuten mit fünf Glocken. Die möglichen Transformationen von einem Wechsel zum nächsten sind A = (23)(45), B = (12)(34), C = (12)(45), D = (12), E = (23), F = (34) und G = (45). Die Glöckner nennen die letzten vier Transformationen aus naheliegenden Gründen Singles.

Es gibt 5! = 120 Wechsel mit fünf Glocken. Das Spiel beginnt mit der abwechselnden Ausführung von C und D, wodurch eine Untergruppe mit nur sechs Wechseln entsteht. Stedman's Doubles splittet die ganze Gruppe in 20 Nebenklassen, von denen jede aus sechs Permutationen besteht, wobei sie B benutzt, um sie miteinander zu einem vollen Geläut zu verbinden. Der Tradition entsprechend fängt das Spiel in der Mitte einer Menge an, daher geht die Zerlegung von dem Wechsel 32415 anstatt von 12345 aus. Exkurs 11 zeigt die Ergebnisse.

Es gibt genau zwei Singles, die beide den Zug D verwenden. Die beiden Permutationen zwischen den Ds sind die *geraden* Permutationen, die eine gerade Anzahl von Glockenpaaren vertauschen: Sie bilden die sogenannte alternierende Gruppe A_5. Ohne die beiden Singles könnte man nur die Hälfte der möglichen Wechsel läuten. Stedman's Doubles gehorcht allen Regeln des Wechselläutens und besitzt eine wundervolle aber knifflige gruppentheoretische Struktur. Vielleicht haben Sie Lust, sich an einer graphischen Darstellung zu versuchen.

„Das ist wirklich äußerst bemerkenswert“, meinte Jane. „Diese alten Glöckner müssen einen Haufen von Gruppentheorie verstanden haben!“

Exkurs 11: Stedman's Doubles

Die Spalten sind nacheinander von oben nach unten zu lesen. Die horizontalen Zeilen stellen Nebenklassen dar. Die letzte Nebenklasse führt wieder auf den Anfang.

Wechsel	Zug	Wechsel	Zug	Wechsel	Zug	Wechsel	Zug
12 345	I						
21 354	C						
23 145	A						
32 415	B	52 341	B	31 425	B	51 342	B
23 451	C	53 214	A	13 452	C	53 124	A
24 315	A	35 241	C	14 325	A	35 142	C
42 351	C	32 514	A	41 352	C	31 524	A
43 215	A	23 541	C	43 125	A	13 542	C
34 251	C	25 314	A	34 152	C	15 324	A
43 521	B	52 134	B	43 512	B	51 234	B
45 312	A	25 143	C	45 321	A	15 243	C
54 312	D	21 534	A	54 321	D	12 534	A
53 421	A	12 543	C	53 412	A	21 543	C
35 412	C	15 234	A	35 421	C	25 134	A
34 521	A	51 243	C	34 512	A	52 143	C
43 251	B	15 423	B	43 152	B	25 413	B
34 215	C	14 532	A	34 125	C	24 531	A
32 451	A	41 523	C	31 452	A	42 513	C
23 415	C	45 132	A	13 425	C	45 231	A
24 351	A	54 123	C	14 352	A	54 213	C
42 315	C	51 432	A	41 325	C	52 431	A
24 135	B	15 342	B	14 235	B	52 431	B
21 453	A	51 324	C	12 453	A	52 314	C
12 435	C	53 142	A	21 435	C	53 241	A
14 253	A	35 124	C	24 153	A	35 214	C
41 235	C	31 542	A	42 135	C	32 541	A
42 153	A	13 524	C	41 253	A	23 514	C
24 513	B	31 254	B	14 523	B	32 154	B
42 531	C	32 145	A	41 532	C	31 245	A
45 213	A	23 154	C	45 123	A	13 254	C
54 231	C	21 345	A	54 132	C	12 345	A
52 413	A	12 354	C	51 423	A		
25 431	C	13 245	A	15 432	C		

„Die frü'esten Arbeiten über Permutationen, die von nennenswerter Bedeutung waren, wurden 1770 von Joseph-Louis Lagrange und 1799 von Paolo Ruffini geschrieben", erklärte Quasimodulo. „Sie 'aben die Lösung von algebraischen Gleischungen be'andelt. Permutationsgruppen wurden erst 1815 erfunden, als Augustin-Louis Cauchy eine umfangreische Ab'andlung über das Thema schrieb. Wer 'at Stedman's Doubles erfunden?"

„Die hat Fabian Stedman in seiner *Tintinnalogia* beschrieben."

„Und wann 'at er *die* geschrieben?"

„1668", schloß Jane.

Antworten

1. Der Wert von $n!$ entspricht ungefähr einem Googolplex, wenn $n = 10^{98}$. Eine genauere Näherung ist $n \approx 1{,}03 \times 10^{98}$.
2. E = EI = E(ELELEL) = EELELEL = ILELEL = LELEL
3. Die Multiplikationstabelle für die Schnelle Sechs sieht bis auf die Vertauschung von L und E genauso aus wie für die Langsame Sechs.

1te Folge	I	E	LE	ELE	LELE	ELELE
2te Folge						
I	I	E	LE	ELE	LELE	ELELE
E	E	I	ELE	LE	ELELE	LELE
LE	LE	ELELE	LELE	E	I	ELE
ELE	ELE	LELE	ELELE	I	E	LE
LELE	LELE	ELE	I	ELELE	LE	E
ELELE	ELELE	LE	E	LELE	ELE	I

Weiterführende Literatur

Budden, F. J. *The Fascination of Groups*. Cambridge (Cambridge University Press) 1972.

Fletcher, T. J. *Campanological groups*. In: *American Mathematical Monthly* 63 (1956) S. 619–626.

Rankin, R. A. *A campanological problem in group theory*. In: *Mathematical Proceedings of the Cambridge Philosophical Society* 44 (1948) S. 17–25.

Stewart, I. *Ah! Les Beaux Groupes*. Paris (Belin) 1982.

White, A. T. *Ringing the cosets*. In: *American Mathematical Monthly* 94 (1987) S. 721–746.

14
Ein Sixpack für den Baumgott

„... Also sage ich zu ihm, nein, ich kann *keine* hübsche kleine Mondfinsternis rechtzeitig zum Fruchtbarkeitsfest im Frühling für dich organisieren." Rockchopper Rocknuttersson*, der Vorsitzende der Gilde der Obeliskenmacher, auch bekannt als Rocky – Rocky II, um korrekt zu sein – war schlecht gelaunt. Das waren die Sumpfbewohner meistens. „Die verdammten Priester verlangen die unmöglichsten Sachen. Wenn er eine gottverdammte Mondfinsternis will, habe ich zu ihm gesagt, warum opfert er nicht selbst der Mondgöttin siebzehn Ziegen? Aber nein, wie es scheint, ist dazu nicht der passende Zeitpunkt in der Sothisperiode, was auch immer das bedeuten mag. Wahrscheinlich nur ein fauler Zauber."

„Typisch", pflichtete ihm sein Lehrling, ein magerer Bursche, bei, der noch zu jung war, um sich einen Vaternamen verdient zu haben und daher einfach nur Pnerd genannt wurde. „Es ist immer das gleiche. Jeder Grabhügel muß länger als der vorige sein, nur um die Priester im nächsten Dorf zu übertrumpfen. Ich wollte, wir hätten die Steinzeit bald hinter uns."

„Aber das war noch nicht alles", fuhr Rocky fort. „Wie es scheint, hatte der Oberpriester Moloch Molochsson diese großartige Idee, um die Götter zu beschwichtigen, und wir sollen es bauen."

„Noch ein Steinkreis?" fragte Pnerd hoffnungsvoll. Die Zunft der Obeliskenmacher hatte sich seit langem auf alle Arten von Steinmetzarbeiten spezialisiert, und ein gewitzter Lehrling konnte beim Errichten eines Kreises aus steinernen Monumenten einen Haufen Überstunden einheimsen.

„Nein. Wie es scheint, sind Kreise nicht mehr gefragt. Neue Anweisungen von den Akolythen."

„Oh", seufzte Pnerd enttäuscht. Dann schöpfte er wieder Hoffnung: „Eine Steinallee? Eine schöne, lange Steinallee bedeutet jede Menge Profit. Man könnte ihnen eine ‚Allee der Tausend Götter' errichten – klingt gut, was? Ist auch leicht anzulegen, man braucht nichts weiter als ein paar Rollen schweins-

---

* Rocky hatte seinen Namen „Felshacker Felsnusson" kürzlich einem Modetrend folgend übersetzt.

lederner Riemen und einen sorgfältigen Knotenknüpfer. Und natürlich einen Astrologen, der für die korrekte Ausrichtung nach Sirius, dem Hundsstern sorgt –"

„Nein, die Ausrichtung nach Fluchtlinien ist ebenfalls out. Irgendeine neue Theorie, daß die Götter gerade Linien verabscheuen."

„Ein Altar", schlug Pnerd verzweifelt vor. „Ohne Altar kann man kann kein ordentliches Opfer bringen. Hübsch behauener Sandstein, sieht hart aus, ist aber leicht zu bearbeiten, kann man leicht Furchen reinmeißeln, um das Blut fein säuberlich in den Kelch zu leiten, keine Umstände und kein Schmutz. Du willst doch nicht sagen, daß sie keinen Altar wollen."

„Doch, einen Altar wollen sie schon", sagte Rocky.

„Dann ist ja alles in Ordnung."

„Der Oberpriester Moloch Molochsson wünscht *sechs* Altäre. Einen für jede der sechs Pfahlwurzeln von Willo dem Baumgott."

„Ich dachte, es seien sieben Pfahlwurzeln."

„Hör mal, die Priester werden doch wohl wissen, wie viele Pfahlwurzeln ihr verdammter *Gott* hat, oder nicht? Es ist schließlich ihr Job."

„Wie du meinst. Mmmm ... für sieben Altäre würde es sich lohnen, eine Fabrik einzurichten."

„Sechs."

„Richtig, sechs, jawohl. ‚Wir behauen jeden Stein, wenn's nur Sandstein ist.' Großartiger Werbe-Slogan."

„Das Problem liegt nicht in den Altären. Es geht um eine Planungsvorschrift."

„Ich wette, es ist wegen der Entwässerung. Es dreht sich immer um die Entwässerung. Ach was, mit einer kleinen Spende an das Ministerium für Hügelgräber-Architektur läßt sich schon erreichen, daß sie darauf verzichten, irgendwelche –"

„Nein, der Klerus hat da so eine Bedingung in die Ausschreibung aufgenommen. ‚Alle Abstände zwischen den Altären müssen einer ganzzahligen Anzahl von Schritten entsprechen.' Die Götter mögen wissen, wozu, vielleicht hat es mit Gierschlund, der Göttin der Gefräßigkeit, zu tun, die es nicht haben kann, wenn von irgendwas ein Stückchen übrigbleibt."

Pnerd dachte darüber nach. „Ordne sie in einer geraden Linie an", meinte er dann. „Zehn Schritte voneinander entfernt. Dann ergeben sich die Abstände einfach zu 10, 20, 30, 40 und 50 Schritten. Das sind lauter ganze Zahlen."

„Sag mal, Pnerd, hörst du mir überhaupt zu? Ich habe dir doch gerade gesagt, sie wollen keinerlei gerade Linien. Und auch keine Kreise. ‚Nicht mehr als zwei Altäre dürfen auf einer geraden Linie liegen, und nicht mehr als drei auf einem Kreis.'"

„Ach, und sonst nichts?" rief Pnerd empört. „Ich habe noch nie zuvor erlebt, daß der Klerus zu Kompromissen bereit war. Warum verlangen sie nicht gleich, daß nicht mehr als einer auf einer geraden Linie liegt und höchstens einer auf einem Kreis?"

„Ich habe keine Ahnung", meinte Rocky, „vermutlich irgendeine rituelle Forderung. Sowas in der Art, daß man keine drei Maulwurfsfelle beim Opfer der Neun Jungfrauen tragen darf, wenn es an einem Wongatag stattfindet."

„Oh. Dann hat das natürlich seine guten Gründe. Kann man nichts machen." Sie verfielen in düsteres Schweigen. Pnerd setzte einen irdenen Topf auf das Feuer und kaute gelangweilt an einem Kaninchenknochen, während er darauf wartete, daß das Wasser zu kochen begann. Nichts geht über eine gute Tasse Fingerkraut-Tee, wenn man über einem Problem brütet.

Sie schlürften schweigend.

Plötzlich meinte Pnerd: „Ich hab's. Snitchswisher Wishsnitchersdorter!" Rocknutterson machte unwillkürlich die tradiotionelle Geste zur Abwehr böser Geister, ehe er realisierte, daß Pnerd gar nicht geniest hatte."

„Wer ist das?"

„Eine Freundin", meinte Pnerd vorsichtig. „Ihr Vater Wishsnitcher ist so eine Art Oberspinner in der Gesellschaft der Wunderwirker. Tatsächlich ist er, wenn ich es mir recht überlege, *der* Oberspinner*. Aber", fuhr er hastig fort, als er den Ausdruck in Rocknutterssons Gesicht bemerkte, „darauf kommt es nicht an. Snitchswisher ist eine Numerosophin. Sie vollbringt wahre Zauberkunststücke mit Zahlen und solchen Sachen."

„Eine Frau kann nicht Zauberer sein", bemerkte Rocky trocken.

„Ich habe das als Metapher gemeint", betonte Pnerd.

Rocky setzte seine Tasse mit Fingerkraut-Tee ab. „Die wohnt doch da hinten am Totekatzensumpf, oder?"

„In ihm, genaugenommen. In einer Hütte auf Pfählen, mit einer Laufplanke. Hübsches Reetdach."

Rocky zuckte die Achseln. „Warum nicht. Wir haben nichts zu verlieren."

„Mit Ausnahme eines Auftrags für sechs Sandsteinaltäre", entgegnete Pnerd.

Bei ihrer Zusammenkunft war Snitchswishers erste Bemerkung: „Sehr interessant." Pnerd fand, daß sie in ihrem bestickten und mit Mausohren abgesetzten Hermelinumhang recht hübsch aussah. „Das, wonach ihr sucht, nennen wir Numerosophen einen 6-Pack."

„Nein, wenn ich Bier möchte –"

„Wenn N irgendeine Zahl ist", bemerkte Snitchswisher, „dann ist ein N-Pack eine Menge von N Punkten einer Ebene, die ganzzahlige Abstände voneinander haben und so angeordnet sind, daß keine drei auf einer geraden Linie

* Seinen Namen hatte er wohlweislich übersetzt, weil sonst jeder gleich gewußt hätte, daß er einen Hang zum Angeben hat.

liegen und keine vier auf einem Kreis." Sie runzelte nachdenklich die Stirn. „Verlangen die Priester, daß die Altäre auf gepflastertem Boden stehen?"

„Nein", antwortete Rocky.

„Gut. Weißt du, sie wollen immer quadratische Pflastersteine, weil Hoph der Frosch-Dämon vier Köpfe hat, und sie wollen immer, daß die Altäre in der Mitte der Steinplatten errichtet werden, weil sie Angst haben, daß sonst die Sumpfgnome, die unter den Steinen leben, durch die Spalten entkommen.

Wenn man die Altäre auf gepflastertem Grund aufstellt, so verschärft dies das Problem: Alle Punkte müssen auf einem ganzzahligen Gitter liegen [Abb. 96]. Diese Art der Anordnung nennt man ein *N*-Cluster. Jedes Cluster ist ein Pack, aber nicht jeder Pack ist ein Cluster. Cluster sind im allgemeinen schwerer zu finden als Packe, also haben wir wirklich Glück.

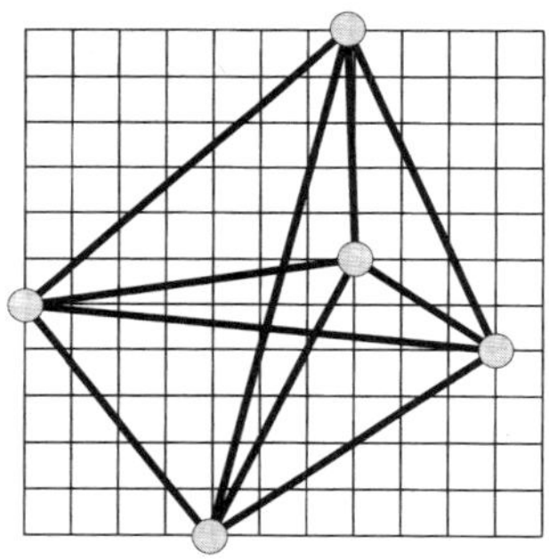

Abb. 96 Ein *N*-Cluster ist ein *N*-Pack auf dem ganzzahligen Gitter.

Aufgabe 1

Finde einen Pack, der kein Cluster ist.

Snitchswisher zeichnete mit einem Stöckchen auf den schlammigen Boden (Abb. 97). „Dies ist das kleinste 3-Cluster. Es ist einfach das übliche Dreieck mit den Seiten 3-4-5, das Landvermesser zum Herstellen rechter Winkel benutzen."

„Ach ja", sagte Pnerd, „das kenne ich."

„Es ist eine Anwendung von Pa Thugs Theorem", erklärte Snitchswisher.

„Du meinst den alten Thug Thugersson? Diesen Halsabschneider, der die Nase immer so hoch in der Luft trägt, daß er in jeden Graben fällt?"

„Er ist ein sehr erfahrener Numerosoph", verteidigte Snitchswisher ihn. „Er hat ein allgemeines Gesetz für 3-Cluster entdeckt. Und er hat erkannt, daß man

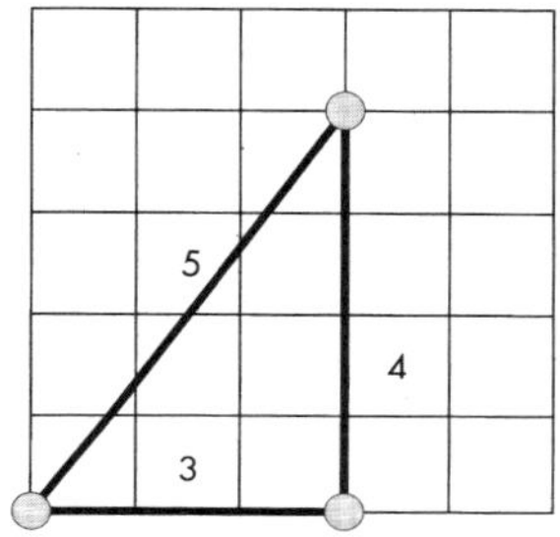

Abb. 97 Das kleinste 3-Cluster.

vier Kopien eines 3-Clusters so zusammensetzen kann, daß ein 4-Cluster entsteht." Sie zeichnete Abbildung 98.

„Meinst du nicht ein 5-Cluster?" fragte Rocky.

„Nein, man muß ja den mittleren Punkt – der als hohler Kreis dargestellt ist – weglassen, andernfalls erhält man drei Punkte auf einer geraden Linie. Dieselbe Konstruktion funktioniert mit jedem anderen, wie wir sie nennen, Pa Thug-Dreieck, etwa 5-12-13 oder 8-15-17."

„Aha! Und wenn man *drei* davon zusammensteckt? Ergibt *das* ein 5-Cluster?"

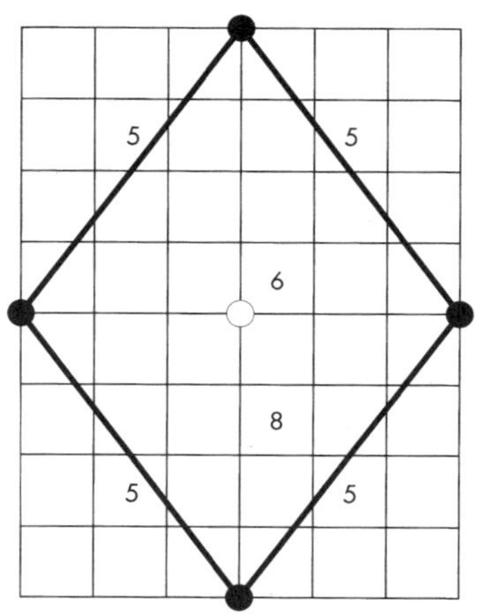

Abb. 98 Vier 3-Cluster ergeben zusammen ein 4-Cluster – und kein 5-Cluster, weil der Mittelpunkt wegelassen werden muß, um die Regel für kollineare Punkte nicht zu verletzen.

„Nein, so einfach ist das nicht. Man muß es so machen." Sie zeigte ihnen den kleinsten 5-Cluster: siehe Abbildung 99.

Aufgabe 2

Wenn man den ausgefüllten Kreis in Abbildung 99 als Ursprung annimmt, welches sind die Koordinaten der fünf Punkte?

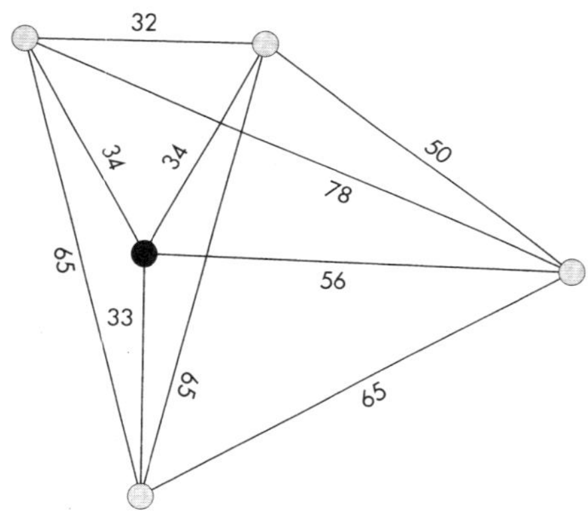

Abb. 99 Das kleinste 5-Cluster. Die Koordinaten finden Sie in der Antwort zu Aufgabe 2.

„Großartig! Also brauchen wir bloß noch ein 6-Cluster zu finden, oder sogar einen 6-Pack. Du weißt natürlich, wie man das findet."

Snitchswisher schüttelte den Kopf, und die Spitzmausschädel an ihren Ohren klapperten verführerisch. „Nein, weiß ich nicht."

„Bist du sicher?"

„Absolut. Wenn wenigstens die Vorschrift über das Liegen auf Kreisen gelockert würde, dann könnte ich ein *N*-Cluster für beliebig große *N* finden [siehe Exkurs 12]. Aber die Kreisbedingung schließt dieses Verfahren aus. Die Antwort, falls es eine gibt, liegt in ferner Zukunft."

„Oh", seufzte Pnerd. Er dachte einen Augenblick darüber nach. „Das hilft uns nicht viel weiter, oder? Ich meine", fügte er hinzu, „wenn sie in der Versitzgrube des Dorfes liegen würde, oder in der Mitte von Teuflisch Müllhausen, oder sogar in der Höhle der Giftdrachen – äh, dann könnten wir versuchen, sie zu finden, nicht wahr?" Er sank unter Snitchswishers starrem Blick in sich zusammen. „Entschuldigung, ich wollte nur helfen. Naja, wir bedanken uns jedenfalls. Es ist wohl das beste, daß wir jetzt gehen. Grüße deinen Vater von mir."

Exkurs 12: Nicht-kollineare Gitterpunkte, deren Abstände alle ganzzahlig sind

Es ist möglich, eine beliebig große Menge von Punkten zu finden, die alle auf dem gleichen Kreis liegen und ganzzahlige Koordinaten besitzen, wobei alle Abstände zwischen ihnen ganze Zahlen betragen.

A sei ein Winkel in einem Dreieck mit den Seiten 3-4-5 (Abb. 100*A*), so daß cos $A = (4/5)$, sin $A = 3/5$. Insbesondere sind diese beiden rationale Zahlen. Zeichne radiale Linien vom Ursprung unter den Winkeln 0, 2*A*, 4*A*, 6*A*, 8*A*, . . . $2(N-1)A$, die den Einheitskreis in den Punkten P_0, P_1, P_2, . . . P_{N-1} schneiden (Abb. 100*B*). Ihre Koordinaten sind rational, da sin $n\theta$ und cos $n\theta$ Polynome in sin θ und cos θ mit ganzzahligen Koeffizienten sind. Die Abstände zwischen den Punkten P_n und P_m betragen $2|\sin(n-m)A|$, aufgrund trigonometrischer Standardformeln sind auch diese rational. Nun erweitert man mit dem kleinsten gemeinsamen Nenner aller vorkommenden rationalen Zahlen, um Punkte mit ganzzahligen Koordinaten und ganzzahligen Abständen zu erhalten.

Läßt man *N* gegen unendlich gehen, so führt dieselbe Konstruktion, ohne die abschließende Erweiterung, auf eine unendliche Menge von Punkten, die alle auf dem gleichen Kreis liegen, rationale Koordinaten haben und deren Abstände untereinander alle rational sind.

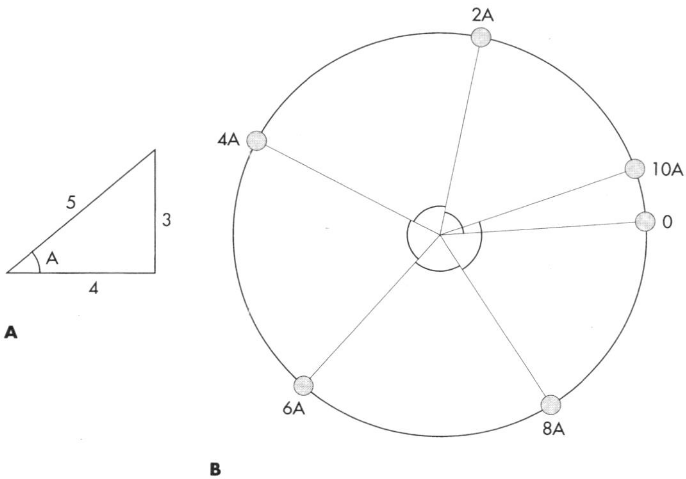

Abb. 100 (**A**) Der Winkel in einem Dreieck mit den Seiten 3-4-5. (**B**) Konstruktion einer Menge von *N* Punkten, so daß alle Abstände rational sind.

Sie hatten schon die Hälfte der Laufplanke über den Sumpf hinter sich gelassen, als sie sie zurückrief. „Nein, wartet! Mein Vater! Mein Vater kann Wunder vollbringen, er vermag in die Zukunft zu sehen! Wahrscheinlich kann er euch helfen!“ Sie blickte Rocknuttersson offen an. „Allerdings wirst du ihn am Gewinn beteiligen müssen, er ist sehr geschäftstüchtig, auch wenn er so tut, als wäre er ein seniler alter Schwachkopf.“

Gleich darauf kehrte sie mit ihrem Vater, Wishsnitcher Dishpitchersson, zurück. „Was ihr braucht“, erklärte Wishsnitcher, „sind Karotten“.

„Tarotkarten, Vater, nicht Karotten“, warf Snitchswisher ein.

„Oder Kartoffeln“, fuhr der alte Mann fort, ohne sich beirren zu lassen. „Eine alte Methode ist das Auskartoffeln – Wahrsagen mit Gemüse, wißt ihr. Am besten sind neue Kartoffeln, aber dafür ist jetzt nicht die richtige Zeit. Ich werde stattdessen meine Tarotkarten benutzen.“

Er zog einen Satz Karten hinter einem mit Sumpfwürze gefüllten Tonkrug hervor, ließ sie mit der Routine eines geübten Spielers ineinanderschnellen und gab aus. „Hm, der Narr, und noch dazu umgedreht. Heute ist kein guter Tag für Visionen“, meinte er. „Liegt wohl an der Umweltverschmutzung durch diesen Steinstaub. All diese ermüdenden Kärtchen. Mmm, ein wenig Silber könnte den fleischlichen Daumen geschmeidiger machen. Es tut mir so leid – du hast nicht, ganz zufällig – oh, sehr großzügig. Hmmpff. Ich muß dich aber warnen, du mußt die Münzen nach dem Ritual zurücklassen. Nachdem sie die Magie geschmiert haben, ist es sehr gefährlich, sie mit sich herumzutragen, wenn man kein erfahrener Wunderwirker ist. Schön, reden wir nicht weiter darüber, sehr großzügig, in der Tat. Nun, ja ... ah, ich empfange eine Nachricht, aus dem Jahre ... der vierrädrige Kampfwagen, der kauzige Eremit ... ja, 1983. Der Gehenkte, der Turm ... deine Frage wird von William Kalsow und Bryan Rosenburg beantwortet werden; sowie unabhängig davon von Landon Noll und David Bell. Snitchswisher, schreib auf: Gehe von einem gegebenen Punkt aus 546 Schritte nach Osten, 272 Schritte nach Norden; außerdem 155 Schritte nach Osten und 540 Schritte nach Süden ...“ Er fuhr fort, bis er schließlich eine vollständige Beschreibung der Koordinaten für die Punkte des kleinsten 6-Clusters (Abb. 101) gegeben hatte.

„Großartig!“ rief Pnerd.

„Weiß nicht ... ist ein bißchen *groß*“, meinte Rocky. Ich bin mir nicht sicher, ob auf der Heiligenberg-Ebene genügend Platz für so weit voneinander entfernte Altäre ist. Kannst du nichts Kleineres finden?“

„Nicht, wenn du ein 6-Cluster haben willst, das auf einem ganzzahligen Raster liegt“, meinte der alte Mann. „Dieses ist das kleinste. Aber wenn es nicht auf dem ganzzahligen Gitter liegen müßte, täte es auch ein 6-Pack, und der könnte kleiner sein.“

„Es muß nicht. Laß sie nochmal blättern. Oh, natürlich, mehr Silber – nichts zu danken, nicht der Rede wert.“

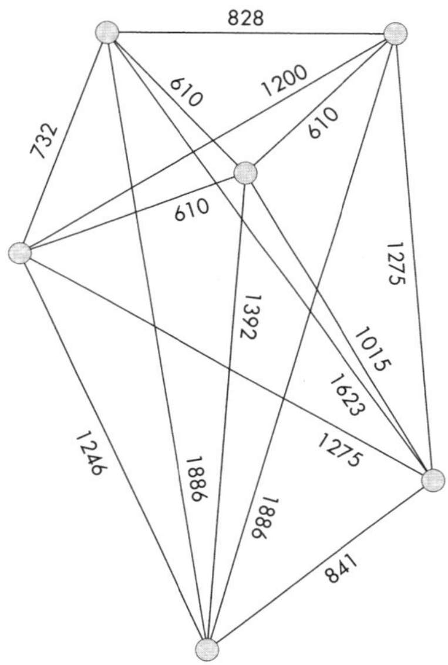

Abb. 101 Das kleinste 6-Cluster besteht aus Punkten auf den Koordinaten (0,0), (546,272), (132,720), (960,720), (546,–1120), (1155,–540). Es kann von einem Kreis mit dem Radius 1275 eingeschlossen werden.

Der alte Mann mischte die Karten und teilte wieder aus. „Die Mondsichel über der Teufelin, Mäßigkeit vor dem Namenlosen ...“

„Der Namenlose?“

„Pnerd, es ist der *Steuereintreiber*, aber niemand *sagt* das jemals, denn es bringt Unglück“, flüsterte Snitchswisher.

„Oh, Entschuldigung –“

„Psssst! Ich muß jetzt eine Menge aufschreiben, es ist kompliziert.“ Emsig notierte Snitchswisher die Einzelheiten des 6-Packs, das in Abbildung 102 zu sehen ist, von dem Arnfried Kemnitz im Jahre 1989 bewies, daß es der kleinste mögliche 6-Pack ist.

„Gibt es irgendeine Grenze für die Anzahl der Punkte in einem Cluster?“ fragte Pnerd respektlos. Rocknuttersson trat ihn vor's Schienbein und händigte dem Alten einige weitere Silbermünzen aus.

„Es ist keine bekannt.“

„Oh. Könnte es dann sein, daß es ein *unendliches* Cluster gibt?“ begehrte Pnerd nun zu wissen, wobei er leichtfüßig beiseitesprang, um sich vor Rockys Fuß in Sicherheit zu bringen. Doch Snitchswisher Wishsnitchersdorter antwor-

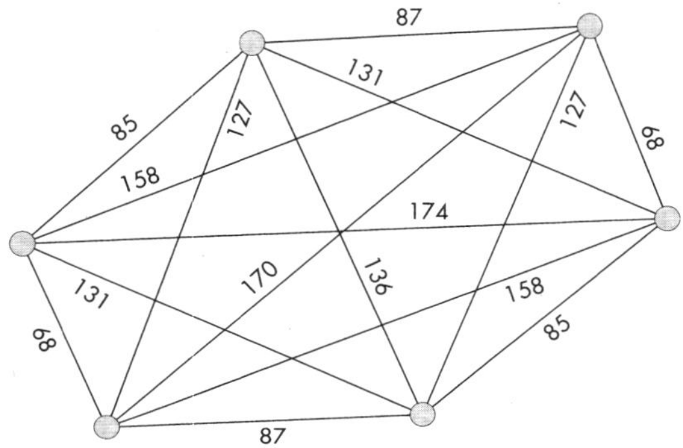

Abb. 102 Der kleinste 6-Pack ist kleiner als jedes 6-Cluster.

tete an Stelle ihres Vaters: „Nein. Das wurde vor langer Zeit bewiesen und ist unter Numerosophen wohlbekannt.“

Aufgabe 3

Zeigen Sie, daß es keine unendlichen Cluster gibt. ACHTUNG: Das ist ziemlich schwierig.

„Das erleichtert mich“, meinte Rocky. „Wenigstens können die Priester nicht von uns verlangen, daß wir ihnen eine unendliche Anzahl an Altären bauen.“

„Wie steht es mit einem 7-Cluster?“ wollte Pnerd nun wissen. Rocky seufzte, zuckte aber nicht einmal mehr mit dem Fuß.

„Es ist keines bekannt“, antwortete Wishsnitcher Dishpitchersson schließlich.

„Unmöglich?“ bohrte seine Tochter nach.

„Das ist auch nicht bekannt. Das Problem ist völlig ungeklärt. Jedoch kennt man eine *Menge* von 6-Clustern: Im Jahre 1989 werden Noll und Bell ganze 91 davon angeben, das größte davon ist

$$(0\,,0)\ (12\,852\,,8\,736)\ (-7\,480\,,-15\,015)$$

$$(-4\,256\,,-17\,433)\ (-17\,776\,,2\,457)\ (0\,,-18\,753).$$

Sie werden beweisen, daß es kein 7-Cluster gibt, das in einen Kreis mit dem Radius 20 936 paßt, wenn es also eines gibt, muß es ganz hübsch groß sein.“

„Glücklicherweise“, warf Rocky ein, „brauchen wir das nicht zu wissen. Die Priester sind mit einem 6-Cluster zufrieden. Ich sollte jetzt gehen und die

Ausschreibung für den Bau von sechs Altären anfertigen, welche die sechs Pfahlwurzeln von Willo dem Baumgott symbolisieren."

„Die *sechs* Pfahlwurzeln von Willo dem Baumgott?" echote Snitchswisher. „Ist *das* der Grund dafür, daß es *sechs* Altäre sein müssen?"

„So haben es die Priester gesagt."

„Komisch", bemerkte Snitchswisher. „Na, wahrscheinlich spielt es keine Rolle. Sie müssen es vergessen haben. Wird schon in Ordnung gehen, solange sie es nicht überprüfen. Weißt du, Moloch Molochsson, der Oberpriester, ist ein rechter Kleinkrämer."

„Überprüfen?" meinte Rocky in fragendem Ton, und Pnerd fügte hinzu: „Was denn?"

„Tja, in Wahrheit hat Willo der Baumgott sieben Pfahlwurzeln."

Es entstand eine lange Pause. „Ich *sagte* dir doch –" fing Pnerd an. Rocky starrte ihn an. „Nicht kleiner als 20936 Schritte, wie?" Pnerd versuchte, das Thema zu wechseln.

Rockchopper Rocknuttersson, Präsident der Gilde der Obeliskenbauer, schlug die Hände vors Gesicht und begann zu schreien.

Antworten

1. Siehe Abbildung 102.
2. Die Koordinaten sind (0, 0), (16 , 30), (–16 , 30), (0 , –33), (56 , 0).
3. Wir zeigen, daß alle unendlichen Mengen von Gitterpunkten, deren Abstände alle ganzzahlig sind, kollinear sind. Angenommen, wir haben eine Menge von Gitterpunkten, die drei Punkte A, B und C enthält, die nicht kollinear sind. Sei k der größere der Abstände AB, BC. Wir behaupten, daß es höchstens $4(k + 1)^2$ Punkte P gibt, so daß sowohl PA-PB als auch PB-PC ganze Zahlen sind; daraus folgt, daß die Gesamtmenge der Punkte endlich sein muß.

   Wir beweisen nun diese Behauptung. Aufgrund der Dreiecksungleichung für die Abstände ist $|PA\text{-}PB| < AB$ und nimmt folglich einen der Werte 0, 1, 2, ..., k an. Folglich liegt P auf einer von $k + 1$ verschiedenen Hyperbeln mit A und B als Brennpunkten (Abb. 103). Ähnlich folgt, daß P auf $k + 1$ verschiedenen Hyperbeln mit B und C als Brennpunkten liegt. Diese Familien von Hyperbeln schneiden sich in höchstens $(2k + 2)^2 = 4(k + 1)^2$ Punkten.

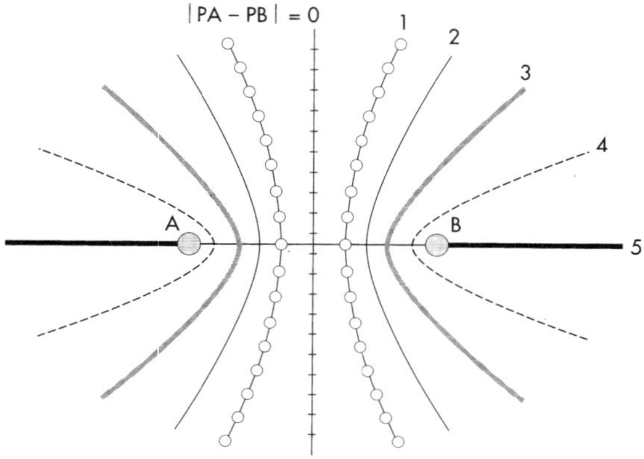

Abb. 103 Wenn die Abstände sowohl PA als auch PB ganzzahlig sind, dann liegt der Punkt P auf einer von endlich vielen Hyperbeln.

Weiterführende Literatur

Guy, R. K. *Unsolved Problems in Number Theory*. New York (Springer) 1981.

Hadwiger, H.; Debrunner, H.; Klee, V. *Combinatorial Geometry in the Plane*. New York (Holt, Rinehart and Winston) 1964.

Noll, L.; Bell, D. n-*clusters for 1* < n < *7*. In: *Mathematics of Computation* 53 (1989) S. 439–444.

Sheng, T. K. *Rational polygons*. In: *Journal of the Australian Mathematical Society* 6 (1966) S. 452–459.

15
Eine wohltemperierte Saite der Mathematik

„Oh, welch wundervolle Stille!“ rief Oliver Gurney.

„Sei doch kein solcher Spielverderber“, entgegnete Deirdre. „*Ich* fand das ‚Fasane-Rupfen-Lied‘ recht gut.“

„Das mag ja sein“, gab Oliver mürrisch zu. „Aber es paßte nicht zur Atmosphäre der *Potted Dormouse* (in der es – trotz des Namens – keine eingemachte Haselmaus gibt). Ich wußte, daß der neue Eigentümer Anlaß zum Verdruß geben würde.“

Oliver Gurney ist ein wohlbeleibter Exzentriker, der gerne Erfindungen macht – von denen die meisten zu Katastrophen führen. Die *Potted Dormouse* ist ein uraltes Pub im Osten von Manchester: Von außen sieht man nur einen grauen Steinkasten mit einem Schild, das stark an ein Schwein im Pelzmantel erinnert. Oliver entdeckte es vor sieben Jahren, während er ein Bakterium erfand, das Öl in Sirup verwandelte, und er tut so, als gehöre die *Potted Dormouse* ihm.

Im Inneren starren sich ehrwürdige Bürger von Lancashire über ihr Ale hinweg an und spielen Pennywerfen, wie sie es schon immer getan haben. Aber seitdem der neue Besitzer das Sagen hat, wird an jedem Freitagabend Musik geboten, und Jugendliche aus der Gegend spielen ein paar Stunden lang Gitarre.

„Wie dem auch sei“, fuhr Oliver fort, „dieser Gitarrist brachte ständig die Griffe durcheinander. Genau in dem –“

„Das ist ihm nur einmal passiert“, unterbrach ich. „Er hat ziemlich dicke Finger, und daher hat er Schwierigkeiten mit den hohen Tönen, wo die Bünde eng beeinanderliegen.“

„Dann sollte er sich eine Gitarre besorgen, bei der die Bünde weiter auseinanderliegen.“

„Ich glaube nicht, daß das funktionieren würde“, warf Deirdre ein.

„Nein, das würde es auch nicht“, bestätigte ich. „Es hat seine guten Gründe, warum die Bünde genau die Abstände haben, in denen sie angebracht sind.“

„Ich nehme an, damit die Töne richtig klingen“, bemerkte Deirdre, und ich nickte. „Ich verstehe aber nicht, warum die Abstände bei höheren Tönen enger werden“, fügte sie hinzu.

„Elementare Physik schwingender Saiten“, erklärte Oliver wichtigtuerisch. Im gleichen Atemzug meinte ich: „Mathematik.“ Wahrscheinlich genauso wichtigtuerisch, aber ich bin nicht gut darin, meine eigenen Schwächen zu beurteilen, daher kann ich das nicht sicher sagen.

„Ich kenne mich weder mit Mathematik *noch* Physik aus“, sagte Deirdre. „Ist mir zu unpersönlich. Ich halte es lieber mit den menschlichen Belangen wie Geschichte oder Kunst.“

Ich meinte: „Was mich an der Musik so fasziniert, ist, daß sich in ihr so vieles verbindet: Wissenschaft, Kunst, Kultur, Geschichte ... tatsächlich ist die Musik eine der ältesten Wissenschaften. Mehr als alles andere war die Musik für die alten Pythagoräer der Ausgangspunkt für ihre Vorstellung, daß das Universum von Harmonien bestimmt wird, die sich in Zahlen ausdrücken.“

„Musik soll eine *Wissenschaft* sein?“ staunte Deirdre. Oliver lebte unvermittelt wieder auf: Er liebt alles, was wissenschaftlich ist, aber in seinem Wissen klaffen große Lücken. Also gab ich den beiden für die nächste Stunde oder so einen Kursus in Musik als angewandte Mathematik.

Die moderne westliche Musik beruht auf einer Tonleiter, die üblicherweise durch die Noten C bis H sowie die Vorzeichen # und *b* bestimmt wird. Dabei bedeutet ein Kreuz #, daß der Ton um einen Halbtonschritt erhöht wird; ein B *b* senkt die Tonhöhe um einen Halbtonschritt. Von C ausgehend lauten die aufeinanderfolgenden Töne:

	$C^{\#}$		$D^{\#}$			$F^{\#}$		$G^{\#}$		$A^{\#}$	
C		D		E	F		G		A		H
	D^{b}		E^{b}			G^{b}		A^{b}		B	

Danach wiederholt sich alles wieder von C ausgehend, jedoch eine Oktave höher. Auf einem Klavier entsprechen die weißen Tasten den Tönen C, D, E, F, G, A, H, und die schwarzen Tasten den Noten mit Kreuz oder B. Das ist ein sehr eigenartiges System: Manche Töne haben anscheinend zwei Namen, während andere, wie zum Beispiel His ($H^{\#}$), gar nicht vorkommen.

Natürlich steckt da noch mehr dahinter, und der Anschein trügt mitunter.

Das heutige System hat sich über eine lange Zeit entwickelt, und es stellt einen Kompromiß zwischen einander widersprechenden Anforderungen dar, die allesamt auf die Pythagoräische Schule – oder Religion – der alten Griechen zurückgehen. Der Einfachheit halber werde ich in den Beispielen die moderne Schreibweise benutzen, wenngleich Puristen zu Recht einwenden werden, daß ich geringfügig voneinander abweichende Notationen miteinander vermische.

Claudius Ptolemäus, dessen Einfluß um 150 v. Chr. am größten war, ist vor allem durch seine Arbeiten über Astronomie und Geographie bekannt, er schrieb aber auch ein Buch mit dem Namen *Harmonik* über Musiktheorie. Darin zitiert er die Pythagoräische Behauptung, daß die Intervalle zwischen musikalischen Tönen durch Verhältnisse ganzer Zahlen dargestellt werden können. Man demonstrierte dies experimentell anhand eines ziemlich einfachen Instruments (Abb.104A) mit nur einer Saite, das man Monochord nennt.

Wenn man den beweglichen Steg dieses Instruments verschiebt, so lassen bestimmte Positionen, im Vergleich zur ganzen Saite, harmonischere Töne als andere erklingen. Das grundlegendste derartige Intervall ist eine Oktave: Auf dem Klavier entspricht es einem Sprung um acht weiße Tasten. Auf dem Monochord ist es das Intervall zwischen dem Ton, der auf der vollen Saite gespielt wird (Abb. 104A) und dem, der bei genau der halben Länge erklingt (Abb. 104B). Also ist das Verhältnis der Saitenlänge, die einen bestimmten Ton erzeugt, zu der Länge, die seine Oktave erklingen läßt, 2 zu1, also 2/1. Dies ist tatsächlich unabhängig von der Tonhöhe der Ausgangsnote. Auch andere ganzzahlige Verhältnisse ergeben weitere harmonische Intervalle. Die wichtigsten sind die Quarte bei einem Verhältnis von 4/3 (Abb. 104C) und die Quinte bei 3/2 (Abb. 104D). Ausgehend vom Grundton C sind dies

C	D	E	F	G	A	H	C
|			|	|			|
Grundton			Quarte	Quinte			Oktave

woran Sie vermutlich erkennen, wie es zu den lateinischen Namen kommt – Quarte = Vierte, Quinte = Fünfte, Oktave = Achte. Andere Intervalle werden durch Zusammensetzungen aus diesen Grundverhältnissen gebildet.

Vermutlich gingen die Pythagoräer, um eine harmonische Tonleiter zu erzeugen, von einem Grundton aus in Quinten aufwärts. Das führt zu einer Reihe von Tönen, die von Saiten mit den folgenden Längenverhältnissen erzeugt werden:

$$1 \quad \left(\frac{3}{2}\right) \quad \left(\frac{3}{2}\right)^2 \quad \left(\frac{3}{2}\right)^3 \quad \left(\frac{3}{2}\right)^4 \quad \left(\frac{3}{2}\right)^5$$

oder

$$1 \quad \frac{3}{2} \quad \frac{9}{4} \quad \frac{27}{8} \quad \frac{81}{16} \quad \frac{243}{32}\,.$$

Die meisten dieser Töne liegen außerhalb einer einzelnen Oktave, das heißt, die Verhältnisse sind größer als 2/1. Aber man kann sie (indem man wiederholt

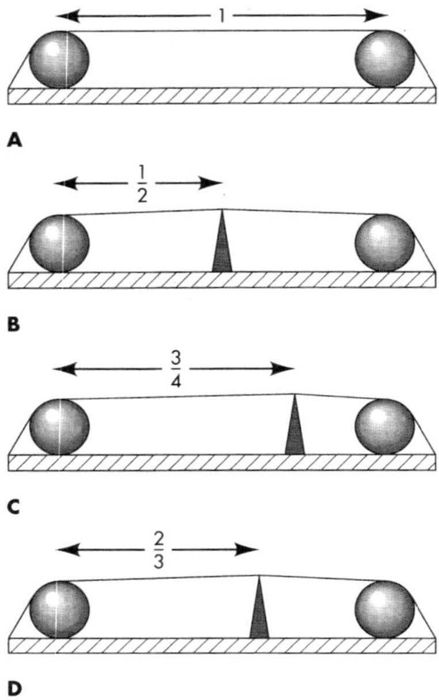

Abb. 104 Das Monochord ist ein experimentelles Instrument, das die alten Griechen zur Untersuchung von musikalischen Verhältnissen benutzten. (**A**) Grundton der vollen Saite. (**B**) Bei der halben Saitenlänge (Teilungsverhältnis 2/1) liegt der Ton eine Oktave über dem Grundton. (**C**) Die Saitenlänge 3/4 (Verhältnis 4/3) ergibt einen Ton eine Quarte über dem Grundton. (**D**) Die Länge 2/3 (Verhältnis 3/2) führt zu einem Ton eine Quinte über dem Grundton.

durch 2 teilt) nach unten transponieren, bis die Verhältnisse zwischen 1/1 und 2/1 liegen. Ordnet man die Verhältnisse dann nach ihrer Größe, so erhält man

$$1 \quad \frac{9}{8} \quad \frac{81}{64} \quad \frac{3}{2} \quad \frac{27}{16} \quad \frac{23}{128}\,.$$

Auf dem Klavier entspricht dies ungefähr den Tönen

C D E G A H,

wobei, wie die Notation nahelegt, etwas fehlt. Der Tonsprung von 81/64 nach 3/2 klingt „größer“ als die übrigen. Diese Lücke läßt sich auf elegante Weise schließen, indem man die Quarte mit dem Verhältnis 4/3 hinzufügt, die dem F auf dem Klavier entspricht. Tatsächlich hätten wir sie von Anfang an einbeziehen können, wenn wir durch Hinzufügen des Verhältnisses 2/3 an den Anfang der Folge vom Grundton um eine Quinte *abwärts* geschritten wären, um dann um eine Oktave aufzusteigen, um $2 \times (2/3) = (4/3)$ zu erhalten.

Die sich daraus ergebende Tonleiter entspricht ungefähr den weißen Tasten auf dem Klavier, wie in Abbildung 105 dargestellt. Die letzte Zeile gibt, ebenfalls in Verhältnissen ausgedrückt, die Intervalle zwischen aufeinanderfolgenden Tönen wieder. Es gibt genau zwei unterschiedliche Verhältnisse: den Ganzton mit 9/8 und den Halbton mit 256/243.

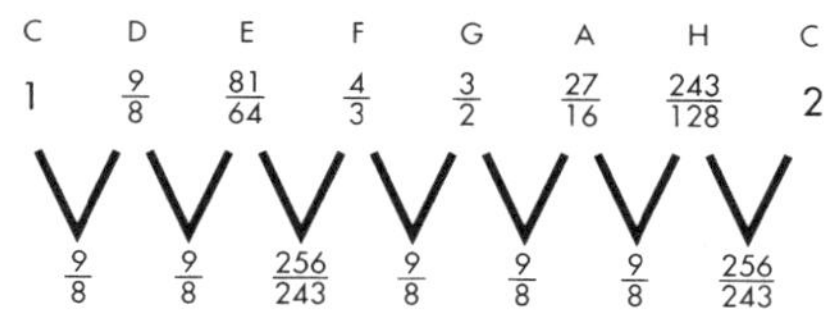

Abb. 105 Eine nur aus Quinten und Oktaven gebildete Tonleiter entspricht in etwa den weißen Tasten auf einem Klavier.

Das ist der Punkt, an dem die schwarzen Tasten der Klaviatur ins Spiel kommen, die Kreuze und Bs. Ein Intervall von zwei Halbtönen beträgt $(256/243)^2$ oder 65 536/59 049, was ungefähr dem Wert 1,11 entspricht. Ein Ganztonschritt hat das Verhältnis 9/8 = 1,125. Beide stimmen nicht ganz überein, dennoch sieht es so aus, als ergäben zwei Halbtöne einen ganzen Ton. Daraus folgt, daß es Lücken in der Tonleiter gibt: Jeder Tonschritt muß in zwei Intervalle unterteilt werden, von denen jedes so nahe wie möglich an einem Halbton liegt.

Es gibt verschiedene Verfahren, um dies zu erreichen. Die sogenannte chromatische Tonleiter beginnt mit den Brüchen $(3/2)^n$ mit $n = -6, -5, \ldots, 5, 6$. Diese werden auf eine Oktave reduziert, indem man sie wiederholt durch Zwei teilt oder mit Zwei multipliziert und anschließend der Größe nach ordnet. Das Ergebnis ist in Abbildung 106 zu sehen. Jedes Kreuz erhöht die Note, bei der es steht, um das Verhältnis 2,187/2,048, während ein B die Tonhöhe um das Verhältnis 2,048/2,187 vermindert. Es bleibt eine kleine Abweichung dazwischen: Die beiden Töne Fis und Ges versuchen, denselben Platz einzunehmen, aber sie unterscheiden sich geringfügig voneinander. Es gibt viele andere Schemata, die ebenfalls zu Unterschieden zwischen Kreuz- und B-Noten führen, aber sie führen alle zu einer Tonleiter mit zwölf Halbtönen, die sehr nahe an den weißen *und* schwarzen Tasten auf dem Klavier liegen.

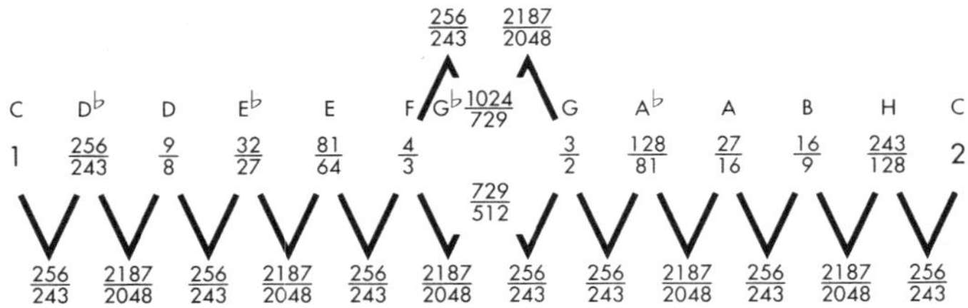

Abb. 106 Chromatische Zwölftonleiter, die auch die schwarzen Tasten (Kreuze # und Bs *b*) einbezieht. Zwei Noten, F# und G^b, versuchen denselben Platz zu belegen.

„Aha", meinte Oliver. „Es gibt gute physikalische Gründe für das alles."

„Du meinst die Wellenformen –"

„Hör mal, Ian, du hast eine halbe Stunde ohne Unterbrechung geredet. Jetzt bin ich an der Reihe!" Ich entschuldigte mich, und er ergriff das Wort.

„Siehst du, Deirdre, wenn eine Saite schwingt, so tut sie das in Form einer stehenden Welle [Abb. 107]. Also muß man eine ganze Zahl von Schwingungen zwischen den beiden Enden unterbringen, auf diese Weise kommen die Pythagoräischen Zahlen ins Spiel. Wenn man auf der Gitarre einen Ton spielt, dann entsteht nicht nur eine einzelne Schwingung längs einer Seite: Es entstehen Oberschwingungen mit zwei, drei, vier Schwingungen und so weiter. Ihre Kombination ergibt einen volleren Klang.

Wenn man nun zwei Schwingungen mit geringfügig verschiedener Wellenlänge kombiniert, so entstehen Schwebungen, weil sich die Wellen an einigen Stellen gegenseitig verstärken, an anderen aber schwächen, so daß die resultie-

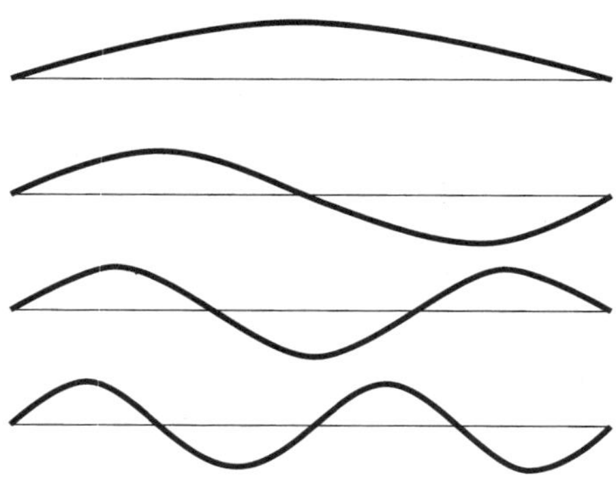

Abb. 107 Die Schwingungen einer Saite bilden eine stehende Sinuswelle. Die Länge der Saite entspricht einem ganzzahligen Vielfachen der halben Wellenlänge.

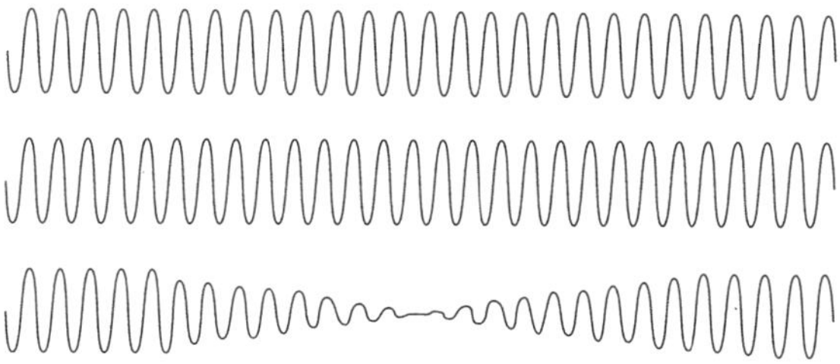

Abb. 108 Die Kombination von Schwingungen mit leicht unterschiedlicher Wellenlänge führt zu unangenehmen Schwebungen.

rende Amplitude schwankt [Abb. 108]. So etwas hört sich recht unangenehm an."

„Ich glaube, das könnte etwas mit der nichtlinearen Reaktion des Trommelfells zu tun haben", warf ich ein. „Vermutlich gibt es da eine physiologische Rea –"

„Dasselbe Problem tritt bei der Schwebung *harmonischer Töne* auf. Am einfachsten läßt sich das vermeiden, wenn man Töne spielt, deren Wellenlängen zueinander in einfachen Zahlenverhältnissen stehen, zum Beispiel 3/2 oder 4/3. Daher stammen ja auch die Pythagoräischen Verhältnisse."

„Das klingt vernünftig", meinte Deirdre.

„Ja", meinte ich, „aber ich meine nach wie vor, man sollte die physiol –"

„Ein guter Test für diese Theorie", unterbrach Oliver und trat mir unter dem Tisch gegen das Schienbein, „wurde 1877 von Hermann von Helmholtz ausgeführt. Er untersuchte die Schwebungen zwischen Harmonischen und benutzte sie dazu, vorherzusagen, wie der Grad der Dissonanz zwischen zwei Tönen von ihrem Verhältnis abhängt. Es ergab sich eine sehr gute Übereinstimmung mit den subjektiven Beurteilungen von Versuchspersonen." (Abb. 109)

„Ich *sagte* ja schon, daß man berücksichtigen muß, wie das menschliche Ohr –"

„Ich hätte gerne noch ein Glas Wein, Oliver", bemerkte Deirdre taktvoll und schickte ihn damit hinaus, ehe mein Schienbein gänzlich zertrümmert wurde. Das gab mir die Gelegenheit, wieder ans Wort zu kommen.

Wie ich Deirdre erklärte, liegt der Grund für die Abweichungen in der chromatischen Tonleiter und dafür, daß es so viele Verfahren zum Erzeugen von Tonleitern gibt, darin, daß sich keine „perfekte" Tonleiter auf der Basis der Pythagoräischen Verhältnisse 3/2 und 4/3 aufbauen läßt. Mit einer perfekten Tonleiter meine ich eine, in der die Verhältnisse für eine bestimmte Ausgangszahl r

$$1 \quad r \quad r^2 \quad r^3 \quad r^4 \; \ldots \; r^{12} = 2$$

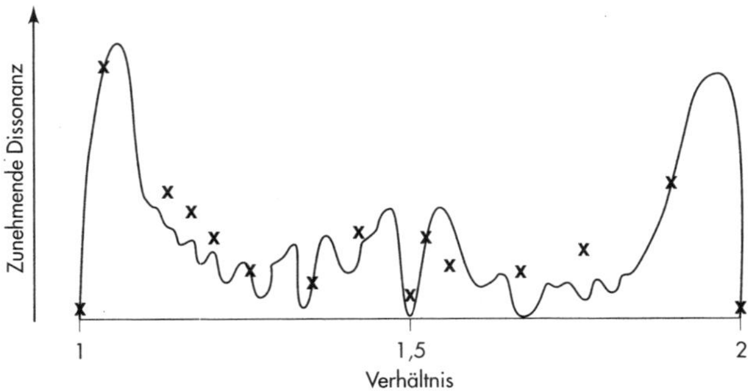

Abb. 109 Die Helmholtzsche Kurve für die Dissonanz musikalischer Intervalle (ausgezogene Linie) im Vergleich mit der Einschätzung durch menschliche Hörer (Kreuze).

betragen. Die Pythagoräischen Verhältnisse verwenden nur die Primzahlen 2 und 3: jedes Verhältnis ist von der Form $2^a 3^b$, wobei a und b verschiedene ganze Zahlen sind. Beispielsweise $243/128 = 2^{-7}3^5$. Angenommen, es seien $r = 2^a 3^b$ und $r^{12} = 2$. Dann ist $2^{12a}3^{12b} = 2$, also $2^{12a-1} = 3^{-12b}$. Jedoch kann eine ganzzahlige Potenz von 2 nicht gleich einer ganzzahligen Potenz von 3 sein, da die Zerlegung in Primfaktoren eindeutig ist.

Aufgabe 1

Ändert es irgendetwas an dieser Argumentation, wenn die Tonleiter eine andere Zahl als 12 Töne enthält? Oder wenn in den Verhältnissen andere Primzahlen vorkommen?

Diese Eigenschaft der Primzahlen hat Folgen für jede Tonleiter, die auf den Pythagoräischen Harmonieprinzipien beruht; sie bedeutet aber nicht, daß sich keine passende Zahl r finden ließe! Die Gleichung $r^{12} = 2$ hat durchaus eine genaue Lösung, nämlich

$$r = \sqrt[12]{2} = 1{,}059463094\ldots$$

Die sich daraus ergebende Tonleiter nennt man gleichschwebend temperiert oder wohltemperiert.

Wenn man eine Pythagoräische Tonleiter irgendwo in der Mitte zu spielen beginnt – mit anderen Worten, wenn man die Tonart wechselt – ändert sich die Abfolge der Intervalle geringfügig. Gleichschwebend temperierte Tonleitern vermeiden diesen Nachteil, sie sind also geeignet, um auf einem Instrument in verschiedenen Tonarten zu spielen. Musikinstrumente, die nur feste Intervalle spielen können, wie das Klavier oder die Gitarre, sind im allgemeinen auf die gleichschwebend temperierte Tonleiter gestimmt. Das Pythagoräische Halbtonintervall beträgt 256/243 = 1,05349..., was nahe an $\sqrt[12]{2}$ liegt, daher verwendet man für das Grundintervall der gleichschwebend temperierten Tonleiter die Bezeichnung Halbton.

Deirdre dachte einen Augenblick darüber nach. „Du hast gesagt, daß bei schwingenden Saiten das musikalische Intervall durch die Längenverhältnisse bestimmt wird. Aber wie kommt man von daher auf die Positionen der Bünde auf der Gitarre?"

„Nun", meinte ich, „betrachte den ersten Bund, der einer Tonerhöhung um einen Halbton entspricht. Die Länge des Abschnitts der Saite, der schwingen kann, muß $1/r$ mal die Länge der ganzen Saite sein. Also beträgt der Abstand zum ersten Bund $1 - 1/r$ mal die Länge der ganzen Saite. Um den nächsten Abstand zu erhalten, muß man beachten, daß alles um einen Faktor r verkleinert wird, daher haben die Abstände zwischen aufeinanderfolgenden Bünden die Proportionen

$$1 \quad 1/r \quad 1/r^2 \quad 1/r^3$$

und so weiter. Nun ist r größer als 1, also ist $1/r$ kleiner als 1, und das bedeutet, daß die Abstände zwischen aufeinanderfolgenden Bünden *kleiner* werden" (Abb. 110).

Oliver tauchte wieder auf, mit einem trockenen Wein, sowie zwei Halben Bier und drei Packungen Essig-Chips, die er für sein Leben gerne futtert, die Deirdre und ich aber verabscheuen. Er kauft sie jedesmal, weil er sie dann ganz alleine essen kann. Jetzt war er wieder ganz er selbst und fing in jovialem Ton an, lebhaft vorzutragen, wie peinlich es für die Pythagoräer gewesen sein mußte, zu entdecken, daß ihr wundervolles Zahlenwerk in der Praxis Mängel aufwies.

Ich machte ihm klar, daß die Griechen, wenn sie sich mit irrationalen Zahlen wie $\sqrt[12]{2}$ konfrontiert sahen, die sich nicht als exakte Brüche schreiben ließen, ihr Heil in der Geometrie suchten. Entsprechend der Tradition legte die Griechische Geometrie großen Wert auf Längen, die sich ausschließlich unter Verwendung von Zirkel und Lineal konstruieren ließen. Auf diese Weise lassen sich beispielsweise Quadrate und Quadratwurzeln konstruieren (Abb. 111).

Aufgabe **2**

Das antike Problem der „Verdopplung des Würfels" verlangt eine solche Konstruktion für $\sqrt[3]{2}$. Man weiß heute, daß keine derartige Konstruktion existiert. (Außerdem hat man den Verdacht, daß die Beschränkung auf Zirkel und Lineal nicht so streng war, wie es in vielen historischen Büchern

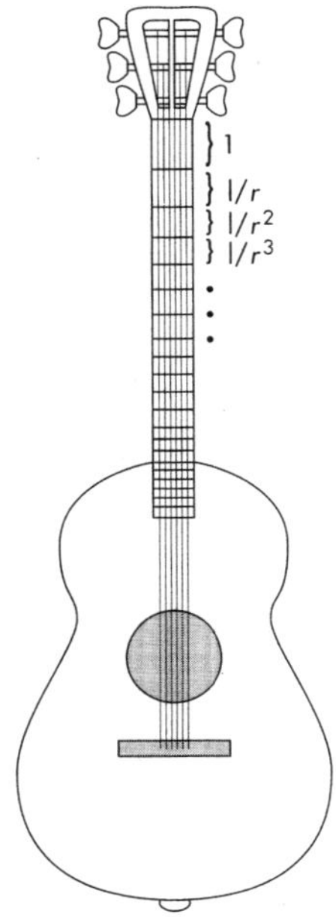

Abb. 110 Die Abstände der Bünde auf der Gitarre werden bei höheren Tönen immer kleiner.

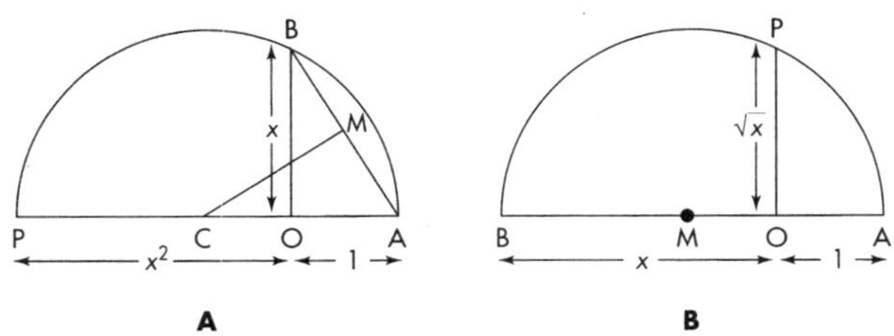

Abb. 111 Konstruktion von Quadraten und Quadratwurzeln mit Zirkel und Lineal, ausgehend von einer Linie mit Einheitslänge. (**A**) Quadrieren: Zeichne ein rechtwinkliges Dreieck AOB mit OA = 1, OB = x. Bestimme den Mittelpunkt M von AB und zeichne MC senkrecht auf AB, um den Schnittpunkt C auf der Verlängerung von AO zu erhalten. Zeichne einen Halbkreis mit dem Mittelpunkt C durch A, der die Verlängerung von AO in P schneidet. Dann hat OP die Länge x^2. (**B**) Quadratwurzel: Zeichne eine Linie AOB mit OA = 1, OB = x. Bestimme den Mittelpunkt M von AB und zeichne den Halbkreis um den Mittelpunkt M durch B und A. Zeichne die Linie OP senkrecht auf AB, die den Halbkreis in P schneidet. Dann hat OP die Länge $\sqrt{x}$.

behauptet wird, aber das ist ein anderes Thema.) Zeigen Sie, daß es auch für $\sqrt[12]{2}$ keine Konstruktion mit Zirkel und Lineal gibt.

„Ja, aber", wandte Deirdre ein, „du hast gesagt, daß die gleichschwebend temperierte Tonleiter ein Kompromiß ist, eine Annäherung. Und die echte Quarte mit einem Intervall von 4/3 klingt tatsächlich harmonischer als die gleichschwebend temperierte Quarte. Sänger finden sie beispielsweise natürlicher."

Es entstand ein betretenes Schweigen. „Du kennst das ja alles", bemerkte ich.

„Ja, ich habe Musiktheorie auf dem Polytechnikum in Huddersfield studiert. Aber du hast so schön erklärt, da wollte ich nicht unterbrechen."

Oliver fing zu lachen an, hörte aber wieder auf, als ihm klar wurde, daß sie ja dann auch über Helmholtz Bescheid wissen mußte. Deirdre nahm den Faden ihrer Ausführungen wieder auf. „Was ich sagen wollte: Gibt es nicht, da die gleichschwebend temperierte Tonleiter nur ein Kompromiß ist, auch eine *näherungsweise* geometrische Konstruktion, um zu bestimmen, wo die Bünde auf der Gitarre liegen müssen?"

Das brachte mich wieder in Fahrt. Sehen Sie, nicht genug damit, daß es tatsächlich so eine Näherungskonstruktion gibt, damit verbindet sich außerdem eine recht eigenartige Geschichte. Sie verdeutlicht die der Mathematik innewohnende Eleganz, aber sie hat ein trauriges Ende: Ein handwerklich begabter Mann findet ein bewundernswertes Verfahren, das durch die Schlamperei eines professionellen Mathematikers für wertlos gehalten wird.

„Ooooh, toll!" rief Deirdre vor Begeisterung, und Olivers Augen leuchteten – obwohl das vielleicht nur vom Bier kam. „*Los*, erzähl!"

Im 16. und 17. Jahrhundert war es ein schwieriges praktisches Problem, geometrische Methoden für die Positionierung von Bünden auf musikalischen Instrumenten zu finden – vor allem für die Laute. Im Jahre 1581 schlug Vincenzo Galilei, der Vater des berühmten Galileo Galilei, die folgende Näherung vor

$$18/17 = 1{,}05882\ldots$$

Dies führte zu einer sehr brauchbaren Methode, die mehrere Jahrhunderte lang allgemein angewandt wurde. 1636 bestimmte Marin Mersenne, ein gebildeter Geistlicher, der besser durch seine Primzahlen der Form $2^p - 1$ bekannt ist, eine Näherung für ein Intervall von vier Halbtönen durch das Verhältnis

$$\frac{2}{3-\sqrt{2}}\,.$$

Durch zweimaliges Ziehen der Quadratwurzel erhielt er dann eine bessere Annäherung des Intervalls für einen Halbton:

$$\sqrt{\sqrt{\left(\frac{2}{3-\sqrt{2}}\right)}} = 1{,}05973\ldots,$$

die sicherlich für praktische Zwecke genau genug ist. Die Formel enthält nur Quadratwurzeln und läßt sich daher in eine geometrische Konstruktion umsetzen. Andererseits war es schwierig, diese Konstruktion praktisch zu verwenden, da die dabei auftretenden Fehler dazu neigten, sich zu addieren. Was man brauchte, war ein genaueres Verfahren als Galileis Annäherung, das aber einfacher anzuwenden war als das von Mersenne.

Im Jahre 1743 veröffentlichte Daniel Strähle, ein Handwerker ohne jede mathematische Ausbildung, in den Berichten der Schwedischen Akademie eine einfache und praktische Konstruktion (Abb. 112). Vielleicht haben Sie Lust, sie auszuprobieren und mit Messungen an einem echten Instrument zu vergleichen. Aber wie genau ist sie wirklich? Der Geometer und Volkswirt

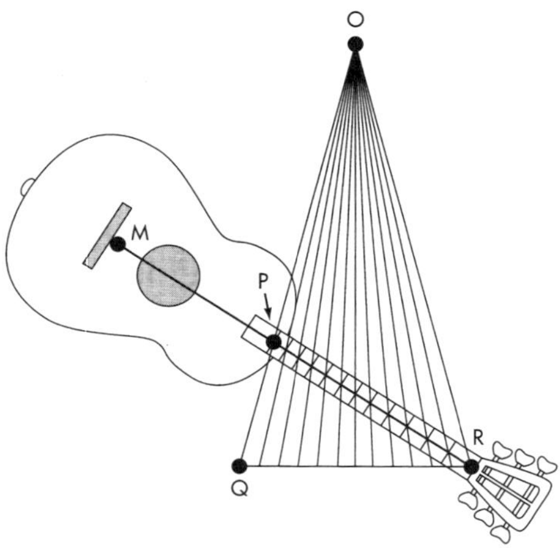

Abb. 112 Strähles Konstruktion. Die Strecke QR sei 12 Einheiten lang und in 12 gleiche Intervalle der Länge 1 unterteilt. Bestimme O, so daß OQ = OR = 24. Verbinde O mit den äquidistanten Punkten auf QR. P liege auf OQ, wobei der Abstand PQ 7 Einheiten lang sei. Zeichne RP und verlängere diese Strecke bis M, so daß PM = RP. Wenn RM der Grundton ist, sowie PM seine Oktave, dann ergeben die Schnittpunkte von RP mit den 11 von O ausgehenden Strahlen aufeinanderfolgende Halbtöne in der Oktave, das heißt, die Positionen der elf Bünde zwischen R und M.

Jacob Faggot fügte Strähles Artikel als Anhang trigonometrische Berechnungen bei, in denen er zu dem Schluß kam, daß der maximale Fehler 1,7% betrüge. Das ist ungefähr das Fünffache dessen, was ein Musiker akzeptieren würde.

Faggot war Gründungsmitglied der Schwedischen Akademie, diente ihr drei Jahre lang als Sekretär und veröffentlichte achtzehn Artikel in ihren Berichten. 1776 nahm er den vierten Rang in der Akademie ein: Carl Linnaeus, der Botaniker, der das taxonomische System zur Klassifikation von Tieren und Pflanzen nach Familien und Arten schuf, besetzte nur knapp vor ihm die zweite Position. Wenn also Faggot erklärte, daß Strähles Verfahren zu ungenau war, dann mußte das auch so sein. Zum Beispiel führt F. W. Marpurg in seiner *Treatise on Musical Temperament* (Abhandlung über die Musikalische Stimmung) 1776 Faggots Schlußfolgerungen an, ohne Strähles Verfahren zu beschreiben.

Erst im Jahre 1957 entdeckte J. M. Barbour von der Michigan State University, daß Faggot einen Fehler gemacht hatte.

Faggot fing mit der Bestimmung des Basiswinkels $\angle$ ORQ des Hauptdreiecks an: er beträgt 75° 31′. Davon ausgehend konnte er die Länge von RP und den Winkel $\angle$ PRQ bestimmen. Nun läßt sich jeder der 11 Winkel, den die Strahlen von der Spitze des großen Dreiecks mit der Grundlinie bilden, ohne Schwierigkeiten berechnen: Danach ist es einfach, die Längen zu bestimmen, die entlangt der Linie RPM abgeschnitten werden.

Allerdings hatte Faggot für $\angle$ PRQ 49° 14′ errechnet, während dieser Winkel in Wahrheit 33° 32′ beträgt. Dieser Fehler war, wie Barbour hervorhob, „folgenschwer, da $\angle$ PRQ bei der Berechnung aller anderen Dreiecke benutzt wurde, und daher sein Fehler in die gesamten Berechnungen einging.“ Der Fehler entsprach der Gleichsetzung von PQ mit 8,6 anstatt 7. Der wirkliche maximale Fehler reduziert sich von 1,7% auf 0,15%, was absolut akzeptabel ist.

So weit läßt die Geschichte Mathematiker, wenn nicht gar die Mathematik selbst, in einem schlechten Licht erscheinen. Hätte sich Faggot nur die Mühe gemacht, $\angle$ PRQ zu messen! Aber Barbour ging noch weiter, indem er fragte, *warum* Strähles Verfahren so genau ist; und was er herausfand, ist eine schöne Illustration für die Fähigkeit der Mathematik, die wahren Ursachen augenscheinlicher Übereinstimmungen aufzuklären. (Ich sollte gleich klarstellen, daß es keinen Hinweis darauf gibt, daß Strähle selbst ähnliche Überlegungen anstellte: Soweit man weiß, beruhte sein Verfahren auf der Intuition des Handwerkers und nicht auf irgendwelchen mathematischen Prinzipien. Wie wir noch sehen werden, war seine Intuition verdammt gut!)

Der Abstand des $n$ten Bunds auf der Linie MPR läßt sich in einem Diagramm darstellen (Abb. 113A). Dabei lassen wir die x-Achse des Diagramms der Linie QR in Abbildung 112 entsprechen, mit Q im Ursprung und R bei 1.

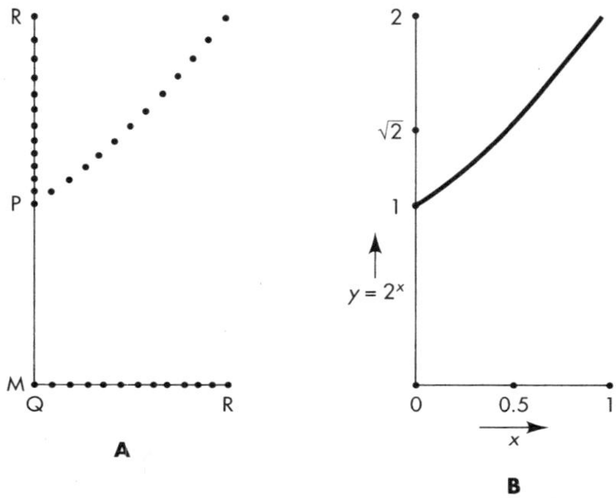

Abb. 113 (**A**) Diagramm zur Darstellung von Strähles Konstruktion als Funktion. (**B**) Bestimmen der am besten passenden gebrochen linearen Funktion durch Anpassen an die Punkte $x = 0, 1/2, 1$.

Wir verschieben die Linie MPR so, daß sie die y-Achse des Diagramms bildet, wobei M auf dem Ursprung liegt, P auf der Koordinate 1 und R auf 2. Die aufeinanderfolgenden Bünde werden längs der y-Achse bei den Punkten 1, r, $r^2, \ldots, r^{11}, r^{12} = 2$ aufgetragen. (Beachte, daß dies von den oben erwähnten Verhältnissen $1/r$, $1/r^2, \ldots$ abweicht, da wir vom entgegengesetzten Ende der Saite ausgehen.)

Ein Mathematiker würde Strähles Konstruktion als Projektion mit dem Zentrum O von einer Menge äquidistanter Punkte längs QR auf die gesuchten Punkte längs MPR bezeichnen. Man kann mit einfachen geometrischen Argumenten zeigen, daß solch eine Projektion immer die algebraische Form $y = (ax + b)/(cx + d)$ hat, wobei a, b, c und d Konstanten sind. Das nennt man eine gebrochen lineare Funktion. Für Strähles Verfahren betragen die Werte der Konstanten a = 10, b = 24, c = –7, d = 24: Die Projektion bildet einen gegebenen Punkt x auf QR auf den Punkt $y = (10x + 24)/(-7x + 24)$ auf MPR ab. Ich werde dies als Strählesche Funktion bezeichnen, beachten Sie aber, daß nicht Strähle selbst sie formuliert hat – es ist lediglich eine algebraische Umsetzung seiner geometrischen Konstruktion. Gleichwohl ist sie der Schlüssel zu dem Problem.

Wäre die Konstruktion exakt, dann ergäbe sich $y = 2^x$. Dann würden die 13 äquidistanten Punkte $x = n/12$ auf QR, für $n = 0, 1, 2, \ldots, 12$, wie für die exakt gleiche Temperierung gewünscht, in die Punkte $2^{n/12} = (2^{1/12})^n = r^n$ auf MPR transformiert.

Aber sie ist *nicht* exakt, auch wenn Barbours Berechnungen zeigen, daß sie sehr genau ist. Warum? Die Lösung besteht darin, die *bestmögliche Annäherung* an 2^x zu finden, die im Bereich $0 \le x \le 1$ gültig ist und die Form $(ax + b)/(cx + d)$ hat. Um diesem Ziel wenigstens nahe zu kommen, kann man fordern, daß die beiden Ausdrücke übereinstimmen, wenn $x = 0$, 1/2, und 1 (Abb. 113B.) Daraus erhält man drei Gleichungen, die nach a, b, c und d aufzulösen sind, nämlich

$$b/d = 1$$
$$(1/2a + b)/(1/2c + d) = \sqrt{2}$$
$$(a + b)/(c + d) = 2$$

Auf den ersten Blick scheint es, daß wir eine weitere Gleichung benötigen, um vier Unbekannte zu bestimmen, aber wir benötigen tatsächlich nur die *Verhältnisse* b/a, c/a und d/a, weshalb die drei Gleichungen ausreichen.

Dieser Ansatz führt auf die Werte

$$a = 2 - \sqrt{2}$$
$$b = \sqrt{2}$$
$$c = 1 - \sqrt{2}$$
$$d = \sqrt{2}$$

so daß unsere Annäherung an 2^x durch eine gebrochene lineare Funktion folgende Form annimmt:

$$y = \frac{(2 - \sqrt{2})x + \sqrt{2}}{(1 - \sqrt{2})x + \sqrt{2}} \qquad (1)$$

„Das sieht aber gar nicht wie Strähles Funktion aus“, wandte Deirdre ein.

„Nein“, pflichtete ich ihr bei. „Die entscheidende Kleinarbeit kommt erst noch.“

„Du ersetzt $\sqrt{2}$ durch eine Näherung“, schlug Oliver vor.

„Nun, das ist nicht *ganz* das, was ich tun wollte. Was Barbour tat, war, den *Fehler* der Näherung für $\sqrt{2}$ abzuschätzen. Dasselbe Ziel verfolgte Isaac Schoenberg, als er 1982 etwas über das Problem veröffentlichte. Siehst du, wenn man in (1) Strähles Näherung für 58/41 für $\sqrt{2}$ einsetzt, erhält man $(24x + 58)/(-17x + 58)$, was von Strähles Funktion abweicht. Aber jetzt, wo du davon sprichst, scheint das ein viel natürlicherer Ansatz zu sein. Ich bezweifle, ob es funktionieren wird, aber wir wollen mal sehen.“ Ich fischte nach einer Serviette, lieh mir von Oliver einen Stift und begann zu kritzeln. Die traditionellen Werkzeuge des Mathematikers sind Bleistift und Papier, folglich hat keiner von uns diese jemals bei sich, daher müssen wir uns *immer* einen Stift ausleihen und auf eine Serviette schreiben.

Der Tag neigte sich seinem Ende zu.

Es gibt eine Folge von rationalen Zahlen, die $\sqrt{2}$ annähern. Eine Möglichkeit, diese zu erhalten, besteht darin, von der Gleichung $p/q = \sqrt{2}$ auszugehen und sie zu quadrieren, was $p^2 = 2q^2$ ergibt. Da $\sqrt{2}$ irrational ist, lassen sich keine ganzen Zahlen p und q finden, die diese Gleichung erfüllen (oder, besser gesagt, weil man keine ganzen Zahlen p und q finden kann, welche diese Gleichung erfüllen, muß $\sqrt{2}$ irrational sein!). Es läßt sich aber ein Näherungswert bilden, indem man nach ganzen Zahlen p und q sucht, so daß p^2 nahe an $2q^2$ liegt. Die beste Annäherung ist die, bei welcher der Fehler am kleinsten ist, das heißt, Lösungen der Gleichung $p^2 = 2q^2 \pm 1$. Beispielsweise ist $3^2 = 2{,}2^2 + 1$, und $3/2 = 1{,}5$ liegt mäßig nahe an $\sqrt{2}$. Der nächste Fall wäre $7^2 = 2{,}5^2 - 1$, was auf $7/5 = 1{,}4$ führt, ein besserer Wert. Dann folgt $17^2 = 2{,}12^2 + 1$, was auf die Näherung $17/12 = 1{,}4166\ldots$ führt, wieder näher. Das läßt sich ewig fortsetzen, und es gibt eine wunderschöne Theorie, die auf fortgesetzte Brüche führt, und die Pellsche Gleichung und derlei Dinge mehr.

Meine Kritzeleien hatten folgendes enthüllt: Teile den Zähler und Nenner der Formel (1) durch 2 und schreibe die sich ergebende äquivalente Formel an.

$$\mathrm{y} = \frac{x + \frac{1}{\sqrt{2}}(1 - x)}{\frac{x}{2} + \frac{1}{\sqrt{2}}(1 - x)} \tag{2}$$

Ersetze dann $\sqrt{2}$ durch die Annäherung 17/12, so daß aus $1/\sqrt{2}$ 12/17 wird. Das ergibt

$$y = \frac{x + \frac{12}{17}(1 - x)}{\frac{x}{2} + \frac{12}{17}(1 - x)} \tag{3}$$

Das vereinfacht sich zu $y = (10x + 24)/(-7x + 24)$, und das ist *exakt* Strähles Formel!

Also ist Strähles Konstruktion so genau, weil sie *zwei* gute Näherungen wirkungsvoll kombiniert:

- Jedenfalls ergibt sie sich aus der gebrochen linearen Annäherung an 2^x nach Formel (1).
- Strähles Funktion erhält man aus Formel (1), indem $\sqrt{2}$ durch die hervorragende Annäherung 17/12 ersetzt wird.

Die Fehlerbeträge verschiedener oben besprochener Annäherungen sind in Abbildung 114 einander gegenübergestellt. Die größten Fehler hatte Faggot gemacht!

So wissen wir", kam ich zum Ende, „dank der mathematisch-historischen Detektivarbeit von Barbour nicht nur, daß Strähles Methode außerordentlich genau ist, sondern wir haben auch eine Vorstellung davon, *warum* sie so genau ist. Sie steht in Beziehung zu grundlegenden Konzepten der Approximationstheorie und der Zahlentheorie."

Damit bleibt eine Frage unbeantwortet – und ich fürchte, sie wird für immer unbeantwortet bleiben. Sie wurde von Oliver Gurney aufgeworfen, nachdem er neben seinen drei Tüten Essig-Chips eine volle Stunde Mathematik verdaut hatte.

„Das ist faszinierend", meinte er. „Höchst bemerkenswert. Nach nur 218 Jahren wurde der Experte verdammt und der Handwerker rehabilitiert. Da soll noch einer sagen, es gebe keine Gerechtigkeit in dieser Welt. Sollte ich einst Strähle im Jenseits begegnen, werde ich's ihm erzählen, er wird sicher gerne hören, daß seine Reputation wiederhergestellt wurde. Aber was ich ihn wirk-

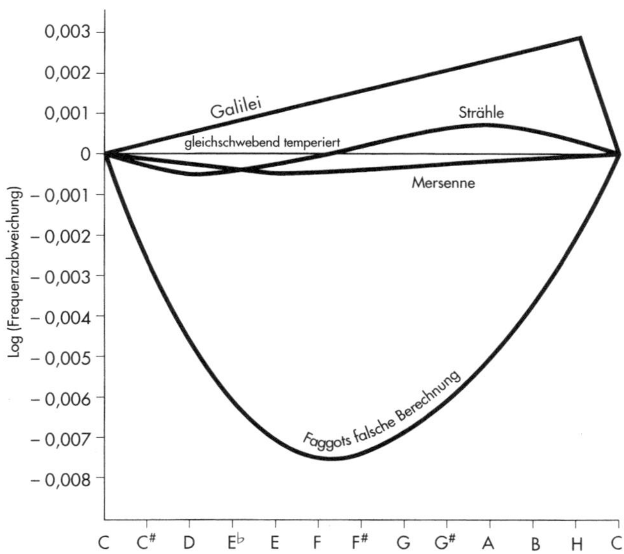

Abb. 114 Die Fehler in verschiedenen Konstruktionen. Die Größe der Abweichung wird durch den Logarithmus des Verhältnisses vom Näherungswert zum korrekten Wert dargestellt.

lich gerne fragen würde, wäre: *Wie im Himmel ist er nur auf diese Konstruktion verfallen*?"

Antworten

1. Keine Tonleiter endlicher Länge mit einem konstanten Verhältnis zwischen den Tönen, das von einer rationalen Zahl gebildet wird, kann genau um eine Oktave ansteigen – mit Ausnahme des trivialen Falles, daß das Intervall zwischen den Tönen selbst gerade eine Oktave ausmacht. Entsprechend besitzt die Gleichung $r^n = 2$ keine rationale Lösung r, wenn n eine ganze Zahl größer als oder gleich 2 ist. Um dies zu beweisen, schreibe r als Produkt von Primzahlen: $r = 2^a 3^b \dots p^c$. Dann bedingt $r^n = 2$, daß $2^{na-1} 3^{nb} \dots p^{nc} = 1$. Ferner ist $na = 1$, also $n = 1$, $a = 1$, also muß der Tonabstand eine Oktave sein.
2. Wenn es eine Konstruktion mit Zirkel und Lineal für $\sqrt[12]{2}$ gäbe, dann könnte man durch zweimaliges Quadrieren (mit Zirkel und Lineal, wie in Abb. 111) $\sqrt[3]{2}$ konstruieren, was bekanntlich unmöglich ist. Also kann es keine Zirkel-und-Lineal-Konstruktion für $\sqrt[12]{2}$ geben.

Weiterführende Literatur

Barbour, J. M. *A geometrical approximation to the roots of numbers*. In: *American Mathematical Monthly* 64 (1957) S. 1–9.

Károlyi, O. *Introducing Music*. Harmondsworth, England (Penguin Books) 1965.

Schoenberg, I. J. *On the location of the frets on a guitar*. In: *American Mathematical Monthly* 83 (1976) S. 550–552.

Schoenberg, I. J. *Mathematical Time Exposures*. Washington, D.C. (Mathematical Association of America) 1982.

Stewart, I. *Galois Theory*. London, New York (Chapman and Hall) 1989.

16
Sofa Ade

Die Wurmfamilie hatte sich glücklich in ihrer neuen Bungahöhle eingerichtet, besonders Heiner lebte in ungewöhnlichem Frieden mit der Welt, nachdem es ihm endlich gelungen war, das Badezimmer fertig kacheln zu lassen. Da es für Würmer eine ziemlich bedrohliche Vorstellung ist, „unter dem Pantoffel zu stehen", werde ich diesen Ausdruck tunlichst vermeiden, wenn ich über den vorherrschenden Zustand von Heiners Ehe spreche; doch läßt es sich nicht leugnen, daß seine Frau Amelia eine sehr starke Persönlichkeit ist. Ließe man ihn in Frieden, so wäre Heiner wunschlos glücklich, sich den Tag damit zu vertreiben, mit hochgelegtem Schwanzende vor dem Fernseher zu sitzen und den Sportteil der *Neuesten Wurmnachrichten* zu lesen.

Leider genoß Heiner selten das Glück, in Ruhe gelassen zu werden.

Im Augenblick befand er sich jedoch in diesem Ausnahmezustand. Amelia war einkaufen gegangen und hatte Baby Wermentrude mitgenommen, um einen neuen Strumpf zu kaufen. Er hatte sich auf seinem Lieblingssofa zusammengeringelt, das er schon seit vielen Jahren besaß und das sich seinen Körperformen wie eine zweite Haut angepaßt hatte, alles war –

„Heiiiiner! Heiner, wo *steckst* du? Aha, *da* hältst du dich schon wieder versteckt, wie gewöhnlich! Heiner, es gibt einen Ausverkauf bei Wurmhaus, du weißt doch, das Geschäft, in dem man sich Möbel nach seinen eigenen Entwürfen anfertigen lassen kann."

„Ja, Liebling. Tolle Neuigkeit", meinte Heiner. Er ahnte, was jetzt kommen würde.

„Das wäre *die Gelegenheit*, um das dreckige alte Sofa zu ersetzen!"

Heiner sah zwei Möglichkeiten. Er konnte sich sofort mit der Erneuerung des Sofas einverstanden erklären. Oder er konnte erst einen heftigen Kampf ausfechten und *danach* dem neuen Sofa zustimmen. Heiner war nicht unbedingt Optimist, sondern vielmehr Optimalist, und erkannte rasch, welche Lösung ihm am schnellsten seinen Seelenfrieden zurückbringen würde. „Natürlich. Ich werde gleich ein neues Sofa bestellen. Welche Farbe möchtest du?"

„Limonengrün mit lila Pünktchen", erklärte Amelia. „Damit es zu dem orange-gelb-gestreiften Teppich und der Velourstapete mit den rosa Blümchen paßt. Aber am wichtigsten ist die *Form*, Heiner, nicht die Farbe!"

„Was für eine Form möchtest du, Liebling? Ich für meinen Teil würde ja eine Sofa-artige Form vorschlagen, aber wahrscheinlich –"

„Das ist es, Heiner, was ich nicht entscheiden kann! Siehst du, ich möchte ein wirklich großes Sofa – du weißt, wie wenig Platz bleibt sich zu ringeln, wenn Mutter zu Besuch ist!" (*Wieder ein schlauer Plan für die Katz*, dachte Heiner.) „Aber du erinnerst dich doch noch an die schrecklichen Probleme, die ich mit den Möbelpackern hatte, als sie versuchten, den Konzertflügel in den Waschraum zu bekommen!" Heiner erinnerte sich gut: Am Ende hatten sie eine Wand eingerissen und den Flügel zerlegt. Jetzt stand die Waschmaschine auf dem Instrument und der Wäschetrockner lag flach darunter. Das Waschpulver bewahrten sie im Klavierstuhl auf. Nur eines hatte er völlig vergessen: Warum Amelia das Klavier damals überhaupt in der Waschküche haben wollte. „Was ich möchte, ist ein Sofa, das groß genug für uns alle ist, um uns darauf zu ringeln, das aber so geformt ist, daß man es durch die Diele und in die Ringelecke bekommt." (Würmer haben ja keine Sitzecke.)

An diesem Punkt brachte Heiners Neigung zum Optimalisieren ihn in die größte Klemme seines Lebens. „Dann, mein Liebling, solltest du es in der *größtmöglichen beliebigen* Form anfertigen lassen, die man durch den Gang in das Ringelzimmer bugsieren kann! Der Gang ist überall gleich breit; so weit ich sehe, ist das einzige Hindernis dieser rechtwinklige Knick in der Mitte."

„Eine brilliante Idee, Heiner! Und wie könnte diese größte mögliche Form *aussehen*?"

„Ich habe keine Vorstellung, mein Schatz, aber ich bin sicher, daß es eine gibt, und ich werde für dich herausfinden, wie sie aussieht ..."

Einige Tage verstrichen.

„Hast du es schon herausgefunden, Heiner? Die Verkaufsaktion endet am Wochenende!"

„Nun ... nicht *exakt* ausgearbeitet, Amelia ... ich kann das Problem unter der zusätzlichen Annahme lösen, daß das Sofa in keiner Weise gedreht wird. Wenn man die Breite unserer Diele als eine Einheit nimmt, sieht man leicht, daß das größte Sofa, das sich ohne Drehung um die Ecke schieben läßt, das Einheitsquadrat ist. Es muß in beiden Richtungen in die Breite des Gangs passen."

„Aber Heiner, sowas ist kein Sofa! Das ist ein Tisch!"

„Ja, mein kleines Pflänzchen ... aber mir scheint, daß es möglich sein sollte, etwas Größeres um die Ecke zu schieben, wenn man das Sofa um einen Winkel drehen darf. Meine nächste Idee war, ein längeres, aber schmaleres Rechteck zu nehmen und es um einen rechten Winkel zu drehen, wenn es die Ecke passiert. Aber das ergab keine Verbesserung ..."

Aufgabe 1

Warum nicht? Welche Größe und Form hat das größte Rechteck, das unter einer Drehung um 90° um die Ecke geschoben werden kann?

„Meine erste wesentliche Erkenntnis war die, daß der Durchmesser jedes zusammenhängenden Sofas begrenzt ist. Damit will ich sagen, mein Liebling, daß alles, was aus einem Stück besteht und um diese Ecke gebracht werden kann, kleiner als eine bestimmte Größe ist: Um genau zu sein, seine längste Ausdehnung kann nicht mehr als $2 + 2\sqrt{2} = 4{,}8284$ betragen [Abb. 115]. Daraus folgt sofort, daß seine Fläche nicht größer ist als die eines Kreises mit gleichem Durchmesser, nämlich $\pi(3 + 2\sqrt{2}) = 18{,}3105$; aber durch gründlicheres Nachdenken konnte ich das schnell auf $2\sqrt{2} = 2{,}8248$ verbessern."

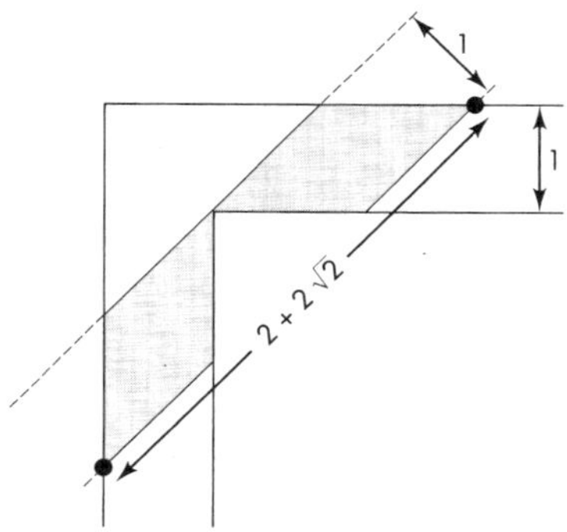

Abb. 115 Damit das Sofa um die Ecke transportiert werden kann, muß es im 45°-Winkel hineinpassen. es muß also bei einer Gangbreite von 1 kleiner sein als die graue Fläche. Da die grauen Flächen getrennt werden, wenn man die 45°-Linien weiter nach unten verschiebt, liefert diese Position die größtmögliche Längenabmessung des Sofas.

Aufgabe 2

Beweisen Sie, daß die Fläche des größten Sofas nicht mehr als $2\sqrt{2}$ beträgt.

„Dann dachte ich, ich hätte einen Durchbruch erzielt", bemerkte Heiner, dabei schwang in seiner Stimme ein Anflug von Stolz, aber zugleich auch von Resignation. „Es schien mir, daß man dem Sofa eine größere Fläche geben könnte, wenn der Teil, der an der Ecke streift, eingebuchtet wird." Heiner skizzierte Abbildung 116. „Ich versuchte es mit der allgemeinen Klasse derartiger Formen: Zwei Quadranten mit Einheitsradius, getrennt durch ein Rechteck, aus dem ein halbkreisförmiges Stück herausgeschnitten ist. Durch bloßes

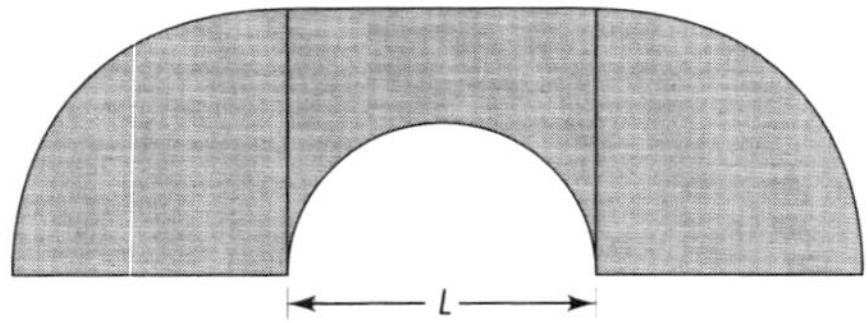

Abb. 116 Das Hammersley-Sofa. Füge einen Quadranten mit dem Einheitsradius an jedes Ende eines $1 \times L$-Rechtecks an und entferne eine halbkreisförmige Scheibe. Welcher Wert von L ergibt die größte Fläche, unter der Voraussetzung, daß man das Ganze noch um die Ecke manövrieren kann?

Wählen der richtigen Länge L für das Rechteck konnte ich die Fläche auf 2,2074 mehr als verdoppeln."

Aufgabe **3**

Welcher Wert für die Länge L ergibt bei dieser Art von Umrissen die größte Fläche für ein Sofa, das sich um die Ecke bewegen läßt? Wie groß ist diese Fläche genau?

„Mmmm", machte Amelia. „Keine üble Form für ein Sofa, Heiner."

„Nein, meine Süße. *Aber* dann wurde mir klar, daß sie nicht optimal ist."

„Warum nicht?"

„Wenn man kleine Stücke von den inneren Ecken abschneidet, wo der Halbkreis an die geraden Stücke anschließt, dann schmiegt sich das Sofa auf seinem Kurs um die scharfe Ecke besser an, und man kann an den äußeren Kanten der Quadranten mehr anfügen, als man innen verliert. Die Berechnungen sind sehr mühsam, aber ich kann mit Sicherheit eine Fläche von 2,2164 erzielen, und selbst das scheint mir noch nicht das Äußerste zu sein, was sich erreichen läßt."

„Das heißt, du hast dich festgefahren."

„Mit einem Wort, ja."

„Dann solltest du dafür sorgen, daß du wieder flott wirst, Heiner. Ich möchte ein neues Sofa, und ich möchte das größte, das wir haben können! Ich *weigere* mich strikt, mich mit der zweitbesten Lösung zufriedenzugeben!"

„Ja, Liebling", antwortete Heiner. *Ich weiß, ich werde tun, was ich immer tue ... ich werde Albert Wurmstein aufsuchen,* dachte er. Wurmstein, der aus unerfindlichen Gründen im Patentamt arbeitete, schien alles zu wissen. *Er* würde Heiner bald die Lösung verraten.

„Du bist in Schwierigkeiten", meinte Wurmstein. „Die Aufgabe, mit der du dich da abplagst, ist ein alter Hut, und nur schwer herauszubekommen. Man weiß nicht einmal, woher das Problem stammt. Sicher ist nur, daß John Horton Conway in den sechziger Jahren diese Frage aufwarf, aber sie ist wahrscheinlich sehr viel älter. Damals ging es um einen Konzertflügel, aber im Hinblick auf den offensichtlichen Isomorphismus zwischen Piano und Sofa denke ich, wir können davon ausgehen, daß das optimale Klavier dieselbe Form wie das optimale Sofa haben muß. Die erste mir bekannte Veröffentlichung stammt von Leo Moser aus dem Jahre 1966. Die Form, die du gefunden hast [Abb. 116], wurde kurze Zeit später von J. M. Hammersley als Teil einer Tirade gegen ‚Moderne Mathematik' veröffentlicht, und er äußerte die Vermutung, daß sie optimal sei. Doch auf einem Kongreß über Konvexitätstheorie in Kopenhagen (manche sagen, in Ann Arbor) arbeitete eine Gruppe von sieben Mathematikern, darunter Conway, G. C. Shephard und möglicherweise Moser, spielerisch an der Sache. Tatsächlich arbeiteten sie an sieben verschiedenen Variationen – jeder an einer!" Zwei davon sind in Abbildung 117 zu sehen; vielleicht möchten Sie sich selbst damit beschäftigen. „Und sie bewiesen rasch, daß Hammersleys Antwort *nicht* optimal ist, ähnlich wie du es getan hast."

„Ah."

„Unglücklicherweise konnten auch *sie* nicht die beste Form bestimmen."

„Oh."

„Das Problem ist seither ungelöst, und niemand hat bis jetzt eine Lösung veröffentlicht."

„Ach je!"

„Tut mir leid, Heiner, alter Freund, aber ich kann dir nicht helfen."

Betrübt kroch Heiner nach Hause, in der Erwartung, sich Amelias Zorn stellen zu müssen. Doch zu seiner Überraschung empfing sie ihn mit einem strahlenden Gesicht. „Schau, was für einen hübschen Strumpf ich für Wermentrude gekauft habe! Die ganze Woche habe ich nach sowas gesucht, und schließlich habe ich einen im Kaufhaus Wurmwool gefunden! Und zwar für den halben Preis! Das schwarz-gelbe Zebramuster betont ihre schlanke Figur,

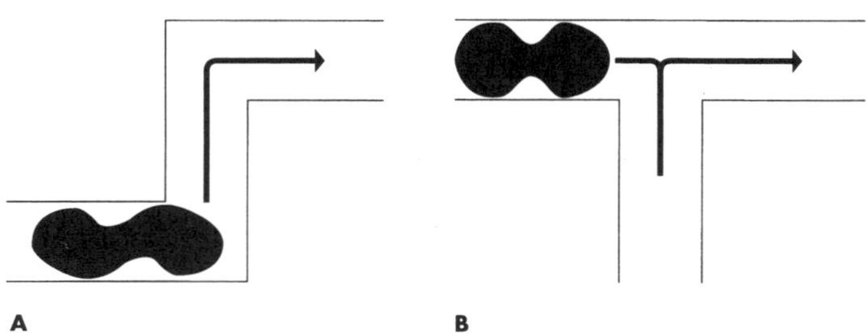

Abb. 117 Zwei Variationen. (*A*) Das Shephardsche Piano: Bewegung um zwei Biegungen. (*B*) Das Conwaysche Auto: Wenden durch Einscheren in die Seitenstraße.

findest du nicht? Ich habe sechs Dutzend gekauft. Ach ja, und dieser Wurmwein hat angerufen! Er sagt, er hat wichtige Neuigkeiten für dich, wegen dem Sofa!"

Heiner beeilte sich, Albert anzurufen.

„Ja, Heiner, wunderbare Neuigkeiten, frisch aus der Presse! Ich habe gerade erfahren, daß Joseph Gerver, ein Mathematiker von der Rutgers University, das Conwaysche Sofaproblem gelöst hat!"

„Vollständig?" erkundigte sich Heiner vorsichtig, eingedenk Amelias unvermeidlichem Zorn, falls sich sich später eine mögliche Verbesserung herausstellen sollte.

„Nun, es *gibt* im Augenblick zwar ein paar Lücken in dem Beweis – wenn ich du wäre, würde ich das Amelia gegenüber gar nicht erst erwähnen. Aber es wirkt alles sehr plausibel, und die Antwort sieht gut aus. Tatsächlich fand Ben Logan von den Bell Labs schon 1976 dieselbe Form, hat aber nichts darüber veröffentlicht, weil sein Beweis unvollständig war. Gerver entdeckte dies, als Andrew Odlyzko, Ronald Graham und Jeff Lagarias ihm einhellig erzählten, daß ihnen sein Sofa recht bekannt vorkäme, und Odlyzko verfolgte diese Spur dann weiter. Daher werde ich es das Gerver-Logan-Sofa nennen."

„Was hat es für eine Form?" wollte Heiner wissen.

„Eine bemerkenswerte. Nicht unähnlich zu Hammersleys Ansatz, aber raffinierter. Die Begrenzung besteht aus exakt achtzehn einzelnen Teilen [Abb. 118], von denen jedes durch eine einzelne analytische Formel bestimmt wird. Und die Fläche beträgt 2,2195, was ein halbes Prozent besser als Hammersleys Vorschlag ist, und um vierzehn Hundertstel Prozent über deinem besten Ergebnis liegt!"

„Willst du damit sagen, daß Amelia mir die ganze Woche die Hölle wegen mickriger vierzehn Hundertstel Prozent heiß gemacht hat?"

„Ja, Heiner, aber bedenke, daß Präzision ein grundlegendes Prinzip der Mathematik ist!"

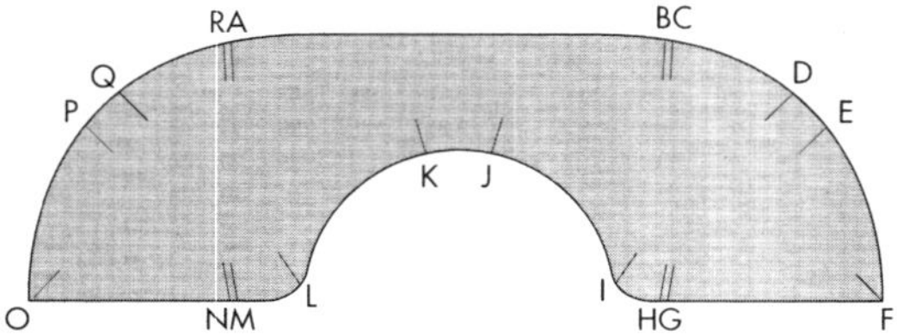

Abb. 118 Gervers Lösung (die auch Ben Logan bei den Bell Labs 1976 gefunden, aber nicht publiziert hat). Die Buchstaben bezeichnen Punkte auf dem Umriß, an denen sich die Art der Begrenzungskurve ändert.

Heiner kroch aufgeregt hin und her, und Albert eröffnete ihm die wichtigsten Einzelheiten. Ich möchte hier nicht auf die rein technischen Details eingehen, aber ich will versuchen, Ihnen eine Vorstellung davon zu verschaffen, worin die grundsätzlichen Überlegungen bestehen und welches die Beweislücken sind. Aber zuerst wollen wir sehen, was geschieht, wenn das Gerver-Logan-Sofa um die Ecke geschoben wird. Wir beschreiben dies anhand des Winkels α, um den das Sofa gedreht wird. Es beginnt mit dem Winkel $\alpha = 0$ und einer Verschiebung nach links, bis es *fast* (aber nicht tatsächlich) die äußere linke Mauer berührt. Dann dreht es sich (Abb. 119A), die rechte Wand an genau zwei Punkten und sonst keine andere Wand berührend, wobei es sich neigt, bis der Winkel gerade größer als 2° geworden ist. In diesem Augenblick bekommt das Sofa Kontakt mit der äußeren linken Wand, und seine innerste Krümmung berührt die scharfe Ecke des Gangs; so daß es [Abb. 119B] bei einem Winkel α zwischen 2° und etwa 39° die Wände in genau vier Punkten berührt. Während α von 39° auf 45° wächst, wandert der untere rechte Berührungspunkt davon, und das Sofa schwenkt mit nur noch drei Berührungspunkten weiter [Abb. 119C]. Von α 45° bis 90° spielt sich Ähnliches ab, jedoch in umgekehrter Abfolge, da das Sofa und der Gang symmetrisch sind.

Dies *beschreibt* die Lösung, die recht raffiniert ist! Es erklärt aber nicht, wie man darauf kommt. Gerver hat sich eine komplizierte, aber einleuchtende Begründung ausgedacht. Sie führt direkt zu dem gezeigten Umriß und der eben beschriebenen Abfolge von Bewegungen; aber zum gegenwärtigen Zeitpunkt enthält sie eine kleine Anzahl unbewiesener Annahmen.

Die erste dieser Annahmen besagt, daß die Figur sich um einen rechten Winkel dreht, während sie sich um die Ecke bewegt. Das *muß* sicher wahr sein; aber ein Beweis dafür läßt sich anscheinend überraschend schwer finden. Um welchen Winkel sie sich auch drehen mag, sie muß natürlich bei allen Neigungswinkeln α in den Gang passen. Der erste Schritt besteht im Beweis der Umkehrung: Jede Figur, die bei allen Neigungswinkeln α zwischen 0° und 90° in den Gang paßt, kann ihn tatsächlich passieren. Das ist *nicht* offensichtlich, denn die Positionen, in denen sie hineinpaßt, müssen nicht kontinuierlich mit dem Fortschreiten des Winkels aufeinanderfolgen. Diese Kontinuität läßt sich jedoch herstellen, indem man das Sofa im Winkel α einsetzt und dann parallel zu sich selbst soweit wie möglich nach oben und nach links verschiebt.

Nachdem dies klar ist, stellen wir aus gewissen Gründen das Problem auf den Kopf: Wir fixieren das Sofa und rotieren den Gang! Zeichne für jeden Winkel α zwischen 0° und 90° eine Kopie des um diesen Winkel gedrehten Gangs. Nenne dies den Winkel-α-Gang. Danach wollen wir das all diesen Kopien gemeinsame Gebiet (ihre Schnittmenge) maximieren, indem wir sie verschieben, ohne sie zu drehen – also eine Translation auf sie ausüben. Die nächste unbewiesene, gleichwohl sehr plausible Annahme ist, daß jedwede optimale Lösung beliebig genau angenähert werden kann, indem man die

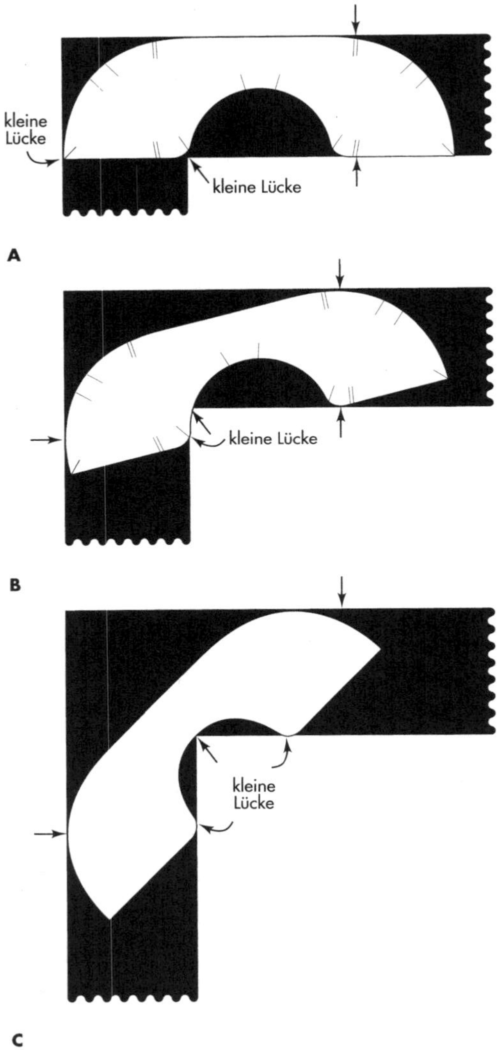

Abb. 119 Der Weg des Gerver-Logan-Sofas um die Ecke des Gangs. (**A**) Die ersten 2° der Drehung: Es gibt nur zwei Berührungspunkte (durch Pfeile angedeutet) mit den Wänden. (**B**) Zwischen 2° und 39° gibt es vier Berührungspunkte. (**C**) Zwischen 39° und 45° gibt es drei Berührungspunkte. Ab 45° kehren sich die Vorgänge symmetrisch um.

Schnitte einer endlichen Menge dieser gedrehten Gänge bildet. Eine derartige Näherungslösung ist ein Polygon mit einer großen Anzahl von Seiten, ähnlich wie in Abbildung 120 dargestellt.

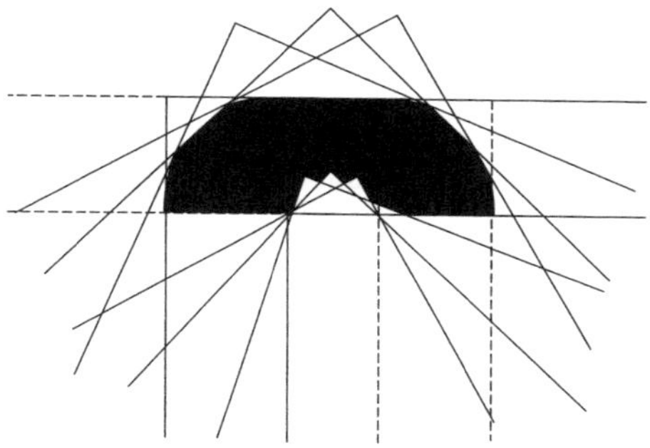

Abb. 120 Polygonale Annäherung an ein optimales Sofa.

Ein solches Polygon berührt den um den Winkel α gedrehten Gang längs einer Anzahl von Seiten. Angenommen, die Summe der Längen der Seiten, die an der Außenseite des Gangs liegen, ist größer als die derjenigen an der Innenseite. Dann läßt sich die Fläche des Polygons vergrößern, indem man einen schmalen Bereich an der Innenseite abschneidet und an der Außenseite entsprechend anfügt, wie in Abbildung 121 gezeigt. Ähnliches gilt für den Fall, daß die Summe der Längen, die an der Außenwand des Gangs liegen, kleiner ist als die Summe der Seiten an der Innenwand. Wir schließen daraus, daß für

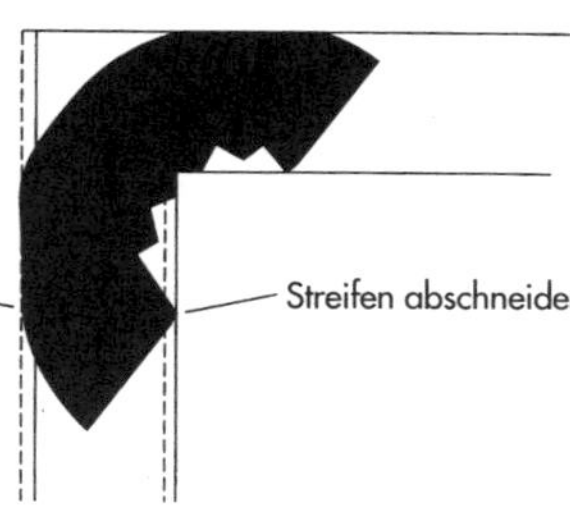

Abb. 121 Wenn die äußeren Kanten länger als die inneren sind, dann kann die Fläche vergrößert werden, indem man einen dünnen Streifen anfügt und einen kürzeren entfernt. Stellen Sie sich vor, daß der ganze Gang ein wenig nach links verschoben wird (gestrichelte Linien).

ein optimales approximiertes Polygon die beiden Summen für jeden Winkel α stets gleich sein müssen.

Um eine ähnliche Aussage für das wirkliche Sofa anstelle eines angenäherten Vielecks zu machen, treiben wir die Approximation bis an die Grenze, bei der die Anzahl der Seiten unendlich wird. Zur Erläuterung des Ergebnisses verwenden wir den Begriff des Krümmungsradius einer Kurve in einem Punkt – das ist der Radius des Kreises, der die Kurve an diesem Punkt am besten annähert. Der Kehrwert dieses Radius ist ein Maß für die Krümmung. Eine gerade Linie hat die Krümmung Null; je größer die Krümmung einer Kurve ist, desto kleiner ist der Krümmungsradius. Dann führt das oben beschriebene Verfahren zur Approximierung von Polygonen auf folgendes Prinzip einer exakten Lösung: Für ein optimales Sofa und für jeden Winkel α muß die Summe der Krümmungsradien in Punkten, wo die Außenmauer des Gangs das Sofa berührt, gleich der entsprechenden Summe für die Innenwand sein.

Dies ist eine einschneidende Forderung, die jede optimale Lösung erfüllen muß. Zum Beispiel wird jetzt klar, daß das Hammersleysche Sofa (Abb. 116) nicht optimal sein kann, da es diese Eigenschaft nicht besitzt.

In der Tat erkannten Conway und seine Kollegen in Kopenhagen daran, daß die Form verbessert werden kann.

Der nächste Schritt besteht darin, herauszufinden, wie sich die Anzahl der Berührungspunkte zwischen dem Sofa und der Wand ändert, wenn der Winkel die Werte von 0° bis 90° durchläuft. Hier gibt es eine zweite Beweislücke: Das in Abbildung119 beschriebene Szenario ist vielleicht nicht das einzig mögliche. Gerver ist es jedoch gelungen, zahlreiche Variationen auszuschließen, und die übrig gebliebenen scheinen nicht aussichtsreich. Er nimmt deshalb (wie in Abb. 119) an, daß es zwei Winkel gibt, bei denen die Anzahl der Kontaktpunkte in der Abfolge 2, 4, 3 wechselt; θ und ϕ und hält fest $0° < \phi < \theta < 45°$; bei Winkeln größer als 45° kehrt sich die Abfolge um. In Abbildung 119 betragen diese Winkel $\phi \approx 2°$ und $\theta \approx 39°$, wobei sie zum Beweis bislang nicht herangezogen wurden. Gerver definiert dann drei Größen $r(\alpha)$, $s(\alpha)$ und $u(\alpha)$, die für die gesamte Analyse entscheidend sind. Die ersten beiden Größen sind der Krümmungsradius der äußeren und inneren Begrenzungen des Sofas an den Punkten, an denen die Tangente den Winkel α bildet. Die dritte Größe, $u(\alpha)$, ist nur für die Winkel definiert, bei denen die Anzahl der Berührungspunkte größer als 2 ist, das heißt, zwischen ϕ und $90° - \phi$. Sie ist schwieriger zu beschreiben, am einfachsten geht es mit einem Bild (Abb. 122). Durch Anwendung des oben beschriebenen Prinzips der Summen der Krümmungsradien und ähnlicher, komplizierterer Feststellungen beweist Gerver die folgenden Gleichungen:

Wenn $0 < \alpha < \phi$ ist, dann ist $r(\alpha) = s(\alpha) = 1/2$.
Wenn $\phi < \alpha < \theta$ ist, dann ist $r(\alpha) = s(\alpha) + u(90° - \alpha)$.

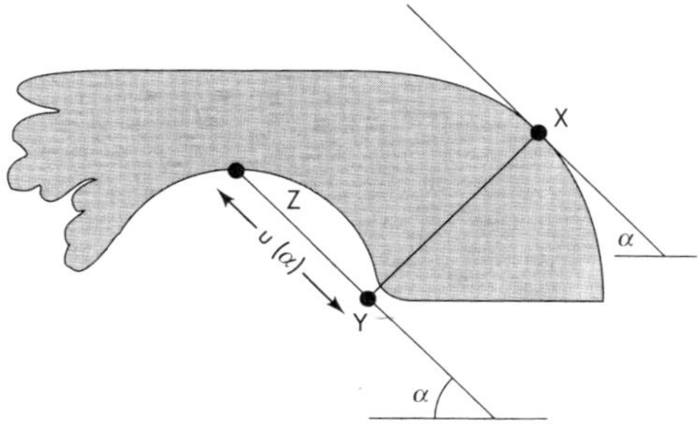

Abb. 122 Definition von $u(\alpha)$. Zeichne von einem Punkt X, bei dem die Tangente den Winkel α bildet die Senkrechte mit Länge 1 nach Y. Zeichne eine Senkrechte zu XY durch Y. Der Schnittpunkt dieser Geraden mit dem inneren Sofarund sei Z. Dann ist $u(\alpha) = \mathrm{YZ}$.

Wenn $\theta < \alpha < 90° - \phi$ ist, dann ist $r(\alpha) = u(90° - \alpha)$.
Wenn $\phi < \alpha < 90° - \phi$ und $\alpha \neq \theta, 90° - \theta$ ist,
dann ist $u'(\alpha) = -u(90° - \alpha) - s(\alpha)$,

wobei $u'(\alpha)$ die Änderungsrate (Ableitung) von u in Abhängigkeit von α ist.

Schließlich löst er diese Gleichungen exakt mit Hilfe einer Mischung aus Analysis und Geometrie. Das Ergebnis ist die Form, die Sie schon in Abbildung 118 gesehen haben. Ihre Fläche beträgt, wie ebenfalls bereits erwähnt, annähernd 2,2195. Für die beiden Winkel θ und ϕ ergibt sich

$$\phi = 2{,}2448°$$
$$\theta = 39{,}0356°.$$

Die Lösung ist rechts-links-symmetrisch und setzt sich aus 18 einzelnen Segmenten zusammen: neun auf der Außenseite des Sofas und neun damit korrespondierende auf der Innenseite. Die bogenförmigen Segmente sehen zwar in der Abbildung wie Kreise aus, die meisten von ihnen sind aber keine. Es sind aber aus der klassischen Differentialgeometrie bekannte Kurven. Um ihre Natur zu erklären, benötigen wir den Begriff der Involute einer Kurve: siehe Abbildung 123. Wenn wir anhand dieser Begriffe noch einmal Abbildung 118 anschauen, können wir anhand der dortigen Beschriftung folgende Aussagen treffen:

AB ist eine gerade Linie.
BC ist ein Kreisbogen mit dem Radius (1/2).
CD ist der Bogen der Involute eines Kreises.

DE ist der Bogen der Involute eines Kreises.
EF ist der Bogen der Involute der Involute eines Kreises.
FG ist eine gerade Linie.
GH ist ein Kreisbogen mit Radius (1/2).
HI ist der Bogen der Involute eines Kreises.
IJ ist der Bogen der Involute der Involute eines Kreises.
JK ist der Bogen der Involute eines Kreises.
KL–RA sind entsprechend symmetrisch definiert.

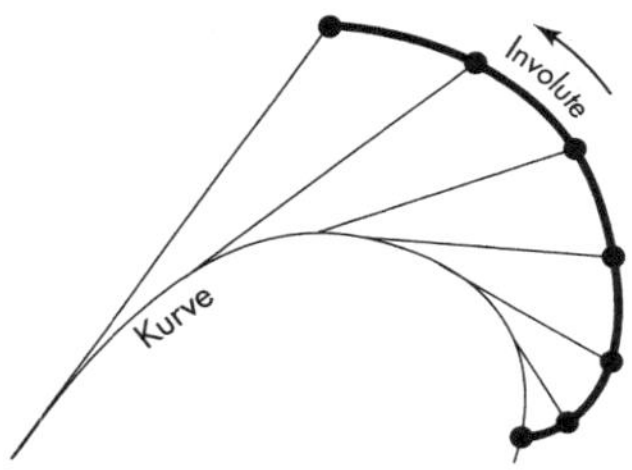

Abb. 123 Um die Involute einer Kurve zu erhalten, stellen Sie sich vor, daß eine dünne Schnur um diese geschlungen ist. Wickelt man diese ab, so beschreibt ihr gespanntes freies Ende die Involute.

Zwar gibt es einige Lücken in Gervers Beweis dafür, daß das Gerver-Logan-Sofa optimal ist, aber diese betreffen nur allgemeine Umstände des Szenarios. Unter der Voraussetzung dieses Szenarios (daß beispielsweise der gesamte Winkelbereich und die Abfolge der Kontaktpunkte durchfahren werden) ist seine Lösung exakt und originell. Sie ist daher ohne Zweifel zumindest „lokal optimal" – die optimale Lösung für das von ihm vorgegebene Szenario. Und sein Sofa hat eine größere Fläche als alle anderen vorgeschlagenen Lösungen, somit ist es gegenwärtig das größte bekannte Sofa. Aber man kann wohl noch weiterreichendere Feststellungen treffen. Es gibt gute Gründe, anzunehmen, daß kein anderes Szenario möglich ist. Daher sieht es in der Tat ganz so aus, als ob Gerver und Logan das optimale Sofa gefunden hätten.

„Puh!" entfuhr es Heiner Würmeling, als Albert seinen Vortrag beendet hatte. „Hätte ich am Anfang gewußt, wie kompliziert das wird, dann hätte ich mein dummes Mundwerk gehalten!" Er bedankte sich überschwenglich bei Albert und hastete nach Hause, um Amelia die gute Nachricht zu überbringen, daß ihr Sofa vierzehn Hundertstel Prozent größer sein konnte als sie bisher dachte.

Aber als er eintraf, fand er sie in übler Laune vor.

„Sofa? *Sofa*? Heiner, ich begreife nicht, warum du glaubst, wir bräuchten ein neues Sofa. Unser altes ist doch absolut in Ordnung!"

„Aber, Amelia, mein Kleines ... du wolltest doch bei Wurmhaus ein neues Sofa kaufen! Ich habe die ganze Woche damit verbracht –"

„Hah!" meinte sie verschnupft. „Wurmhaus – wenn ich das schon höre! Ich kann dir sagen, Heiner, dieses Geschäft hat es sich mit mir als Kundin verdorben!"

„Aber – aber *warum*, meine Liebste?"

„Sie weigern sich, mir eine limonengrüne und purpur gepunktete Polsterung zu machen! Sagen, das hätten sie nicht auf Lager!" Sie schnaubte vor Wut. „Sagen, sie hätten gar keinen Anlaß, sowas auf Lager zu halten. Der Verkaufswurm wurde regelrecht unverschämt! Ehrlich gesagt, ich weiß nicht, *was* ..."

Heiner stahl sich lautlos davon, zurück zu seinem heißgeliebten, wenn auch nicht optimalen Sofa.

Antworten

1. Das größte Rechteck, das sich unter einer Drehung um einen rechten Winkel um die Ecke manövrieren läßt, hat die Seiten $\sqrt{2}$ und $1/\sqrt{2}$ (Abb. 124). Somit beträgt seine Fläche 1, genau wie die des Einheitsquadrats. (Man sieht dies leicht ein, wenn man sich vergegenwärtigt, daß die beiden weißen Dreiecke dieselbe Fläche haben wie die beiden hellgrauen; folglich hat das dunkelgrau und weiß unterlegte Rechteck dieselbe Fläche wie das dunkelgrau-hellgrau gefärbte Quadrat.)
2. Abbildung 115 zeigt einen Streifen mit Einheitsbreite, der um einen Winkel von 45° rotiert wurde. Ich behaupte, daß der schattierte Bereich in diesem Bild der größtmöglichen Fläche eines Sofas entspricht. Um das einzusehen, nehme man an, daß das Sofa auf seinem Weg um die Ecke um

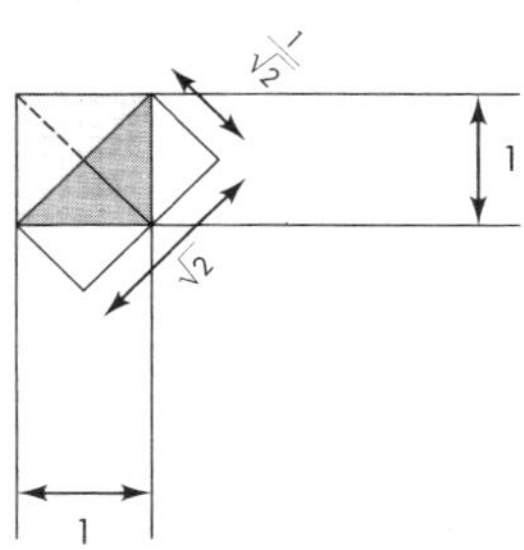

Abb. 124 Das größtmögliche Rechteck, das sich durch die Ecke des Gangs bugsieren läßt.

45° gedreht worden ist. Dann muß es in irgendeinen Streifen hineinpassen, der parallel zu dem in Abbildung 115 gezeigten liegt (und außerdem oberhalb davon, denn sonst zerfiele das Sofa in zwei Teile); sagen wir, in den Streifen zwischen den dicken diagonalen Linien in Abbildung 125. Außerdem muß es in den Gang passen! Nun sind die Flächen der mit A bezeichneten Streifen gleich, aber die Fläche des Streifens B ist *kleiner* als die von Streifen C, sofern die dicken Linien nicht mit den schrägen Linien in Abbildung 115 zusammenfallen – dann sind die Flächen gleich. Folglich ist der schattierte Bereich zwischen den dick ausgezogenen Diagonalen, innerhalb dessen das Sofa sich befinden muß, kleiner oder gleich dem zwischen den korrespondierenden Linien in Abbildung 115, von dem wir bereits wissen, daß seine Fläche den Betrag $2\sqrt{2}$ hat.

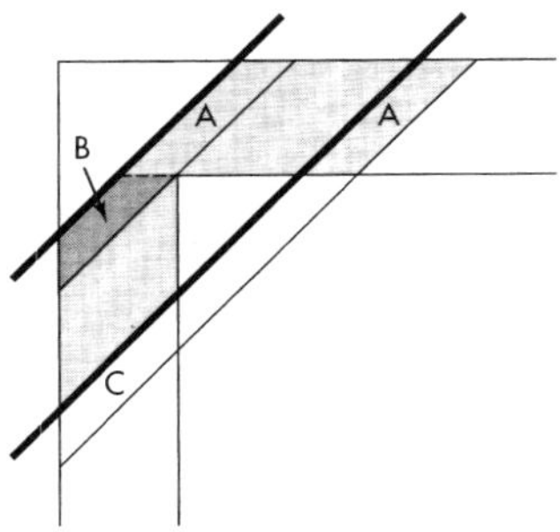

Abb. 125 Der Beweis, daß die maximale Fläche höchstens $2\sqrt{2}$ sein kann.

3. Der Wert von L in Abbildung 116, der das größte Sofa mit dieser Form bestimmt, das sich um die Ecke bewegen läßt, beträgt $L = 4/\pi$. Die Fläche ergibt sich dann exakt zu $(\pi/2) + (2/\pi)$.

Weiterführende Literatur

Gerver, J. L. *On moving a sofa around a corner*. In: *Geometriae Dedicata*.

Hammersley, J. M. *On the enfeeblement of mathematical skills by „Modern Mathematics“ and similar soft intellectual trash in schools and universities*. In: *Bulletin of the Institute for Mathematics and Its Applications* 4 (1968) S. 66–85.

Moser, L. *Moving furniture through a hallway*. In: *Society of Industrial and Applied Mathematics Review* 8 (1966) S. 381.
Wagner, N. R. *The sofa problem*. In: *American Mathematical Monthly* 83 (1976) S. 188–189.

Buch II

Das Versteck der Andromeda

1
Bedingte Wahrscheinlichkeiten: Das Versteck der Andromeda

Wie eine verblüffende Möglichkeit, aus einer scheinbar ganz nutzlosen Information Vorteil zu ziehen, die Gemüter jenseits und diesseits des Atlantiks bewegte.

Pegasau, das korpulente fliegende Schwein, krachte mit einem schweren Plumps in den Sand; es war eine perfekte Drei-Punkt-Landung: auf einer Schnauze und zwei Knien. Luftpassagier Perseus wühlte sich aus der Düne, in die er unsanft geschleudert worden war, und reckte eifrig den Hals nach der blondgelockten Andromeda. Es wäre einfacher, dachte er, wenn das Nachbeben endlich aufhörte.

Das Versteck der Andromeda

„Komisch“, sagte er, als er sich schließlich befreit hatte, „meines Wissens sollte sie irgendwo an einen Felsen gebunden sein.“

„Das ist sie auch, darauf kannst du Gift nehmen“, entgegnete Pegasau. „Da drüben, in einer der drei Höhlen. Die Flut steigt in dieser Gegend ziemlich hoch, und sie wird die Höhlen bestimmt unter Wasser setzen.“

„Großartig!“ erwiderte Perseus sarkastisch, während sie auf die Höhlen zumarschierten. „Die Eingänge sind mit Felsbrocken versperrt!“

„Wenn du Hippolyts magischen Gürtel an meinen Schwanz und das andere Ende an einen der Felsen bindest, können wir ihn leicht wegwuchten.“

„Wahrhaftig“, meinte der Held, „dann laß uns doch gleich bei der Höhle dort anfangen.“

„Hmm“, zögerte das Schwein.

„Hmm was?“

„Hast du nicht etwas vergessen?“

„Was sollte ich vergessen haben, du Riesenschmalztopf?“

„Daß in den beiden Höhlen, in denen Andromeda nicht ist, die Gorgo Medusa und ihre Schwester Stheno lauern. Die Ungeheuer können uns durch ihren bloßen Blick in Stein verwandeln.“

„Ha! Ich habe doch meinen trutzigen goldenen Schild dabei, der den starr machenden Blick auf seinen Urheber zurückwirft“, gab Perseus triumphierend zurück.

„Das ist ein eiserner Schild, und das Wort trutzig hast du wohl mit rostig verwechselt.“

„Uns bleibt sowieso nichts anderes als zu raten.“

„Du mußt vielleicht raten“, sagte das Schwein, „aber uns Pegasäuen hat die Göttin Demeter verborgene Fähigkeiten verliehen. Ich weiß, in welcher Höhle Andromeda ist.“

„Super! Dann schnell heraus mit der Sprache!“

„Unglücklicherweise haben wir Pegasäue Stillschweigen gelobt, und wenn wir unsere geheimen Kenntnisse offenbaren, dann macht Demeter Pökelfleisch in Aspik aus uns.“

Perseus dachte darüber nach. „Ich gebe dir eine Möhre, wenn du es mir sagst“, bot er an.

Pegasau schwankte einen Moment. Oh, du gefräßiges Ferkel, schalt sie sich schnell selbst und schüttelte den Kopf. „Aber ich kann dir eine kleine Hilfestellung geben.“

„Welche?“

„Zunächst kann ich dir verraten, daß die Wahrscheinlichkeit, daß sich Andromeda in einer bestimmten Höhle befindet, für alle Höhlen gleich ist, nämlich ein Drittel. Und wenn du auf eine Höhle getippt hast, werden wir sehen, was ich dir noch gefahrlos mitteilen darf.“

„Nun, wenn du darauf bestehst. Ich rate, daß ... Andromeda ... in der mittleren Höhle ist.“

„Ausgezeichnet“, sagte das fliegende Schwein, „nun kann ich dir enthüllen, daß in der linken Höhle eine Gorgo hockt.“

Perseus schlug ärgerlich mit seinem Schwert auf den Boden. „Du dummes Schwein, wie soll mir das helfen?“

„Ich dachte, diese Information bewegt dich vielleicht dazu, deine Meinung zu ändern.“

„Nun hör aber auf! Das ist doch idiotisch! Schließlich muß in wenigstens einer Höhle, die ich nicht gewählt habe, eine Gorgo lauern. Wie soll es mir dabei helfen, die richtige Höhle zu finden, wenn du mir nur verrätst, in welcher eine Gorgo hockt? Was ich wissen muß ist, in welcher Andromeda schmachtet!“

„Du bleibst also bei deiner Wahl?“

„Warum nicht? Du hast doch nichts anderes gemacht, als die Wahlmöglichkeiten zu verringern. Ich weiß jetzt, daß Andromeda entweder in der mittleren oder der rechten Höhle gefangen sitzt. Die Wahrscheinlichkeit, daß sie in der ist, die ich gewählt habe – also in der mittleren –, ist fifty-fifty. Warum also sollte ich meine Wahl ändern?“

„Ganz wie du willst," meinte Pegasau. „Nur..."

„Nur was?" schrie Perseus wutentbrannt und rannte zur mittleren Höhle.

„Du könntest deine Chancen, richtig zu liegen, verdoppeln, wenn du deine Meinung ändern würdest", gab das fliegende Schwein zu bedenken.

„Wie bitte? Du aufgedunsene Blutwurst hast wohl nicht alle Tassen im Schrank!"

Bild 1: Perseus wird bei der Suche nach Andromeda von Pegasau beraten. Nachdem er auf die mittlere Höhle getippt hat, eröffnet ihm das fliegende Schwein, daß in der linken eine Gorgo lauert, und daß sich seine Chance, nicht von einem Gorgonenblick versteinert zu werden, glatt verdoppeln würde, wenn er sich umentschiede.

Ein fruchtloser Überzeugungsversuch

Das Schwein schüttelte seine gewaltige Schnauze, und der Ringelschwanz am anderen Ende wackelte aus Sympathie mit. „Schau! Die Chancen, daß Andromeda in der mittleren Höhle sitzt, stehen eins zu drei, nicht wahr?"

„Wie du sagst!"

„Gut. Die Wahrscheinlichkeit, daß du damit falsch liegst, ist doppelt so hoch wie die, daß du richtig getippt hast. Um genau zu sein: Die Wahrscheinlichkeit, daß du recht hast, beträgt 1/3 und die, daß du daneben liegst, 2/3. Stimmt's?"

„Natürlich!"

„Ich bin ganz deiner Meinung. Aber laß uns weiter sehen. Wenn du richtig getippt hattest und nun zur rechten Höhle wechselst, dann werden wir beide von einer Gorgo versteinert. Hattest Du aber danebengetippt und in der Höhle in der Mitte lauert eine der beiden schrecklichen Schwestern, dann muß Andromeda in der rechten Höhle sein; denn die linke habe ich ja freundlicherweise schon eliminiert. Das heißt, wenn Du recht hattest und dich umentscheidest, werden wir beide bemerkenswert lebensechte Standbilder sein; hattest Du aber unrecht und wechselst jetzt, dann erwischen wir die blondlockige Andromeda."

„Ja, ja! Aber was soll das?"

„Die Sache ist die: Wir waren uns doch gerade einig, daß du bei deiner ersten Wahl mit doppelt so großer Wahrscheinlichkeit falsch wie richtig getippt hast. Wenn du dich also umentscheidest, liegst du mit doppelt so großer Wahrscheinlichkeit richtig wie falsch. Du kannst es dir also an den fünf Fingern abzählen: Deine Chancen, Andromeda zu finden, betragen 2/3, wenn du wechselst, und nur 1/3, wenn du bei deiner ersten Wahl bleibst."

„Aber ---" Perseus sank in den Sand und stützte verzweifelt den Kopf in die Hände. „Oh du kolossaler Fettkloß, du weißt doch, daß Helden jeder Sinn für höhere Mathematik abgeht! Woher bei Zeus soll ich wissen, welches Argument richtig ist?"

„Du könntest einem wohlmeinenden Rat vertrauen und darauf bauen, daß du Schwein hast", schlug der Fettkloß vor.

„Nein! Die Chancen müssen gleich sein! Du hast eine Höhle eliminiert, also sind noch zwei da, von denen ich eine wählen muß. Jede ist mit gleicher Wahrscheinlichkeit richtig!"

„Das war nicht die Reihenfolge, in der wir vorgegangen sind", murmelte das geflügelte Borstenvieh. Laut sagte es: „Gut, du weißt es besser. Wir Pegasäue werden sowieso bald ausgestorben sein und allenfalls noch für ein billiges Wortspiel taugen. Warum also sollte es mich kümmern, ob du die höhere Mathematik begreifst oder nicht? Lieber würde ich zur marmornen Statue meiner selbst, als in Aspik zu enden. Also mach nur, was du für richtig hältst."

„Genau das habe ich vor", schnaubte Perseus. Diese fliegenden Schweine sind wirklich unausstehlich. Aber da kann man nichts machen. Die kleinen Dicken tragen die Schnauze immer besonders hoch. Er band Pegasau mit Hippolyts magischem Gürtel an den mittleren Felsbrocken und schlug dem Biest kräftig auf seinen fetten Steiß. Der Felsbrocken gab ächzend den Eingang frei und ...

Geben Sie Ihre Wette ab, meine Damen und Herren!

Ich biete eine Quote von drei zu zwei, daß Perseus unrecht hat. Wenn seine Chancen, wie er meint, tatsächlich fifty-fifty stehen, dann werden Sie im Mittel gewinnen. Hat dagegen seine treue Pegasau recht, dann ist das Risiko, daß Perseus danebenliegt, zwei zu eins, und Sie werden auf lange Sicht verlieren. Ich mache gern so viele Durchgänge, wie Sie wollen. Hier noch einmal die Ausgangssituation und das Verfahren:

– Andromeda sitzt bestimmt in einer der drei Höhlen gefangen. Die Wahrscheinlichkeit, daß sie sich in einer bestimmten Höhle befindet, beträgt jeweils 1/3.

– Zuerst wählt Perseus eine Höhle.

– Dann zeigt Pegasau auf eine der beiden anderen Höhlen und gibt (wahrheitsgemäß) bekannt, daß darin eine Gorgo hockt.

– Danach erhält Perseus die Gelegenheit, seine ursprüngliche Wahl zu revidieren. Er bleibt aber bei seiner Entscheidung, und ich wette drei gegen zwei, daß das ein Fehler ist. Wenn also Andromeda in der Höhle sitzt, die Perseus gewählt hat, zahle ich Ihnen drei Mark. Lauert in der Höhle dagegen eine Gorgo, dann schulden Sie mir zwei Mark. Nehmen Sie an?

Experimentelle Bestätigung

Statt mit Nachdenken kann man die Streitfrage selbstverständlich auch experimentell zu klären versuchen. Es ist nicht schwer, ein Computerprogramm zu schreiben, welches das Problem simuliert; das kann man dann viele Male ablaufen lassen und einfach mitzählen, wie oft Perseus gewinnt und wie oft nicht. Ich selbst habe zunächst ein weniger anspruchsvolles Experiment gemacht, für das man anstelle eines Computers nur eine Standard-Tabelle mit Zufallszahlen braucht; in meinem Falle waren es die „Cambridge Elementary Statistical Tables“. Damit sind alle subjektiven Faktoren ausgeschlossen, und Sie können meine Rechnungen im Prinzip nachprüfen.

Die Methode ist folgende: Nur die Ziffern 1, 2 und 3 werden verwendet – ich nenne diese Zahlen zulässig; jede steht für eine Höhle. Man geht die Tabelle der Zufallszahlen durch und notiert die zulässigen Ziffern in der Reihenfolge, in der man auf sie stößt. Die erste solche Ziffer, A, bestimmt die Höhle, in der Andromeda tatsächlich gefangen ist. Die zweite, W, steht für Perseus' erste Wahl. Die nächste von A und W verschiedene zulässige Zahl, P, bezeichnet schließlich die Höhle, von der Pegasau verraten hat, daß sie eine Gorgo enthält. (P darf nicht mit A identisch sein, weil Pegasau eine Höhle mit einer Gorgo wählen muß; und W scheidet aus, weil das Schwein selbstredend auch nicht die Höhle aussuchen darf, für die Perseus sich entschieden hat. Allerdings können A und W gleich sein – dann hat Perseus die richtige Höhle erraten; in diesem Falle greift Pegasau willkürlich eine der beiden anderen Höhlen heraus.)

Bestimmen Sie nun, ob Perseus, indem er bei seiner Wahl blieb, recht hatte oder nicht. Zum Vergleich nehmen wir an, der Held habe Pegasaus Rat befolgt und sich für die eindeutig bestimmte Höhle umentschieden, die von *P* und *W* verschieden ist. Notieren Sie, ob er mit seiner geänderten Wahl richtig gelegen hätte. Dann gehen Sie zur nächsten zulässigen Ziffer über und wiederholen die ganze Prozedur.

Bild 2 zeigt, was bei den ersten 20 Versuchen herauskommt. Wenn Perseus' Strategie darin besteht, seine erste Wahl niemals zu ändern, liegt er in 6 Fällen richtig und in 14 falsch. Mit Pegasaus Strategie, immer zu wechseln, kehrt sich dieses Ergebnis gerade um. Pegasau muß also recht haben mit ihrem Rat, sich umzuentscheiden! Allerdings läuft das Ergebnis jeglicher Intuition so zuwider, daß es vielen Menschen schwerfällt, es zu akzeptieren.

Höhle der Andromeda Ziffer *A*	erste Wahl des Perseus Ziffer *B*	Wahl der Pegasau Ziffer *C*	Perseus bleibt bei seiner Wahl	Perseus ändert seine Wahl
2	1	3	falsch	richtig
1	3	2	falsch	richtig
1	1	2	richtig	falsch
2	2	3	richtig	falsch
1	3	2	falsch	richtig
3	2	1	falsch	richtig
3	1	2	falsch	richtig
2	1	3	falsch	richtig
2	2	3	richtig	falsch
2	1	3	falsch	richtig
3	3	1	richtig	falsch
2	3	1	falsch	richtig
2	1	3	falsch	richtig
3	1	2	falsch	richtig
3	3	1	richtig	falsch
2	3	1	falsch	richtig
2	2	3	richtig	falsch
1	3	2	falsch	richtig
2	1	3	falsch	richtig
1	2	3	falsch	richtig

Bild 2: Ein Experiment mit Zufallszahlen zeigt, daß bei 20 Durchgängen die Taktik, die zunächst getroffene Wahl grundsätzlich zu revidieren, tatsächlich etwa doppelt so oft erfolgreich ist wie die, grundsätzlich bei der ersten Entscheidung zu bleiben.

Vielleicht sind 20 Versuche zu wenig, um Sie zu überzeugen. Ich warne Sie: Sie greifen nach Strohhalmen, aber gut – machen wir ein umfangreicheres Experiment. Ich habe das Problem auch auf einem Computer simuliert und dabei 100 000 Versuche angestellt. Perseus' Strategie war in 33 498 Fällen erfolgreich und in 66 502 Fällen ein Reinfall. Bei Pegasaus Strategie verhielt es sich entsprechend umgekehrt. Die daraus resultierenden Wahrscheinlichkeiten von 0,33498 und 0,66502 liegen überzeugend dicht an den von Pegasau behaupteten Werten von 1/3 und 2/3.

Ein Sturm im Wasserglas

Kürzlich hat es um das geschilderte Problem in der amerikanischen Presse viel Wirbel gegeben, von dem ein Lüftchen auch durch den deutschen Blätterwald geweht ist. Eine Dame namens Marilyn vos Savant, die im Guinness-Buch der Rekorde als Person mit dem höchsten jemals gemessenen Intelligenzquotienten eingetragen ist, schreibt eine Kolumne mit dem Titel „Fragen Sie Marilyn", die in mehreren hundert amerikanischen Zeitungen abgedruckt wird. Letzthin tischte sie dabei eine Variante unserer Perseus-Geschichte auf, bei der ein Teilnehmer einer Fernseh-Show den hinter einer von drei Türen versteckten Hauptgewinn – ein Auto – finden soll; die anderen Türen verbergen jeweils eine Ziege. Nachdem der Teilnehmer gewählt hat, öffnet der Spielleiter eine Tür und gibt den Blick auf eine Ziege frei. Dann bietet er dem Kandidaten an, seine Entscheidung zu revidieren. Marilyn erklärte genau wie Perseus' pfundige Pegasau, daß die Chancen, das Auto zu bekommen, doppelt so hoch seien, wenn man sich umentscheide.

Daraufhin wurde sie von einer Flut von Leserbriefen überschüttet. Hier ist eine kleine Auswahl. Die Autoren sind alle Wissenschaftler an Universitäten, Colleges oder Forschungsstätten.

„Sie haben Unsinn verzapft! Als Mathematiker bin ich sehr besorgt über das verbreitete Unwissen in mathematischen Dingen. Bitte machen Sie den angerichteten Schaden gut, indem Sie Ihren Fehler zugeben, und seien Sie in Zukunft vorsichtiger."

„Es gibt genug mathematischen Unverstand in der Welt, und die Inhaberin des höchsten IQ braucht seiner Verbreitung nicht noch Vorschub zu leisten. Schämen Sie sich!"

„Ihre Lösung des Problems ist falsch. Aber zum Trost kann ich Ihnen verraten, daß viele meiner akademisch gebildeten Kollegen ebenfalls auf den Trugschluß hereingefallen sind."

Marilyn schrieb darauf, ihre Lösung sei sehr wohl richtig. Hier ist, auf unsere Geschichte übertragen, eine von mehreren Erklärungen, die sie gab. Angenommen, Perseus hätte die Höhle 1 gewählt. (Sie können leicht nachprüfen, daß sich nichts an der Situation ändert, wenn er sich für Höhle 2 oder 3 entschieden hätte. Schließlich – Zahlen sind Schall und Rauch.) Dann gibt es drei Möglichkeiten, wie die Geschichte ausgehen kann (Bild 3). Sie alle sind gleich wahrscheinlich; denn schließlich hat Pegasau unter Berufung auf gut unterrichtete höhere Kreise glaubhaft versichert, daß für jede Höhle die Chance, Andromeda darin zu finden, gleich groß ist. Wie die Aufstellung in Bild 3 unwiderleglich zeigt, gewinnt Perseus' Strategie nur in einem von drei Fällen, während die von Pegasau in zwei von drei Fällen erfolgreich ist.

Perseus revidiert seine Wahl nie

Höhle 1	Höhle 2	Höhle 3	
Andromeda	Gorgo	Gorgo	gewinnt
Gorgo	Andromeda	Gorgo	verliert
Gorgo	Gorgo	Andromeda	verliert

Perseus revidiert seine Wahl immer

Höhle 1	Höhle 2	Höhle 3	
Andromeda	Gorgo	Gorgo	verliert
Gorgo	Andromeda	Gorgo	gewinnt
Gorgo	Gorgo	Andromeda	gewinnt

Bild 3: Darstellung aller Möglichkeiten für die beiden Taktiken, die erste Wahl grundsätzlich beizubehalten (oben) oder immer zu wechseln (unten). Wie man sieht, ist die erste Taktik nur in einem, die zweite dagegen in zwei der drei möglichen Fälle erfolgreich.

Darauf schrieben noch mehr Universitäts- und College-Angehörige:

„Ihre Antwort steht klar im Widerspruch zur Wahrheit."

„Darf ich den Vorschlag machen, daß Sie zunächst einmal in ein Standard-Lehrbuch über Wahrscheinlichkeitsrechnung schauen, bevor Sie das nächste Mal versuchen, ein derartiges Problem zu lösen?"

„Wieviele entrüstete Mathematiker braucht es, bis Sie endlich Ihre Meinung ändern?"

„Ich bin schockiert, daß Sie, nachdem Sie von wenigstens drei Mathematikern korrigiert worden sind, Ihren Fehler immer noch nicht einsehen."

„Vielleicht gehen Frauen mathematische Probleme anders an als Männer."

„Sie haben unrecht. Bedenken Sie doch: Wenn sich alle diese Doktoren irren würden, stünde es sehr schlecht um unser Land."

Nach Marilyns Aussage erhielt sie Tausende von Briefen, deren Absender fast alle darauf bestanden, daß sie unrecht habe – darunter auch der stellvertretende Direktor des Center for Defense Information und ein Statistiker vom Gesundheitsministerium der USA. Alles in allem stellten sich 92 Prozent der wissenschaftlich nicht vorgebildeten und immerhin 65 Prozent der einer Hochschule angehörenden Leserbriefschreiber gegen sie. Doch Marilyn blieb unbeeindruckt. „Lösungen mathematischer Probleme werden nicht durch Abstimmung entschieden", meinte sie nur.

Immerhin machte sie einen letzten Versuch, ihre dem Perseus geistesverwandten Mitmenschen zu überzeugen. Angenommen, es gebe eine Million Türen und Sie tippten auf die mit der Nummer 1. Daraufhin öffnet der Quizmaster der Reihe nach 999 998 andere, deren jede eine Ziege enthüllt. Sie beobachten, daß er dabei wie zufällig die mit der Nummer 777 777 übergeht. Was, glauben Sie, ist wahrscheinlicher: Daß Sie die richtige Höhle (aus einer Million möglichen) getroffen haben, oder daß Sie falsch getippt haben und das Verhalten des Quizmasters Ihnen einen ziemlich deutlichen Hinweis liefert? Wenn Sie es vorher mit Perseus hielten, müssen Sie sich konsequenterweise nun auch sagen, daß für jede der zwei noch übrigen Türen (Nummer 1 und Nummer 777 777) die Wahrscheinlichkeit gleich groß ist, daß sich ein Auto dahinter befindet. Sollten Sie das wirklich glauben, dann habe ich ganz billig einen fast neuen Sportwagen für Sie, dessen Vorbesitzerin eine alte Dame war, die ihn nur benutzt hat, um ab und zu damit an den Strand zu fahren, sofern die Gorgonen nicht gerade da waren...

Der Grund der Verwirrung

Die Schwierigkeiten mit diesem Problem rühren daher, daß wir es mit bedingten Wahrscheinlichkeiten zu tun haben, die voraussetzen, daß vor dem betrachteten Ereignis bereits etwas anderes passiert ist. Bedingte Wahrscheinlichkeiten laufen oft der Intuition zuwider. Der entscheidende Punkt in unserem Zusammenhang ist, daß Pegasaus Entscheidung, welche Höhle sie herausgreift, davon abhängt, welche Höhle Perseus vorher gewählt hat. Wenn Perseus richtig getippt hat, hat Pegasau bei den anderen beiden Höhlen die freie Auswahl. Hat er aber danebengegriffen (was ja doppelt so wahrscheinlich ist), dann bleibt ihr nur eine Wahl, mit der sie den entscheidenden Hinweis gibt.

Das Argument, daß bei zwei übrigbleibenden Höhlen Andromeda mit gleicher Wahrscheinlichkeit in einer davon sitzen muß, wäre nur dann richtig, wenn Pegasau gleich zu Anfang eine Höhle als Gorgonen-Schlupfloch enttarnt hätte. In Wahrheit aber muß sie sich danach richten, wofür sich Perseus zuerst entschieden hat. Eine solche Situation, bei der es darauf ankommt, in welcher

Reihenfolge etwas geschieht, ist typisch für Probleme mit bedingten Wahrscheinlichkeiten.

Man kann auch noch eine andere Überlegung anstellen. Pegasau gibt Perseus eine nützliche Information, nämlich die Auskunft, daß Andromeda in einer der Höhlen nicht ist. Das sollte doch etwas sein, was Perseus nutzen kann, um seine Chancen zu verbessern; dafür ist Information ja da. Aber er kann diese Information nicht verwerten, wenn er seine Meinung nicht ändert; denn er hat seine Wahl ja getroffen, bevor er über die Information verfügte. Das beweist nicht, daß er wechseln sollte, aber es zeigt, daß niemals zu wechseln nicht die beste Strategie sein kann.

Wenn Sie mir immer noch nicht glauben, dann probieren Sie es doch mit einem Freund aus. Nehmen Sie einen Zuckerwürfel für Andromeda und Tassen für die Höhlen. Machen Sie jeweils 100 Versuche mit beiden Strategien. Zum Vergleich können Sie auch noch den Fall ausprobieren, daß Ihr Freund Ihnen eine leere Tasse zeigt, bevor Sie gewählt haben.

Aber bitte schreiben Sie nicht und machen Sie, nachdem klar ist, daß Sie ohnehin verlieren werden, auch keinen Einsatz für die oben nur aus rhetorischen Gründen angebotene, fiktive Wette! In Marilyns Fall gerieten die Dinge völlig außer Kontrolle. Sie erhielt Wäschekörbe mit Briefen, Telephonanrufe, FAX-Nachrichten und wüste Anschuldigungen. Immerhin zogen einige Leute ihre Behauptungen schließlich peinlich berührt zurück. Ich bezweifle allerdings, daß der Schreiber des sarkastisch-sexistischen Kommentars darunter war; solche Leute sehen selten ein, daß sie im Unrecht sind. Wenn jedoch der Mathematiker, der ihr zum Konsultieren eines Lehrbuchs über Wahrscheinlichkeitsrechnung riet, das selbst getan und darin das Kapitel über bedingte Wahrscheinlichkeiten aufgeschlagen hätte, dann wäre er vielleicht auf eine Erörterung genau dieses Problems gestoßen.

„Wenn die Wirklichkeit so schroff mit dem gesunden Menschenverstand kollidiert, geht es nicht ohne Blessuren ab“, kommentiert Marilyn. Wie wahr! Aber die wirklich schreckliche Wahrheit ist, daß dieses Problem uralt ist und jedem Statistiker im Laufe seiner Karriere in der einen oder anderen Form begegnet sein sollte. Eine Version bringt schon der französische Mathematiker Joseph Bertrand (1822 bis 1900) in seinem bahnbrechenden Werk „Calcul des Probabilités" aus dem Jahre 1889. Als Bertrands Schachtelparadoxon wurde es, wie Eugene Northrop in seinen „Riddles in Mathematics“ anmerkt, „als illustratives Beispiel in fast jedem darauffolgenden Lehrbuch“ verwendet. Eine Version mit drei zum Tode verurteilten Häftlingen und einem Gefängniswärter hat dann Martin Gardner, der Altmeister des Knobelns, im August 1959 im Scientific American beschrieben.

Also hatten viele von Marilyns überheblichen Kritikern nicht einmal ihre Hausaufgaben gemacht. „Wenn sich alle diese Doktoren irren würden..." Da kommt mir eine Idee: Wenn zum Mathematik-Studium auch eine Vorlesung über unterhaltsame Mathematik gehören würde, gäben sich die Mathematiker vielleicht nicht mehr als so schrecklich unnahbare Hüter einer ehrwürdigen Wissenschaft und würden ohne Zweifel selber davon profitieren, wenn sie sich mehr Mühe gäben, die Geheimnisse ihres Fachs auch für Nicht-Mathematiker durchschaubar zu machen.

Nun, da wir wissen, daß Perseus seine Chancen verbessern kann, indem er die Information nutzt, die ihm die redliche Pegasau gegeben hat, kann man sich fragen, ob eine andere Strategie vielleicht noch besser wäre. Nehmen Sie beispielsweise an, er ändert seine Wahl mit der Wahrscheinlichkeit w. Kann er mit dieser oder irgendeiner anderen Strategie seine Chancen über die Zweidrittel-Marke hinausschrauben?

Hier gleich die Antwort: Die Strategie, die erste Wahl zufällig mit einer Wahrscheinlichkeit w (die zwischen 0 und 1 liegen kann) zu ändern, hat eine Erfolgswahrscheinlichkeit von $(w+1)/3$, und dieser Wert ist für $w=1$ am größten. Also läßt sich Pegasaus Strategie auf diese Weise nicht verbessern. Die beste aller Strategien wäre zweifellos, immer nur dann zu wechseln, wenn die erste Wahl falsch war. Sie hätte eine Erfolgswahrscheinlichkeit von 1, läßt sich aber schwerlich realisieren – es sei denn mit Hilfe eines Orakels. Sofern Wahrscheinlichkeitstheorie und Informatik nicht von Grund auf falsch sind, ist Pegasaus Strategie die bestmögliche.

Literaturhinweise

Mathematische Probleme und Rätsel. Von Martin Gardner. Vieweg, Braunschweig 1966.

Riddles in Mathematics. Von Eugene P. Northrop. Penguin Books, Harmondsworth 1960.

2
Gullivers Abenteuer auf der fliegenden Insel Laputa

Der Uhrmacher und der Landvermesser von Laputa.
Ein neues Kapitel aus dem dritten Teil von „Gullivers Reisen“, erdacht und Jonathan Swift in die Schuhe geschoben

Der Leser wird sich schwerlich mein Erstaunen vorstellen können, eine Insel in der Luft zu erblicken, die von Menschen bewohnt wurde, die (wie es scheinen wollte) imstande waren, sie nach Belieben steigen oder sinken zu lassen oder sie nach vorn in Bewegung zu setzen . . .

Sie sahen mich mit allen Anzeichen und Merkmalen der Verwunderung an, und darin blieb ich ihnen wirklich auch nur wenig schuldig, denn bis dahin hatte ich noch nie ein Geschlecht von Menschen gesehen, das nach Gestalt, Kleidung und Gesichtsbildung so eigentümlich war. Ihre Köpfe waren alle entweder nach rechts oder nach links geneigt; eines ihrer Augen war nach innen und das andere senkrecht auf den Zenit gerichtet. Wie es scheint, sind diese Leute so sehr von intensivem Nachdenken in Anspruch genommen, daß sie weder sprechen noch auf die Rede anderer achten können, ohne durch eine Berührung der Sprech- und Hörorgane von außen geweckt zu werden; aus diesem Grunde halten sich die Personen, die es sich leisten können, stets einen Aufwecker als einen ihrer Bedienten in ihrem Hause . . .

Obgleich sie in der Handhabung des Lineals, des Bleistifts und des Zirkels auf einem Blatt Papier geschickt genug sind, habe ich doch noch nie ein Volk gesehen, das in den gewöhnlichen Tätigkeiten und dem Verhalten im Leben ungeschickter, unbeholfener und linkischer und so langsam und ratlos in seinen Auffassungen auf allen anderen Gebieten außer denen der Mathematik und der Musik gewesen wäre. Sie sind sehr schlechte Denker und neigen leidenschaftlich zum Widerspruch, es sei denn, sie sind zufällig der richtigen Meinung, was jedoch bei ihnen nur selten der Fall ist. Einbildungskraft, Phantasie und Erfindungsgabe sind ihnen völlig fremd.

Jonathan Swift
Gullivers Reisen, dritter Teil:
Eine Reise nach Laputa, Balnibarbi,
Luggnagg, Glubbdubdrib und Japan

Nach etwa einem Monat war ich der Sprache, die auf der fliegenden Insel Laputa gesprochen wurde, immerhin so weit mächtig, daß ich die meisten Fragen des Königs über den Stand der Mathematik in Europa beantworten konnte. Dafür gewährte mir dieser die besondere Gnade, die Fliegende Akademie seines beweglichen Landes zu besichtigen, die dem viel größeren ortsfesten Institut auf der Insel Balnibarbi nachgebildet war. Ich beeilte mich, das Angebot anzunehmen, sowohl aus Höflichkeit als auch aus Neugier, denn ich hatte schon sehr viel Merkwürdiges über die Akademie und deren Naturphilosophen vernommen.

Zuerst wurde mir ein Erfinder vorgestellt, der seit 16 Jahren die Pendeluhr durch die Verwendung eines doppelten Pendels zu verbessern trachtete. Anfangs hatte der freundliche Mann das zweite Pendel einfach am unteren Ende des ersten aufhängen wollen. Als er jedoch einsehen mußte, daß sich gewisse Feinheiten seiner Theorie nicht auf diese schlichte Weise in die Praxis umsetzen ließen, hatte er hier eine Feder, dort ein Gegengewicht hinzugefügt, so daß die Komplexität der Maschine mit der Zeit weit über seine ursprünglichen Vorstellungen hinausgewachsen war (Bild 2). Immerhin zeigte sie, wie er mir berichtete, zweimal am Tag die genaue Zeit an.

Der Uhrmacher fühlte sich sehr geschmeichelt, als ich ihm zu diesem ausgezeichneten Ergebnis gratulierte, und zeigte mir voller Stolz die vielen mathematischen Rechnungen, die seiner Erfindung zugrunde lagen. Vieles ist mir entfallen; doch ein wesentlicher Gedanke ist mir hartnäckig im Gedächtnis haften geblieben. Es gab Positionen, in denen man den Mechanismus zum Stillstand bringen konnte, dergestalt, daß für jeden Teil des Apparats die vermittels Federn oder anderer Teile auf ihn ausgeübten Kräfte sich in einem vollkommenen Gleichgewicht befanden. Für die Urform des Geräts waren die notwendigen Rechnungen besonders elegant und durchsichtig: Das Doppelpendel konnte in genau vier Stellungen ins Gleichgewicht kommen.

Ich verstand ohne weiteres, daß die Stellung, in der beide Pendel senkrecht herabhingen, auf ewig andauern könnte, wagte jedoch, die Existenz der drei anderen Stellungen zu bezweifeln. Unter großer Anstrengung gelang es dem Uhrmacher, mir verständlich zu machen, daß die Position, bei der beide Pendel senkrecht nach oben zeigten, ebenfalls im Gleichgewicht sei.

Eine solche Konfiguration war mir nicht in den Sinn gekommen. Wenngleich ich einräumen mußte, daß sie im Prinzip möglich sei, so wagte ich doch einzuwenden, daß im Prinzip auch ein Mönch einen Aal auf seiner Nasenspitze balancieren könne, man solches aber auf Fischmärkten oder in Klöstern nur selten zu sehen bekomme. Der Uhrmacher bestand aber auf der Möglichkeit dieser Anordnung und bezeichnete sie als ein *thelmin frole*, was ich mit „instabiles Gleichgewicht" übersetzen würde. Damals sagte er, soweit ich mich erinnere, eine solche Anordnung sei „teuflich unwahrscheinlich", eine Einschätzung, der ich ohne zu zögern zustimmte. Nachdem der Uhrmacher meinen Geist mit dieser merkwürdigen Position vertraut gemacht hatte, die meinem praktischen Verstande bislang entgangen war, waren die zwei übrigen Gleichgewichtsstellungen nicht mehr schwer zu finden. In jeder der beiden hängt ein Pendel nach unten, und das andere zeigt genau nach oben.

Der Erfinder jammerte, das einzige, was ihm zum erfolgreichen Abschluß seines Projekts fehle, sei ein unanfechtbarer Beweis dafür, daß das System auch in seiner gegenwärtigen Form mit all den Federn und anderen Teilen mindestens vier derartige Gleichgewichtszustände habe. Deren genaue Lage sei unwesentlich; es komme nur auf ihre Existenz an. Aber die mathematische Beschreibung sei so undurchschaubar geworden, daß er schier verzweifele. In diesem Moment befreite mich ein Bote des Königs aus den Fängen des Unglücklichen, indem er mich zu einem Mahl aus konischem Rindersteak und elliptischem Pudding bat.

Die Landvermessung von Laputa

Nach dem Essen präsentierte mir der König eine Errungenschaft, auf die er sehr stolz war: eine vollständige Landvermessung der ganzen Insel. Der mit diesem Projekt beauftragte königliche Vermesser war ein rotwangiger Mensch riesigen Umfangs, der stets ein Senkblei als Zeichen seines Amtes bei sich trug. Seine Aufgabe war, so erzählte er mir, jeden Gipfel, jede Senke und jeden Paß auf der Insel zu katalogisieren.

Ich fragte ihn nach der genauen Definition dieser Begriffe, um mir eine Vorstellung von seiner Tätigkeit machen zu können. Würde er beispielsweise den höchsten Punkt eines Ameisenhaufens als Gipfel bezeichnen? Allerdings, war die Antwort. Jede Erhebung, deren Höhe die Höhe aller Punkte in einer beliebig kleinen Umgebung derselben übersteige, sei ein *klim*, was ich, der Präzision zuliebe, als „lokales Maximum" übersetzen würde. Ein *bim* oder „lokales Minimum" dagegen sei ein Punkt, der tiefer liege als jeder Punkt in einer kleinen Umgebung. Ein Paß schließlich sei ein Ort, der ähnlich einem Pferdesattel aus der einen Richtung besehen einem *klim*, quer dazu dagegen einem *bim* gleiche. Man nennt einen solchen Punkt an den großen europäischen Akademien denn auch einen „Sattelpunkt", während der laputische Ausdruck dafür *klimbim* lautet.

Die Punkte dieser drei Typen seien mit der allergrößten Sorgfalt ausgezählt worden; demnach, so erklärte der königliche Landvermesser stolz, gebe es genau 1267 Gipfel und 1506 Senken in Laputa (Bild 1).

Dann müsse es 2771 Sattelpunkte geben, warf ich ein. Nicht ohne Stirnrunzeln erwiderte er, man habe genau 1944 Pässe gezählt. Dann, so versetzte ich, müßten einige vergessen worden sein, denn es bestehe eine allgemeine und schlüssig bewiesene Beziehung zwischen der Zahl G der

Bild 1: Nach der königlichen Landvermessung zählt die fliegende Insel Laputa 1267 Gipfel, 1506 Senken und 1944 Pässe. Kann man beweisen, daß die Zahlen falsch sind?

Gipfel, der Zahl S der Senken und der Zahl P der Pässe: $G - P + S = 2$ (siehe Kasten Seite 23).

Der königliche Landvermesser, nunmehr in seiner Ehre ernstlich angegriffen, ließ seine Untergebenen zu Dutzenden vor mir antreten, die Genauigkeit ihrer Beobachtungen zu beschwören. Aber nach und nach kamen immer mehr Ungereimtheiten ans Licht, und kurze Zeit später verkündete der königliche Landvermesser, daß wegen eines kleinen Versehens die Anzahl der Pässe auf 2772 korrigiert werden müsse; die Anzahl der Gipfel und Senken aber bleibe unverändert.

Ich lobte seine Sorgfalt, wagte aber zu bemerken, daß immer noch ein Unterschied von eins bestehen bleibe. Entweder habe er einen Paß zuviel gezählt oder aber einen Gipfel oder eine Senke übersehen. Er gab zu bedenken, daß ein Gipfel vermöge seiner Natur kaum zu übersehen sei, dies jedoch mit einer Senke relativ leicht geschehen könne.

Der tiefste Punkt der Schatzinsel

Plötzlich geriet er in große Erregung und suchte mit mir ein anderes Mitglied der Akademie auf, einen Historiker. Ich war noch nie einem Menschen begegnet, der für ein solches Amt ungeeigneter gewesen wäre, denn er konnte kaum seinen Namen von einer Sekunde auf die nächste behalten. Nach großen

Der Satz von Gulliver für Flächen

Für jede abgeschlossene, glatte Fläche, die G lokale Maxima, S lokale Minima und P Sattelpunkte enthält, gilt die Gleichung $G + S - P = 2$. Zum Beweis deformiert man am besten die Fläche stetig, so daß die Zahlen G, S und P vermindert werden, der Ausdruck $G + S - P$ jedoch unverändert bleibt.

Die Deformation besteht aus einer Folge von elementaren Bewegungen, bei deren jeder ein Gipfel oder eine Senke mit einem benachbarten Paß vereinigt wird, so daß beide verschwinden. Dieser Vorgang wird wiederholt, bis alle Pässe verschwunden sind. Danach bleiben genau ein Gipfel und eine Senke übrig. (Wären es zwei Gipfel oder zwei Senken, dann müßte irgendwo zwischen den beiden ein Sattelpunkt liegen.)

Wenn ein Gipfel und ein Paß sich gegenseitig wegheben, vermindern sich G und P jeweils um 1; daher bleibt $G + S - P$ unverändert. Entsprechendes gilt für die Vereinigung einer Senke mit einem Paß (siehe unten).

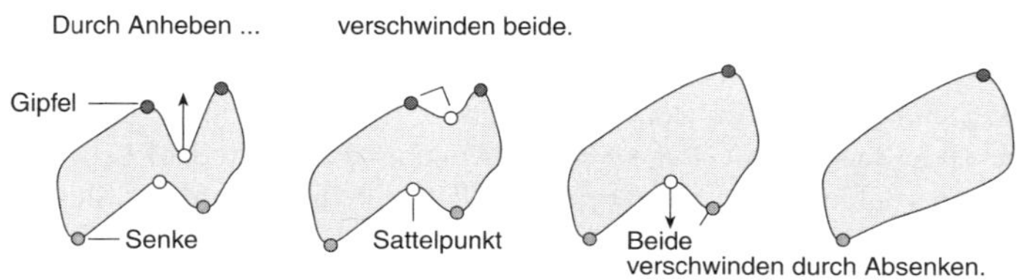

Nach Abschluß der Deformationsfolge gilt $G = 1$, $S = 1$ und $P = 0$; daraus folgt $G + S - P = 2$. Da $G + S - P$ während der ganzen Deformationsfolge unverändert geblieben ist, muß es von Anfang an den Wert 2 gehabt haben.

Dieser Beweis gilt für den Fall, daß die betrachtete Fläche einer Kugeloberfläche (Sphäre) topologisch äquivalent ist, das heißt, stetig in eine solche deformiert werden kann. Im allgemeinen ist eine Fläche aber äquivalent einer Sphäre mit g angesetzten Henkeln; g heißt das topologische Geschlecht der Fläche. Für eine solche Fläche gilt $G + S - P = 2 - 2g$. Der Beweis verläuft wie oben; nur hat die Fläche nach Abschluß der Deformationen die rechts angegebene Gestalt.

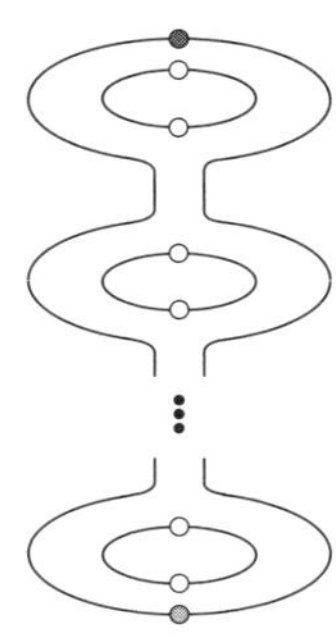

Hier gilt $G = 1$, $S = 1$ und $P = 2g$, denn jeder Henkel trägt zwei Pässe zur Gesamtzahl bei. Daraus folgt das Ergebnis $G + S - P = 2 - 2g$.

Mühen auf seiner und noch größerer Geduld auf meiner Seite jedoch begann seine Geschichte Gestalt anzunehmen.

Anscheinend war ich nicht der erste Europäer, der Laputa besuchte. Nach der Überlieferung hatte ein gewisser Kapitän Kidd, Pirat seines Zeichens, einen Schatz irgendwo auf der Insel vergraben, „auf dem Grunde der tiefsten

Stelle“. Trotz gründlichster Suche war nie ein Schatz gefunden worden; aber wenn tatsächlich eine Senke übersehen worden wäre, könnte das Geheimnis sich auf diese Weise klären. Leider lieferte meine Methode keinerlei Hinweis auf deren Ort.

Nach weiterem Nachdenken erwuchs mir jedoch die Gewißheit, daß die „tiefste Stelle“ der fliegenden Insel Laputa nur der am tiefsten liegende Punkt an der Unterseite sein konnte, die gleich einer Schüssel glatt und sanft gerundet war. Diskrete Erkundigungen bestätigten, daß die königliche Landvermessung sich nicht auf die Unterseite erstreckt hatte, womit sich der Widerspruch zu meiner eigenen Zufriedenheit auflöste. Ich nahm mir vor, diese Unterseite selbst und ohne Zeugen in Augenschein zu nehmen.

Zur Ablenkung fragte ich, ob auf der Insel natürliche Steinbögen zu finden seien. Der königliche Landvermesser sagte mir, deren gebe es in der Tat einige, aber er wisse nicht genau, wieviele. Dann, so erklärte ich ihm, müsse die Zählung immer noch fehlerhaft sein, denn der Beweis für die Beziehung $G - P + S = 2$ war davon ausgegangen, daß die Insel keine Löcher habe. Zu jedem Steinbogen gehöre jedoch ein Loch im Innern desselben, und dann sei die korrekte Beziehung $G - P + S = 2 - 2g$, wobei g die Zahl der Löcher sei.

Aus einer fehlerlosen Landvermessung läßt sich die Anzahl der Steinbögen ausrechnen. Wenn es beispielsweise 1000 Gipfel, 1000 Senken und 2020 Pässe gibt, dann gilt:

$$1000 - 2020 + 1000 = 2 - 2g,$$

und daher wäre $2g = 22$, also gäbe es genau 11 Steinbögen. Ich glaube nicht, daß der königliche Landvermesser von diesen Enthüllungen entzückt war, aber er versprach auf der Stelle, die Zählung noch einmal mit der allergrößten Sorgfalt zu wiederholen.

Meine Gedanken kreisten derweil unablässig um Kapitän Kidds Schatz. Vielleicht hatte der Pirat ihn in der tiefen Höhle namens Flandona Gagnole vergraben, die man mir zu Beginn meines Besuchs gezeigt hatte. Innerhalb dieser Höhle ist ein Magnetstein von ungeheurer Größe auf einer Achse befestigt. Mit seiner Hilfe können die Bewohner Laputas ihre Insel aufsteigen und absinken lassen und sie zu verschiedenen Teilen der Welt befördern. Unter diesem Stein war zweifellos der tiefstgelegene Punkt, an dem man überhaupt einen Schatz verstecken konnte. Ich beschloß, danach zu graben, und schaffte zu diesem Zweck einen Spaten aus den königlichen Gärten beiseite. Zu meinem Unglück wurde ich jedoch, noch ehe mein Tunnel weit gediehen war, entdeckt, ergriffen und eingekerkert, da man mich der Sabotage am Mechanismus der fliegenden Insel verdächtigte.

Ich lag drei Tage in Ketten und wurde dann vor den König geführt, der mir wegen der Übertretung der laputischen Gesetze eine gewaltige Prügelstrafe androhte. Wortreich flehte ich um Milde und enthüllte meine Theorie, daß der große Piratenschatz an der Unterseite der Insel zu finden sein müsse. Der König gab seiner Anerkennung für meine Ideen Ausdruck und verurteilte mich gnädiglich nur zu vier Tagen harter geistiger Arbeit.

Grabung von unten nach oben?

Wie der Leser unschwer erraten wird, hatte ich als erstes zu ersinnen, wie man den vergrabenen Schatz in die Hände des Königs bringen könne. Ich beschloß, einige Mitglieder der Fliegenden Akademie zu Rate zu ziehen. Einer dieser Philosophen erklärte meinen Plan, von Flandona Gagnole aus abwärts zu graben, für im Prinzip durchführbar, meinte jedoch, es sei geschickter, den Magnetstein umzudrehen, so daß sich die Unterseite Laputas zuoberst kehren würde; dann lasse sich der nunmehr höchste Punkt mit leichter Mühe erreichen. Meinem Einwand, daß dann alle Einwohner von Laputa herunterfallen würden, wußte sogleich ein weiterer Philosoph mit dem Vorschlag abzuhelfen, man könne zuvor die ganze Insel mit einer reichlich bemessenen Schicht starken Leims überziehen.

Ich wollte diese klebrige Angelegenheit lieber vermeiden und erwog statt dessen, Laputa bis auf wenige Yards über den festen Boden herabzulassen und dann die Unterseite mit Hilfe einer Leiter zu untersuchen. Noch bevor ich jedoch den Vorschlag zu unterbreiten Gelegenheit hatte, erwachte in mir die Befürchtung, ich selbst könnte für dieses gewagte Unternehmen ausersehen und am Ende von einer versehentlich zu tief abgesenkten Insel jämmerlich erdrückt werden.

Vielleicht könnte ich jemanden finden, der den Plan an meiner Statt dem König vorlegen würde. Der Uhrmacher schien mir ein idealer Kandidat zu sein, da er als Mitglied der Akademie hohes Ansehen genoß. Er erklärte sich auch bereit dazu, aber nur, wenn ich ihm dafür den Beweis verschaffte, daß sein System aus zwei Pendeln wenigstens vier Gleichgewichtspositionen aufweise – einerlei, wie die Federn und Gegengewichte angebracht seien.

Ein Existenzsatz für Gleichgewichtspunkte

Wir waren uns einig darüber, daß jede mögliche Konfiguration der Maschine durch die Angabe zweier Zahlen erschöpfend beschrieben wird: Es genügt, die Winkel, welche die beiden Pendel gegen die Vertikale einnehmen, anzugeben. Nach einem unter europäischen Mathematikern neuerdings in Mode gekommenen Verfahren könnte man zwei aufeinander senkrechte Achsen in eine Ebene zeichnen und auf jeder dieser Achsen die möglichen Winkel eines

Pendels abtragen, so daß jeder Zustand der Maschine einem Punkt in dieser Ebene genau entspräche. Während die Pendel ihre komplizierten Bewegungen vollführten, würde der gedachte Punkt in der Ebene umherwandern. Nur wäre es nicht hilfreich, von Winkeln oberhalb 360 Grad zu sprechen, da etwa ein Pendel, das eine volle Umdrehung und noch 30 Grad mehr vollführt hätte, in unserer Ebene bei 390 Grad einzutragen, in Wirklichkeit jedoch von einem Pendel, das diese Volldrehung nicht ausgeführt hätte, schlechterdings nicht zu unterscheiden wäre.

Nach einigem Sträuben willigte der arme Uhrmacher daher ein, als den sogenannten Konfigurationsraum seines Geräts nicht die ganze Ebene anzusehen, sondern ein Quadrat, bei dem, nach geeigneter Dehnung seines Materials, die rechte mit der linken und die untere mit der oberen Seite verklebt sind: einen Torus (Bild 2). Diese Fläche hat ein Loch, es gilt also $g = 1$. Je nachdem, wie der Torus im Raum orientiert ist, liegen seine *klims*, *bims* und *klimbims* an verschiedenen Stellen; es gilt jedoch stets

$$G - P + S = 2 - 2g = 0.$$

Der aller sinnvollen Tätigkeit entrückte Scharfsinn der Laputier hatte einen gemeinsamen Wesenszug aller mechanischen Apparate, überhaupt nahezu alles Beweglichen entdeckt, den sie den Abscheu vor der *poteria* nannten, in Analogie zum *horror vacui* der Natur, der jedes ausgepumpte Gefäß sich bei der ersten Gelegenheit mit Luft füllen läßt. *Poteria* wäre etwa mit Bewegungsfähigkeit zu übersetzen; es handelte sich jedoch, wohlgemerkt, nicht um einen Abscheu vor der Bewegung an sich. Wenn vielmehr der Uhrmacher seiner

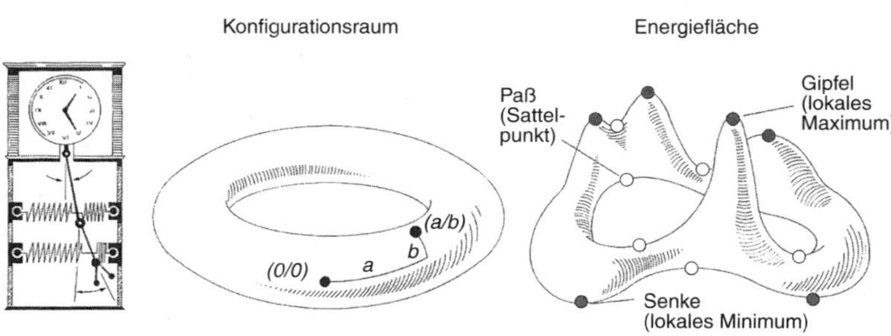

Bild 2: Die Uhr des Uhrmachers von Laputa enthält zwei Pendel (links). Den Winkeln der Pendel gegen die Ruhelage entsprechen Punkte auf einer Fläche (Mitte), dem sogenannten Konfigurationsraum der Uhr. Aus diesem entsteht die Energiefläche, wenn die Höhe jedes Punktes über dem Boden der potentiellen Energie der zugehörigen Konfiguration proportional ist.

Maschine unter großem Kraftaufwand ein gewisses Quantum an *poteria* übertrug und sie damit zur selbsttätigen Bewegung befähigte, so wußte diese nichts Eiligeres zu tun, als sich derselben unter großem Gezappel baldmöglichst zu entledigen. Sie ruhte erst wieder, wenn sie unter kaum merklicher Erwärmung tatsächlich alle *poteria* verloren hatte oder – ganz selten – einmal unschlüssig war, auf welche Weise sie die verhaßte *poteria* am schnellsten loswerden könne und nicht der mindeste Anstoß ihr die Entscheidung erleichterte.

Diese Vorkenntnisse der Laputier erleichterten es mir, dem Uhrmacher den nächsten Beweisschritt begreiflich zu machen. Ich bat ihn, sich vorzustellen, daß jeder Punkt der Torusfläche auf eine Höhe über dem Boden angehoben werde, die der *poteria* des entsprechenden Maschinenzustands entspricht. Spätere Generationen mögen den umständlichen Begriff „potentielle Energie" an die Stelle von *poteria* setzen und die so entstehende Fläche die Energiefläche nennen.

Gleichgewichtszustände entsprechen stationären Punkten der potentiellen Energie, also Gipfeln, Senken und Pässen der Energiefläche. Die Gesamtzahl dieser Zustände ist $G + P + S$. Nun muß jede Fläche, die sich nicht bis ins Unendliche erstreckt, einen höchsten und einen tiefsten Punkt haben – also gibt es wenigstens einen Gipfel und eine Senke. Somit sind sowohl G als auch S wenigstens gleich 1. Da $G - P + S = 0$ ist, folgt $P = G + S$, also ist P wenigstens gleich 2. Schließlich ist die Anzahl der Gleichgewichtszustände $G + P + S$, also wenigstens gleich $1 + 2 + 1 = 4$, was zu beweisen war.

Glückliche Flucht

Meine Methode sagt nicht, wo diese Gleichgewichtszustände liegen. Wie beim Schatz des Piraten Kidd hätte der Uhrmacher dafür Wissen aus anderen Quellen zu Rate ziehen müssen. Immerhin lieferte mein Gedankengang die gewünschte untere Schranke für die Anzahl der Gleichgewichtszustände. Diese Folgerung ist gänzlich unabhängig von Seilen, Federn, Gewichten und anderen Verzierungen; sie hängt lediglich von der Anzahl der Löcher im Konfigurationsraum ab.

Ich bemühte mich redlich, dem Uhrmacher meinen Gedankengang nahezubringen. Nach längerer Debatte wurde mein Beweis als korrekt, wenn auch etwas exotisch, anerkannt.

Der Uhrmacher hielt Wort und schlug dem König vor, die fliegende Insel auf den Erdboden hinabzulassen, um gründlich nach dem Piratenschatz suchen zu können. Der König stimmte zu und erteilte den entsprechenden Befehl. Noch ehe der Tag sich neigte, schwebte Laputa wenige Yards über der Insel Balnibarbi.

Während eine Strickleiter für das Unternehmen bereitgestellt wurde, ersuchte der königliche Landvermesser um eine Audienz beim König, um ihm mitzuteilen, daß die zweite königliche Landvermessung soeben vollendet worden sei. Finster in meine Richtung blickend, nannte er die Zahlen: 1893 Gipfel, 1942 Senken und 3816 Pässe. Der König schien über die Nachricht erfreut zu sein; nur hätte nach meiner Rechnung die Anzahl g der Steinbögen auf Laputa die Gleichung

$$2 - 2g = 1893 + 1942 - 3816 = 19$$

erfüllen müssen, und demnach gäbe es $-8{,}5$ Steinbögen auf Laputa.

Noch ehe der König diese Tatsache richtig zur Kenntnis nehmen konnte, schlich ich davon und kletterte die Strickleiter hinunter auf den Boden. Trotz der Furcht, zerquetscht zu werden, war ich versucht, auf der Unterseite nach dem Schatz zu suchen. Als ich aber oben einen tumultartigen Aufruhr hörte, machte ich mich hastig auf und davon.

Literaturhinweise

Gullivers Reisen. Von Jonathan Swift. Insel-Verlag, Frankfurt am Main 1974.

Surface Topology. Von P. A. Firby und C. F. Gardiner. Ellis Horwood, Chichester 1982.

3
Eine digitale Sonnenuhr

Weisheit und Geduld sind die Tugenden der Euklidikanischen Mönche. Sie verhelfen ihnen dazu, mit Prinzipien der fraktalen Geometrie eine digitale Sonnenuhr zu bauen.

Roger Bacon, den ich als meinen Meister verehre, hat uns gelehrt, daß der göttliche Plan sich eines Tages durch die Wissenschaft der Maschinen verwirklichen wird, die eine *magia naturalis et sancta* ist.

William von Baskerville
in „Der Name der Rose"
von Umberto Eco

Bruder Benjamin vom Orden der Euklidikaner war schon seit Tagen mit der Kolorierung einer Handschrift beschäftigt. Er liebte seine Arbeit und glaubte inbrünstig an die ehrwürdige Maxime seiner Oberen: Salus per geometriam, Erlösung durch die Geometrie. Der Baum des Lebens, den er gerade malte, rankte sich um ein goldenes, großes O. Da Bruder Benjamin über profunde Kenntnisse in der fraktalen Geometrie verfügte, setzte er an jeden Ast genau zwei Zweige an, an jeden Zweig zwei kleinere und so immer fort. Wie Fraktale, ja wie das Leben selbst, hatte dieser Baum zwar beschränkte Dimension, aber unendlichen Reichtum im Detail.

Bruder Benjamin widmete sich mit wahrhaft klösterlicher Geduld gerade den 8192 winzigen Zweigen der dreizehnten Ordnung, als das Geräusch schlurfender Ledersandalen ihn aufschreckte. Sein Mitbruder Daniel, dem er nach Möglichkeit aus dem Wege zu gehen pflegte, weil der stets seine lange Nase in die Angelegenheiten anderer steckte, richtete ihm aus, daß der Abt ihn zu sprechen wünsche.

Das ließ Übles befürchten. Während Bruder Benjamin durch die hallenden Wandelgänge schritt, versuchte er verzweifelt, sich irgendwelcher Sünden oder – schlimmer noch – Rechenfehler zu entsinnen.

„Bruder Benjamin", hub der Abt mit dünner, strenger Stimme an, „ich muß sagen, ich bin in höchstem Maße unzufrieden."

„Mein Abt, wenn ich einen Fehler gemacht haben sollte…"

Bild 1: Die digitale Sonnenuhr steht im Hof des Euklidikaner-Klosters.

„Nein, Bruder Benjamin. Ich bitte dich nur um deinen geschätzten Rat in einer Angelegenheit, die mir mißfällt. Deine technischen Kenntnisse werden allgemein gerühmt.“

O weh. Hoffentlich hatte der Abt nicht wieder versehentlich das Vaterunser aus seinem elektronischen Gebetbuch gelöscht. Er hatte so einen Hang zum Anschaffen und Ruinieren von Hochtechnologiegeräten.

Das Stoßgebet des Mönchs wurde erhört. „Du erinnerst dich vielleicht“, sagte der Abt, „daß das Kloster vor kurzem die Jalousien ersetzen ließ. Ich bin bestürzt. Die alten Jalousien konnte ich am Vormittag so einstellen, daß dieses Zimmer mäßig hell war, gerade recht zum Lesen. Danach brauchte ich mich bis zum späten Nachmittag nicht wieder darum zu kümmern. Aber die neuen muß ich fast stündlich nachstellen, um die Helligkeit einigermaßen konstant zu halten. Wie kommt das?“

Das rechte Maß der Erleuchtung

Benjamin ging zum Fenster hinüber. Die Lamellen der neuen Jalousien waren senkrecht angeordnet, die der alten dagegen waagerecht. Der Abt hatte dem Argument des Verkäufers Glauben geschenkt, daß sich auf senkrechten Lamellen erheblich weniger Staub ansammeln würde. Bruder Benjamin spielte an den Schnüren herum, mit denen sich der Winkel der Lamellen verstellen ließ. Das Gemach versank in fast völliger Dunkelheit, dann erhellte ein Sonnenstrahl die gegenüberliegende Wand, und schließlich wurde es wieder dunkel.

Dem Mönch dämmerte etwas. Aber wie sollte er es dem Abt schonend beibringen? „Verehrter Abt, ich glaube, es liegt an den senkrecht stehenden Lamellen."

„Unsinn. Lamellen sind Lamellen. In eine Richtung gestellt, halten sie das Licht ab, in eine andere Richtung gestellt, lassen sie es durch."

„Das schon, verehrter Abt. Aber die Sonne ist eine bewegliche Lichtquelle, und das verändert grundlegend die – äh – Geometrie." Bruder Benjamin hatte es geschickt vermieden, mit den ketzerischen Ansichten des Galileo Galilei Anstoß zu erregen, und statt dessen das Lieblingsthema der Euklidikaner angesprochen. Da er nicht abermals unterbrochen wurde, erklärte er: „Die Lamellen sind eng beieinanderstehende parallele Ebenen. Wenn die Lichtquelle in der richtigen Richtung steht, ihre Strahlen also parallel zu den Ebenen einfallen, dann wird der größte Teil durchgelassen. Wären die Lamellen unendlich dünn, dann wäre der verschluckte Anteil verschwindend gering."

Der Abt nickte verstehend, erlaubte aber seinen Augenbrauen, einen geringen Grad von Ungeduld zu zeigen. Bruder Benjamin beeilte sich fortzufahren: „Wenn das Licht die Lamellen dagegen unter einem Winkel trifft, dann wird ein gewisser Anteil verschluckt, und zwar um so mehr, je größer dieser Winkel ist."

„Bruder Benjamin, die Klarheit deines Geistes ist erleuchtend. Aber was besagt das über den Unterschied zwischen senkrechten und waagerechten Lamellen?"

„Verehrter Abt, wenn Ihr die Helligkeit konstant halten wollt, dann darf sich der Winkel zwischen den Lichtstrahlen und den Lamellen nur so wenig wie möglich ändern. Die Lichtquelle ist hier die Sonne, deren Ort am Himmel sich im Laufe des Tages bewegt. Da aber unser Kloster auf einem nördlichen Breitengrad liegt, ist die tägliche Höhenschwankung viel geringer als die Bewegung von Osten nach Westen. Eine horizontale Jalousie kann man daher auf einen Mittelwert einstellen: ein bißchen dunkel am frühen Morgen und am späten Abend, ein bißchen hell zur Mittagszeit, aber akzeptabel über die ganze Zeitspanne. Eine vertikale Jalousie muß man dagegen entsprechend der Sonnenbewegung alle paar Stunden nachstellen" (Bild 2).

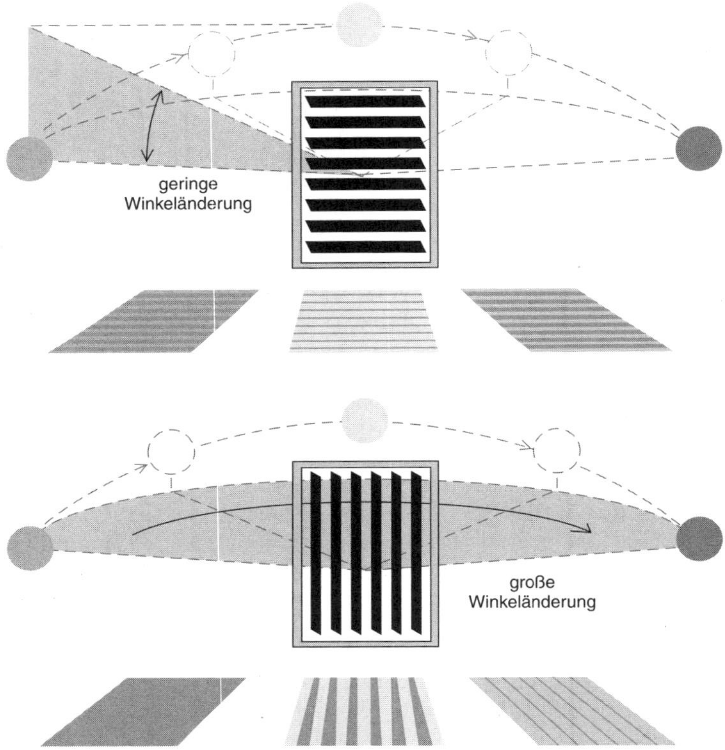

Bild 2: Jalousien mit waagerechten Lamellen müssen seltener nachgestellt werden als solche mit senkrechten, weil in nördlichen Breiten die Höhe der Sonne über dem Horizont weniger variiert als der Azimut (der Winkel gegen die Südrichtung).

Der Abt nickte, runzelte aber gleichzeitig die Stirn. Er selbst hatte die Jalousien bestellt.

„Wenn mir eine persönliche Bemerkung erlaubt ist", fügte Benjamin hastig hinzu, „diese Mühewaltung ist ein geringer Preis für die bemerkenswerte Abwesenheit jeglichen Staubes auf den Lamellen. Und das häufigere Nachstellen hilft sogar, den Staub abzuschütteln, der sich durch elektrostatische Aufladung vielleicht doch hingezogen fühlte."

„Gut gesprochen, Bruder Benjamin. Du darfst morgen früh um fünf Uhr die Lesung halten. Und vielleicht könntest du deine überragende Weisheit auch bei einer Angelegenheit von größerer Wichtigkeit einbringen. Es handelt sich um die Sonnenuhr des Klosters." Das rostige Gerät, das schon fünf

Jahrhunderte überdauert hatte, war eine Woche zuvor unter dem Gewicht eines Taubenschwarms mit großen Getöse zu Boden gekracht.

Das Prinzip der Sonnenuhr

„Ich könnte einen Ersatz bauen, mein Abt", bot Benjamin dienstbeflissen an. „Die Konstruktion beruht auf den gleichen geometrischen Prinzipien der Sonnenbewegung."

„Hm. Ich denke an etwas anderes", sagte der Abt. Er zog einen Ärmel seiner Robe zurück und enthüllte eine teure goldene Uhr. „So etwas."

„Wir könnten die Sonnenuhr mit Blattgold dekorieren, mein Abt."

„Ach was. Schau dir doch das Zifferblatt an."

„Ah. Eine Digitaluhr."

„Genau. Ich fände es zeitgemäßer, wenn unser Kloster mit einer digitalen Sonnenuhr ausgestattet wäre."

„Verehrter Abt, man könnte ohne weiteres auf dem Zifferblatt der Sonnenuhr die stilisierten Zahlzeichen eingravieren lassen, welche die Designer von Digitaluhren bevorzugen."

„Nein, Bruder Benjamin. Du verstehst meine Absicht nicht. Schau dir diesen Ring an. Wenn ich ihn in die Sonne halte, wirft er einen Schatten auf mein Schreibpult."

„Ja, verehrter Abt."

„Und welche Form hat der Schatten?"

„Es ist ein Kreis, Herr, wie der Ring."

„In der Tat. Aber wenn ich jetzt den Ring mit der Kante in den Sonnenstrahl drehe, so?"

„Dann ist es ein gerader Strich, Herr."

„Richtig! Und erinnern dich diese zwei Formen an etwas?"

„An die Zahlen 0 und 1, Herr."

„Hervorragend! Ich denke nun an einen Gegenstand, dessen Schatten sich mit der Bewegung der Sonne verändert und jede Minute der in Ziffern ausgeschriebenen Uhrzeit ähnelt."

„Ihr meint, um 23 Minuten nach sieben sollte der Schatten wie 7:23 aussehen?"

„Du hast es erfaßt."

„Das ist eine schwere Aufgabe, verehrter Abt."

„Gewiß, Bruder Benjamin. Aber sie wird dich doch nicht überfordern – hoffe ich. Ich muß mich jetzt wichtigeren Geschäften zuwenden. Geh hin in Frieden, bete und rechne."

In der Nacht träumte Benjamin von einem überaus komplizierten System bemalter Glasplatten, die sich, jede zu ihrer Zeit, aus einem Kasten heraushoben und Schatten warfen, welche die Tageszeit darstellten. Aber am nächsten Morgen verwarf der Abt die Idee mit dem Argument, digitale Geräte hätten keine beweglichen Teile – und Sonnenuhren erst recht nicht.

Bruder Benjamin hockte in sich zusammengesunken in seiner Zelle und war mit seinem Latein am Ende, als der neugierige Bruder Daniel sich neben ihn setzte. In seiner Not zögerte Benjamin nicht, ihm sein Herz auszuschütten.

„Verschiedene Schatten werfen? Aus verschiedenen Richtungen? Das habe ich doch schon einmal gesehen. Ich bin gleich wieder da." Daniel kam mit einem Buch wieder.

„Aber Daniel, dieses Buch steht auf dem Index! Es ist verboten. Ich darf es nicht lesen. Woher hast du . . ."

„Aus der Privatbibliothek unseres Abtes, Bruder. Der alte Lüstling behält die wirklich prickelnden Sachen für sich selbst zurück."

„Du könntest dich und mich damit in größte Schwierigkeiten bringen", murmelte Benjamin. Der Titel des Buches lautete „Gödel, Escher, Bach: ein Endloses Geflochtenes Band". Benjamin blätterte ein paar Seiten durch und fand nichts Ketzerisches darin. „Warum ist es verboten?"

„Es heißt, die Beziehung zwischen Achilles und der Schildkröte sei etwas anstößig."

„Stimmt das?"

„Keine Ahnung. Ich habe nicht so weit gelesen. Aber schau dir doch bloß den Umschlag an."

Das Titelbild zeigte einen merkwürdig geformten Gegenstand, der drei Schatten warf. Links war der Buchstabe G zu erkennen, unten ein B und rechts ein E (Bild 3). „Ich dachte, das könnte dir ein Hinweis sein", sagte Bruder Daniel. „Jedenfalls sieht man daran, daß ein und derselbe Gegenstand drei völlig verschiedene Schatten werfen kann. Vielleicht steckt ein allgemeines Prinzip dahinter."

Bild 3: Ein und derselbe Gegenstand kann drei völlig verschiedene Schatten werfen.

„Weißt du was, Bruder? Das könnte tatsächlich sein. Ich habe mich zu sehr in Einzelheiten vertieft, die Form der Ziffern und so weiter. Ich hätte das allgemeinere Problem untersuchen sollen: Welche Beziehung gibt es zwischen den Schatten, die ein Gegenstand in verschiedene Richtungen werfen kann?"

„Und was ist deiner Ansicht nach die Beziehung?" fragte Daniel.

„Gar keine." Und ohne ein weiteres Wort machte sich Benjamin davon, um seine Idee auszuarbeiten.

Nach Wochen konzentrierter, ununterbrochener Arbeit in der Werkstatt war der Mönch endlich zufrieden. Stolz trug er das fertige Werk zum Abt, um es ihm vorzuführen.

„Wenn dieses Modell Eure Zustimmung findet, werde ich ein entsprechendes Gerät in voller Größe für den Hof in Auftrag geben." Auf dem Tisch war ein schwacher, aber deutlicher Schatten der Form 1:52 zu sehen. Der Abt blickte auf seine Armbanduhr. Sie zeigte 4 :17.

„Oh, verzeiht, ehrwürdiger Abt", sagte Benjamin eilfertig, „eine kleine Dejustierung." Er hantierte an der Sonnenuhr, bis auch sie 4:17 zeigte. Der Abt legte seine Armbanduhr neben den Schatten auf den Tisch. Als diese auf 4:18 umsprang, sah der Schatten ein bißchen verschwommen aus, aber einen Moment später war 4:18 zu erkennen. Über mehrere Minuten hinweg veränderte sich nun der Schatten synchron zur Anzeige der Digitaluhr.

„Genial", sagte der Abt. „Kannst du erklären, wie sie funktioniert?"

Rauhe Fraktale

„Ich begann das Prinzip eines solchen Gerätes zu verstehen, als ich mir eine sehr allgemeine Frage stellte: Was ist der Zusammenhang zwischen den Schatten, die ein Gegenstand in verschiedene Richtungen wirft? Die Gegenstände des täglichen Lebens sind von relativ einfacher Struktur, das heißt, sie sind von ebenen oder zumindest glatten Flächen begrenzt. Die Schatten solcher Objekte müssen sich stetig verändern: Kleine Veränderungen im Beleuchtungswinkel verursachen kleine Veränderungen des Schattenbildes.

Nun sind aber, wie Ihr wißt, Fraktale meine Spezialität. Einerlei wie stark man sie vergrößert, ihre Oberfläche ist nicht glatt, sondern hat eine Feinstruktur. Also muß bei diesen Gegenständen der Schatten nicht unbedingt stetig vom Einfallswinkel abhängen. Es müßte möglich sein, so dachte ich mir, diesen Effekt bis in den sichtbaren Bereich zu vergrößern. Dann könnte sich der Schatten völlig beliebig mit dem Einfallswinkel verändern. Jemand könnte mir eine Liste von Schatten mit zugehörigen Einfallswinkeln vorgeben, und ich würde ein Fraktal bauen, das, aus den entsprechenden Richtungen beleuchtet, genau die geforderten Schatten wirft.

Mittlerweile fand ich heraus, daß dieser Gedanke im wesentlichen richtig ist. Kenneth Falconer von der Universität Bristol in England hat 1986 einen mathematischen Satz dieses Inhalts bewiesen. Allerdings muß man sich die Freiheit nehmen, die geforderten Schattenformen möglicherweise in sehr wenigen Punkten abzuändern. Eine solche Änderung ist aber für das Auge praktisch unsichtbar und tut daher der Funktion der Sonnenuhr keinen Abbruch.

„Die zugrundeliegende Idee ist übrigens das Prinzip der Jalousie. Iterativ angewandt, liefert es eine Punktmenge, deren Schatten in einigen Richtungen groß, in anderen jedoch verschwindend klein ist", erläuterte Benjamin (Bild 4). „Indem man viele solche Mengen zusammenfügt, kommt man den geforderten Schatten beliebig nahe. Für den exakten Beweis muß man noch einen mathematischen Grenzwert bilden. In der Werkstatt konnte ich das Verfahren mit hinreichender Genauigkeit durchführen. Das Ergebnis steht vor Euch."

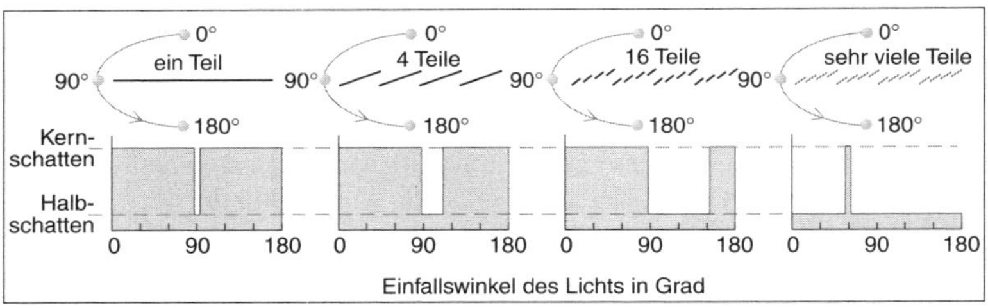

Bild 4: Hinter der Sonnenuhr mit Digitalanzeige steckt das Prinzip der Jalousie. Wenn man ein schattenwerfendes Rechteck in schmalere Streifen zerlegt und diese geeignet anordnet, kann man den Winkelbereich, in dem der Gegenstand einen Schatten wirft, verkleinern. Durch vielfache Wiederholung des Verfahrens kann der beschattete Winkelbereich beliebig klein werden.

Der Abt war wider Willen beeindruckt. „Bruder Benjamin, deine Sonnenuhr ist ein Wunder! Deinen Lohn erhältst du natürlich im Himmel, denn das ist geistig viel erhebender als profane materielle Entschädigung." Da kam ihm ein Gedanke. „Würdest du mir vielleicht noch bei einer anderen kleinen Aufgabe behilflich sein?"

Was blieb dem armen Klosterbruder übrig, als zuzustimmen?

„Ich erfuhr, daß die tibetanischen Mönche Maschinen verwenden, in denen ein geschriebenes Gebet auf ein Rad gewickelt ist. Wenn das Rad gedreht wird, dreht sich das Gebet mit und wird damit als gelesen betrachtet. Ich denke, das ist eine sehr arbeitssparende und lobenswerte Erfindung. Als ergebener Euklidikaner wirst du jedoch wissen, daß nur gesprochene Gebete wirksam sind. Könnte man nicht mit Hilfe der Prinzipien, die hinter deiner digitalen Sonnenuhr stecken, eine Maschine bauen, die entsprechende Laute hervorbringt, wenn der Wind sie dreht?"

Großer Gott, dachte Benjamin. Eine digitale Gebetsmühle, die mit alternativer Energie betrieben wird ... Fromm und fortschrittlich zugleich, gewiß. Aber wie soll ich das schaffen?

Neues aus Laputa

Ich hatte vor kurzem ein neu entdecktes Kapitel aus Jonathan Swifts klassischem Buch „Gullivers Reisen" vorgestellt. Nun stellt sich heraus, daß nicht nur Gulliver, sondern auch der von ihm so gedemütigte Landvermesser Schriftliches hinterlassen hat. Erich Ruso aus München sandte ein Schriftstück ein, das der Landvermesser offensichtlich zur Wiederherstellung seines Rufes für den König von Laputa verfaßt hat. Darin heißt es:

„Inzwischen weiß ich, daß der Satz über die Anzahl der Gipfel, Senken und Pässe, den jener arrogante Fremdling namens Gulliver als sein geistiges Eigentum in Anspruch nahm, eine Verallgemeinerung eines Satzes ist, den ich bereits in meiner Schulzeit gelernt habe.

Der Eulersche Polyedersatz besagt, daß in einem einfach zusammenhängenden Polyeder (das ist ein Körper, der von ebenen Flächen begrenzt wird und keine Löcher hat) die Beziehung $E + F - K = 2$ gilt. Dabei stehen E, F und K für die Anzahl der Ecken, Flächen beziehungsweise Kanten.

Nehmen wir weiter an, es handele sich um ein regelmäßiges Polyeder, etwa einen der fünf platonischen Körper (obgleich es darauf im Prinzip nicht ankommt). An die Stelle der von Gulliver betrachteten Funktion, der potentiellen Energie, setzen wir den Abstand vom Mittelpunkt. Jede Ecke ist ein Punkt maximalen Abstands vom Mittelpunkt, jeder Flächenmittelpunkt ein Punkt minimalen Abstands. Es gibt also genauso viele Gipfel wie Ecken und genauso viele Senken wie Flächen.

Außerdem ist im Mittelpunkt jeder Kante der Abstand vom Mittelpunkt des Polyeders in Kantenrichtung ein Minimum und quer dazu ein Maximum. Es liegt also ein Sattelpunkt vor, so daß die Anzahl der Kanten gleich der Anzahl der Pässe ist.

Schließlich ist die Oberfläche eines regulären Polyeders einer Kugeloberfläche (Sphäre) topologisch äquivalent, da sie stetig in eine solche deformiert werden kann.

Somit läuft der Eulersche Polyedersatz auf einen Spezialfall des Satzes von Gulliver hinaus."

Literaturhinweis

Fractal Geometry – Mathematical Foundations and Applications. Von Kenneth Falconer. John Wiley and Sons, 1990.

4
Eine Gewinnstrategie für Memory

Um bei dem Spiel Memory zu gewinnen, braucht man auf die Dauer nichts weiter als ein perfektes Gedächtnis und ein wenig Kopfrechnen.

Mit dämonisch glitzernden Augen drehte der Mathemagier Matthew Morrison Maddox die letzten beiden Karten um. „Ein Paar Könige", grinste er höhnisch. „Und abermals hat mein unfehlbares Glück triumphiert!" Wir saßen zwar recht freundschaftlich beisammen; aber Maddox läßt keine Gelegenheit aus, seinen professionellen boshaften Blick zu üben.

Er ist ein Meister der mathematischen Zauberkunst (vergleiche meine Beiträge in Spektrum der Wissenschaft, Juli 1990 und Januar 1991). Wer sich darauf einläßt, gegen ihn um Geld zu spielen, kann eigentlich nicht ganz bei Verstand sein. Aber genau das hatte ich an jenem Nachmittag vor, und ich hoffte auch noch allen Ernstes, dabei zu gewinnen, nachdem Maddox die letzten Wochen von meinen Verlusten in Saus und Braus gelebt hatte.

Das Spiel, in dem mich Maddox so schmählich geschlagen hatte, ist unter dem Namen „Memory" oder „Konzentration" bekannt. Ein Kartenspiel, in dem jede Karte doppelt vorkommt, wird gemischt und verdeckt auf dem Tisch ausgelegt. Ein Zug besteht darin, nacheinander zwei Karten aufzudecken. Findet der Spieler ein Paar, darf er es behalten und noch einmal ziehen. Anderenfalls werden die Karten wieder umgedreht, und der nächste Spieler ist an der Reihe. Wer am Ende die meisten Paare eingesammelt hat, ist Sieger.

Das Ergebnis nach zwölf Durchgängen war eindeutig und betrüblich – 12 : 0 für Maddox.

„Wie machst du das?" fragte ich.

„Was?" entgegnete er lässig.

„Jedesmal zu gewinnen?"

„Ganz einfach. Ich leide an unfehlbarem Glück."

„Blödsinn."

„Nun, Ian, ich kann dir so viel sagen, daß ich gewinne, weil ich mir die Lage aller Karten merken kann. Aber es wäre unprofessionell, dir meine Gedächtnistricks zu verraten."

„Sonst nichts?" fragte ich mit Unschuldsmiene.

„Was sonst braucht man bei so einem einfachen Spiel?"

„Das ist wahr", stimmte ich scheinheilig zu. „Ich mache dir einen Vorschlag." Es ging darum, zuerst einen Köder auszulegen. „Das Spiel ist nicht fair, wenn es nur auf ein gutes Gedächtnis ankommt und du deines bis zur Perfektion trainiert hast. Warum gleichen wir deinen Vorteil nicht aus, indem wir die einmal umgedrehten Karten offen liegen lassen?"

„Als hätten wir beide ein so perfektes Gedächtnis wie ich?"

„Genau."

Er dachte einen Moment darüber nach. „Na gut. Aber ich warne dich, ich werde trotzdem gewinnen. Ich habe ein natürliches Talent."

„Dann hast du sicherlich nichts dagegen, wenn ich die Karten mische und auslege." Ich kannte sein „natürliches" Talent. Wenn er die Karten nur in die Finger bekäme, hätte ich keine Chance.

„Das ist unfair", protestierte er.

„Im Gegenteil. Wollen wir um fünf Mark pro Paar wetten, damit es spannender ist?"

„Du meinst, der Verlierer zahlt fünf Mark für jedes Paar, das er weniger hat?"

„Ja. So wären die Chancen eigentlich ausgeglichen. Aber du hast ja dein unfehlbares Glück."

„Aber sicher." Jetzt hatte ich ihn an der Angel. Meine Hand fuhr nervös zur Brieftasche; ich mußte darauf vertrauen, daß sein Stolz ihm keinen Rückzieher erlaubte.

Eine Stunde später hatte ich 265 Mark kassiert und konnte mit großem Vergnügen beobachten, wie der dämonische Blick allmählich erstarrte. Es war mir zum ersten Mal gelungen, den großen Meister hereinzulegen. Maddox riß mir nervös das Spiel aus der Hand, breitete es aus und suchte mißtrauisch nach unauffälligen Kennzeichen auf der Rückseite.

„Ich schwöre, es sind ganz gewöhnliche Karten, Matt. Keine Tricks."

„Wie schaffst du es dann, auf einmal fast jedes Spiel zu gewinnen?"

„Ich leide an unfehlbarem Glück."

„Hatten wir dieses Gespräch nicht schon einmal?"

„Kann schon sein."

„Dein Glück muß mit den merkwürdigen Zügen zusammenhängen, die du machst. Manchmal wählst du eine schon aufgedeckte Karte bei einem Zug. Was soll das? Du verlierst so doch nur Information."

„Es wäre doch unprofessionell, dir mein Geheimnis einfach zu offenbaren. Aber für ein angemessenes Honorar ... Du kannst ein Vermögen damit verdienen." Nach einigem Feilschen einigten wir uns auf eine hübsche Summe. Aber Ihnen, verehrte Leser, werde ich den Trick auch so verraten.

Gewinnstrategie

Entgegen allem Anschein sind Gedächtnis und Glück nicht die einzigen Hilfsmittel zum Gewinnen. Die Gewinnstrategie für Memory ist leicht zu behalten und alles andere als offensichtlich – eine perfekte Kombination für jede mathemagische Manipulation. Der Mathematiker Uri Zwick und der Informatiker Michael S. Paterson von der Universität Warwick in England haben sie vor etwa einem Jahr entdeckt.

Jeder Spieler hat prinzipiell die Wahl unter drei Arten von Zügen: Er kann zwei neue, bisher nicht bekannte Karten aufdecken –am Anfang des Spiels bleibt ihm gar nichts anderes übrig –, zwei alte oder eine alte und eine neue; im dritten Fall hat er allerdings noch zu entscheiden, ob die erste Karte, die er aufdeckt, eine alte oder eine neue sein soll.

Wenn eine neu aufgedeckte Karte zu einer bereits früher aufgedeckten paßt, wird jeder Spieler, wenn er überhaupt die Möglichkeit dazu hat, von der bisher geplanten Strategie abgehen: Dank seines perfekten Gedächtnisses findet er die Partnerkarte, sammelt das Paar ein und zieht nochmals; dabei hängt es von der neu entstandenen Situation ab, welche Zugart er wählt.

Ich bezeichne die Zugmöglichkeiten mit *A* für eine alte und *N* für eine neue Karte. Einige Kombinationen muß man nicht weiter diskutieren. Zum einen ist ein *AN*-Zug (erst eine alte, dann eine neue Karte) immer schlechter als ein *NA*-Zug, denn die neue Karte könnte zu einer bereits aufgedeckten passen; bei einem *NA*-Zug kann man das Paar abräumen, was man bei einem *AN*-Zug seinem Gegner überlassen muß. Zum zweiten könnte ein *AA*-Zug zwar die günstigste unter allen Möglichkeiten sein, würde aber die Spielsituation überhaupt nicht verändern. Also wäre danach auch für den Gegner im nächsten Zug *AA* die optimale Wahl, was auf ein endloses Spiel und damit ein Unentschieden hinauslaufen würde.

Es verbleiben mithin von den vier Zugtypen *NA* und *NN*. Kann *NA* günstiger sein als das Ziehen zweier neuer Karten auf gut Glück? Überraschenderweise ja.

Gewinnerwartungen

Die Strategie von Zwick und Paterson hängt davon ab, wieviele Paare noch auf dem Tisch liegen und wieviele Karten schon umgedreht worden sind; es kommt nicht darauf an, welche Bilder die bekannten Karten zeigen. Eine Spielposition wird mit (n,k) bezeichnet; dabei ist n die Anzahl der Kartenpaare, die noch auf dem Tisch liegen, und k die Anzahl der bereits bekannten Karten. Beispielsweise bedeutet (5,4), daß noch fünf Paare (zehn Karten) auf dem Tisch liegen und unter diesen vier Karten schon einmal umgedreht worden sind.

Zwick und Paterson fanden nun Regeln, nach denen man in jeder Stellung entscheiden kann, ob man einen *AA*-, einen *NA*- oder einen *NN*-Zug machen soll (die Kombination *AA* bleibt deswegen eine Option, weil man sich damit notfalls in ein Patt retten kann). Wie sind sie darauf gekommen?

Vereinbaren wir zunächst, daß in jeder Spielsituation die Anzahl der Paare, die ein Spieler mehr als sein Gegner hat, sein aktueller Gewinn heißen soll; entsprechend ist der aktuelle Verlust definiert. Des weiteren ist unter dem zu erwartenden Gewinn eines Spielers sein durchschnittlicher Gewinn in einer großen Anzahl von Spielen mit zufällig verteilten Karten zu verstehen. Und schließlich nennen wir den Wert einer Stellung den zu erwartenden Gewinn für den Spieler, der in dieser Stellung am Zug ist – die bis zu diesem Zeitpunkt bereits eingesammelten Karten nicht mitgezählt; das ist also die Anzahl an Paaren, die er von da an bis zum Schluß voraussichtlich mehr einsammeln wird als sein Gegner. Der Wert einer Patt-Stellung, in der beide Spieler optimalerweise *AA*-Züge machen, wird als null vereinbart.

Die Strategie von Zwick und Paterson ist optimal in dem Sinne, daß sie den zu erwartenden Gewinn maximiert. Wir nehmen an, daß die Spieler jedes verfügbare Paar auf der Stelle einsammeln, da sie dadurch ihren zu erwartenden Gewinn nur erhöhen können.

Spieltheorie

Schauen wir uns zur Einstimmung zunächst –wenig interessante, aber übersichtliche – Spiele mit nur wenigen Paaren an. Nehmen wir an, Alice spielt gegen Bruno und hat den ersten Zug. Bei nur einem Paar auf dem Tisch – das ist die Stellung (1,0) – ist klar, daß Alice stets gewinnt. Der zu erwartende Gewinn und damit der Wert der Stellung (1,0) ist also 1.

Wie steht es mit zwei Paaren, also der Position (2,0)? Beim ersten Zug muß Alice zwei Karten umdrehen. Bilden sie ein Paar, gilt das auch für die beiden restlichen Karten; dann kann Alice beide Paare nehmen und hat gewonnen. Wenn nicht, hat sie zwei verschiedene Karten umgedreht und die Stellung (2,2) hinterlassen. Jede neue Karte, die Bruno nun umdreht, paßt zu einer bereits bekannten; er kann also beide Paare nehmen und gewinnt.

Wie hoch ist die Wahrscheinlichkeit, daß Alices erste zwei Karten zusammenpassen? Angenommen, es liegen ein Paar Könige und ein Paar Damen auf dem Tisch, in Kurzschreibweise KKDD, und Alice deckt zuerst einen König auf. Dann gibt es für die zweite Karte drei Möglichkeiten, nämlich K, D oder D. Die Wahrscheinlichkeit, daß die zweite Karte paßt, beträgt also 1/3. Das gleiche gilt, wenn Alice als erstes eine Dame aufdeckt. Folglich beträgt die Gewinnchance für Alice 1/3 und für Bruno 2/3.

Alices zu erwartender Gewinn und damit der Wert einer solchen Spielstellung ist $2 \times (1/3) - 2 \times (2/3) = -2/3$. Alice wird mithin im Durchschnitt verlieren, wenn sie in der Stellung (2,0) am Zug ist.

Bis jetzt gab es noch keine Möglichkeit, sich für einen Zugtyp zu entscheiden. Nun fügen wir dem Spiel zwei Buben hinzu, das heißt, wir betrachten die Stellung (3,0) (Bild 1). Angenommen, Alice deckt zuerst einen König auf. Es verbleiben die noch nicht aufgedeckten Karten KDDBB. Ihre Chance, den zweiten König aufzudecken, beträgt 1/5. Wenn ihr das gelingt, verbleibt ein Spiel mit zwei Paaren, und ihr zu erwartender Gewinn aus dieser Stellung beträgt –2/3, wie wir eben gesehen haben. Wenn aber Alices zweite Karte kein König ist (wir können annehmen, es sei eine Dame, denn für einen Buben verläuft die Argumentation genauso), dann ist Bruno am Zug. Dieses Ereignis hat die Wahrscheinlichkeit 4/5.

Bruno muß nun in der (3,2)-Stellung KD**** ziehen, wobei die Sterne für noch unbekannte Karten stehen. Ihm stehen jetzt die drei Möglichkeiten *NN*, *NA* und *AA* zur Verfügung.

Angenommen, er macht einen *NN*-Zug. Dann kann seine erste Karte K oder D sein; dieses Ereignis hat die Wahrscheinlichkeit 1/2. Wir wollen annehmen, es sei ein König. Bruno kann dann den zugehörigen König aufdecken, das Paar wegnehmen und in der (2,1)-Stellung D*** nochmals ziehen. Aus dieser hat er eine Chance von 1/3, beide Paare zu gewinnen, indem er die zweite Dame aufdeckt. Sonst verliert er beide Paare.

Andererseits könnte er aus der Stellung KD**** als erste Karte einen Buben aufdecken, ebenfalls mit der Wahrscheinlichkeit 1/2. Dann besteht seine einzige Chance darin, auch den zweiten Buben aufzudecken; dieses Ereignis hat die Wahrscheinlichkeit 1/3. Wenn ihm das gelingt, räumt er alles ab. Wenn nicht, räumt Alice ab.

Dieses Schema ist ziemlich kompliziert, aber glücklicherweise muß man für die Alternative *NA* nicht mehr viel nachdenken. Wenn Bruno diese statt eines *NN*-Zuges ausführt, dann ist der Spielverlauf fast genau derselbe; nur die letzte Möglichkeit, die ihm den fehlenden Buben liefern könnte, nutzt er nicht. Statt dessen hinterläßt er Alice die (3,3)-Stellung KDB***, und aus dieser räumt sie stets ab, denn jede neue Karte, die sie umdreht, paßt zu einer, die sie schon kennt – schlecht für Bruno. Somit beträgt der zu erwartende Gewinn aus der Position (3,2) für einen *NN*-Zug 1/3 und für einen *NA*-Zug –2/3. Wenn Bruno also nicht ganz dumm ist, wird er einen *NN*-Zug ausführen.

Eine ähnliche Überlegung zeigt, daß ein *NN*-Zug auch besser als ein *AA*-Zug ist. Indem man die Wahrscheinlichkeiten durch das Diagramm verfolgt, kann man ausrechnen, daß der zu erwartende Gewinn in der Position (3,0), also mit drei Paaren ohne aufgedeckte Karten, für den ersten Spieler –1/5 beträgt; er wird also im Durchschnitt verlieren. Die Folgerung ist: Spiele nicht als erster in einer Stellung mit drei Kartenpaaren.

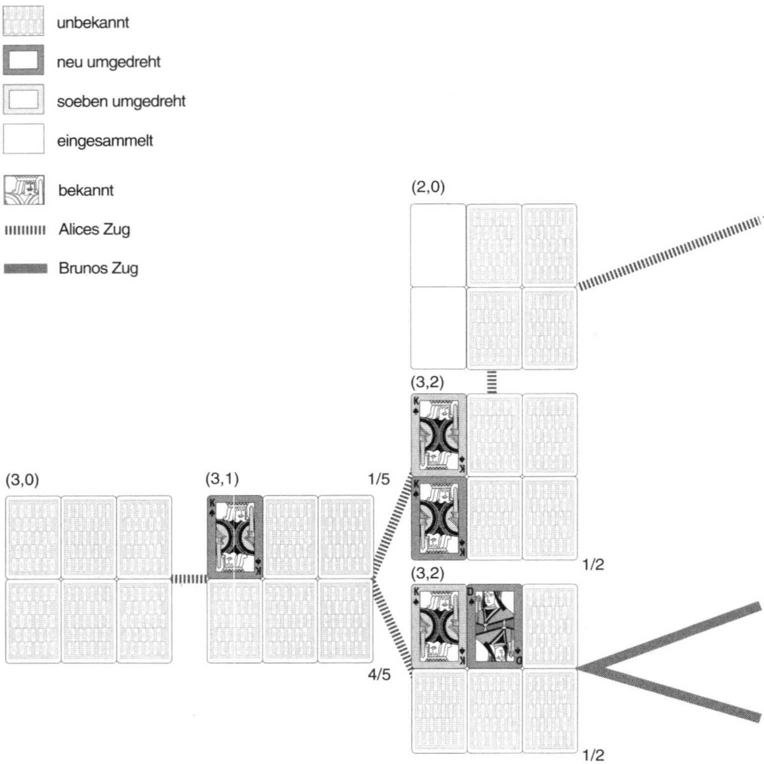

Bild 1: Sämtliche möglichen Spielverläufe für Memory mit drei Kartenpaaren. Jede Gruppe von sechs Karten stellt eine Position des Spiels dar; links über jeder Position steht deren Kennzeichnung: (Anzahl der Paare auf dem Tisch, Anzahl der bekannten Karten). Ohne Beschränkung der Allgemeinheit nehmen wir an, daß Alice (die erste Spielerin) als erste Karte einen König aufdeckt; für eine Dame oder einen Buben ergäbe sich ein gleichartiges Diagramm. Entsprechend kommt es nicht darauf an, ob die zweite aufgedeckte Karte eine Dame oder ein Bube ist. Die Wahrscheinlichkeit für KD ist 2/5, desgleichen für KB; die Wahrscheinlichkeit, zwei nicht zusammengehörige Karten aufzudecken, ist daher 4/5, wie im Diagramm verzeichnet. Wenn ein König und eine Dame bekannt sind und Bruno (der zweite Spieler) zuerst einen Buben und dann einen weiteren König aufdeckt, muß er es nach den Spielregeln Alice überlassen, die jetzt bekannten Könige – und danach alle Karten – einzusammeln.

Durch Wiederholung dieses Verfahrens kann man den Wert jeder Position bestimmen. Zwick und Paterson haben die Werte für bis zu sieben Kartenpaare ausgerechnet (Bild 2). Die Tabelle gibt zwar gewisse Hinweise auf ein Bildungsgesetz, aber man kann nicht einfach raten, welches die nächsten

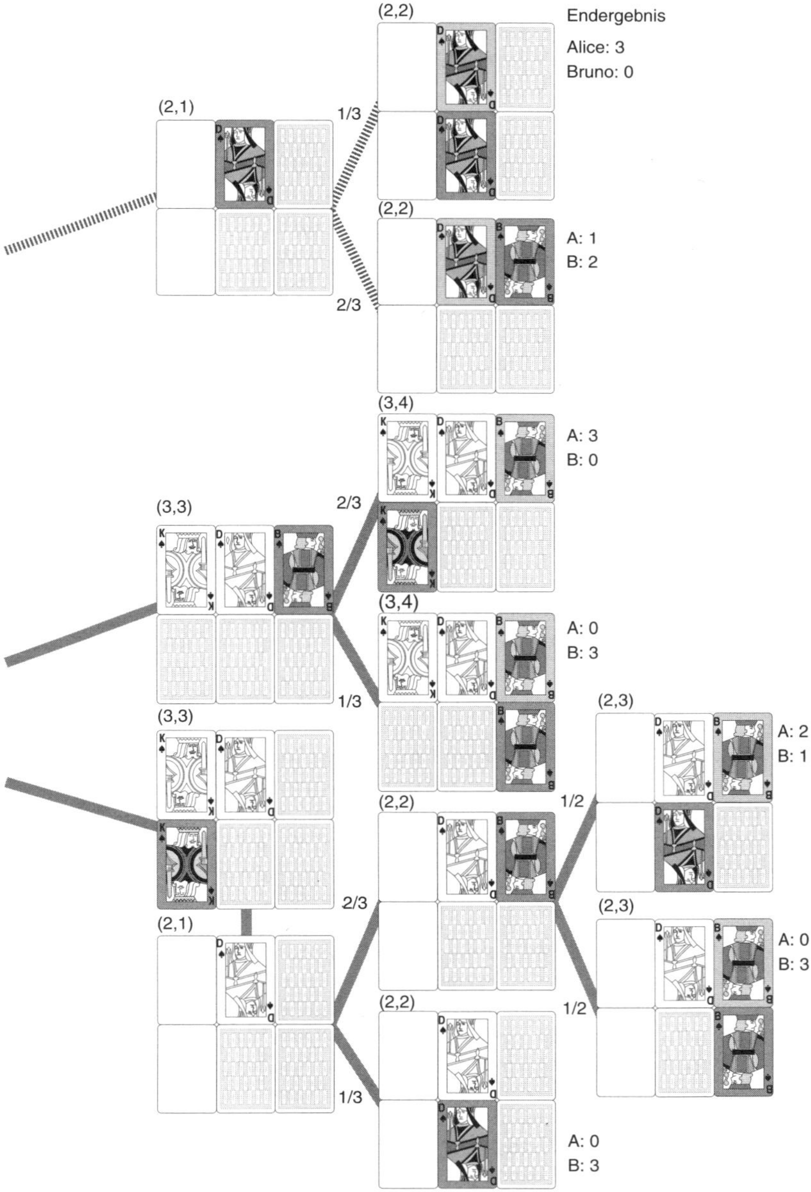
(2,2)
Endergebnis
Alice: 3
Bruno: 0
(2,1)
1/3
(2,2)
A: 1
B: 2
2/3
(3,4)
A: 3
B: 0
2/3
(3,3)
(3,4)
A: 0
B: 3
1/3
(2,3)
A: 2
B: 1
(3,3)
(2,2)
1/2
2/3
(2,1)
(2,3)
A: 0
B: 3
(2,2)
1/2
1/3
A: 0
B: 3

Tabellenwerte sein werden. Man kann ihr jedoch im Prinzip entnehmen, welche Art Zug in einer gegebenen Stellung die beste ist. Die Methode ist im Prinzip einfach, aber umständlich in der Praxis, wie wir eben gesehen haben. Wir arbeiten uns durch die Tabelle und bestimmen in jedem Fall, für welche Zugart der erwartete Gewinn maximal ist. Die Ergebnisse sind in dem Diagramm neben der Tabelle zu sehen.

Nun springt ein Muster ins Auge. Jede Spalte des Diagramms (von unten nach oben zu lesen) beginnt unvermeidlich mit *NN* (für $k=0$ gibt es keine alten Karten). Wenn die Anzahl n der Paare gerade ist, folgt auf dieses *NN* ein weiteres *NN*, dann *NA*, *NN*, *NA* und so weiter. Für ungerades n dagegen lautet die Folge *NA*, *NN*, *NA*, *NN* und so weiter. Ist die Anzahl k der bekannten Karten jedoch hinreichend groß, dann ändert sich das Muster von *NA*, *NN*, *NA*, *NN* in *NA*, *AA*, *NA*, *AA*. Dieser Umschlagpunkt liegt ziemlich genau bei zwei Dritteln der Spaltenhöhe.

Es gibt eine einzige Ausnahme. Der beste Zug aus einer (6,1)-Stellung hat den Typ *NA*, während das gerade beschriebene Muster einen *NN*-Zug ergäbe.

Damit kann ich die Gewinnstrategie von Zwick und Paterson für das Memory-Spiel beschreiben. In einer (n,k)-Stellung mache man einen Zug vom Typ

– *AA*, wenn $n+k$ ungerade und zusätzlich $k \geq 2(n+1)/3$ ist,
– *NA*, wenn $n+k$ gerade und $k \geq 1$ oder $k=1$ und $n=6$ ist,
– *NN* in allen anderen Fällen.

Und selbstverständlich sammelt man sofort alle auftauchenden Paare ein.

Obwohl die Strategie erst nach langwierigen Rechnungen gefunden wurde, ist sie überraschend einfach anzuwenden. Nehmen wir an, Alice soll in der Stellung (100,67) ziehen. Dann ist $n=100$ und $k=67$. Der Wert des Ausdrucks $2(n+1)/3$ ist ungefähr 67,3, also etwas höher als k, und mithin ist die Bedingung für einen *AA*-Zug nicht erfüllt. Ein *NA*-Zug ist auch nicht geboten, weil $n+k=167$ ungerade ist. Alice sollte demnach einen *NN*-Zug spielen.

Das Diagramm in Bild 2 zeigt, daß der erste interessante Fall, in dem ein *NA*-Zug einem *NN*-Zug vorzuziehen ist, in der Stellung (3,1) auftritt. Wenn Sie wissen wollen, warum, schreiben Sie dazu die Spielmöglichkeiten nach beiden Zügen hin und berechnen Sie den zu erwartenden Gewinn. Das naheliegende Argument, ein *AA*-Zug oder ein *NA*-Zug verschenke Information, ist nicht stichhaltig, weil man mit einem solchen Zug nicht nur sich selbst, sondern auch dem Gegner diese Information vorenthält; und das kann – wie hier – durchaus von Vorteil sein. Wenn von zwei Dritteln der Paare jeweils eine Karte bekannt ist, dann ist sogar der Wert der Chance, durch Aufdecken

Stellung	Wert	Stellung	Wert
(1,0)	1	(6,0)	2/1155
(1,1)	1	(6,1)	2/1155
(2,0)	–2/3	(6,2)	2/21
(2,1)	2/3	(6,3)	13/105
(2,2)	2	(6,4)	27/35
(3,0)	–1/5	(6,5)	0
(3,1)	–1/5	(6,6)	6
(3,2)	1/3	(7,0)	61/1155
(3,3)	3	(7,1)	61/1155
(4,0)	–4/35	(7,2)	13/495
(4,1)	4/35	(7,3)	53/231
(4,2)	4/15	(7,4)	2/21
(4,3)	0	(7,5)	62/63
(4,4)	4	(7,6)	0
(5,0)	–1/35	(7,7)	7
(5,1)	–1/35		
(5,2)	1/7		
(5,3)	19/35		
(5,4)	0		
(5,5)	5		

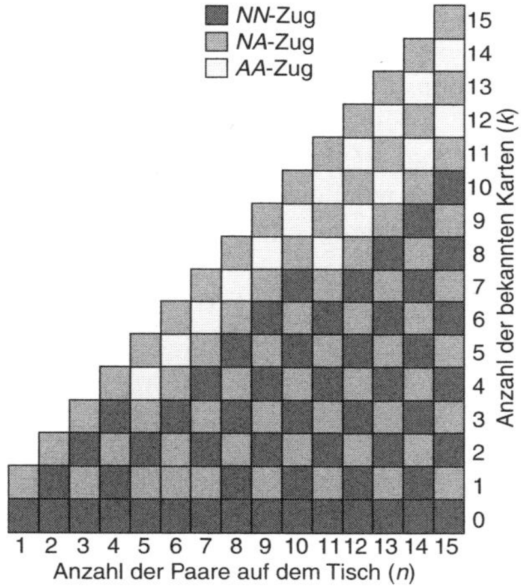

Bild 2: Gewinnstrategie für Memory mit perfektem Gedächtnis. Die Tabelle links zeigt die Werte jeder Stellung (n, k) für Spiele mit bis zu sieben Paaren. Das Diagramm rechts gibt zu jeder Stellung mit bis zu 15 Paaren den optimalen Zug an.

einer neuen Karte ein Paar zu ergattern, geringer einzuschätzen als die Information, die man dadurch seinem Gegner zugänglich macht: Nichtstun ist dann für alle Beteiligten die beste Strategie.

Wie man bei Memory gewinnt, ist nach alledem eigentlich ganz einfach: Legen Sie sich zuerst ein unfehlbares Gedächtnis zu und spielen Sie dann die optimale Zwick-Paterson-Strategie.

Computer-Algebra

Bisher habe ich zugunsten dieser Strategie nur einige experimentelle Indizien angeführt. Woher weiß ich, daß das Muster für alle Werte von n und k Bestand hat? Es könnte ja außer dem Fall (6,1) noch mehr Ausnahmen geben, oder das Muster könnte für große Werte von n vollkommen anders aussehen. Zwick und Paterson haben bewiesen, daß das Muster sich in der Tat so fortsetzt.

Ihr Beweis stützt sich entscheidend auf Computer-Algebra: Programme, die mit algebraischen Ausdrücken auf ähnliche Weise rechnen wie ein Mathematiker. Auf den Befehl hin, $3x^2 + 2x + 5$ und $4x^2 + x$ zu addieren, würde ein solches Programm $7x^2 + 3x + 5$ ausgeben. Im Gegensatz zu den üblichen können solche Programme sowohl mit Zahlen als auch mit Symbolen umgehen.

Maddox lehnte sich in seinem Stuhl zurück. „Erstaunlich! Algebra, Wahrscheinlichkeitstheorie, unglaublich komplizierte Rechnungen, die nur mit Computerhilfe zu bewältigen sind – und doch zeigt das Ergebnis ein einfaches Muster, das jeder verwenden kann, um in einem echten Spiel den besten Zug zu finden." Ich hörte es in seinem Kopf förmlich klicken: Wie ließen sich wohl die teuer erkauften Kenntnisse zu seinem Vorteil anwenden? Sicherlich würde er als erstes mein Beratungshonorar wieder hereinholen wollen.

Ich muß mich einige Wochen von ihm fernhalten.

Literaturhinweis

The Memory Game (Extended Abstract). Von Uri Zwick und Michael S. Paterson. 1991, zu beziehen beim Mathematics Institute, University of Warwick, Coventry CV4 7AL, Großbritannien.

5
Olympia im Jahre 2092

Die Olympischen Spiele 2092 sollen auf allen Planeten des Sonnensystems zugleich stattfinden. Wie können die Veranstalter sämtlichen Wettkämpfern faire Bedingungen bieten?

Der Delegierte vom Saturn staunte über die blankpolierte Oberfläche des langen Konferenztisches, in der sich blendend hell die Sonne spiegelte. Dann fiel ihm ein, daß er sich auf dem Merkur befand und daher die Blendung nicht von der Politur, sondern von der Sonne herrührte. Die anderen Mitglieder des Organisationskomitees nahmen ihre Plätze ein, wobei sie zum Teil beträchtlich mit der niedrigen Schwerkraft zu kämpfen hatten.

Der Präsident des neu gebildeten Interplanetarischen Olympischen Komitees erhob sich. „Meine Damen und Herren, dies ist ein historischer Augenblick. Schon im nächsten Jahr, 2092, werden die 50. Olympischen Spiele der Neuzeit und – Sie alle wissen es – die allerersten Interplanetarischen Olympischen Spiele stattfinden. Das stellt uns vor beispiellose logistische Probleme. Um nicht Millionen von Menschen zu einer Reise durch das Sonnensystem zu nötigen, werden wir die Spiele gleichzeitig in allen zehn Welten der Interplanetarischen Sportvereinigung abhalten müssen: auf Merkur, Venus, der Erde, Mars, Jupiter, Saturn, Uranus, Neptun, Pluto und – nicht zu vergessen –auch in der Enklave auf dem Erdmond."

„Wie soll das genau vonstatten gehen?" fragte der neptunische Delegierte, der Form halber.

„Am einfachsten ist es bei den Einzeldisziplinen", erwiderte der Präsident. „In jeder Welt finden die Wettkämpfe unter der Aufsicht örtlicher Kampfrichter statt, und die Ergebnisse werden zentral ausgewertet. Die drei besten Sportler erhalten Medaillen. Das gleiche gilt auch für Wettläufe, nur daß die Sportler gegen die Uhr laufen. Ich gestehe, daß die Mannschaftswettkämpfe problematisch sind; aber auf unserer letzten Sitzung haben wir – mit knapper Mehrheit – beschlossen, es mit gekoppelten Computersimulatoren zu versuchen."

Die Delegierte vom Mond hob ihre Hand. „Herr Präsident, mein planetarisches Komitee hat einen Einwand vorzubringen."

„Typisch Mondmenschen“, grummelte der Delegierte von der Venus. „Haben noch nicht mal einen Planeten, aber ihr sogenanntes planetarisches Komitee benimmt sich so gewichtig, als wäre es vom Jupiter.“

Die lunare Delegierte fuhr fort: „Wir sind zu der Überzeugung gekommen, daß der größere Durchmesser des Jupiter den dortigen Sportlern einen unfairen Vorteil beim Gewichtheben verschafft.“

„Lächerlich!“ warf der Delegierte vom Jupiter ein.

„Es ist wissenschaftlich erwiesen, daß Sportler in Disziplinen, wo es auf ruckartige Kraftanstrengung ankommt, in großen Höhen bessere Leistungen erbringen“, erklärte die Mond-Vertreterin. „Da Höhe nichts anderes ist als der Abstand vom Mittelpunkt des Planeten, verschafft der große Durchmesser des Jupiter seinen Bewohnern einen massiven Vorteil.“

Der jovianische Delegierte sprang erregt auf. In seinem Zorn vergaß er, die geringe merkurische Gravitation zu berücksichtigen, so daß er mit dem Kopf laut scheppernd gegen die Decke schlug. „Ist es dem olympischen Komitee der lunaren Enklave entgangen“, fragte er, langsam zu Boden sinkend, mit von Schmerz und Ironie gefärbter Stimme, „daß die höhere Schwerkraft auf dem Jupiter unsere Mannschaft beim Gewichtheben erheblich benachteiligt? Das wiegt jeden angeblichen Vorteil großer Höhe vielfach auf. Außerdem sollte die Höhe vom Meeresspiegel aus gemessen werden und nicht vom Mittelpunkt des Planeten aus.“

„Der Jupiter hat aber kein Meer“, giftete die lunare Delegierte.

„Der Mond auch nicht.“

„Doch! Das Meer der Ruhe!“

„Das ist das Stichwort“, griff der Präsident in die Debatte ein. „Ruhe. Ich bitte dringend um eine freundliche und ruhige, kooperative Atmosphäre. Immerhin haben wir dem ganzen Sonnensystem die Einheit des Sports und die Wichtigkeit des Mannschaftsgeistes zu demonstrieren.“

„Und des Frauschaftsgeistes“, ergänzte die Delegierte vom Mond.

„Das ist ja alles sehr nett“, sagte der Saturnier. „Aber Sie wissen doch genau, daß der Speerwurf unter der Gravitation unseres Planeten viel schwieriger ist als etwa auf dem Mars.“

Luna ließ sich nicht beeindrucken. „Ich beantrage, daß die Ergebnisse der Wettkämpfe im Gewichtheben entsprechend den Planetendurchmessern korrigiert werden.“

„Ich auch!“ riefen Pluto und Merkur gleichzeitig.

„Aber das ist doch idiotisch!“ brüllte Jupiter. „Luna hat einen kleinen Durchmesser und außerdem geringe Schwerkraft. Jeder Mensch kann auf dem Mond Tonnen heben, und Sie wollen die Ergebnisse noch weiter zu Ihrem Vorteil manipulieren!“

Als auch noch der wegen seiner Langsamkeit gefürchtete Uranier sich im allgemeinen Geschrei zu Wort meldete, gab der Präsident jeden weiteren

Versuch auf, in dieser Versammlung noch einen Konsens zu finden.

„Wir können diese Frage hier nicht im einzelnen diskutieren. Die örtlichen Gegebenheiten im Sonnensystem sind alles andere als einheitlich. Die jeweils angemessene Kompensation dafür hängt von der Sportart ab. Ich schlage vor, wir setzen einen Unterausschuß zur Klärung dieser Fragen ein. Offenbar müssen Luna und Jupiter dem Ausschuß angehören. Als Repräsentanten der mittelgroßen Planeten schlage ich Venus vor. Wenn wir uns auf diesen Vorschlag einigen könnten, werde ich mich jetzt der viel wichtigeren Frage nach der erlaubten Größe der Werbeflächen . . .“

Sitzung des Unterausschusses

„. . . ich denke, es herrscht allgemeine Einigkeit, daß der Durchmesser des Planeten an sich keinen erheblichen Einfluß auf das Gewichtheben hat“, sagte Venus. Jupiter nickte, und Luna streckte ihm die Zunge heraus.

„Also mehrheitlich beschlossen. Weiterhin sind wir uns einig, daß die entscheidende Größe die Schwerkraft ist und daß daher alle Massen mit der lokalen Schwerebeschleunigung multipliziert werden sollten.“

„Genau. Gewicht ist Masse mal Gravitation“, stellte Jupiter klar. „Wenn es auf die Gravitation nicht ankäme, hieße der Sport ja Massenheben.“

„Für das Stemmen mag das richtig sein, aber ich glaube, beim Reißen sieht es anders aus“, sagte Luna. „Es ist auch eine Kraftanstrengung notwendig, um die Trägheit der Hantel zu überwinden. Wenn sie in Bewegung versetzt wird, ist das eine Änderung des Impulses, und der hängt von der Masse ab, nicht vom Gewicht.“

„Wir werden Ihre abweichende Meinung zu Protokoll nehmen“, sagte Venus. „Jetzt zu den Laufsportarten.“

Lang- und Kurzstreckenläufe

„Das ist sehr verwickelt, wenn man zu sehr ins Detail geht“, sagte Jupiter. „Es hängt nämlich vom Laufstil der Sportler ab. Wir müssen uns mit einer Vereinfachung begnügen, die für alle Wettkämpfe genau genug ist, außer vielleicht für die Kurzstreckenläufe. Wenn ein Athlet läuft, wandelt er chemische Energie in seinem Körper in Bewegungsenergie um. Von der Geschwindigkeit des Läufers betrachten wir nur die Komponente, die ihn tatsächlich voranbringt; das ist die horizontale. Die chemische Energie E, die ein Mensch aufbringen kann, ist unabhängig vom Planeten; es steht ja überall die gleiche Kraftnahrung zur Verfügung. Außerdem ist die kinetische Energie gleich $mu^2/2$, wobei u die Geschwindigkeit und m die Masse ist. Also ist auch

$E = mu^2/2$ und folglich $u = \sqrt{2E/m}$: Die Geschwindigkeit hängt nicht von der Gravitation ab. Also muß bei Laufwettkämpfen keine Korrektur für die Gravitation angebracht werden."

„Mag sein", sagte Luna. „Aber beim Laufen bewegt man sich auch auf und ab, und diese Bewegung hängt von der Gravitation ab, weil dabei sowohl potentielle als auch kinetische Energie vorkommen. Und Sie vernachlässigen die Energie, die die Läuferin beim Start aufwenden muß, um sich aus der Hocke zu erheben."

„Deshalb werden wir wohl die Kurzstreckendisziplinen genauer untersuchen müssen", lenkte Jupiter ein, „aber nicht jetzt. Was die vertikale Bewegung betrifft, so denke ich, es ist Sache jedes Athleten, Techniken zu deren Minimierung zu entwickeln."

Sie einigten sich vorläufig darauf, keine Kompensation für längere Strecken vorzuschlagen. „Jetzt zum Hochsprung", sagte Venus.

„Der hängt natürlich von der Schwerebeschleunigung ab!"

„Ja, Luna, dem stimme ich zu. Deshalb habe ich eine Tabelle der Schwerebeschleunigungen auf den zehn Planeten der Union vorbereitet" (Bild 1).

„Das ist leicht", meinte Jupiter. „Stellen Sie sich einen Athleten der Masse *m* vor. Er . . ."

„. . . oder sie!" unterbrach Luna.

„. . . kann mit einer Anfangsgeschwindigkeit u vertikal nach oben abspringen, die von der Schnellkraft seiner – oder ihrer – Muskeln bestimmt wird. Diese Kraft ist unabhängig von der Gravitation. Die anfängliche kinetische Energie der Springerin ist wieder $mu^2/2$. Die wandelt sie in potentielle Energie mgh um, wobei h ihre Höhe im Scheitelpunkt des Sprungs und g die Schwerebeschleunigung ist. Daraus ergibt sich $mgh = mu^2/2$, und $h = u^2/(2g)$. Je größer g ist, desto niedriger der Sprung."

„Darf ich eine kleine Korrektur anbringen?" fragte Venus. „Sie haben die Höhe ausgerechnet, bis zu der sich der Schwerpunkt des Springers erheben kann. Aber es gehört zur Technik des Hochsprungs, den Körper so zu biegen, daß der Schwerpunkt stets unterhalb der Latte bleibt. Man sollte eine Korrektur von 0,2 Metern anbringen, um dies zu berücksichtigen."

„Sie haben noch etwas vergessen", wandte Luna ein. „Der Schwerpunkt des Springers befindet sich anfangs nicht in Bodenhöhe."

„Nein, er liegt etwa einen Meter über dem Boden."

„Ja, aber die Knie sind vor dem Sprung gebeugt."

„Ich schlage vor", sagte Jupiter, „wir sehen eine Korrektur von genau einem Meter vor. Die übersprungene Höhe ist dann $1 + u^2/(2g)$, in Metern gemessen."

„Können wir diese Formel vielleicht durch irgendwelche Vergleiche testen?" fragte Luna.

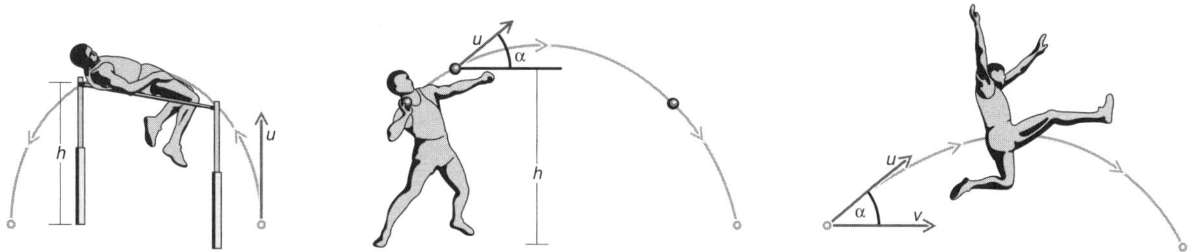

Hochsprung: Der Athlet springt mit einer Anfangsgeschwindigkeit von 5,203 Metern pro Sekunde aufwärts (die Vorwärtsbewegung wird vernachlässigt). Sein Schwerpunkt liegt in diesem Moment 1 Meter hoch.

Kugelstoßen: Der Athlet gibt der Kugel eine Anfangsgeschwindigkeit von 14,2 Metern pro Sekunde. Er wirft sie aus einer Höhe von 2 Metern über dem Boden und mit dem optimalen Winkel ab.

Weitsprung: Der Athlet läuft mit 10 Metern pro Sekunde auf das Absprungbrett zu und gewinnt mit dem letzten Tritt eine Zusatzgeschwindigkeit von 4,076 Metern pro Sekunde unter dem optimalen Winkel.

Speerwurf (ohne Bild): Aus dem Lauf mit 10 Metern pro Sekunde wirft der Athlet den Speer aus einer Höhe von 2 Metern im optimalen Winkel mit der Zusatzgeschwindigkeit von 20,046 Metern pro Sekunde.

Planet	Schwerebeschleunigung in Metern pro Sekundenquadrat	**Hochsprung** Höhe in Metern Herren	Damen	**Kugelstoßen** Weite in Metern	optimaler Winkel in Grad	**Weitsprung** Weite in Metern	optimaler Winkel in Grad	**Speerwurf** Weite in Metern	optimaler Winkel in Grad
Merkur	3,70	4,66	3,73	56,46	43,99	23,60	71,17	193,66	53,16
Venus	8,85	2,53	2,14	24,70	42,69	9,87	71,17	82,50	52,56
Erde	9,81	2,38	2,03	22,47	42,46	8,90	71,17	74,68	52,45
Mond	1,62	9,36	7,24	126,45	44,50	53,89	71,17	438,86	53,41
Mars	3,72	4,61	3,72	56,17	43,89	23,47	71,17	192,63	53,16
Jupiter	26,39	1,51	1,38	9,43	39,01	3,31	71,17	29,34	50,67
Saturn	11,67	2,16	1,87	19,17	42,02	7,48	71,17	63,19	52,24
Uranus	11,48	2,18	1,88	19,46	42,07	7,61	71,17	64,19	52,26
Neptun	11,97	2,13	1,84	18,74	41,95	7,29	71,17	61,67	52,20
Pluto	1,96	7,91	6,15	104,86	44,45	44,54	71,17	363,19	53,37

Bild 1: Olympische Disziplinen auf den Mitgliedsplaneten der Interplanetarischen Sportvereinigung im Jahre 2092. In die Berechnungen gehen zahlreiche vereinfachende Annahmen ein; insbesondere wurde generell der Luftwiderstand vernachlässigt.

„Sicher“, erklärte Venus und wühlte in seinen Unterlagen. „Mal sehen ... Auf der Erde stand 1988, kurz vor der 25. Olympiade, der Rekord im Hochsprung der Männer bei 2,38 Metern. Er wurde von Gennadi Awdejenko aus der Sowjetunion aufgestellt.“

„Was ist die Sowjetunion?“ fragte der Delegierte vom Jupiter unschuldig. Venus nahm ihn diskret beiseite, um seine peinlichen Lücken in irdischer Geschichte nicht allzu offensichtlich werden zu lassen.

Mit einem Seitenblick auf Luna fuhr er fort: „Und der Hochsprungrekord der Frauen stand bei 2,03 Metern, aufgestellt von Louise Ritter aus den USA. Mit der Formel kann man die vertikale Absprunggeschwindigkeit ausrechnen: Sie beträgt 5,203 Meter pro Sekunde für Gennadi Awdejenko und 4,495 Meter pro Sekunde für Louise Ritter. Derselbe Absprung auf dem Mond hätte sie ... hmm, 9,36 beziehungsweise 7,24 Meter hoch getragen, auf dem Jupiter dagegen nur 1,51 und 1,38 Meter.“ (Bild 1 enthält eine vollständige Liste.)

Werfen

„Nächster Punkt: Kugelstoßen“, sagte Venus an. „Es ist bekannt, daß die Stoßweite bei einem Abwurfwinkel von 45 Grad maximal wird. Deshalb sollte die Analyse einfach sein.“

„Wäre sie schon – aber es stimmt nicht“, sagte Luna.

„Bitte keine dummen Scherze, Luna.“

„Die 45-Grad-Regel stimmt nur für den Abwurf in Bodenhöhe.“

„Oh.“

„Und Kugeln werden aus Schulterhöhe abgeworfen – oder vielleicht noch höher.“

„Sollten wir nicht auch eine Korrektur für den Kugeldurchmesser vorsehen?“

„Na ja – die Kugel sinkt in den Boden, wenn sie auftrifft, und unsere übrigen Fehler sind vermutlich ohnehin größer als dieser. Nein, wir gehen von einer Punktmasse aus.“

„Hmm“, sagte Venus. „Unterstellen wir mal eine Abwurfhöhe von 2 Metern über dem Boden. Angenommen, die Kugel wird unter einem Winkel α gegen die Horizontale abgeworfen, und zwar aus der Höhe h mit der Geschwindigkeit u. Wir betrachten die horizontale und die vertikale Bewegung separat und beachten, daß die Gravitation vertikal wirkt. Wenn wir den Luftwiderstand vernachlässigen, dann behält die Kugel in horizontaler Richtung die anfängliche Geschwindigkeit bei. Zur Vertikalkomponente kommt der Term $-gt^2/2$ hinzu; dabei ist t die Zeit und g die Schwerebeschleunigung ...“

Es entstand eine längere Pause, während Venus an seinem Handgelenk-Computer mit dem Programm für symbolische Algebra herumspielte. „Hm ...

Ich habe ausgerechnet, daß die maximale Wurfweite $u\sqrt{u^2 + 2gh}/g$ beträgt; damit sie erreicht wird, muß der Winkel α die Gleichung $\sin\alpha = u/\sqrt{2(u^2 + gh)}$ erfüllen – alles ohne Berücksichtigung des Luftwiderstands; außerdem hatten wir uns ja auf $h = 2$ Meter geeinigt. Nun, der olympische Rekord 1988 stand bei 22,47 Metern, aufgestellt von Ulf Timmermann aus der DDR . . ."

„Was ist die . . .?" wollte Jupiter fragen, aber die strafenden Blicke seiner Tischnachbarn ließen ihn verstummen. Irgendwie war ihm die deutsche Kleinstaaterei schon im Erdgeschichtsunterricht zuwider gewesen.

„Der Rekord bei den Frauen", fuhr Venus fort, „lag bei 22,41 Metern, aufgestellt 1980 von Ilona Slupianek aus der DDR. Ich werde nur die Rechnungen für die Herren ausführen, Luna, und überlasse Ihnen die Damen. Wenn Timmermann den optimalen Abwurfwinkel eingehalten hat, muß er die Kugel mit einer Anfangsgeschwindigkeit von $u = 14{,}2$ Metern pro Sekunde abgeworfen haben. Der optimale Winkel bei dieser Geschwindigkeit ist 42,46 Grad, also etwas flacher als das Optimum bei naiver Betrachtung. Das ist so zu erklären: Die parabelförmige Bahn der Kugel ist symmetrisch zum Scheitelpunkt. Das heißt, sie hat beim Fallen in Schulterhöhe denselben Winkel gegen die Horizontale wie beim Abwurf – nur diesmal abwärts gerichtet. Die letzten zwei Meter Höhenunterschied fällt sie daher auf einer flacheren Bahn und kommt entsprechend weiter. Das muß allerdings gegen die kürzere Flugstrecke davor verrechnet werden."

„Und auf dem Jupiter?", fragte der Delegierte des Riesenplaneten.

„Wenn wir denselben Wert für u zugrunde legen, ergeben sich ein optimaler Winkel von 39,01 Grad und eine Stoßweite von 9,43 Metern. Auf dem Mond dagegen hätte Timmermann bei 44,5 Grad Abwurfwinkel stolze 126,45 Meter erzielt."

„Und was ist mit der Korrektur für den Planetendurchmesser?" fragte Luna mit ungebrochener Sturheit.

Die anderen blickten sie indigniert an. „So klein ist der Mond nun auch wieder nicht, daß man seine Oberflächenkrümmung bei der Wegeberechnung in Betracht ziehen müßte", erwiderte Venus verächtlich. „Im Gegensatz zum Fußball verschwindet beim Kugelstoßen das Objekt der Anstrengung noch nicht unter dem Horizont."

„Na ja", kicherte Luna, „man kann es ja mal probieren. Die alten Hohlköpfe vom Organisationskomitee wären beinahe darauf hereingefallen."

„Beim Speerwurf gibt es eine zusätzliche Schwierigkeit", sagte Jupiter. „Der Sportler bewegt sich schnell vorwärts, wenn er den Speer losläßt, und das bringt zusätzliche Geschwindigkeit mit sich."

„Und der Abwurfpunkt liegt weit über dem Boden", ergänzte Venus.

Weitsprung und Speerwurf

„Ich schlage vor, wir befassen uns zuerst mit dem Weitsprung", sagte Jupiter. „Wir nennen das allerdings den Horizontalsprung, denn auf dem Jupiter geht er nicht besonders weit. Hier bewegt sich der Sportler beim Absprung auch in der Horizontalen, aber die Vertikalkomponente der Geschwindigkeit spielt keine Rolle."

„Sie vergessen, daß der Schwerpunkt der Springerin nicht auf Bodenhöhe ist", wandte Luna ein.

„Nein, ich mache die zusätzliche Annahme, daß der Schwerpunkt wieder die Anfangshöhe erreicht hat, wenn die Füße den Sand berühren."

„Aber sie strecken ihre Beine nach vorn und gleiten quasi auf der Parabel nach unten", sagte Luna.

„Aber Luna, es ist doch nur eine Approximation!"

„Jupiter hat recht. Wir können uns über die Rechtfertigung dieser Annahme später Gedanken machen", sagte Venus. „Angenommen, der Athlet bewegt sich im Moment des Absprungs mit der Geschwindigkeit v nach vorne. Er – ja, Luna, oder sie – gibt sich selbst mit dem letzten Tritt einen zusätzlichen Kraftstoß, der ihm oder ihr eine zusätzliche Geschwindigkeit u im Winkel α gegen die Horizontale nach oben verschafft. Dann berechne ich, daß für den optimalen Winkel α die Gleichung ... oh, welchen Knopf muß man auf dem Algebra-Computerchen jetzt drücken ... $\cos\alpha = (-v + \sqrt{v^2 + 8u^2})/(4u)$ gilt, und das ist merkwürdigerweise unabhängig von der Gravitation. Die zugehörige Sprungweite ist $2u \sin\alpha(v + u\cos\alpha)/g$, und die hängt von der Gravitation ab."

Bob Beamon aus den USA sprang bei den olympischen Spielen 1968 in Mexiko 8,90 Meter weit, was 1988 noch gültiger olympischer Rekord war. Der Rekord bei den Frauen stand bei 7,40 Meter, aufgestellt 1988 von Jackie Joyner-Kersee aus den USA. Wenn wir annehmen, daß Beamon sich dem Absprungpunkt mit einer Geschwindigkeit v von 10 Metern pro Sekunde näherte und im optimalen Winkel absprang, dann ergibt sich für die Geschwindigkeit u der Wert 4,076 Meter pro Sekunde (Bild 1). Versuchen Sie diejenigen für die Frauen selbst auszurechnen.

„Das kann nicht stimmen. Es sieht nicht so aus, als würden sie mit 71 Grad abspringen", sagte Jupiter.

„Tun sie auch nicht."

„Haben Sie doch gerade gesagt ..."

„Die 71 Grad sind relativ zum Athleten. Der aber bewegt sich mit 10 Meter pro Sekunde nach vorn. Beamons Absprungwinkel aus der Perspektive des ruhenden Zuschauers dürfte 18,83 Grad betragen haben (Bild 2). Weitspringer springen ziemlich flach, weil sie die meiste Anstrengung in die Vorwärtsbewegung stecken."

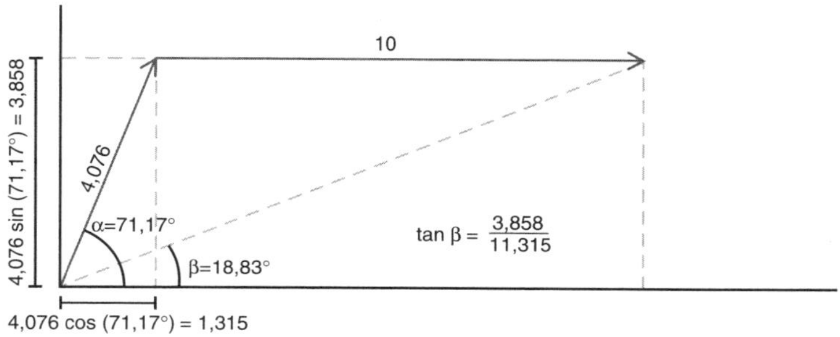

Bild 2: Geschwindigkeitsvektor des Weitspringers im Moment des Absprungs aus dessen bewegtem Bezugssystem (linker Pfeil) und dem des Zuschauers (gestrichelt).

„Jetzt zum Speerwurf", sagte Venus. „Nehmen wir an, im Moment des Abwurfs läuft der Athlet mit einer horizontalen Geschwindigkeit v; er wirft den Speer mit einer zusätzlichen Geschwindigkeit u, mit dem Winkel α gegen die Horizontale und aus einer Höhe h. Den Luftwiderstand und die Aerodynamik des Speeres vernachlässigen wir. Dann ist der optimale Winkel ... igitt, das ist kompliziert ... nichts hebt sich weg ... ah! Alles durch Cosinus von α ausdrücken ... Hm, das läuft auf eine kubische Gleichung hinaus. Mit $y = \cos\alpha$ muß gelten:

$$2uvy^3 + (v^2 + 2u^2 + 2gh)\,y^2 - (u^2 + 2gh) = 0.$$

Diese Gleichung kann man mit einem numerischen Näherungsverfahren lösen und dann den Winkel α bestimmen. Dann findet man, daß die Wurfweite des Speeres

$$\frac{(u + v\cos\alpha)(v + u\cos\alpha)}{g\sin\alpha}$$

beträgt."

Olympischer Rekordhalter im Speerwurf war 1988 unter den Männern Jan Zelezny aus der Tschechoslowakei mit 85,90 Metern, unter den Frauen Petra Felke aus der DDR mit 74,68 Metern. Wenn Petra Felke im Moment des Abwurfs mit einer Geschwindigkeit von 10 Metern pro Sekunde lief (zugegeben, das ist ein bißchen optimistisch) und ihn unter dem optimalen Winkel aus einer Höhe von 2 Metern über dem Boden abwarf, dann müßte die Anfangsgeschwindigkeit des Speeres $u = 20{,}046$ Meter pro Sekunde betragen haben. Sie können die Werte für Zelezny nun sicher selber ausrechnen.

Wie Sie sehen, ist der optimale Winkel, anders als beim Kugelstoßen, nun größer als 45 Grad. Der Grund dafür ist, daß ein steilerer Winkel den Speer länger in der Luft hält, so daß die Horizontalgeschwindigkeit ihn länger vorantreiben kann; und die spielt hier eine größere Rolle als beim Kugelstoßen, weil die Eigengeschwindigkeit des Speerwerfers dazu beiträgt. Dieser Effekt muß allerdings gegen die Verminderung des Vorwärtsschubs aufgrund des steileren Abwurfwinkels verrechnet werden. Außerdem ist – wie beim Weitsprung – der vom ruhenden Beobachter aus gesehene Abwurfwinkel nicht α. Unter unseren Annahmen beträgt der Winkel, den die Zuschauer bei Petra Felkes Wurf wirklich gesehen haben, 35,58 Grad.

Letzte Fragen

Anfang 2092 traf sich das Interplanetarische Olympische Komitee erneut, diesmal auf Pluto. Wieder glänzte der Tisch, und wieder war es nicht die Politur, sondern diesmal die Eisschicht.

„. . . und es ist mir eine Freude, Ihnen mitteilen zu können, daß wir uns auch über die Größe der Werbeflächen auf den Kleidungsstücken der Sportler haben einigen können. Sie finden sie in dem 700seitigen Handbuch unter Nummer 24335.001b/77J*“, sagte der Präsident. „Weiterhin habe ich in meiner Eigenschaft als Vorsitzender den gemeinsamen Vorschlag von Luna, Venus und Jupiter über die Standardisierung olympischer Wettkämpfe angenommen.“ Alle waren sehr erleichtert und applaudierten von Herzen. „Um den Bericht in die Tat umzusetzen, schlage ich vor, alle Ergebnisse auf die Werte zu normieren, den sie unter den Bedingungen der Erdgravitation hätten . . . Äh, ja bitte, Luna?“

„Ich muß gegen den himmelschreienden Terrestrialismus, der diesem Vorschlag zugrunde liegt, protestieren, Herr Präsident.“

„Haben Sie einen anderen Vorschlag? Schließlich liegt der Ursprung der olympischen Spiele auf der Erde.“

„Ja, ich schlage vor, wir tabellieren alle Ergebnisse in zehn Spalten, jeweils normiert auf die zehn lokalen Schwerebeschleunigungen. Damit werden künftige Vergleiche für alle Mitgliedsplaneten erleichtert.“

Der Präsident hob überrascht den Kopf. Das war wirklich eine sehr brauchbare Idee. Der Vorschlag wurde per Akklamation angenommen, wenngleich der irdische Delegierte etwas betreten dreinsah.

„Dann, meine Damen und Herren, können wir uns nun einem zentralen Punkt zuwenden: dem Speiseplan für das Festbankett . . .“

6
Die „Wahnwitz“ im Newton-Universum

Wenn die Relativitätstheorie nicht gültig wäre, dann könnte ein Körper, nur durch die Gravitation beschleunigt, in endlicher Zeit bis ins Unendliche fliegen.

Logbuch, Sterndatum 2529,2: „Es ist die Fünfjahresmission des Raumschiffes ‚Wahnwitz‘, ziellos im Universum umherzukreuzen, fremde Zivilisationen aufzuscheuchen und kühn überall dorthin zu fliegen, wohin uns das Sternflottenkommando befiehlt. Aber meist treffen wir nur auf frei im Weltraum schwebende Zombies, die glauben, sie könnten ein Raumschiff pulverisieren. Erst gestern hat uns eine kosmische Raupe in einen gigantischen Kokon eingewickelt. Kein Problem für unseren Materie-Antimaterie-Webstuhl und unsere Meisterspinner; wir haben so viel Seide aus dem Kokon abgespult, daß es für die ganze Mannschaft reicht. Soeben haben wir Kurs auf . . .“

Alarm, Alarm, Sirenengeheul.

Captain Jonah T. Kink wäre vor Schreck fast aus seinem Kommandantensessel gefallen.

„Was ist das, Mr. Pock?“

Pock, der erste Offizier, sprang an seine Konsole. „Captain, es scheint, wir sind auf eine merkwürdig glühende Raumregion gestoßen“, sagte er, hob eine Augenbraue und wackelte mit seinen spitzen Ohren. „Ich bin zu 99,357 Prozent sicher, daß wir in einen idealen Newton-Raum eingedrungen sind.“

„Einen was?“

Pock war auf dem Planeten Vulgaria geboren und aufgewachsen. Da seine Mutter eine Vulgarierin war, während sein Vater vom Mars stammte, konnte man Pock halbvulgär nennen. Seine überragenden logisch-analytischen Fähigkeiten waren dadurch nicht beeinträchtigt.

„Captain, im Moment des Alarms näherten wir uns einem Planeten, der von außerordentlich intelligenten Fremden bewohnt wird. Die Technologie dieser Weeler ist so fortgeschritten, daß sie ganze Universen mit völlig anderen Gesetzen erschaffen können. Anscheinend haben sie uns in einem Universum eingefangen, das von den Gesetzen der Newtonschen Physik beherrscht wird.

Die ‚Wahnwitz‘ bewegt sich nun in einem unendlichen, dreidimensionalen Universum, in dem sowohl Zeit als auch Raum absolut sind.“

„Sie meinen, die Relativitätstheorie gilt nicht? Albert Einstein würde sich im Grabe herumdrehen!“

„Das entspricht der Logik, Captain. Aber es kommt noch schlimmer. In einem idealen Newtonschen Raum kann die gesamte Masse eines Körpers in einem Punkt konzentriert sein, und – entschuldigen Sie, Captain. Die Sensoren melden ein Geschoß, das in unsere Richtung fliegt.“

„Holen Sie es auf den Schirm, Mr. Pock. Ausweichmanöver, Mr. Flakeoff.“

Das Projektil näherte sich immer schneller.

Wiiijuusch!

Kink und seine Mannschaft wurden durchgeschüttelt wie Pendler in der Berliner S-Bahn. Kink fand als erster seine Sprache wieder. „Mr. Dott, haben Sie die Bahn des Geschosses bestimmt?“

Chefingenieur Dott fummelte nervös an einigen Knöpfen herum.

„Stimmt etwas nicht?“

„Das Geschoß hatte Kurs 12 Grad 53 Minuten 30 Sekunden, aber dann verließ es plötzlich das Universum.“

„Sie meinen, es ist verschwunden?“

„Eigentlich nicht, Sir. Es hat Unendlich erreicht, und zwar ...“ er vergewisserte sich mit einem kurzen Blick auf die Konsole „... genau 17,23 Sekunden, nachdem wir es entdeckt hatten.“

„Faszinierend“, sagte Pock. „Ein Phänomen, das Menschen und Vulgariern völlig unbekannt ist.“

„Das Geschoß bestand aus einigen Punktmassen“, fügte Dott hinzu. „Newtonsche Punktmassen, schätze ich. Sehr kleine Teilchen, Sir. Newtronen oder Newtrinos, aber das ist schwer zu unterscheiden.“

„Irgendwelche Hinweise auf außergewöhnliche Kräfte?“

„Nein, Sir. Nur das universell gültige Gravitationsgesetz. Die Kraft zwischen zwei Körpern ist umgekehrt proportional zum Quadrat ihres Abstands.“

Pock bearbeitete die Tastatur seines Computers. „Captain, das Geschoß flog in einer endlichen Zeit bis ins Unendliche, ohne irgendeinen äußeren Antrieb, bis auf das ideale Newton-Feld.“

„Aber – das ist unmöglich!“ protestierte Kink. „Ein System gravitierender Punktmassen kann nicht einfach ins Unendliche verschwinden. Das würde den Satz von der Erhaltung der Energie verletzen.“

Was heißt Unendlich?

„Das ist fraglich, Captain“, erklärte Pock. „Jede Zunahme an kinetischer Energie könnte durch einen entsprechenden Verlust an potentieller Energie aufgewogen werden. Die Massen könnten sich immer schneller bewegen, vorausgesetzt, sie fliegen durch ein immer schwächer werdendes Gravitationsfeld. So eine Situation kann entstehen, wenn die Massen sich immer weiter voneinander entfernen. Mr. Dott, sind alle Massen in derselben Richtung ins Unendliche verschwunden?“

„Nein, Mr. Pock, sie sind im wesentlichen nach allen Richtungen auseinandergeflogen.“

Kink beharrte: „Trotzdem können die Massen nicht im Unendlichen verschwinden. Das würde jeder Logik widersprechen.“

Pocks Ohren stellten sich auf, als er eines seiner Lieblingswörter vernahm. „Logisch, Captain, im strengen Sinne des Wortes haben Sie recht. Aber es ist üblich zu sagen, daß ein Teilchen sich bis ins Unendliche bewegt, wenn es jede Grenze überschreitet, das heißt, wenn es jede beliebig große Kugel um einen festen Mittelpunkt nach einer gewissen Zeit verläßt.“

Kink blickte seinen ersten Offizier verständnislos an.

„Captain“, fuhr Pock fort, „denken Sie sich ein einzelnes Teilchen, das mit konstanter Geschwindigkeit auf gerader Bahn fliegt. Einerlei wie groß Sie eine gedachte Kugel im Raum wählen, nach hinreichend langer Zeit wird es aus ihrem Inneren entkommen sein. Also fällt es am Ende des Universums hinunter – abgesehen davon, daß ein unendliches Universum kein Ende hat.“

„Ich wollte natürlich sagen“, grummelte Kink, „daß die Massen nicht in endlicher Zeit ins Unendliche entkommen können.“

Pock wackelte mit den Ohren und dachte angestrengt nach.

„Vielleicht haben Sie recht, Captain. Aber mir fällt da ein gewisser Mechanismus ein.“

„Erleuchten Sie uns freundlicherweise auch, Mr. Pock“, knurrte Dott.

„Wenn ein Teilchen genügend stark beschleunigt wird, kann es eine unendliche Strecke in endlicher Zeit zurücklegen. Stellen Sie sich vor, in der ersten Sekunde fliegt das Teilchen mit einer Geschwindigkeit von einem Meter pro Sekunde. In dieser ersten Sekunde legt es also einen Meter zurück. Nun beschleunigen Sie es, so daß es in der nächsten halben Sekunde mit zwei Metern pro Sekunde fliegt. In dieser kürzeren Zeit schafft es also wieder einen Meter. Fahren Sie dann so fort: Halbieren Sie das Zeitintervall und verdoppeln Sie die Geschwindigkeit. Das sieht dann so aus.“ Mit seinem Sternflotten-Stift zeichnete Pock eine Tabelle (Bild 1).

„Nach zwei Sekunden hat das Teilchen eine unendliche Strecke durchflogen – vorausgesetzt, die Geschwindigkeit wächst mindestens so schnell an, wie sich die Zeitintervalle verkürzen. In unserem Fall erreicht das Teilchen das

Zeitintervall in Sekunden	Gesamtzeit in Sekunden	Geschwindigkeit in Metern pro Sekunde	Weg in Metern	Gesamtweg in Metern
1	1	1	1	1
1/2	1,5	2	1	2
1/4	1,75	4	1	3
1/8	1,875	8	1	4
1/16	1,9375	16	1	5
1/32	1,96875	32	1	6

Bild 1: Wenn die Geschwindigkeit eines Körpers in exponentiell fallenden Zeitintervallen exponentiell ansteigt, kann er in endlicher Zeit ins Unendliche entkommen.

Unendliche, weil seine Geschwindigkeit in geometrischer Folge anwächst über Zeitintervallen, deren Länge geometrisch fällt. Ich nenne das Pocks Prinzip vom geometrischen Wachstum. Die Zeit, die bis zum Erreichen des Unendlichen vergeht, hängt von den Wachstumsraten ab, aber sie ist stets endlich."

„Aber Mr. Pock", säuselte Dott, „dann müßte der kleine Teufel ja schneller fliegen können als das Licht."

„Richtig", erwiderte Pock, „aber ich muß wohl nicht daran erinnern, daß das in einem idealen Newtonschen Raum kein Problem ist."

Kink trommelte mit den Fingern auf seine Stuhllehne. „Dotty, können wir das Schiff gegen Newtonsche Punktmassen verteidigen?"

„Newtronenbomben würden helfen. Aber unsere Vorräte davon sind sehr begrenzt."

„Wieviele von diesen punktartigen Monstern sind an uns vorbeigeflogen?" wollte Kink wissen.

„Das ist schwierig zu sagen, Sir. Es können nicht sehr viele gewesen sein. Es ging so schnell, daß die Instrumente nicht genau mitzählen konnten."

„Es kann nicht nur ein Teilchen gewesen sein", dozierte der Vulgarier. „Unter dem Newtonschen Gravitationsgesetz bewegt sich ein einzelner Körper – wenn er nicht von anderen Kräften beeinflußt wird – mit konstanter Geschwindigkeit auf einer Geraden."

„Dann waren es vielleicht zwei", schlug Kink vor.

„Nein, Captain", sagte Pock. „Bei zwei Teilchen wären die Bahnen entweder Ellipsen, Hyperbeln oder Parabeln. Planeten durchlaufen elliptische Bahnen, Kometen aus dem tiefen Weltraum bewegen sich auf parabolischen oder hyperbolischen Bahnen. Planeten auf elliptischen Bahnen bleiben stets an ihre Sonnen gebunden. Kometen können das Unendliche erreichen, aber sie brauchen unendlich lange, um dorthin zu gelangen. Je weiter sie sich entfernen, desto langsamer werden sie."

„Wieviele von diesen verdammten Körpern waren es dann also?“ Der Captain verlor die Geduld. „Drei? Vier? Mehr?“

„Captain, wir können sicher sein, daß die Weeler die kleinstmögliche Anzahl von Massen verwendet haben“, stellte Pock fest. „Ihre extreme Effizienz ist sprichwörtlich. Ich werde den Bordcomputer nach zusätzlichen Informationen durchsuchen.“ Pock drehte an weiteren Knöpfen. „Interessant. Es scheint, daß das Problem zuerst im Sternjahr 1895 gestellt wurde, und zwar von dem Mathematiker Paul Painlevé, der dann ein Pionier der Luftfahrt und zweimal französischer Premierminister wurde. Er schrieb damals . . .“

„Sie brauchen es uns nicht vorzulesen, Pock. Stellen Sie den interpretierenden Sprachsynthesizer an.“

Hypersingularitäten

Der Computer sprach mit erotischer Frauenstimme: „Painlevé untersuchte Singularitäten: Situationen, in denen die Newtonschen Gesetze ihre Gültigkeit verlieren. Man sagt, daß ein System zu einem bestimmten Zeitpunkt eine Singularität hat, wenn sich die Lösungen seiner Bewegungsgleichungen nicht über diesen Zeitpunkt hinaus fortsetzen lassen. Für ein System von Punktmassen unter Gravitation ist die einfachste Singularität der Zusammenstoß zweier Massen in einem Punkt. Auch wenn eine Masse in endlicher Zeit das Unendliche erreicht, existiert keine Lösung der Bewegungsgleichungen über diesen Zeitpunkt hinaus. Solche Situationen nennt man Hypersingularitäten.“

Pock unterbrach die Maschine: „Wie ich bereits erklärt habe, können ein oder zwei Körper keine Hypersingularitäten erzeugen.“

„O wie genial, Mr. Pock“, flötete der Computer, „ich würde Sie küssen, wenn ich könnte.“ Der Vulgarier errötete.

„Computer!“ bellte Kink. „Flirte nicht mit anderen Männern und mach weiter.“

„Painlevé bewies, daß auch mit drei Körpern noch keine Hypersingularität möglich ist, aber er konnte seine Ergebnisse nicht auf vier oder mehr Körper verallgemeinern. Er unterschied zwei Arten von Hypersingularitäten. Im ersten Fall fliegt ein Körper entlang einer einfachen Bahn ins Unendliche; im anderen Fall schwingt er immer wilder hin und her, je näher die Zeit einem bestimmten Moment kommt. Im 20. Jahrhundert bewiesen Hugo von Zeipel von der Universität Uppsala, Richard McGehee von der Universität von Minnesota in Minneapolis, Donald G. Saari von der Northwestern University in Evanston (Illinois) und Hans Sperling, damals bei den Boeing-Werken in Huntsville (Alabama), daß jedes System, das die eine Art von Hypersingularitäten produziert, auch die andere hervorbringen muß. Einige Körper müssen also nach Unendlich fliegen und wild oszillieren.“

„Erzähl mir mehr über diese Zappelkörper", verlangte Kink.

„Saari zeigte, daß vier Körper eine Hypersingularität hervorbringen können. Aber wenn Geschwindigkeit, Ort und Masse dieser Körper zufällig gewählt werden, dann ist die Wahrscheinlichkeit für eine Hypersingularität nahe null. John N. Mather von der Universität Princeton (New Jersey) und McGehee entdeckten eine Hypersingularität bei einem System aus vier Körpern auf einer Geraden – aber nur wenn man annimmt, daß die Körper beim Zusammenstoß elastisch voneinander abprallen wie Billardkugeln, und das unendlich oft. Im Sternjahr 1984 beschrieb dann Joseph L. Gerver von der Rutgers-Universität in New Brunswick (New Jersey) eine Situation, in der fünf Körper ins Unendliche fliegen können."

Der Bildschirm des Computers zeigte drei Sterne; einer von ihnen war größer als die beiden anderen. Sie waren in der Form eines stumpfwinkligen Dreiecks angeordnet, wobei der stumpfe Winkel dem größten Stern anlag. „Bedenken Sie, daß die Masse dieser Körper in einem Punkt konzentriert ist. Die Größe auf dem Bildschirm repräsentiert lediglich ihre Masse."

Ein Asteroid bewegte sich auf einer Bahn außen um die drei Sterne herum, kam ihnen aber sehr nahe. Jedesmal, wenn er den massereichsten Stern passierte, gewann er durch den sogenannten Schleudereffekt an Geschwindigkeit (Bild 2*a* und *b*; derselbe Effekt wird auch zur Beschleunigung interplanetarer Raumsonden genutzt). Die zugehörige kinetische Energie entnahm er dem Gravitationsfeld des Sterns, dessen Energie im gleichen Maße abnahm. Bei den folgenden Begegnungen mit den beiden anderen Sternen übertrug der Asteroid Energie auf diese Sterne durch einen Schleudereffekt in umgekehrter Richtung. Im Ergebnis nahmen die Geschwindigkeiten des Asteroiden und der beiden kleineren Sterne zu.

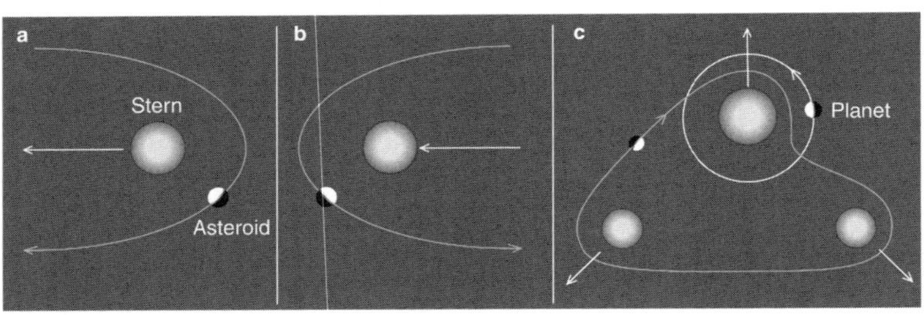

Bild 2: Der Schleudereffekt beschleunigt einen Asteroiden, wenn dieser sich einem massereicheren Stern so nähert, daß seine Bewegung der des Sterns entgegengerichtet ist (*a*). Bei einer Begegnung mit gleicher Bewegungsrichtung wird der Asteroid gebremst und der Stern beschleunigt (*b*). Der Schleudereffekt beschleunigt die Himmelskörper in Bild *c* in verschiedene Richtungen. Das System kann in endlicher Zeit ins Unendliche auseinanderfliegen – wenn man relativistische Effekte vernachlässigt.

„Bei diesem System hindert das Gesetz von der Energieerhaltung den schwersten Stern daran, ebenfalls schneller zu werden. Folglich entkommt keines der Objekte in endlicher Zeit ins Unendliche. Aber Gerver fand einen Ausweg.“

Der Computer zeigte nun einen fünften Körper, einen Planeten, der um den massivsten Stern umlief (Bild 2*c*). Immer wenn der Asteroid an Planet und Stern vorbeischlingerte, verlor der Planet Energie, und zwar zugunsten des massiven Sterns. Bei jedem Umlauf des Asteroiden wurden sämtliche Sterne und der Asteroid schneller, während der Planet immer enger um seine Sonne kreiste. Unter Erhaltung der Gesamtenergie begann das Dreieck geometrisch schnell zu wachsen. Nach endlicher Zeit waren alle drei Sterne ins Unendliche entkommen und hatten den Asteroiden und den Planeten mitgenommen!

Der Computer fuhr fort: „Gerver bemerkte, daß dieses Szenario zwar plausibel ist; es gelang ihm aber nicht, einen strengen Beweis zu führen, weil die erforderlichen Rechnungen widerlich kompliziert wurden. Im Sternjahr 1989 konnte er jedoch mit Hilfe einer Idee von Scott Brown von der Indiana University in Bloomington zeigen, daß n Körper ins Unendliche entkommen können, wenn n nur groß genug ist. Das verwendete Szenario ist symmetrischer und besteht aus einer beliebigen Anzahl von Sternpaaren, die alle gleiche Masse haben.“

Ein symmetrisches *n*-Körper-Problem

Der Computer zeigte nun acht Sternenpaare, deren jedes um seinen gemeinsamen Schwerpunkt rotierte (Bild 3). Die Schwerpunkte lagen in den Eckpunkten eines regulären Achtecks. Eine gleiche Zahl von Planeten bewegte sich ungefähr entlang den Seiten des Achtecks. Die Planeten hatten alle die gleiche, aber eine viel geringere Masse als die Sterne. Jedesmal, wenn ein Planet sich einem der Doppelsterne näherte, gewann er Energie durch den Schleudereffekt. Das Doppelsternsystem kompensierte das durch einen entsprechenden Verlust an potentieller Energie und bewegte sich auf einer engeren Kreisbahn. Gleichzeitig übertrug der Planet einen Impuls auf den Doppelstern und veranlaßte ihn so dazu, sich nach außen zu bewegen, weg vom Zentrum des Achtecks. Aus Symmetriegründen erging es allen anderen Doppelsternen zur gleichen Zeit ebenso.

Der Computer zeigte nun die Himmelskörper in Bewegung. Das Achteck wuchs, die Planeten bewegten sich schneller, und die Sterne jedes Paars kreisten enger umeinander.

Pock hüpfte vor Begeisterung in seinem Sessel auf und ab. Erst als er Kinks versteinertes Gesicht erblickte, riß er sich mühsam zusammen.

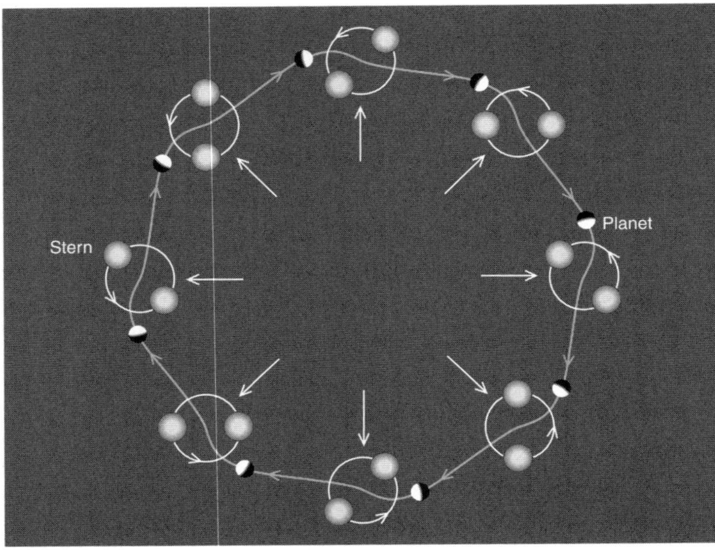

Bild 3: Ein geeignet angeordnetes System aus vielen Sternen und Planeten kann in endlicher Zeit ins Unendliche entkommen. Der Anordnung liegt ein regelmäßiges Vieleck, hier ein Achteck, zugrunde. Um jede Ecke des Vielecks kreisen die zwei Partner eines Doppelsternsystems. Es gibt so viele Planeten wie Ecken; sie fliegen von Doppelstern zu Doppelstern und bilden zu jedem Zeitpunkt ein regelmäßiges Achteck.

„Captain, das ganze System scheint ins Unendliche zu entkommen, und zwar nach unendlich vielen Schleuderbegegnungen, die innerhalb endlicher Zeit immer schneller aufeinanderfolgen“, sagte er mit unbewegter Miene. „Eine Computersimulation ist allerdings kein logischer Beweis. Man muß zeigen, daß aus geeigneten Anfangsbedingungen tatsächlich die richtige Folge der Ereignisse hervorgeht.“ Er dachte einen Moment nach. „Die Symmetrie sollte in dem Beweis eine Rolle spielen. Sie reduziert das Problem von $3n$ auf nur 3 Körper. Sobald man die Positionen und Geschwindigkeiten eines Doppelsterns und eines Planeten kennt, liegen diejenigen der anderen aus Symmetriegründen fest. Das Problem reduziert sich mithin auf eines mit drei Körpern – jeder vertritt ein reguläres Polygon aus Punktmassen –, die sich unter dem Einfluß einer sehr komplizierten Kraft bewegen.“ Dann stockte er kurz und räumte ein: „Für mich sieht das Problem immer noch ziemlich unlösbar aus.“

„Für genügend große n läßt sich ein Beweis finden, der den haarspaltendsten Logiker zufriedenstellt“, bemerkte der Computer, „denn in diesem Fall vereinfachen sich die Kräfte.“

„Ich will doch nur wissen, wie groß *n* sein muß!“ wandte Kink ein.

„Gerver hat die genaue Zahl nicht bestimmt“, antwortete Pock.

„Verdammt!“ schrie der Kapitän des Sternflottenkreuzers. „Kann mir hier keiner eine einfache Antwort geben?“

„Im Sternjahr 1988 bewies Zhihong Xia, damals an der Northwestern University, daß man fünf Körper in endlicher Zeit ins Unendliche schicken kann. Sein Szenario ist anders als Gervers, aber auch er verwendet Symmetrie.“

„Na endlich“, seufzte Kink erleichtert. „Fünf Punktmassen genügen also.“

„Und vier genügen fast sicher nicht“, sagte Pock. „Und weil die Weeler stets die optimalen Mittel für ihre Ziele anwenden, muß das Geschoß aus genau fünf Körpern bestanden haben.“

„Gut. Wir haben mit Sicherheit fünf Newtronenbomben an Bord. Jetzt muß ich nur noch herausfinden, was die Weeler mit uns vorhaben. Warum haben sie uns in einem idealen Newtonschen Raum eingefangen?“

„Captain!“ Chefingenieur Dott blickte besorgt über seine Schulter, während seine Finger über die Tastatur huschten. „Die ‚Wahnwitz‘ wird vom Gravitationsfeld eines komplexen Systems naher Sterne angezogen. Unsere Geschwindigkeit beträgt Warp 1 und steigt. Captain, sie steigt geometrisch über geometrisch abnehmende Zeiten. Warp 2!... Warp 4!... Warp 8!... Warp 16!“

Kink wandte sich an seinen Rudergänger. „Mr. Flakeoff, feuern Sie die Newtronenbomben, ehe wir alle im Unendli . . .“

Literaturhinweise

A Possible Model for a Singularity without Collisions in the Five Body Problem. Von Joseph L. Gerver in: Journal of Differential Equations, Band 52, Heft 1, Seiten 76 bis 90, 30. März 1984.

Die Mathematik der Natur. Von Ian Stewart in: Mathematik. Probleme – Themen – Fragen. Birkhäuser, Basel 1990.

The Existence of Pseudocollisions in the Plane. Von Joseph L. Gerver. Rutgers University, 1990.

7
Die Kußzahl

Der Kampf um Senderechte ist äußerst hart. Der Präsident einer Fernsehgesellschaft könnte sogar genötigt sein, sich mit Kußzahlen zu beschäftigen – aus technischen Gründen.

Marvin Q. Mogul, der Präsident der martianischen Fernsehgesellschaft, stierte aus dem Fenster seines Chefbüros auf den roten Marssand. Es war das größte Fenster in Syrtis City und wegen der aufwendigen Isolation gegen die barbarische Kälte der Marsnächte teurer als der Rest des Gebäudekomplexes; aber Mogul hätte es am liebsten vor Wut mit seinem Sessel zertrümmert. Sein Rivale vom „Cosmic News Network" war ihm soeben mit einer Geschichte über die Entdeckung antiker martianischer Werkzeuge zuvorgekommen, aber diese Katastrophe war nur die Spitze eines Kohlendioxid-Eisbergs.

Alles hatte so einfach ausgesehen, als Mogul seiner Firma gegen erbitterte Konkurrenz das TV-Sendemonopol an die neuen Marskolonien gesichert hatte. Wenn nur diese Effizienz-Klausel nicht gewesen wäre! Seine Rechtsanwälte hatten ihn beruhigt; gefordert war, daß das aufzubauende Sendersystem mit weniger Aufwand auskommen sollte als jedes andere von der Konkurrenz vorgeschlagene. Aber nun hatte das oberste planetarische Gericht entschieden, daß die Exklusivlizenz in dem Moment erlöschen sollte, in dem irgend jemand ein überlegenes System entwickeln würde. Das aber wäre eine Katastrophe.

„Cressida", schnauzte Mogul in die Sprechanlage, „holen Sie sofort Fogsberry und Cosgrove herein." Er wandte sich einem großen Marsglobus auf seinem Schreibtisch zu. Zahlreiche Plastikscheibchen klebten auf der Oberfläche der Kugel, die Mogul nun hin und her versetzte. Resignierend warf er eines quer durchs Zimmer – und traf den hereinkeuchenden Fergus Fogsberry.

„Chef", fragte der sogleich, „ist es der CNN-Bericht über die alten Funde?" Dann fiel sein Blick auf den Globus. Er hob die Augenbrauen und setzte sich. „Neue Anordnung, Chef? Ich dachte, wir hätten das schon vor Monaten geklärt. Acht Sender, einer in jeder Ecke eines gedachten Würfels" (Bild 1 links).

„Das stimmt. Aber nach dem Gerichtsurteil sind unsere Pläne wertlos. Es reicht nicht, eine bessere Abdeckung anzubieten als die Konkurrenz von Phobos Booster Satellites. Es muß die beste aller möglichen sein."

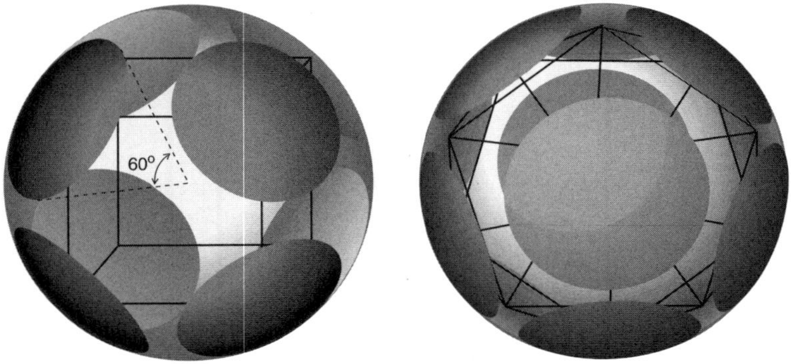

Bild 1: Wieviele Kugelkappen mit 60 Grad Winkeldurchmesser passen auf die Oberfläche einer Kugel? Acht Stück an den Ecken eines gedachten Würfels lassen noch reichlich Platz um sich (links), zwölf passen auf die Ecken eines Ikosaeders (rechts).

Was ist die bestmögliche Abdeckung?

„Dann machen wir es eben. Es kostet vielleicht ein bißchen mehr, aber . . .“

„Darauf kommt es mir nicht an, Fergus. Ich weiß einfach nicht, was die bestmögliche Abdeckung ist!“

In diesem Augenblick platzte Basil Cosgrove erbärmlich japsend herein. Er hatte in der Hektik eine Abkürzung durch die dünne Mars-Atmosphäre genommen, ohne sein extraterrestrisches Atemgerät anzulegen. „Hallo! Habt ihr den CNN-Bericht über die alten Werkzeuge . . .“ Fogsberry brachte ihn mit einer Geste zum Schweigen. Mogul ignorierte die Frage und begann sein Problem aufs neue zu schildern, aber Cosgrove unterbrach ihn bald.

„Was genau meint das oberste Gericht mit ‚bestmöglicher Abdeckung‘?“

„Unsere Anwälte interpretieren das so, daß wir das größtmögliche Gebiet des Mars versorgen müssen.“

„Dann ist es einfach“, meinte Fogsberry. „Viel hilft viel. Installieren wir einfach so viele Sender, daß wir 100 Prozent der Oberfläche erreichen.“

Mogul schlug sich mit der Hand an den Kopf. „Genial! Warum bin ich darauf nicht gekommen?“ Und in die Sprechanlage: „Cressida, holen Sie mir die Konstruktions . . .“

„Tut mir leid, Chef“, murmelte Cosgrove, „das wird nicht gehen.“

„Warum nicht?“

„Wenn sich die Sendegebiete zweier Sender überlappen, kommt es zu Interferenzen. Das Bild wackelt und bekommt Streifen, oder manchmal sieht man dann merkwürdige Schatten und mehrfache Bilder.“

„Ist das ein ernstes Problem?“

„Ich denke schon“, entgegnete Cosgrove. „Wenn wir schlechte Bilder bringen, wird die Konkurrenz aus unseren Därmen Schnürsenkel machen.“

„Kommando zurück“, bellte Mogul über die Sprechanlage.

„Könnten wir zwischen die bestehenden Sendezonen noch welche quetschen?“ fragte Fogsberry.

„Kommt darauf an, wieviel Platz wir haben“, entgegnete Cosgrove. „Jede Zone hat einen Winkeldurchmesser von 60 Grad, und . . .“

„Was ist ein Winkeldurchmesser?“

„Der Mars ist eine Kugel. Jeder Sender versorgt ein Gebiet, das wir meist als kreisförmig bezeichnen, aber genaugenommen handelt es sich um eine Kugelkappe mit kreisförmigem Rand. Der Winkeldurchmesser ist der Winkel zwischen zwei gegenüberliegenden Punkten des kreisförmigen Randes, vom Mittelpunkt der Kugel aus betrachtet.“

„Und das sind 60 Grad?“

„Genau“, fuhr Cosgrove fort. „Nun, ursprünglich wollten wir acht Sender in die Eckpunkte eines gedachten Würfels setzen. Dann wäre der Winkelabstand zwischen benachbarten Sendern . . .“ Er drückte einige Tasten auf seinem Handgelenks-Computer. „Hmm – ein bißchen mehr als 70 Grad. Gut. Sie überlappen sich also nicht. Es ist sogar eine Lücke von 10 Grad dazwischen . . . Was war doch gleich das Problem?“

„Können wir weitere Sender einfügen?“ wiederholte Fogsberry.

„Mal sehen. Die größten Löcher sind da, wo die Mittelpunkte der Seitenflächen des Würfels wären. Der Winkelabstand von einer Würfelecke zur gegenüberliegenden auf derselben Seitenfläche beträgt ungefähr 109 Grad. Jeder Sender bedeckt einen Winkeldurchmesser von 60 Grad, also einen Winkelradius von 30 Grad. Der freie Winkel dazwischen beträgt ungefähr 109 – 30 – 30, das sind 49 Grad.“ Cosgrove blickte erwartungsvoll auf Fogsberry.

„Und in das Loch wollen wir eine 60-Grad-Sendezone einpassen.“

„Richtig, mein scharfsinniger Freund.“

„Es ist aber nicht genügend Platz.“

„Eben.“

Dumpfes Schweigen. „Vielleicht können wir die Zone verkleinern“, schlug Cosgrove vor. Cressida wurde beauftragt, Erkundigungen darüber einzuholen, und kam wenige Minuten später zurück: „Chef, ich habe herausgefunden, um wieviel sich die Zonengröße verstellen läßt.“

„Wunderbar! Wieviel?“

„Gar nicht.“

„Wie? Was? Gar nicht?“

„Die Hersteller verwenden ein neues System“, sagte sie entschuldigend. „Auf den Typenschildern steht: ‚Innen befinden sich keine vom Benutzer einstellbaren Teile‘.“

„Moment mal“, fiel Mogul ein. „Wenn keine Sender mehr dazwischen passen, heißt das doch, daß wir die bestmögliche Anordnung gefunden haben.“

„Leider nein. Denn das schließt nicht aus, daß es eine ganz andere, bessere Anordnung geben könnte.“

Mogul fing wieder an, Scheiben vom Globus zu pulen und irgendwo anders wieder anzuheften. Auf einmal entdeckte er seine Vorliebe für radikale Lösungen. Er riß alle Scheibchen ab und setzte sie von neuem auf, jedes so dicht an die bereits vorhandenen wie möglich.

„Sieht gut aus“, kommentierte Cosgrove. „Wieviele sind jetzt drauf, Chef?“ Mogul zählte elf Scheiben.

„Das war eine hervorragende Idee“, lobte Mogul sich selbst. „Stellen Sie sich vor, was geschehen wäre, wenn wir bei unseren acht Sendern geblieben wären, und irgendein kluges Kerlchen von CNN wäre mit dieser Anordnung hier zum Gericht gegangen.“

„Wenn CNN so gut ist wie sein Ruf, Chef, nimmt es nur vom Besten.“

„Ja, unser Geld. Kriegt es aber nicht.“

„Vielleicht doch. CNN nimmt eine noch bessere Anordnung. Wenn wir unsere elf Sender aufbauen und CNN es fertigbringt, zwölf Sender zu plazieren, sind wir erledigt.“

„Kann gar nicht sein“, erwiderte Mogul. „Es kann doch keine Verbesserungsmöglichkeit . . .“

„Ich habe gerade zwölf Scheiben auf dem Globus untergebracht!“ triumphierte Fogsberry (Bild 1 rechts). „In den Eckpunkten eines Ikosaeders“, fügte er hinzu. „Aber es ist immer noch reichlich Platz. Wenn sie nicht festgeklebt wären, könnte man sie herumschieben. Vielleicht ist genug Platz für noch eine.“

„Ich habe eine Idee“, rief Cosgrove vergnügt. „Wenn wir die Oberfläche der Kugel berechnen und sie durch die Fläche einer Sendezone teilen, dann haben wir eine Obergrenze für die Anzahl der Scheiben. Wir berücksichtigen zwar nicht die Lücken dazwischen, aber es gibt wenigstens einen Anhaltspunkt.“

„Hervorragend, Cosgrove. Machen Sie das!“ befahl Mogul.

„Also. Der Marsradius ist gleich 1.“

„Ich will nicht kleinlich sein, aber der Marsradius beträgt 3390 Kilometer.“

„Ach, ich definiere eine neue Längeneinheit, damit es einfacher zu rechnen ist. Ein Mogul sind 3390 Kilometer.“

„Mathematiker“, grummelte Mogul, insgeheim geschmeichelt, mit einer so stattlichen Größe identifiziert zu werden.

Cosgrove fuhr fort: „Dann ist die Oberfläche gleich 4π . . .“

„4π Quadratkilometer oder was?“

„Quadratmogul. Die Fläche einer 60-Grad-Kugelkappe ist $(2-\sqrt{3})\pi$, also etwa $0{,}2679\pi$. Die Anzahl der möglichen Sendezonen ist also höchstens gleich

$4\pi/(0{,}2679\,\pi)$, das sind ungefähr 14,9. Es muß aber eine natürliche Zahl sein, also beträgt das Maximum 14."

„Danke, Cosgrove, aber jetzt wissen wir immer noch nicht, ob 12 die größte erreichbare Anzahl ist. Es könnten auch 13 oder sogar 14 sein", sagte Mogul.

„Stimmt leider. Aber den Versuch war es wert." Er verfiel in dumpfes Brüten. „Wenn man unser Problem nur mit einem bereits gelösten in Zusammenhang bringen könnte . . ."

„Cosgrove, alles, was Sie . . ."

„Ha! Die Kußzahl!" rief Cosgrove.

Mogul runzelte mißbilligend die Stirn. „Cosgrove, Sie wissen, unser Programm ist jugendfrei. Wie können Sie an so etwas nur denken?"

„Entschuldigen Sie, Chef. Ich bezog mich auf das Kußproblem. Vielleicht haben Sie davon gehört. Wieviele gleichgroße Kugeln können eine Kugel derselben Größe berühren, ohne sich gegenseitig zu durchdringen?"

Kußzahlen

„Ich sehe nicht ganz . . ."

„Denken Sie sich das Problem zuerst in zwei Dimensionen", sagte Cosgrove, kramte in seinen Taschen und förderte eine Handvoll Mars-Pence zutage. „Wieviele Münzen kann ich um diese herumlegen, so daß sich alle berühren?"

Mogul spielte etwas herum. „Sechs", sagte er. „Dann paßt es gerade."

„Jetzt brauchen wir nur noch die Lösung mit Kugeln statt Kreisscheiben."

„Unsere Sendezonen sind aber Kreise, nicht Kugeln", wandte Mogul ein.

„Kugelkappen. So weit waren wir doch schon. Stellen Sie sich zwei gleichgroße Kugeln vor, die sich berühren. Wenn Sie die eine Kugel radial auf die andere projizieren . . ."

„Hä?"

„Nehmen Sie alle Strahlen, die vom Mittelpunkt der einen Kugel ausgehen und die andere treffen. Das ist ein Kegel, aus dem die erste Kugel eine Kugelkappe mit dem Winkeldurchmesser 60 Grad ausschneidet. Jede nichtüberlappende Anordnung von 60-Grad-Kappen – unseren Sendezonen – entspricht einer Anordnung von sich berührenden Kugeln. Wir drücken uns gerne in blumigen Metaphern aus und sagen ‚küssen' statt ‚berühren'. Unser Problem ist genau das Kußzahlen-Problem in drei Dimensionen, nur spärlich verkleidet."

„Wie? Sind Kugeln nicht immer dreidimensional?"

„Nun, man kann dieselbe Frage in Räumen jeder Dimension stellen. Ich muß mal meine alten Aufzeichnungen ausgraben." Er murmelte hastig in seinen arg abgenutzten persönlichen Desorganisator. „Na also, hier ist eine Tabelle mit den besten bekannten Resultaten bis zu 24 Dimensionen."

Sie inspizierten Cosgroves Notebook-Display (Bild 2). „Die genaue Zahl ist für eine, zwei, drei, acht und 24 Dimensionen bekannt", erklärte Cosgrove. „Bis vor kurzem hätte ich hinzugefügt ‚und für keine weiteren', aber nach den neuesten Nachrichten hat Wu-Yi Hsiang von der Universität von Kalifornien in Berkeley angekündigt, er habe das Problem für vier Dimensionen gelöst. Die Antwort lautet 24."

Dimension	untere Schranke	obere Schranke
1	2	2
2	6	6
3	12	12
4	24	25
5	40	46
6	72	82
7	126	140
8	240	240
9	306	380
10	500	595
11	582	915
12	840	1416
13	1130	2233
14	1582	3492
15	2564	5431
16	4320	8313
17	5346	12215
18	7398	17877
19	10668	25901
20	17400	37974
21	27720	56852
22	49896	86537
23	93150	128096
24	196560	196560

Bild 2: Bisher bekannte Schranken für die Kußzahl in den Dimensionen 1 bis 24.

„Wollen Sie damit sagen, die Antwort ist für fünf Dimensionen unbekannt, aber für acht bekannt? Und warum gerade für 24 Dimensionen, um Himmels willen?" fragte Mogul.

„Nun, in fünf Dimensionen kennt man eine Anordnung mit 40 Kugeln und weiß, daß es nicht mehr als 46 sein können. Aber bisher konnte niemand die Lücke schließen."

„Schön, aber warum sind acht und 24 Dimensionen leichter als fünf?"

„Andrew M. Odlyzko und Neil J. A. Sloane von den AT&T-Bell-Laboratorien in Murray Hill – drüben auf der Erde in New Jersey – fanden eine gute obere Schranke für diese Fälle“, bemerkte Cosgrove. „Sie lag so niedrig, daß sie von den besten bekannten Kugelanordnungen in diesen Dimensionen genau erreicht wurde. Fertig.“ (Vergleiche „Kugelpackungen im Raum“ von Neil J. A. Sloane, Spektrum der Wissenschaft, März 1984, Seite 120.)

„Daraus folgt nur, daß es stimmt“, wandte Fogsberry ein. „Aber es erklärt noch nicht, was das Besondere am acht- und am 24-dimensionalen Raum ist.“

Cosgrove wurde sichtlich verlegen. „Nun, diese Räume haben gewisse ziemlich ungewöhnliche Eigenschaften. Allerlei Arten von Kugelpackungsproblemen lassen sich in diesen Dimensionen besonders schön lösen.“

(Es dürfte äußerst mühsam sein, 24-dimensionale Kugeln in größeren Mengen aufzutreiben; aber wenn Sie wollen, können Sie sich an etwas irdischeren Problemen versuchen. Finden Sie zum Beispiel den kleinsten Kreis oder das kleinste Quadrat, in die eine gegebene Anzahl von Pfennigen hineinpaßt. Oder finden Sie die Kußzahlen für andere ebene Formen wie Fünfecke oder Ellipsen. Wenn Sie sehr ehrgeizig sind, lösen Sie das Problem der martianischen Fernsehsender für Winkeldurchmesser, die größer oder kleiner als 60 Grad sind. Und wenn Ihnen das immer noch zu einfach ist, dann können Sie darüber nachdenken, wie groß der Winkeldurchmesser einer Zone höchstens sein darf, wenn Sie eine gegebene Anzahl gleicher Zonen ohne Überschneidungen auf der Kugel unterbringen wollen. Es gibt Antworten für bis zu zwölf Zonen und Vermutungen für einige größere Werte.)

Mogul holte die Schöngeister aus ihrem 24-dimensionalen Raum auf den Boden des Mars zurück. „Nach Ihrer Tabelle ist bekannt, daß die Kußzahl in drei Dimensionen 12 beträgt.“

„Ja“, antwortete Cosgrove. „Der große Isaac Newton und sein schottischer Kollege David Gregory stritten sich 1694 darüber. Newton behauptete, die Zahl sei 12, Gregory hielt 13 für möglich. Im 19. Jahrhundert legten C. Bender, R. Hoppe und S. Günther Beweise dafür vor, daß Newton recht hatte ...“

Cosgrove holte kurz Luft und fuhr fort, ehe ihn jemand stoppen konnte: „... aber der Beweis ist alles andere als einfach. Das liegt im wesentlichen daran, daß die Anordnung nicht steif ist. Man hat viel Platz und kann die Kugeln allein durch Herumschieben, wobei sie die zentrale Kugel immer berühren, in so ziemlich jede Anordnung bringen. Sie müssen also nicht die Ecken eines Ikosaeders bilden. In acht und in 24 Dimensionen hat man diese Freiheiten nicht: Es gibt im wesentlichen nur eine maximale Anordnung – und deswegen war es einfacher, für diese Fälle das Problem zu lösen. Es ist manchmal leichter, eine Antwort auf eine Frage zu finden, wenn es nur eine Antwort gibt.“

„Wie hat Hsiang den vierdimensionalen Fall erledigt?“ fragte Fogsberry.

„Er löste kürzlich ein sehr altes, wichtiges Problem, mit dem sich schon Johannes Kepler 1611 beschäftigt hatte. Es geht um Kugelpackungen: die

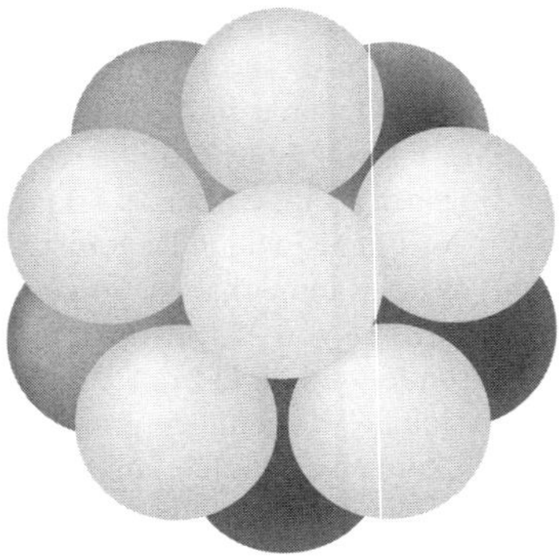

Bild 3: Dreizehn gleichgroße Kugeln (von denen in dieser Perspektive elf sichtbar sind) können so angeordnet werden, daß die mittlere die zwölf anderen berührt.

Kunst, Kugeln in drei Dimensionen so aufeinanderzuschichten, daß möglichst wenig Luft zwischen ihnen bleibt. Hsiang hat angekündigt, daß seine neuen Techniken auch für das vierdimensionale Kußproblem anwendbar seien. Aber bisher habe ich den Beweis noch nicht gesehen."

„Was schert mich der Beweis?" knurrte Mogul. „Wir wissen jetzt, daß für drei Dimensionen zwölf das Maximum ist. Wenn wir die Ikosaeder-Anordnung benutzen, sind wir auf der sicheren Seite. Cressida, holen Sie mir die Konstruktions . . ."

„Chef, Sie wissen doch, daß ich versucht habe, Ihnen zu erzählen, was CNN heute morgen berich . . ."

„Ich habe Ihnen doch gesagt, ich bin nicht inter . . ."

„Sollten Sie aber. Es scheint, daß sehr merkwürdige Maschinen unter den antiken Marsgeräten gefunden wurden. Einige funktionieren offensichtlich noch. Die Archäologen haben begonnen, mit ihnen zu experimentieren und . . ."

Der Boden schien zu wackeln, ohne sich tatsächlich zu bewegen. Alles sah plötzlich ganz anders aus, aber trotzdem genau gleich. Es war sehr beunruhigend.

„Oh je", sagte Cosgrove. „Sie hatten recht."

„Recht? Womit?" schnappte Mogul.

„Ein Dimensionsbeben. Der Mars ist soeben 24-dimensional geworden."

Mogul blickte aus seinem Fenster auf einen 24-dimensionalen Berg und wurde plötzlich sehr aufgeregt. „Cosgrove, werden die Dimensionsbeben irgendeine Auswirkung auf die Finanzwelt haben?"

„Nein, Chef. Außer daß bisher zweiseitige Münzen jetzt sehr viel mehr Flächen haben."

„Phantastisch! Cressida, rufen Sie CNN an. Die können die Senderechte geschenkt haben."

„Ist Ihnen nicht gut, Chef? Hat das Beben Ihr Gehirn erschüttert?“

„Ach was. Wer jetzt das Netzwerk aufbaut, wird 196 560 Sender kaufen müssen, für eine Million Mars-Dollar das Stück. Das sind schlappe 200 Milliarden. Ich möchte sehen, wie CNN das von seinem ehemals dreidimensionalen Konto zahlt.“

„Ach so, Chef“, sagte Cosgrove sanft. „Hatte ich das Gerät erwähnt, das Stein in Gold verwandelt?“

Literaturhinweise

Regelmäßige Anordnungen gleicher sich berührender Kreise in der Ebene, auf der Kugel und auf der Pseudosphäre. Von Sebastian Finsterwalder. Abhandlungen der Bayerischen Akademie der Wissenschaften, Heft 38, 1936.

The Problem of the Thirteen Spheres. Von John Leech in: Mathematical Gazette, Band 40, Heft 331, Seiten 22 und 23, Februar 1956.

Sphere Packings, Lattices and Groups. Von John Horton Conway und Neil J. A. Sloane. Springer-Verlag, 1988.

Sphere Packings and Spherical Geometry – Kepler's Conjecture and Beyond. Von Wu-Yi Hsiang. Center for Pure and Applied Mathematics, University of California, Berkeley, Juli 1991.

Les placements des cercles. Von Marcel Berger in: Pour la science, Heft 176, Juni 1992, Seiten 72 bis 79.

8
Zwanzigtausend Meilen unter den Meeren

Das geheimnisvolle Unterseeboot des Kapitäns Nemo besaß nicht nur wundersame Maschinen, sondern auch eine äußerst eigenwillige Inneneinrichtung. Hier erfahren Sie, warum.

Die Gefahren des Meeres, die ihr dort oben empfindet, bestehen für mein Schiff nicht mehr. Es wird nicht leck, kein Takelwerk, kein Segel kann beschädigt werden, kein Kessel zerplatzen, kein Feuer bricht aus, kein Kohlenmangel legt es lahm, und es braucht weder Zusammenstoß noch Sturm zu fürchten: Das, Monsieur, ist ein Schiff, wie es sein soll, und ich liebe es.

Kapitän Nemo *in*
„Zwanzigtausend Meilen
unter den Meeren“
von Jules Verne

Kapitän Nemo saß in seiner prachtvoll ausgestatteten Kajüte. Unter dem Schreibtisch lag ein kostbarer Perserteppich, ein Fresko von Leonardo da Vinci bedeckte die Wand, und ein großer Konzertflügel war sturmfest am Boden verschraubt. Die Lagune draußen reflektierte das Sonnenlicht als vielfältig verschlungene, aber beruhigende Wellenmuster in den Raum. Ein Steward trat aus dem hohen, schmalen, eichengetäfelten Korridor durch die Tür ein, die mit einem kunstvollen Relief verziert war: Venus entsteigt den Wogen.

„Kapitän, die Konstruktion ist vollendet. Es ist Zeit, die ‚Nautilus‘ zu Wasser zu lassen.“

Der große Moment war gekommen. Mit feierlicher Stimme kommandierte Nemo: „Versammeln Sie die Mannschaft!“ und erhob sich, um an Land zu gehen. Bald waren die Seeleute, Köche und Ingenieure am Kai angetreten. Der Kapitän legte einen wuchtigen Hebel um, und das neugebaute Unterseeboot begann die Rampe hinunterzugleiten, erst gemächlich, dann immer schneller, bis Gischt aufspritzte und das Boot, sachte hin und her schwankend, in die Lagune hinaustrieb.

„Ich gratuliere, Kapitän“, sagte Ted Wreckoning, der Steuermann.

„Die Erfüllung meines Lebenstraumes“, sprach Nemo mit ergriffener Stimme, während er dem Schiff nachblickte. „Ich habe mein ganzes Vermögen in dieses Unternehmen versenkt“, fügte er hinzu, was in den Ohren seines Begleiters wie eine unheilvolle Prophezeiung klang. „Sehen Sie doch, wie schön sie schwimmt!“ Nemo packte Ted Wreckoning in freudiger Erregung am Kragen. „Und bald werden wir auch sehen, wie gut sie sinkt, Steuermann, wenn die Tanks geflutet werden. Lassen Sie uns an Bord gehen.“

Ein kleines Beiboot brachte die beiden bis zur Einstiegsluke der „Nautilus“. Kaum hatten sie ein paar Schritte an Deck getan, da schwankte das Unterseeboot noch ein wenig heftiger und drehte sich auf einmal in einer anmutigen Bewegung kieloben.

„Ich muß ein ernstes Wort mit den Konstrukteuren reden“, prustete Kapitän Nemo, im Wasser der Lagune mit den Armen rudernd.

Die Auftriebskurve

Der Tisch war bedeckt mit Konstruktionszeichnungen von der Hülle der „Nautilus“. „Es ist alles nur eine Frage des Auftriebs“, erklärte Chefkonstrukteur Jerry Bilder. „Wie Archimedes in der Badewanne entdeckte, wirkt auf jedes Schiff eine aufwärts gerichtete Kraft, die gleich dem Gewicht des von ihm verdrängten Wassers ist. Wenn dieser Auftrieb gleich der abwärts gerichteten Gewichtskraft des Schiffes ist, dann schwimmt es in perfektem Gleichgewicht. Und die ‚Nautilus‘ beweist uns, Kapitän Nemo, daß wir korrekt und exakt gerechnet haben. Denn sonst wäre sie gleich gesunken, statt nur ein bißchen zu kentern.“ Bilder lächelte befriedigt und ersetzte die Pläne auf dem Tisch durch neue.

Nemo starrte ihn an. „Bilder, mein Schiff treibt mit dem Bauch nach oben im Wasser! Das ist keine Kleinigkeit!“

„Wenn Sie das doch nur von meinem Standpunkt aus betrachten könnten! Ich habe die Einsinktiefe des Schiffs gemessen. Sie stimmt mit unseren Berechnungen bis auf den Millimeter überein.“

„Sie müssen es toplastig gebaut haben“, sagte Nemo.

„Nein, nein. Wir haben mit Bedacht Ballast angebracht, um sicherzustellen, daß der Schwerpunkt sich unter der Wasserlinie befindet.“

„Das ist jetzt sicherlich der Fall“, sagte Nemo mit ätzender Stimme. „Und die Aufbauten sind auch unter Wasser. Man kommt ohne Taucheranzug noch nicht einmal hinein.“

Ted hatte derweil auf einem Blatt Papier herumgekritzelt und tippte nun dem Kapitän auf die Schulter. „Ich glaube, ich habe die Antwort gefunden, Sir.“ Er wandte sich an den Konstrukteur. „Schwerpunkt unter der Wasserlinie? Glauben Sie, daß das die Bedingung für stabiles Schwimmen ist?“

„Aber selbstverständlich! Das Schiff dreht sich um die Wasserlinie, und wenn der Schwerpunkt unterhalb der Drehachse liegt, dann hat es keinen Anlaß zu kentern."

„Sehr plausibel", entgegnete Ted. „Aber falsch. Die Drehachse liegt überhaupt nicht in der Wasserlinie. Mehr noch: Sie verschiebt sich, wenn das Schiff kippt." Er deutete auf seine Zeichnung (Kasten auf Seite 82). „Stellen Sie sich vor, die ‚Nautilus' sei um einen Winkel α gegen die Gleichgewichtslage geneigt. Ihr Gewicht greift im Schwerpunkt S an – zumindest darf man sich das so vorstellen – und wirkt nach unten. Die Auftriebskraft wirkt nach oben, aber ihr Angriffspunkt ist der Auftriebsmittelpunkt $A(\alpha)$, und das ist der Schwerpunkt des verdrängten Wasservolumens oder, was dasselbe ist, der geometrische Mittelpunkt des untergetauchten Schiffsteils. Übrigens zeigt meine Zeichnung nur einen Querschnitt durch das Schiff, um die Argumentation zu vereinfachen; da sie zweidimensional ist, muß man anstelle des Volumens die Fläche verwenden. Der Auftriebsmittelpunkt entspricht dann dem Flächenschwerpunkt des unter Wasser befindlichen Flächenstücks. Wenn sich der Winkel α ändert, beschreibt der Punkt $A(\alpha)$ eine Kurve, die ich die Auftriebskurve A nenne. Außerdem kann ich beweisen, daß die Auftriebskurve im Punkt $A(\alpha)$ horizontal verläuft, wenn das Schiff um den Winkel α geneigt ist. Das Schiff verhält sich mithin so, als wäre seine Unterseite geformt wie die Auftriebskurve und würde auf einer horizontalen Fläche abrollen."

„Es geht also darum, die Dynamik einer rollenden Kurve zu verstehen", warf Nemo ein. „Dann können wir das Ergebnis auf die Bewegungen meines Schiffs anwenden."

„So ist es", sagte Ted. „Wenn Sie gestatten, würde ich gerne ein kleines Experiment vorführen. Ich habe ein Rollgerät aus Pappe gebastelt. Es hat die Form einer Parabel, aber das ist nicht so wichtig. Ich habe zwei kleine, aber schwere Magnete beiderseits der Pappe so angebracht, daß sie sich gegenseitig anziehen und den Schwerpunkt S bestimmen" (Bild 1*a*).

„Wieso das?" fragte Nemo.

„Weil die Pappe so leicht ist, daß man deren Gewicht gegenüber den Magneten vernachlässigen kann. Die ganze Masse ist also in den Magneten konzentriert."

„Ach so."

„Wenn ich die Magnete in der Nähe des Randes anbringe, dann pendelt das Rollgerät sich auf einen Gleichgewichtszustand ein. Welcher Zusammenhang besteht nun zwischen dem Punkt S, an dem die Magnete sitzen, und dem Punkt P, in dem das Rollgerät den Boden berührt?"

„Nun", begann Nemo zu überlegen, „die abwärts gerichtete Gewichtskraft des Geräts muß der Kraft, die vom Berührpunkt aus nach oben wirkt, entgegengesetzt gleich sein… Aha! Wenn ich in P eine Senkrechte zum Rand des Rollers ziehe, dann muß diese Linie durch S verlaufen."

Die Geometrie der Auftriebskurve

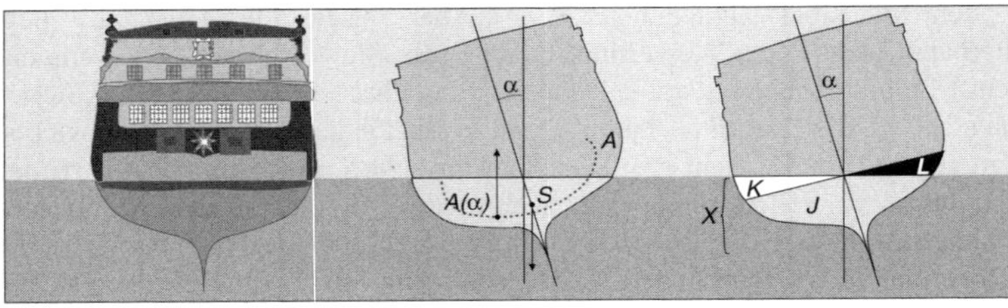

Ein Schiff im vertikalen Gleichgewicht (das heißt, der Auftrieb ist gleich dem Gewicht) sei um den Winkel α geneigt (Mitte). Das Gebiet unterhalb der Wasserlinie hat unabhängig von α einen konstanten Flächeninhalt X. Entsprechend den verschiedenen möglichen Neigungswinkeln gibt es eine Schar von Geraden (nämlich die zum jeweiligen Neigungswinkel gehörigen Wasserlinien), welche von der Querschnittsfläche des Schiffs eine Fläche der Größe X abschneiden. Der Flächenschwerpunkt einer solchen Fläche ist der Auftriebsmittelpunkt des entsprechend geneigten Schiffs. Welche unter diesen Flächen hat bei vorgegebenem Neigungswinkel α den tiefsten Schwerpunkt?

Es ist die Fläche, die von einer horizontalen Geraden begrenzt wird. Daraus folgt, daß deren Flächenschwerpunkt $A(\alpha)$ der (unter dem Neigungswinkel α) tiefste Punkt der Auftriebskurve A ist.

Ein physikalisches Argument macht das plausibel. Man fülle das Schiff mit der Wassermenge X. Dieses Wasser nimmt dann eine Lage niedrigster potentieller Energie ein, das heißt, die Form mit dem tiefstmöglichen Flächenschwerpunkt (geometrischen Mittelpunkt). Andererseits ist die Wasseroberfläche in einem Behälter stets horizontal.

Eine mathematische Begründung verläuft folgendermaßen (rechts): Die von der horizontalen Geraden begrenzte Fläche ist aus J und K zusammengesetzt. Sie ist bezüglich ihres Schwerpunktes mit jeder anderen der zur Debatte stehenden Flächen zu vergleichen, zum Beispiel jener, die aus J und L besteht. Die Gebiete K und L haben gleiche Flächen, aber der Schwerpunkt von L liegt höher als der von K. Wenn man also K durch L ersetzt, wird der Schwerpunkt der gesamten Fläche angehoben.

Analog dazu ist folgende Situation: Wenn zwei Gewichte an einem zweiarmigen Hebel ausbalanciert sind und man das eine Gewicht vom Drehpunkt weg verschiebt, muß man den Drehpunkt in die gleiche Richtung verschieben, um das Gleichgewicht wiederherzustellen.

„Genau“, sagte Ted. „Wenn ein Lot an den Roller-Rand durch den Schwerpunkt S verläuft, dann ist der Fußpunkt dieses Lotes ein Gleichgewichtspunkt, das heißt, der Roller ist im Gleichgewicht, wenn er mit diesem Punkt auf dem Tisch aufliegt“ (Bild 1b). Der Steuermann fuhr fort: „Das gilt

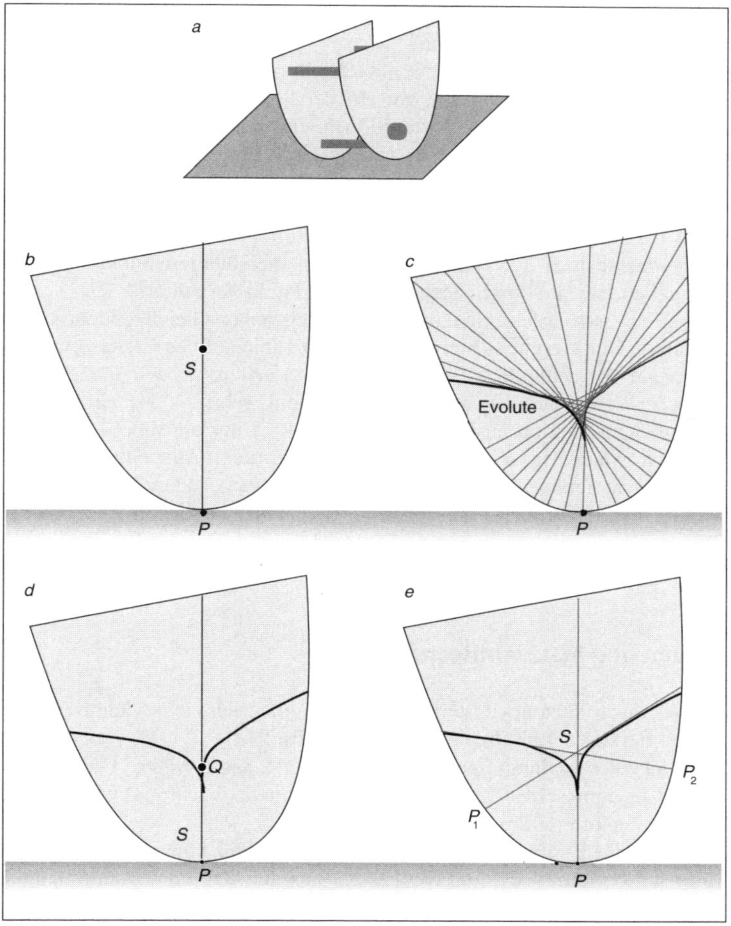

Bild 1: Ein Rollgerät aus zwei gleichen, durch Stege verbundenen Stücken Pappe. Mit Hilfe eines Magnetenpaars, das beiderseits des einen Pappstücks sitzt, kann man den Schwerpunkt des Geräts beliebig verschieben (*a*). Wenn die Senkrechte an den Rand der Kurve im Auflagepunkt *P* durch den Schwerpunkt *S* verläuft, befindet sich das System im Gleichgewicht (*b*). Die Senkrechten an den Rand sind sämtlich Tangenten einer Kurve, der Evolute (*c*). Wenn *S* unterhalb der Evolute liegt, verläuft eine einzige Senkrechte durch *S*; entsprechend gibt es nur eine Gleichgewichtsposition (*d*). Befindet sich *S* jedoch oberhalb, dann liegt er auf drei Senkrechten mit Fußpunkten in *P*, P_1 und P_2 (*e*). Der mittlere Gleichgewichtspunkt *P* ist instabil.

für jede Rollerform, nicht nur für die Parabel. Wenn ich jetzt *S* vertikal nach oben bewege, was geschieht dann?"

„Der Roller wackelt ein bißchen, aber der Berührpunkt bleibt derselbe, denn der Schwerpunkt liegt nach wie vor auf der Senkrechten..." Kapitän Nemo hatte die Magnete nach oben verschoben und das Spielzeug vorsichtig in genau der gleichen Position wieder auf den Tisch gesetzt. „Oh! Es ist plötzlich zur Seite gekippt!"

„Ja. Und die Senkrechte durch den neuen Berührpunkt P' muß ebenfalls durch *S* verlaufen, denn Ihr Argument von vorhin gilt auch hier."

Nemo dachte nach. „Es kann also im allgemeinen mehrere Senkrechte an die Kurve geben, die alle durch einen gegebenen Punkt verlaufen?"

„So ist es. Jede solche Senkrechte entspricht einer Gleichgewichtsstellung des Rollers. Nur kommt es hier nicht in erster Linie auf das Gleichgewicht an, sondern auf die Stabilität – wie wir erleben durften, als wir die ‚Nautilus' bestiegen. Wenn man einen Roller – oder ein Schiff – aus einer stabilen Gleichgewichtsposition auslenkt, dann wackelt es nur ein bißchen und kehrt schließlich wieder in die Ausgangsstellung zurück. Aus einem instabilen Gleichgewicht heraus aber bewegt es sich in eine ganz andere Lage."

„In der Tat. Ich erinnere mich flüchtig", warf Nemo trocken ein. „Aber wie findet man heraus, wann eine Gleichgewichtsstellung stabil ist, ohne naß zu werden?"

Evoluten und metazentrische Kurven

„Ich will Ihnen dazu etwas zeigen. Angenommen, ich ziehe viele Senkrechte an die Rollerkurve. Fällt Ihnen etwas auf?" (Bild 1*c*)

„Sie scheinen entlang einer Kurve zu liegen", sagte Nemo. Der Chefkonstrukteur begann seine Architekturzeichnungen demonstrativ wegzupacken, aber Nemo ignorierte ihn.

„Das ist die Evolute des Rollers, die Kurve, die von allen Senkrechten berührt wird", fuhr Ted fort. „Sie besteht aus den Krümmungsmittelpunkten der Randkurve. Ich weiß darüber Bescheid, denn wir Steuerleute haben Geometrie gelernt", fügte er stolz hinzu. Bilder murmelte wüste Verwünschungen in seinen Bart. Was glaubte der wohl, was Architekten gelernt haben?

„In diesem Fall hat die Evolute eine Spitze, eine sogenannte Kuspe, und die Verhältnisse beiderseits dieser Kurve sind gänzlich verschieden. Innerhalb der Evolute – das heißt auf der Seite, wo ihre Tangenten liegen – verlaufen durch jeden Punkt drei Senkrechte, auf der Außenseite dagegen nur eine. Wenn also der Schwerpunkt *S* auf der Außenseite der Evolute liegt, dann gibt es einen eindeutig bestimmten Gleichgewichtspunkt *P*, den Fußpunkt der zugehörigen

Senkrechten (Bild 1*d*). Der Roller stellt sich dann so ein, daß P den Boden berührt. Für die Punkte auf der Innenseite der Evolute gibt es dagegen drei Gleichgewichtspunkte P, P_1 und P_2 (Bild 1*e*). Wann ist nun so ein Gleichgewichtspunkt stabil?"

Kapitän Nemo kratzte sich am Kopf. „Nun, der Schwerpunkt dieses Dings möchte ja immer so tief wie möglich liegen. Wenn ich es aus dem stabilen Gleichgewicht ein wenig auslenke, dann entsteht eine rücktreibende Kraft; sonst wäre das Gleichgewicht nicht stabil. Dann habe ich zuvor den Schwerpunkt offensichtlich etwas angehoben. Wenn ich es aus einer instabilen Position heraus auslenke, müßte der Schwerpunkt dagegen fallen."

„Ja. Stabile Gleichgewichtspunkte sind lokale Minima der potentiellen Energie, instabile sind lokale Maxima. In einem stabilen Gleichgewichtspunkt sollte P also der Punkt der Parabel sein, der, verglichen mit seinen unmittelbaren Nachbarn, S am nächsten liegt (Bild 2*a*). Bei einem instabilen Gleichgewichtspunkt dagegen sollte P weiter von S entfernt sein als die Punkte in seiner Umgebung (Bild 2*b*). Der Begriff der Stabilität bezieht sich nämlich immer nur auf beliebig kleine Auslenkungen. Es ergibt sich, daß ein Gleichgewichtspunkt stabil ist, wenn in der entsprechenden Roller-Stellung der Punkt S zwischen P und dem Punkt Q liegt, in dem die zugehörige Senkrechte die Evolute berührt. Andernfalls ist die Position instabil. Bei drei Gleichgewichtspunkten ist also der mittlere Punkt P instabil, während P_1 und P_2 stabil sind. Aus diesem Grund ist der Roller umgekippt: Der Gleichgewichtspunkt bei P wurde instabil, und der Roller nahm die neue Lage P_1 ein."

„Dann wäre die Situation ja recht übersichtlich. Nur wenn S die Evolute überquert, kann ein stabiler Gleichgewichtspunkt instabil werden oder umgekehrt."

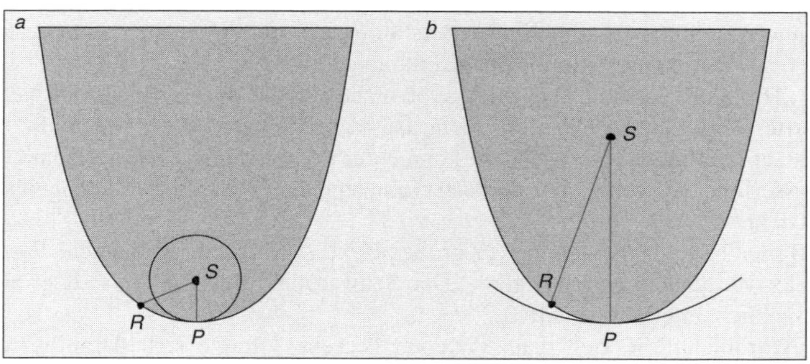

Bild 2: Im linken Bild (*a*) ist P ein stabiler Gleichgewichtspunkt, denn SP ist kürzer als SR für jeden Punkt R in der Umgebung von P. Dagegen ist rechts P ein instabiler Gleichgewichtspunkt (*b*), denn SP ist länger als SR für jeden benachbarten Punkt R.

„Und nur bei dieser Gelegenheit können überhaupt Gleichgewichtspunkte entstehen oder verschwinden“, ergänzte der Steuermann, zufrieden grinsend.

„Ganz nett, aber was hat das alles mit Schiffen zu tun?“ warf Jerry Bilder mürrisch ein.

„Das funktioniert genauso für Schiffe, aber statt der Randkurve des Rollers nimmt man die Auftriebskurve des Schiffs. Seine Evolute heißt metazentrische Kurve M. Wenn sich das Schiff um einen Winkel α neigt, ist der Punkt $M(\alpha)$, in dem die Senkrechte an A in $A(\alpha)$ die Kurve M trifft, das Metazentrum für den Winkel α. Das Schiff befindet sich bei diesem Neigungswinkel im Gleichgewicht, wenn S auf der Verbindungsgeraden von $A(\alpha)$ und $M(\alpha)$ liegt. Das Gleichgewicht ist stabil, wenn S und $A(\alpha)$ auf derselben Seite von $M(\alpha)$ liegen, instabil dagegen, wenn $M(\alpha)$ zwischen S und $A(\alpha)$ liegt“ (Bild 3).

„Hervorragend! Wie funktioniert das nun für die ‚Nautilus‘?“ fragte Nemo.

„Mal sehen... Die ‚Nautilus‘ sieht ziemlich feudal aus, aber ihr Querschnitt ist im wesentlichen eine Ellipse, die höher als breit ist. Also ist ihre Auftriebskurve eine ähnliche Ellipse (Kasten auf Seite 88). Die Evolute einer Ellipse ist eine wunderbare Kurve mit vier Kuspen. Gleiches gilt für die metazentrische Kurve der ‚Nautilus‘. Da wir das Schiff sehr sorgsam zu Wasser ließen, dürfte sein Neigungswinkel α nahezu gleich null gewesen sein. Ob diese Gleichgewichtslage bei $\alpha = 0$ stabil ist, hängt davon ab, ob der Schwerpunkt S tiefer liegt als das entsprechende Metazentrum $M(0)$, das ist in unserem Fall die obere Kuspe auf M.“

„Ist das Zufall?“ fragte Nemo.

„Was bitte?“

„Daß der Winkel, der uns interessiert, gerade einer Kuspe von M entspricht.“

„Ach so. Nein, das ist kein Zufall, sondern liegt daran, daß das Schiff bilateral symmetrisch ist. Auf Symmetrieachsen entstehen stets Kuspen. Sie können, wohlgemerkt, auch woanders auftreten; im allgemeinen entsprechen sie den Maxima und Minima der Krümmung von A.“

„Hmm. Es kommt also überhaupt nicht auf die Wasserlinie an.“ Nemo starrte Bilder an. „Wenn M klein ist, dann könnte $M(0)$ unterhalb der Wasserlinie liegen. Insbesondere könnte der Schwerpunkt zwar unterhalb der Wasserlinie, aber oberhalb von $M(0)$ sein, so daß ein instabiles Gleichgewicht entsteht.“

Bilder blätterte auf einmal in großer Hektik durch ein Notizbuch. Wenig später verkündete er erleichtert: „Der Schwerpunkt der ‚Nautilus‘ liegt aber tatsächlich unterhalb von $M(0)$.“

„Warum hat sie sich dann kieloben gedreht?“ fragte sich daraufhin der Steuermann. Nach einigem Überlegen: „Angenommen, S befindet sich knapp unterhalb von $M(0)$ und bewegt sich nach oben. Dann überschreitet S die metazentrische Kurve M, und das Gleichgewicht wird instabil! Es gibt eine

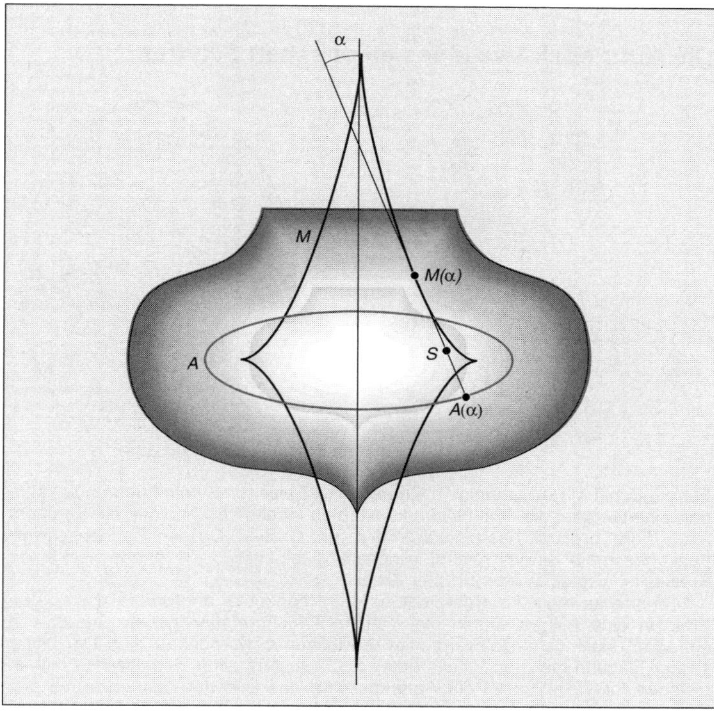

Bild 3: Die metazentrische Kurve *M* ist die Evolute der Auftriebskurve *A*. Ein um den Winkel α geneigtes Schiff befindet sich im Gleichgewicht, wenn sein Schwerpunkt *S* auf der Verbindungsgeraden von *A*(α) und *M*(α) liegt. Liegt *S*, wie hier dargestellt, zwischen diesen beiden Punkten, so ist der Gleichgewichtszustand stabil.

stabile Gleichgewichtslage, aber die liegt ganz woanders. Das Schiff dreht sich um fast 180 Grad und kentert“ (Bild 4*a*).

„Als wir an Bord der ‚Nautilus‘ stiegen“, sagte Nemo, „haben wir also den Schwerpunkt des Schiffs angehoben, und – platsch!“

„Ja“, stimmte Ted zu. „Das liegt daran, daß die Kuspe in *M* nach oben zeigt. Zeigte sie nach unten, dann würde das Schiff nur ein bißchen krängen – sich zur Seite neigen“, fügte er in Richtung des Chefkonstrukteurs hinzu. „Nach oben zeigende Kuspen in *M* sind gefährlich und können Kentern hervorrufen. Nach unten zeigende sind sicherer“ (Bild 4*b*).

„Wenn Sie ‚nach oben‘ oder ‚nach unten‘ sagen, dann bezieht sich das wohl auf die geneigte Stellung?“ fragte Nemo.

Die Auftriebskurve eines elliptischen Schiffes

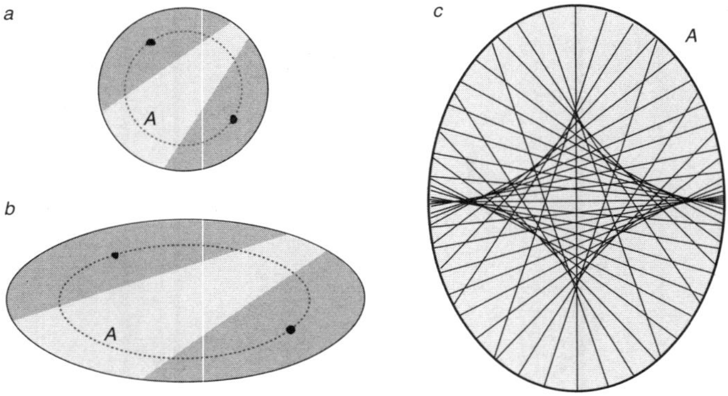

Für ein Schiff mit kreisförmigem Querschnitt (*a*) ist aus Symmetriegründen klar, daß eine Gerade, die eine Fläche konstanten Inhalts abschneidet, ein Segment fester Form erzeugt, das einfach in dem Kreis rotiert. Dessen Flächenschwerpunkt beschreibt einen Kreis mit gleichem Mittelpunkt. Die Auftriebskurve eines Kreises ist also ein konzentrischer Kreis.

Nun strecke man das Koordinatensystem horizontal und deformiere so den Kreis in eine Ellipse. Durch diese affine Transformation gehen Geraden in Geraden und Flächenschwerpunkte in Flächenschwerpunkte über. Die Bilder zweier Flächen gleichen Inhalts unter der Transformation sind wieder Flächen gleichen Inhalts. Also ist die Auftriebskurve das Bild der Auftriebskurve des Kreises; das ist eine ähnliche Ellipse (*b*). Man nennt daher die Auftriebskurve eine affine Invariante.

Leider ist die metazentrische Kurve keine affine Invariante. Bei einem Kreis besteht sie nur aus dem Mittelpunkt, während sie bei einer Ellipse vier Kuspen hat (*c*).

„Ja. Für einen allgemeinen Winkel α neigt man das Schiff um diesen Winkel und sieht sich dann die Richtung der Kuspen an. Dementsprechend heißt ‚nach unten‘ soviel wie ‚auf *P* zu‘ und ‚nach oben‘ soviel wie ‚von *P* weg‘.“

„Vielleicht sollten wir dem Schiff eine andere Form geben“, überlegte Nemo. „Wie wäre es mit einem rechteckigen Kasten?“

„Hmm. Raffiniert.“ Ted verschwand für eineinhalb Stunden und kam mit einem Stapel Papier zurück. „Die Auftriebskurve für ein rechteckiges Schiff sieht einer Ellipse ziemlich ähnlich, besteht aber, genau besehen, aus vier Parabelstücken und vier Hyperbelstücken, entsprechend den verschiedenen

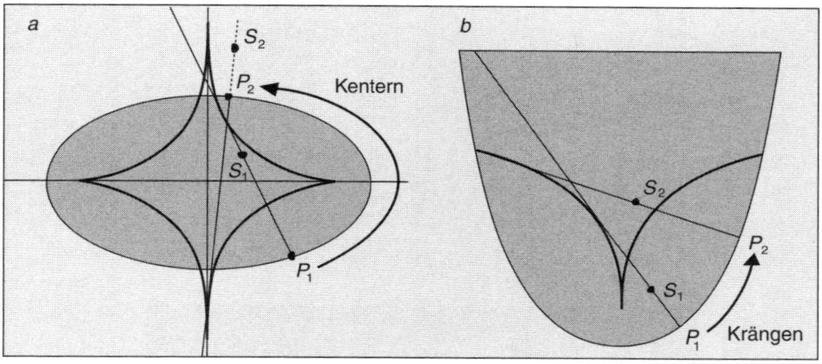

Bild 4: Überschreitet der Schwerpunkt die metazentrische Kurve eines Schiffes in der Nähe einer aufwärts weisenden Kuspe (Übergang von S_1 nach S_2), so kann sich die Lage des stabilen Gleichgewichtszustands (Fußpunkte P_1 und P_2) drastisch ändern (a). In der Nähe einer abwärts weisenden Kuspe ist die Änderung viel milder (b).

Lagemöglichkeiten des Schiffs. Die metazentrische Kurve hat insgesamt acht Kuspen (Bild 5). Die für die Bestimmung der Stabilität maßgebende ist diejenige oben in der Mitte. Anders als bei der Ellipsenform zeigt sie nach unten. Das Schiff krängt also nur und kentert nicht."

Nun war es an Nemo, einige verwickelte Berechnungen anzustellen – diesmal solche finanzieller Art. „Alles vergebens!" rief er schließlich voller Verzweiflung aus. „Wenn ich mir nur den da Vinci verkniffen hätte... Ich kann mir kein neues Schiff leisten. Wir müssen also dieses umbauen." Er blickte Bilder scharf an.

„Vielleicht könnten wir es so behämmern, daß es etwas rechteckiger...", begann der Konstrukteur.

„Ich weiß eine praktikable Lösung des Problems", unterbrach ihn Ted. „Wenn man eine Ellipse auf die Seite dreht, so daß sie höher als breit ist, dann ist die zu $\alpha = 0$ gehörige Kuspe nicht mehr die obere, sondern die untere, und die zeigt nach unten (Bild 6). Dann kann das Boot nicht mehr kentern." Er blickte Bilder an. „Sie müssen den Ballast nur so verlagern, daß die ‚Nautilus' sich auf die Seite dreht."

Die Lösung des Problems

Kapitän Nemo saß in seiner prachtvoll ausgestatteten Kajüte. Den Boden unter seinem Schreibtisch bedeckte ein großflächiges Gemälde Leonardo da Vincis. Ein kostbarer Perserteppich schmückte die Wand zu seiner Linken. Eine Art riesiges Akkordeon war sturmfest an der Wand verschraubt. Die heiße

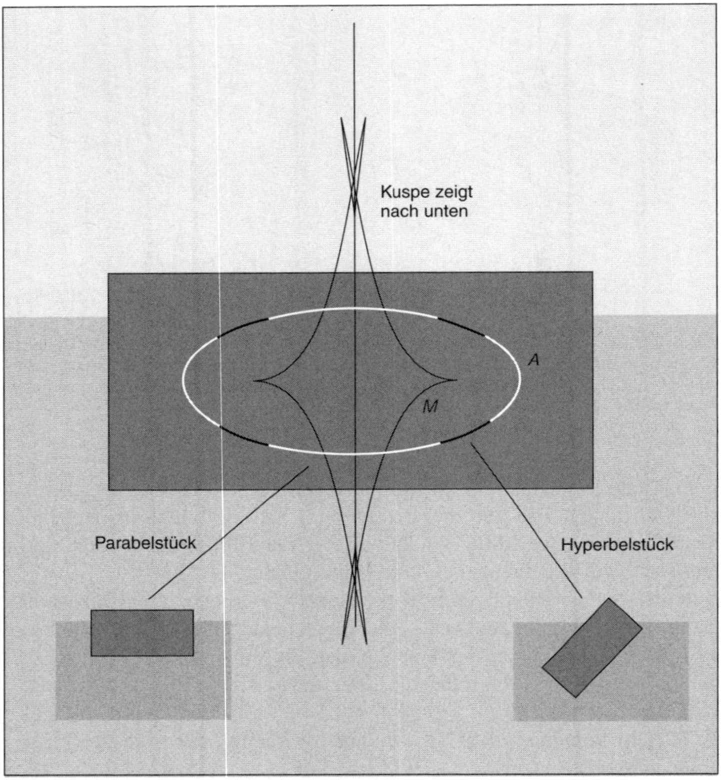

Bild 5: Auftriebskurve und metazentrische Kurve eines Schiffes mit rechteckigem Querschnitt. Je nachdem, ob die Wasserlinie zwei benachbarte oder zwei gegenüberliegende Seiten trifft, ist das zugehörige Stück der Auftriebskurve ein Parabel- oder ein Hyperbelstück. Die metazentrische Kurve hat insgesamt 8 Kuspen.

tropische Sonne brannte durch ein Loch in der Decke auf seinen Kopf. Eine breite, aber nur zwei Fuß hohe eichene Klappe trug ein kunstvolles Relief: Eine Venus räkelte sich anmutig, die Füße in einem Wasserfall. Ein Steward hob die Klappe und robbte mit dem Mittagessen herein.

Oh weh, dachte Nemo. Wie soll ich so nur die nächsten 19 999 Meilen durchstehen?

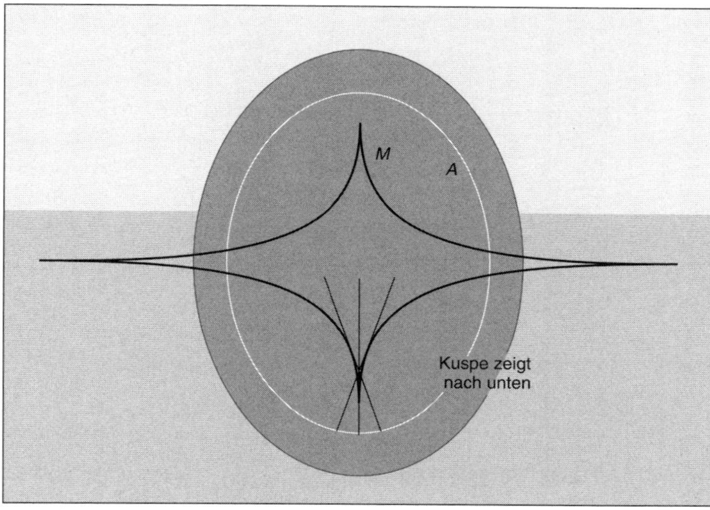

Bild 6: Bei einer hochkant stehenden Ellipse gehört zum Winkel $\alpha = 0$ die untere Kuspe der metazentrischen Kurve. Wenn der Schwerpunkt des Schiffes noch darunter liegt, ist diese Gleichgewichtslage stabil; auch eine Anhebung des Schwerpunktes über die metazentrische Kurve hinweg löst nur Krängen, nicht aber Kentern aus.

Literaturhinweise

Principles of Naval Architecture. Herausgegeben von J. P. Comstock. Society of Naval Architects and Marine Engineers, New York 1967.

Catastrophe Theory and its Applications. Von Tim Poston und Ian Stewart. Pitman, London 1978.

Oh, Catastrophe! Von Ian Stewart. Berlin, Paris 1983.

Catastrophe Theory: Selected Papers (1972–1977). Von E. C. Zeeman. Addison-Wesley, Reading (Massachusetts) 1977.

9
Rettung vor dem Löwen

Ein geschickter Gladiator kann selbst dann mit dem Leben davonkommen, wenn er nur ebenso schnell zu laufen vermag wie der Löwe, der ihn in der Arena verfolgt.

Vor seinem Löwengarten,
das Kampfspiel zu erwarten,
saß König Franz,
und um ihn die Großen der Krone,
und rings auf hohem Balkone
die Damen in schönem Kranz.

Und wie er winkt mit dem Finger,
auftut sich der weite Zwinger,
und hinein mit bedächtigem Schritt
ein Löwe tritt
und sieht sich stumm
rings um,

mit langem Gähnen
und schüttelt die Mähnen
und streckt die Glieder
und legt sich nieder.

Friedrich Schiller
„Der Handschuh“

In der Spelunke unter den Rängen des Amphitheaters von Rom wurde wie immer gefachsimpelt. „Aber noch nie haben die Römer ein solches Spektakel erlebt wie gestern“, begann Marcus Prassus, der Günstling des Kaisers, eine weitere Geschichte.

„Bitte, ich kann das wirklich nicht mehr hören“, unterbrach ihn Carolus Sarrasanus, der Chef des Löwenzirkus, und schüttete hastig noch einen Becher Rotwein in sich hinein.

Prassus beachtete ihn nicht. „Stellt euch vor, Sarrasanus hatte so einen übergeschnappten gallischen Krieger überredet, gegen einen Löwen zu kämpfen. Ich glaube, er heißt Egocentrix. Jedenfalls betritt der Barbar die Arena, der Löwe wird aus dem Käfig gelassen, und die Menge grölt schon wie verrückt, weil sie reichlich Blut fließen sehen will. Aber das Biest blinzelt nur in der Sonne und legt sich hin. Egocentrix nähert sich ihm mit hoch erhobenem Schwert – nichts. Da wird der Kerl übermütig und piekt den Löwen in die Flanke. Der brüllt und springt auf ihn zu. Egocentrix läßt darauf seine Waffe fallen und rennt um sein Leben. Welch ein Tölpel."

„Immerhin kein Feigling", kommentierte Sarrasanus.

„Jedenfalls rannte der Gallier in der Arena herum wie auf heißen Kohlen. Man muß allerdings zugestehen, daß er wesentlich schneller war als der Löwe. Der wurde des Spiels bald müde, rollte sich zusammen und schlief ein. Die Spottrufe der Menge hättet ihr hören sollen! ‚Großer Löwenhypnotiseur' war noch das Freundlichste." Alle lachten, bis auf Noblina, die Geometrielehrerin des Kaisers.

Prassus nahm einen Schluck Cerevisia. „Nach den Spielen hörte ich im Vorübergehen Kaiser Scandalus sagen, dieser Kampf sei langweiliger gewesen als eine Sitzung der Gesellschaft der Aquädukt-Ingenieure."

Sarrasanus sah auf einmal sehr blaß aus. „Dann kann ich froh sein, wenn ich nicht an meine Löwen verfüttert werde."

Noblina ergriff das Wort. „Ich glaube, ich weiß, wie man die Kämpfe interessanter machen könnte."

Sarrasanus spuckte auf den Sandboden. „Was versteht eine Frau schon von Tierhatzen!"

Noblina lächelte verzeihend. Männervorurteile dieser Art waren ihr geläufig. „Überleg doch mal. Ein Kampf, bei dem der Krieger schneller laufen kann als der Löwe, ist kein Spektakel. Dafür gibt es einen einfachen geometrischen Beweis."

„Na schön", grummelte Sarrasanus. „Nächste Woche ist Geriatrix an der Reihe, gegen den Löwen zu kämpfen. Der wird ihm kaum davonhumpeln."

„Das ist auch nicht besonders spannend, wenn der Löwe schneller ist als der Gladiator", bemerkte Noblina. „Er beißt einmal herzhaft zu, und alles ist vorbei."

Die Kreis-Strategie

„Also muß Sarrasanus einen Löwen und einen Kämpfer finden, die genau gleich schnell laufen können", folgerte Prassus. „Dann hat keiner einen offensichtlichen Vorteil, und wir werden einen spannenden Kampf erleben."

„Da wäre ich nicht so sicher", wandte Noblina ein. „Was passiert, wenn der Kämpfer es genauso macht wie Egocentrix gestern und stets vor dem Löwen davonläuft, so schnell er kann?"

„Dann läuft der Löwe hinter ihm her", sagte Prassus.

„Und zwar mit derselben Geschwindigkeit, so daß ihr Abstand sich nicht verringert", ergänzte Noblina.

„Das wäre ein bißchen langweilig", stimmte Prassus zu. „Aber der Gladiator kann nicht beliebig weit wegrennen. Irgendwann ist er am Rand der Arena."

„Jetzt wird es interessant", sagte Noblina. „Wenn der Löwe dem Kämpfer in einer kreisförmigen Arena nachjagt und beide mit gleicher, konstanter Geschwindigkeit laufen, kann dann der Löwe den Gladiator immer einholen? Oder kann dieser ihn stets auf Abstand halten, indem er listig seine Richtung verändert?"

„Mir scheint", meinte Prassus nachdenklich, „daß es für den Gladiator nachteilig ist, Haken zu schlagen. Denn dann muß der Löwe seinem Weg nicht folgen, sondern kann Abkürzungen nehmen und auf diese Weise den Abstand verringern."

„Das stimmt", bestätigte Noblina. „Aber wenn der Gladiator keine scharfen Ecken, sondern eine glatte Kurve läuft, dann ist die Richtungsänderung in jedem Moment verschwindend gering."

„Nun", überlegte Prassus, „wenn der Löwe immer zwischen dem Kämpfer und dem Zentrum der Arena bleibt . . ."

„Du meinst, auf dem Radius, der den Gladiator mit dem Kreismittelpunkt verbindet?" fragte die Geometrielehrerin.

„Genau. Stell dir vor, er liefe – unter Einhaltung der Radiusbedingung – einfach auf einem konzentrischen Kreis. Dann ist sein Weg kürzer als der des Gladiators. Also hat er sozusagen noch Zeit übrig, um ihn vom Mittelpunkt zum Rand hin zu treiben, denn er ist stets auf der Innenseite des Gladiators."

„Und bald ist der Gladiator im Innern des Löwen", freute sich Sarrasanus.

Noblina blieb ernst. „Ein ausgezeichneter Vorschlag, Prassus. Aber ist es nicht denkbar, daß der Löwe dem Gladiator nur immer näher kommt, ohne ihn je zu erreichen?"

„So wie Achilles die Schildkröte nie erreicht?"

„Nein, nein. Zenos Paradox ist ein Scheinproblem, unseres aber ein echtes. Der Vorteil des kürzeren Weges wird nämlich immer geringer, je weiter außen der Löwe ist. Hmmm . . . Nehmen wir der Einfachheit halber an, der Kämpfer bewege sich auf einem Kreis. Dann kann der Löwe auf einem Kreis mit halbem Radius laufen, der den großen von innen tangiert."

Noblina zeichnete mit ihrem Cocktail-Spießchen eine Skizze in den Sandboden (Bild 1 oben). „Aus der elementaren Geometrie folgt, daß entsprechende Bögen auf den beiden Kreisen gleich lang sind. In diesem Fall kann der Löwe den Gladiator in endlicher Zeit erreichen."

„Elementare Geometrie", knurrte Sarrasanus und wischte mit einer unwirschen Fußbewegung die Zeichnung weg. „Nicht einmal ein Gallier ist so dumm, seine Richtung beizubehalten, wenn ihm ein brüllender Löwe auf den Fersen ist. Er wird kehrtmachen."

„Störe meine Kreise nicht", wies Noblina ihn zurecht und zeichnete geduldig eine neue Skizze (Bild 1 unten). „Der Löwe kann ebensogut kehrtmachen. Er spiegelt seinen Weg einfach an dem entsprechenden Radius. Sarrasanus, du mußt einen Löwen finden, der genauso schnell läuft wie dein bester Kämpfer, und ihn so trainieren, daß er auf der Jagd stets auf dem gleichen Radius bleibt wie der Gladiator. Erst wird es ein aufregendes Hin und Her geben und schließlich den Kampf."

„Kleinigkeit", seufzte Sarrasanus und torkelte, von Wein und Kreisen benommen, aus der Kneipe.

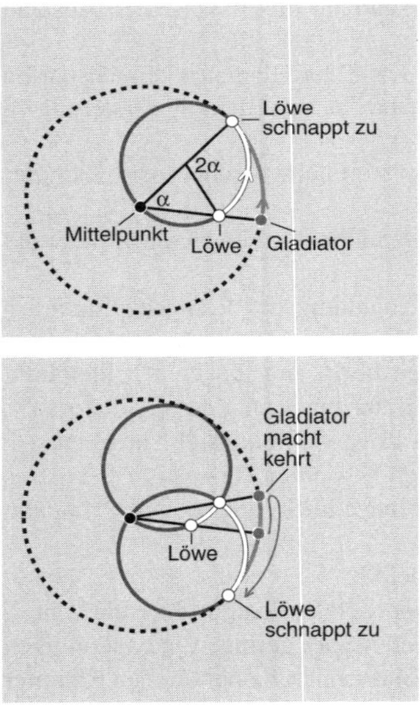

Bild 1: Wenn ein Gladiator mit konstanter Geschwindigkeit auf einem Kreis läuft, kann ein Löwe, der sich anfangs im Inneren des Kreises befindet und genau so schnell laufen kann, ihn stets einholen (oben). Zu diesem Zweck bewegt sich der Löwe auf dem eindeutig bestimmten inneren kleinen Kreis mit dem halben Radius, der einerseits durch den gegenwärtigen Standpunkt des Löwen, andererseits durch den Mittelpunkt des Gladiatorkreises verläuft. Insbesondere berühren sich beide Kreise in einem Punkt. Nach dem Satz vom Umfangswinkel überstreicht der Weg des Löwen bis zum Berührpunkt, verglichen mit dem des Gladiators, den doppelten Winkel bei halbem Radius, ist also genau gleich lang. Wenn der Gladiator kehrtmacht, findet der Löwe seinen neuen Weg, indem er die ganze Figur an dem Radius durch den Umkehrpunkt spiegelt (unten).

Squiralen

Bis zu den nächsten Spielen waren es nur noch sieben Tage. Sarrasanus maß die Geschwindigkeit seiner Löwen, bis er einen gefunden hatte, der genauso schnell laufen konnte wie Egocentrix. Dann trainierte er das Tier in aller Eile. Jedesmal, wenn der Löwe radial synchron auf die Pirsch ging, gab er ihm einen Happen frisches Gazellenfleisch zur Belohnung. Am siebenten Tag war der Löwe besser in Form als die meisten Gladiatoren.

Voller Stolz heuerte Sarrasanus drei zusätzliche Herolde an, um den Kampf anzukündigen. Eine riesige Menschenmenge fand sich im Amphitheater ein. Egocentrix betrat die Arena und verbeugte sich in Richtung auf die Kaiserloge. Der Löwenkäfig wurde mit einem Kran in der Mitte der Arena abgesetzt. Kaum freigelassen, machte sich die Raubkatze geradewegs auf zu ihrem Opfer. Der Gladiator stieß einen Schrei aus und begann, rechtwinklig zur Richtung des Löwen davonzulaufen. So wie er dressiert war, wendete sich der Löwe ein wenig und folgte ihm so, daß er stets auf dem gleichen Radius blieb. Als Egocentrix dies bemerkte, änderte er seine Richtung abermals, so daß er wieder rechtwinklig zur radialen Verbindungslinie lief. Der Löwe paßte sich dem wie zuvor an und holte auf, allerdings immer langsamer (Bild 2).

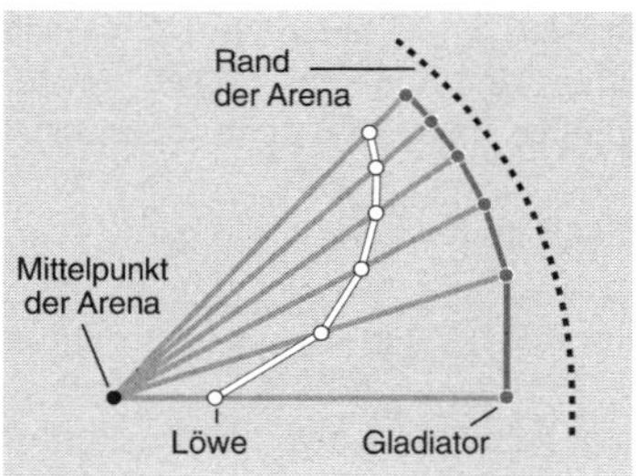

Bild 2: Eine Strategie, mit der ein Gladiator dem Löwen entkommen kann, basiert auf der Squirale. Der Gladiator sucht die Linie zum Mittelpunkt der Arena und läuft eine kurze Strecke senkrecht dazu. Dieses Verfahren wendet er wiederholt an, wobei die Länge des n-ten Wegstücks gleich der Länge des ersten mal $n^{-(3/4)}$ ist.

„Was macht der verrückte Gallier bloß?“ fragte Prassus.

„Keine Ahnung“, antwortete Sarrasanus. „Aber der Löwe hat gut gelernt.“

Noblina schlug sich an die Stirn. „Natürlich! Egocentrix folgt einer Squirale – einer Spirale, die aus aufeinanderfolgenden Geradenstücken besteht, jedes im rechten Winkel zum Radius. Man kann mit einem einfachen geometrischen Argument zeigen, daß der Löwe, wenn er stets auf der Verbindungsgeraden zwischen Mittelpunkt und Gladiator bleibt, diesen in keinem der Segmente einholen kann. Er wird ihn also überhaupt nicht einholen, sondern ihm nur beliebig nahe kommen.“

„Aber wenn der Gladiator immer nach außen – äh – squiralisiert, dann muß er doch irgendwann an den Arenarand stoßen“, wandte Prassus ein.

„Nicht unbedingt“, erklärte Noblina. „Wenn die radiale Komponente der Bewegung immer kleinere Strecken durchmißt, erreicht er die Wand unter Umständen nie. Ich denke an eine Summe wie $1 + 1/2 + 1/4 + 1/8 + \ldots$, die niemals größer als 2 wird, einerlei wieviele Summanden man addiert.“

„Aber dann bleibt die Komponente der Bewegung entlang des Arenarandes doch sicherlich auch unterhalb einer bestimmten Schranke“, sagte Prassus. „Der Löwe hätte ihn dann trotzdem bald eingeholt.“

„Ich fürchte nein“, erwiderte Noblina. „Wenn zum Beispiel die Länge des n-ten Segments auf dem Weg proportional zu $n^{-(3/4)}$ ist, das ist die vierte Wurzel aus der dritten Potenz des Kehrwerts von n, dann kann man ausrechnen, daß die Entfernung vom Mittelpunkt beschränkt bleibt, während die Länge der Kurve beliebig zunehmen kann. Egocentrix wird, wenn er bei seiner Strategie bleibt, heute weder an den Arenarand stoßen noch den Kampf aufnehmen müssen.“

Ein Bote tippte Sarrasanus auf die Schulter. „Der Kaiser wünscht dich zu sprechen.“

Allgemeine Strategie

Der Chef des Löwenzirkus kam schon nach wenigen Minuten zurück. Er sah sehr blaß aus. „Noblina, du mußt mir helfen! Ich soll den Löwen wieder umtrainieren, so daß er seinen eigenen Neigungen folgt. Und noch schlimmer: Nächste Woche bin ich selbst der Gladiator!“

„Wirklich schade, daß du nur genauso schnell laufen kannst wie der Löwe“, sagte Noblina voll Mitleid.

„Der Wille der Götter. Ich weiß, ich hätte den Vestalinnen größere Opfer bringen müssen ... Noblina, bitte!“

„Du darfst zwar nicht einer Squirale folgen, wenn der Löwe nicht mehr auf das starre Schema dressiert ist; er würde Abkürzungen nehmen. Aber vielleicht können wir noch etwas tun ...“

Eine Woche später war das Amphitheater zum Bersten gefüllt. Noblina und Prassus waren Gäste in der Kaiserloge. „Ich glaube, das wird mir gefallen“, freute sich Kaiser Scandalus.

„Sarrasanus wird bestimmt den Löwenanteil zu unserem Vergnügen beitragen“, erwiderte Prassus maliziös grinsend. Das wieder rücktrainierte Biest wurde losgelassen. Sarrasanus startete im rechten Winkel zu der Linie, die ihn mit dem Löwen verband. Der suchte ihm tatsächlich den Weg abzuschneiden und lief ungefähr dahin, wo er den freßbaren Zweibeiner demnächst erwartete. Sarrasanus behielt seinen Kurs eine kleine Weile bei, änderte dann aber plötzlich die Richtung – wieder im rechten Winkel zu der Linie, die ihn mit dem Löwen verband.

„Das wird er nicht lange durchhalten“, rief Scandalus und rieb sich voller Vorfreude die Hände. „Sobald er einsieht, daß er dem Löwen nicht entkommen kann, muß er stehenbleiben. Dann geht es Schwert gegen Pranke.“

Noblina hingegen beobachtete gespannt, ob Sarrasanus die neue Strategie befolgte, die sie ihm beigebracht hatte (Kasten): Wie Egocentrix sollte er zunächst im rechten Winkel zu der Geraden laufen, die ihn mit dem Löwen verband, bis sein Weg den Radius parallel zu dieser Linie schnitt; dann aber

Eine Fluchtstrategie

Ein Gladiator kann einen Löwen stets auf Abstand halten, wenn er genauso schnell läuft wie dieser und sich an folgende Strategie hält. Der Gladiator befinde sich zu Beginn im Punkt G_1, der Löwe in L_1.

Erster Zug

Der Gladiator läuft senkrecht zu der Linie G_1L_1, bis er den Schnittpunkt P_1 seines Weges mit dem Radius erreicht, der zu G_1L_1 parallel ist.

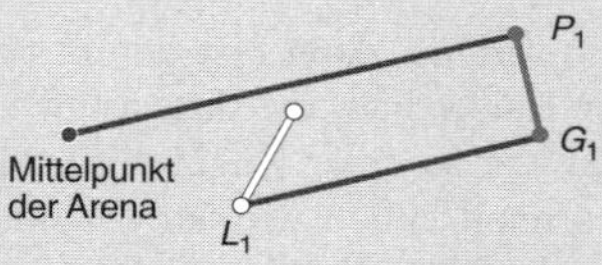

Zweiter Zug

Der Gladiator läuft über P_1 hinaus um eine Strecke, die genauso lang ist wie das erste Segment der Squirale (vergleiche Bild 2). Währenddessen erreicht der Löwe den Punkt L_2.

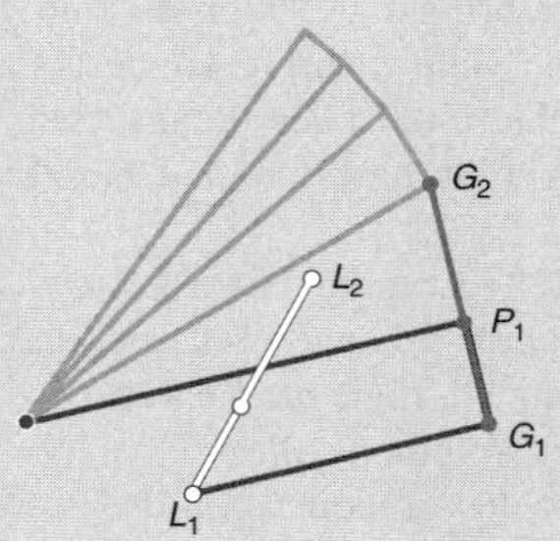

Weitere Züge

Der Gladiator läuft senkrecht zu der Verbindungsgeraden von G_n und L_n bis zum Schnittpunkt P_n mit dem Radius, der zu dieser Verbindungsgeraden parallel ist, und über diesen Punkt hinaus so weit, wie das $n$te Segment der Squirale lang ist. Wenn er diese Strategie verfolgt, wird der Löwe ihm zwar immer näher kommen, ihn aber nicht erreichen.

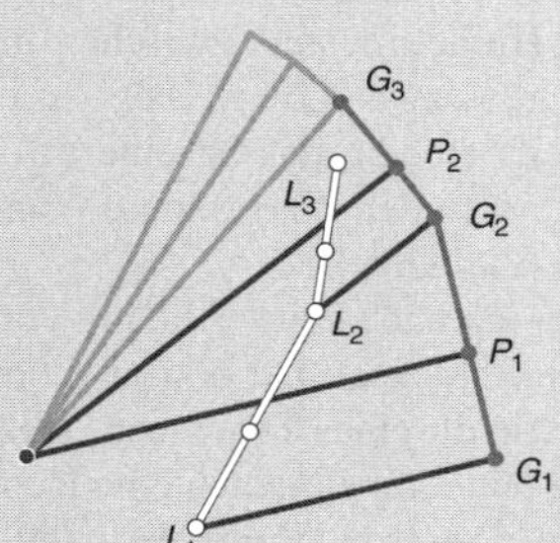

sollte er dieselbe Richtung beibehalten, und zwar für eine Strecke, die so lang war wie das erste Segment der Squirale. Erst dann sollte er sich umschauen und wieder die Richtung im rechten Winkel zur Verbindungslinie zwischen sich und dem Löwen einschlagen, dieser ebenfalls bis zum Schnittpunkt mit dem parallelen Radius folgen und weiter um die Strecke mit der Länge des zweiten Segments der Squirale. Und so immer fort.

Vor dem Kampf hatte Noblina bewiesen, daß diese Strategie funktionieren würde. Sarrasanus konnte von dem Löwen auf keinem der geraden Wegsegmente gefangen werden; sein Weg blieb innerhalb der Begrenzungen der Arena, und die Gesamtlänge konnte beliebig groß werden.

Der mit dem Leben davongekommene Sarrasanus fiel Noblina voll Dankbarkeit um den Hals. „Deine Künste sind wie ein Zauber!"

Prassus erschien. „Preis und Dank unserem großen Löwenbändiger! Deine Vorstellung war so großartig, daß der Kaiser entschieden hat, sie gleich nächste Woche zu wiederholen."

„Ach", lächelte Sarrasanus matt, „den Dank begehr' ich nicht. Ich würde mich lieber auf dem Höhepunkt meiner Karriere zurückziehen . . ."

„Diesmal gegen zwei Löwen."

Sarrasanus blickte Noblina flehend an. „Ich fürchte, dann bist du ein toter Mann", sagte die Lehrerin. „Es sei denn, der Kaiser baut die Arena um und erweitert sie um eine dritte Dimension, so daß sie zu einer Kugel wird. Man kann zeigen, daß n Löwen, die alle genauso schnell laufen wie der Gladiator, ihn in einer n-dimensionalen Kugel stets fangen können. Aber $n-1$ Löwen muß das nicht gelingen, wenn sich der Kämpfer geschickt bewegt. Vielleicht ist es auch ein Ausweg, wenn ich den Kaiser dazu überrede, einige Hindernisse in dieser Arena zu plazieren, hinter denen du Schutz suchen könntest."

„Würde das wirklich helfen?" fragte Sarrasanus.

„Das ist nicht ganz klar. Ein einzelner Löwe kann dich nicht fangen, wenn du das Hindernis stets zwischen dich und ihn bringst. Aber ob es eine gute Taktik gibt, zwei Löwen stets zu entkommen, wenn mehrere Hindernisse in der Arena stehen, das ist eine offene Frage. Du mußt alles daransetzen, die Lösung zu finden, Sarrasanus. Wenn es Juno gefällt, hast du eine Überlebenschance. Viel Glück!"

„Aber ich habe keine Ahnung von Geometrie", jammerte Sarrasanus.

„Dein Schicksal. Du hättest schon in der Schule erkennen müssen, daß die Geometrie dir eines Tages von Nutzen sein könnte", rügte die Lehrerin.

„Wie hätte ich auf solch eine lächerliche Idee kommen sollen?"

„Weil, Sarrasanus, die Welt seit den Tagen des großen Archimedes weiß, daß die Geometrie nicht ein bloßes Spiel mit Kreisen im Sand ist, sondern Aussagen über echte Kampfmaschinen, Amphitheater und Löwen machen kann."

Literaturhinweis

Littlewood's Miscellany. Herausgegeben von Béla Bollobás. Cambridge University Press, 1986.

10
Kann man die Form eines Trommelfells hören?

Es gibt Pauken, deren Form man am Klang nicht unterscheiden kann; oder: Die Geschichte vom Trauerspiel um einen Trauermarsch und ihr glückliches Ende.

Das Bühnenbild zeigte eine überwältigende Szene: das Rheintal im Mondlicht. Im Graben probte das Orchester Richard Wagners „Götterdämmerung“. Die Handlung hatte den tragischen Tod Siegfrieds erreicht, und der Dirigent Otto Klimperer hob den Taktstock zum Beginn des Trauermarschs. Die Pauken begannen allein, mit einem komplizierten, sich wiederholenden Rhythmus auf einem tiefen Cis ...

„Nein, nein, und nochmals nein!“ brüllte Klimperer und warf den Taktstock auf den Boden. „So nicht, ihr Schwachköpfe!“

Der erste Pauker war so unvorsichtig, zu protestieren. „Aber Maestro, der Rhythmus war absolut prä ...“

„Ach was, Rhythmus!“

„Das Tempo war genauso, wie es die Partitur vor ...“

„Ich beschwere mich nicht über das Tempo!“ schrie der Dirigent.

„Der Ton war ein sauberes Cis ...“

„Ton? Ton? Natürlich war die Tonhöhe genau richtig! Das habe ich schon beim Stimmen gehört! Ich habe ein außerordentlich genaues Gehör und ein präzises Empfinden für die Tonhöhe!“

„Ja aber, was ...“

„Der Klang, Sie Hornochse! Der Klang!“

Der erste Pauker war verwirrt. „Ich habe nichts Ungewöhnliches gehört.“

„Natürlich nicht. Sie haben eben nicht meine Hörfähigkeiten! Eine der Pauken klang ... falsch.“

„Falsch, Herr Klimperer? In welchem Sinne?“

Das war schwer zu sagen. Klimperer versuchte zu beschreiben, was er gehört hatte. „Sie klang zu ... na ja ... zu quadratisch. Eine Pauke hat normalerweise einen runden Klang. Aber eine – nun, eine klingt eckig.“

Der erste Pauker hatte Mühe, sich ein Grinsen zu verkneifen. „Sie wollen doch nicht etwa sagen, daß Sie die Form einer Pauke hören können?“

„Ich habe gehört, was ich gehört habe“, erwiderte der Dirigent nachdrücklich. „Eine Pauke ist zu eckig.“

„Das stimmt“, ertönte eine dünne Stimme aus der Tiefe des Orchestergrabens. „Meine Pauke ist quadratisch. Herr Klempner hat darauf bestanden.“ Oskar Klempner war der Bühnenbildner.

„Und warum, zum Teufel?“

„Da müssen Sie ihn selber fragen. Ich habe nicht die geringste Ahnung.“ Klimperer klappte angewidert seine Partitur zu. Bühnenbildner, die sich in musikalische Angelegenheiten mischen! „Sie können eine Pause machen, während ich mich mit Herrn Klempner unterhalte.“

Kann man die Form einer Pauke hören?

Der Zorn des Dirigenten traf den Bühnenbildner in der Kantine. Nachdem das erste Gebrüll wegen Sauerstoffmangels erstickt war, fand man sich zu einer sachlichen Besprechung bereit.

„Hochverehrter Herr Klimperer, das ist von entscheidender Wichtigkeit für das ganze Bühnenkonzept! Wenn alle Pauken dieselbe Form hätten, dann gäbe es keinerlei Variation. Die ganze Szenerie, alle Kostüme, alle Bühnenrequisiten stehen im Dienste der großen Aussage: Nieder mit der Gleichheit, Preis der Vielfalt! Darum haben wir die Hälfte der Violinen blau lackiert und drei Posaunen miteinander verlötet!“

„Ist mir nicht aufgefallen“, gab der Dirigent zu.

„Nein, weil das den Klang nicht beeinflußt hat. Sie haben das genaueste Gehör der Welt, Maestro, aber sehen – na ja, Ihre Kurzsichtigkeit . . .“

„Immerhin konnte ich hören, daß eine Pauke quadratisch ist.“

„Das ist höchst erstaunlich.“

„Es hat mit den Obertönen zu tun“, erklärte Klimperer. „Zu rein, würde ich sagen. Ein gewisser Mangel an Harmonie ist charakteristisch für die Obertöne einer Kesselpauke. Es muß an den Bessel-Funktionen liegen.“

„Kesselfunktionen?“ fragte Klempner.

„Bessel-Funktionen, nach dem Königsberger Astronomen und Mathematiker Friedrich Wilhelm Bessel (1784 bis 1846). Ich habe bei dem großen Professor Justus Klingel Musiktheorie gelernt, und der verlangte, daß ich eine große Menge alter mathematischer Arbeiten studierte.“ Noch in der Erinnerung schüttelte sich Klimperer vor Ekel; aber er fuhr tapfer fort: „Wenn eine Pauke angeschlagen wird, dann erklingen mehrere Töne gleichzeitig, entsprechend den verschiedenen Schwingungsformen der Paukenmembran, den Moden. Jeder dieser Töne hat eine bestimmte Tonhöhe. Für eine kreisförmige Pauke hat der Schweizer Mathematiker Leonhard Euler (1707 bis 1783) das Schwingungsspektrum berechnet, das sind die Tonhöhen oder, physikalisch gesagt, die Frequenzen der Moden. Dabei benutzte er gewisse mathematische Objekte, eben die Bessel-Funktionen, mit ihren charakteristischen Knoten" (Bild 1 oben).

„Wo sind Knoten im Trommelfell?"

„Das sind die Stellen, an denen die Membran nicht schwingt. Bei einer kreisförmigen Pauke sind die Knotenlinien Durchmesser oder konzentrische Kreise. Bei einer quadratischen Pauke treten Sinus- und Cosinusfunktionen an die Stelle der Bessel-Funktionen" (Bild 1 unten). Klimperer fuhr fort: „Aber auf diesen Kleinkram kommt es mir nicht an. Sollen die Pauken schwingen, wie sie wollen – klingen müssen sie gleich!"

„Dann haben wir immer noch ein Problem", entgegnete Klempner mit finsterem Brüten. „Ich will wenigstens zwei Pauken verschiedener Form haben. Sie wollen, daß alle Pauken dasselbe Spektrum haben. Die Frage ist also, ob zwei verschieden geformte Pauken genau gleich klingen können."

„Glaube ich nicht. Das menschliche Gehör ist so fein – vor allem meines –, daß es zwei verschiedene Pauken an ihrem Klang erkennen kann, die Form einer Pauke hören, sozusagen."

Klempner schreckte hoch. „Moment mal! Davon hat mir ein flüchtiger Bekannter erzählt. Verschrobener Kerl. Aber angeblich ist das ein sehr berühmtes mathematisches Problem. Marc Kac hat es im Jahre 1966 gestellt."

„Und wie lautet die Antwort?"

„Keine Ahnung. Aber ich kann mich ja mal erkundigen."

„Das würde ich Ihnen dringend empfehlen. Ohne gleichklingende Pauken gibt es keine Götterdämmerung", versetzte Klimperer und entschwand.

Inverse Probleme

Die Frage „Can one hear the shape of a drum?" hatte Marc Kac (1914 bis 1984), Mathematiker an der Rockefeller-Universität in New York, als Titel einer berühmt gewordenen Arbeit gewählt. Sie ist viel wichtiger, als die merkwürdige Formulierung vermuten läßt.

Das Spektrum eines schwingenden Gegenstandes ist die Liste der Frequenzen (Tonhöhen), mit denen er schwingen kann. Damit läßt sich die Frage etwas wissenschaftlicher so formulieren: Welche Informationen über die Gestalt eines Körpers kann man aus seinem Schwingungsspektrum herleiten? Bei einem Erdbeben vibriert die ganze Erde wie eine Glocke, und die Seismologen können aus diesen Schwingungen sowie daraus, wie die Wellen um die Erde herumlaufen und an den Grenzen von Gesteinsschichten reflektiert werden, viel über die innere Struktur unseres Planeten entnehmen. Die Frage von Kac bezieht sich auf den einfachsten und übersichtlichsten Fall dieses Rekonstruktionsproblems; und da ist sie schon schwierig genug.

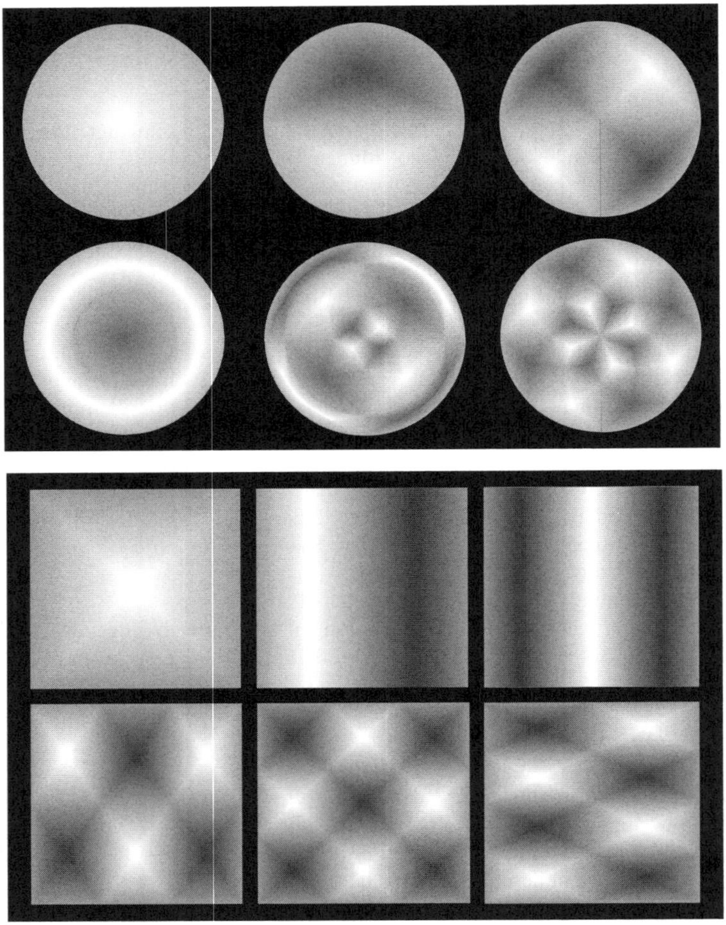

Bild 1: Schwingungsmoden einer kreisförmigen (oben) und einer quadratischen Membran (unten). Helle Farbtöne kennzeichnen die Auslenkung nach oben, dunkle die nach unten. Die Knotenlinien der Kreismembran sind Durchmesser und konzentrische Kreise, die der quadratischen parallel zu den Seiten des Quadrats.

Kac zeigte, daß einige Eigenschaften einer Pauke tatsächlich aus ihrem Klang hervorgehen, beispielsweise der Flächeninhalt der Membran und ihr Umfang. „Ich persönlich glaube, daß man die Form nicht ‚hören' kann . . .

Aber ich irre mich vielleicht und würde weder auf das eine noch auf das andere große Summen wetten", schrieb er. Das Problem ist nur die Spitze eines mathematischen Eisbergs; darunter schlummern weitreichende Verzweigungen und mehr ungelöste Probleme als Antworten.

Am Morgen danach schilderte Klempner Klimperer bei Kaffee und Krapfen die Ergebnisse seiner Recherchen.

„Ich bin auf eine obskure Aufzeichnung gestoßen, die uns vielleicht weiterhilft", sagte er. „Dennis DeTurck von der Universität von Pennsylvanien in Philadelphia hat 1989 auf einer Tagung der American Mathematical Society in Birmingham (Alabama) mit Hilfe eines Computers vorgespielt, wie das Stück ‚Alabama Jubilee' auf einem sogenannten flachen Torus klingen würde."

„Was soll das heißen?"

„Auf einer Parallelogramm-Membran mit periodischen Randbedingungen."

„Wie bitte?"

„Außerdem führte DeTurck ein Quartett vor, in dem jedes Instrument in einem anderen projektiven Raum spielt: über den reellen und den komplexen Zahlen, den Quaternionen und den Cayley-Zahlen, oder auch: auf Kugelschalen der Dimensionen 1, 2, 6 und 12."

„Ach so", sagte Klimperer. „Sphärenharmonien."

„Na ja, nicht gerade", erwiderte Klempner. „Carolyn Gordon von der Washington-Universität in St. Louis (Missouri) bemerkte im ‚Mathematical Intelligencer', daß die Zuhörer vielleicht erleichert waren zu hören, daß flache Tori und niederdimensionale projektive Räume durch ihre Spektren vollständig bestimmt sind. Keine zwei davon erzeugen denselben entsetzlichen Klang. Der Ausgabe des ‚Intellicencer' lag eine Schallplatte mit weiterer von DeTurck gespielter Musik bei, so auch der Romanze aus Ludwig van Beethovens Sonatine in G-Dur, gespielt auf einer sechsdimensionalen Kugel."

„Das ist ja alles ganz nett, Herr Klempner", erwiderte Klimperer; „aber es löst nicht unser Problem, ob es zwei verschieden geformte, aber gleich klingende Pauken gibt."

„Nein, aber es ist doch ein Anfang. Wie kommen die Proben voran?"

„Ausgezeichnet. Alles bis auf den Trauermarsch. Ich weigere mich, ihn mit einer quadratischen Pauke zu proben."

Klempner seufzte. „Vielleicht packen wir das Problem am falschen Ende an. Die Frage von Kac ist das, was die Mathematiker ein inverses Problem nennen: Gegeben die Antwort, was war die Frage? Das direkte Problem ist viel einfacher: Gegeben die Gestalt eines Objektes, wie kann es schwingen?"

„Das verstehe ich schon eher", sagte Klimperer. „Wie wäre es mit Geigen?"

„Pauken."

„Psst. Im Jahre 1714 hat der britische Mathematiker Brook Taylor (1685 bis 1731) – ja, der, nach dem die Taylor-Reihe benannt ist – die Grundfrequenz einer Geigensaite in Abhängigkeit von ihrer Länge, Spannung und Dichte bestimmt. Das Ergebnis ist $\sqrt{T/\sigma}/2l$, wobei T die Spannung, σ die Dichte und l die Länge bezeichnen. Aber sie kann auch mit höheren Frequenzen schwingen. Das sind in diesem Fall ganzzahlige Vielfache der Grundfrequenz, wie schon die alten Griechen wußten. Aus Taylors Arbeit folgt insbesondere, daß man die Länge einer Saite aus ihrer Grundfrequenz berechnen kann, wenn die Spannung und die Dichte bekannt sind. Man kann also die Länge einer Geigensaite hören", schloß der Dirigent.

Die Wellengleichung

„Das sieht schlecht aus", erwiderte Klempner. „Geigen sind im wesentlichen in einer Dimension das, was Pauken in zweien sind. Gut, daß ich sie nur lackiert habe . . ."

Die Eigenschwingungen einer Saite sind stehende Wellen, das heißt, ihre Form ändert sich nur durch Dehnung und Stauchung in der Richtung senkrecht zur Saite. An einigen Punkten, den Knoten, ist die Saite stets in der Ruhelage. Die maximale Auslenkung, die Amplitude der Welle, bestimmt die Lautstärke des Tons. Die Wellen haben nicht nur sinusförmige Gestalt; auch ihre Änderung in der Zeit folgt einer Sinusfunktion. Sie heißen reine Schwingungen oder Normalmoden, weil man ihnen jeweils eine einheitliche Frequenz zuschreiben kann.

Klimperer fuhr fort: „Der französische Mathematiker und Philosoph Jean le Rond d'Alembert (1717 bis 1783) zeigte 1746, daß die volle Wahrheit nicht so einfach ist. Eine Geigensaite muß nicht unbedingt sinusförmig schwingen."

„Wie sonst?"

„Beliebig. Genauer gesagt, man darf der Saite irgendeine Anfangsform geben, und wenn man Reibung, Energieübertragung an die Luft und den Korpus und solche Dinge vernachlässigt, wird sich die Anfangsform periodisch wiederholen. Aber zwischendurch sieht die Saite vielleicht ganz anders aus. Wie auch immer, auf d'Alemberts Entdeckung hin hat Euler das Problem als mathematische Gleichung, die Wellengleichung, formuliert und gelöst. Es dauerte noch ein weiteres Jahrhundert, bis sich die Mathematiker einig waren, daß man die Normalmoden als Grundbausteine verwenden kann, um alle möglichen Schwingungen einer Saite – das heißt Lösungen der Wellengleichung – zu erzeugen: Solche Schwingungen entstehen durch Überlagerung (Superposition) von endlich oder unendlich vielen Normalmoden in geeigneten Proportionen."

„Hat denn irgend jemand sich mit schwingenden Membranen beschäftigt?"

„Die erste Arbeit darüber stammt aus dem Jahre 1759, ebenfalls von Euler", antwortete Klimperer. „Auch dafür leitete er eine Wellengleichung her, welche die zeitliche Änderung in der vertikalen Auslenkung der Paukenmembran beschreibt. Sie drückt die physikalische Tatsache aus, daß die Beschleunigung, die auf ein kleines Stückchen Trommelfell wirkt, proportional zur mittleren Spannung ist, die durch alle benachbarten Membranteile ausgeübt wird. Im Gegensatz zu Saiten sind Trommelfelle nicht nur zweidimensional, sondern der Rand, in den sie eingespannt sind, ist auch viel interessanter" (vergleiche „Sophie Germain", Spektrum der Wissenschaft, Februar 1992, Seite 80).

In dieser Problemklasse ist der Rand von entscheidender Bedeutung, jene vorgegebene geschlossene ebene Kurve, längs der das schwingende Objekt fixiert ist. (Normalerweise denkt man an eine glatte Kurve, aber heutzutage darf sie auch fraktal sein.) Diese sogenannte Dirichletsche Randbedingung – benannt nach dem deutschen Mathematiker Peter Lejeune Dirichlet (1805 bis 1859) – schränkt die Schwingungsmöglichkeiten erheblich ein. Auch eine Geigensaite unterliegt einer Randbedingung: Die beiden Enden müssen fest eingespannt sein; dadurch werden unter anderem fortschreitende (die Saite entlangwandernde) Wellen ausgeschlossen.

Die Mathematiker des 18. Jahrhunderts konnten die zweidimensionale Wellengleichung für verschiedene Randkurven lösen. Wieder fanden sie, daß sich alle Schwingungen aus einfacheren Normalmoden mit jeweils charakteristischen Frequenzen zusammensetzen lassen. Der einfachste Fall ist der einer rechteckigen Membran; hier sind die Normalmoden Kombinationen sinusförmiger Wellen in zwei zueinander senkrechten Richtungen (Bild 1 unten). Bei der kreisförmigen Membran werden die Normalmoden durch kompliziertere Ausdrücke beschrieben, die erwähnten Bessel-Funktionen (Bild 1 oben). Ihre Amplituden variieren immer noch sinusförmig in der Zeit, aber die räumliche Struktur ist komplizierter.

Die gedachten Membranen DeTurcks liegen in abstrakten Räumen; gleichwohl kann man für sie eine Wellengleichung formulieren. Im Falle des flachen Torus ist die Wellengleichung sogar die gleiche wie bei der gewöhnlichen Membran; der Unterschied zeigt sich nur in der Gestalt der Randbedingungen.

Pauken in exotischen Räumen

Die beiden Künstler trafen sich zum Abendessen wieder. „Mein Informant hat mir die Wellengleichung erklärt", berichtete Klempner. „Ich schätze, die ist enorm wichtig."

„Was Sie nicht sagen", erwiderte Klimperer grinsend. „Wellen kommen nicht nur bei der Vibration von Musikinstrumenten vor, sondern auch bei der Fortpflanzung von Licht und Schall. Euler fand eine dreidimensionale Form der Wellengleichung, die er auf Schallwellen anwandte. Ungefähr ein Jahrhundert später leitete der schottische Physiker James Clerk Maxwell (1831 bis 1879) denselben mathematischen Ausdruck aus seinen Gleichungen für den Elektromagnetismus her und sagte die Existenz von Radiowellen voraus. Ohne die frühen Arbeiten der Mathematiker über Musikinstrumente hätten wir heute kein Fernsehen."

„Toll", sagte Klempner und beeilte sich, seine neuerworbenen Erkenntnisse weiter auszubreiten. „Das Spektrum einer zweidimensionalen, homogenen, in einer Randkurve eingespannten Membran besteht im allgemeinen aus einer unendlichen Zahlenfolge $\nu_1 \leq \nu_2 \leq \nu_3 \ldots$, wobei die kleinste Zahl ν_1 die Grundfrequenz ist. Der Beweis dieser Behauptung war schwierig, ist aber schließlich gelungen. Anders als bei der Geigensaite müssen aber die höheren Frequenzen keine ganzzahligen Vielfachen der Grundfrequenz sein" (siehe „Die Physik der Pauke", Spektrum der Wissenschaft, Januar 1983, Seite 56).

„Sehen Sie, und deswegen haben Glocken und Pauken ihren besonderen Klang, der nicht so ganz harmonisch im üblichen Sinne ist."

„Genau! Wissen Sie was? Ich glaube, wir liegen auf derselben Wellenlänge."

„Schön wär's", entgegnete der Dirigent traurig, „aber Sie wollen zwei Pauken mit verschiedenen Wellenlängen und ich nicht."

„Nein, nein, nur mit verschiedener Form. Verzagen Sie nicht! Ich habe einen Hinweis auf eine Lösung unseres Problems gefunden. Im Jahre 1964 hat John Milnor in einer Arbeit von nur einer Druckseite zwei verschiedene sechzehndimensionale Tori mit gleichen Schwingungsspektra konstruiert."

„Was zum Teufel sind Tori?"

„Verallgemeinerte Krapfen. Oder Fahrradschläuche."

„Wundervoll. Soll der Pauker Siegfrieds Trauermarsch auf sechzehndimensionalen Krapfen schlagen?"

„Keine Panik, großer Meister. Irgendetwas wird uns schon einfallen. Ich fürchte allerdings, Sie werden auf kreisförmige Pauken verzichten müssen."

„Was haben Sie denn gegen die einzig normale Paukenform einzuwenden?"

„Kac selbst hat bewiesen, daß Flächeninhalt und Umfang einer Membran aus dem Spektrum hervorgehen. Also kann man hören, ob eine Pauke kreisrund ist oder nicht. Denn ein Kreis hat bei gegebener Fläche den kleinsten Umfang. Wenn man also aus dem Spektrum die Fläche F und den Umfang U ermittelt hat und sich herausstellt, daß $U^2 = 4\pi F$ gilt (wie das für den Kreis der Fall ist), dann muß die Pauke kreisförmig sein."

„Daher der runde Klang der Pauken."

„Sie sagen es. Kac vermutete auch eine Formel, aus der folgt, daß man die Anzahl der Löcher in einem Trommelfell hören kann."

„Dummes Zeug! Eine Pauke mit einem Loch klingt überhaupt nicht mehr."

„Doch! Die Ränder der Löcher gelten als Teil des Randes; also ist an diesen Stellen die Membran auch eingespannt."

„Ach so."

„Mein Informant hat auch noch bessere Neuigkeiten für uns. Toshikazu Sunada fand 1985 eine Bedingung, die zwei verschiedene Formen erfüllen müssen, wenn sie das gleiche Spektrum haben sollen. Daraufhin fanden Peter Buser, Robert Brooks und Richard Tse zwei verschiedene nicht-ebene Flächen mit dem gleichen Spektrum. Wir könnten also Glocken statt Pauken verwenden!“

Klimperer schüttelte seinen Kopf. „Das ist ein Trauermarsch, kein Hochzeitsmarsch. Glocken! Unmöglich!“

„Aber wenn Sie vielleicht einen Kompromiß . . .“

„Der große Otto Klimperer macht niemals Kompromisse!“ Der Dirigent erhob sich. „Lassen Sie von mir aus Ihren Informanten die Nacht durcharbeiten! Wenn Sie bis morgen zum Frühstück keine Lösung haben, wird die Aufführung abgesagt.“

„Aber – die Vorstellung ist ausverkauft! Sie können doch nicht . . .“ Aber Klimperer war schon davon. Klempner rannte in Panik zum nächsten Telephon.

Des Rätsels Lösung

Am nächsten Morgen traf Klimperer zu seiner Überraschung den Bühnenbildner in aufgeräumter Stimmung an.

„Ich hab's“, strahlte der. „Kac hatte recht mit seiner Vorsicht. Ich habe soeben erfahren, daß Carolyn Gordon und ihr Kollege David Webb aus St. Louis sowie Scott Wolpert an der Universität von Maryland zwei verschiedene Trommelfelle theoretisch konstruiert haben, die genau gleich klingen“ (Bild 2).

Klimperer untersuchte die Skizze. „Sieht verrückt aus.“

„Das ganze Problem ist verrückt. Aber die Entdeckungsgeschichte ist interessant. Diese Trommelfelle sind sozusagen aus plattgedrückten Glocken entstanden. Carolyn Gordon beschrieb eines von Busers Beispielen auf einer Geometrie-Tagung im Frühjahr 1991; Wolpert war unter den Zuhörern und bemerkte, daß die nicht-ebene Fläche eine bestimmte Symmetrie hatte, so daß man sie in gewissem Sinne eben machen konnte. Er fragte, ob daraus nicht eine negative Antwort auf die Frage von Kac folge. Daraufhin mußten Webb und Gordon das ganze Problem noch einmal durchdenken. Sie glaubten zunächst – zu Unrecht, wie sich später herausstellte –, man müsse etwas noch Komplizierteres konstruieren als Wolpert, füllten ihre Büros mit riesigen Papierkonstruktionen, die sich alle nicht einebnen ließen, und fanden schließlich die beiden Formen.“

„Irgendwie sehen sie sich ähnlich“, meinte Klimperer.

„Ja, sie sind aus lauter gleichen Teilen zusammengesetzt, und zwar jeweils sieben schräg geschnittenen Hälften eines Malteserkreuzes. Deswegen kann

Bild 2: Zwei nicht-kongruente Membranen mit dem gleichen Spektrum nach Gordon und Webb. Jede Membran ist aus sieben halben Malteserkreuzen zusammengesetzt.

man überhaupt beweisen, daß sie gleiche Spektren haben. Man nimmt die eine Membran in irgendeinem ihrer möglichen Schwingungszustände, zerschneidet sie an den weißen Trennlinien und zeigt, daß man die Teile so zusammensetzen kann, daß sich ein zulässiger Schwingungszustand der anderen Membran ergibt. Das Verfahren geht auf Sunadas Arbeit zurück und wurde zuerst von Pierre Bérard von der Universität Grenoble angewandt."

„Kurz gesagt, es gibt Lösungen der Wellengleichung, die man zerschneiden und anders wieder zusammenkleben kann", faßte Klimperer zusammen.

„Genau! Wir haben es geschafft!" Ihre Erleichterung machte sich ebenso lautstark Luft wie tags zuvor der Zorn. Die anderen Frühstücksgäste blickten befremdet. Plötzlich verdüsterte sich Klimperers Gesicht.

„Wir haben doch noch ein winziges Problem."

„Und zwar?"

„Wer schmiedet uns bis heute abend ein Paar Pauken in dieser abartigen Form?"

Literaturhinweise

Eigenvalues of the Laplace Operator on Certain Manifolds. Von John Milnor in: Proceedings of the National Academy of Sciences of the USA, Band 51, Seite 542, 1964.

Can One Hear the Shape of a Drum? Von M. Kac in: American Mathematical Monthly, Band 73, Seiten 1 bis 23, 1966.

Constructing Isospectral Manifolds. Von Robert Brooks in: American Mathematical Monthly, Band 95, Seiten 823 bis 839, 1988.

When You Can't Hear the Shape of a Manifold. Von Carolyn Gordon in: The Mathematical Intelligencer, Band 11, Heft 3, Seiten 39 bis 47, 1989.

You Can't Hear the Shape of a Drum. Von Barry Cipra in: Science, Band 255, Seiten 1642 bis 1643, 27. März 1992.

11
Denken Mathematiker logisch?

Wie kommt ein Mathematiker auf seine Ideen? Ist es die schiere, weltabgewandte Logik? Oder spielt gelegentlich ein gewisser Realismus eine Rolle?

Logbuch, Sterndatum 2291,1: „Das Raumschiff *Wahnwitz* ist auf dem Weg zum Krebs-Nebel gerade knapp einer Geldstrafe wegen Parkens an einer blauroten Galaxie entkommen. Die Mannschaft ist in aufgekratzter Stimmung. Wahrscheinlich liegt das an den sechzehn Kisten Beteigeuzeschen Rote-Beete-Saftes, die wir bei unserem letzten Halt eingeladen hatten ..."

Captain Jonah T. Kink legte seinen Sternflotten-Schreibstift nieder und stützte den Kopf in beide Hände, um sich auf den nächsten Satz zu konzentrieren. Er hatte einen gewaltigen Kater.

„Einen logischen Morgen, Captain!" Es war Pock, der erste Offizier. Kink starrte benebelt in das vertraute spitzohrige Gesicht. „Ich glaube, ich habe unsere Wette von gestern abend gewonnen."

Kink konnte sich weder an eine Wette noch an irgend etwas sonst erinnern.

„Captain, Sie werden doch noch wissen, daß wir verschiedener Ansicht über die Bewußtseinsprozesse der Mathematiker waren." Kink konnte sich kaum einen exotischeren Grund für einen Dissens vorstellen, aber dieser Rote-Beete-Saft hat es eben in sich. „Sie ließen sich auf eine kleine Wette ein."

„Aha. Und zwar?"

„Ich behauptete, daß die Denkprozesse der Mathematiker wie bei uns Vulgariern von reinster Logik bestimmt werden. Sie dagegen bezogen sich vage auf Intuition, Probieren, induktives Schließen und Verallgemeinerung."

„Ja", fiel Lenny McCool, der Schiffsarzt, ein. „Dann sagten Sie, Sie könnten beweisen, daß die Logik irreführend sei. ‚Nur die Elefanten und die Wale gebären Kinder, die mehr als 100 Kilogramm wiegen', sagten Sie. ‚Der arkturische Präsident wiegt 120 Kilogramm. Also wäre die Mutter des arkturischen Präsidenten ...'" Kink stöhnte. Der arkturische Präsident und seine Mutter waren als Gäste mit Diplomatenstatus an Bord der *Wahnwitz* und hatten ohne Zweifel die gestrige Party besucht.

„Ich wandte dagegen ein", sagte Pock, „daß man, wäre induktives Schließen ein Beweisverfahren, zeigen könnte, daß alle ungeraden Zahlen Primzahlen sind. Denn 3, 5, 7 und 11 sind Primzahlen, und 9 kann man als irrelevanten Meßfehler vernachlässigen. Sie behaupteten, es seien tatsächlich alle ungeraden Zahlen Primzahlen. Daraufhin schlossen wir unsere Wette ab: Ich gebe Ihnen eine Flasche Rote-Beete-Saft, wenn Intuition und so weiter das Denken der Mathematiker bestimmen. Wenn die Mathematiker aber nichts als logisch denken, räumen Sie Ihre Stellung und übertragen mir das Kommando über die *Wahnwitz*."

„Waaas?"

„Captain, ich hatte die einzige noch übriggebliebene Flasche Rote-Beete-Saft im ganzen Raumschiff."

„Das erklärt alles. Und Sie behaupten, Sie hätten die Wette gewonnen?"

„In der Tat, Captain. Und ich kann es beweisen. Ich habe im Speicher des Bordcomputers ein antikes Manuskript gefunden und ausgedruckt."

Es trug den Titel „Turings Fahrrad". „Mr. Pock, was ist ein Fahrrad?"

Pock zeigte ihm eine Skizze. „Ein primitives Fortbewegungsmittel." Kink nickte und las:

> Alan Turing pflegte mit seinem Fahrrad zur Arbeit zu fahren. Gelegentlich sprang die Kette ab. Als methodisch vorgehender Mensch hielt er in seinem Büro eine Flasche mit Terpentin und einen Lappen bereit, um bei der Ankunft seine Hände zu reinigen. Nach einiger Zeit bemerkte er, daß die Kette immer in sehr regelmäßigen Abständen absprang, begann, die Umdrehungen des Vorderrades zu zählen und entdeckte, daß die Kette stets nach genau n Umdrehungen absprang.

„Wie groß war n?" fragte Kink.

„Diese Information ist nicht im Bordcomputer gespeichert, Captain."

„Oh." Kink las weiter:

> Turing zählte nun dauernd die Umdrehungen, damit er im richtigen Augenblick mit Treten aussetzen konnte, so daß die Kette oben blieb. Das wurde mühsam, und daher brachte er einen Umdrehungszähler an. Später analysierte er den mathematischen Zusammenhang zwischen der Anzahl g der Kettenglieder und der Anzahl z der Zähne auf dem Ritzel. Er entdeckte, daß n gleich dem kleinsten gemeinsamen Vielfachen von g und z war, und schloß daraus, daß das unglückliche Ereignis stets bei einer eindeutig bestimmten Konfiguration von Hinterrad und Kette auftrat. Bei näherer Untersuchung stellte sich dann heraus, daß die Kette immer dann absprang, wenn ein gewisses, leicht beschädigtes Kettenglied eine leicht verbogene Speiche berührte (Bild 1). Die Speiche wurde strammgezogen, und das Terpentin und der Lappen konnten aus dem Büro verschwinden.

Kink kratzte sich fragend am Kopf. „Na schön. Und was beweist das, Pock?"

„Die Macht der Logik!"

Ein harter schottischer Akzent erschallte auf der Brücke. „Dummes Zeug! Jeder fähige Mechaniker hätte den Defekt in ein paar Sekunden gefunden!" Das war Dott, der Chefingenieur.

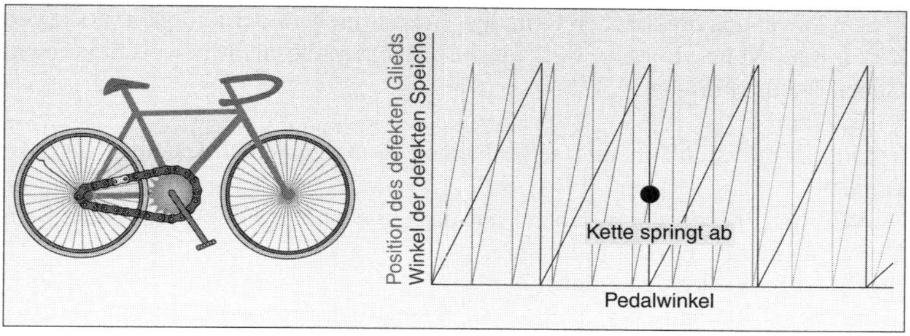

Bild 1: Wenn das defekte Kettenglied (weiß) mit dem oberen Teil der verbogenen Speiche zusammentrifft, springt die Kette ab (links). Rechts sind die Position des Kettenglieds und der Winkel der Speiche gegen die Horizontale als Funktion des Pedalwinkels aufgezeichnet. Die Stelle, wo beide Graphen sich bei einer bestimmten Ordinate schneiden, ist der Punkt des Kettensprungs.

„Danke. Nun, Mr. Pock, was hat diese kleine Anekdote mit der Wette zu tun?"

„Alan Turing war ein Mathematiker, Captain. Dieses Dokument beweist, daß er ausschließlich logisch gedacht hat."

Kink hämmerte ein wenig auf die Tastatur des Bordcomputers und starrte einige Sekunden auf den Bildschirm. „Turing war ein Logiker, Mr. Pock. Logisch gesprochen, ist es doch nur logisch, daß ein Logiker logisch denkt."

„Er war ein mathematischer Logiker, Captain, und . . ."

„Mr. Pock, nach Ihren eigenen Argumenten über die Unzuverlässigkeit der Induktion kann Ihre Behauptung ja wohl unmöglich durch ein einziges Beispiel bewiesen werden. Oder?"

Pock erblaute, das vulgarische Äquivalent des Errötens. „Ich bitte um Entschuldigung. Es tut mir leid, daß der irdische Teil meines Erbguts meine Urteilskraft für einen Moment getrübt hat."

„Hmmm", murmelte Kink und dachte fieberhaft nach. „Wenn man herausfinden könnte, wie mehrere irdische Mathematiker wirklich dachten, dann wäre ich bereit, mich auf Ihren Standpunkt einzulassen. Das wäre dann zwar immer noch kein logischer Beweis, aber" – Kink genoß es, Pock leiden zu sehen – „ich würde das Ergebnis eines kontrollierten Experiments akzeptieren."

Denken Mathematiker logisch?

Pock sah sehr frustriert drein. „Ja, Captain. Aber solch ein Experiment können wir nicht ausführen."

„Und zwar aus praktischen Gründen, die wir nicht ändern können. Pock, Sie haben Ihre Wette verloren, weil Sie Ihre Behauptung nicht beweisen können. Geben Sie die Flasche . . .“

„Captain!“

Kink drehte sich um und setzte seinen Kommandeursblick auf. „Ja, Mr. Bubu?“

„Wir sind soeben überraschend auf ein unbekanntes Objekt gestoßen. Sein Durchmesser beträgt 703 Lichtjahre.“

„Holen Sie es auf den Schirm.“

Die Brückenmannschaft starrte auf die wirbelnde, buntgescheckte Masse. Kink blickte ratlos umher und wartete auf eine Eingebung, aber sein erster Offizier kam ihm zuvor.

„Scheint ein kosmisches Dingsda zu sein, eine Singularität in der Raum-Zeit-Struktur“, erklang die aufreizend ruhige, Gewißheit ausstrahlende Stimme Pocks.

„Woher wissen Sie das?“

„Durch logische Herleitung, Captain. Sehen Sie sich genau die linke obere Ecke an.“ Kink korrigierte die Scharfeinstellung. Verschwommene Wörter erschienen: „Starwaste – die Lösung des Recycling-Problems. Dieses kosmische Dingsda schafft Ihren Müll in ferne Räume und Zeiten – rückholbar!“ Pock erläuterte: „Das ist eine antike Konstruktion. Solch schreiende Aufschriften waren früher üblich.“

„Aha. Nun, wir können uns nicht mit dem Zeug aufhalten, das die Leute hier im Universum hinterlassen haben. Wir haben einen Auftrag. Stellen Sie den Kurs . . .“

„Captain“, fiel ihm Mr. Pock ins Wort. „Jetzt wird Ihr Experiment doch machbar.“

Kink erbleichte. „Was?“

„Wir können das kosmische Dingsda als Raum-Zeit-Maschine verwenden, um die alte Erde zu besuchen und die Mathematiker bei ihrer Arbeit zu beobachten.“

Kink seufzte und nickte. Das war mal wieder einer jener Tage . . . Sie stellten eine Liste auf und einigten sich auf die drei wirklich größten terranischen Mathematiker: Archimedes, Carl Friedrich Gauß und Isaac Newton. Pock machte eine Landefähre startklar und programmierte sie auf einen komplizierten Kurs durch das kosmische Dingsda, der sie in die Nähe aller drei führen würde. Kink bestand darauf, diese Operation Dingsbums zu nennen.

Archimedes

Vor langer, langer Zeit saß Archimedes von Syrakus auf Terra vor seinen in den Sand gezeichneten Diagrammen. Er hatte den halben Vormittag damit verbracht, ein regelmäßiges Vierundsechzigeck zu konstruieren, das ihm für seine aufwendigen Untersuchungen zur Quadratur des Kreises dienen sollte. Eine kaum wahrnehmbare Stimme „Beam uns runter, Dotty" riß ihn aus seinen Gedanken. Auf einmal erschienen zwei schimmernde Körper genau in der Mitte seines wundervollen Vielecks und verwischten seinen Mittelpunkt.

Nachdem Kink und Pock eine Weile mit dem Übersetzungsgerät herumgefummelt hatten, konnten sie Archimedes versichern, daß sie weder seine Kreise noch seine Polygone zu stören beabsichtigten. Pock half ihm bei der Wiederherstellung seiner Zeichnung. Als sie schließlich Archimedes baten, ihnen seine berühmte Formel $V = (4/3)\pi r^3$ für das Volumen V einer Kugel vom Radius r zu erklären, war er sichtlich hocherfreut. Er erzählte ihnen, daß er zum Beweis der Formel die Exhaustionsmethode verwendet habe, eine teuflisch komplizierte Technik, bei der man die Möglichkeiten $V < (4/3)\pi r^3$ und $V > (4/3)\pi r^3$ widerlegt, indem man die Kugel durch Polyeder mit einer riesigen Anzahl von Seitenflächen approximiert. Dann bleibt also nur die Gleichheit übrig. „Ich habe das alles in meinem Buch ‚Über Kugel und Zylinder' aufgeschrieben", sagte er stolz.

Pocks Gesicht zeigte das vulgarische Äquivalent eines Lächelns. „Sehen Sie, Captain? Völlig logisch."

„Nicht so schnell, Mr. Pock. Ich bin nicht Sternflottenkommandeur geworden, indem ich voreilige Schlüsse zog. Mir fällt auf, daß an dem Beweis durch Exhaustion irgend etwas nicht geheuer ist. Zunächst setzt Archimedes stillschweigend voraus, daß eine gekrümmte Fläche überhaupt ein wohldefiniertes Volumen begrenzt." Archimedes lief rot an. „Es wundert mich, Mr. Pock, daß Ihnen das nicht aufgefallen ist." Pock erblaute. „Offenbar Ihr irdisches Erbgut", fuhr Kink fort. „Aber selbst wenn wir die Existenz eines wohldefinierten Volumens voraussetzen, gibt es noch ein Problem. Die Exhaustionsmethode funktioniert nur, wenn Sie die Antwort schon vorher kennen. Sie können nicht wissen, welche Ungleichungen Sie ausschließen sollen, wenn Sie die Gleichung, die Sie beweisen wollen, noch nicht kennen." Er wandte sich an Archimedes. „Wie sind Sie ursprünglich auf den Wert $(4/3)\pi r^3$ gekommen? Geraten?"

„Selbstverständlich nicht!" entgegnete der Weise indigniert, und Pock trug die Nase gleich wieder etwas höher. „Ich habe die Herleitung meiner Formel in meinen ‚Methoden' erklärt." (Der dänische Gelehrte J. L. Heiberg hat 1906 in Konstantinopel diese verschollene Abhandlung des Archimedes wiederaufgefunden.) „Ich schrieb dort", fuhr Archimedes fort, „daß mir gewisse Sätze erst mit Hilfe einer mechanischen Vorrichtung klar wurden. Dann allerdings mußte

Die Methode des Archimedes zur Bestimmung des Kugelvolumens

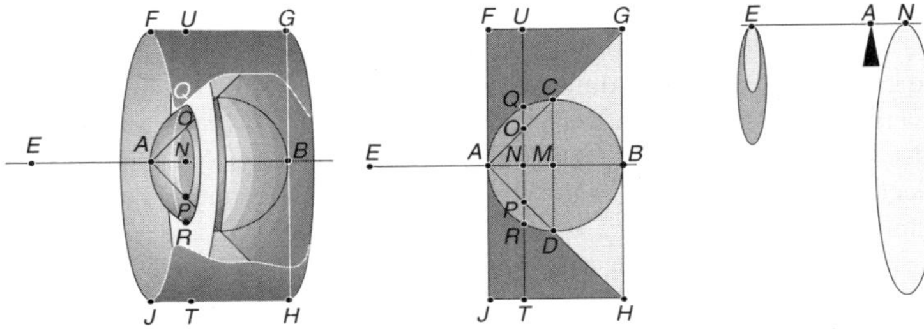

Ein Kegel *AHG* mit einem Öffnungswinkel von 45 Grad, ein Kreiszylinder *JHGF*, dessen Höhe gleich seinem Radius ist, und eine Kugel *ARDBCQ* durchdringen sich, wie in der perspektivischen Zeichnung (links) und in der Querschnittsdarstellung (Mitte) angegeben. *AFGB* ist ein Quadrat, *N* ein beliebiger Punkt auf *AB*. Wir schneiden nun aus der ganzen Anordnung eine unendlich dünne, senkrechte Scheibe *UNT* aus und berechnen zunächst die Flächeninhalte der Kugel-, der Kegel- und der Zylinderscheibe.

Sei $K(XY)$ der Flächeninhalt eines Kreises mit Radius *XY*; $Q(XY)$ der eines Quadrates mit der Seite *XY* und $R(XY, VW)$ der eines Rechtecks mit den Seiten *XY* und *VW*. Mit diesen Bezeichnungen lassen sich die folgenden Beziehungen für Flächeninhalte formulieren:

$Q(ON) + Q(NQ)$
$= Q(AN) + Q(NQ) = Q(AQ)$ nach dem Satz des Pythygoras
$= R(AN, AB)$ nach dem Kathetensatz
$= R(ON, NU)$.

Daraus folgt

$$\frac{Q(ON) + Q(NQ)}{Q(NU)} = \frac{R(ON, NU)}{Q(NU)} = \frac{ON}{NU}$$

und daraus

$$\frac{K(ON) + K(NQ)}{K(NU)} = \frac{ON}{NU}$$

denn die Fläche eines Kreises ist proportional zum Quadrat seines Durchmessers.

Nehmen wir nun an, Kugel, Zylinder und Kegel haben die gleiche Dichte. Ihre Massen sind also proportional zu ihren Volumina. Denken Sie sich *AB* als Hebelarm mit Drehpunkt in *A*; *E* sei so weit nach links von *A* entfernt wie *B* nach rechts. Lassen Sie den Querschnitt *K* (*NU*) des Zylinders, wo er ist, und hängen Sie die Querschnitte *K* (*ON*) des Kegels und *K* (*NQ*) der Kugel in *E* auf. Die letzte Gleichung besagt dann genau, daß der Hebel im Gleichgewicht ist. Führen Sie diese Prozedur nun für alle möglichen Positionen von *N* auf *AB* durch. Das verschiebt den gesamten Kegel *AHG* und die gesamte Kugel *ARDBCQ* nach *E*, so daß deren gesamtes Volumen gewissermaßen in einer unendlich dünnen Scheibe konzentriert ist, während der Zylinder *JHGF* an seinem Platz bleibt. Und der Hebel ist immer noch im Gleichgewicht. Der Schwerpunkt des Zylinders liegt aus Symmetriegründen in *M*; das heißt, der Zylinder wiegt mit dem halben Hebelarm Kugel und Kegel zusammen auf. Also genügen die Volumina der Gleichung

Kegelvolumen + Kugelvolumen = 1/2 Zylindervolumen.

Das Zylindervolumen beträgt $8\pi r^3$, und das des Kegels ist ein Drittel davon, also $\frac{8}{3}\pi r^3$. Das Kugelvolumen ist die Differenz des halben Zylindervolumens und des Kegelvolumens, also $\frac{4}{3}\pi r^3$, wie behauptet.

ich sie *more geometrico* beweisen, denn das mechanische Experiment war kein echter Beweis. Man findet einen Beweis natürlich schneller, wenn man sich mit der Frage schon ausgiebig beschäftigt hat."

Dann zeigte ihnen Archimedes seine Methode (siehe Kasten), bei der Körper in unendlich kleine Scheibchen geschnitten und die Teile mit einer Balkenwaage ausgewogen werden.

„Hmm", brummte Kink. „Sieht nicht gerade logisch aus…"

„Mit Sicherheit irreführend", mußte Pock zugeben.

„Aber es funktioniert", sagte Archimedes. „Merkwürdig, nicht wahr?"

Carl Friedrich Gauß

Der Dingsbumseffekt nahm sie auf und trug sie in das Göttingen des 19. Jahrhunderts, während Kink enthusiastisch grinste und Pock verdrießlich dreinblickte. Sie überredeten den großen Carl Friedrich Gauß dazu, ihnen einen Satz vorzuführen, auf den er besonders stolz war, den wesentlichen Inhalt seiner Dissertation: Jede polynomiale Gleichung der Form

$$p(z) = z^m + a_1 z^{m-1} + \ldots + a_{m-1} z + a_m = 0$$

hat im Bereich der komplexen Zahlen eine Lösung.

„Zeigen Sie uns den Beweis", bat Pock.

„Mit dem größten Vergnügen“, erwiderte Gauß. „Sei z eine komplexe Zahl mit der Darstellung $z = x + iy = re^{i\phi}$, wobei $i = \sqrt{-1}$ die imaginäre Einheit ist, und sei $p(z) = t + iu$ der Wert des Polynoms im Punkt z. Nun, wenn dieser Wert niemals gleich null wäre, dann wäre die Funktion

$$\frac{g(r, \phi)}{(t^2 + u^2)^2}$$

überall stetig und differenzierbar, vorausgesetzt, das trifft auch auf die Funktion g zu, die ansonsten beliebig wählbar ist. Also existiert das Integral

$$\iint_K \frac{g(r, \phi)}{(t^2 + u^2)^2}\, dr d\phi$$

über eine Kreisscheibe K; wenn man es auf zwei verschiedene Weisen ausrechnet, muß das gleiche herauskommen. Ich kann aber eine Funktion g konstruieren, für die ich beide Werte explizit ausrechnen kann, und zwar mit unterschiedlichem Ergebnis ...“ Gauß schrieb mehrere Seiten mit Rechnungen voll und schloß dann triumphierend: „Also war die Annahme, daß das Polynom nirgends verschwinde, falsch, und der Satz ist durch *reductio ad absurdum* bewiesen.“

„Was gibt es Logischeres als einen Widerspruchsbeweis!“ rief Pock begeistert. „Erklären Sie mir das mit den zweiten Ableitungen noch einmal ...“

Kink, der schon beim ersten Integralzeichen nichts mehr verstanden hatte, sagte zunächst gar nichts, faßte sich aber schnell wieder. „Carl Friedrich“, sagte er und legte einen Arm freundschaftlich um die Schulter des Fürsten der Mathematiker, „ich darf dich doch so nennen? Gut. Sage mir, wie bist du nur auf einen so komplizierten Beweis gekommen?“

„Na ja“, erwiderte Gauß, „ich dachte über die Windungszahl einer Kurve nach; das ist die Anzahl der Male, die sie den Ursprung umrundet (Bild 2 links). Es kam mir in den Sinn, daß $p(z)$ sich kaum ändert, wenn z einen kleinen Kreis in der komplexen Ebene durchläuft. Insbesondere kann $p(z)$ dann den Ursprung nicht umrunden – und treffen erst recht nicht, denn dann hätte p dort ja eine Nullstelle. Die Windungszahl ist in diesem Fall also 0. Wenn andererseits z einen sehr großen Kreis durchläuft, dann kommt es nur auf den dominierenden Term z^m in $p(z)$ an, und die Windungszahl ist m, also verschieden von 0 (Bild 2 rechts). Wenn jetzt der kleine Kreis zu einem großen anwächst, dann muß irgendwann zwischendurch die Windungszahl der durch $p(z)$ definierten Kurve sich ändern – von null auf eins zum Beispiel, also sprunghaft. Die Kurve selbst dagegen ändert sich stetig. Nun ist aber anschaulich klar, daß sich die Windungszahl einer sich stetig deformierenden Kurve nur dann sprunghaft ändern kann, wenn die Kurve durch den Ursprung

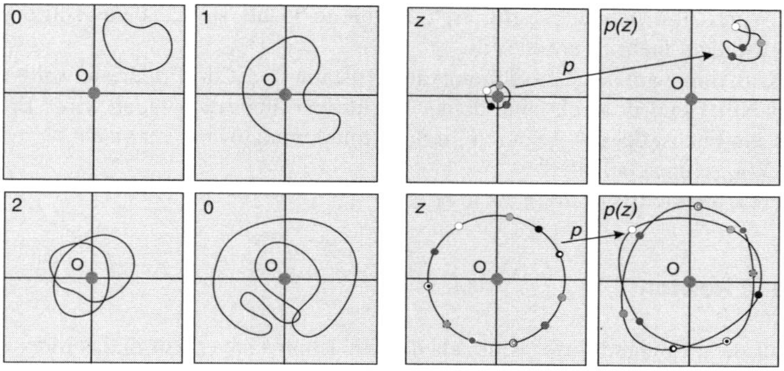

Bild 2: Die Windungszahl einer geschlossenen Kurve gibt an, wie oft sie sich um den Ursprung windet (links); formal ausgedrückt: die Gesamtänderung des Winkels, die ein Strahl vom Ursprung zu einem die Kurve durchlaufenden Punkt erfährt. Wenn der Punkt z einen kleinen Kreis in der komplexen Ebene durchläuft, dann durchläuft sein Bild $p(z)$ unter der Abbildung p eine kleine Schleife, die den Ursprung nicht einschließt und deren Windungszahl daher gleich null sein muß (rechts oben). Wenn dagegen z einen großen Kreis durchläuft (rechts unten), liegt dessen Bild unter p in der Nähe der Kurve, die nur durch den führenden Term z^m bestimmt ist. Letztere ist ein m-fach durchlaufener Kreis und ihre Windungszahl daher gleich m. Also muß die Windungszahl der anderen Kurve ebenfalls m sein.

verläuft (Bild 3). Das bedeutet aber, daß für einen bestimmten Punkt auf diesem besonderen Kreis $p(z) = 0$ gilt. *Quod erat demonstrandum.*"

„Ich verstehe", sagte Kink.

„Da ich den Satz so nicht beweisen konnte, mühte ich mich ab, bis ich die Idee mit der Windungszahl in das Doppelintegral fassen konnte, das ich euch gezeigt habe."

„Die Idee hast du also zunächst auf unlogische Weise, durch Intuition gefunden, und dann hast du daraus einen logischen Beweis gemacht?"

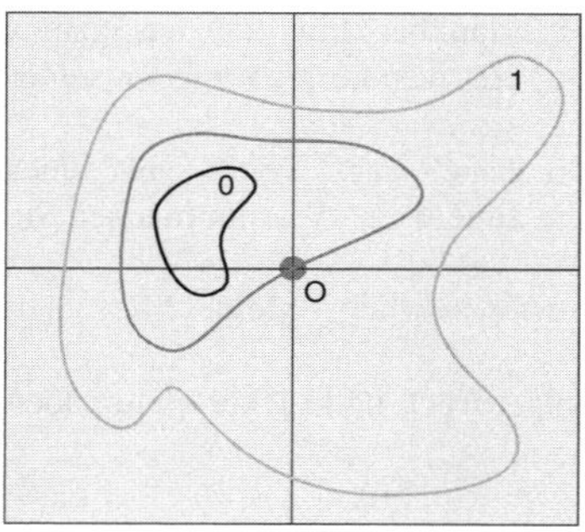

Bild 3: Die Windungszahl einer Kurve ändert sich bei stetiger Deformation nur dadurch, daß die Kurve den Ursprung trifft.

„Wenn das Gebäude fertig ist", erwiderte Gauß stolz, „dann sollte das Gerüst nicht mehr zu sehen sein."

Kink tippte auf seiner Kommunikator-Tastatur . . . „Carl Friedrich, weißt du, was Nils Hendrik Abel, einer deiner Nachfolger, über dich sagen wird? Er ist wie ein Fuchs, der seine Spuren im Sand mit dem Schwanz verwischt."

„Wie schmeichelhaft!"

Pock blickte trister drein als je zuvor.

Isaac Newton

„Auf nach England!" rief Kink, als das Dingsbums sie erneut in das Meer aus Raum und Zeit katapultierte.

Sie trafen den Schöpfer der Differential- und Integralrechnung kniend, mit einer Stichsäge in der Hand, in seinem Studierzimmer an. Am unteren Türrand war ein etwa fußbreites Loch zu sehen, dessen Kanten vom langen Gebrauch blankgescheuert waren, daneben zwei kleinere, offensichtlich frisch gesägte Löcher. Newton arbeitete gerade an einem dritten kleinen Loch. Pock, dem das menschliche Verhalten stets ein Rätsel war, fragte ihn, was er da tue.

„Ach, verehrte Herren vom himmlischen Firmament, das ist für meine Katze. Sie liebt es, mein Studierzimmer nach Belieben zu betreten oder zu verlassen, und mir ist es beschwerlich, jedesmal die Tür zu öffnen und zu schließen. Wenn ich sie nicht hereinlasse, fängt sie erbärmlich an zu miauen. Außerdem zerkratzt sie das Türholz mit ihren Krallen. Deshalb habe ich vor einigen Jahren einen eigenen Ein- und Ausgang für sie erfunden."

„Ich bin von Ihrer Erfindungsgabe sehr beeindruckt", erwiderte Kink. „Ich muß allerdings gestehen, daß ich die von Ihnen erfundene Kunst des Differenzierens noch höher schätze. Darf ich Sie fragen, wie Sie darauf gekommen sind?"

„Ach", erwiderte Newton, „diese Rechenkünste sind nichts weiter als eine nette, belanglose Spielerei. Aber ein Loch in diese Tür zu sägen, ohne daß das Holz splittert, das ist echte Arbeit. Mieze wird dankbar sein, oder wenigstens still. Sie müssen mich nun entschuldigen . . ." Er wandte sich wieder seiner Säge zu.

„Ich möchte Sie durchaus nicht stören, Sir Isaac", sagte Pock, „aber eines fasziniert mich." Newton seufzte und legte die Säge weg. „Warum machen Sie die kleinen Löcher?"

„Wieso", fragte Newton, „ist das nicht offensichtlich? Meine Mieze hat Junge."

Pock blickte Kink an. Kink blickte grimmig zurück und nickte. „Sie haben gewonnen, Pock..."

Literaturhinweise

Denkweisen großer Mathematiker. Von Herbert Meschkowski. Vieweg, Braunschweig 1990.

The Psychology of Invention in the Mathematical Field. Von Jacques Hadamard. Dover Books, New York.

The World of Mathematics. Herausgegeben von James R. Newman. Simon & Schuster, New York 1956.

12
Das verschwundene Kamel

Wie Ali der Barbier mit Hilfe diophantischer Gleichungen das letzte große Rätsel im Leben des Beduinenscheiches Mustafa zu dessen Zufriedenheit lösen konnte.

Der Beduinenfürst Mustafa Ibn Muchta hatte seinen kleinen Stamm – Allah sei Dank – erfolgreich gegen den brutalen Überfall eines Nachbarstamms verteidigt. Aber im Kampf war er auf den Tod verwundet worden und hatte das Bewußtsein verloren. Ali der Barbier, sein Freund aus Kindertagen, pflegte seine Wunden und trug ihn durch die Wüste zurück ins Lager.

Mustafa erwachte, umgeben von seinen Frauen, Söhnen, Töchtern und Enkeln. „Gelobt sei Allah, ich lebe noch. Aber ich muß zurück in den Kampf.“ Er konnte kaum seinen Kopf heben.

„Bitte ruhe dich aus, großer Muchta“, bat ihn seine erste Frau inständig und reichte ihm Wasser aus einem Ziegenlederbeutel. „Du hast deinen Stamm zum Sieg geführt. Wie fühlst du dich?“

„Als wären tausend Kamele über mich hinweggetrampelt“, stöhnte Mustafa. „Wer hat mich errettet?“

„Ali der Barbier.“

„So bringt ihn schnell zu mir.“

Sein erster Sohn machte sich auf, Ali zu holen. Der schnitt emsig wie immer die Bärte genau derjenigen Beduinen, die das nicht selber erledigten, und verbrachte Stunden um Stunden grübelnd über der Frage, wer wohl seine eigene Haarpracht pflegen müßte: er selbst oder der Barbier. Als er hörte, daß Mustafa sein Bewußtsein wiedererlangt hatte, eilte er, ihn aufzusuchen.

Er betrat Mustafas Zelt. „Salaam aleikum. Du siehst schon viel besser aus.“

„Aleikum salaam. Dank deiner und Allahs Hilfe konnte ich meine Familie noch einmal sehen. Doch bin ich tödlich verwundet und liege im Sterben.“ Er winkte seinem protestierenden Freund ab. „Du brauchst mir nichts vorzuheucheln. Ich will mit dir besprechen, wie ich meinen Reichtum unter meine drei Söhne aufteilen soll. Ich liebe sie alle sehr, aber sie sind manchmal schwer von Begriff. Bevor sie etwas erben, sollten sie deshalb ihre geistigen Fähigkeiten unter Beweis stellen.“

Ali schaute ziemlich ratlos drein.

„In meinem Besitz ist eine arithmetische Abhandlung, die angeblich von dem großen Al-Hwarizmi selbst über die Generationen auf mich gekommen ist."

„Was, von dem großen Gelehrten, der im 9. Jahrhundert am Hofe des Kalifen von Bagdad jene berühmten Schriften über Algebra, Arithmetik und Astronomie verfaßte . . ."

„. . .von denen die ungebildeten Ungläubigen noch jahrhundertelang zehrten", ergänzte Mustafa ungeduldig. „Die Schrift berichtet von einem reichen Kaufmann, der 17 Kamele besaß. Er verfügte, daß nach seinem Tod sein ältester Sohn die Hälfte, sein zweiter ein Drittel und sein dritter Sohn ein Neuntel von ihnen erhalten sollte."

„Ich entsinne mich an so ein Scherzrätsel. Natürlich ist es Unfug, dem Ältesten achteinhalb Kamele zu vermachen."

„Und dem Jüngsten eines und acht Neuntel. Aber es gibt eine geniale Lösung des Problems", versetzte Mustafa.

„Ich erinnere mich. Ein weiser Mann stellt sein eigenes Kamel dazu, so daß es nun 18 sind. Von diesen nimmt der älteste Sohn die Hälfte, das sind neun Kamele, der zweite ein Drittel, also sechs, und der jüngste ein Neuntel, also zwei Kamele. Das macht zusammen 17 Kamele. Der Weise nimmt sein Kamel wieder mit, und alle sind zufrieden."

„Wenigstens denkt das jeder. Die Psychologie dieses Rätsels ist fast so interessant wie seine Mathematik."

„Und du glaubst, deine hoffnungsvollen Söhne finden die Lösung des Rätsels, ohne Weisen und ohne Zusatzkamel?"

„Ach, der Weise ist nicht unbedingt erforderlich. Und meine Söhne sind habgierig. Wenn es darauf ankommt, laufen sie meilenweit für ein Kamel."

„Aber du besitzt mehr als 17 Kamele."

„In der Tat. Allah hat mich mit 39 Kamelen gesegnet. Und ich habe meinem Vater am Totenbett versprochen, niemals eines zu verkaufen. Es ist also nicht möglich, ihre Zahl auf 17 zu verkleinern. Aber es wäre nicht schwer, bei Bedarf noch einige weitere Kamele zu kaufen. Ich habe dich rufen lassen, weil

Bild 1: Drei Söhne erben sieben Kamele, und dem ersten gebührt die Hälfte, dem zweiten ein Viertel, dem dritten ein Achtel des Erbes. Können sie jeder ihren Anteil nehmen, ohne ein Kamel zu zerteilen?

ich deinen Rat suche. Ich weiß nicht, ob es überhaupt drei andere Zahlen gibt, mit denen man ein solches Rätsel stellen könnte."

„Du könntest alles mit drei malnehmen", sagte Ali. „Das wären 51 Kamele und dieselbe Aufteilung."

Mustafa nickte und verzog das Gesicht vor Schmerzen. „Daran habe ich auch schon gedacht, Ali. Aber dann müßte der Weise drei Kamele mitbringen. Das ist nicht elegant. Ich hatte vor, jedem Sohn einen gewissen Bruchteil vom Ganzen zuzuweisen, so daß sich die Teilung durch Hinzufügen und anschließendes Wegnehmen von nur einem zusätzlichen Kamel lösen läßt."

Ali lehnte sich zurück und lächelte. „Mit Zahlen, Mustafa, habe ich mich schon immer gern beschäftigt. Ich frage mich . . ." Er starrte eine Weile ins Leere. „Es gibt vielleicht eine Möglichkeit. Aber erst müssen wir verstehen, wie der ursprüngliche Trick funktioniert."

„Ich gebe zu, ich stehe vor einem Rätsel", erwiderte Mustafa. „Das verflixte Kamel taucht auf und verschwindet wie ein Geist aus einer defekten Wunderlampe."

Ägyptische Brüche

„Es muß mit einer besonderen Eigenschaft dieser Brüche zu tun haben", sagte Ali. „Wären es zum Beispiel nur 12 Kamele gewesen und hätte der Vater seinen Söhnen die Hälfte, ein Drittel und ein Sechstel zugesagt, dann hätte der älteste Sohn sechs Kamele, der zweite vier und der jüngste zwei bekommen. Dann hätte man kein zusätzliches Kamel gebraucht . . . Aha! Die drei Brüche dürfen sich nicht zu 1 addieren. Denn sonst ließen sich alle Kamele glatt verteilen und keines bliebe übrig. Mal sehen. Was ist die Summe von 1/2, 1/3 und 1/9 ?"

„Ah, 17/18", sagte Mustafa. „Natürlich! Die Söhne erben nur 17/18 der Gesamtzahl aller Kamele. Wenn es zusammen 17 Kamele sind, dann geht die Teilung der Herde nicht auf. Aber wenn es zusammen 18 sind, dann kann jeder seinen Anteil an den 18 Kamelen bekommen, und eines bleibt übrig." Plötzlich kam ihm ein Gedanke. „So weise war der Weise wohl doch nicht. Er hat niemanden darauf hingewiesen, daß die Brüche sich nicht zu eins addieren."

„In diesem Schweigen lag seine tiefste Weisheit", erwiderte Ali. „Der Trick funktioniert, weil die Summe der drei Anteile einen Bruch ergibt, dessen Nenner um 1 größer ist als sein Zähler. Der Zähler ist hier 17 und der Nenner 18." Er grinste breit. „Es gibt viele solche Brüche. Nimm $(d-1)/d$ mit irgendeiner natürlichen Zahl d . . . Ich hab's! Du hast 39 Kamele, nicht wahr?"

„Ja."

„Dann müssen wir nur Brüche wählen, deren Summe 39/40 ergibt", sagte Ali. „Vielleicht 1/2, 1/4 und 9/40 . . ."

Sein Triumph erstarb unter Mustafas mißbilligendem Blick. „Das ist nicht einfach genug, Ali. Jeder Bruch sollte ein Irgendwastel sein. Ein Drittel, oder ein Neunzehntel. Nicht so etwas Krummes wie neun Vierzigstel."

„Aha. Du verlangst . . ."

„. . .daß die Zähler gleich 1 sind."

„Kurz, du suchst eine Lösung der Gleichung $1/a+1/b+1/c=(d-1)/d$ in natürlichen Zahlen. Das heißt, die Zahl $(d-1)/d$ soll sich als Summe dreier Stammbrüche ausdrücken lassen. Die Ägypter pflegten häufig Brüche als Summen von Stammbrüchen niederzuschreiben. Deshalb nennt man die Summe von $1/a$, $1/b$ und $1/c$ auch einen dreigliedrigen ägyptischen Bruch."

„Man kann deine Gleichung noch etwas schöner schreiben", sagte der Beduinenfürst und malte in den Sand:

$$1/a+1/b+1/c+1/d=1$$

„Sehr schön", rief Ali begeistert. „Wenn also a gleich 2, b gleich 3 und c gleich 9 ist, dann muß d gleich 18 sein, denn $1/2+1/3+1/9+1/18$ ist gleich 1. Wir müssen jetzt nur noch ein paar andere Lösungen zu deiner viergliedrigen ägyptischen Gleichung finden, das heißt vier Zahlen mit der Eigenschaft, daß die Summe ihrer Kehrwerte 1 ist."

Mustafa runzelte die Stirn. „Ich kann sofort eine andere Lösung angeben", sagte er. „$1/4+1/4+1/4+1/4=1$. Was nun?"

„Wir werden alle Lösungen deiner Gleichung finden." Ali langte nach einem Blatt Papier. „Das ist eine heikle Angelegenheit, denn wir haben es hier mit einer diophantischen Gleichung zu tun, einer Gleichung, die in ganzen Zahlen zu lösen ist – in diesem Falle sogar positiven ganzen Zahlen. Solche Gleichungen hat Diophant von Alexandria im 3. Jahrhundert untersucht."

„Nach der Zeitrechnung der Ungläubigen." Mustafa wälzte sich stöhnend in eine weniger schmerzhafte Körperlage. „Ali, ist das nicht ein bißchen übertrieben, alle Lösungen bestimmen zu wollen? Es könnte doch sehr viele geben."

„Diophantische Gleichungen haben meist nicht sehr viele Lösungen", erwiderte Ali. „Es gibt allerdings auch Ausnahmen. Und in diesem Falle . . ."

Abschätzungen und Fallunterscheidungen

Er begann auf dem Papier zu rechnen. „Ich glaube, wir können beweisen, daß es nur endlich viele Lösungen gibt, und sie auch noch alle der Reihe nach finden. Darunter sind vielleicht welche, die dir zusagen. Nehmen wir an, die Zahlen seien in aufsteigender Reihenfolge geordnet, also $a \leq b$ (a ist kleiner oder gleich b) und $b \leq c \leq d$. Dann kann a höchstens gleich 4 sein. Denn wenn a

gleich 5 oder größer wäre, müßten b, c und d mindestens so groß sein, und die Summe ihrer Kehrwerte wäre kleiner oder gleich $1/5+1/5+1/5+1/5=4/5$, also niemals gleich 1."

Mustafa starrte ihn an. „Und das hilft uns weiter?"

„Ja. Schau, wir wissen auch, daß alle vier Zahlen mindestens gleich 2 sein müssen. Andernfalls begänne die Summe mit $1/1$ und wäre auf jeden Fall zu groß. Wir brauchen also nur drei Fälle zu betrachten: a gleich 2, 3 oder 4. Wenn a gleich 2 ist, wird unsere Gleichung zu $1/2+1/b+1/c+1/d=1$." Er vereinfachte die Gleichung ein bißchen und schrieb auch die anderen beiden Fälle nieder. Für den Fall $a=2$ ergab sich $1/b+1/c+1/d=1/2$ und in den anderen Fällen fast dieselbe Gleichung, nur lautete die rechte Seite $2/3$ für $a=3$ und $3/4$ für $a=4$.

Mustafa blickte verwirrt drein. „Was soll das? Jetzt hast du drei Gleichungen statt einer."

„Ja, Mustafa, aber jede hat jetzt nur noch drei Unbekannte statt vier wie die vorige. Außerdem kann ich diesen Trick jetzt für jede der drei Gleichungen wiederholen. Nimm zum Beispiel die erste unter ihnen: $1/b+1/c+1/d=1/2$. Offenbar darf die zweitkleinste Zahl b nicht größer als 6 sein; sonst wäre die Summe kleiner oder gleich $1/7+1/7+1/7=3/7$, und das ist kleiner als $1/2$. Entsprechend ergibt sich im zweiten Fall, wo sich drei Stammbrüche zu $2/3$ addieren sollen, daß b höchstens gleich 4 sein kann. Ein gleiches gilt für die Summe $3/4$. Also gibt es für jeden der drei möglichen Werte von a nur endlich viele Unterfälle für die Wahl von b."

Mustafa hatte ein Aha-Erlebnis. „Und dann wendest du den gleichen Trick noch einmal an!"

„Das habe ich vor. Wie ich schon sagte, wenn $1/b+1/c+1/d=1/2$ ist, kann b höchstens gleich 6 sein. Und da a in diesem Fall gleich 2 ist, muß b mindestens gleich 3 sein. Angenommen, b sei genau gleich 3. Daraus ergibt sich $1/2+1/3+1/c+1/d=1$ und daraus wiederum $1/c+1/d=1/6\ldots$"

„Und daraus", fuhr Mustafa fort, „schließen wir, daß c höchstens gleich 12 sein kann, weil $1/13+1/13$ gleich $2/13$ ist, und das ist kleiner als $1/6$."

„Genau. Es gibt also nur endlich viele Unter-Unterfälle für c, und in jedem von ihnen hat d dann einen eindeutig bestimmten Wert. Nehmen wir den Fall $a=2$, $b=3$ und $c=11$. Dann muß d die Gleichung $1/2+1/3+1/11+1/d=1$ erfüllen, und daraus folgt $d=66/55$. Aber das ist keine natürliche Zahl, also gibt es keine Lösung mit $a=2$, $b=3$ und $c=11$. Wenn andererseits $a=2$, $b=3$ und $c=10$ ist, dann erhalten wir durch Anwendung desselben Verfahrens die Gleichung $1/2+1/3+1/10+1/d=1$, und daraus ergibt sich $d=15$. Diesmal haben wir eine Lösung. Allgemein haben wir eine Lösung dann – und nur dann – gefunden, wenn sich für d eine natürliche Zahl ergibt.

Genau dieselbe Argumentation läßt sich übrigens auf jede Gleichung der Form $1/a+1/b+\ldots+1/z=p/q$ anwenden, in der die Unbekannten sämtlich

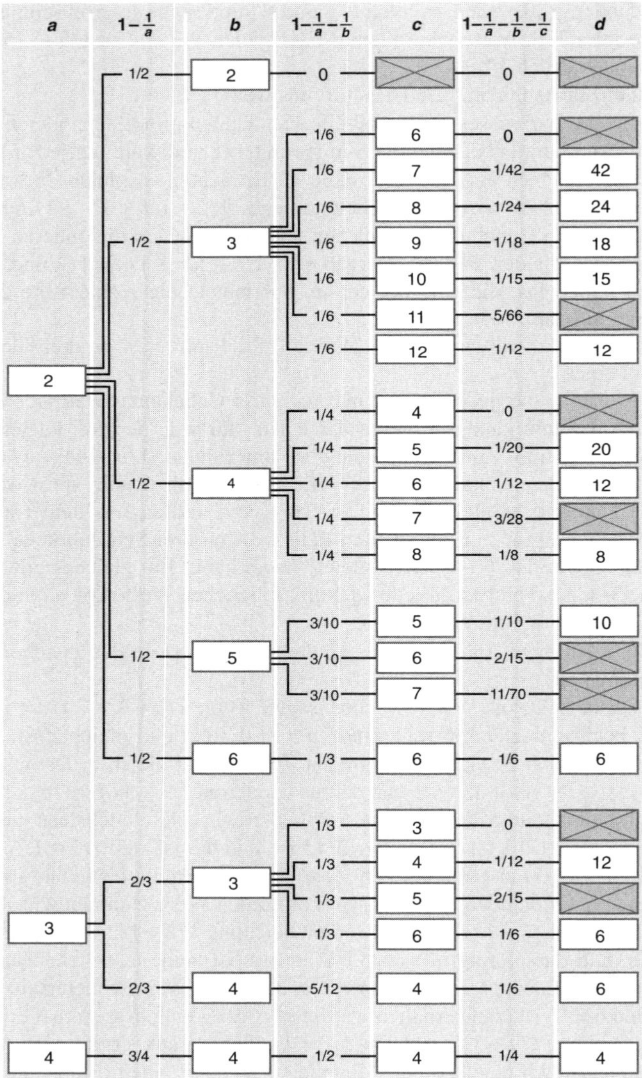

Bild 2: Die diophantische Gleichung $1/a + 1/b + 1/c + 1/d = 1$ hat für natürliche Zahlen $a \leq b \leq c \leq d$ genau 14 Lösungen. Die durchgestrichenen Kästchen bezeichnen Fälle, in denen sich für die entsprechende Zahl ein Bruch oder null ergibt.

positive ganze Zahlen sein sollen. Stets gibt es nur endlich viele Möglichkeiten, einen gegebenen Bruch als ägyptischen Bruch mit einer festen Anzahl von Summanden zu schreiben. Alle Lösungen kann man durch eine Folge einfacher Schlüsse finden."

Mustafa hustete und spuckte Blut. „Du scheinst einen sehr allgemeinen Satz bewiesen zu haben, Ali."

„So ist es. Und jetzt gib mir ein paar Minuten Zeit, damit ich alle Lösungen deiner Gleichung berechnen kann." Ali kritzelte in fieberhafter Eile.

„Ich habe genau 14 verschiedene Lösungen gefunden", erklärte er wenig später (Bild 2). „Und nun sehen wir, wie dein Wunsch erfüllt werden kann. Die erste Lösung in meiner Tabelle lautet $1/2 + 1/3 + 1/7 + 1/42 = 1$. Wenn du 41 Kamele hättest, verehrter Freund, dann könntest du verfügen, daß dein ältester Sohn die Hälfte der Herde erben soll, dein zweiter Sohn ein Drittel und dein dritter ein Siebentel. Wenn du dann stirbst – was Allah verhüten möge –, müssen sie ein zweiundvierzigstes Kamel finden, damit die Teilung aufgeht. Der älteste Sohn wird dann 21, der zweite 14 und der dritte 6 Kamele erhalten."

Der sterbene Mann drückte dem Barbier die Hand. „Allah hat meine Gebete erhört. Ich muß nur noch zwei weitere Kamele beschaffen. Laß sofort das Testament aufsetzen . . ."

Draußen vor dem Zelt war ein Tumult entstanden, und plötzlich stürmte ein kleiner Junge herein. Der Fürst blickte ihn mit festem, aber freundlichem Blick an. „Hamid, mein Sohn? Näherst du dich dem Oberhaupt deiner Familie immer so respektlos?"

„Ich bitte um Vergebung, großer Mustafa Ibn Muchta. Aber es gibt eine freudige Nachricht zu vermelden. Deine dritte Frau Fatima hat dir soeben einen Sohn geboren! Deinen vierten Sohn!"

Literaturhinweise

Ali Baba und die 39 Kamele. Ergötzliche Geschichten von Zahlen und Menschen. Von Karl Menninger. 13. Auflage, Aulis-Deubner, Köln 1992.

Riddles in Mathematics. A Book of Paradoxes. Von Eugene P. Northrop. Krieger, 1975.

Unsolved Problems in Number Theory. Von H. Croft und R. K. Guy. Springer, Heidelberg 1981.

Zahlreichen Lesern ist aufgefallen, daß der sterbende Beduinenfürst Mustafa Ibn Muchta mit manchen der Vorschläge seines Barbiers Ali nicht zufrieden gewesen wäre. Mindestens 39 Kamele sollten so auf Mustafas drei Söhne aufgeteilt werden, daß die Teilung erst durch Hinzufügen eines weiteren Kamels, das hinterher wieder übrigbleibt, glatt aufgeht. Die vierzehn angegebenen Lösungen erfüllen zwar die daraus hergeleitete diophantische Gleichung $1/a + 1/b + 1/c + 1/n = 1$, zwei unter ihnen, nämlich (3, 4, 4, 6) und (2, 3, 10, 15), jedoch nicht die ursprüngliche Forderung, daß kein Kamel zerteilt werden soll. Im ersten Fall bekämen der zweite und dritte Sohn je 1,5 Tiere, im zweiten Fall der erste 7,5 und der dritte 1,5 Tiere.

Durch die Geburt seines vierten Sohnes verwandelt sich Mustafas Problem in die fünfgliedrige Gleichung $1/a + 1/b + 1/c + 1/d + 1/n = 1$. Der Bedingung, daß kein Kamel zerteilt werden darf, entspricht die Forderung, daß a, b, c und d Teiler von n (der Anzahl der Kamele) sein müssen. Horst Walter aus Darmstadt berechnete 77 Lösungen der Gleichung, welche die Zusatzforderung erfüllen (Bild 3), darunter zwei, die mit den 39 schon vorhandenen Kamelen auskommen.

a	*b*	*c*	*d*	*n*	*a*	*b*	*c*	*d*	*n*	*a*	*b*	*c*	*d*	*n*
2	3	7	43	1806	2	3	12	13	156	2	4	9	9	36
2	3	7	44	924	2	3	12	14	84	2	4	10	10	20
2	3	7	45	630	2	3	12	15	60	2	4	12	12	12
2	3	7	48	336	2	3	12	16	48	2	5	7	7	70
2	3	7	49	294	2	3	12	18	36	2	5	10	10	10
2	3	7	56	168	2	3	12	24	24	2	6	6	7	42
2	3	7	63	126	2	3	13	13	78	2	6	6	8	24
2	3	7	84	84	2	3	14	14	42	2	6	6	9	18
2	3	8	25	600	2	3	15	15	30	2	6	6	12	12
2	3	8	26	312	2	3	18	18	18	2	7	7	7	14
2	3	8	27	216	2	4	5	21	420	2	8	8	8	8
2	3	8	28	168	2	4	5	22	220	3	3	6	7	42
2	3	8	30	120	2	4	5	24	120	3	3	6	8	24
2	3	8	32	96	2	4	5	25	100	3	3	6	9	18
2	3	8	36	72	2	4	5	30	60	3	3	6	12	12
2	3	8	48	48	2	4	5	40	40	3	3	7	7	21
2	3	9	19	342	2	4	6	13	156	3	3	9	9	9
2	3	9	20	180	2	4	6	14	84	3	4	5	5	60
2	3	9	21	126	2	4	6	15	60	3	4	6	6	12
2	3	9	24	72	2	4	6	16	48	3	5	5	5	15
2	3	9	27	54	2	4	6	18	36	3	6	6	6	6
2	3	9	36	36	2	4	6	24	24	4	4	4	5	20
2	3	10	16	240	2	4	8	9	72	4	4	4	6	12
2	3	10	18	90	2	4	8	10	40	4	4	4	8	8
2	3	10	20	60	2	4	8	12	24	5	5	5	5	5
2	3	10	30	30	2	4	8	16	16					

Bild 3: Horst Walter aus Darmstadt berechnete 77 Lösungen des Kamel-Aufteilungsproblems mit vier Söhnen, entsprechend der diophantischen Gleichung $1/a + 1/b + 1/c + 1/d + 1/n = 1$ mit der Zusatzbedingung, daß die natürlichen Zahlen a, b, c und d Teiler von n sind. Die grau unterlegten Lösungen passen auf eine Herde von 39 Kamelen.

13
Mord auf Schloß Ghastleigh

Es hätte ein perfekter Mord werden können. Nur hatte der heimtückische Mörder übersehen, daß man sein Alibi mit Mitteln der Topologie widerlegen konnte.

In seinem Gewächshaus im Garten
steht in grüner Schürze ein Mann,
der Gärtner rührt mehrere Arten
von Gift gegen Blattläuse an.
Der Gärtner singt, pfeift und lacht verschmitzt,
seine Heckenschere, die funkelt und blitzt,
Sense, Spaten und Jagdgewehr stehn an der Wand,
da würgt ihn von hinten eine meuchelnde Hand.
Der Mörder war nämlich der Butler,
und der schlug erbarmungslos zu.
Der Mörder ist immer der Butler –
man lernt eben täglich dazu.

Reinhard Mey
„Der Mörder ist immer der Gärtner"

Sherlock Holmes spielte in der Baker Street 221 B gerade auf seiner Violine, als ich ihn unterbrechen mußte.

„Wir haben soeben einen Brief erhalten, in dem es um eine äußerst dringende Angelegenheit geht."

„Bitte lesen Sie ihn mir vor, Watson."

„Er kommt aus Schloß Ghastleigh in Finsterville."

> Lieber Mr. Holmes,
> ein grausiges Verbrechen hat sich ereignet. Miss Melpomene Beetroot wurde mit einem Leuchter erschlagen. Die Polizei steht vor einem Rätsel. Bitte helfen Sie uns, diese schreckliche Tat aufzuklären.
>
> Cornelian, Herzog von Ghastleigh

„Wir haben keine Zeit zu verlieren. Packen Sie unsere Sachen und rufen Sie eine Droschke, die uns zum Bahnhof bringt. Dieser Fall wird zweifellos unseren ganzen Scharfsinn erfordern."

Das alte Schloß Ghastleigh oberhalb des Dorfes Finsterville besteht aus 46 Türmen, die in drei konzentrischen Kreisen mit dem Bergfried in der Mitte angeordnet sind. Verbunden sind sie durch schmale Stege, die mehrere Geschosse hoch über dem Erdboden verlaufen. Der einzige Zugang zum Schloß ist eine Zugbrücke vor dem westlichsten Turm (Kasten auf Seite 135).

Der Butler namens Hugh Dunnett empfing uns dort und führte uns über eine Wendeltreppe und einen Steg in einen benachbarten Turm, wo uns der Herzog von Ghastleigh begrüßte.

„Oh, Mr. Holmes! Ich kann Ihnen nicht genug danken."

„Keine Ursache."

„Es geschah in Miss Beetroots Zimmer. Wünschen Sie es zu inspizieren?"

„Ich bitte darum, Eure Lordschaft."

„Bitte folgen Sie mir, Gentlemen", sagte der Herzog. „Jeder Turm von Schloß Ghastleigh besteht aus einem einzigen großen Raum; in jedem wohnt ein Mitglied unserer weitverzweigten Familie."

Erste Untersuchung

Wir betraten Miss Beetroots Turm. „Hier geschah die ruchlose Tat", seufzte der Herzog. „Von der Deckenmitte hing ein großer, schwerer Kronleuchter, aber der Mörder sorgte irgendwie dafür, daß er herabfiel. Und die arme Melpomene schlief unmittelbar darunter."

„Wer fand die Leiche?" fragte ich.

„Ich", sagte der Butler. „Genauer gesagt, was davon noch übrig war, Sir."

„Sie waren der letzte, der Miss Beetroot lebend gesehen hat?"

„Abgesehen vom Mörder, ja."

Holmes, der den Raum mit seinem Vergrößerungsglas abgesucht hatte, unterbrach seine Bemühungen. „Ich fürchte, hier werden wir keine Hinweise finden, Watson", sagte er. „Die Polizei hat den Raum vollständig durcheinandergebracht." Er blickte umher. „Zu wessen Turm führt diese Tür?"

„Zum Bergfried. Dort residiert die Herzogin von Armlighter", antwortete Dunnett.

„Könnte sie die Mörderin sein?"

„Dunnett allein besitzt die Schlüssel", sagte der Herzog. „Sie sind extrem kompliziert und unmöglich nachzumachen, denke ich. Außerdem ist die Herzogin äußerst schwerhörig und verbringt die meiste Zeit schlafend."

Holmes nickte. „Waren alle Bewohner in der Mordnacht in ihren Zimmern?"

„Das ist so gut wie sicher", seufzte der Herzog. „Alle meine Verwandten werden für die Nacht in ihren Zimmern eingeschlossen. Mein Großvater, der erste Herzog von Ghastleigh, hatte panische Angst vor der Einsamkeit. Deshalb bestimmte er in seinem Testament, daß jeder seiner Nachkommen jede Nacht im Schloß verbringen muß, widrigenfalls er enterbt wird."

Die Topologie des Tatorts

Für den kriminalistischen Scharfsinn des Sherlock Holmes reduziert sich die komplizierte Architektur von Schloß Ghastleigh, dem Schauplatz des Verbrechens, auf einen vergleichsweise schlichten Grundriß. Die Kreise bezeichnen die Türme, in denen die Schloßbewohner residieren, die Striche zwischen den Kreisen die Verbindungsstege. Miss Beetroot wurde in ihrem Zimmer ermordet; im zentralen Bergfried ruhte die schwerhörige Herzogin von Armlighter. Für die Analyse betrachtet man zweckmäßig die Teilflächen, in welche die Ebene durch Türme und Stege aufgeteilt wird. Die Zahlen geben an, wie viele Stege jeden der Zwischenräume begrenzen. Das Äußere des Schlosses gilt ebenfalls als Zwischenraum.

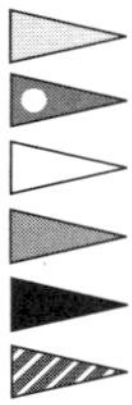

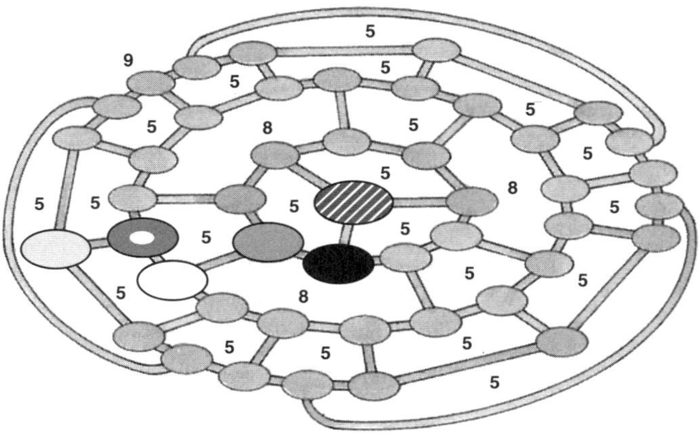

„So ist es, Sir“, versetzte Dunnett. „Ich überprüfe jede Nacht alle Türme der Reihe nach und verschließe die Zwischentüren. Morgens mache ich wieder die Runde und öffne. An jenem schrecklichen Morgen klopfte ich an Miss Beetroots Tür, aber erhielt keine Antwort. Ich machte mir Sorgen und schloß auf. Da sah ich dann . . . nun ja . . .“

„Hat irgend jemand in der Nacht das Schloß betreten oder verlassen?“

„Nein, Sir. Mit Sicherheit nicht. Das kann man nur, indem man über die Stege von Turm zu Turm geht, bis zum Eingangsturm, in dem ich jede Nacht verbringe. Ich kann bestätigen, daß niemand hereinkam oder hinausging.“

„Und alle Bewohner waren wohlauf, als Sie sie einschlossen?“

„Ja, Sir. In jedem Zimmer hängt ein Seil, das mit einer Glocke im Turm des Herzogs verbunden ist. Nach der Schließrunde muß jeder Bewohner durch Läuten seine Anwesenheit bestätigen.“

„Das stimmt“, bestätigte der Herzog. „Ich überprüfe damit, ob die testamentarische Verfügung eingehalten wird. Mein Protokoll weist nach, daß an jenem Abend jede Glocke geläutet wurde.“

„Auch ein Eindringling könnte leicht eine Glocke läuten“, wandte ich ein.

„Nein, Dr. Watson“, entgegnete der Herzog. „Jeder Bewohner hat einen persönlichen Code, der nur ihm und mir bekannt ist.“

Holmes wandte sich an den Butler. „Haben Sie irgendeinen Turm mehr als einmal betreten?“

„Aber nein, Mr. Holmes“, erwiderte dieser entrüstet. „Auf meinen Runden betrete ich jeden Turm nur einmal – das ist eine geheiligte Regel. Ich würde nicht wagen, jemanden nochmals zu stören, nachdem ich ihn eingeschlossen habe.“

Holmes versuchte auf anderem Wege Klarheit zu gewinnen. „Eure Lordschaft, hat die Polizei den ungefähren Todeszeitpunkt feststellen können?“

„Das war wegen des Zustandes der Leiche nicht möglich, Mr. Holmes. Aus der Austrocknung der Blutlache schlossen sie, daß es wahrscheinlich vor Mitternacht geschah.“

Holmes runzelte die Stirn. „Kann man anders von einem Turm zu einem anderen gelangen als über die Stege?“

„Ein geschickter Alpinist könnte vielleicht die Wände von ebener Erde aus erklimmen, Mr. Holmes; aber sicherlich nicht bei Nacht. Unsere Familie ist sehr sicherheitsbewußt. Dunnetts letzte Pflicht nach der abendlichen Runde ist es, ein Rudel Bluthunde auf dem Grundstück des Schlosses loszulassen.“

Holmes wandte sich wieder an Dunnett. „In welcher Reihenfolge suchen Sie die Türme auf?“

„Das ist verschieden, Sir.“

„Können Sie sich erinnern, welchen Weg Sie am Vorabend des Mordes nahmen?“

„Nein, Sir.“

„Sehr schade.“ Holmes schüttelte traurig den Kopf. „Watson, wir werden ein Zimmer für die Nacht mieten müssen. Hier können wir nichts mehr tun.“

„Aber, Mr. Holmes, der Mord . . .“

„Ich habe damit nicht gesagt, Eure Lordschaft, daß ich das Verbrechen nicht aufklären kann. Ich wollte nur ausdrücken, daß unsere Untersuchungen hier abgeschlossen sind. Dr. Watson und ich haben noch etwas zu arbeiten, und ich bin sicher, daß ich Ihnen wenig später den Täter nennen kann. Dunnett, bitte rufen Sie uns eine Kutsche.“

Die Überführung des Mörders

Wir fanden eine gemütliche Gastwirtschaft im Dorf. „Holmes, meinen Sie das wirklich, was Sie dem Herzog angekündigt haben? Daß Sie bald den Mörder nennen können?“

„Watson, wann habe ich je einen Herzog beschwindelt?“

„Aber Holmes, unser Material ist sehr dürftig.“

„Unfug, Watson! Lassen Sie uns die wesentlichen Fakten zusammenfassen. Miss Beetroot wurde vor Mitternacht getötet. Wegen der Hunde kann niemand heraus- oder hineingelangt sein. Der Mörder ist folglich einer der Bewohner von Schloß Ghastleigh.

Dunnett pflegt die Bewohner in ihre jeweiligen Räume einzuschließen; danach meldet jeder seine Anwesenheit dem Herzog. Genauer gesagt, Dunnett geht vom Eingangsturm aus los und kehrt wieder dorthin zurück. Dabei betritt er jeden Raum genau einmal. Die einzigen Bewohner, die nach dem Verschließen der Zimmer Miss Beetroots Raum betreten haben könnten, ohne gesehen zu werden, sind ihre unmittelbaren Nachbarn. Aber dafür hätten sie einen Schlüssel gebraucht; Dunnett verwahrt die Schlüssel, und man kann sie nicht nachmachen. Wer könnte also den Mord begangen haben?“

„Hm – oh, Dunnett natürlich! Er könnte zu Miss Beetroots Raum zurückgekehrt sein, nachdem sie ihre Anwesenheit mit der Glocke gemeldet hatte.“

„Genau. Die Herzogin von Armlighter, die im benachbarten Bergfried wohnt, ist stocktaub und hat einen festen Schlaf. Dort konnte Dunnett warten, bis Miss Beetroot geläutet hatte, und zurückkehren, um sie zu töten.“

„Mit dem Leuchter?“

„Er tötete sie mit einer anderen Waffe – einem Stück Bleirohr vielleicht – und löste dann den Leuchter vom Haken, so daß er herunterfiel und die Spuren verwischte.“

„Eine interessante Theorie.“

Er nickte. „Aber bis jetzt nur eine Theorie, Watson. Wie können wir beweisen, daß Dunnett der Mörder war? Die Herzogin von Armlighter schlief weiter, als er zurückkam, und dann hat er seine Runde wie üblich fortgesetzt, als ob nichts geschehen wäre."

„Der Lärm beim Aufschlag des Leuchters hätte sicherlich jemanden aufgeweckt …"

„Die Türme haben dicke Mauern und stehen weit entfernt voneinander. Nein, man hätte nichts gehört."

„Dunnett hätte sich auf seiner Runde verspätet …"

„Nur ein paar Minuten. Nicht genug, um aufzufallen."

Ich schlug vor Zorn mit der Faust auf den Tisch. „Dann müssen wir uns geschlagen geben, Holmes! Es kann nur Dunnett gewesen sein, aber der Lump kommt ungestraft davon."

Holmes lachte. „Aber nicht doch, Watson. Wenn wir Glück haben, wird ihm seine eigene Aussage zum Verhängnis werden." Er reichte mir ein Blatt Papier, auf das er einen Grundriß von Schloß Ghastleigh gezeichnet hatte. „Ich habe eine einfache Denkaufgabe für Sie. Dunnett behauptet, daß seine abendlichen Runden ihn durch jeden Turm genau einmal führen. Er kann nur über die Stege von einem Turm zum nächsten gelangen. Vielleicht finden Sie für mich eine solche Route."

„Bestimmt, Holmes. Es muß Hunderte geben."

„Um ehrlich zu sein, ich vermute, daß es nicht eine einzige gibt. Was ich Sie zu finden bat, ist ein Hamiltonscher Kreis: ein geschlossener Weg in einem Netzwerk, der jeden Knoten genau einmal aufsucht. Der irische Mathematiker und Astronom Sir William Rowan Hamilton hat – neben vielen anderen Dingen – ein Puzzle ersonnen und auf den Markt gebracht, bei dem genau nach solch einem Weg entlang den Kanten eines Ikosaeders gefragt wird. Außer systematischem Probieren kennt man keine sichere Methode, um festzustellen, ob es in einem gegebenen Netzwerk einen Hamiltonschen Kreis gibt."

„Dann kann Dunnett seinen Kopf aus der Schlinge ziehen, denn dieses Netzwerk ist zu groß, um alle denkbaren Wege durchzuprobieren."

Die Grinbergsche Formel

„Nicht unbedingt, Watson. Vielleicht haben wir Glück. Ich hatte da kürzlich eine Idee, die erst in hundert Jahren ein lettischer Mathematiker namens E. J. Grinberg auf Russisch zu Papier bringen wird. Jedes ebene Netzwerk muß eine gewisse Bedingung erfüllen, wenn es einen Hamiltonschen Kreis haben soll. Wir werden feststellen, ob die Türme des Schlosses diese Bedingung erfüllen. Überprüfen Sie bitte meine Analyse."

„Ich werde mein Bestes tun, Holmes."

„Stellen Sie sich ein Netzwerk vor, das in einer Ebene gezeichnet werden kann. Das ist höchst wichtig. Obwohl die Stege von Schloß Ghastleigh nicht ebenerdig liegen, kreuzen sie einander nicht. Nehmen wir irgendein Netzwerk mit n Knoten und einer Anzahl von Kanten, die diese Knoten miteinander verbinden (siehe Kasten Seite 140). Angenommen, es gebe einen Hamiltonschen Kreis . . .“

„Das heißt“, unterbrach ich ihn, „da es nur auf die gegenseitige Lage der Punkte, aber nicht auf Längen und Winkel ankommt, kümmert es uns nicht, ob dieser Rundweg durch das Netzwerk einem gewöhnlichen Kreis ähnelt.“

„Richtig. Aus dieser Annahme können wir gewisse Eigenschaften des Netzwerks ableiten. Erstens hat der Hamiltonsche Kreis genau n Kanten, denn er durchläuft jede Ecke genau einmal. Zweitens ist er ein Polygon, das sich nicht selbst überschneidet und daher die ganze Ebene in ein Inneres und ein Äußeres zerlegt. Die Kanten, die nicht zu dem Kreis gehören, sind Diagonalen des Polygons; sie liegen entweder ganz im Inneren oder ganz im Äußeren des Kreises. Das Innengebiet wird durch diese Diagonalen in Teilgebiete zerlegt. Wenn es d Diagonalen gibt, dann muß die Anzahl dieser Gebiete gleich $d + 1$ sein.“

„Warum das, Holmes?“

„Stellen Sie sich vor, Sie fügen die Diagonalen eine nach der anderen in das Innengebiet ein. Der Hamiltonsche Kreis selbst begrenzt ein Gebiet, und jede Diagonale erhöht die Anzahl der Gebiete genau um 1.

Nun gibt es aber noch eine andere Möglichkeit, die Anzahl der Gebiete zu bestimmen. Jedes Gebiet hat eine gewisse Anzahl Seiten – die Kanten des Netzwerkes, die das Gebiet begrenzen. Es sei f_j die Anzahl der Gebiete mit genau j Seiten. Dann ist die Gesamtzahl der inneren Gebiete auch gegeben durch $f_2 + f_3 + \ldots + f_n$. Daher gilt $f_2 + f_3 + \ldots + f_n = d + 1$.“

„Viele dieser f_j sind gleich null, oder?“

„Ja. Als nächstes finde ich zwei verschiedene Ausdrücke für die Anzahl der Kanten, die diese Gebiete begrenzen. Jedes Gebiet mit j Seiten wird von j Kanten begrenzt. Alle Gebiete mit j Seiten tragen also jf_j zur Gesamtzahl der Kanten bei.“

„Somit wäre diese Anzahl gleich $2f_2 + 3f_3 + \ldots + nf_n$?“

„Nun, nicht ganz. Ich habe jede der d Diagonalen doppelt gezählt, weil sie von zwei Gebieten begrenzt wird, die n Kanten des Kreises dagegen nur einmal. Daher gilt $2f_2+3f_3+\ldots+nf_n=2d+n$. Ich multipliziere nun die erste Gleichung mit 2 und ziehe sie von der zweiten ab:

$$f_3 + 2f_4 + 3f_5 + \ldots + (n-2)f_n = n - 2.$$

Eine entsprechende Gleichung ergibt sich für das Äußere des Kreises:

Die Grinbergsche Formel und ihre Anwendung auf Schloß Ghastleigh

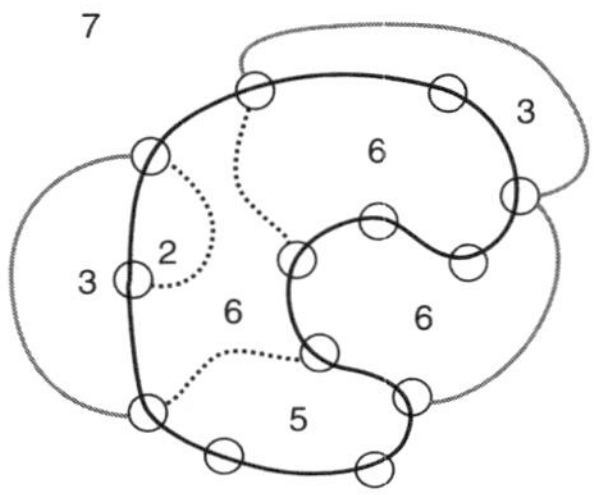

Das nebenstehend dargestellte Netzwerk hat 13 Knoten, die durch 19 Kanten miteinander verbunden sind. Der schwarz eingezeichnete geschlossene Weg verläuft genau einmal durch jeden Knoten. Ein solcher Weg heißt ein Hamiltonscher Kreis. Die Kanten, die nicht zum Kreis gehören, heißen innere (gestrichelt) beziehungsweise äußere (grau) Diagonalen. Der Kreis und die Diagonalen zerlegen die Ebene in mehrere Gebiete, deren jedes durch eine gewisse Anzahl Kanten begrenzt wird.

Es sei f_j die Anzahl der Gebiete innerhalb des Kreises, die von j Kanten begrenzt werden. Dann ist $f_2 = 1$, $f_5 = 1$ und $f_6 = 2$. Entsprechend sei g_j die Anzahl der Gebiete außerhalb des Kreises, die von j Kanten begrenzt werden. Es gilt $g_3 = 2$, $g_6 = 1$ und $g_7 = 1$. Da das Netzwerk einen Hamiltonschen Kreis enthält, muß die Grinbergsche Formel gelten, die in diesem Falle besagt:

$$(f_3 - g_3) + 2(f_4 - g_4) + 4(f_6 - g_6) + 5(f_7 - g_7) = 0.$$

Wenn man die Werte für f_j und g_j einsetzt, erhält man

$$(0-2) + 2(0-0) + 3(1-0) + 4(2-1) + 5(0-1),$$

und das ist tatsächlich gleich 0.

Wenn es, wie der Butler Hugh Dunnett behauptet, möglich wäre, auf einem geschlossenen Rundweg jeden Turm von Schloß Ghastleigh genau einmal aufzusuchen, müßte auch für dieses Netzwerk die Grinbergsche Formel gelten. Das ist aber unmöglich, einerlei, welche Gebiete man dem Inneren beziehungsweise dem Äußeren zuschreibt. Der Butler mußte mindestens einen Turm zweimal betreten – zum Beispiel den von Miss Beetroot (unten).

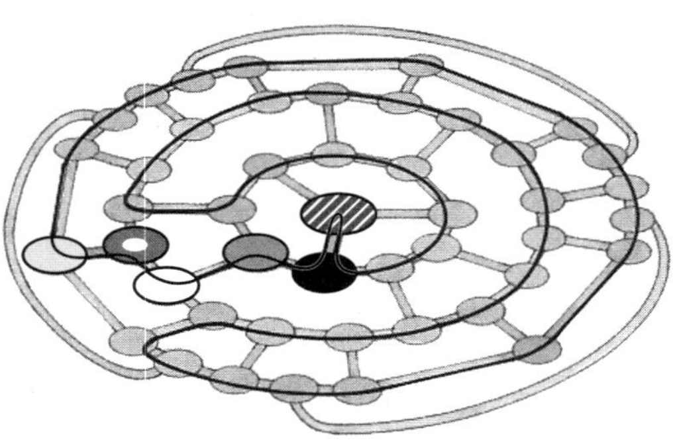

$$g_3 + 2g_4 + 3g_5 + \ldots + (n-2)g_n = n-2,$$

wobei g_j die Anzahl der Gebiete ist, die außerhalb des Kreises liegen und von j Seiten begrenzt werden. Zieht man schließlich die eine Gleichung von der anderen ab, so ergibt sich die Grinbergsche Formel:

$$(f_3 - g_3) + 2(f_4 - g_4) + 3(f_5 - g_5) + \ldots + (n-2)(f_n - g_n) = 0.$$

„Elegant, Holmes. Aber ich sehe den Zusammenhang mit Dunnetts Schuld nicht. Wir haben keine Ahnung, welche Werte f_j und g_j annehmen könnten. Und falls es gar keinen Hamiltonschen Kreis gibt, dann gibt es solche Werte überhaupt nicht."

„Das ist es ja gerade. Wenn wir beweisen können, daß es diese Werte nicht geben kann, haben wir zugleich die Existenz eines Hamiltonschen Kreises widerlegt. Nun, Watson, wenn Sie das Netzwerk für Schloß Ghastleigh untersuchen, dann finden Sie, daß alle seine Gebiete fünf, acht oder neun Seiten haben. Wenn es also einen Hamiltonschen Kreis gibt, dann muß nach der Grinbergschen Formel gelten:

$$3(f_5 - g_5) + 6(f_8 - g_8) + 7(f_9 - g_9) = 0.$$

Es gibt aber nur ein neunseitiges Gebiet, nämlich das gesamte Außengebiet; daraus folgt $f_9 = 0$ und $g_9 = 1$ ... Ha! Jetzt haben wir ihn. Denn jetzt wissen wir, daß $3(f_5 - g_5) + 6(f_8 - g_8) = 7$ sein müßte. Diese Gleichung ist aber unlösbar, denn f_5, g_5, f_8 und g_8 müssen ganze Zahlen sein; deshalb liefert die linke Seite der Gleichung nur Vielfache von 3, während die rechte gleich 7 sein muß."

„Also kann es keinen Hamiltonschen Kreis geben! Dunnett lügt. Holmes, ich bin sprachlos vor Bewunderung."

Er lächelte. „Danke, Watson. Dunnett muß wenigstens einen Turm zweimal betreten haben. Und das muß Miss Beetroots Turm gewesen sein – welchen anderen Grund hätte er, uns anzulügen? In der Tat, es gibt eine Route, die alle Türme genau einmal besucht – außer dem von Miss Beetroot (Kasten auf Seite 140). Morgen werden wir Dunnett mit den Beweisen konfrontieren."

„Wer hätte gedacht, daß die rein theoretische Topologie dem Mörder zum Verhängnis wird!"

„Und die angewandte erst ..."

„Wer ist der Anwender?"

„Der Henker. Knotentheorie ist ein Teil der Topologie."

Literaturhinweis

Graphentheorie. Von Rudolf Halin. 2., überarbeitete und erweiterte Auflage. Wissenschaftliche Buchgesellschaft, Darmstadt 1989.

14
Die surreale Kunst des Anatolii Fomenko

Der in Moskau lebende Mathematiker Anatolii Fomenko hat abstrakte Vorstellungen aus zahlreichen Gebieten der Mathematik in Bilder umgesetzt.

Oliver hatte Deirdre und mich in eine kleine Galerie in der Nähe des Sloane Square geschleppt. Deirdre las den Namen des Künstlers und fragte : „Wer ist Anatolii Fomenko?“

„Ein Mathematiker. Er arbeitet in Moskau, hauptsächlich in den Gebieten Topologie und Geometrie“, antwortete ich, und Oliver fügte hinzu: „Er wurde 1945 in Donezk in der Ukraine geboren. Mit 13 Jahren begann er zu malen und Skulpturen zu machen. Seit Mitte der siebziger Jahre hat er nahezu 300 Gemälde und Zeichnungen zu mathematischen Themen angefertigt. Schau dir dieses an. Was ist das wohl?“ (Bild 1)

„Eine Art Wolkenkratzer mit Punktmustern darauf“, wagte ich zu raten.

„Die kleine Frau oben auf dem Dach ist niedlich“, sagte Deirdre. „Aber was ist das merkwürdige Ding neben ihr, das wie eine Skulptur von Henry Moore aussieht?“

„Keine Ahnung“, erwiderte Oliver. „Ian, zähl doch die Kreise auf den Platten, aus denen die Wand des Hochhauses besteht. Von links oben angefangen.“

„Hm... drei, eins, vier, eins, fünf, neun, zwei, sechs...“

„Klingt zufällig“, sagte Deirdre.

„Ja. Nein... Ach so! 3,141 592 6! Das ist π!“

„Du hast es erfaßt, Ian. Wie steht es mit der rechten Wand?“

„Zwei sieben, eins, acht, zwei, acht... 2,71828, die Zahl e!“

„π kenne ich, aber was ist e?“

„Die Basis des natürlichen Logarithmus“, erklärte Oliver.

„Stell dir vor, du würdest dein Geld mit 100 Prozent Zinsen anlegen“, versuchte ich zu erläutern.

„Schön wär's.“

„Und es würde nicht jedes Jahr abgerechnet, sondern jeden Monat. Dann wäre das günstiger für dich, weil der Zinseszinseffekt sich bemerkbar macht.“

„Dann will ich täglich abrechnen.“

Bild 1: „Die bemerkenswerten Zahlen Pi und e, I" (1986).

„Noch besser. Oder jede Stunde, Minute, Sekunde... Wenn du unendlich kurze Zeiten nimmst, hast du nach einem Jahr das *e*-fache deines Kapitals..."

Deirdre interessierte sich plötzlich lebhaft für die schaumartig angeordneten Kreise auf den anderen Wänden. „Ich weiß nicht, wie man die zählen soll. Sie sind nicht irgendwie geordnet."

„Stimmt. Sie bilden ein Fraktal. Fomenko will darauf hindeuten, daß die zufällig wirkenden Ziffernfolgen von π und e so scheinbar regellos und doch strukturiert sind wie Fraktale."

„Und die Frau auf dem Dach?"

„Was sie betrachtet, ist ein stark verzerrter Krapfen, das, was die Topologen einen Torus nennen."

„Warum?"

„Wahrscheinlich mag sie Krapfen."

Exotische topologische Gebilde

„Oh. Schau, hier ist noch ein deformierter Krapfen. Was ist das?"

„Topologie. Eigenschaften von Formen, die unter beliebigen Deformationen erhalten bleiben. Die Welt ist stetig, die Natur macht keine Sprünge. Das ist die mathematische Theorie dazu" (Bild 2).

„Was du nicht sagst. Was sind diese drei Dinger im Vordergrund?"

„Das sind intelligente Kreaturen aus einer fernen Welt. Sie schauen in die große Halle eines Schlosses hinunter, wo eine Prozession topologischer Formen vorbeizieht. Der vorderste Torus in der mittleren Reihe ist gerade damit beschäftigt, sich umzustülpen. Du kannst das selbst mit einem Autoschlauch versuchen. Schneide ein Loch hinein und zieh den Schlauch hindurch. Was glaubst du, was dabei herauskommt?"

„Gummisalat", vermutete Oliver.

„Nein. Du erhältst wieder einen Torus. Aber statt eines dünnen Schlauchs mit einem großen Loch in der Mitte bekommst du einen dicken Schlauch mit einem kleinen Loch."

„Was ist das für eine Halskette unten links, im Schatten des Pfeilers?"

„Das ist die Antoinesche Menge der Topologie. Louis-Auguste Antoine (1888 bis 1971), der an der Universität Rennes wirkte, hat sie 1921 vorgestellt. Nimm einen Torus und ersetze ihn durch eine Kette aus ineinanderhängenden Tori in seinem Inneren. Jedes Kettenglied ersetze wieder durch eine kleinere Kette, und so weiter, unendlich oft. Das Gebilde, das sich im Grenzwert ergibt, ist ein Beispiel für eine total unzusammenhängende Menge : eine, die keine zusammenhängenden Teilmengen enthält, außer einzelnen Punkten. Aber ihr Komplement ist gleichwohl nicht einfach zusammenhängend: Es ist unmöglich, etwa ein Glied aus irgendeiner der Ketten herauszunehmen. So dünn die Punktmenge ist, sie würde dich daran hindern.

Antoine gilt als der Gründer der französischen Topologenschule. Er war übrigens blind und meinte, das habe für einen Geometer gewisse Vorzüge. Man werde in seinem Denken über n-dimensionale Strukturen nicht dauernd von zweidimensionalen Bildern der Realität abgelenkt."

Bild 2: „Topologischer Zoo“ (1967).

„Unvorstellbar. Und was ist das Ding daneben?“

„Eine Drahtschleife mit einer eingespannten Seifenhaut. Um 1850 fand der belgische Physiker Joseph Plateau heraus, daß sich elegant geformte Flächen aus Seifenhaut bilden, wenn man eine Drahtschleife in Seifenwasser taucht und wieder herauszieht. Er suchte nach einer mathematischen Theorie für die Form einer Seifenhaut. Die Grundidee ist, daß ihre Oberfläche minimal sein soll unter der Bedingung, daß sie den Draht zum Rand hat“ (siehe „Die Geometrie von Minimalflächen“ von Hermann Karcher und Konrad Polthier, Spektrum der Wissenschaft, Oktober 1990, Seite 96).

„Warum?“ fragte Oliver.

„Weil die Energie der Haut der Oberflächenspannung und diese der Oberfläche selbst proportional ist. Das Problem ist intensiv untersucht worden und nicht einfach. Wenn man beispielsweise ein reguläres Tetraeder eintaucht, bildet der Seifenfilm sechs ebene Dreiecke aus, die sich im Mittelpunkt des Tetraeders treffen. Plateau hat das experimentell gefunden. Aber erst 1976 konnten Frederick Almgren und Jean Taylor zeigen, daß diese Anordnung minimal ist.“

„Plateau muß eine bemerkenswerte geometrische Intuition gehabt haben.“

„Ja. Besonders wenn man bedenkt, daß Plateau zu dieser Zeit bereits blind war. Er hatte vorher optische Experimente angestellt und sein Augenlicht beim Beobachten der Sonne verloren.“

„Oh. Was sind diese Muscheldinger mit Beinen, rechts oben?“

„Das sind die Teile eines Raumes, der Löcher bekommt, wenn man ihn entzweischneidet. Nur die Beine hat Fomenko dazuerfunden. Es handelt sich um ein Gegenbeispiel in der Theorie homologisch zusammenhängender Räume.“

„Darüber will ich lieber nichts hören“, murmelte Oliver.

„Ist wahrscheinlich besser so. Der Raum wird langsam in skorpionartige Gebilde zersägt. Der gelangweilt dreinblickende Mann an dem Tisch ist wahrscheinlich ein Buchhalter, der die Teile zählt. Seine Aufgabe nimmt kein Ende, denn es gibt unendlich viele von diesen Muscheln.“

„Ein echter Buchhalter würde sich nicht langweilen. Er hätte seine Lebensaufgabe gefunden“, wagte Oliver zu bemerken.

„Das Ganze hat etwas Surreales an sich“, fand Deirdre.

„Es ist halt Mathematik. Fomenkos Kunst schöpft tief aus der mathematischen Psyche. Wenn du in einen Mathematikerkopf hineinschauen könntest, würdest du solche Dinge finden.“

„Nun, das erklärt einiges. Sehen wir hier die Windungen eines Mathematikergehirns?“ (Bild 3)

Umstülpung einer Sphäre

Ich lächelte leicht gequält. „Es ist eine ziemlich direkte Darstellung einer recht überraschenden Transformation. In seiner Doktorarbeit hat Stephen Smale 1959 gezeigt, daß man bei einer Kugeloberfläche die Innenseite nach außen

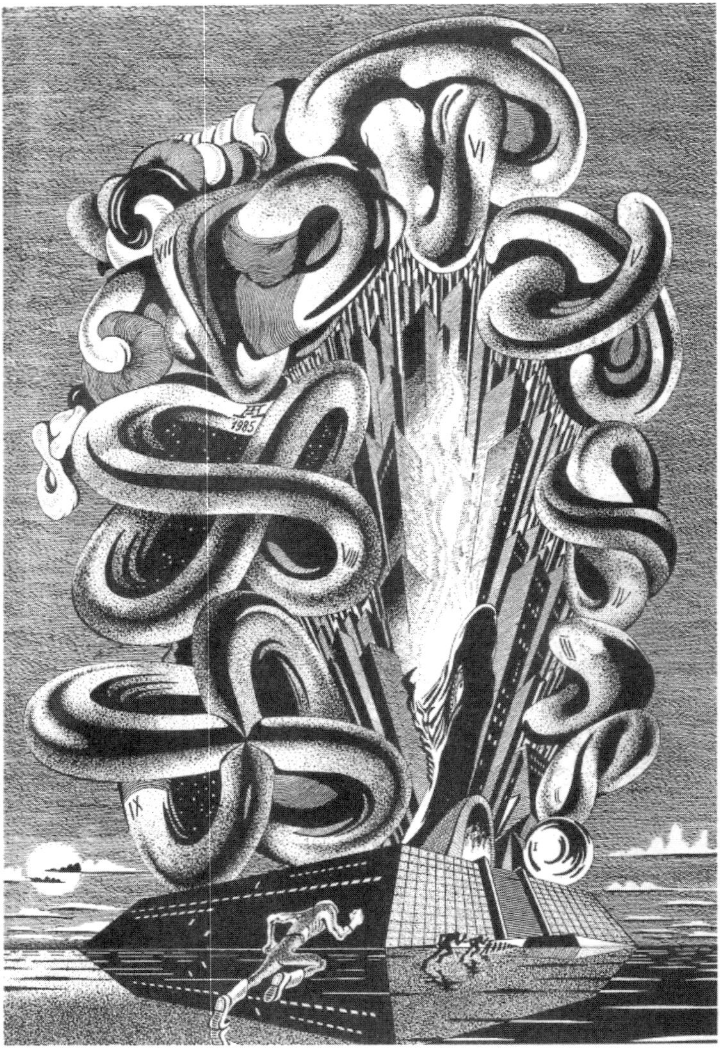

Bild 3 : „Eine 2-dimensionale Sphäre ist im 3-dimensionalen Raum umstülpbar" (1985).

stülpen kann. Sein Doktorvater wollte es zuerst gar nicht glauben."

„Das überrascht mich nicht !"

„Die Kugel darf sich durchdringen."

„Ach so. Dann ist es einfach."

„Nicht so einfach, wie du denkst. Du mußt die Fläche immer noch knickfrei halten. Genaugenommen fand Smale keinen konstruktiven Weg. Das gelang erst später Nicolaas Kuiper und Arnold Shapiro unabhängig voneinander. Bernard Morin, ein – ebenfalls blinder – Schüler von Antoine, hat Shapiros Methode dann in die elegante verwandelt, die hier dargestellt ist.

Das Bild zeigt rechts unten eine Sphäre. Wenn du entgegen dem Uhrzeigersinn weitergehst – Mathematiker machen das immer so, ich weiß auch nicht warum –, siehst du aufeinanderfolgende Stadien der Deformation bis zu der kreuzförmig verschlungenen Fläche links unten. Damit ist die Umstülpung zur Hälfte vollendet. An die Innenseite dieser Fläche schmiegt sich – unsichtbar – eine gleichartige Fläche. Deren Außenseite ist durch die komplizierte Folge der Verbiegungen aus der Innenseite der ursprünglichen Sphäre entstanden. Die sichtbare kreuzförmige Fläche ist also sozusagen doppelt vorhanden ; man nennt sie die zweifache Überlagerung einer eingebetteten projektiven Ebene. Eine projektive Ebene hat eigentlich nur eine Seite, wie eine Kleinsche Flasche."

„Was ist eine Kleinsche Flasche?"

„So etwas wie eine eingebettete projektive Ebene", erklärte Oliver.

„Du bist eine große Flasche, Oliver. Die Kleinsche Flasche ist nach dem Mathematiker Felix Klein (1849 bis 1925) benannt ; sie ist eine Fläche, die ebenso wie das Möbius-Band nur eine Seite hat. Wenn man glaubt, auf der Innenseite zu sein, läuft man ein Stück auf der Fläche entlang und findet sich auf der vermeintlichen Außenseite wieder, ohne einen Rand überquert zu haben.

Wenn nun die beiden Kreuzflächen einander durchdringen, so daß sie ihre Plätze vertauschen, dann werden Innen- und Außenseite auch vertauscht. Sodann läßt sich die ganze Folge von Deformationen rückwärts durchführen, und am Ende erhält man wieder die Kugelfläche – aber umgestülpt."

„Genial", kommentierte Oliver. „Das mittlere Stadium der eingebetteten projektiven Ebene ist sich so unsicher darüber, wo seine Innen- und wo seine Außenseite ist, daß man beide einfach vertauschen kann."

„Es gibt sie gar nicht", sagte ich, „aber wenn, dann hättest du völlig recht."

Wolken des Unendlichen

„In diesem Bild kann ich nichts Mathematisches finden. Es sieht mehr nach spanischer Inquisition aus" (Bild 4).

Bild 4 : „Geometrische Phantasie“ (1968).

„Das ist eine Anspielung auf verschiedene Größen des Unendlichen."

„Wie bitte?"

„Transfinite Zahlen, entwickelt von dem deutschen Mathematiker Georg Cantor ab 1874. Unendlich, mehr als unendlich, noch unendlicher…"

„Ich dachte, Unendlich sei das Größte, was man denken kann."

„Nicht in Cantors Denkweise. Er versuchte, die Grundlagen des Zahlbegriffs zu verstehen. Angenommen, du hast einen Tisch, gedeckt mit gleich vielen Messern wie Gabeln. Wie kannst du überprüfen, daß es wirklich gleich viele sind, ohne sie zu zählen?"

„Ich lege je ein Messer und eine Gabel an einem Platz zusammen. Wenn zu jedem Messer eine Gabel da ist und nichts übrigbleibt, dann sind von beiden gleich viele da."

„Genau. Zwei endliche Mengen haben gleich viele Elemente, wenn man die Elemente der beiden Mengen einander eindeutig zuordnen kann. Cantor erkannte, daß man die gleiche Definition für unendliche Mengen verwenden kann, bei denen Zählen nicht hilft. Du kannst sagen, daß zwei unendliche Mengen ‚gleich viele Elemente' haben – man sagt, sie seien gleichmächtig –, wenn du ihre Elemente restlos zu Paaren anordnen kannst. Dann kannst du neue Zahlen erfinden – die transfiniten Zahlen –, die solchen Anzahlen entsprechen. Damals fanden das viele Mathematiker völlig unverständlich, aber heute wird es allgemein akzeptiert" (siehe „Georg Cantor und die Mächtigkeit der Mengen" von Joseph W. Dauben, Spektrum der Wissenschaft, August 1983, Seite 112).

„Ach so. Und zweimal unendlich ist dann noch unendlicher?"

„Nein. Du kannst zwei Exemplare der Menge der natürlichen Zahlen mit einem einzigen paaren, indem du dessen gerade Zahlen dem einen Exemplar und die ungeraden dem anderen zuordnest. Es gibt noch einige solcher Tricks mehr. Aber das hilft nicht gegen die reellen Zahlen. Man kann die natürlichen Zahlen und die unendlichen (nicht-abbrechenden) Dezimalbrüche auf keine Weise paaren. Die reellen Zahlen haben daher eine neue, größere Art von Unendlichkeit."

„Und dazwischen gibt es nichts?"

„Schwierige Frage. Das Problem hat unter dem Namen ‚Kontinuumshypothese' viele Mathematiker beschäftigt. Erst 1963 konnte Paul Cohen beweisen, daß die Antwort davon abhängt, welches logische Axiomensystem man benutzt. Aber schon Cantor konnte zeigen, daß es Mengen gibt, die noch unendlicher sind als die der reellen Zahlen, Mengen, die deren Unendlichkeit noch übertreffen, und so weiter. Man pflegt sie mit dem hebräischen Buchstaben $\aleph$ (aleph) zu numerieren : $\aleph_0$, $\aleph_1$, $\aleph_2$, $\aleph_3$, … Genau das ist auf diesem Bild ausgedrückt. Die Prozession der bemäntelten Figuren geht immer weiter, gegen den Horizont, wie die Zahlen 1, 2, 3,… – und sie kommen tatsächlich dort an, wo am Horizont die Sonne erstrahlt ; der steht für $\aleph_0$. Und dann kommen die Berge hinter dem Horizont, hinter $\aleph_0$, wie die reellen Zahlen. Und dann siehst du Wolken von Unendlichkeiten, die sich noch weiter erstrecken, Schicht über Schicht von dunklen Sturmwolken, die die brennende Scheibe einer rätselhaften Sonne auslöschen…"

„Wie poetisch."

Chaotische Bewegung des starren Körpers

Ein anderes Bild forderte meinen Kommentar heraus (Bild 5). „Topologie ist nicht nur reine, abstrakte Mathematik. Man versteht mit ihrer Hilfe gelegentlich auch die Natur besser. Bei dem Versuch, die Bewegungsgleichungen für einen allgemeinen starren Körper zu lösen, waren Joseph-Louis Lagrange und seine Zeitgenossen Anfang des 19. Jahrhunderts auf enorme Schwierigkeiten gestoßen. Nur in einfachen Spezialfällen fanden sie Lösungen. Heute wissen wir dank einer topologischen Analyse, warum. Die Bewegung eines starren Körpers ist zwar deterministisch ; aber sie kann so verwickelt sein, daß sie rein zufällig, chaotisch aussieht. Der Körper kann so wild herumtorkeln wie der Saturnmond Hyperion. Was die Mathematiker so lieben – handliche Formeln für die Position zu jedem Zeitpunkt –, funktioniert einfach nicht, wenn Chaos im Spiel ist.

Fomenko stellt diese Ideen dar, indem er eine Höhle mit Stalaktiten und so weiter malt – sie stellt den Raum dar –, in der dynamische Formen – Feuerschweife ausstoßend – die Bewegung darstellen. Seht ihr den langen Steifen, auf dem das glühende Objekt herumrast? Seine Glattheit und Regularität steht für die einfachen, klassischen Bewegungen eines starren Körpers. Aber die Kanten des Streifens zerfließen ins Chaos. Das betrifft nicht den hier gemalten Körper, denn der ist symmetrisch, wie durch die feinen Details, die winzigen Kreuze etwa, dargestellt wird. Das wird durch Fomenkos Kommentar bestätigt."

Turbulenzen

Deirdre war schon beim nächsten Bild. „Was für ein erregender Titel !" rief sie uns zu (Bild 6).

„Na ja… Trotzdem treffend. Wenn eine Flüssigkeit auf eine rauhe Oberfläche trifft, neigt die Strömung dazu, sich in komplizierten Mustern abzulösen. Die interessanten Vorgänge finden dort statt, wo die Flüssigkeit erstmals auf das Objekt trifft. Winzige Störungen in dieser Grenzschicht können riesige Wirbel in der umgebenden Strömung auslösen. So entsteht Turbulenz. Die Mathematiker beschreiben die Bewegung der Flüssigkeit durch ein Vektor-

Bild 5 : „Bewegung eines schweren, starren Körpers im Raum" (1972).

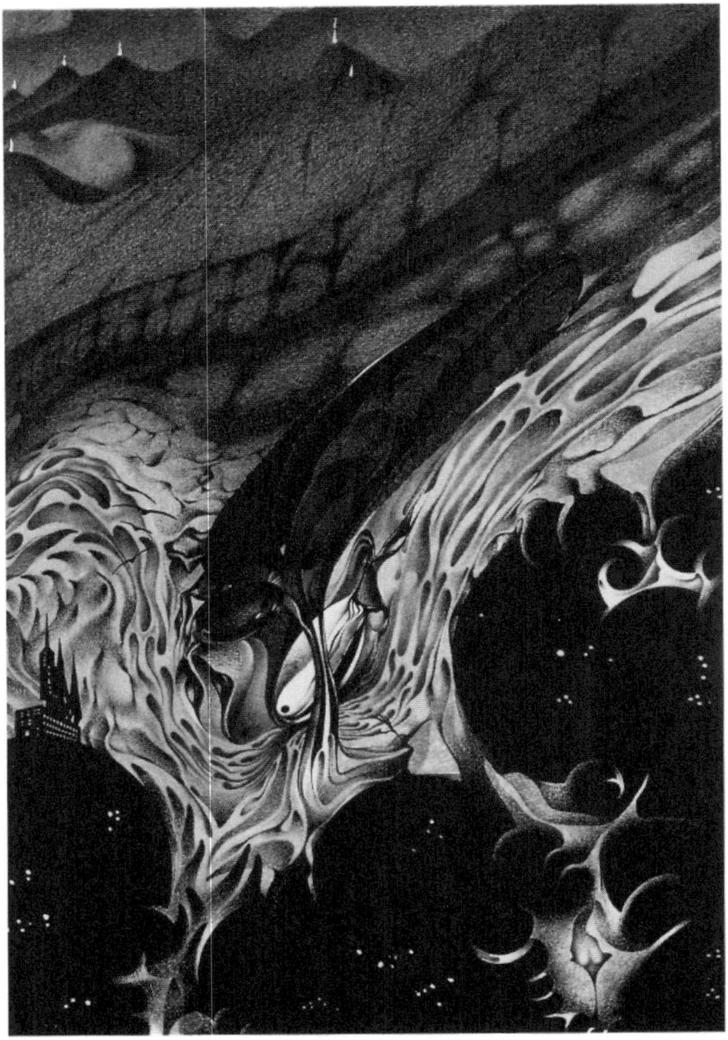

Bild 6 : „Singuläre Punkte von Vektorfeldern und die Grenzschicht bei der Strömung einer Flüssigkeit um einen starren Körper" (1980).

feld ; das gibt in jedem Punkt des Raumes Richtung und Geschwindigkeit der Strömung an. Hast du das Vektorfeld, kannst du Stromlinien berechnen : die Wege der Flüssigkeitsteilchen. An manchen Stellen ist die Geschwindigkeit null ; diese singulären Punkte des Vektorfelds ergeben interessante Strömungsformen – Quellen, Senken und Sattelpunkte. Damit können wir die Formen einer Flüssigkeitsströmung auf einfache, spezielle Eigenschaften des zugehörigen Geschwindigkeitsfelds zurückführen und sehen so, daß die zugrundeliegenden Gesetze eigentlich recht einfach sind, obwohl Flüssigkeiten sich unglaublich kompliziert verhalten."

„Sieht aus wie eine geschmolzene Honigwabe", sagte Deirdre nachdenklich. „Was hat Fomenko wohl dazu inspiriert, diese Bilder anzufertigen?"

„Nun", sagte Oliver, „er selbst sagt folgendes über seine Arbeit :"

> Nach meinem Eindruck sind die allgemeinen Naturgesetze so mächtig, daß wir uns ihre Stärke kaum vorstellen können – und diese Gesetze regieren unsere Welt. Unsere Lebensbahnen, unsere Bewegungen in gewissem Sinne, werden von diesen Gesetzen determiniert, obwohl wir uns in einem schmalen Bereich frei bewegen können.
> Als Individuen sind wir so klein, daß wir nur einen kleinen Ausschnitt aus dieser großen Welt sehen können, die viel größer ist als unsere Fähigkeiten, sie zu verstehen. Aber die Mathematik kann uns eine Art allgemeines Gefühl dafür verschaffen, wie diese große Welt aussieht, obwohl wir sicherlich nicht alle Einzelheiten zu verstehen vermögen. Das ist schlicht unmöglich.

Literaturhinweise

Mathematical Impressions. Von Anatolii Fomenko mit Unterstützung von Richard Lipkin. American Mathematical Society, Providence (Rhode Island) 1990.

Visual Geometry and Topology. Von Anatolii Fomenko. Springer-Verlag, Heidelberg 1994.

A Topological Picturebook. Von G. K. Francis. Springer, New York 1987.

Turning a Surface Inside Out. Von Anthony Phillips in : Scientific American, Mai 1966, Seiten 112 bis 120.

15
Das Zentrum für extrem abstrakte Skulptur

Sätze aus der Zahlentheorie verhelfen zur Klarheit darüber, ob ein regelmäßiges Vieleck oder ein weniger regelmäßiges Dreieck in ein Gitter mit ganzzahligen Koordinaten paßt.

Der dreieckige Brief, den ich morgens im Kasten fand, war erstaunlicherweise heil durch die Sortiermaschinen der Post gegangen. Der Briefkopf erstaunte mich noch mehr. Das Logo bestand aus einem Loch in Form eines Kreisrings, und ich versuchte einige Zeit vergeblich zu ergründen, wie das kreisförmige Nicht-Loch in der Mitte festgehalten wurde.

In dem Schreiben bat mich ein neugegründetes „Zentrum für extrem abstrakte Skulptur“ in gewundenen Worten um Unterstützung beim schwierigen Geschäft des Aufbaus. Ich schickte ein zusagendes Fax und machte mich auf den Weg zum Bahnhof.

Scrimshaw Whittler, der Direktor des Zentrums, war ein gutmütiger, rotbärtiger Riese. Kaum daß er mich begrüßt hatte, begann er seine Probleme mit einem Schwall unverständlicher Fremdwörter zu schildern, bis ich ihn unterbrach. „Was ist denn eigentlich extrem abstrakte Skulptur?“

„Ach so, ja. Vielleicht sollte ich Ihnen zunächst einen Eindruck vom Zweck dieses Gebäudes geben.“ Er führte mich durch einige Flure und blieb an einer großen Tür mit der Aufschrift „1“ stehen. „Die nicht“, murmelte er dann und ging weiter. „Zu trivial. Ich denke, Sie werden mehr verstehen, wenn Sie die Räume 2 und 3 sehen.“

Raum 2 enthielt ein großes Durcheinander gerahmter Bilder – auf dem Boden liegend, an die Wände genagelt, an die Decke geklebt und wie Spielkarten in Stapeln gegeneinandergelehnt. Jede der Bildflächen war durch dünne schwarze Linien in Quadrate eingeteilt und mit großen farbigen Punkten bemalt. Das erste Bild, das ich mir näher ansah, trug vier rote Punkte in den Ecken eines der Quadrate und war betitelt: „Quadrat 1, Alexander Tripe, 1973.“ Das danebenliegende hieß „Quadrat 2, Alexander Tripe, 1973“ und enthielt vier Punkte an den Ecken eines Quadrats mit doppelter Seitenlänge. Ich verfolgte die Reihe weiter bis zu „Quadrat 22, Alexander Tripe, 1973“. Die Wandfläche daneben war ganz offensichtlich eigens freigehalten worden.

„Ich sehe, Sie sind von unserer Tripe-Sammlung fasziniert", kommentierte Whittler. „Es ist die größte in Europa. Leider verdoppelt sich mit jeder Nummer der Preis, und für ‚Quadrat 23' hatten wir nicht mehr genug Geld. Das Werk ging an einen japanischen Elektronik-Magnaten."

„Welch unersetzlicher Verlust", sagte ich. „Haben Sie auch noch Werke anderer Künstler?"

„Oh ja! Wir haben eine große Kollektion von Bilge und einiges von Shenanigan. Ich finde dieses hier besonders begeisternd. Sie nicht auch?"

Das Bild trug den Titel „Fast gleichseitiges Dreieck, Seamus Shenanigan, 1988" und bestand aus drei roten Punkten, die annähernd gleich weit voneinander entfernt an Kreuzungspunkten von Gitterlinien saßen, wie schon Tripe sie verwendet hatte.

„Was ist aus seinem gleichseitigen Dreieck geworden?" fragte ich und gedachte damit eigentlich einen Witz zu machen.

„Folgen Sie mir", bat mich Whittler und geleitete mich in Raum 3.

Ein ranziger Geruch erfüllte den Raum. Meine Augen folgten meiner Nase bis in die hinterste Ecke; die war sorgfältig mit Margarine ausgespachelt. Das Fett erstreckte sich gleich weit entlang den drei Kanten zwischen den Wänden und dem Fußboden, ungefähr 30 Zentimeter. Von einer zarten Schimmelschicht abgesehen, war die sichtbare Oberfläche der Fettecke eben und hatte die Gestalt eines gleichseitigen Dreiecks.

„Ach, diese Replik einer Fettecke von Joseph Beuys gehört eigentlich längst nicht mehr hierher. Reelle Koordinaten, die Ungenauigkeit der Dezimaldarstellung, diese geradezu spürbare Weichheit... Außerdem ist die Authentizität nicht gesichert."

Whittler war sichtlich bemüht, meine Aufmerksamkeit auf härtere, exaktere Kunstwerke zu lenken. Der Raum war wie der vorige vollgestopft mit Gittern, allerdings nicht gemalten. Hier waren schwarzlackierte Metallstäbe zu kubischen Gittern zusammengelötet. Ich fühlte mich an den Kletterturm auf dem Kinderspielplatz erinnert und an das Gitter mit den roten und weißen Kugeln, das unser Chemielehrer immer einen Kochsalzkristall genannt hatte. Hier saßen rote Kugeln nur in einigen Schnittpunkten von Gitterlinien. Bald hatten wir Shenanigans „gleichseitiges Dreieck" gefunden (Bild 1 links).

„Es kann nirgendwo anders stehen als in Raum 3", erklärte der Direktor. „Der französische Mathematiklehrer Édouard Lucas bewies bereits 1878, daß man unmöglich ein gleichseitiges Dreieck in Raum 2 haben kann. Und das ist eigentlich wirklich merkwürdig, wenn Sie bedenken, daß es ein gleichseitiges Tetraeder in Raum 3 gibt." Er zeigte mir stolz „Tetraeder, Thomas Rot, 1985" (Bild 1 rechts).

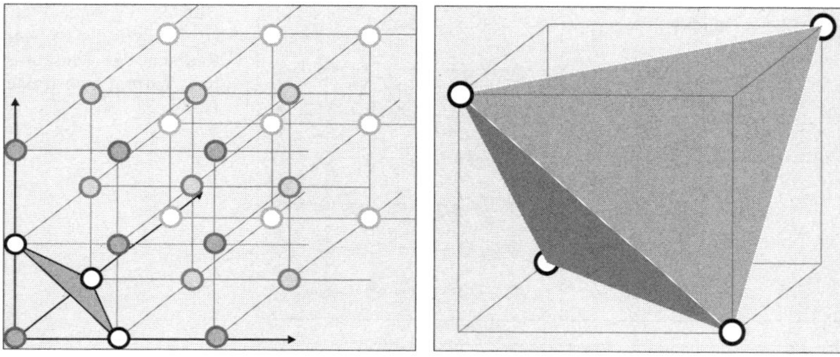

Bild 1: „Gleichseitiges Dreieck“ von Seamus Shenanigan (links); „Tetraeder“ von Thomas Rot (rechts).

Übergang zum Abstrakten

Langsam erahnte ich einen Sinn hinter seinen Sprüchen. „Zeigen Sie mir Raum 4“, bat ich. Ich hatte keine klare Vorstellung, was mich dort erwarten würde – vielleicht Computer-Bildschirme, die bewegte Formen zeigten…

Es sah aus wie im Altpapiercontainer. „Von Raum 4 an wird es extrem abstrakt“, sagte Whittler entschuldigend. Ich nahm ein Blatt in die Hand. Es war mit Vierergruppen von Zahlen bedeckt:(1, 0, –1, 2)
oder, etwas bombastischer: (243, –9975, 42, 100 000 001).
„Gitterpolyeder!“ rief ich aus. „Eine extrem abstrakte Skulptur ist nichts anderes als ein Gitterpolyeder! Und die Nummer des Raumes ist die Dimension!“

Er nickte. „Sie sehen nun, warum wir von Raum 4 an sehr abstrakt werden müssen. Ein Punkt in der Ebene hat zwei reelle Koordinaten, ein Punkt im Raum drei. Schreibt man n reelle Zahlen hintereinander – ein n-Tupel –, so sind das die Koordinaten eines Punktes im n-dimensionalen Raum.

Wenn Sie jetzt darauf bestehen, daß alle Koordinaten ganze Zahlen sein sollen, bleiben nur die Schnittpunkte der Gitterlinien übrig. Man kann sich ein n-dimensionales Gitter als die Menge aller n-Tupel von ganzen Zahlen denken, positiven und negativen. Ein Gitterpolyeder ist ein Gebilde, dessen Ecken sämtlich in Gitterpunkten liegen. Nur in zwei und drei Dimensionen – also in den Räumen 2 und 3 – kann man wirklich physische Modelle davon herstellen“ (Bild 2).

„Und in Raum 1?“

„Da geht es auch“, erwiderte er. „Aber der Raum ist nicht sehr interessant, es sei denn, Sie lieben Minimalskulpturen. Extrem abstrakte Skulptur (*conceptual sculpture*) ist eine Idee von Alexander Tripe aus den sechziger Jahren. Er

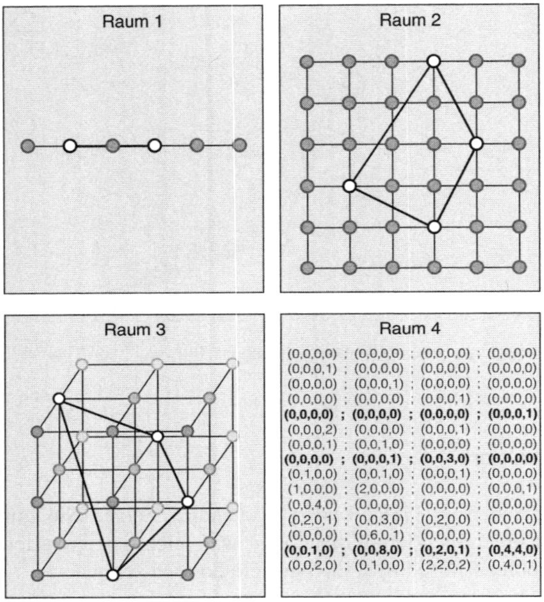

Bild 2: Typische Werke in den ersten vier Räumen des Museums für extrem abstrakte Kunst.

wollte vierdimensionale Skulpturen herstellen, hatte aber Schwierigkeiten bei der Materialbeschaffung. Eine Zeitlang produzierte er Serien dreidimensionaler Skulpturen, die sich systematisch von einer zur anderen veränderten – so wie wenn man, statt einen Film zu zeigen, eine Folge von Einzelbildern an die Wand hängt. Aber damit war er nicht zufrieden. Dann kam ihm die Idee, die Skulpturen abstrakt, als eine Menge von Koordinatenangaben, darzustellen. Da die Dezimaldarstellung reeller Zahlen nie unendlich genau sein kann, beschränkte er sich auf ganzzahlige Koordinaten. Hier ist das Glanzstück unserer Sammlung, seine erste echt vierdimensionale extrem abstrakte Skulptur."

An der Rückwand einer großen Vitrine war eine Korkplatte befestigt. Nicht weniger als fünf Überwachungskameras waren darauf gerichtet. Temperatur und Luftfeuchtigkeit innerhalb der Vitrine wurden automatisch geregelt. An der Korkplatte hing ein Fetzen von einer Zeitschriftenseite; darauf stand in krakeliger Handschrift:

(1,0,0,0)
(0,1,0,0)

(0,0,1,0)
(0,0,0,1)

Der Titel lautete „Tetraeder im vierdimensionalen Raum, Alexander Tripe, 1967". „Ein Meisterwerk", hauchte Whittler andächtig.

In welches Gitter passen die Vielecke?

„Ich glaube, ich habe verstanden, was Sie wollen", sagte ich. „Jetzt können Sie mir Ihr Problem erklären."

Er bat mich in sein äußerst gediegen ausgestattetes Büro. Als ich die vergoldeten Türklinken anstarrte, bemerkte er: „Die Würde großer Kunst duldet keinen Mangel. Das gilt auch für deren Diener."

„Aha. Womit kann ich dienen?" fragte ich und machte es mir in einem tiefen, weichen Ledersessel bequem.

„Hier ist eines unserer Probleme", seufzte er und reichte mir einen flachen, harten Gegenstand. „In welchen Raum gehört das?"

„Es ist ein regelmäßiges Fünfeck, nicht wahr? Alle Seiten sind genau gleich lang, alle Winkel genau gleich?"

„Ja."

„Sie wollen wissen, welche Dimension ein Gitter haben muß, damit es fünf Punkte enthält, die ein regelmäßiges Fünfeck bilden."

„Genau. Uns ist bekannt, daß man ein Quadrat in Raum 2 unterbringen kann und gleichseitige Dreiecke sowie regelmäßige Sechsecke in Raum 3. Aber über diese bescheidene Tatsache hinaus wissen wir noch nichts." (Überlegen Sie, wie man ein regelmäßiges Sechseck in Raum 3 unterbringt. Die Lösung finden Sie notfalls in Bild 5 links.)

„Kristallographische Beschränkungen", sagte ich.

„Wie bitte?"

„Die Atome eines Kristalls bilden ein regelmäßiges Gitter. Rotationssymmetrien von Kristallen entsprechen regelmäßige Polygone in diesen Gittern."

„Was heißt das?"

„Nehmen Sie das gleichseitige Dreieck von Shenanigan und drehen Sie es um 120 Grad um seinen Mittelpunkt."

„Dann sieht es ebenso aus wie zuvor."

„Nicht nur das. Wenn Sie das ganze Gitter, in das dieses Dreieck eingebettet ist, mitdrehen, kommt es ebenfalls mit sich selbst zur Deckung."

„Warum?"

„Es geht nicht anders. Sie haben zwei kongruente Gitter – das ursprüngliche und das gedrehte – und wissen, daß beide in drei Punkten übereinstimmen. Dann müssen sie insgesamt zusammenfallen."

„Ach so. Wenn also ein regelmäßiges n-Eck in ein Gitter passen soll, dann muß dieses Gitter eine n-zählige Rotationssymmetrie haben."

„Richtig. Nun hat aber der englische Kristallograph William Barlow vor mehr als hundert Jahren bewiesen, daß ein Kristall keine fünfzählige Symmetrieachse haben kann – mehr noch, keine n-zählige Symmetrieachse für andere n als 1, 2, 3, 4 und 6. Sein ursprünglicher Beweis bezieht sich auf dreidimensionale Gitter, aber sehr ähnliche Methoden funktionieren auch in jeder anderen Dimension. Im Jahre 1937 bewies Isaac Schoenberg, daß die einzigen Polygone, die überhaupt in ein Gitter irgendeiner Dimension einbettbar sind, eine, zwei, drei, vier oder sechs Seiten haben. Die Fälle $n = 1$ und 2 sind selbstverständlich keine Polygone im gewöhnlichen Sinne. Ein Eineck ist ein Punkt und ein Zweieck einfach eine Strecke."

„Wollen Sie damit sagen, daß das Fünfeck in keinen Raum paßt?"

„Genau das."

„Aber das ist ja entsetzlich! Unter den abstrakten Skulpturen kommt kein Pentagon vor? Wie soll ich da die Militärs als Sponsoren gewinnen? Die Amerikaner werden indigniert sein!"

„Das tut mir sehr leid, aber es ist die reine Wahrheit."

„Davon müssen Sie mich erst überzeugen", sagte er nachdrücklich.

„Der Berner Mathematiker Willy Scherrer hat 1946 einen schönen Beweis gefunden. Angenommen, es gäbe ein regelmäßiges n-Eck in einem Gitter. Betrachten Sie die Gittervektoren, die von den n Seiten des Polygons gebildet werden. Verschieben Sie sie so, daß ihre Anfangspunkte sämtlich im Ursprung liegen. Dann bilden die Spitzen wieder ein n-Eck, dessen Eckpunkte sämtlich im Gitter liegen. Aber wenn $n \geq 7$ ist, dann ist das neue n-Eck kleiner als das alte" (Bild 3 oben).

„Na und?"

„Diesen Prozeß kann man beliebig oft wiederholen. Man erhält eine unendliche Folge von immer kleiner werdenden Gitter-n-Ecken. Aber das ist unmöglich, denn die Gitterpunkte haben einen Minimalabstand."

„Hm. Und was ist mit dem Fünfeck?"

„Da muß man ein wenig anders argumentieren. Numerieren Sie die Seiten der Reihe nach mit 1, 2, 3, 4, 5. Setzen Sie sie dann in der Reihenfolge 1, 3, 5, 2, 4 aneinander. Das ergibt einen Fünfstern, dessen Ecken ein Gitterfünfeck bilden, und das ist kleiner als das ursprüngliche. Daraus ergibt sich dann der gleiche Widerspruch wie im vorigen Fall" (Bild 3 unten).

Der Direktor des Zentrums für extrem abstrakte Skulptur sank verzweifelt in sich zusammen.

„Nur Mut", sagte ich. „Vielleicht können Sie den israelischen Geheimdienst als Sponsor gewinnen. Der Davidstern ist ein Gitterpolygon." (Wollen Sie selbst herausfinden, wie? Lösung in Bild 5 rechts.)

Die Andeutung eines Lächelns erschien auf seinem Gesicht.

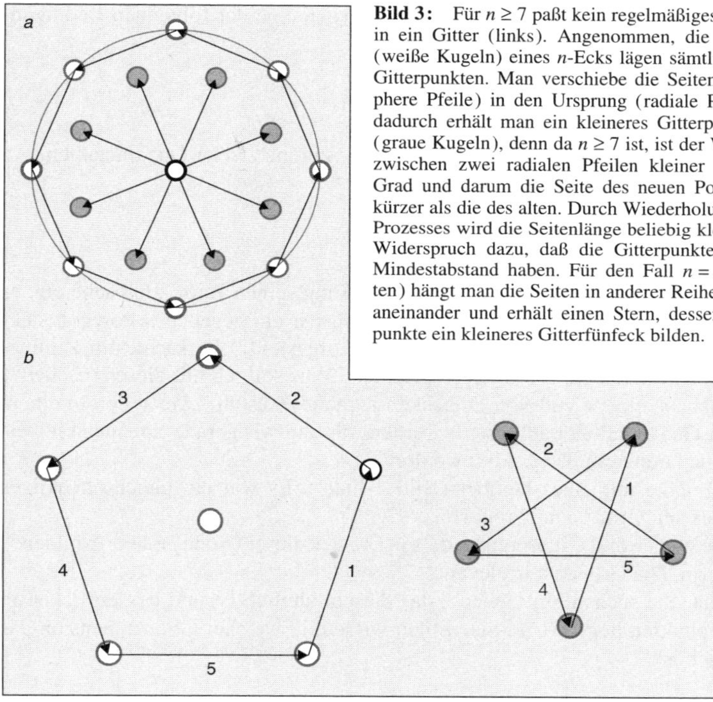

Bild 3: Für $n \geq 7$ paßt kein regelmäßiges n-Eck in ein Gitter (links). Angenommen, die Ecken (weiße Kugeln) eines n-Ecks lägen sämtlich auf Gitterpunkten. Man verschiebe die Seiten (periphere Pfeile) in den Ursprung (radiale Pfeile); dadurch erhält man ein kleineres Gitterpolygon (graue Kugeln), denn da $n \geq 7$ ist, ist der Winkel zwischen zwei radialen Pfeilen kleiner als 60 Grad und darum die Seite des neuen Polygons kürzer als die des alten. Durch Wiederholung des Prozesses wird die Seitenlänge beliebig klein, im Widerspruch dazu, daß die Gitterpunkte einen Mindestabstand haben. Für den Fall $n = 5$ (unten) hängt man die Seiten in anderer Reihenfolge aneinander und erhält einen Stern, dessen Eckpunkte ein kleineres Gitterfünfeck bilden.

„Genaugenommen", fuhr ich fort, „handelte Schoenbergs Arbeit von 1937 gar nicht von Polygonen, sondern von Simplices. Ein zweidimensionales Simplex ist ein gleichseitiges Dreieck. Ein dreidimensionales Simplex ist ein Tetraeder; allgemein besteht ein n-dimensionales Simplex aus $n + 1$ Punkten im n-dimensionalen Raum, die alle gleich weit voneinander entfernt sind. Jedes n-Simplex läßt sich leicht in ein $(n + 1)$-dimensionales Gitter einbetten – ähnlich wie Tripes ‚Tetraeder im vierdimensionalen Raum'. Schoenberg fragte sich, wann man ein n-Simplex in ein n-dimensionales Gitter einbetten kann – also eine Dimension kleiner. Das gleichseitige Dreieck läßt sich nicht in ein ebenes Gitter einbetten – ich werde gleich erklären, warum –, aber das Tetraeder paßt in ein 3-dimensionales Gitter, wie Rots ‚Tetraeder' zeigt.

Die Antwort für allgemeine n ist sehr merkwürdig, wie Schoenberg zeigen konnte. Für $n \leq 25$ sind die Dimensionen, in denen die Einbettung möglich ist, $n = 1, 3, 7, 8, 9, 11, 15, 17, 19, 23, 24$ und 25."

(Wer in dieser Zahlenfolge nicht auf Anhieb ein Bildungsgesetz erkennt, muß nicht an seinem Verstand zweifeln. Schoenberg zeigte, daß ein n-Simplex genau dann in ein n-Gitter einbettbar ist, wenn eine der folgenden Bedingungen erfüllt ist:

– n ist gerade und $n + 1$ eine Quadratzahl;
– n ist von der Form $4m + 3$;
– n ist von der Form $4m + 1$, und $n + 1$ ist Summe zweier Quadratzahlen.)

Gitterdreiecke

Scrimshaw Whittler schüttelte vor Verblüffung seinen Kopf. „Ich sehe ein, es ist eine schwierige Frage, in welchen Raum wir ein gegebenes Polygon stekken sollten. Ich hatte mir das einfacher vorgestellt.“ Er suchte im Zimmer herum und fand eine große Pappschachtel. „Was soll ich mit diesen machen?“ Die Schachtel war voll von Dreiecken jeglicher Gestalt. „Sie sollen in einem neuen Gebäudeflügel aufgestellt werden, für den wir gerade Spenden einwerben, die Dreiecksgalerie. Aber wo dort?“

Er reichte mir eines herüber (Bild 4 links). Es war ein gleichschenkliges Dreieck mit Grundseite 2 und Höhe $\sqrt{7}$.

„Sie suchen drei Gitterpunkte, die ein Dreieck dieser Größe und Form bilden?“

„Form. Die Größe ist irrelevant.“

„Aha. Sie suchen ein Dreieck, das diesem ähnlich ist und dessen Ecken in Gitterpunkten liegen. Und Sie wollen wissen, in welcher Gitterdimension das möglich ist.“

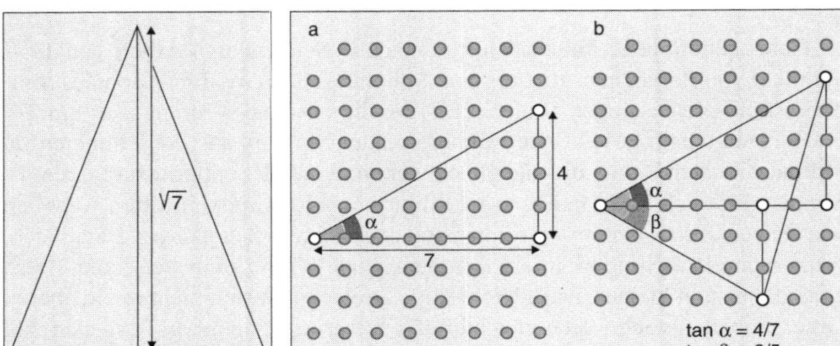

Bild 4: Nach dem Satz von Beeson paßt dieses gleichschenklige Dreieck mit rationaler Basis und irrationaler Höhe (links) in ein Gitter der Dimension 5, aber in keines mit kleinerer Dimension. Für ein rechtwinkliges Gitterdreieck mit achsenparallelen Katheten ist der Tangens jedes Winkels rational (Mitte); das gilt wegen der Tangens-Summenformel für jedes 2-Gitterdreieck (rechts).

„Genau."

Ich dachte darüber nach. „Definieren wir ein n-Gitterdreieck als ein Dreieck, das zu einem Dreieck mit Eckpunkten in einem n-Gitter ähnlich ist. Wir suchen eine Charakterisierung der n-Gitterdreiecke für jedes n. Hmm. Wenn ein Dreieck in ein Gitter paßt, dann auch in jedes mit höherer Dimension. Das kleinstmögliche n ist also das interessante. Und da es uns nur auf Ähnlichkeit ankommt, genügt es, die Winkel zu betrachten. Denken wir zunächst über die Ebene nach: 2-Gitterdreiecke. Hmm... die Tangentes der Winkel..."

„Whittler stutzte. „Ich weiß, daß Kurven Tangenten haben, aber Winkel?"

„Trigonometrie. Der Tangens eines Winkels ist das Verhältnis der gegenüberliegenden Kathete zur anliegenden, wenn der Winkel in einem rechtwinkligen Dreieck liegt. Wenn die Eckpunkte des rechtwinkligen Dreiecks Gitterpunkte sind, dann muß der Tangens eine rationale Zahl sein, ein Verhältnis zweier ganzer Zahlen, denn die Seitenlängen sind ganzzahlig" (Bild 4 Mitte).

„Das gilt aber nur für rechtwinklige Dreiecke, bei denen die Seiten, die dem rechten Winkel anliegen, achsenparallel sind."

„Schon richtig. Aber auch bei allgemeinen Gitterdreiecken kann jeder Winkel in zwei aufgeteilt werden, deren Tangentes rational sein müssen" (Bild 4 rechts). „Und für den Tangens einer Summe von zwei Winkeln gibt es eine Formel:

$$\tan(\alpha+\beta) = \frac{\tan\alpha + \tan\beta}{1 - \tan\alpha\tan\beta}$$

Daraus folgt, daß $\tan(\alpha+\beta)$ rational ist, wenn $\tan\alpha$ und $\tan\beta$ rational sind. Also ist der Tangens eines jeden Winkels in einem 2-Gitterdreieck rational.

Und vor kurzem hat John McCarthy gezeigt, daß auch das Umgekehrte gilt, daß also jedes Dreieck mit dieser Eigenschaft in ein 2-Gitter paßt. Zum Beweis fällt man ein Lot, so daß zwei rechtwinklige Dreiecke entstehen, und wendet dann das Tangens-Argument rückwärts an. Kurz gesagt, 2-Gitterdreiecke sind genau diejenigen, deren Winkel rationale Tangentes haben."

Whittler seufzte. „Und das hilft?"

„Aber sicher. Das gleichseitige Dreieck beispielsweise hat Winkel von 60 Grad. Da $\tan(60^\circ) = \sqrt{3}$ ist, also irrational, ist das gleichseitige Dreieck kein 2-Gitterdreieck. Andererseits ist es ein 3-Gitterdreieck, wie Shenanigan entdeckt hat. Und dieses" – ich wedelte mit dem Ding aus der Pappschachtel – „gleichschenklige Dreieck mit Grundseite 2 und Höhe $\sqrt{7}$ hat Basiswinkel, deren Tangens $\sqrt{7}$ ist, also irrational. Es ist also auch kein 2-Gitterdreieck."

Scrimshaw Whittler lächelte gequält. „Ich muß eigentlich noch mehr wissen. Ich muß genau wissen, in ein Gitter welcher Dimension ein gegebenes Dreieck paßt."

„Nur Geduld. Michael Beeson von der Staatsuniversität in San José (Kalifornien) hat das ganze Problem vor kurzem gelöst. Er fand sehr merkwürdige Antworten. Obwohl es unendlich viele denkbare Gitterdimensionen n gibt, braucht man doch nur drei Fälle zu behandeln: $n = 2$, $n = 3$ oder 4 und $n \geq 5$.

- Ein Dreieck ist genau dann ein 2-Gitterdreieck, wenn die Tangentes aller seiner Winkel rational sind.
- Ein Dreieck ist genau dann ein 3-Gitterdreieck, wenn die Tangentes aller seiner Winkel rationale Vielfache von $\sqrt{k}$ sind, wobei k eine Summe von drei Quadratzahlen ist. Für 4-Gitterdreiecke gilt dieselbe Bedingung.
- Ein Dreieck ist genau dann ein 5-Gitterdreieck, wenn die Quadrate der Tangentes seiner Winkel alle rational sind. Gleiches gilt für alle höherdimensionalen Gitter.

Beeson fand seine Resultate zunächst durch Computerexperimente; aber dann gelang ihm doch ein richtiger Beweis, für den er zahlentheoretische Hilfsmittel verwendete. Daß man alle Gitterdreiecke in ein 5-Gitter einbetten kann, ist eine Folge des Satzes, daß jede natürliche Zahl sich als Summe von vier Quadratzahlen schreiben läßt. Die Zahl k, die in der Bedingung für $n = 3$ und $n = 4$ auftaucht, hängt mit der Fläche des Dreiecks zusammen."

Scrimshaw Whittler sah verzweifelt drein. „Erklären Sie mir das bitte noch einmal."

„Alles hängt von den Tangentes der Winkel ab, und es gibt drei Fälle. Wenn ein Dreieck sich überhaupt in irgendein n-Gitter einbetten läßt, dann paßt es bereits in ein 5-Gitter. Es gibt einige 5-Gitterdreiecke, die keine 4-Gitterdreiecke sind, aber jedes 4-Gitterdreieck ist auch ein 3-Gitterdreieck. Schließlich gibt es noch einige 3-Gitterdreiecke, die in kein 2-Gitter passen. Durch Berechnung der Tangentes der Winkel und ein bißchen Zahlentheorie können Sie genau herausfinden, welcher Fall jeweils vorliegt.

Beispielsweise hat Ihr gleichschenkliges Dreieck Winkel, deren Tangentes alle rationale Vielfache von $\sqrt{7}$ sind. Die Quadrate der Tangentes sind also alle rational, und darum ist dies ein 5-Gitterdreieck. Da sich aber 7 nicht als Summe von drei Quadratzahlen schreiben läßt, ist es kein 4-Gitterdreieck. Es gehört also in Raum 5, Herr Direktor."

(Will man drei Punkte im 5-Gitter angeben, die ein solches Dreieck bilden, greift man zweckmäßig auf die Zerlegung von 7 in vier Quadratzahlen zurück: $7 = 1^2 + 1^2 + 1^2 + 2^2$. Aus dieser gewinnt man die Punkte (0,1,1,1,2), (1,0,0,0,0) und (−1,0,0,0,0), die das gewünschte Dreieck bilden.)

Scrimshaw Whittler sprang auf und schüttelte mir überschwenglich die Hand. „Ich danke Ihnen von Herzen! Meine Probleme sind gelöst, und der Aufbau der Dreiecksgalerie kann mit Raum 5 beendet werden!"

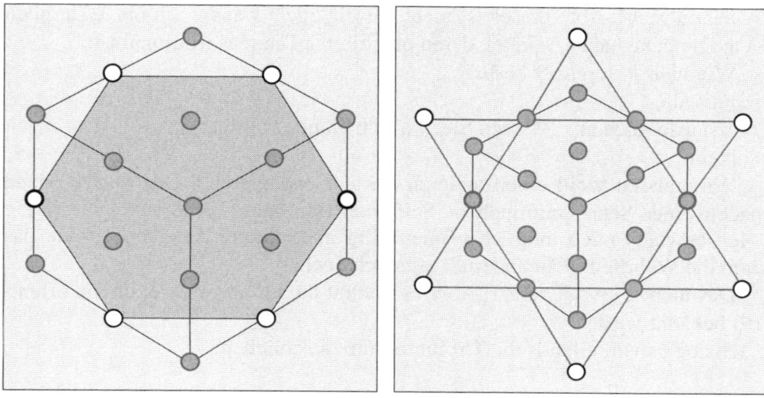

Bild 5: Ein regelmäßiges Sechseck paßt in ein 3-Gitter (links): Wähle geeignete Kantenmittelpunkte eines 2×2-Gitterwürfels. Der Davidstern in einem 3-Gitter (rechts). Es genügt, die genannten Sechseckseiten bis zum Schnitt miteinander zu verlängern.

„Gratulieren Sie nicht mir", sagte ich. „Michael Beeson hat das alles herausgefunden. Ist Ihnen klar, daß Raum 3 und Raum 4 das gleiche enthalten, soweit Dreiecke betroffen sind? Sie könnten zwei Türen für denselben Raum verwenden und mit ‚3' und ‚4' beschriften."

„Ja! Das spart uns Millionen!" Er blickte auf seine Pappschachtel mit den Dreiecken. „Ich kann für jedes einzelne Dreieck einen Raum in der Dreiecksgalerie finden!"

„Äh – Herr Direktor?"

„Ja bitte?"

„Meinten Sie wirklich jedes beliebige Dreieck?"

„Ja, natürlich. Schauen Sie hier. Das hat der große Archimedes uns hinterlassen. Er benutzte es, um seine Formel für die Fläche eines Kreises zu beweisen. Es ist ein rechtwinkliges Dreieck mit den Kathetenlängen 1 und 2π. Es wird der Stolz und Höhepunkt der Dreiecksgalerie sein!"

Ich hüstelte verlegen. „Es tut mir leid, aber das wird es wohl nicht werden."

„Aber warum denn nicht?"

„Es hat einen Winkel, dessen quadrierter Tangens gleich $4\pi^2$ ist. Und das ist irrational. Das Dreieck des Archimedes paßt in überhaupt kein n-Gitter – für kein n. Wenn ein Dreieck ein Gitterdreieck ist, dann ist es ein 5-Gitterdreieck. Das ist die Aussage des Satzes von Beeson. Aber das heißt nicht, daß alle Dreiecke n-Gitterdreiecke sind."

Direktor Whittler blickte wehmütig auf das Modell. „Na gut", sagte er schließlich und warf es in den Papierkorb. „Niemand wird das kleine Dreieck vermissen."

„Schon recht. Aber dieses ist nicht das einzige“, wandte ich ein. „Ziemlich viele Dreiecke haben Winkel, deren quadrierter Tangens irrational ist.“

„Wie viele?“ fragte er besorgt.

„Fast alle.“

Er starrte mich an. „Wissen Sie, was ich glaube?“ fragte er.

„Nein.“

„Wir müssen wohl einen anderen Berater engagieren.“ Der riesige Mann machte einen Schritt auf mich zu. Sein roter Bart bebte vor Zorn.

Ich bewegte mich möglichst unauffällig in Richtung Ausgang. „Auch das kann die Wahrheit nicht ändern“, sagte ich noch.

„Das nicht“, erwiderte er. „Aber es kommt darauf an, wieviel davon öffentlich bekannt wird.“

Ich zog es vor, eilends die Tür hinter mir zu schließen.

Literaturhinweise

Triangles with Vertices on Lattice Points. Von Michael J. Beeson in: American Mathematical Monthly, Band 99, Heft 3, Seiten 243 bis 252, 1992.

Théorème sur la géometrie des quinconces. Von Édouard Lucas in: Bulletin de la Société Mathématique de France, Band 6, Seiten 9 bis 10, 1878.

Die Einlagerung eines regulären Vielecks in ein Gitter. Von Willy Scherrer in: Elemente der Mathematik, Band 1, Seiten 97 bis 98, 1946.

Regular Simplices and Quadratic Forms. Von Isaac J. Schoenberg in: Journal of the London Mathematical Society, Band 12, Seiten 48 bis 55 (1937).

16
Tausendundeine Koinzidenz

Die geheimnisvolle Zahl 1001 vereinigt in sich Eigenschaften, die jede für sich nur auf sehr wenige Zahlen zutreffen. Zufall oder Magie?

Ich habe Ihnen schon früher (Spektrum der Wissenschaft, Januar 1991 und Kapitel 4 in diesem Buch) von Matthew Morrison Maddox, dem Mathemagier, erzählt. Wie jeder professionelle Zauberkünstler darf er seine Geheimnisse nicht preisgeben. Aber mit etwas mathematischem Scharfsinn kommt man hinter die einfacheren seiner Tricks.

Ein Beispiel: Maddox betritt unter mäßigem Applaus eine kleine Hinterhofbühne in Marseille, wie immer in seinen selbstgewebten schwarzen Mantel mit der hölzernen Kette gekleidet. Für die erste Nummer bittet er eine junge Dame aus dem Publikum auf die Bühne.

„Würden Sie uns bitte Ihren Namen verraten?"

„Josephine."

Auf einem Tisch steht ein kleines, rotes Kästchen, daneben eine Schiefertafel und Kreide. „Josephine, sind Sie gut im Kopfrechnen?

„Na ja ..."

„Ich nicht. Vielleicht möchten auch Sie lieber die Technik zu Hilfe nehmen." Er holt ihr einen Taschenrechner aus den Haaren. „Ungewöhnlich, aber praktisch. So haben Sie ihn stets griffbereit." Gelächter im Publikum. „Zahlen sind geheimnisvoll, wissen Sie. Um das zu beweisen, werde ich mir die Augen verbinden und Ihnen den Rücken zuwenden. Und nun schreiben Sie bitte Ihr Alter auf die Tafel."

„Monsieur, eine Dame verrät niemals ihr Alter!"

„Für die Zauberkunst müssen Opfer gebracht werden, Josephine. Schreiben Sie so, daß weder ich noch das Publikum etwas sehen kann, und legen Sie die Tafel mit der Schrift nach unten auf den Tisch. Sind Sie fertig?"

„Ja."

„Sie finden in dem roten Kästchen Karten mit den Zahlen von 1 bis 16 vor. Sie wissen, was eine Primzahl ist?"

„Ja. Eine, die keine anderen Faktoren als 1 und sich selbst hat."

„Sehr schön. Alle anderen Zahlen sind zusammengesetzt. Bitte tippen Sie Ihr Alter in den Rechner. Dann nehmen Sie in beliebiger Reihenfolge eine Karte nach der anderen aus dem Kästchen. Wenn die Zahl auf der Karte zusammengesetzt ist, werfen Sie sie auf den Boden. Aber wenn sie eine Primzahl ist, dann multiplizieren Sie die Zahl im Taschenrechner mit der Zahl auf der Karte. Fahren Sie so fort, bis Sie alle Karten aufgebraucht haben."

Josephine folgt dieser Anweisung.

„Vielen Dank. Nun haben Sie eine lange Rechnung gemacht und eine recht große Zahl herausbekommen … sechsstellig, schätze ich."

„Ja. Aber woher wissen Sie …"

„Mathemagie, Verehrteste. Nun – die Rechnung war zwar kompliziert; aber wenn Sie mir sagen würden, bei welcher Zahl Sie angelangt sind, und ich würde Ihnen Ihr Alter nennen, wären Sie nicht besonders überrascht."

„Nur ein bißchen."

„Aber ich werde Sie nicht nach der Zahl fragen. Ich frage Sie nur nach einer der sechs Ziffern und werde dann auf der Stelle Ihr Alter nennen."

„Oh."

„Nennen Sie mir die zweite Ziffer."

„Sechs."

„Dann sind Sie zweiundzwanzig Jahre alt! Stimmt's? Bitte zeigen Sie dem Publikum die Tafel." Josephine tut es, errötend. Stürmischer Beifall.

Die Faktorisierung von 1001

Nach der Show suchte ich Maddox in der Garderobe auf. „Na, hast du es schon herausgefunden?" fragte er.

„Den Trick mit dem Alter?"

„Ja. Den solltest du durchschauen können."

Ich nickte. „Hat er mit 1001 zu tun?"

Er lachte. „Du mußt dich schon genauer erklären, mein Freund. Aber zuerst" – er griff ins Nichts und hatte plötzlich einen Korkenzieher in der Hand, den er mir zusammen mit zwei Gläsern und einer Flasche Rotwein übergab – „sei so freundlich und öffne die Flasche." Ich mühte mich ab, bis ich entdeckte, daß der Korkenzieher ein Linksgewinde hatte. Also drehte ich gegen den Uhrzeigersinn und schenkte zwei Gläser ein. Aus meinem rann der Wein heraus und auf mein Hemd. Die Flecken wurden erst blau, dann grün und verschwanden schließlich. Kommentarlos reichte Maddox mir ein neues Glas.

„Nun", begann ich, „es gibt viele nette Zahlentricks, die darauf beruhen, daß 1001 gleich $7 \times 11 \times 13$ ist. Wenn man eine dreistellige Zahl, sagen wir 567, mit 1001 multipliziert, erhält man dieselben drei Ziffern doppelt: 567 567."

„Du bist auf der richtigen Spur."

„Im Grunde geht es darum zu verschleiern, daß mit 1001 multipliziert wird. Also läßt du statt dessen mit 7, 11 und 13 nacheinander malnehmen. Bei deinem Trick hat Josephine ihr Alter mit allen Primzahlen zwischen 1 und 16 multipliziert, also mit 2, 3, 5, 7, 11 und 13. Die Zahl 1 gilt nicht als Primzahl, aber wenn man sie hier mit einbezieht, ändert es auch nichts. Sie wählte diese Zahlen in zufälliger Reihenfolge – ein geschicktes Ablenkungsmanöver; aber darauf kommt es beim Multiplizieren ja auch nicht an."

„Richtig. Weiter?"

„Nehmen wir Josephines Alter, 22. Mit $2 \times 3 \times 5 \times 7 \times 11 \times 13$ zu multiplizieren ist das gleiche wie zuerst mit $2 \times 3 \times 5 = 30$ zu multiplizieren und dann mit $7 \times 11 \times 13 = 1001$. Mit 30 zu multiplizieren ist das gleiche wie mit 3 malzunehmen und dann eine Null anzuhängen; es ergibt sich 660. Bei der anschließenden Multiplikation mit 1001 wird die Ziffernfolge einfach verdoppelt: 660660. Allgemein hat das Endergebnis immer die Form *ab*0*ab*0, wobei *ab* das Dreifache des Alters ist. Obwohl das Ergebnis sechs Ziffern hat, brauchst du nur zwei davon zu kennen – die beiden ersten."

„Ich habe aber nur nach der zweiten Ziffer gefragt."

„Das war in diesem Fall die Sechs. Das Dreifache ihres Alters ist also *a*6. Nun ist eine Zahl genau dann ein Vielfaches von 3, wenn das für ihre Quersumme gilt. Also muß *a* gleich 0, 3, 6 oder 9 sein. Somit ist das Dreifache ihres Alters 06, 36, 66 oder 96 und das Alter selbst 2, 12, 22 oder 32. Auf zehn Jahre genau kannst du das Alter einer Frau wohl schätzen, und deshalb wußtest du, daß nur 22 in Frage kommt."

„Du hast es fast durchschaut."

„Laß mich weiter raten. Sie muß unter 33 sein, sonst kommst du in Schwierigkeiten: mehr als sechs Ziffern auf dem Rechner. Hmmm ... Du suchst dir immer Frauen aus, die nach einem Alter zwischen 19 und 28 Jahren aussehen, und schränkst so von vornherein die Möglichkeiten ein. Und selbst wenn deine Schätzung ein paar Jahre daneben liegt, kannst du leicht eine 17jährige von einer 27jährigen unterscheiden."

„So ungefähr."

„Und während du sagst ‚Dann sind Sie', rechnest du die fehlende Ziffer aus und teilst durch 3. Oder noch besser: Du multiplizierst die genannte Ziffer mit 3. Was bis zum nächsten Zehner fehlt, ist die letzte Ziffer des gesuchten Alters."

Er schüttelte den Kopf. „Nein, ich habe den Trick so oft gemacht, daß ich die Antwort auswendig weiß, sobald sie mir ihre Ziffer nennt. Stell mich auf die Probe. Nenne mir die Endziffer, und ich nenne dir sofort das Alter – wenn es zwischen 19 und 28 liegt."

„Gut. Sieben."

„Neunzehn."

„Acht."

„Sechsundzwanzig."

„Zwei."

„Vierundzwanzig."

„Ich bin überzeugt", gab ich zu. Später arbeitete ich die vollständige Tabelle aus. Es ist nicht schwierig, sie auswendig zu lernen:

Endziffer	0	1	2	3	4	5	6	7	8	9
Alter	20	27	24	21	28	25	22	19	26	23

„Das erinnert mich an ein interessantes mathematisches Problem", sagte ich und schenkte nach. „Die Faktorisierung $7 \times 11 \times 13$ der Zahl 1001 ist für eine der merkwürdigsten Koinzidenzen der ganzen Mathematik verantwortlich."

„Insofern irgend etwas in der Mathematik überhaupt eine Koinzidenz sein kann", meinte Maddox. Er hatte mir einen Schuh ausgezogen und Knoten in die Schnürsenkel gebunden. Nun schnitt er sie mit einer riesigen Schere in Stücke. Hoffentlich wußte er, was er tat. „Schließlich gibt es kein zufälliges Zusammentreffen in der Mathematik."

Das Pascalsche Dreieck

„Schon recht", sagte ich. „Aber es sieht manchmal so aus. Meine Koinzidenz hat mit dem Pascalschen Dreieck zu tun, der Tabelle der Binomialkoeffizienten."

„Kenne ich. Jede Zahl ist die Summe der beiden darüberstehenden, und an den Enden jeder Zeile steht eine 1. Bitte sehr." Er gab mir meinen Schuh zurück. Der Senkel war intakt, schien aber nur noch aus einer nahtlosen Endlosschleife ohne Knoten zu bestehen. Maddox schrieb auf seine Tafel:

$$
\begin{array}{ccccccccccccc}
 & & & & & & 1 & & & & & & \\
 & & & & & 1 & & 1 & & & & & \\
 & & & & 1 & & 2 & & 1 & & & & \\
 & & & 1 & & 3 & & 3 & & 1 & & & \\
 & & 1 & & 4 & & 6 & & 4 & & 1 & & \\
 & 1 & & 5 & & 10 & & 10 & & 5 & & 1 & \\
1 & & 6 & & 15 & & 20 & & 15 & & 6 & & 1
\end{array}
$$

„Danke, du kannst aufhören", unterbrach ich ihn hastig. Es macht mir immer Bauchschmerzen, allzuviele konkrete Zahlen auf einmal zu sehen. Ich beeilte mich, das Thema in angenehmere Bahnen zu lenken – abstrakte. Abgesehen von seiner allgemeinen Bedeutung für die Algebra und andere Gebiete ist das Pascalsche Dreieck auch vom zahlentheoretischen Standpunkt aus sehr interessant. Die allgemeine Formel für die r-te Zahl in der n-ten Zeile ist

$$\binom{n}{r} = \frac{n!}{r!(n-r)!} = \frac{n(n-1)\ldots(n-r+1)}{r(r-1)\ldots\ 3\times2\times1}$$

Im Beispiel:

$$\binom{14}{6} = \frac{14\times13\times12\times11\times10\times9}{6\times5\times4\times3\times2\times1} = 3003$$

Dabei läuft die Nummer r für die Zahlen der n-ten Zeile von 0 bis n. Obwohl das Pascalsche Dreieck über die Addition definiert ist, kommen in der allgemeinen Formel nur Multiplikation und Division vor. Das ist merkwürdig. Es können unerwartet Eigenschaften auftauchen, die mit Addition gar nichts zu tun haben.

„Könntest du diese Weisheit mit einem Beispiel erhellen?“ bat Maddox.

„Aber selbstverständlich. Es sei n eine Primzahl. Dann sind alle Einträge in der n-ten Zeile des Pascalschen Dreiecks, außer dem nullten und dem letzten, durch n teilbar.“

„Mal sehen … 5 ist eine Primzahl, und die Einträge in der fünften Zeile sind 1, 5, 10, 10, 5, 1. Alle außer 1 sind Vielfache von 5. Stimmt. Aber was haben Primzahlen mit Addition zu tun?“

„Zunächst einmal gar nichts. Das ist es ja gerade. Aber man kann trotzdem ohne weiteres einsehen, daß die Behauptung stets zutrifft. Der Zähler des Bruches ist $n(n-1)\ldots(n-r+1)$, und der enthält offensichtlich den Primfaktor n – außer wenn $r=0$ ist, denn dann ist der Ausdruck als leeres Produkt zu interpretieren und hat den Wert 1. Der Nenner ist $r(r-1)\ldots1$. Da r kleiner als n ist, hat keine der Zahlen im Nenner einen gemeinsamen Teiler mit n, denn n ist eine Primzahl. Also kann der Faktor n im Zähler sich nicht herauskürzen, und folglich muß $\binom{n}{r}$ selbst durch n teilbar sein.“

„Einleuchtend. Ja, ich sehe ein, es wäre wohl sehr mühsam, so etwas direkt aus der Definition durch Addition zu beweisen.“

„Die Teilbarkeitsbeziehungen im Pascalschen Dreieck sind überhaupt sehr kompliziert. Wenn man alle Einträge markiert, die durch eine bestimmte Primzahl teilbar sind, erhält man eine Figur aus der fraktalen Geometrie, das Sierpiński-Dreieck (Bild). Und wenn man zusammengesetzte Zahlen anstelle der Primzahlen nimmt, ist es noch komplizierter. Es ist erstaunlich, daß es über das Pascalsche Dreieck überhaupt noch Neues zu entdecken gibt, obwohl es schon seit langer Zeit studiert wird.“

„Nun ja, Blaise Pascal lebte von 1623 bis 1662. Das ist ein Weilchen her.“

„Aber das Dreieck war schon lange vor ihm bekannt! Es prangt auf der Titelseite eines Arithmetikbuches von Petrus Apianus aus dem frühen 16. Jahrhundert, findet sich in einem chinesischen Mathematikbuch von 1303 und ist nachweisbar bis zurück zu dem persischen Universalgelehrten Omar Khayyám um 1100, der seinerseits mit großer Wahrscheinlichkeit aus noch

Teilbarkeitsbeziehungen im Pascalschen Dreieck. Das unterste der sechs Dreiecke zeigt ein weißes Feld, wo die entsprechende Zahl des Pascalschen Dreiecks gerade ist, im anderen Fall ein schwarzes. Es ergibt sich das aus der Theorie der Fraktale bekannte Sierpiński-Dreieck. Die anderen Dreiecke zeigen für $n = 3$ bis 7, im Uhrzeigersinn zu lesen, analoge Sierpiński-Dreiecke, für die die entsprechende Zahl des Pascalschen Dreiecks bei der Division durch n den Rest 0, 1, 2, 3, 4, 5 beziehungsweise 6 läßt. Die Dreiecke sind so angeordnet, daß die zum Mittelpunkt des Gesamtbildes weisende Spitze oben ist.

älteren arabischen oder chinesischen Quellen schöpfte. Der deutsche Mathematiker und protestantische Pfarrer Michael Stifel hat den Terminus Binomialkoeffizient um 1500 eingeführt; die explizite Formel findet sich dann bei Isaac Newton. Der mathematische Ausdruck – wenn auch nicht in dieser Schreibweise – und seine Interpretation als die Anzahl der Möglichkeiten, aus n Gegenständen r Stück auszuwählen, waren schon dem indischen Gelehrten Bhāskara im 12. Jahrhundert geläufig.

Und trotz dieser ehrwürdigen Geschichte sind viele Fragen immer noch offen. Eine der einfachsten hat David Singmaster 1971 gestellt: Wie oft kann eine Zahl im Pascalschen Dreieck vorkommen?“

„Wie bitte?“

„Nun, nehmen wir die Zahl 6. Sie kommt dreimal im Pascalschen Dreieck vor. Einmal fast am Anfang und fast am Ende von Zeile 6, und dann in der Mitte von Zeile 4:

$$\binom{6}{1} = \binom{6}{5} = \binom{4}{2} = 6.$$

Dieselbe Frage können wir für jede andere Zahl stellen.“

„Ach so. Die Zahl 1 kommt natürlich unendlich oft vor.“

„Ja, und es ist die einzige Zahl mit dieser Eigenschaft. Singmaster hat 1971 auch bewiesen, daß keine Zahl oberhalb von 1 häufiger als $2 + 2\log_2 n$ mal vorkommt. Viele Zahlen tauchen doppelt auf, da jede Zeile im Pascalschen Dreieck palindromisch ist, das heißt vorwärts und rückwärts gelesen gleich aussieht. Also erscheint jede Zahl, die nicht genau in der Mitte einer Zeile steht, zweimal in dieser Zeile.“

„Und jede, die nicht in der Mitte und nicht an zweiter oder vorletzter Stelle ihrer Zeile steht, kommt wenigstens viermal vor“, ergänzte Maddox.

„Richtig. Aber woher weißt du …?“

„Nun, nimm eine Zahl wie 15. Sie steht zweimal in der sechsten Zeile, als $\binom{6}{2}$ und $\binom{6}{4}$. Aber außerdem tritt sie auch als $\binom{15}{1}$ und $\binom{15}{14}$ in Erscheinung, denn die zweite und vorletzte Zahl in Zeile m sind stets gleich m.“

„Ausgezeichnet!“ lobte ich. „Wir wissen also, daß unendlich viele Zahlen wenigstens viermal im Pascalschen Dreieck vorkommen. Aber keine Zahl scheint erheblich häufiger aufzutreten. Singmaster fand heraus, daß unter den Zahlen bis 2^{48} eine einzige achtmal vorkommt und jede andere weniger oft. Er vermutete, daß die Anzahl der Male, die eine Zahl auftreten kann, generell durch eine Konstante k beschränkt ist. Die bisherigen Daten legen $k = 8$ nahe.“

„Und welche ist die achtfach vorkommende Zahl?“

„3003. Deswegen erzähle ich ja die ganze Geschichte; denn 3003 ist gleich 3×1001, und die Faktorisierung von 1001 ist der Grund für das achtfache Auftreten von 3003.“

Maddox lehnte sich zurück und zog geistesabwesend mehrere verknotete Taschentücher aus seinen Ohren. „Vielleicht erklärst du das etwas genauer.“

„Singmaster entdeckte zu seiner Überraschung in den Zeilen 14 bis 16 des Pascalschen Dreiecks ab dem vierten Eintrag das folgende Muster:

Zeile 14	1001		2002		**3003**
Zeile 15		**3003**		5005	
Zeile 16			8008		

Zeile 14 ist die einzige, in der drei aufeinanderfolgende Einträge im Verhältnis 1:2:3 stehen. Und wenn du aus allen fünf Einträgen den gemeinsamen Faktor

1001 herausdividierst, erhältst du die Fibonacci-Zahlen 1,2,3,5,8 – das hängt mit der additiven Struktur des Pascalschen Dreiecks zusammen."

Im Kopf des Magiers konnte man es geradezu rattern hören. „Die Zahl 3003 steht viermal in diesen Zeilen: Bei $\binom{14}{6}$ und $\binom{15}{5}$ und an den entsprechenden Stellen am anderen Ende dieser Zeilen, nämlich $\binom{14}{8}$ und $\binom{15}{10}$."

„Richtig."

„Und außerdem steht sie zweimal in Zeile 3003, wie ich vorhin erklärt habe."

„Ja, bei $\binom{3003}{1}$ und $\binom{3003}{3002}$."

„Das sind zusammen sechs. Wo sind die beiden anderen Stellen?"

Ich lachte. „Das ist doch offensichtlich. Zeile 78. Bei $\binom{78}{2}$ und $\binom{78}{76}$."

Strinrunzeln. „Das ist ganz und gar nicht offensichtlich."

„Ein Punkt für mich. Es ist eine Koinzidenz, und die hängt daran, daß 1001 gleich $7\times11\times13$ ist. Ich muß ein bißchen ausholen. Wenn wir in irgendeiner Zeile drei Zahlen finden, die im Verhältnis 1:2:3 stehen, dann tritt die dritte Zahl auch eine Zeile tiefer auf. Einleuchtend?"

„Ja. Die drei Zahlen sind dann a, $2a$ und $3a$. Und in der Zeile darunter muß dann $a+2a=3a$ auftauchen, denn jede Zahl im Pascalschen Dreieck ist die Summe der beiden darüberstehenden."

„Gut. Da die Zeilen palindromisch sind, kommt $3a$ zweimal in jeder der beiden Zeilen vor, und nach deiner Beobachtung außerdem zweimal in Zeile $3a$; zusammen sechsmal."

„So weit waren wir schon."

„Nimm nun an, daß die Zahl $3a$ auch noch eine Dreieckszahl ist, eine Summe aufeinanderfolgender natürlicher Zahlen $1+2+\ldots+m$. Diese Zahlen sind genau die Binomialkoeffizienten $\binom{m+1}{2}$. Dann wird $3a$ in Zeile $m+1$ noch zweimal vorkommen. Macht zusammen acht."

„Das sehe ich auch ein, aber warum sollte es eine Dreieckszahl sein?"

„Keine Ahnung. Nehmen wir es einfach mal an."

„Na schön."

Ich merkte, daß meine Schnürsenkel sich seltsamerweise wieder normalisiert hatten. Ich wollte mich nicht ablenken lassen und fuhr fort: „Sehen wir uns die Werte $\binom{14}{4}$, $\binom{14}{5}$ und $\binom{14}{6}$ an. In der Formel

$$\binom{14}{4} = \frac{14\times13\times12\times11}{4\times3\times2\times1}$$

läßt sich die 4×3 im Nenner gegen die 12 im Zähler kürzen. Der Faktor 2 im Nenner teilt die 14 im Zähler, und man erhält 7. Übrig bleibt also $7\times11\times13$, was dir bekannt vorkommen wird."

„In der Tat."

„Nun zu $\binom{14}{5}$. Wir erhalten diese Zahl aus $\binom{14}{4}$, indem wir den Zähler mit 10 und den Nenner mit 5 malnehmen. Die 5 läßt sich kürzen, und es bleibt nur

Nichttriviale Wiederholungen im Pascalschen Dreieck

$$120 = \binom{16}{2} = \binom{10}{3}$$

$$210 = \binom{21}{2} = \binom{10}{4}$$

$$1540 = \binom{56}{2} = \binom{22}{3}$$

$$7140 = \binom{120}{2} = \binom{36}{3}$$

$$11628 = \binom{153}{2} = \binom{19}{5}$$

$$24310 = \binom{221}{2} = \binom{17}{8}$$

$$3003 = \binom{78}{2} = \binom{15}{5} = \binom{14}{6}$$

noch 2. Also ist $\binom{14}{5} = \binom{14}{4} \times 2$. Schließlich haben wir noch $\binom{14}{6} = \binom{14}{5} \times (9/6)$, wobei der letzte Bruch sich zu 3/2 kürzt. Folglich stehen die drei aufeinanderfolgenden Zahlen im Verhältnis 1:2:3. Überlege dir nur, wie viele einzelne Beziehungen hier zusammentreffen müssen! Fast nicht auszudenken."

„Was ist mit den Dreieckszahlen?"

„Oh, Entschuldigung. Dreieckszahlen haben immer die Form $n\,(n+1)/2$, und 3003 ist eine, denn 3003 ist gleich $3 \times 7 \times 11 \times 13 = 77 \times 78/2$. Warum? Eine Koinzidenz, würde ich sagen, wie die anderen Beziehungen."

„Ich verstehe, was du meinst."

„Du wirst es noch besser verstehen, wenn du versuchst, Singmasters Vermutung über die global beschränkte Häufigkeit zu beweisen oder zu widerlegen. Du gerätst zwangsläufig in die schwierigsten Gedanken über mögliche seltsame Koinzidenzen. Das Problem ist sehr schwer, und niemand hat auch nur einen Ansatz zu einer Lösung."

„Das sieht wie eine der Fragen aus, mit der sich Hobbymathematiker gerne beschäftigen", sagte Maddox nachdenklich. „Nicht um das Problem zu lösen, sondern um zu sehen, wie weit man kommt. Beispielsweise Singmasters Rechnungen über 2^{48} hinaus weiterzuführen. Was weiß man sonst noch über das Problem?"

„Die einzigen nichttrivialen Wiederholungen bis 2^{48} sind schnell aufgeschrieben (siehe Tabelle). Singmaster hat 1975 bewiesen, daß es unendlich viele Zahlen gibt, die wenigstens sechsmal im Pascalschen Dreieck stehen, zum Beispiel

$$\binom{104}{39} = \binom{103}{40}$$

$= 61\,218\,182\,743\,304\,701\,891\,431\,482\,520.$

Diese Zahl (eine der kleinsten, die man mit Singmasters Methode findet) taucht sogar genau sechsmal auf. Aber vielleicht kommt manche größere noch öfter vor? Du könntest die gleiche Frage für das Stirlingsche Dreieck stellen, in dem jede Zahl die Summe aus der links darüberstehenden und dem Doppelten der rechts darüberstehenden Zahl ist“, schlug ich vor. „Das sieht dann so aus:

$$\begin{array}{c}
1 \quad 1 \\
1 \quad 3 \quad 1 \\
1 \quad 7 \quad 5 \quad 1 \\
1 \quad 15 \quad 17 \quad 7 \quad 1 \\
1 \quad 31 \quad 49 \quad 31 \quad 9 \quad 1 \\
1 \quad 63 \quad 129 \quad 111 \quad 49 \quad 11 \quad 1
\end{array}$$

Oder für das Bernoullische Dreieck

$$\begin{array}{c}
1 \quad 2 \\
1 \quad 3 \quad 4 \\
1 \quad 4 \quad 7 \quad 8 \\
1 \quad 5 \quad 11 \quad 15 \quad 16 \\
1 \quad 6 \quad 16 \quad 26 \quad 31 \quad 32 \\
1 \quad 7 \quad 22 \quad 42 \quad 57 \quad 63 \quad 64,
\end{array}$$

das wie das Pascalsche gebildet wird, nur daß rechts außen die Potenzen von 2 stehen.“

Maddox machte einen etwas erschöpften Eindruck. „Mir wäre nie in den Sinn gekommen, daß eine so einfache Frage so schwer zu beantworten ist oder in solch trübes Wasser führt.“ Er stierte in sein Weinglas, als enthalte es alle Geheimnisse des Universums, fischte eine Fliege heraus, schnippte mit den Fingern, und das Tierchen verwandelte sich in ein Chamäleon und rannte davon. „Aber“, fuhr er fort, „diese Geschichte mit 1001 ist doch keine Koinzidenz.“

„Nein?“ sagte ich. „Was sonst?“

„Magie.“

Literaturhinweise

On the Number of Times an Integer Occurs as a Binomial Coefficient. Von H. L. Abbott, P. Erdös und D. Hanson in: American Mathematical Monthly, Band 81, Seiten 256 bis 261, 1974.

How Often Does an Integer Occur as a Binomial Coefficient? Von D. Singmaster in: American Mathematical Monthly, Band 78, Seiten 385 bis 386, 1971.

Repeated Binomial Coefficients and Fibonacci Numbers. Von David Singmaster in: Fibonacci Quarterly, Band 13, Seiten 295 bis 298, 1975.

17
Kartographen-Alpträume

Als der Kurator Jean-Jacques LeMaire letzten Herbst in einem Lagerraum des Louvre herumstöberte, entdeckte er einen Karton mit unveröffentlichten Manuskripten von Jules Verne. In mühsamer Kleinarbeit gelang es ihm, aus den von Mäusen angefressenen Blättern ein bisher unbekanntes Kapitel aus Vernes klassischem, 1865 erschienenem Roman „Von der Erde zum Mond" zu rekonstruieren, das mit seiner freundlichen Genehmigung hier abgedruckt ist.

Major Elphiston schritt unruhig unter der Kuppel des Observatoriums von Baltimore umher, während sein Mitarbeiter J. T. Maston durch das Okular des Teleskops blickte. „Ich sehe sie noch nicht", sagte Maston nervös.

„Darf ich mal durchschauen?" fragte Elphiston.

„Natürlich", erwiderte Maston und griff nach einer dicken Kladde mit mathematischen Berechnungen. „Wenn die Menge an Schießbaumwolle auch nur um ein Prozent falsch berechnet wurde, könnte das eine Verzögerung von mehreren Stunden bewirken. Ich meine, wir sollten noch nicht schließen, daß Barbicane und seine zwei Begleiter Nicholl und Ardan ein schreckliches Schicksal ereilt hat."

„Richtig", seufzte Elphistone. „Man muß immer optimistisch bleiben."

Der Major schlotterte. „Es ist teuflisch kalt hier draußen auf Long's Peak! Ich schlage vor, wir gehen für eine Stunde ins Hauptgebäude und suchen dann hier weiter."

„Und wenn derweil eine Nachricht auf dem Morseschreiber eingeht?" Sie starrten auf die kleine, in einer Ecke unter der Kuppel installierte Maschine.

„Alle Nachrichten werden auf dem Papierstreifen aufgezeichnet, Maston. Wir können sie lesen, wenn wir zurückkommen."

Nicht ohne einen gewissen Widerwillen folgte Maston dem Major in den warmen Aufenthaltsraum.

Während man auf Kaffee und Sandwiches wartete, stierte der Major auf eine Weltkarte an der Wand. Die Gebiete unter preußischer Herrschaft waren blau dargestellt, die französischen grün, die amerikanischen violett und die britischen rosarot.

Bei Elphiston regte sich mit Macht der amerikanische Nationalstolz. „Bald wird die Karte neu gezeichnet werden müssen", prahlte er.

„Wie bitte?"

„Wir werden eine Karte des Mondes anfügen – in violett. Es kann ja sein, daß über dem britischen Weltreich die Sonne nicht untergeht, aber das amerikanische Mondreich wird über jeder Nation der Erde aufgehen!"

„Aha", bemerkte Maston, dem an einem Weltreich wenig gelegen war. „Aber ein bißchen Grün wird vielleicht auch nötig sein."

„Wieso das?"

„Auf der Mondkarte", erklärte Maston. „Vergessen Sie nicht, daß Michel Ardan Franzose ist." Er versuchte das Thema zu wechseln und begab sich zur Karte an der Wand. „Ich habe nie recht verstanden, warum die Kartographen so viele Farben verwenden. Hier sind es mindestens ein Dutzend."

„Ach ja? Wird wohl notwendig sein, damit man aneinandergrenzende Länder an der Farbe unterscheiden kann."

„Nein, nein. Ich habe einen Verwandten, einen Mathematiker von der Harvard-Universität..."

„Wo ist denn die Klippschule?"

„Cambridge."

„Sie haben Verwandte in England?"

Maston wehrte heftig ab. „Ach was. Cambridge, Massachusetts."

„Das muß aber ein merkwürdiges Kuhdorf sein."

Maston ließ sich nicht beirren. „Er hat mir erzählt, ein anderer Mathmatiker namens Percival Heawood habe bewiesen, daß man jede Landkarte von der Oberfläche des Globus mit höchstens fünf Farben färben kann. Soweit ich mich entsinne, wurde das Problem zuerst von dem Engländer Francis Guthrie 1852 gestellt."

Anmerkung: Arthur Kempe, ein Rechtsanwalt und Mitglied der Londoner Mathematischen Gesellschaft, behauptete 1879, er habe einen Beweis dafür gefunden, daß bereits vier Farben genügen. Aber elf Jahre später fand Heawood einen versteckten Fehler darin. Fast ein Jahrhundert lang wußte niemand, ob man wirklich jede Landkarte mit vier Farben färben kann. Das bewiesen erst 1976 Kenneth Appel und Wolfgang Haken von der Universität von Illinois in Urbana unter massiver Verwendung des Computers (vergleiche ihren Artikel in der Erstedition von Spektrum der Wissenschaft, Oktober 1978, Seite 82).

Elphiston dachte einen Augenblick nach. „Was ist, wenn 100 Länder einen gemeinsamen Grenzpunkt haben, wie Tortenstücke, die sich alle im Mittelpunkt treffen?"

„Das stört nicht besonders. Gefordert sind verschiedene Farben nur dann, wenn zwei Länder ein Stück Grenze gemeinsam haben, das länger als null ist. Anscheinend wurden auf dieser Karte viel mehr Farben als nötig verwendet. Aber vermutlich spielen noch andere Gesichtspunkte als nur die Nachbarschaft eine Rolle."

Elphiston bestellte sich einen Brandy. Plötzlich sprang Maston auf. „Dagab es doch eine Verallgemeinerung des Problems“, sagte er. „Anstelle von Ländern betrachten wir Reiche, Britannien mit all seinen Kolonien zum Beispiel. Länder, die zum selben Reich gehören, sollen gleich gefärbt werden. Es dürfen auch verschiedene Reiche die gleiche Farbe bekommen - solange aneinandergrenzende Länder verschieden gefärbt sind.“

„Logisch.“

„Insbesondere müssen zwei Reiche, die irgendwo auf der Welt aneinandergrenzende Territorien besitzen, verschiedene Farben erhalten.“

„Dann dürfte das Färbeproblem um so schwieriger sein, je zerstückelter das Territorium eines Reiches ist“, entgegnete der Major. „Ich habe die Europäer und ihre Kleinstaaterei noch nie verstanden.“

Maston dozierte weiter. „Wenn es auf der Erde nur 2-Reiche gäbe...“

„Zwei Reiche?“

„2-Reiche. Ein 2-Reich besteht aus zwei getrennten, aber in sich zusammenhängenden Territorien.“

„Ach so.“

„...Dann braucht man möglicherweise zwölf Farben“ (Bild 1 links oben).

„Wenn es aber mehr als zwölf 2-Reiche gibt?“

„Dann vermute ich, daß man immer noch mit zwölf Farben auskommt.“

Anmerkung: Diese Vermutung hat Heawood 1890 bewiesen. Er konnte sogar zeigen, daß man jede Karte, die nur m-Reiche (das heißt Reiche, die aus m Territorien bestehen) enthält, mit 6m Farben färben kann. Daß man im allgemeinen nicht mit weniger auskommt, haben erst 1984 Brad Jackson von der kalifornischen Staatsuniversität San José und Gerhard Ringel von der Universität von Kalifornien in Santa Cruz bewiesen. Bild 1 zeigt eine Karte mit achtzehn paarweise benachbarten 3-Reichen, entdeckt von Herbert Taylor von der Universität von Süd-Kalifornien in Los Angeles, und eine mit dreißig 5-Reichen.

Der Major bestellte sich einen zweiten Brandy. „Würde es einen Unterschied machen, wenn einige der Länder auf dem Mond liegen würden?“

Maston dachte einen Augenblick nach. „Wahrscheinlich“, erwiderte er dann. „Das Färbeproblem wird einfacher. Schließlich betrachten wir dann Landkarten auf zwei Kugeln statt auf einer. Da gibt es auf jeder Kugel weniger Länder, die aneinandergrenzen könnten. Der einfachste Fall dürfte sein, daß jedes Land auf der Erde zu einem 2-Reich gehört, dessen zweites Land eine Mondkolonie ist. Dann wird die maximale Anzahl der benötigten Farben irgendwo zwischen acht und zwölf liegen (Bild 2).“

Anmerkung: Rolf Sulanke vom Institut für Reine Mathematik der Humboldt-Universität in Berlin hat gezeigt, daß für einige solcher Karten neun Farben erforderlich sind, aber es ist immer noch nicht bekannt, ob die richtige Antwort 9, 10, 11 oder 12 ist. Ein weiteres interessantes Problem sind 3-

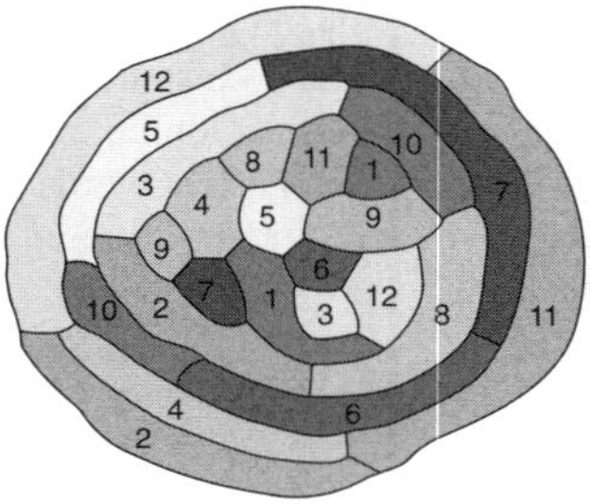

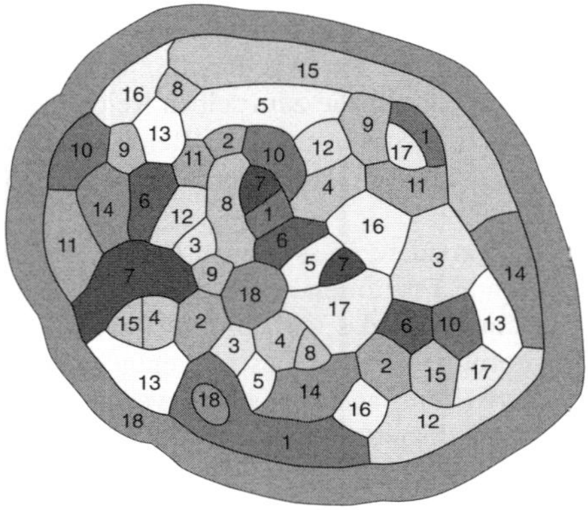

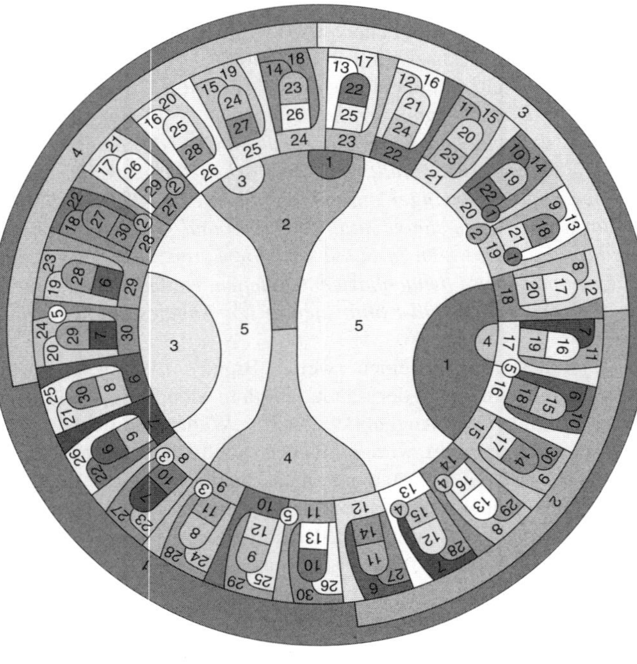

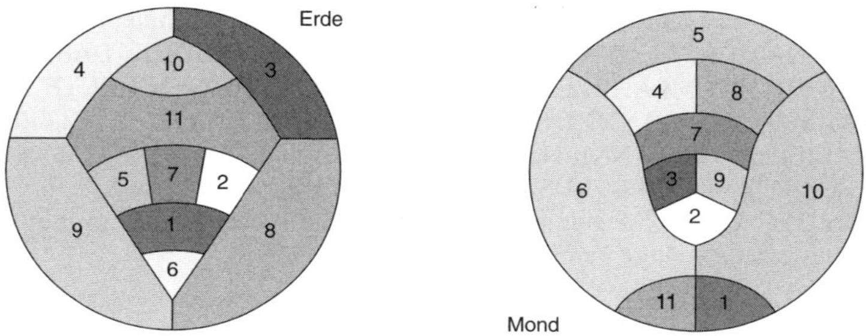

Bild 2: Noch ein Alptraum für den Kartographen. Wie viele Farben braucht man höchstens für eine Weltkarte, wenn die Welt aus Reichen mit je zwei Territorien besteht, eines auf der Erde und eines auf dem Mond? Das Beispiel zeigt, daß man manchmal mindestens 9 Farben benötigt. Aber bisher weiß niemand, ob für eine andere Aufteilung von Erde und Mond 10, 11 oder sogar 12 Farben erforderlich sind.

Reiche, von denen jedes ein Territorium auf der Erde, dem Mond und dem Mars hat. In diesem Falle ist die minimale Farbenzahl 16, 17 oder 18, allgemein $6m-2$*,* $6m-1$ *oder* $6m$*; dabei ist* $m \geq 3$ *die Anzahl der Kugeln, auf denen jedes Reich je ein Territorrium hat.*

Elphistone und Maston gingen zurück ins Observatorium.

„Immer noch nichts“, stellte Elphiston fest, nachdem er den Papierstreifen des Schreibers überprüft hatte. Maston drehte an einer großen Kurbel und bewegte das Teleskop. Dann beugte er sich nieder und blickte durch das Okular.

„Schon was zu sehen?“

„Immer noch nichts.“ Maston drehte an den Stellschrauben. „Ah! Da ist es!“

Der Major schaute durch und konnte den kleinen Fleck vor dem Hintergrund der Mondlandschaft kaum erkennen. „Sie haben es also geschafft. Bald werden wir eine neue Karte mit einem violetten Mond haben.“

„Und einem Streifen grün darin.“

„Ja, natürlich“, konzedierte Elphiston und blickte wieder durch das Teleskop. „Aber was sind das für merkwürdige Flecken neben unserem Raumschiff?“

◀ **Bild 1:** Der Alptraum der Kartographen. Wenn man eine Landkarte mehrerer Reiche zu zeichnen hätte, deren jedes aus genau zwei Ländern besteht, wieviel Farben braucht man mindestens, wenn jedes Reich einheitlich gefärbt werden soll und nirgendwo Territorien verschiedener Reiche mit der gleichen Farbe aneinandergrenzen dürfen? Die Karte oben links erfordert 12 Farben; diese Anzahl ist ausreichend für alle Karten, bei denen ein Reich aus genau zwei Ländern besteht. Bei Reichen aus jeweils drei Ländern kommt man stets mit 18 Farben aus (oben rechts), bei Reichen aus je fünf Ländern mit 30 Farben (unten).

Der Ticker begann plötzlich zu klappern. Maston rannte hinüber und las: INTERNATIONALE NACHRICHTENAGENTUR MELDET, DASS BEMANNTE RAUMFAHRZEUGE FOLGENDER NATIONEN HEUTE AUF DEM MOND GELANDET SIND: ARGENTINIEN, BAYERN, BELGIEN, BRASILIEN, BRITANNIEN, CHINA, HOLLAND, JAPAN, PORTUGAL, PREUSSEN, SPANIEN, RUSSLAND UND VEREINIGTE STAATEN."

Der Major starrte Maston an. „Wie sagten Sie soeben? Violett, grün und sieben bis zehn weitere Farben?"

Literaturhinweis

Pearls in Graph Theory: A Comprehensive Introduction. Von Nora Hartsfield und Gerhard Ringel. Academic Press, 1990.

Buch III

Die gekämmte Kugel

1

Wie man Tennisbälle bündelt

Wie man Tennisbälle bündelt, ohne selbst zum Nervenbündel zu werden: über vieldimensionale Packungsprobleme und die Wurst-Vermutung

Fritz beendete gerade seinen ersten Arbeitstag als Auszubildender in einer Sportartikel-Versandfirma. „Lilli, kannst du mir noch ein letztes Mal sieben Tennisballdosen rüberreichen?“ bat er. „Und wo du schon dabei bist, gib mir doch auch ein Stück Folie dazu.“

„Laß mich nur noch eben diese Bälle einwickeln“, entgegnete Lilli Weishaupt, eine Mathematikstudentin, die sich in den Ferien etwas Geld hinzuverdiente. Sie reihte ein halbes Dutzend Bälle nebeneinander auf, schlug Plastikfilm darum und schweißte das stangenförmige Paket zu. Dann reichte sie ihrem neuen Kollegen die gewünschten Dosen und die Rolle mit der Folie.

Fritz breitete ein langes Stück davon auf seinem Arbeitstisch aus, richtete die Dosen eine neben der anderen aus und schlug die Folie so sorgsam darüber, wie eine Mutter ihr Baby wickelt. Schließlich legte er die Packung unter das Nahtschweißgerät, das die Folie zunächst straffte, so daß sie sich eng um das Bündel schmiegte, und nach dem Verschweißen die überstehenden Enden abschnitt. Doch als er das fertige Paket (Bild 1 oben) anschließend lässig mit einer Hand ergriff, kullerte der Inhalt auf den Boden. Das Gepolter ließ alle Umstehenden erschrocken aufblicken.

„Rottweiler! Dieses Kunststück haben Sie heute schon mindestens hundertmal fertig gebracht“, schrie der Abteilungsleiter.

„Es tut mir leid, Chef.“

„Wollen Sie morgen auch noch hier arbeiten, Sie Tolpatsch?“

„Ja, Chef.“

„Dann überlegen Sie sich doch gefälligst mal, wie man die Dosen richtig einwickelt. Warum packen Sie sie nicht dichter zusammen?“

„Aber Lilli reiht ihre Tennisbälle doch auch alle nebeneinander auf, und so mache ich es mit den Dosen“, protestierte Fritz. „Und sie spannt die Folie nicht strammer als ich. Bei meinem Paket waren keine Dellen drin.“

„Tja, aber meine Päckchen fallen nicht auseinander“, warf Lilli ein.

„Und warum zum Kuckuck klappt das bei zylinderförmigen Dosen nicht?“ wollte der Abteilungsleiter wissen.

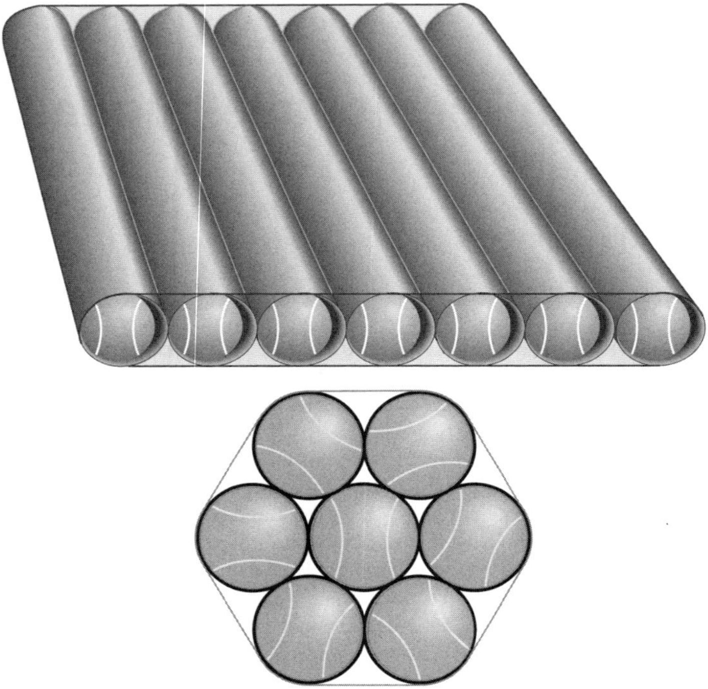

Bild 1: Sieben Zylinder sind hier zu einem hexagonalen (unten) und einem linearen Bündel (oben) zusammengepackt. Welche der beiden Packungen hat das kleinere Volumen, und welche fällt in sich zusammen, wenn man sie unvorsichtig in die Hand nimmt?

Kreispackungen mit minimaler Fläche

„Nun", gab Lilli eine Probe ihres vom Studium geschulten logischen Denkvermögens, „wenn das Gesamtvolumen des Pakets – einschließlich der Zwischenräume – so klein wie möglich ist, dann kann das Bündel nicht in sich zusammenfallen; denn das ginge nur, wenn es sich noch weiter verdichten ließe. Wir müssen also über Pakete nachdenken, deren Volumen – das heißt der gesamte Inhalt unter der Folie, also auch die Luft zwischen den Dosen – bei insgesamt konvexer Oberfläche möglichst gering ist."

„Ich sehe ein, daß die Oberfläche des Bündels viel größer ist, wenn die Dosen wie Baumstämme in einem Floß nebeneinanderliegen, als wenn man sie stapelt", meinte der Abteilungsleiter, der in seiner Freizeit gerne Denksportaufgaben aus der Zeitung löste und sich einiges auf seinen Scharfsinn zugute hielt. „Natürlich hängt der Unterschied davon ab, wie viele Dosen es sind. Aber was das Volumen angeht, bin ich mir nicht so sicher."

„Angenommen, die zylindrischen Dosen hätten einen Radius der Länge 1; nur um die Rechnung zu vereinfachen." Lilli fühlte sich in ihrem Element. „Wenn man das Paket von der Seite ansieht, hat man im wesentlichen viele Kreise zusammenzupacken und mit einem elastischen Band zu umschlingen. Das Volumen des Pakets ist dann proportional zu der vom Band umschlossenen Fläche, und die Oberfläche ist proportional zur Länge des Bandes – wenn wir annehmen, daß die Stirnseiten der Dosen frei bleiben."

„Richtig."

„Die Fläche innerhalb des Bandes und dessen Länge können wir leicht ausrechnen. In zwei Dimensionen zu denken ist viel einfacher. Wenn man sieben Kreise hintereinander anordnet und ein Band darum legt, so daß alles eng anliegt, dann ist der gesamte Umfang gleich $2\pi + 24$ oder 30,283."

„Warum?" Der Abteilungsleiter konnte dem Gedankenflug der Studentin nicht so schnell folgen.

„Jede Seite hat die Länge 12 – sechs Kreisdurchmesser – und dann noch zwei Halbkreise, jeder von der Länge π."

„Verstanden."

„Aber wenn man sechs Kreise in einem Sechseck anordnet und einen in der Mitte einfügt, dann wird der Umfang $12 + 2\pi$ oder 18,283." Sie demonstrierte das mit sieben Dosen (Bild 1 unten). „Die Begründung ist ähnlich: Es gibt sechs gerade Stücke, deren Länge gleich dem Durchmesser eines Kreises ist, und sechs Bögen von je einem Sechstel des Kreisumfangs."

„Auch das leuchtet mir ein, Fräulein Weishaupt."

„Der Umfang der hexagonalen Anordnung ist also kaum größer als die halbe Länge der linearen. Darum fallen Fritz' flache Pakete immer in sich zusammen. Wenn sich die Dosen nur ein bißchen verschieben, lockert sich die Folie."

„Da bin ich mir nicht so sicher", trumpfte der Freizeit-Knobler auf. „Bis jetzt haben Sie ja nur den Umfang berechnet, Fräulein Weishaupt. Aber wie steht es denn mit dem Volumen?"

„Das sollte man auf ähnliche Art ermitteln können, Chef. Bei flachen Packungen läßt sich die vom Band umschlossene Stirnfläche in sechs Quadrate der Seitenlänge 2 und zwei Halbkreise vom Radius 1 aufteilen. Das macht zusammen $24 + \pi$ oder 27,142. Bei der hexagonalen Packung ist die Berechnung allerdings schwieriger; denn hier zerfällt die Fläche in viele seltsame Teilstücke mit gekrümmten Rändern."

„Gibt es für sowas denn nicht irgendeine Formel?"

„Nicht in den Formelsammlungen, die ich kenne. Ich muß es schon selber ausrechnen." Sie nahm einen Bleistift und Schmierpapier zur Hand. „Hmm.

Offensichtlich haben die Leerräume zwischen den Kreisen jeweils eine von zwei Formen. Es gibt innere mit drei krummen Randlinien und äußere mit zwei krummen und einem geraden Randstück (Bild 2). Ein Innenloch ist faktisch ein gleichseitiges Dreieck minus dreier 60-Grad-Kreissektoren. Das gleichseitige Dreieck hat Seiten der Länge 2, also eine Höhe von $\sqrt{3}$. Seine Fläche ist die halbe Grundseite mal der Höhe, also $(1/2) \times 2 \times \sqrt{3} = \sqrt{3}$. Die drei Kreissektoren bilden zusammen einen Halbkreis der Fläche $\pi/2$. Also hat ein Innenloch die Fläche $\sqrt{3} - \pi/2 = 0{,}161$. Dagegen ergeben zwei Außenlöcher plus zwei Halbkreise ein 2×2-Quadrat mit Flächeninhalt 4. Demnach hat ein Außenloch zusammen mit einem Halbkreis den Flächeninhalt 2. Zieht man den Halbkreis ab, so bleibt für das Außenloch die Fläche $2 - \pi/2 = 0{,}429$."

Der Abteilungsleiter blickte Lilli gebannt über die Schulter, während sie fortfuhr. „Die Fläche eines hexagonalen Bündels aus sieben Kreisen setzt sich aus diesen selbst sowie aus sechs Innen- und sechs Außenlöchern zusammen. Seine Fläche beträgt also

$$7\pi + 6(\sqrt{3} - \pi/2) + 6(2 - \pi/2) = 25{,}553.$$

Und das ist kleiner als 27,142. Sehen Sie? Darum fallen Fritz' Pakete in sich zusammen. Er sollte seine Dosen lieber in sechseckigen Stapeln packen."

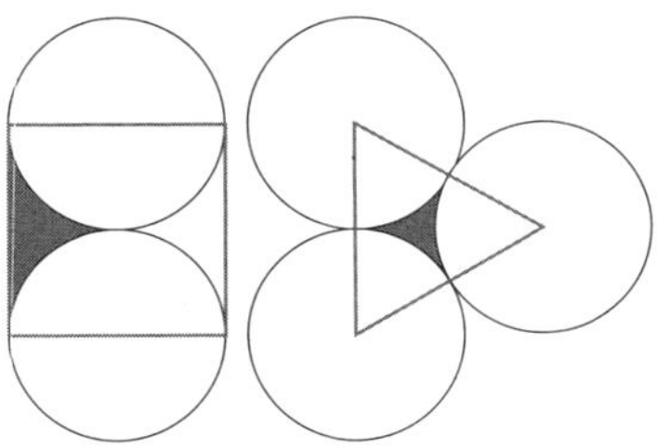

Bild 2: Zwischen drei so dicht wie möglich nebeneinanderliegenden Kreisen bleibt eine Lücke, die gleich der Fläche eines gleichseitigen Dreiecks mit dem Kreisdurchmesser als Seitenlänge minus einer halben Kreisfläche ist (rechts). Dagegen ist die Lücke zwischen zwei Kreisen und einer ihrer beiden gemeinsamen Tangenten gleich der halben Fläche eines Quadrats mit dem Kreisdurchmesser als Seitenlänge minus einer halben Kreisfläche (links).

Trauben oder Würste?

„Schön", gab Fritz zu. „Aber ich sehe trotzdem nicht ein, warum das gleiche nicht auch für Kugeln gilt. Wenn du deine Tennisbälle in Trauben zusammenpackst, wird das Gesamtvolumen doch wohl auch kleiner als beim Nebeneinander-Aufreihen."

„Nicht unbedingt. Das ist ein kompliziertes Problem, das sich diesmal nicht auf zwei Dimensionen reduzieren läßt. Mir scheint, daß innerhalb der Trauben viel Raum verschwendet wird. Bei meinem Arrangement, also mit allen Bällen in einer Reihe, ergibt sich eine Folienfläche von 28π, und das umschlossene Volumen beträgt $40\pi/3$. Für andere Anordnungen läßt sich das Volumen leider nicht so einfach ausrechnen. Immerhin fallen meine Ballwürste nicht auseinander, und das ist doch der schlagende Beweis dafür, daß sie das kleinstmögliche Volumen haben."

„Das ist alles gut und schön", erklärte der Abteilungsleiter, „aber was machen Sie, Rottweiler, wenn Sie Bündel mit mehr als sieben Dosen packen sollen? Welche Form müssen die haben, damit das innere Volumen minimal wird?"

„Nun ja – so ähnlich wie bei dem Sechseck, Chef, nur eben größer", antwortete Fritz unsicher.

„So ähnlich wie bei dem Sechseck, Chef, nur eben größer", äffte der Abteilungsleiter ihn nach. „Ist das vielleicht eine Antwort, Rottweiler?"

„Nein, Chef."

„Und Sie, Fräulein Weishaupt, müssen bei dem Problem mit den Kugeln offenbar auch passen. Sie können das Volumen nur für die Wurstform berechnen und nehmen einfach an, diese Form habe das kleinste Volumen. Ich denke, Sie studieren Mathematik?"

Die Getadelte ließ schuldbewußt den Kopf hängen.

„Ich möchte, daß Sie beide sich in der Bibliothek unserer Firma umsehen und möglichst viel zu diesem Thema ausgraben. Schließlich leistet sich das Unternehmen nicht umsonst den Luxus, alle einschlägige Literatur zu möglicherweise auftauchenden praktischen Verpackungsfragen zu beschaffen. Das Problem muß doch schon mal von irgend jemandem untersucht worden sein. Wir brauchen das Rad ja nicht nochmals zu erfinden oder?"

„Nein, Chef", stimmte Fritz zu. „Äh, wir meinen ja, Chef", korrigierte ihn die Studentin.

Am nächsten Morgen fand der Abteilungsleiter die beiden schlafend in der Bibliothek; ihre Köpfe waren auf Stöße aufgeschlagener Zeitschriften und Bücher gesunken. „Guten Morgen, Sie Schlafmützen. Was gefunden?" begrüßte er sie rauh, aber herzlich.

„Ja, Chef", antwortete Lilli hastig, während sie wie elektrisiert hochschreckte, „sogar eine ganze Menge".

„Dann schießen sie mal los!"

„Chef, das Grundproblem besteht darin, Anordnungen n-dimensionaler Kugeln im n-dimensionalen Raum zu finden, so daß das n-dimensionale ‚Volumen' ihrer konvexen Hülle minimal ist. Dabei versteht man unter der konvexen Hülle die kleinste konvexe Fläche, die alle Kugeln umfaßt. In zwei Dimensionen packen wir ebene Kugeln, also Kreise, und versuchen den Flächeninhalt der konvexen Hülle zu minimieren. Das entspricht dem Umwickeln von Fritz' zylinderförmigen Dosen. In drei Dimensionen packen wir Kugeln wie meine Tennisbälle und versuchen das Volumen zu minimieren."

Groemer-Packungen

„Nun kommen Sie endlich zum Punkt", meinte der Abteilungsleiter ungeduldig.

„In zwei Dimensionen weiß man, daß die Maxime für die besten Arrangements ‚so hexagonal wie möglich' lautet."

„Eigentlich hatte ich mir eine präzise Antwort erhofft, Fräulein Weishaupt."

„Äh, nun, Chef, es ist ein bißchen kompliziert. Zur Erklärung muß ich Ihnen etwas über Groemer-Packungen erzählen. Das sind bienenwabenähnliche Arrangements aus Sechsecken, deren Seiten zwar nicht unbedingt alle gleich lang, aber zumindest paarweise parallel sein müssen. Einige Seiten dürfen sogar ganz fehlen – ich meine, es könnten auch Fünfecke oder Dreiecke oder so sein." Sie deutete auf eine aufgeschlagene Seite mit Beispielen (Bild 3).

„Solche Packungen sind nach Helmut Groemer von der Oregon State University in Corvallis benannt, der 1960 einen grundlegenden Satz darüber bewiesen hat. Darin stellt er einen Zusammenhang zwischen der Fläche der konvexen Hülle einer Kreis-Packung, der Anzahl der Kreise darin und dem Umfang der konvexen Hülle her. Demnach beträgt für n Kreise vom Radius 1 der Flächeninhalt einer konvexen Hülle mit dem Umfang u mindestens

$$2\sqrt{3}(n-1) + u(1-\sqrt{3}/2) + \pi(\sqrt{3}-1).$$

Dabei ist der Flächeninhalt genau dann gleich diesem Wert, wenn die Packung eine Groemer-Packung ist."

„Ja und?"

„Ausgehend von dieser Abschätzung hat Gerd Wegner von der Universität Dortmund 1986 das ganze Problem im wesentlichen gelöst. Er bewies nämlich, daß die konvexe Hülle einer Menge von n gleichgroßen Kreisen minimal wird, wenn die Kreise in einer Groemer-Packung angeordnet werden, deren Seiten ‚so gleich wie möglich' sind – jedenfalls für n zwischen 1 und

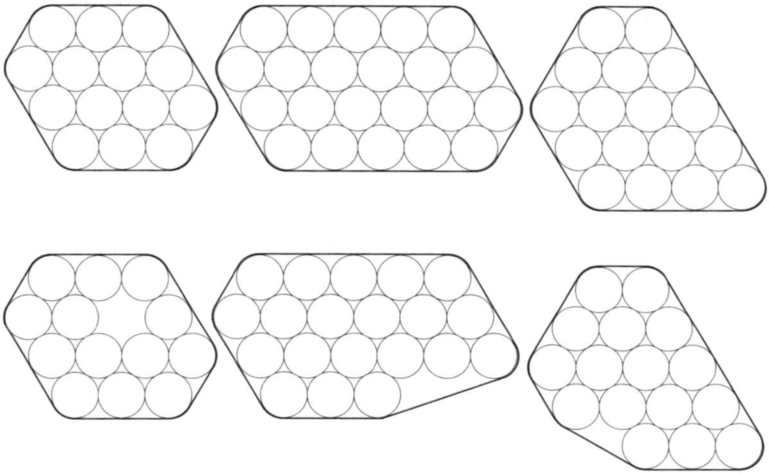

Bild 3: In Groemer-Packungen werden die Kreise von Sechsecken mit nicht unbedingt gleich langen, aber paarweise parallelen Seiten umschlossen, wobei einzelne Seiten auch die Länge null haben können (obere Reihe). Solche Packungen sind, wie Helmut Groemer von der Oregon State University 1960 bewiesen hat, die dichtestmöglichen. Wenn ein Platz im Inneren freibleibt oder eine Kante nicht zur gegenüberliegenden parallel ist (untere Reihe), lassen sich die Kreise stets auf noch engerem Raum unterbringen.

120. Außerdem ist der Satz auch richtig, wenn n eine Hexagonalzahl ist, also die Gleichung $n = 3k^2 + 3k + 1$ mit ganzzahligem k erfüllt. Dann gibt es nämlich eine Groemer-Packung in Form eines regelmäßigen Sechsecks."

„Demnach existieren also immer noch einige ungelöste Fälle?"

„Ja, aber die Spanne zwischen den besten bekannten Ergebnissen und den bestmöglichen ist sehr klein."

Der Abteilungsleiter schüttelte mißbilligend den Kopf. „Nicht so genau, wie ich mir das erhofft hatte, Fräulein Weishaupt."

„Das mag ja sein, Chef", sprang Fritz ihr bei. „Aber wir müssen doch nie im Leben mehr als 120 Dosen in einem Bündel zusammenpacken."

„Schon, aber mir geht es ums Prinzip", entgegnete der Abteilungsleiter mit einem Anflug von Starrsinn.

„Merkwürdig ist, daß die Antwort in drei Dimensionen ganz anders ausfällt – jedenfalls für relativ wenige Kugeln."

„Relativ wenige Kugeln?" wiederholte der Abteilungsleiter verständnislos.

„Ja, bis zu 56, Chef, um genau zu sein", fügte Lilli hastig hinzu. „Bis zu so vielen Kugeln ist die Anordnung, deren konvexe Hülle das kleinste Volumen hat, eine Wurst, bei der alle Bälle auf einer Geraden liegen. Danach allerdings wird das beste Arrangement viel kompakter und rundlicher."

„Rundlicher, soso."

Höhere Dimensionen: die Wurst-Vermutung

„Noch weniger intuitiv ist, was in Räumen mit vier und mehr Dimensionen passiert", fuhr Lilli fort und ignorierte den versonnenen Blick ihres Chefs auf ihre Körperformen.

„Ich glaube kaum, daß wir vierdimensionale Sportartikel herstellen werden", spottete der Abteilungsleiter.

„Aber es geht Ihnen doch, wie Sie sagten, ums Prinzip. Wie Sie wohl wissen, läßt sich jeder Punkt im zweidimensionalen Raum durch zwei Zahlen (x,y) und im dreidimensionalen Raum durch ein Zahlentripel (x,y,z) als Koordinaten beschreiben. Entsprechend besteht der vierdimensionale Raum aus allen Zahlenquadrupeln (w,x,y,z) und der n-dimensionale Raum aus allen n-Tupeln $(x_1,\ldots,x_n)$. Eine Kugel in n Dimensionen ist dann die Menge aller Punkte, die von einem gegebenen Punkt, dem Mittelpunkt, gleich weit entfernt sind. Natürlich muß man noch das n-dimensionale Analogon zum Volumen definieren, aber das ist nicht allzu schwer."

„Wenn Sie das sagen …"

„Jedenfalls ist in vier Dimensionen für bis zu ungefähr 50 000 Kugeln das Wurst-Arrangement dasjenige, dessen konvexe Hülle das kleinste Volumen hat. Bei 100 000 Kugeln dagegen bildet die Wurst mit Sicherheit nicht mehr die dichteste Packung."

„Wo genau liegt denn die Grenze?"

„Tja, irgendwo zwischen 50 000 und 100 000, Chef. Keiner weiß, ab wann die Wurst nicht mehr optimal ist. Aber in fünf Dimensionen scheint etwas wirklich Überraschendes zu passieren. Man könnte denken, daß in diesem Falle die Wurst bei – sagen wir – bis zu 50 Milliarden Bällen am besten abschneidet und ab dann ein etwas rundlicheres Gebilde" – hier ließ sie ihren Blick einen Moment lang auf der Leibesmitte ihres Vorgesetzten ruhen – „eine kleinere konvexe Hülle hat. In sechs Dimensionen könnte die Grenze vielleicht bei etlichen Trillionen liegen und so weiter. Aber im Jahre 1975 formulierte Laszlo Fejes Tóth die sogenannte Wurst-Vermutung. Danach ist in fünf und mehr Dimensionen die Wurst unabhängig von der Zahl der zu packenden Bälle immer die Anordnung, deren konvexe Hülle das kleinste Volumen hat."

„Wirklich erstaunlich", rief der Abteilungsleiter aus.

„Was ist denn an fünf Dimensionen so besonders?" wollte Fritz wissen.

„Noch ist es ja bloß eine Vermutung", warnte Lilli. „Aber sie läßt sich recht plausibel begründen. Die Grundidee ist, daß es mit zunehmender Dimension immer schwieriger wird, den ganzen Raum effizient mit Kugeln auszufüllen; die vieldimensionalen Lücken dazwischen werden einfach zu groß. In je mehr der verfügbaren Raumdimensionen sich die Umhüllung ausdehnt, desto mehr Lücken bleiben und desto mehr Platz wird verschwendet. Wenn man die Kugeln dagegen nur in einer einzigen Dimension aufreiht – eben in der Wurstform –, muß man weniger Lücken in Kauf nehmen. Tóth schätzte die Dimension ab, von der an diese Überlegung zutrifft, und kam auf die Zahl fünf. Natürlich könnte sich das Ganze als Trugschluß erweisen – niemand weiß das bisher genau. Aber es wäre jedenfalls interessant, die Antwort herauszubekommen."

Der Abteilungsleiter versuchte, sich nicht anmerken zu lassen, wie beeindruckt er war. „Sehr schön, Sie Schlauköpfe", meinte er gönnerhaft, „wirklich gut gemacht. Aber jetzt – zurück an die Arbeitsplätze! Es gibt viele Pakete zu packen."

Fritz verbrachte die nächste Stunde damit, 56 Tennisbälle mit einem riesigen Stück Folie zu einer Wurst zusammenzupacken. Als er fertig war, rief er voller Stolz dem Abteilungsleiter zu, doch einmal herüberzuschauen.

„Bravo", lobte der.

Triumphierend hob Fritz das Paket über den Kopf – aber die Wurst bog sich unter ihrem Gewicht durch, die Folie zerriß, und 56 Tennisbälle kullerten kreuz und quer durch den Raum.

Literaturhinweise

Research Problems. Von Laszlo Fejes Tóth in: Periodica Mathematica Hungarica, Band 6, Seiten 197 bis 199 (1975).

Über endliche Kreispackungen in der Ebene. Von Gerd Wegner in: Studia Scientiarum Mathematicarum Hungarica, Band 21, Seiten 1 bis 28 (1986).

Unsolved Problems in Geometry. Von Hallard T. Croft, Kenneth J. Falconer und Richard K. Guy. Springer-Verlag, New York 1991.

2
Die Wahlstrategien von Dunkelstein: Stimmenzahl und Macht

Man gebe dem, der hat, noch mehr, und es wird der Gerechtigkeit dienen. Auch die demokratischsten Abstimmungssysteme sind gelegentlich paradox.

Im Bundesrat von Dunkelstein war soeben der Gesetzentwurf zur Palmöl-Subventionierung abgelehnt worden, und Präsident Friedrich Finsterling tobte. Seine Helfer gaben sich alle Mühe, ihn zu beruhigen, vermieden es aber, ihn noch mehr zu erzürnen, um nicht ihre Pöstchen zu gefährden.

„Ich schätze es überhaupt nicht, eine Abstimmung zu verlieren, die wir eigentlich hätten gewinnen müssen, Schleicher."

„Natürlich nicht", beeilte sich sein persönlicher Referent zuzustimmen.

„Sie haben mir hoch und heilig versichert, daß vier der sechs Bezirke zustimmen würden, darunter Schafhausen, der größte."

„Jawohl, Herr Präsident, und so war es auch."

„Wie zum Teufel konnten wir dann verlieren?"

„Das liegt an dem gewichteten Wahlsystem", erklärte Schleicher. „Wie Sie wissen, hat jeder Bezirk eine Stimmenzahl, die ungefähr proportional zur Anzahl seiner Einwohner ist. Schafhausen hat 300 000 Einwohner und 10 Stimmen. Die anderen Bezirke – nun, sehen Sie selbst." Er kramte die stets griffbereite Tabelle der Stimmenzahlen hervor (vergleiche Bild 1):

Schafhausen	10
Bonzenberg	9
Drosseldorf	7
Hintereck	3
Winzlingen	1
Insel Kleinau	1

„Insgesamt gibt es 31 Stimmen, also braucht man 16 für die Mehrheit. Schafhausen hat für Ihre Vorlage gestimmt, ebenso Hintereck, Winzlingen und die Insel Kleinau. Aber das macht zusammen nur 15 Stimmen. Bonzenberg

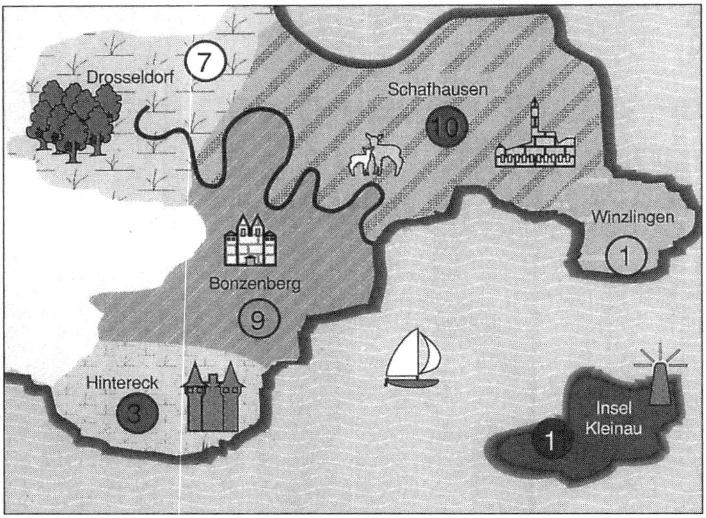

Bild 1 : Die sechs Bezirke von Dunkelstein mit ihren Stimmenzahlen.

und Drosseldorf waren dagegen, und die haben zusammen 16 Stimmen. So haben wir schließlich doch verloren."

Präsident Finsterling riß sich mühsam zusammen und untersuchte die Zahlen sehr sorgfältig. „Schleicher, die Neuwahl des Präsidenten ist nächsten Monat, und ich möchte keine Wiederholung dieser Schlappe. Wenn wir die Wahlkreiskommission dazu bringen könnten, Schafhausen eine Stimme mehr zu geben und Drosseldorf eine weniger..."

Schleicher schüttelte den Kopf. „Das würde ich nicht empfehlen, Herr Präsident. Bonzenberg und Drosseldorf sind für Ihre Wiederwahl, Schafhausen schwankt noch, und die anderen drei Bezirke sind dagegen. So, wie die Gewichte jetzt sind, können Bonzenberg und Drosseldorf eine Koalition der vier anderen blockieren. Wenn Sie einem der beiden eine Stimme wegnehmen, geht das nicht mehr."

„Stimmt. Aber was ist mit..." Es klopfte an der Tür, und herein stürmte mit grimmiger Miene Fritz Fischer, der Vertreter der Insel Kleinau.

„Herr Präsident, diese Farce kann nicht länger so weitergehen!"

„Beruhigen Sie sich! Welche Farce?"

„Dieses sogenannte demokratische Abstimmungssystem. So, wie die Stimmen gewichtet werden, hat die Insel Kleinau überhaupt nichts zu sagen!"

Finsterling blickte verwirrt drein. „Aber Sie haben eine Stimme, ganz entsprechend der Einwohnerzahl. Winzlingen hat auch nur eine Stimme, obwohl es etwas mehr Einwohner hat. Sie haben also pro Einwohner sogar mehr Macht als Winzlingen."

Die Ohnmacht der Kleinen

„Nein, gar keine, Herr Präsident. Das Ergebnis jeder Abstimmung hängt ausschließlich davon ab, wie die drei größten Bezirke stimmen. Denn je zwei von denen bilden schon eine Mehrheit."

„Wie bitte?"

„Bei jeder Abstimmung darf jeder Bezirk nur geschlossen mit Ja oder Nein votieren. Also stimmen stets mindestens zwei der drei größten Bezirke gleich ab. Diese beiden haben zusammengenommen in jedem Falle mindestens so viele Stimmen wie Bonzenberg und Drosseldorf, nämlich 16. Das ist aber schon die Mehrheit. Bei jeder Abstimmung käme genau das gleiche heraus, wenn Hintereck, Winzlingen und die Insel Kleinau überhaupt keine Stimme hätten! Ich sage doch, wir sind völlig machtlos!"

Der Präsident dachte darüber nach. „Ich verstehe, was Sie meinen. Aber was soll ich tun?"

„Geben Sie uns noch eine Stimme! Dann könnten wir drei uns mit Schafhausen verbünden und hätten dann wenigstens genauso viele Stimmen wie die beiden anderen zusammen. Oder wenn Sie auch Winzlingen noch eine Stimme gäben, könnten wir eine mehrheitsfähige Koalition bilden!"

Schleicher kritzelte emsig an einer neuen Tabelle:

Schafhausen	10
Bonzenberg	9
Drosseldorf	7
Hintereck	3
Winzlingen	2
Insel Kleinau	2

„Die Gesamtzahl der Stimmen wäre dann 33", bestätigte er dann. „Also würden 17 oder mehr für eine Mehrheit ausreichen... Ich verstehe. Nach diesem System könnte eine Koalition von Hintereck, Winzlingen, der Insel Kleinau und Schafhausen gewinnen."

„Ja! Und auf jeden der drei kleinen Bezirke käme es wirklich an. Das wäre das Gleichgewicht der Kräfte."

Der Präsident griff hastig zum Telephon. „Florian", fragte er seinen speziellen Freund, den Vorsitzenden der Wahlkreiskommission, „könnt ihr die

Grenzen neu ziehen, so daß Winzlingen und die Insel Kleinau je eine zusätzliche Stimme erhalten?"

Florian Fuscher mußte bedauern. „Vielleicht ginge es bei Winzlingen", meinte er. „Aber die Insel Kleinau ist 20 Kilometer vom Festland entfernt. Es wäre schwierig, diese Grenze zu verändern, ohne daß es auffällt."

„Schade", sagte der Präsident.

„Unsere Bürgerinnen und Bürger werden das nicht hinnehmen", verkündete der Vertreter der Insel Kleinau drohend.

„Kann schon sein. Aber wie Sie soeben selbst erklärt haben, können Sie nichts machen, denn Sie sind machtlos", triumphierte der Präsident. „Stoßen Sie keine Drohungen aus, denen Sie nicht Taten folgen lassen können", fügte er mit väterlicher Milde hinzu.

„Na ja, es kann Sie doch nicht beglücken, wenn bereits zwei Bezirke von Dunkelstein Sie aus dem Amt werfen können."

„Das ist ein Argument."

„Sie sind der Präsident, Herr Finsterling. Irgend etwas wird Ihnen doch einfallen."

Finsterling studierte wieder die Zahlen, kritzelte eine Weile auf einem Stück Papier und wählte nochmals Fuschers Nummer. „Könnt ihr Schafhausen zwei Stimmen mehr verschaffen?"

„Kein Problem. Die Bezirksgrenze verläuft entlang des Flusses, der viele Schleifen hat. Wir könnten sie ohne großes Aufsehen begradigen."

„Aber was soll denn der Unfug? Zusätzliche Stimmen für den größten Bezirk können den kleinen Bezirken doch unmöglich einen Anteil an der Macht geben", wandte der Vertreter der Insel Kleinau ein.

„Doch", erwiderte der Präsident. „Wenn Schafhausen zwei Stimmen mehr hat, haben Sie wieder Teil an der Macht."

Schafhausen	12
Bonzenberg	9
Drosseldorf	7
Hintereck	3
Winzlingen	1
Insel Kleinau	1

„Sehen Sie: Die Viererkoalition, die eben noch auf der Verliererseite war, kommt nun auf 17 von 33 Stimmen. Und wieder kann jeder der kleinen Bezirke das Zünglein an der Waage spielen", sagte Schleicher.

Fischer war verblüfft. „Das ist verrückt. Sie geben Schafhausen mehr Macht, und wie durch ein Wunder fällt für die Insel Kleinau etwas davon ab."

Schleicher lachte trocken. „Nein, Herr Fischer, wir geben Schafhausen nicht mehr Macht, sondern mehr Stimmen. Wie Sie bereits bemerkt haben, ist das nicht dasselbe. Die Theorie der Wahlsysteme ist voll von Paradoxien." (Vergleiche Spektrum der Wissenschaft, Januar 1987, Seite 32, und September 1989, Seite 24.)

Formeln zur Macht

Der Präsident sah plötzlich sehr unglücklich aus. „Sie beunruhigen mich. Wenn Macht nicht Stimmen heißt, was dann? Ich muß das wissen", fuhr er fort, „denn es ist Macht, mit der man Wahlen gewinnt. Oder verliert. Ich will wissen, wo die Macht sitzt und wo die wunden Punkte sind."

„Wen man bestechen oder erpressen muß", ergänzte Fischer.

„Das will ich nicht gehört haben", erwiderte der Präsident und lief puterrot an. „Wenn Sie das außerhalb dieses Büros sagen..."

„Herr Präsident", wechselte Schleicher schnell und gekonnt das Thema, „was Sie brauchen, ist der Banzhafsche Machtindex."

„Wen? Was?"

„John F. Banzhaf III ist ein Jurist und bekannter Verbraucheranwalt an der Georgetown-Universität in Washington. Er hat ein neues Maß für die Macht eines Repräsentanten in einem gewichteten Wahlsystem wie unserem angegeben. Die Grundidee ist, daß ein Repräsentant – ein Wähler oder Abgeordneter –nur auf zwei Arten Macht ausüben kann : indem er einer Minderheitskoalition beitritt, die dadurch zu einer Mehrheitskoalition wird, oder indem er eine Mehrheitskoalition verläßt und sie so in eine Minderheitskoalition verwandelt."

„Ist das nicht dasselbe?" fragte der Präsident.

„Im Prinzip ja. Wenn man einer Koalition beitritt, verläßt man diejenige, die aus allen anderen besteht. Wir müssen also nur einen Fall betrachten –zum Beispiel die Etablierung einer Mehrheitskoalition. Der Banzhafsche Machtindex für einen bestimmten Repräsentanten ist die Anzahl der denkbaren Koalitionen, in denen er eine entscheidende Rolle spielt."

„Was genau heißt dabei entscheidende Rolle?"

„Daß die Koalition, um die es geht, mit ihm gewinnen und ohne ihn unterliegen würde. Unser Wahlsystem mit den bisher gültigen Gewichten würde nach Banzhaf mit [16;10,9,7,3,1,1] bezeichnet: Die Anzahl der für eine Mehrheit – genauer gesagt, die absolute Mehrheit – erforderlichen Stimmen ist 16. Die einzelnen Repräsentanten haben die Gewichte 10, 9, 7, 3, 1 und 1. Die Insel Kleinau könnte nur in einer Koalition von genau 16 Stimmen eine entscheidende Rolle spielen. Wenn eine Koalition mehr Stimmen hat, kommt es auf die Insel Kleinau nicht an, und wenn die Anzahl kleiner ist, ist es keine Mehrheitskoalition. Es gibt aber keine Koalition mit genau 16 Stimmen, an der die Insel Kleinau beteiligt ist. Also ist ihr Machtindex gleich 0."

„Ich sage doch, wir haben nichts zu melden.“

„Und mit dem neuen Vorschlag des Präsidenten? Ich schätze, das wäre als [17;12,9,7,3,1,1] zu bezeichnen.“

„Die Insel Kleinau spielt in jeder Koalition, an der sie beteiligt ist und die genau 17 Stimmen zusammenbringt, eine entscheidende Rolle. Davon gibt es genau zwei, nämlich Schafhausen, Hintereck, Winzlingen und Kleinau (12 + 3 + 1 + 1) und Bonzenberg, Drosseldorf und Kleinau (9 + 7 + 1). Der Machtindex der Insel Kleinau ist also gleich 2.“

„Wie steht es mit Schafhausen?“

„Das hat 12 Stimmen, spielt also eine entscheidende Rolle in allen Koalitionen, an denen es beteiligt ist und die zwischen 17 und 28 Stimmen hat, nämlich 17 – 1 + 12. Sie können diese Koalitionen durch Probieren alle finden. Es gibt 18 davon, also ist der Machtindex von Schafhausen gleich 18“ (Kasten auf dieser Seite).

„Das ist ja interessant!“ entfuhr es dem Inselvertreter. „Deren Bevölkerung wäre also zwölfmal so groß wie unsere, aber deren Macht wäre nur neunmal so groß!“

„Besser als zehnmal so viele Leute und unendlichmal soviel Macht“, ergänzte der Präsident.

„Kann man den Machtindex einfacher berechnen als durch Probieren?“

„Nun, bei vielen Abgeordenten nimmt man besser einen Computer zu Hilfe, und selbst dann muß man sorgfältig vorgehen“, sagte Schleicher. „Aber für kleine Systeme gibt es eine hübsche graphische Methode. Angenommen, das System ist [3;2,1,1]. Das heißt, es gibt drei Wahlmänner. *A* hat 2 Stimmen, *B* und *C* jeweils eine. Und man braucht 3 Stimmen, um zu gewinnen.

Zuerst zeichnet man ein Verbandsdiagramm aller möglichen Koalitionen – aller Teilmengen von $\{A,B,C\}$ – und verbindet jene durch Kanten, die sich nur

Der Machtindex von Schafhausen

In den folgenden Koalitionen spielt Schafhausen beim Wahlsystem [17;12,9,7,3,1,1] eine entscheidende Rolle (die Bezirke sind durch ihre Anfangsbuchstaben abgekürzt):

S+D=12+7=19	S+D+W+K=12+7+1+1=21
S+B=12+9=21	S+B+W+K=12+9+1+1=23
S+D+K=12+7+1=20	S+D+H+W=12+7+3+1=23
S+D+W=12+7+1=20	S+D+H+K=12+7+3+1=23
S+B+K=12+9+1=22	S+B+H+W=12+9+3+1=25
S+B+W=12+9+1=22	S+B+H+K=12+9+3+1=25
S+D+H=12+7+3=22	S+D+H+W+K=12+7+3+1+1=24
S+B+H=12+9+7=28	S+B+H+W+K=12+7+3+1+1=26
S+H+W+K=12+3+1+1=17	S+B+H+W+K=12+7+3+1+1=26

um ein Mitglied unterscheiden. Bei drei Wahlmännern ist das Verbandsdiagramm ein Würfel (Bild 2*a*). Man bezeichnet jede Kante mit dem Namen des Wahlmanns, um den sich die durch die Kante verbundenen Koalitionen unterscheiden (Bild 2*b*). Schließlich markiert man jede Entscheidungskante;

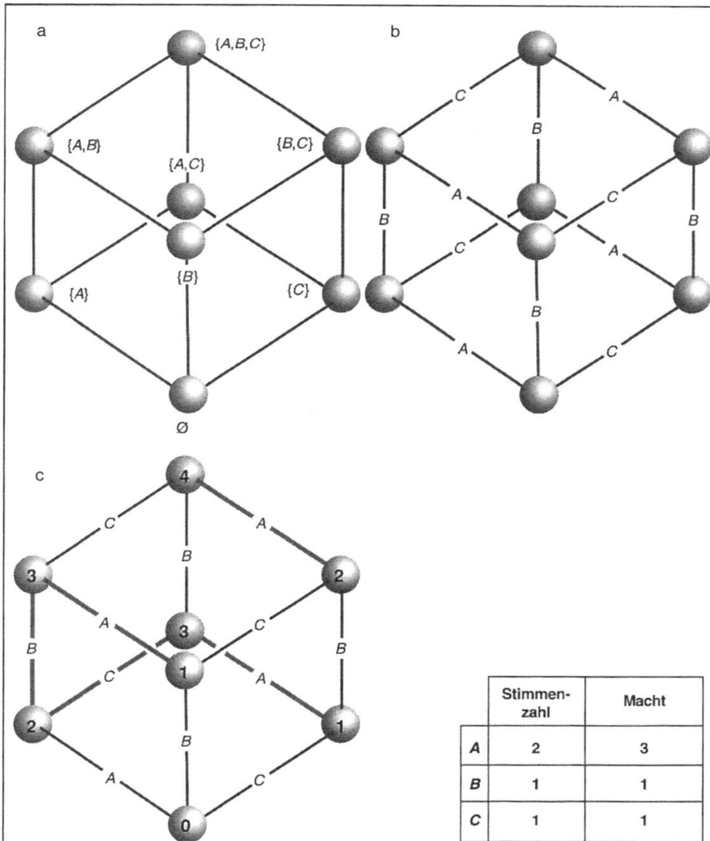

	Stimmenzahl	Macht
A	2	3
B	1	1
C	1	1

Bild 2: Alle möglichen Koalitionen (Teilmengen) von drei Wählern *A*, *B* und *C* sind als Ecken eines Würfels darstellbar (*a*). Jede Kante des Würfels trägt den Namen desjenigen Wählers, um den sich die der Kante anliegenden Ecken unterscheiden (*b*). Eine Kante heißt Entscheidungskante (*c*; fett markiert), wenn sie eine Minderheits- mit einer Mehrheitskoalition verbindet. Der Banzhafsche Machtindex eines Wählers ist die Anzahl der Entscheidungskanten, die seinen Namen tragen.

das ist eine Kante, die eine Mehrheitskoalition mit einer Minderheitskoalition verbindet. Der Machtindex eines gegebenen Wählers ist dann die Anzahl der Entscheidungskanten, die seinen Namen tragen. In unserem Beispiel erscheint *A* an drei Entscheidungskanten, also hat *A* den Machtindex 3. Entsprechend haben *B* und *C* den Machtindex 1.

Man kann auch Verbandsdiagramme für mehr Wähler zeichnen, aber sie sehen ziemlich wirr aus. Das für vier Wähler ist noch ganz nett" (Bild 3).

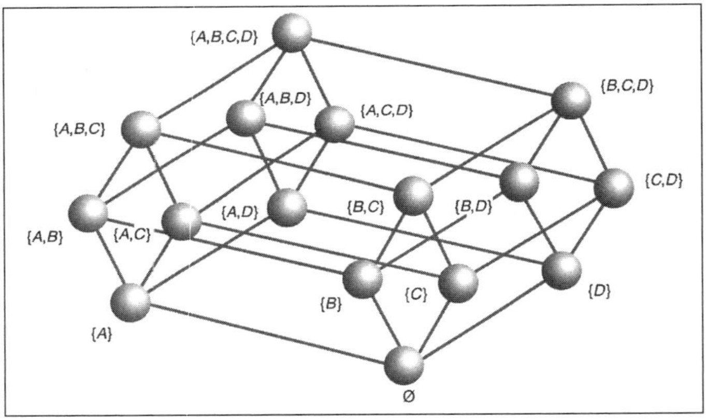

Bild 3 : Die möglichen Koalitionen von vier Wählern entsprechen den Ecken eines Hyperwürfels, der Verallgemeinerung des gewöhnlichen Würfels auf 4 Dimensionen.

Der Präsident lehnte sich in seinem Stuhl zurück. „Nun, Herr Fischer? Was meinen Sie?"

„Ich wäre zufriedener, wenn der Machtindex jedes Bezirks in etwa proportional zu seiner Bevölkerungszahl wäre", erwiderte der.

„Hmm, interessant", meinte Schleicher. „Das versucht man in den USA sehr intensiv zu erreichen. Aber es ist nicht so leicht, die besten Gewichte zu berechnen. Die Zahlen werden ziemlich groß, und der Computer muß entsetzlich viele Koalitionen berücksichtigen... Ich will Ihnen zeigen, was 1982 für Tompkins County in New York herauskam. Wie Sie sehen können, ist der Machtindex fast genau proportional zur Bevölkerungszahl" (Bild 4).

„Wir könnten versuchen, es bei uns ähnlich zu machen", schlug Fischer vor.

„Vielleicht", sagte der Präsident. Seine Frau war Großaktionärin bei der Dunkelstein Computer Leasing AG. Das könnte profitabel werden... Da fiel ihm etwas ein. „Haben Sie Untersuchungen über den Machtindex des amerikanischen Präsidenten, Schleicher?"

Bezirk	Einwohnerzahl	Stimmenzahl	Machtindex	Macht pro Einwohner
Lansing	8317	404	4734	0,569
Dryden East	7604	333	4402	0,579
Enfield & Newfield	6776	306	3934	0,581
Ithaca Ward 3	6550	298	3806	0,581
Ithaca Ward 4	6002	274	3474	0,579
Ithaca South-East	5932	270	3418	0,576
Ithaca Ward 1	5630	261	3218	0,572
Ithaca Ward 2	5378	246	3094	0,575
Ithaca North-East	5235	241	3022	0,577
Groton	5213	240	3006	0,577
Caroline & Danby	5203	240	3006	0,578
Ithaca Ward 5	5172	238	2978	0,576
Ithaca West	4855	224	2798	0,576
Ulysses	4666	214	2666	0,571
Dryden West	4552	210	2622	0,576
insgesamt	87085	3999		

Bild 4 : Bevölkerungszahlen und Machtindizes der Bezirke von Tompkins County.

„Ja. Er ist 40mal so groß wie der eines Senators und 175mal so groß wie der eines Abgeordneten im Repräsentantenhaus."

„Klingt prima."

„Andererseits ist der Machtindex des gesamten Kongresses der USA – beide Häuser – zweieinhalbmal so groß wie der des Präsidenten."

Friedrich Finsterling starrte ihn einen Moment lang an. Dann seufzte er tief auf und blickte Fischer fest ins Auge: „Ich glaube, wir bleiben beim gegenwärtigen System."

Literaturhinweise

One Man, 3.312… votes: A Mathematical Analysis of the Electoral College. Von John F. Banzhaf III in: Villanova Law Review, Band 13, Seiten 304 bis 332 und 333 bis 346, sowie Band 14, Seiten 86 bis 96, 1968.

Spieltheorie für Nichtmathematiker. Von Morton D. Davis. Oldenbourg, München 1993.

For All Practical Purposes. Herausgegeben von Lynn Arthur Steen. Freeman, New York 1988.

Gewichtete Wahlsysteme: Wie man Macht messen kann. Kapitel 10 in: Mathematik in der Praxis. Herausgegeben vom Consortium for Mathematics and Its Applications. Spektrum der Wissenschaft, Heidelberg 1989.

3
Chaotische Weihnacht

Alle Jahre wieder bricht das Chaos aus. Keine Angst – kreativ genutzt und vor allen Dingen symmetrisch, kann es sogar schön sein.

Lorenz A. Traktor brachte seiner Familie zu Weihnachten eine besonders schöne Tanne nach Hause. Jeder Zweig war eine exakte verkleinerte Kopie des ganzen Baumes – ein perfektes, herrlich duftendes Fraktal!

Zu Hause herrschte, wie immer, das Chaos. Traktors Ehefrau Julia Menge hatte sich bei dem Versuch, rekursiven Truthahn nach einem Rezept ihrer Großmutter zuzubereiten, über und über mit Krümeln bedeckt: Truthahn, gefüllt mit Würstchen, gefüllt mit Miniaturtruthähnen, gefüllt mit noch kleineren Würstchen, gefüllt mit... Und beider Tochter Petra Ernestine rannte in der Küche mit einem großen Schmetterlingsnetz herum und schrie fortwährend: „Stoppt den Hurrikan!"

Vater Lorenz, der zwar Chaos ertragen konnte, aber nicht dieses Höllenspektakel, schimpfte: „Petra Ernestine, kannst du nicht still sein wie dein Bruder Ernst Peter?"

„Aber ich versuche doch nur den schlimmsten Schmetterlingseffekt zu verhindern", erwiderte sie gehetzt.

„Was?"

„Du weißt doch, der Flügelschlag eines Schmetterlings in Japan kann einen Monat später einen Wirbelsturm in Brasilien auslösen."

„Aber wir sind hier nicht in Japan. Und in Brasilien auch nicht."

„Aber Vater! Du kannst nicht voraussehen, wo der Hurrikan zuschlägt oder auf welchen Schmetterling es ankommt. Ich kann also genausogut hier jagen."

„Im Dezember?"

Petra Ernestine blickte ihn vernichtend an und wechselte das Thema. „Dürfen Ernst Peter und ich beim Schmücken des Weihnachtsbaums helfen? Er kann auf die Spitze klettern, und ich werfe ihm dann den Glasschmuck hoch."

„Auf keinen Fall!" schrie Julia aus der anderen Küchenecke.

„Aber Mama..."

„Laß uns ein paar Dekorationen basteln", bat Ernst Peter.

„Ja", stimmte seine Schwester ein, „wir nehmen uns einen Topf mit Leim und etwas Farbe und..."

„Wollt ihr nicht vielleicht erst ein paar Entwürfe machen?“ schlug Julia hastig vor. „Ihr habt doch ein neues Graphikprogramm für den Computer und einen Farbdrucker.“

„Wunderbar!“ schrie Ernst Peter. „Wir erfinden Chaos-Dekorationen für Weihnachten.“

„Na ja“, meinte Julia, „eigentlich hatte ich mir eher etwas hübsch Gemustertes vorgestellt, das man an den Baum hängen kann, Laternen oder Sterne oder so. Aber euch fällt bestimmt noch etwas Originelleres ein. Und wie wäre es mit einem ungewöhnlichen Geschenkpapier? Ich möchte ein chaotisches mit Muster.“

„Aber Mama! Du kannst doch aus Chaos nicht Ordnung schaffen.“

Julia seufzte. „Das versuche ich hier täglich aufs neue. Hinaus mit euch!“

Maulend stapften die Geschwister in die Dachkammer, wo der Computer stand. „Ordnung und Chaos im selben Muster“, murmelte Petra Ernestine. „So ein Quatsch. Mama will uns nur loswerden, damit wir ihr nicht im Weg stehen.“

„Das tun wir immer.“

„Also gut, wenn Mama zu Weihnachten Ordnung und Chaos zugleich will, dann soll sie das haben. Chaotische Muster… was fällt dir zu Mustern ein?“

„Tapeten. Gewöhnlich sind Blümchen darauf, zum Beispiel abwechselnd kleine und große Rosen, schön in Reih und Glied. Wir könnten an die Stelle jedes Blümchens ein Fraktal setzen, dann wären Ordnung und Chaos kombiniert.“

„Wäre aber ein bißchen gemogelt.“

„Ein Kaleidoskop“, dachte Ernst Peter weiter. „Die farbigen Glassplitter liegen wild durcheinander, aber die Spiegel machen ein regelmäßiges Muster daraus.“

„Tolle Idee! Das machen wir mit Chaosbildern auf dem Computer. Wo sind die fraktalen Postkarten? Ich scanne sie ein, und du programmierst die Spiegel.“

Die Kinder machten sich mit Eifer an die Arbeit, aber nach einer halben Stunde schob Ernst Peter die Postkarten zur Seite. „Nein, das sieht nicht gut aus. Das ist fast wie eine Tapete – immer nur dasselbe Stückchen Chaos, vielfach aneinandergeklebt.“

„Ja, und außerdem kann man die Kanten sehen, wo Bild und Spiegelbild aneinanderstoßen. Wir brauchen einen Prozeß, der keine Grenzen erzeugt… Ich hab's! Symmetrisches Chaos.“

„Nie gehört.“

„Es wurde erst kürzlich von Michael Field in Sydney und Martin Golubitsky in Houston erfunden. Es fängt an wie gewöhnliches Chaos. Man nimmt eine Abbildung der Ebene in sich, iteriert sie und schaut nach, wo die Punkte landen.“

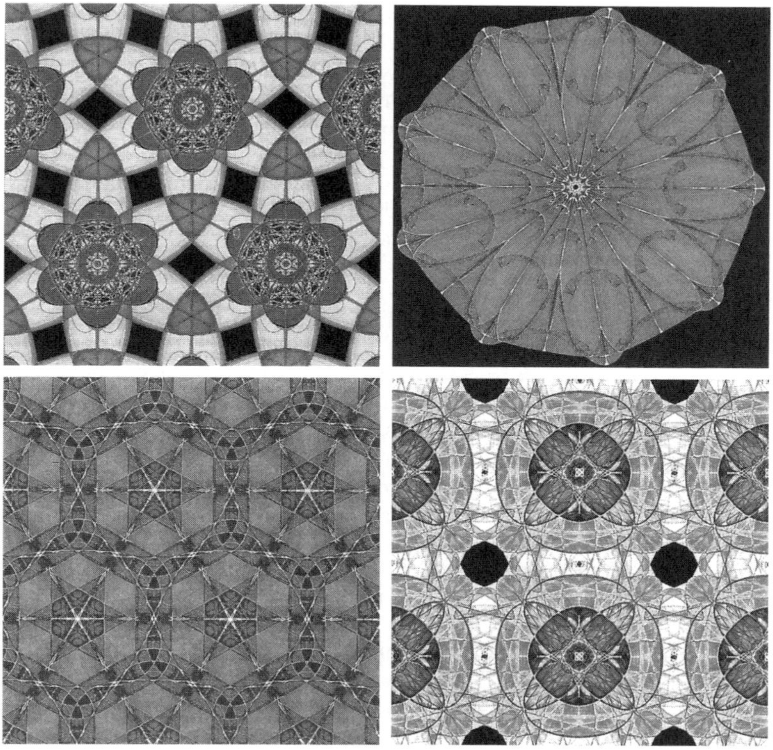

Bild 1: Symmetrie und Chaos zusammen können hübsch anzusehende Bilder ergeben. Eine Symmetrie der iterierten Abbildung vererbt sich auf deren Attraktor, zum Beispiel eine neunzählige Rotationssymmetrie oder ein Paar von Translationssymmetrien.

„Du mit deiner geometrischen Ausdrucksweise. Du meinst, man wählt eine feste Regel, eine Formel, die aus einem Paar von Zahlen ein anderes macht. Dann wählt man ein Zahlenpaar, mit dem man anfängt, und wendet darauf die Regel an. Und auf das Ergebnis wendet man wieder die Regel an, und so weiter."

„Du hast es mal wieder algebraisch ausgedrückt. Wenn man sich die Zahlenpaare als Punkte der Ebene denkt, kann man die Folge dieser Punkte auf dem Computerschirm darstellen. Die ersten paar hundert Punkte sind nicht so charakteristisch für das System, sondern mehr für den Anfangspunkt. Die zeichnen wir lieber nicht. Aber dann bildet sich allmählich eine Gestalt. Man nennt sie den Attraktor, denn einerlei, wo man beginnt, die Punkte werden von diesem Gebilde angezogen, und es kommt letztlich immer das gleiche Bild heraus" (Spektrum der Wissenschaft, November 1993, Seite 46).

„Das kenne ich", entgegnete Ernst Peter. „In einigen Fällen ist der Attraktor ziemlich langweilig, zum Beispiel ein einziger Punkt. Aber manchmal ergeben sich wundervoll unordentliche Figuren mit vielen kleinen und großen Details – eben Chaos!"

„Stimmt. Symmetrisches Chaos ist das gleiche, aber mit einem Zusatztrick: Man wählt die Abbildung symmetrisch."

Symmetrische Gegenstände und Abbildungen

„Ich weiß, wann ein Gegenstand symmetrisch ist, aber eine Abbildung?"

„Na gut, fangen wir mit dem herkömmlichen Symmetriebegriff an. Eine Symmetrietransformation eines Gegenstands ist eine Bewegung mit der Eigenschaft, daß das Ding hinterher genauso aussieht wie zuvor. Du kannst ein Quadrat um die Winkel 0, 90, 180 oder 270 Grad drehen, und wenn ein Beobachter dir dabei den Rücken zuwendet, kann er hinterher keine Veränderung sehen."

„Wie steht es mit 360 Grad?"

„Das hat dieselbe Wirkung wie Nichtstun. Jeder Punkt des Quadrats kommt wieder da an, wo er vorher war."

„Symmetrietransformation. Langes Wort."

„Ja; meistens spricht man einfach von Symmetrien. Quadrate haben noch vier weitere, nämlich Spiegelungen an der senkrechten und der waagerechten Achse und den beiden Diagonalen. Das macht zusammen acht Symmetrien."

„Alles klar."

„Nehmen wir nun an, wir haben eine Abbildung der Ebene in sich, also eine Regel, die jedem Punkt einen bestimmten anderen Punkt zuordnet. So könnte die Regel darin bestehen, daß die x-Koordinate zur dritten Potenz genommen wird und die y-Koordinate auch. Das würde man schreiben: $(x,y) \mapsto (x^3,y^3)$. Wenn ich diese Regel auf jeden Punkt zum Beispiel eines Dreiecks anwende, bekomme ich ein Bild des Dreiecks; meistens ist es krumm und verzerrt."

„Auch gut."

„Wenn ich sage, daß solch eine Abbildung eine Symmetrie hat, meine ich, daß symmetrisch liegende Punkte symmetrisch liegende Bildpunkte haben."

„Hä?"

„Angenommen, die Symmetrie ist die Drehung um 90 Grad, und ich wende die Abbildung auf irgendeinen Punkt P an. Nennen wir den Bildpunkt, der dadurch entsteht, P'. Andererseits drehe ich P um 90 Grad und erhalte so einen Punkt Q. Auf den wende ich die Abbildung an und erhalte Q'. Ich will, daß Q'

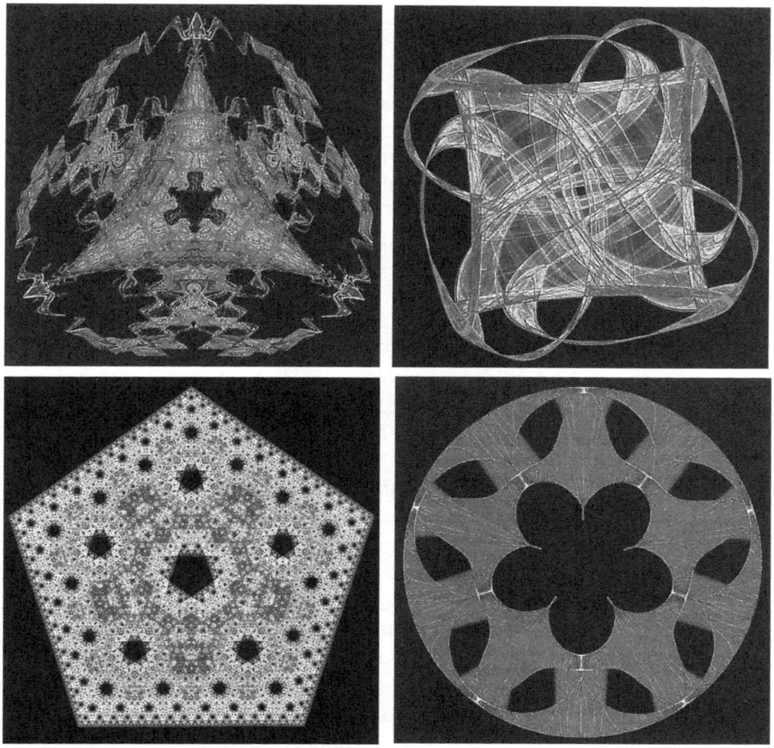

Bild 2: „Wildes Chaos", „wirbelnde Bänder", „Sierpiński-Fünfeck", „gotisches Medaillon" und „Feuerrad" (aus „Chaotische Symmetrien" von Field und Golubitsky).

zu P' dieselbe Symmetriebeziehung hat wie Q zu P, in diesem Falle, daß Q' durch Drehung um 90 Grad aus P' hervorgeht. Wenn das für alle möglichen Punkte P gilt, dann sage ich, die Abbildung habe eine Drehsymmetrie um 90 Grad."

„Puuh. Hast du ein Beispiel parat?"

Petra dachte nach. „Nehmen wir einfach die Potenz-Abbildung von eben, also $(x,y) \mapsto (x^3,y^3)$, und sehen nach, ob sie die Symmetrien des Quadrats hat. Wenn P der Punkt (x,y) ist, dann hat P' die Koordinaten (x^3,y^3). Die Drehung um 90 Grad um den Nullpunkt ist auch eine Abbildung, und zwar bildet sie (x,y) auf $(y,-x)$ ab. Das ist Q. Dann bildet die Potenz-Abbildung Q auf Q' ab, und dieser Punkt hat die Koordinaten $(y^3,(-x)^3)$.

Ist Q' das Resultat der Drehung von P' um 90 Grad? Nun, wenn wir P' um 90 Grad drehen, erhalten wir $(y^3,(-x)^3)$. Und das ist das gleiche wie Q', denn $(-x)^3$ ist gleich $-x^3$. Also hat die Abbildung eine Drehsymmetrie um 90 Grad."

„Ach so. Aber wenn du eine Abbildung wie $(x,y) \mapsto (x^2,y^2)$ betrachtest, dann erhältst du keine Drehsymmetrie, denn $(-x)^2$ ist nicht dasselbe wie $-x^2$."

„Genau."

„Hat denn nun diese Potenz-Abbildung die Symmetrie des Quadrats?"

„Wissen wir noch nicht. Dazu müßten wir alle entsprechenden Symmetrien überprüfen, nicht nur eine. Wenn die Abbildung zum Beispiel eine Spiegelsymmetrie haben soll, muß aus einem Paar spiegelbildlicher Punkte eines mit derselben Eigenschaft werden, und zwar bezüglich derselben Spiegelungsachse. Zum Beispiel bildet die Spiegelung an der y-Achse (x,y) auf $(-x,y)$ ab. Du kannst nachprüfen, daß unsere Potenz-Abbildung auch diese Symmetrie hat."

„Aha. Und wenn es um drei- oder fünfzählige Symmetrien geht, wie bei einem gleichseitigen Dreieck oder dem Fünfstern, gilt dann das gleiche für Drehungen um 120 oder 72 Grad?"

„Du sagst es", bestätigte Petra Ernestine. „Allerdings werden die Formeln für die Abbildungen komplizierter, wenn die Drehwinkel keine rechten Winkel sind. Nehmen wir nun an, du iterierst eine symmetrische Abbildung. Wenn dann noch, wie häufig, der zugehörige Attraktor chaotisch ist, erhältst du allerhand nette Unordnung. Aber du müßtest auch einige Effekte der Symmetrie sehen. Tatsächlich ist der Attraktor oft selbst symmetrisch. Wenn die Abbildung zum Beispiel eine fünfzählige Symmetrie hat, erhältst du Attraktoren, die wie fünfzackige Sterne aussehen, aber mit vielen symmetrisch angeordneten chaotischen Einzelheiten."

Symmetrische Attraktoren

„Du sagtest, oft ist der Attraktor symmetrisch. Warum nicht immer?"

„Nun, manchmal erhält man mehrere einzelne, symmetrisch gelegene Attraktoren, zum Beispiel fünf gleiche, spiegelsymmetrische Attraktoren an den Ecken eines regelmäßigen Fünfecks. Wenn es nur einen Attraktor gibt, was oft der Fall ist, dann muß er symmetrisch sein."

„Gut, aber was bringt uns das?" wollte Ernst Peter wissen.

„Field und Golubitsky haben noch etwas gemacht. Sie haben gezählt, wie oft jede Stelle des Attraktors von dem iterierten Punkt getroffen wird, und dann das Bild entsprechend eingefärbt. Sagen wir, du nimmst Rot für Stellen, die zwischen ein- und hundertmal vorkommen, Blau für solche, die zwischen einhundertein- und zweihundertmal getroffen werden, und so weiter. Die Farbgebung zeigt dann an, wie wahrscheinlich es ist, einen Punkt im Verlauf seiner Iteration in der Nähe dieser Stelle anzutreffen. Dabei entstehen schöne symmetrische und chaotisch gefärbte Bilder. Sie sind wie Chaos im Kaleidoskop, aber weil die Symmetrie in die Abbildung eingebaut wurde, sieht man keine störenden Kanten – ein Chaoleidoskop sozusagen."

„Laß es uns ausprobieren. Wie sieht die Formel für die Abbildung aus?"

„Ich muß nachschauen. Sie ist ein bißchen kompliziert" (siehe Kasten).

Mehrere Stunden vergingen, während die Geschwister vielfarbige chaotische Muster erzeugten. Anders als beim Kaleidoskop bestanden sie nicht aus vielen Kopien eines Originals, das um diverse Winkel gedreht oder an diversen Achsen gespiegelt wurde; die Formen tauchten allmählich aus der Dunkelheit auf wie Bäume aus dem Nebel. Es schien durch den Zufall bestimmt, wo der jeweils nächste Punkt hingeriet – aber irgendwie schien die Abbildung zu wissen, daß ihr Attraktor symmetrisch sein mußte (vergleiche Spektrum der Wissenschaft, September 1991, Seite 12).

„Oh, die sind aber hübsch", sagte ihre Mutter. „Könnt ihr mir auch Geschenkpapier auf diese Art machen?"

„Sicher. Field und Golubitsky nennen sie ‚Quilts'. Das sind chaotische Attraktoren mit Tapetenmuster-Symmetrie – einer Gittersymmetrie, bei der man das Bild durch Verschieben wieder mit sich zur Deckung bringen kann. Sie können außerdem Dreh- und Spiegelsymmetrien haben, wenn du willst. Man macht sie auf dieselbe Weise, aber man muß dazu Abbildungen mit Tapetenmuster-Symmetrie verwenden. Und man muß mehrere Kopien des gleichen Musters nebeneinander sehen, damit es gut wirkt."

Lorenz A. Traktor staunte. „Ich hätte nicht gedacht, daß man Ordnung und Chaos in demselben Objekt verbinden kann. Und ganz gewiß hätte ich nicht erwartet, daß es so schön aussieht. Wollen wir jetzt den Baum schmücken?"

Die Kinder sprangen auf, griffen sich einen Karton voller Papierdekorationen und rannten nach unten. Als ihre Eltern sie eingeholt hatten, sahen sie den

Formeln für symmetrisches Chaos

Im folgenden gebe ich Hinweise zur Erstellung von Programmen, mit denen sich symmetrisches Chaos erzeugen läßt. Ein typisches Programm dieser Art beginnt mit einem beliebigen Anfangspunkt (x,y), der irgendeine Stelle auf dem Computer-Bildschirm darstellt. Um dann beispielsweise ein Bild mit dreizähliger Symmetrie zu erzeugen, sollte das Programm die Iteration der folgenden Abbildung enthalten:

$$x \mapsto ax + bx(x^2 + y^2) + cx(x^3 - 3xy^2) + d(x^2 - y^2)$$
$$y \mapsto ay + by(x^2 + y^2) + cy(x^3 - 3xy^2) - 2dxy$$

Diese Anweisungen bedeuten einfach, daß das Programm die Startwerte für x und y in die rechte Seite der Abbildungsvorschrift einsetzen und das Ergebnis der Berechnungen wieder den Variablen x beziehungsweise y zuweisen soll. Im nächsten Schritt sind diese neuen Werte für x und y in die Berechnung einzusetzen, und so weiter. Die Werte für a, b, c und d kann man im Prinzip frei wählen — aber Vorsicht: Viele Werte ergeben Bilder, die nur aus isolierten Punkten bestehen oder nicht auf dem Bildschirm liegen. Versuchen Sie es beispielsweise mit $a = -1{,}89$, $b = 1{,}8$, $c = 0$ und $d = 1{,}34$.

Nach den ersten ungefähr 100 Iterationen sollte das Programm mitzählen, wie oft der Punkt (x,y) auf jede gegebene Stelle des Bildschirms trifft. Genauer: Man denke sich die Fläche des Bildschirms in kleine Quadrate aufgeteilt, deren jedes von einem Bildpunkt (Pixel) repräsentiert wird. Für jedes Quadrat muß es einen Zähler geben, der jedesmal um eins hochgesetzt wird, wenn der Punkt (x,y) in dieses Quadrat zu liegen kommt. Der Zählerstand bestimmt dann die Farbe eines Pixels. Langsam sollte so ein chaotisches Bild mit dreizähliger Symmetrie auf Ihrem Bildschirm zum Vorschein kommen. Probieren Sie es — und seien Sie geduldig!

Abbildung mit vierzähliger Symmetrie:

$$x \mapsto ax + bx(x^2 + y^2) + cx(x^4 - 6x^2y^2 + y^4) + d(x^3 - 3xy^2)$$
$$y \mapsto ay + by(x^2 + y^2) + cy(x^4 - 6x^2y^2 + y^4) + d(-3x^2y + y^3)$$

Abbildung mit fünfzähliger Symmetrie:

$$x \mapsto ax + bx(x^2 + y^2) + cx(x^5 - 10x^3y^2 + 5xy^4) + d(x^4 - 6x^2y^2 + y^4)$$
$$y \mapsto ay + by(x^2 + y^2) + cy(x^5 - 10x^3y^2 + 5xy^4) + d(-4x^3y + 4xy^3)$$

Was hinter den Formeln steckt, erkennt man am ehesten, wenn man sie als Abbildungen unter komplexen Zahlen auffaßt. Wenn $z = x + iy$ die aus x und y zusammengesetzte komplexe Zahl ist, lassen sich die ersten drei Formelpaare zusammenfassen zu

$$z \mapsto f(z) = z(a + b|z|^2 + c \operatorname{Re} z^n) + d\bar{z}^{n-1}.$$

Wenn man in diese Formel $n = 3$, 4 beziehungsweise 5 einsetzt, erhält man nacheinander die drei Formelpaare.

Warum hat eine solche Funktion eine n-zählige Drehsymmetrie? Es sei ω eine n-te Einheitswurzel, das heißt eine komplexe Zahl mit der Eigenschaft $\omega^n = 1$. Für die Iterationsabbildung muß dann die Gleichung $f(\omega z) = \omega f(z)$ gelten. Nun ist $\omega^{n+1} = \omega$ und $|\omega| = 1$, so daß $|\omega z| = |z|$ gilt. Außerdem gilt für die komplex konjugierte Einheitswurzel $\bar{\omega} = \omega^{-1}$; daraus folgt $\bar{\omega}^{n-1} = \omega^{-(n-1)} = \omega$ und insgesamt

$$f(\omega z) = \omega z\,(a + b|z|^2 + c \operatorname{Re} z^n) + \omega\,\bar{z}^{\,n-1} = \omega f(z).$$

Quilts:

$$x \mapsto a \sin(2\pi x) + b \sin(2\pi x) \cos(2\pi y) + c \sin(4\pi x) + d \sin(6\pi x) \cos(4\pi y) + kx$$
$$y \mapsto a \sin(2\pi y) + b \sin(2\pi y) \cos(2\pi x) + c \sin(4\pi y) + d \sin(6\pi y) \cos(4\pi x) + ky$$

Hier müssen x und y zwischen 0 und 1 liegen. Die Parameter a, b, c, d und k sind frei wählbar, aber k muß eine ganze Zahl sein. Fast alle Kombinationen ergeben schöne Bilder, aber für einen guten Eindruck sollte man das Bildformat so wählen, daß mehrere Exemplare desselben Grundmusters zu sehen sind.

Weihnachtsbaum unter einer Wolke bunter Papierschnipsel verschwinden.

Julia sah ihren Mann vielsagend an. „Nun ja", bemerkte der trocken, „das Chaos hat seinen eigenen ästhetischen Reiz..."

Literaturhinweise

Denkt Gott symmetrisch? Von Ian Stewart und Martin Golubitsky. Birkhäuser, Basel 1993.

Chaotische Symmetrien. Von Michael Field und Martin Golubitsky. Birkhäuser, Basel 1993.

4
Eine halb wahre Geschichte

Ein Satz, der sich selbst widerspricht, stürzt den Denker in einen unauflöslichen Widerspruch – oder in eine unendliche Folge von Aussagen, die es als dynamisches System zu betrachten lohnt.

Darf ich mich vorstellen? Epimenides, berufsmäßiger Lügner. Nun, das stimmt nicht ganz. Eigentlich heiße ich Philipp Schwätzer und arbeite für eine Versicherungsgesellschaft. Aber meine Freunde im Paradox-Klub nennen mich Epimenides, und wenn ich mit ihnen zusammen bin, lüge ich immer.

Letzten Donnerstag regnete es, und deshalb kam ich ein bißchen zu spät in den Klub. Sokrates und Plato lehnten an der Bar; neben ihnen stand ein molliger kleiner Herr.

„Das ist unser neues Mitglied, Herr Lukasiewicz", bemerkte Plato.

Es ist nichts Besonderes, im Paradox-Klub Leuten zu begegnen, die offiziell schon längst tot sind. Der polnische Logiker und Philosoph Jan Lukasiewicz (1878 bis 1956) ist durch seine Grundlagenforschung zu den Kalkülen der Aussagenlogik berühmt geworden.

„Ich bin entsetzt, Sie kennenzulernen", sagte ich unfreundlich. „Ich heiße Zeno."

„Er meint, er freut sich, Sie kennenzulernen, und sein Name ist Epimenides", erklärte Sokrates. „Er lügt immer."

„Das stimmt nicht", erwiderte ich und holte meine Visitenkarte aus der Brieftasche. „Dies ist nicht meine Karte", sagte ich und übergab sie. Lukasiewicz las die eine Seite der Karte: „Der Satz auf der anderen Seite ist wahr." Er drehte die Karte um und las: „Der Satz auf der anderen Seite ist nicht wahr."

„Aber Sokrates hat schon recht. Ich erzähle eigentlich immer Lügen", brüstete ich mich.

Lukasiewicz schüttelte mir freundlich die Hand. „Es ist zu einem Drittel unwahr, daß ich erfreut bin, Sie kennenzulernen. Und beide Seiten Ihrer Karte sind zur Hälfte wahr."

„Wie bitte?"

„Herr Lukasiewicz interessiert sich für Fuzzy Logic – unscharfe Logik", erklärte Plato (vergleiche Spektrum der Wissenschaft, März 1993, Seite 90).

„Es gibt für mich nicht nur die Wahrheitswerte 1 für eine wahre Aussage und 0 für eine falsche", sagte Lukasiewicz, „sondern auch Halbwahrheiten mit einem Wahrheitswert von 0,5 oder Fast-Falschheiten mit einem Wahrheitswert von 0,1 – ganz generell, Aussagen mit Wahrheitswerten zwischen 0 und 1."

„Wozu soll das gut sein?" fragte ich verwirrt.

Lukasiewicz lächelte. „Angenommen, ich behauptete, der Klub-Präsident sähe aus wie Charlie Chaplin. Würden Sie das für wahr halten?"

„Natürlich nicht!"

„Noch nicht einmal seine Füße?"

„Na ja... ich würde sagen, sie sehen ziemlich..."

„Meine Behauptung ist also auch nicht vollständig falsch."

„Na gut, er sieht ein bißchen wie Charlie Chaplin aus."

Lukasiewicz lehnte sich zu mir herüber und starrte mich durchdringend an. „Wieviel meinen Sie mit ein bißchen?"

„Was?"

„Zehn Prozent, zwanzig Prozent?"

„Ich würde sagen, etwa 15 Prozent."

„Sehr schön. Also ist meine Behauptung ‚Der Klub-Präsident sieht aus wie Charlie Chaplin' zu 15 Prozent wahr. Sie hat in der Fuzzy Logic einen Wahrheitswert von 0,15."

„Das ist nur ein Wortspiel. Das bedeutet doch gar nichts."

Lukasiewicz faßte meinen Arm. „Doch. Es kann dabei helfen, Paradoxa aufzulösen. Nehmen wir Sie selbst als Beispiel. Sie behaupten, stets zu lügen. Sehen wir uns Ihre Aussage an: ‚Ich lüge'. Oder, noch einfacher: ‚Diese Aussage ist falsch'. In der klassischen Logik ist das ein Paradoxon, nicht wahr? Anders gesagt, wir haben eine Aussage P mit einem Wahrheitswert p, der 0 oder 1 sein kann, und P behauptet: ‚Der Wahrheitswert dieser Aussage ist $1-p$'."

„Wie war das bitte?"

„Wenn P wahr ist, dann ist $p=1$. Die Negation von P, Nicht-P, ist falsch und deren Wahrheitswert gleich 0. Oder umgekehrt. Nun ist $1-0=1$ und $1-1=0$. Wenn also der Wahrheitswert von P gleich p ist, dann ist der Wahrheitswert von Nicht-P gleich $1-p$."

„Ach so."

„Ja. Das Problem ist nun, daß ‚diese Aussage' gerade P selber ist. Also behauptet P: ‚Der Wahrheitswert von P ist $1-p$'. So entsteht das Paradox. Wenn wir $p=0$ annehmen, dann behauptet P, daß $p=1-0=1$ sein soll. Und wenn wir von $p=1$ ausgehen, dann sagt uns P, daß $p=1-1=0$ gilt. Es gibt also keine widerspruchsfreie Zuordnung."

Ich lächelte gequält zustimmend. „Aber Sie haben doch nur in komplizierter Algebra formuliert, was ohnehin sonnenklar ist."

Er schmunzelte. „Vielleicht, aber in der Fuzzy Logic hat die Gleichung $p = 1 - p$ eine konsistente Lösung, nämlich $p = 0{,}5$. Folglich ist Ihre Behauptung ‚Ich lüge stets' eine Halbwahrheit, und alles kommt richtig heraus. Ihre eigene Aussage läuft unausweichlich auf Fuzzy Logic hinaus." Es ärgerte mich, aber ich sah ein, was er meinte.

„Wie steht es mit dieser Visitenkarte?" fragte Plato. Lukasiewicz wollte gerade etwas sagen, aber ich fiel ihm ins Wort, um mich nicht weiter belehren lassen zu müssen. „Lassen Sie mich das beantworten. Mir scheint, wir haben zwei Aussagen P und Q mit Wahrheitswerten p beziehungsweise q. Die Aussage P behauptet, Q sei wahr, und Q behauptet, P sei falsch. Algebraisch ausgedrückt:

P behauptet $p = q$;
Q behauptet $q = 1 - p$.

Diese Gleichungen haben keine Lösung, wenn für p und q nur die Werte 0 und 1 erlaubt sind. Aber innerhalb der Fuzzy Logic gibt es eine eindeutig bestimmte Lösung, und zwar $p = q = 0{,}5$. Jede Seite meiner Karte ist also halb wahr, und das Paradox hat sich aufgelöst."

„Genau", stimmte Lukasiewicz zu. „Aber das ist nur der Anfang einer völlig neuen Theorie, der dynamischen Logik, die Gary Mar und Patrick Grim vom Fachbereich Philosophie der Universität des Staates New York in Stony Brook erfunden haben. Sie stellt ein Bindeglied zwischen semantischen Paradoxa und der Chaos-Theorie dar."

Jetzt schaute Sokrates verwirrt drein.

„Nun, Sie wissen doch, was Chaos ist. Einfache deterministische Dynamik, die unregelmäßiges, zufällig aussehendes Verhalten hervorbringt – Schmetterlingseffekt, Systeme fern vom Gleichgewicht und solches Zeug."

„Natürlich weiß ich das", erwiderte Sokrates irritiert. „Aber wie kann Logik dynamisch sein?"

Dynamische Logik

Lukasiewicz gab sich überrascht. „Wie kann es anders sein, wenn man Aussagen betrachtet, die sich auf sich selbst beziehen? Die Aussage selbst zwingt Sie, Ihre Schätzung für deren Wahrheitswert zu revidieren. Dieser revidierte Wert muß wieder revidiert werden, und so weiter. Betrachten Sie das Lügner-Paradoxon, die Aussage P: ‚Diese Aussage ist falsch'. Vorhin habe ich eine Gleichung für den Wahrheitswert aufgestellt: $p = 1 - p$. Aber ich hätte eigentlich den Prozeß beschreiben sollen, der einen zu wiederholter Revision des Wahrheitswerts zwingt: $p \leftarrow 1 - p$. Wenn Sie annehmen, daß P einen bestimmten Wahrheitswert p habe, dann sagt Ihnen P, daß Sie diesen Wahrheitswert durch $1-p$ ersetzen müssen. Wenn Sie beispielweise zunächst annehmen, P sei zu 30 Prozent wahr, also $p=0{,}3$, dann folgt aus der Revisionsvorschrift $p=0{,}7$, daraus wiederum $p=0{,}3$ und so weiter. Sie erhalten eine unendliche Folge von Wahrheitswerten, die periodisch zwischen 0,3 und 0,7 alternieren. Das klassische Paradoxon mit $p=0$ oder 1 führt auf die Folge 0, 1, 0, 1, ... Das spiegelt genau den logischen Prozeß wider, wenn Sie argumentieren: ‚Wenn P falsch ist, dann ist P wahr, also ist P falsch, also ist P wahr, also ...'."

„Und $p=0{,}5$ ist der einzige Wert, für den es keine Oszillationen gibt", sagte Plato nachdenklich.

„Genau. Und das dualistische Paradox auf der Visitenkarte ist eigentlich ein dynamischer logischer Prozeß:

$$p \leftarrow q$$
$$q \leftarrow 1-p$$

Angenommen, Sie beginnen mit der Schätzung $p=0{,}3$ und $q=0{,}8$. Dann liefert die erste Revision $p=0{,}8$, $q=0{,}7$. Im nächsten Schritt erhalten Sie $p=0{,}7$, $q=0{,}2$, dann $p=0{,}2$, $q=0{,}3$. Der nächste Schritt liefert $p=0{,}3$ und $q=0{,}8$, und damit sind wir wieder bei den Ausgangswerten. Es ergibt sich ein Zyklus der Länge 4 – es sei denn, Sie beginnen mit $p=0{,}5$, $q=0{,}5$. Dann bleiben diese Werte unverändert."

„Na schön", sagte ich. „Aber was hat das mit Chaos zu tun?"

Lukasiewicz' Gesicht wurde sehr ernst. „Dazu müssen Sie wissen, wie man unscharfe Wahrheitswerte für Verknüpfungen von Aussagen berechnet. Der Wahrheitswert der Aussage Nicht-P ist gleich $1-p$, wenn p der Wahrheitswert von P ist. Mit dem Wahrheitswert von P UND Q ist es nicht mehr ganz so einfach."

„Na ja", riet ich, „wenn P nicht ganz wahr ist und Q auch nicht, dann kann die Aussage, die beides zusammen behauptet, nicht gut wahrer sein als eine von beiden."

„Genau. Deswegen nimmt man als Wahrheitswerte von P UND Q das Minimum der Wahrheitswerte p und q der Einzelaussagen. Beim logischen ODER ist es genau umgekehrt. Die zusammengesetzte Aussage ist mindestens so wahr wie jede einzelne. Deswegen definiert man üblicherweise als den Wahrheitswert von P ODER Q das Maximum von p und q. Es gibt andere Möglichkeiten" (vergleiche Spektrum der Wissenschaft, März 1993, Seite 95).

Lukasiewicz fuhr fort: „Interessant wird die Frage, wie man den Wahrheitswert von Aussagen über Aussagen bestimmt."

Sokrates bat um ein Beispiel.

„Na gut. Wenn ich sage ‚Plato ist ein guter Golfspieler', was denken Sie, wie wahr das ist?"

„Ach – vielleicht 40 Prozent“, meinte Sokrates. Plato warf ihm einen giftigen Blick zu. „Nun, Epimenides schlägt Sie meistens, und der spielt höchst mittelmäßig.“ Ich blickte ihn noch böser an.

„Schön. Nennen wir diese Aussage *A*. Sie hat einen Wahrheitswert von $a = 0{,}4$. Angenommen, ich mache nun folgende Aussage über *A*, nennen wir sie *B*: ‚*A* ist zu 100 Prozent wahr‘. Wie wahr ist dann die Aussage *B*?“

Ich dachte einen Moment nach. „Na ja, bestimmt nicht zu 100 Prozent, denn sonst wäre ja *A* zu 100 Prozent wahr, und wir haben schon gesehen, daß das nicht stimmt.“

„Richtig. Der Wahrheitswert meiner Aussage *B*, die sich auf *A* bezieht, hängt von dem Wahrheitswert von *A* ab und von dem Wert, den *B* der Aussage *A* zuschreibt. Hier ist $a = 0{,}4$, aber *B* schreibt *A* einen Wahrheitswert von 1 zu. Also wird *B* in dem Maße falsch sein, in dem diese beiden Werte sich unterscheiden. Je unzutreffender die Aussage ist, die *B* macht, desto falscher wird *B*. Der Unterschied beträgt nun 0,6. Also ist *B* zu 60 Prozent falsch, und der Wahrheitswert von *B* ist gleich 0,4.“

„Ach, das ist interessant. Am Ende ergibt sich also, daß *B* genauso wahr ist wie *A*. Das ist plausibel. Aber was hätte sich ergeben, wenn Sie in *B* behauptet hätten, *A* sei halb wahr?“

Lukasiewicz nickte dankbar. „Sie werden gleich sehen, wie schön alles herauskommt. *B* behauptet dann, der Wahrheitswert von *A* sei 0,5, aber der wirkliche Wert beträgt 0,4. Die Differenz ist 0,1. So falsch ist also *B*, und folglich ist der Wahrheitswert von *B* gleich 0,9. Weil die Behauptung von *B* nur zu 10 Prozent falsch ist, ist *B* zu 90 Prozent richtig.“

„Aha, und wenn ich sagen würde, ‚*A* ist zu 40 Prozent wahr‘, dann hätte ich damit zu 100 Prozent recht. Der Wahrheitswert wäre gleich 1. Jetzt habe ich alles verstanden.“

Sokrates mischte sich ein. „Und wenn ich der Aussage *A* noch viel stärker mißtraue? Sagen wir, ich wäre nur bereit, ihr 20 Prozent Wahrheitsgehalt zuzugestehen?“

„Dann hätten Sie mit Ihrer Schätzung um 0,2 daneben gelegen – aber eben in der anderen Richtung. Auf das Vorzeichen kommt es hier nicht an.“

„Ach so.“

Lukasiewicz fühlte sich zu einer Zusammenfassung veranlaßt. „Im allgemeinen habe ich eine Aussage *P* mit Wahrheitswert *p* und eine Aussage *Q*, die behauptet, der Wahrheitswert von *P* sei gleich p'. Dann zeigt die Argumentation von eben, daß für den Wahrheitswert *q* von *Q* die Formel $q = 1 - |p - p'|$ gilt. Dabei bedeutet $|x|$ den absoluten Betrag von *x*, also *x*, wenn *x* positiv ist, und $-x$, wenn *x* negativ ist. Nennen wir diese Formel die Einschätzungsformel.“

Chaotische Lügner

Lukasiewicz fuhr fort. „Jetzt kann ich Ihnen den chaotischen Lügner vorführen. Das ist die Aussage C:

Diese Aussage ist so wahr, wie sie als falsch eingeschätzt wird.

Wenn der Wahrheitswert dieser Aussage c ist, dann behauptet sie, ihr Wahrheitswert sei $1-c$. Nach der Einschätzungsformel ist ihr Wahrheitswert demnach $1-|c-(1-c)|=1-|1-2c|$. Der zugehörige dynamische Prozeß ist dementsprechend

$$c \leftarrow 1-|1-2c|.$$

Wählen Sie nun irgendeinen Startwert für c, sagen wir $c=0{,}12345$, und berechnen Sie die folgenden Werte. Sie werden finden, daß diese sich chaotisch verhalten. Aber ich sollte Sie noch warnen, denn aufgrund von Rundungsfehlern in Ihrem Taschenrechner kann es so aussehen, als käme der Prozeß bei 0 oder 1 zur Ruhe. Es hilft vielleicht, statt dessen den folgenden Prozeß zu nehmen:

$$c \leftarrow 1-|0{,}999999\ -\ 2c|$$

Sie können sogar den berühmten Schmetterlingseffekt der Chaostheorie beobachten: Wenn ein Schmetterling mit den Flügeln schlägt, kann einen Monat später deswegen ein Wirbelsturm ausbrechen. Etwas weniger dramatisch gesagt: Kleine Änderungen in den Anfangswerten können die Dynamik völlig verändern. Wenn Sie zum Beispiel mit 0,12346 beginnen, ergibt sich ein ganz anderes Verhalten."

Lukasiewicz machte eine Pause. „Jetzt zu dem chaotischen Dualisten. Der besteht aus den zwei Aussagen

X: X ist so wahr, wie Y wahr ist.
Y: Y ist so wahr, wie X falsch ist.

Das ist ähnlich wie auf Ihrer Visitenkarte. Die dynamischen Gleichungen sind:

$$x \leftarrow 1-|x-y|$$
$$y \leftarrow 1-|y-(1-x)|$$

Um zu sehen, wie das funktioniert, müssen Sie ein Wertepaar als Startwerte wählen, sagen wir $(x,y)=(0{,}2,\ 0{,}9)$, und aufeinanderfolgende Wertepaare berechnen. Stellen Sie sich x und y als Koordinaten in der Ebene vor und zeichnen Sie die entsprechenden Punkte. Sie erhalten ein geometrisches Gebilde, den Attraktor des dynamischen Systems – in diesem Falle ein Dreieck, das dicht mit Punkten ausgefüllt ist" (Bild oben).

„Diese Darstellung läßt sich in ein herrliches, verwickeltes Muster verwandeln, das sogenannte Ausbruchszeit-Diagramm (*escape time diagram*). Für dieses Bild vergessen wir die Bedingung, daß x und y zwischen 0 und 1 liegen müssen. Man beobachtet, wie weit sich (x,y) vom Ursprung wegbewegt; genauer: Man zählt, wie viele Iterationsschritte erforderlich sind, ehe (x,y) einen bestimmten Schwellenwert für die Entfernung vom Ursprung überschreitet. Diese Anzahl bestimmt die Farbe des Punktes (x,y). Für den Anfang sollten Sie einen Schwellenwert wählen, der nur geringfügig größer als 1 ist" (Bild unten).

Sokrates gewann allmählich den Durchblick. „Sie nehmen die Gedankenfolge, die der Zuordnung von Wahrheitswerten zu einer Anzahl selbstbezüglicher Aussagen entspricht, und machen daraus einen dynamischen Prozeß. Dann können Sie alle Techniken der Chaostheorie auf diesen Prozeß anwenden" (Spektrum der Wissenschaft, Juli 1991, Seite 12).

„Genauso ist es. Hier ist noch ein letztes Beispiel, über das Sie nachdenken können. Der chaotische Lügner läßt sich auch so formulieren:

Die geschätzte Falschheit dieser Aussage unterscheidet sich nicht von ihrer geschätzten Wahrheit.

Innerhalb der Fuzzy Logic ist es üblich, das Adverb ‚sehr' so zu interpretieren, daß das Quadrat eines Wahrheitswertes zu nehmen ist. Damit können Sie über folgende Gummiaussage nachdenken:

Die geschätzte Falschheit dieser Aussage unterscheidet sich nicht sehr von ihrer geschätzten Wahrheit.

Dazu gehört die Dynamik

$$p \leftarrow 1 - (p - (1 - p))^2 = 4p(1 - p)$$

Die Chaostheoretiker nennen dies das logistische dynamische System. Also nenne ich meine Aussage den logistischen Lügner. Auch er ist chaotisch – probieren Sie es."

Gegen Mitternacht schloß der Paradox-Klub. Lukasiewicz und ich gingen zusammen hinaus auf die Straße. Jetzt fiel mir ein, daß ich vor lauter Fuzzy Logic vergessen hatte, eine entscheidende Frage zu stellen. „Das ist ja alles ganz nett, aber wie wichtig ist es?"

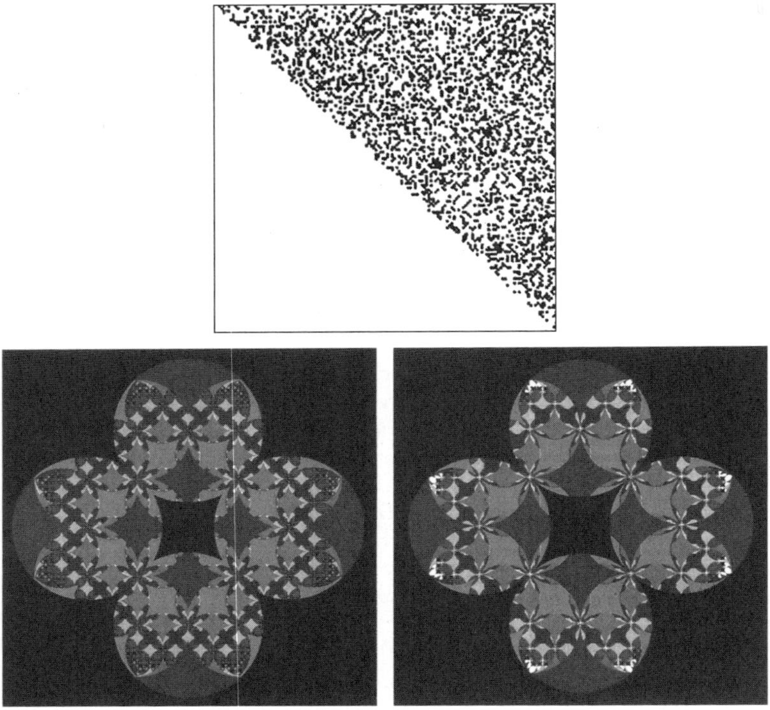

Logik kann dynamisch sein. Die Verknüpfung zweier aufeinander und auf sich selbst bezogener Aussagen liefert ein diskretes dynamisches System in zwei reellen Variablen x und y. Das kleine Bild zeigt den Attraktor des Systems für den Fall, daß x und y zwischen 0 und 1 liegen. In den großen Bildern ist jeder Punkt entsprechend der Anzahl der Schritte gefärbt, die es braucht, bis eine von diesem Punkt ausgehende Iteration den Kreis mit Radius 1 (links) oder 1,05 (rechts) überschreitet.

„Nun", erwiderte er, „Mar und Grim weisen darauf hin, daß man so einen geometrischen Zugang zu semantischer Komplexität bekomme und damit zwischen verschiedenen Systemen selbstbezüglicher Aussagen differenzieren könne. Außerdem könne man mit dieser Methode zeigen, daß es kein Entscheidungsverfahren für die Frage gibt, ob ein gegebenes System sich chaotisch verhält. Das ist ein Ergebnis von der Art des berühmten Satzes von Kurt Gödel über die Unentscheidbarkeit der Arithmetik. Es ist vielleicht alles ziemlich tiefliegend, Epimenides."

„Aha. Verbindungen zwischen Logik und Chaos – erstaunlich! Aber... woher soll ich wissen, ob alles, was Sie mir gesagt haben, auch wahr ist?“

„Wenn ich Sie jemals angelogen habe, dann sollen mich auf der Stelle zwei Blitze treffen!“

Auf der Stelle verfinsterte sich der Sternenhimmel. Ein einziger Blitz schlug neben mir ein und verwandelte Lukasiewicz in ein Häuflein Asche.

Mir blieb nichts übrig, als die Fäuste gen Himmel zu ballen und die Götter ob ihres zweideutigen Verhaltens zu beschimpfen : „Was nun? Hat er die volle Wahrheit gesagt oder nur die halbe?“

Literaturhinweise

Spielt Gott Roulette? Von Ian Stewart. Birkhäuser, Basel 1990.

Pattern and Chaos: New Images in the Semantics of Paradox. Von Gary Mar und Patrick Grim in: Noûs, Band 25, Heft 5, Seiten 659 bis 693, Dezember 1991.

Self-Reference and Chaos in Fuzzy Logic. Von Patrick Grim. Research Report 92-01, Group for Logic and Formal Semantics, Department of Philosophy, State University of New York at Stony Brook, 1992.

5
Rolling Stones

Man kann auch dann sehr komfortabel vorankommen, wenn der Wagen mit eckigen Rädern ausgestattet ist – vorausgesetzt, die Straße hat die richtige Form.

„Wenn die Geschäfte nicht bald wieder besser gehen, bin ich gezwungen, unsere Firmenstruktur schlanker zu machen." Otto Steinbeißer, Präsident der Hinkelstein GmbH & Co KG, saß depressiv auf einem Granitklotz in seinem Steinbruch. Dem Lehrling Fred Feuerstein war noch trübsinniger zumute, denn er wußte genau, was das hieß. Es war nie die Struktur des Managements, die schlanker wurde – ebensowenig wie sein mit Pfunden gesegneter Chef.

Die zweite Rezession innerhalb weniger Jahre war einfach zuviel. Anscheinend opferten die Priester die falschen Ziegen, oder sie opferten die richtigen Ziegen, aber dem falschen Gott, oder die richtigen Ziegen dem richtigen Gott, aber auf dem falschen Altar. Jedenfalls bescherten einem die Götter statt blühender Landschaften eine Wirtschaftskrise nach der anderen. Jeder konnte das sehen; nur die Priester waren immer noch überzeugt davon, daß eine letzte Beschwörung nach altem Ritus die Wende bringen würde. Einziger Effekt ihres Wirkens war eine Inflation der Ziegenpreise, was das gesamte Wirtschaftssystem zusätzlich belastete.

„Wir müssen ein neues Produkt erfinden", sagte Fred.

„Schön und gut", erwiderte Steinbeißer, „aber ich stecke bis zum Hals in Zahlungsschwierigkeiten. Wenn du ein neues Produkt nicht wirksam auf den Markt drückst, kannst du dir den Aufwand für die Entwicklung gleich sparen. Und die Markteinführung kostet!"

Dumpfes Brüten. Plötzlich sagte Steinbeißer: „Wir müßten etwas aus dem Material zusammenflicken, das wir auf Lager haben. Was haben wir auf Lager?"

„Tausend quadratische Marmorplatten. Sie sind von dem Marktplatz-Projekt übriggeblieben. Ich hatte Ihnen geraten, nicht so viele herzustellen."

„Wer nicht spekuliert, der nicht akkumuliert", erwiderte Steinbeißer selbstgefällig.

„Ja. Sie haben spekuliert, und wir haben akkumuliert, nämlich massenhaft Steinplatten. Vollkommen nutzlos, jetzt, wo der Markt den Boden verloren hat."

„Auch wahr.“ Der Marktplatz war unerwartet im Morast versunken, weil die neu gepflasterten Steinplatten für den unsicheren Untergrund zu schwer waren.

„Wir könnten sie in der Mitte durchbohren und als Räder für schwere Streitwagen verkaufen“, sagte Fred in dem verzweifelten Versuch, einen Witz zu machen. „Oder noch besser, wir könnten sie zu dreieckigen Rädern zersägen.“

„Ist das besser?“

„Sie schlagen bei jeder Umdrehung einmal weniger auf.“

„Ach so.“

„Moment mal!“ rief Fred und wurde plötzlich munter. „Quadratische Räder...“ Der Lehrling sprang auf, hastete über den Platz und schleppte eine Platte herbei. „Passen Sie genau auf“, sagte er. „Ich rolle die Platte hier entlang, und Sie sagen mir, was sie macht.“

„Wenn's der Wahrheitsfindung dient... Also, sie dreht sich um eine Ecke und schlägt dann mit einer ganzen Seite auf. Und das immer wieder.“

„Wenn sich in der Mitte eine Achse befände, wie würde die sich bewegen?“

„Hmm. Sie würde eine Folge von Kreisbögen beschreiben, die sich nach unten öffnen, jeder 90 Grad“ (Bild 1).

„Die Achse bewegt sich also auf und ab, mit scharfen Richtungsänderungen da, wo zwei Bögen aneinandergrenzen – immer dann, wenn eine Seite des Quadrats auf den Boden schlägt. Das macht die Fahrt unbequem.“

„Gelinde ausgedrückt. Und?“

„Worin besteht also das Problem?“

„Sei nicht albern, Fred. Offensichtlich hat das Rad die falsche Form.“

„Falsch. Die Straße hat die falsche Form.“

„Hä?“ Steinbeißer horchte auf.

„Stellen Sie sich vor, die Straße hätte jede Menge Schlaglöcher. Und zwar gerade so, daß die vertikale Bewegung der Achse kompensiert würde. Dann läuft der Wagen glatt und ruhig.“

„Du meinst, man nimmt die Kurve der Achsbewegung, dreht sie um und formt die Straße nach diesem Vorbild? Ein viertelkreisförmiges Schlagloch am anderen? Hey! Pflastersteine für Straßen mit vorgefertigten Vertiefungen, das wäre ein neues Produkt! Man würde Tausende brauchen. Allein die Straße von hier ins Dorf...“

„Sie haben's erfaßt, Chef. Aber ich glaube, es ist nicht ganz so einfach. Die Rollbewegung der Räder auf der Straße ist ziemlich kompliziert, und ich wäre überrascht, wenn man nur die vertikale Komponente der Achsbewegung ausgleichen müßte. Was wäre mit der horizontalen?“

„Wahrscheinlich ist das zu kompliziert für uns, Fred. Ich fürchte...“

„Sie fürchten dasselbe wie ich?“

„Wir müssen zur Hexe.“

Bild 1: Die Achse eines quadratischen Rades auf einer ebenen Straße vollführt eine Folge von Viertelkreisen. Zwischendurch schlägt das Quadrat auf den Boden auf.

Differentialgeometrie

Nur im äußersten Notfall begab man sich in die Nähe des Tote-Katzen-Sumpfs, wo die Mathematik-Hexe hauste. Ihre Rezepte galten allgemein als verschroben und unverständlich; aber meistens wirkten sie.

„Das ist ein sehr interessantes Problem", sagte sie. „Von euch Steineklopfern hätte ich so etwas gar nicht erwartet. Hmmm... Wenn ein Rad gegeben ist – na ja, eine irgendwie geformte Scheibe – und dazu ein fester Punkt des Rades, durch den die Achse geht; gibt es dann immer eine Straße, auf der das Rad so rollen kann, daß die Achse sich nur horizontal bewegt und nicht auf und ab? Wenn es eine solche Straße gibt, muß sich ihre Form periodisch wiederholen."

Sie wühlte in einem Haufen zu Knoten verschlungener Rattenschwänze, seltsamer Rüben mit drei Ausläufern – sie nannte sie Kubikwurzeln – und anderer Requisiten und brachte schließlich einen kleinen Sandkasten und einen Stock zum Vorschein. „Mein Taschenrechner. Er arbeitet im Hexendezimalsystem“, erklärte sie, kippte den Sand auf den Boden und ließ ihn mehrmals durch ihre Finger rinnen. Allerlei Ungeziefer rannte eilig davon. „Man muß sie regelmäßig entfernen, sonst gibt es Rechenfehler“, erklärte sie den staunenden Steinmetzen und schüttete den Sand zurück in den Kasten. „Man nennt es Debugging.“

„Was wollen Sie denn berechnen?“

„Mir scheint, das einfachste Rad ist eine gerade Linie.“

„Wie? Skier?“

„Nein, es soll nicht gleiten, sondern auf irgendeiner Kurve rollen. Welche Form muß die Kurve haben, wenn wir annehmen, daß die Achse einen gegebenen Abstand von der Geraden hat?“

„Was hat das mit quadratischen Rädern zu tun?“

„Ein Quadrat besteht aus vier geraden Stücken. Wir lassen eins von ihnen eine Weile rollen, dann das nächste und so weiter. Wenn ich eine Kurvenform finden kann, auf der eine Gerade abrollt, kann ich viele Exemplare davon so zusammenbasteln, daß sich eine Straße für das Quadrat ergibt.“ Sie kritzelte Runen in den Sand und staunte plötzlich: „Ich hätte nie…“

„Haben Sie etwas gefunden?“

„Ich hätte es niemals erraten. Es ist eine Kettenlinie“ (Bild 2).

„Faszinierend…“

„Ja“, sagte Fred unsicher. „Was ist bitte eine Kettenlinie?“

„Das ist die Form, die eine an zwei Enden aufgehängte Kette unter dem Einfluß der Schwerkraft annimmt. Aber diese muß man auf den Kopf stellen.“

„Ach ja.“

„Wenn ich ein geeignetes Stück der Kettenlinie ausschneide und viele Exemplare davon zusammensetze, so daß sie sich im rechten Winkel treffen, erhalte ich eine Straße für ein quadratisches Rad“ (Bild 3 *a*).

„Echt super, alte Hexe!“ entfuhr es Fred.

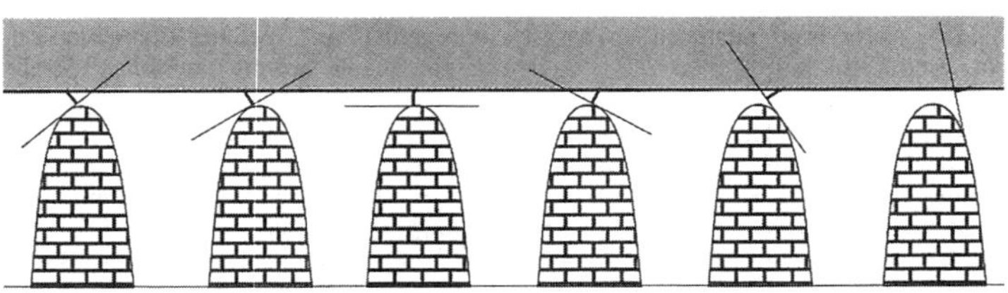

Bild 2: Die Achse eines (sehr verallgemeinerten) Rades, das aus einer Geraden besteht, bewegt sich horizontal, wenn die Straße wie eine Kettenlinie geformt ist.

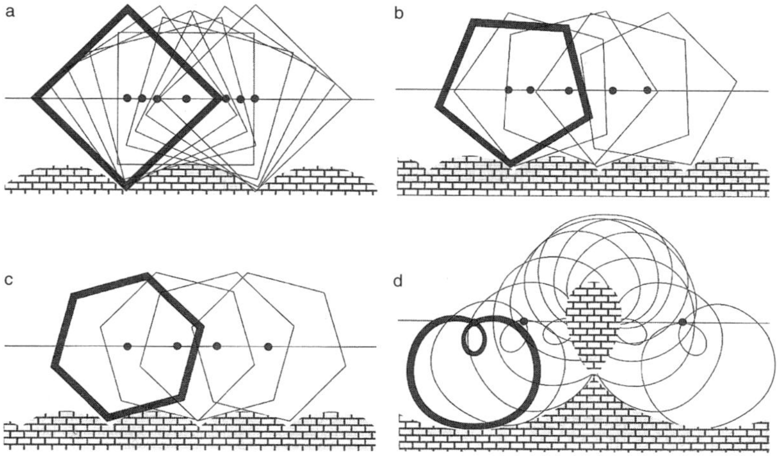

Bild 3: Eine Straße aus lauter gleichen Abschnitten einer Kettenlinie ist geeignet für quadratische (*a*), fünfeckige (*b*) beziehungsweise sechseckige (*c*) Räder. Die zugehörige Differentialgleichung hat auch Lösungen, die nicht als Straßen und Räder realisierbar sind: Eine Pascalsche Schneckenlinie rollt auf einer Trochoide ab (*d*); aber Rad und Straße würden sich gegenseitig durchdringen.

„Ich bin Numerosophin!" fauchte sie.

„Ich wußte doch, es würde aussehen wie Viertelkreise", sagte Steinbeißer.

„Ja. Nur sind es keine."

„Na ja, aber fast."

Die Hexe war ins Sinnen gekommen. „Ich schätze, verschiedene Kettenliniensegmente ergäben geeignete Straßen für jedes regelmäßige Vieleck. Fünfecke und Sechsecke zum Beispiel", murmelte sie (Bild 3 *b* und *c*). „Vielleicht sogar für unregelmäßige? Welcher allgemeine Zusammenhang besteht zwischen Straße und Rad?" Sie kritzelte wieder geheimnisvolle Zeichen in den Sand und fand heraus, daß beide Formen über eine einfache Differentialgleichung verknüpft sind (siehe Kasten).

Wenn man eine Form für die Straße und die Höhe der Achse vorschreibt, gibt es höchstens ein Rad, das so darauf rollt, daß sich seine Achse horizontal in der vorgeschriebenen Höhe bewegt. Indem man die Höhe der Achse verändert, erhält man viele verschiedene Radformen für dieselbe Straße. Beispielsweise rollt ein kreisförmiges Rad, dessen Achse am Umfang angebracht ist, glatt auf einer Straße, die halbkreisförmige Kuhlen mit doppeltem Radius hat (Bild 4 *a*).

Eine Differentialgleichung für Räder und Straßen

Es ist zweckmäßig, die Straße in kartesischen Koordinaten zu beschreiben, aber für das Rad Polarkoordinaten zu verwenden. Das liegt daran, daß das Rad rollt, die Straße aber nicht. Die Straße sei eine Kurve in der Ebene, parametrisiert durch $(x(t), y(t))$. Unter dem Parameter t darf man sich die Zeit vorstellen, ohne daß das hier eine besondere Bedeutung hätte. Die Achse des Rades soll sich horizontal bewegen. Wir legen das Koordinatensystem so, daß diese horizontale Bahn genau auf der x-Achse verläuft. Daraus folgt $y(t) \leq 0$ für alle t. Ohne Beschränkung der Allgemeinheit setzen wir $x(0) = 0$ fest. Das Rad habe in Polarkoordinaten die Darstellung $r = r(\delta)$. Es rollt so, daß sich seine Achse stets vertikal über dem Berührpunkt zwischen Rad und Straße befindet. Die Drehbewegung kann durch eine Funktion $\delta = \delta(t)$ beschrieben werden. Die Funktionen $x(t)$, $y(t)$, $r(t)$ und $\delta(t)$ müssen nun folgende Bedingungen erfüllen:

1. Der anfängliche Berührpunkt ist $(0, y(0))$, also ist $\delta(0) = -\pi/2$.
2. Für alle t ist die Bogenlänge der Straße von 0 bis t gleich der Bogenlänge des Rades zwischen $\delta(0)$ und $\delta(t)$. Das bedeutet, daß das Rad rollt, ohne zu rutschen.
3. Der Radius des Rades ist gleich der Tiefe der Straße: $r(\delta(t)) = -y(t)$.

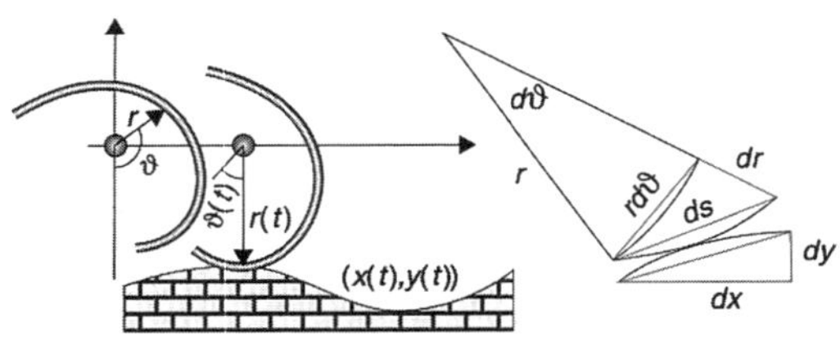

Es seien nun $x(t)$ und $y(t)$ (die Straße) gegeben, und wir wollen $r(t)$ und $\delta(t)$ (das Rad und seine Bewegung) bestimmen. Das Hauptproblem ist die Bestimmung von $\delta(t)$, denn dann ergibt sich $r(t)$ aus Bedingung 3. In einem infinitesimal kurzen Zeitintervall dt legt das Rad ein Wegstück der Länge $ds = \sqrt{dx^2 + dy^2}$ auf der Straße zurück. Die entsprechende Länge auf dem Umfang des Rades ist $\sqrt{dr^2 + r^2 d\delta^2}$ (Satz des Pythagoras). Daraus ergibt sich die Gleichung $dx^2 + dy^2 = dr^2 + r^2 d\delta^2$; andererseits gilt wegen Bedingung 3 $dr = -dy$; daraus folgt *dann* $dx = -r d\delta$. Es ergibt sich, daß $\delta(t)$ folgende Differentialgleichung erfüllen muß:

$$\frac{d\delta}{dt} = -\frac{dx}{dt}\frac{1}{y(t)}$$

In dem wichtigen Spezialfall, in dem die Straße eine Kurve mit der Gleichung $y = f(x)$ ist, so daß man $x(t) = t$ und $y(t) = f(t)$ setzen kann, wird die Gleichung für δ noch einfacher:

$$\frac{d\delta}{dx} = -\frac{1}{f(x)}$$

Die Lösung dieser Gleichung ist zunächst nur eine Kurve $r(\delta)$ in Polarkoordinaten. Damit es eine geschlossene Kurve wird, muß r periodisch sein: $r(\delta + 2\pi k) = r(\delta)$ für eine gewisse natürliche Zahl k. Das kann nur gelingen, wenn die Funktion $y = f(x)$, welche die Straße beschreibt, ihrerseits periodisch mit einer gewissen Periode a und

$$\frac{1}{2\pi} \int_0^a \frac{-1}{f(x)}\, dx$$

eine rationale Zahl ist.

Selbst dann ist nicht ausgeschlossen, daß Rad und Straße sich erst nach mehreren Umdrehungen wieder in der Ausgangsposition befinden. Es könnte auch die Radkurve das Zentrum mehrfach umlaufen, bevor sie sich schließt, oder das Rad die Straße durchdringen (Bild 3*d*). In beiden Fällen wird die technische Realisierung auf Schwierigkeiten stoßen.

Die Differentialgleichung läßt sich auch in umgekehrter Richtung auflösen, um zu gegebener Radform $r(\delta)$ die Funktionen $x(t)$ und $y(t)$ für die Straße zu finden.

„Die Differentialgleichung ist so einfach, daß man zahlreiche Lösungen explizit angeben kann. Und das ist sehr ungewöhnlich", sagte die Hexe befriedigt.

„Welche zum Beispiel?"

„Wenn die Straße eine Cosinuskurve ist, kann das Rad eine Ellipse sein, mit der Achse in einem Brennpunkt" (Bild 4 *b*). „Auf einer Parabel rollt eine Parabel. Und wenn die Straße eine abwärts führende gerade Linie ist, dann muß das Rad eine logarithmische Spirale sein."

„Eine was?"

„Eine Spirale, die durch jeden vom Ursprung ausgehenden Strahl unter dem gleichen Winkel geschnitten wird."

„Aha."

„Für eine sägezahnförmige Straße muß das Rad aus Segmenten einer solchen Spirale bestehen; für eine nach oben geöffnete Zykloide braucht man eine Kardioide oder auch Herzkurve – aber dabei gräbt sich das Rad ein bißchen in die Straße ein. Wenn man die Zykloide absenkt, könnte das Rad ein dreiblättriges Kleeblatt sein" (Bild 4 *f*).

„Schön", sagte Fred. „Geht es auch mit einem vierblättrigen Kleeblatt?"

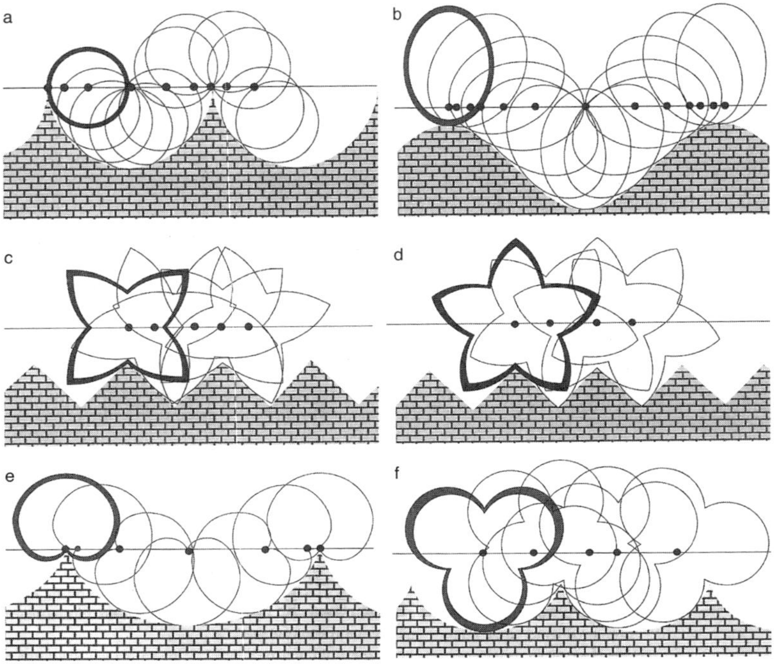

Bild 4: Ein kreisförmiges Rad, dessen Achse auf dem Umfang liegt, rollt glatt auf einer Straße mit halbkreisförmigen Kuhlen doppelten Durchmessers (*a*), ein elliptisches Rad mit der Achse in einem Brennpunkt auf einer Cosinuskurve (*b*), ein sternförmiges, aus Abschnitten einer logarithmischen Spirale zusammengesetztes Rad auf einer Sägezahnkurve (*c* und *d*). Auf einer Straße, die aus Abschnitten einer Zykloide besteht, rollt je nach Höhe der Achse ein Rad in Form einer Kardioide (*e*) oder eines Kleeblatts (*f*).

„Ja. Man muß die Straße nur etwas mehr absenken – oder die Achse anheben, was auf dasselbe hinausläuft. Variation dieses Parameters ergibt verschiedene Radformen für dieselbe Straße."

„Die Leute würden sich gewiß gern einen Streitwagen mit glückbringenden vierblättrigen Kleeblatträdern zulegen", meinte Fred. „Das ist genial!"

„Na ja, es ist schon interessant..." sagte Steinbeißer zweifelnd.

„Aber sehen Sie denn nicht...?"

„Nein."

Fred blickte hilfesuchend zur Hexe. „Sagen Sie's ihm."

„Ist doch klar. Designer-Räder."

„Und Designer-Straßen! Eine für quadratische Räder, eine andere für fünfeckige... Wir müssen nur daran drehen, daß sich die Verkehrsmode alle paar Jahre ändert, dann können wir nicht nur die Räder bauen, sondern bekommen auch die Aufträge für die Straßen! Wir nennen sie... Autobahnen! Und das Schönste ist, daß jede Radform nur für eine Straßenform funktioniert!"

„Aber an den Kreuzungen ergeben sich Probleme, wenn verschiedene Straßenformen aufeinandertreffen."

„Ach was. Wir bauen riesige Brücken, die eine Straße über die andere hinwegführen. Ich nenne sie... Überführungen! Dann bauen wir Verbindungen zwischen Straßen verschiedener Sorten und dazwischen Werkstätten zum Radwechseln, wir vergeben für teures Geld die Lizenzen dafür... Chef, wir werden ein Vermögen verdienen!"

Steinbeißers sonst trübsinniges Gesicht hellte sich eine Sekunde lang auf. Aber dann verdüsterte es sich wieder. „Vergiß es, Fred. Die Priester werden sich nie für ein so absurd kompliziertes und kostspieliges Transportsystem erwärmen."

„Doch."

„Wie?"

„Man muß sie nur auf die Idee bringen, Maut zu erheben."

Literaturhinweise

Roads and Wheels. Von Leon Hall und Stan Wagon in: Mathematics Magazine, Band 65, Seiten 283 bis 301, 1992.

A Catalog of Special Plane Curves. Von J. D. Lawrence. Dover 1972.

Die Zykloide. Von Klaus Treitz in: Der mathematische und naturwissenschaftliche Unterricht, Band 46, Heft 6, Seiten 327 bis 334, 1993.

6
Das Gesetz der ersten Ziffer

Zerfledderte Logarithmentafeln, ein fauler Kirmestrick, Wechselkurse, der Zerfall von Atomkernen und die fraktale Geometrie der Natur – alles hängt über ein merkwürdiges Gesetz für die Verteilung der ersten Ziffer zusammen.

Der Rummelplatz war voller Lärm, aufblitzender Lichter und durcheinanderrennender Kinder. Ich war soeben der Achterbahn entstiegen und bereute bitterlich, daß ich vorher eine Currywurst mit Pommes frites verspeist hatte. Etwas benommen schlich ich abseits des Getöses zu den Buden, wo ein Wahrsager seine Weisheiten und ein Schreihals indische Seidentücher feilbot. Hier waren die Farben blasser, der Anstrich blätterte ab, alles sah etwas heruntergekommen aus, und es war kaum Kundschaft zu sehen.

Nur um einen Stand drängten sich etwa fünfzig Leute. Ich schob mich nach vorne, bis ich das schäbige, handgemalte Reklameschild lesen konnte: „Numbo, der numerische Schwarzkünstler".

Der Schausteller plapperte mit der üblichen Heiserkeit: „Die Bevölkerung der Hauptorte der Verwaltungsbezirke auf den Malediven? Aber sicher doch, Sie haben einen Sinn für das Ausgefallene, nicht wahr? Aber denken Sie an die Regeln! Wir sind hier nicht beim Pferderennen. Ich wette auf die Anfangsziffer 1 oder 2. Sie wetten auf alle anderen Anfangsziffern. Ich werfe mein Geld hier in einem Anfall von Freigiebigkeit zum Fenster hinaus, denn tief im Herzen bin ich ein glühender Menschenfreund. Für 10 Mark Einsatz biete ich Ihnen 15 Mark, wenn Sie gewinnen. Und das, obwohl meine Chancen nur eins zu fünf stehen!"

„Zwei zu neun", wandte eine junge Frau ein. „Die Anfangsziffer kann nie null sein."

„Sie haben recht, Verehrteste, ich muß mich korrigieren", sagte Numbo. „Aber Sie müssen zugeben, daß Ihre Chancen auch dann noch sehr gut stehen. Befragen wir das Orakel." Hinter ihm war ein riesiger Computerbildschirm aufgebaut. Der Schausteller mußte über eine Tastatur etwas eingetippt haben, denn auf dem Bildschirm erschienen die Worte: AUF DEN MALEDIVEN GIBT ES NEUNZEHN VERWALTUNGSBEZIRKE. Es folgte eine lange Liste der Namen, von 1. HAA-ALIFU bis 19. SEENU. Darunter stand: WÄHLEN SIE EINE ZAHL.

Der Spieler wählte die Fünf. Nach einigem Flimmern erschien auf dem Bildschirm: VERWALTUNGSBEZIRK 5: RAA, HAUPTSTADT: UGOO-FAARU, BEVÖLKERUNG: 11303.

Numbo grinste. „Anfangsziffer 1, ich habe gewonnen! Danke für Ihr Spiel, mein Herr! Wer ist der nächste? Der große Herr dort mit dem Ring im Ohr? Nein? Wie wär's mit Ihnen, verehrte Dame?" Eine grell geschminkte Frau mit einem ausladenden blauen Hut wettete 10 Mark auf den jährlichen Energieverbrauch von Bangladesch in Kilowattstunden. Sie gewann, denn das Orakel zeigte 7,44 Milliarden an. Sie versuchte es erneut mit der entsprechenden Zahl für Italien und verlor, als 241 Milliarden angezeigt wurden.

Langsam verstand ich das Prinzip. Die Spieler wählten eine Zahl aus irgendeinem Datenvorrat, im wesentlichen per Zufall, denn wer hat schon den Energieverbrauch von Bangladesch im Kopf? Das einzige, worauf es ankam, war die erste Ziffer, die offensichtlich nicht 0 sein konnte. Wenn die Anfangsziffer 1 oder 2 war, steckte Numbo die 10 Mark Einsatz ein. Im anderen Fall erhielt der Spieler seine 10 Mark zurück und noch 5 Mark dazu. (Numbo hatte seine Bedingungen etwas irreführend formuliert.) Unter der Annahme, daß diese Ziffern alle gleich wahrscheinlich sind, hätte der Spieler ein Risiko von 2/9, 10 Mark zu verlieren, und eine Chance von 7/9, 5 Mark zu gewinnen. Das heißt, der erwartete Gewinn wäre $5 \times 7/9 - 10 \times 2/9 = 15/9$, immerhin 1,66 Mark pro Spiel.

Das sah todsicher aus, und es juckte mich, selbst zu spielen. Aber ich glaubte nicht an das menschenfreundliche Geschwätz, also mußte ein Haken dabei sein. Vielleicht war der Computer manipuliert? Unwahrscheinlich. Eine Bescheinigung der örtlichen Universität, beglaubigt von einem Notar, versicherte, daß der Rechner direkt mit dem Hochschul-Rechenzentrum verbunden war.

So beschloß ich, mein Glück zu versuchen. Ich drängelte mich nach vorne durch und wettete 100 Mark auf die Einwohnerzahlen der Verwaltungsbezirke von Lettland. Numbo blickte zunächst etwas unschlüssig drein, aber nach ein paar Sekunden nickte er. Der Bildschirm zeigte an: IN LETTLAND GIBT ES SECHSUNDZWANZIG VERWALTUNGSBEZIRKE. 1. AIZKRAUKLE, … 26. VENTSPILS. WÄHLEN SIE EINE ZAHL.

Ich entschied mich für 23 und erhielt:

23. TURKUMS. EINWOHNERZAHL: 59200.

Zufrieden griff ich nach meinen 150 Mark. Als ich das Geld aus Numbos Händen entgegennahm, kam mir seine Art, sich zu bewegen, irgendwie bekannt vor… Nur dieser gigantische Schnauzbart paßte nicht zu meiner Erinnerung, ebensowenig wie Straßenanzug und Turnschuhe. Ich hatte mehr einen schwarzen, wehenden Mantel im Sinn.

Natürlich! Es war Matthew Morrison Maddox, der Mathemagier. Das letzte Mal hatte ich ihn auf einer Bühne gesehen. Wie kam er bloß hierher? Die

Überraschung mußte sich in meinem Gesicht gezeigt haben, und offenbar hatte er mich auch wiedererkannt. Er blickte mich scharf an und zischte: „Bar in der Prinzenstraße, zum scharfen Eck.“ Dann wandte er sich schnell seinem nächsten Opfer zu, und ich bahnte mir einen Weg durch die Menge.

In der Kneipe war es sehr ruhig. Ich setzte mich mit einem Glas Bier in eine Ecke und versuchte – vergeblich – so auszusehen, als ob ich auf niemanden warten würde. Nach einer halben Stunde schlenderte Maddox herein, bestellte einen Rotwein und schob sich auf einen Stuhl neben mich.

„Hallo, Matt“, begrüßte ich ihn. „Wie kommst du auf den Rummelplatz?“

Er ließ den Kopf hängen. „Ein schrecklicher Unfall“, murmelte er. „Du kennst doch den alten Trick, bei dem eine Dame zersägt wird. Nun, ich habe es mit einem Laserstrahl versucht, und irgend etwas ist schiefgegangen.“

„Oh nein. Das kann doch nicht wahr sein? Nicht die arme Veronique?“

Er schüttelte seinen Kopf. „Keine Sorge. Ihr geht es gut. Ich treffe für meine Assistentinnen immer ausreichende Sicherheitsvorkehrungen. Nein, der Laserstrahl traf zufällig auf einen versteckten Spiegel, der sich aus anderen Gründen auf der Bühne befand, wurde zu einem Kronleuchter reflektiert und von dort in die Privatloge des Bürgermeisters, wo er ein Stück aus dem Boden herausschnitt. Es endete damit, daß der Bürgermeister höchst gefährlich in der Luft hing, angstvoll umschlungen von einer jungen Dame, mit der er nicht verheiratet war. Nun ja... Es war alles höchst peinlich. Jedenfalls wurde meine Bühnenlizenz für zwölf Monate gesperrt.“

„Und warum machst du als Schausteller nicht Profit mit deinem bekannten Namen?“

„Es ist besser, wenn ich nicht allzusehr auftrumpfe, du verstehst? Ich will nicht, daß die Leute unangenehme Fragen stellen. Apropos: Hast du das lettische Beispiel mit Absicht gewählt?“

„Meine Güte, nein! Warum auch? Ist das etwas Besonderes?“

Benfords Gesetz

„Allerdings. Die Letten haben ein besonderes Grenzziehungsverfahren. Ihre Verwaltungsbezirke sind so gewählt, daß die Einwohnerzahlen immer um die 50 000 liegen, außer Riga, das dreimal so groß ist. Solche Beeinflussungen machen meine Chancen zunichte.“

Ich verstand ihn nicht. „Beeinflussungen? Welche Chancen?“

Er zuckte die Schultern. „Sie fügen sich nicht in Benfords Gesetz.“

„Wie bitte?“

Maddox erklärte: „Du weißt doch noch. In den finsteren alten Zeiten, als es noch keine Taschenrechner gab, konnte man sich lange Ketten von Multiplikationen und Divisionen mit Logarithmentabellen erleichtern.“

„Sicher. Ich mußte auch lernen, wie man das macht. In meiner Schule wurde darauf großer Wert gelegt. Und auf Rechenschieber. Ach, die alten Zeiten! Man schlug die Zahlen nach, suchte die Logarithmen, addierte oder subtrahierte sie voneinander und schlug dann den Antilogarithmus des Resultats nach."

„Eben. Nun, die Geschichte beginnt damit, daß jemand – ich weiß nicht, wer – die folgenschwere Entdeckung machte, daß die ersten Seiten der Logarithmentafeln in den Bibliotheken weit schmutziger waren als die hinteren."

„Was? Das ist doch lächerlich!"

„Ich weiß."

„Bei einem Buch würde ich das ja noch verstehen – sagen wir, ‚Eine kurze Geschichte der Zeit' von Stephen Hawking. Das käme dann einfach daher, daß die meisten Leute die ersten Seiten lesen und es dann aufgeben."

„So ist das wohl. Für einen Roman würde das gleiche gelten. Manche Leute langweilen sich bald und legen ihn weg. Aber normalerweise liest man Logarithmentafeln nicht wie Prosa, oder?"

„Kaum."

„Trotzdem waren die ersten Seiten abgegriffener. Kannst du dir vorstellen, warum?"

„Keine Ahnung", erwiderte ich. „Aber ich werde noch ein Bier trinken. Danke für die Einladung." Maddox ging, holte es mir und erzählte weiter.

„Der Physiker Frank Benford hat 1938 den Grund gefunden. Aber die Erklärung gibt eher noch mehr Rätsel auf. Benford behauptete, daß die Zahlen, auf die Physiker und Ingenieure im Verlauf ihrer Rechnungen stoßen, am wahrscheinlichsten mit 1 und am unwahrscheinlichsten mit 9 beginnen."

„Aber wieso?"

„Benford fand heraus, daß die relative Häufigkeit, mit der eine gegebene Ziffer als Anfangsziffer auftaucht, in gesetzmäßiger Weise von 1 bis 9 abnimmt."

Ich mußte lachen. „So ein Quatsch! Jede Ziffer muß doch gleich wahrscheinlich sein."

Er schnitt eine Grimasse. „Nicht so voreilig. Benford hat 20 verschiedene Mengen numerischer Daten untersucht, darunter die Oberflächen von Seen und die Molekulargewichte chemischer Verbindungen. Er fand empirisch heraus, daß für die Wahrscheinlichkeit, daß die erste Ziffer gleich n ist, die Formel $\log(n+1) - \log(n)$ gilt. Dabei ist der Logarithmus zur Basis 10 zu nehmen und der Wert $n=0$ auszuschließen, weil die Anfangsziffer per Definition immer die erste von 0 verschiedene Ziffer ist. Benford nannte dies das Gesetz der anomalen Zahlen, aber heute heißt es einfach Benfords Gesetz. Inzwischen ist es an Tausenden verschiedener Datenmengen bestätigt worden – Stromrechnungen auf den Kanarischen Inseln und derartigen Daten" (Bild 1).

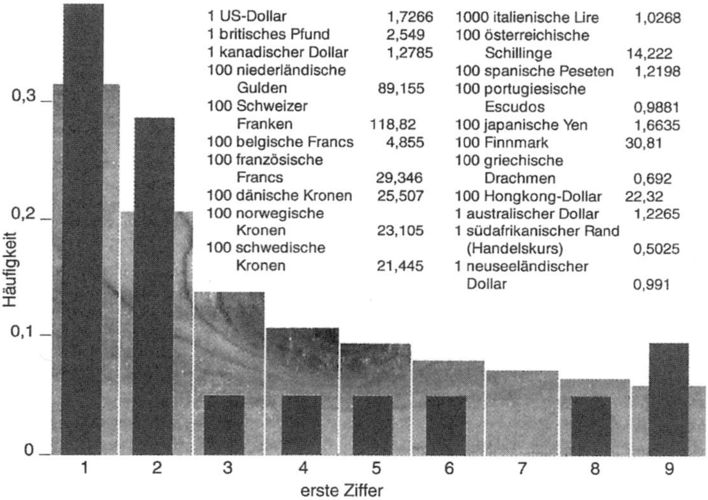

Bild 1: Häufigkeit der ersten Ziffer in einer Tabelle von Devisenkursen (in DM) vom 17. Februar 1994 (schmale Balken), verglichen mit Benfords Gesetz (breite Balken).

Ich fand das alles ziemlich unglaubwürdig.

Er nahm einen tiefen Zug aus dem Rotweinglas und hub an: „Deine Vorstellung von der Gleichverteilung ist offensichtlich falsch. Ich werde dich gleich davon überzeugen. Benfords logarithmische Verteilung ist allerdings nicht so leicht einzusehen.“ Er überlegte einen Moment und fuhr dann fort: „Nimm einfach mal an, sie stimme. Siehst du dann, warum meine kleine Rummelplatzveranstaltung funktioniert?“

„Nun… dann wäre die Wahrscheinlichkeit für die Eins als erste Ziffer“ – ich kramte meinen Taschenrechner hervor – „gleich $\log 2 - \log 1 = 0{,}301$. Und die Wahrscheinlichkeit für eine Zwei wäre $\log 3 - \log 2$, also $0{,}477 - 0{,}301 = 0{,}176$. Deine Gewinnchance wäre die Summe dieser beiden, also 0,477. Knapp unter 50 Prozent. Dein erwarteter Gewinn beträgt dann $10 \times 0{,}477 - 5 \times 0{,}523 = 2{,}155$…“

Jetzt verstand ich alles. „Du raffinierter Hund! Du gewinnst im Mittel mehr als 2 Mark pro Spiel!“

„Sieh an. Anscheinend glaubst du langsam an Benfords Gesetz“, erwiderte Maddox grinsend.

„Allerdings! Ich kenne dich, alter Gauner. Du führst keinen Trick vor, den du nicht genau durchprobiert hast. Ich gestehe, du hast mich überzeugt.“

„Nicht so hastig. Mach doch erst ein paar Experimente.“

Empirische Bestätigung

„Na schön. Welche Daten soll ich nehmen?"

„Alles, was nicht von vornherein auf einen Bereich beschränkt ist, der die Möglichkeiten für die ersten Ziffern allzusehr einengt. Das Alter von Menschen wäre also keine so gute Idee. Auch nicht die Anzahl der Buchstaben in den Namen der Wochentage."

„Wie steht es mit den Wechselkursen in meiner Zeitung?"

„Das müßte gehen."

„Gut." Das Ergebnis war nicht sehr überzeugend (Bild 1).

„Laß uns noch einen Versuch machen", schlug ich vor. „Wie wäre es mit den Flächen der Bahama-Inseln?"

„Nur zu."

„In Quadratmeilen oder in Quadratkilometern?"

„Versuchen wir beides" (Bild 2).

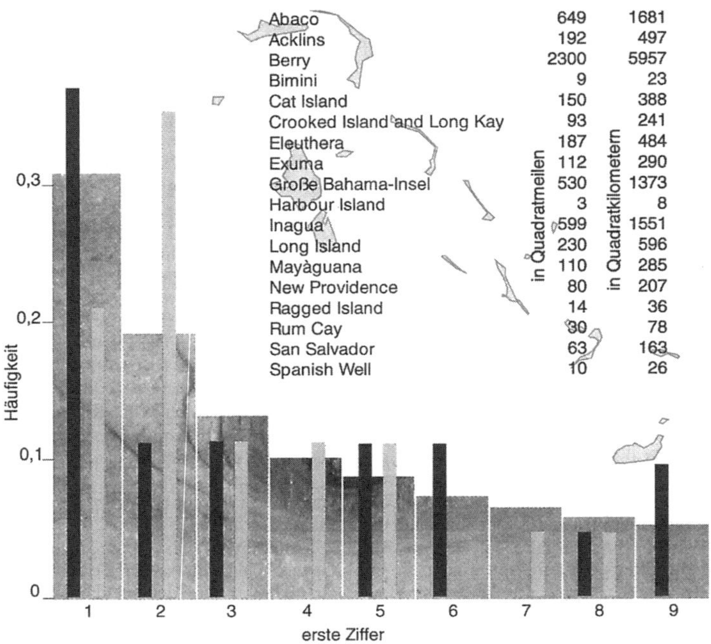

Bild 2: Häufigkeit der ersten Ziffer für die Flächen der Bahama-Inseln.

„Sieht schon besser aus“, stellte ich fest. „Aber es paßt immer noch nicht besonders.“

„Stimmt; aber du benutzt sehr kleine Datenmengen. Und immerhin zeigt sich bereits eine große Vorliebe für die Ziffern 1 und 2.“

„Na gut. Dann erkläre mir doch: Warum sind kleinere Anfangsziffern häufiger als große?“

Er lehnte sich vor und flüsterte verschwörerisch: „Denk an die Hausnummern einer Straße. Die Wahrscheinlichkeit dafür, daß eine Hausnummer mit einer gegebenen Ziffer beginnt, hängt stark von der Gesamtzahl der Häuser in der Straße ab. Wenn es nur neun Häuser gibt, kommt jede Ziffer gleich oft vor. Aber wenn es 19 sind, dann ist die Anfangsziffer 1 für die Hausnummern 1 und 10 bis 19. Also eine relative Häufigkeit von 11/19, das ist mehr als 50 Prozent. Wenn die Länge der Straße wächst, pendelt die relative Häufigkeit, mit der eine gegebene Ziffer als erste einer Hausnummer vorkommt, auf komplizierte, aber berechenbare Weise auf und ab“ (Bild 3). „Und nur dann, wenn die Anzahl der Häuser 9, 99, 999 und so weiter beträgt, sind alle neun relativen Häufigkeiten gleich.“

„Aha, das sehe ich ein.“

„Deine anfängliche Vorstellung von gleichen Häufigkeiten muß also falsch sein.“

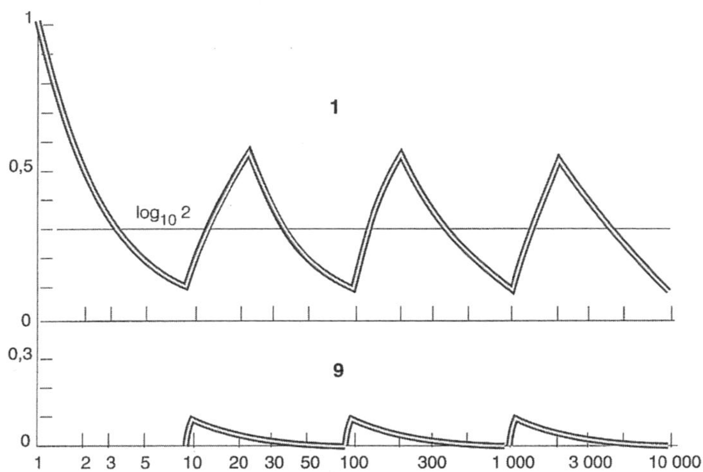

Bild 3: Die Wahrscheinlichkeit dafür, daß eine Zahl, die zwischen 1 und n zufällig gewählt wird, mit 1 (oben) beziehungsweise 9 (unten) beginnt, hängt von n ab.

„Ich geb's ja zu!"

„Du wirst bemerkt haben, daß der Graph der relativen Haufigkeiten sich fast periodisch wiederholt – wenn man für die waagerechte Achse einen logarithmischen Maßstab wählt. Das liegt daran, daß sich zwischen jeweils zwei aufeinanderfolgenden Zehnerpotenzen ungefähr das gleiche Verhalten einstellt. Wenn du die Schwankung der Häufigkeiten über die Straßenlänge mittelst, erhältst du die Formel von Benford."

„Nun, das glaube ich dir mal."

„Vorausgesetzt, du mittelst richtig. Statistische Mittelwerte hängen nämlich stark davon ab, welche Annahmen man macht. Es sind nicht alle Straßenlängen gleich wahrscheinlich."

„Stimmt. Kurze Straßen sind häufiger als lange. Hmm… Wenn Benfords Gesetz stimmt, muß es auch für die Anfangsziffern der Häuseranzahlen gelten."

„Ganz genau. Wenn man diesen Gedanken weiter verfolgt, kommt man auf eine sehr schöne Eigenschaft von Benfords Gesetz: Es ist skalierungsinvariant. Ob du die Flächen der Bahama-Inseln in Quadratmeilen oder in Quadratkilometern mißt, ob du alle Häuserzahlen mit sieben oder dreiundneunzig malnimmst, ob du die Halbwertszeiten radioaktiver Isotope in Sekunden oder Jahrhunderten mißt – wenn die Datenmenge nur groß genug ist, gilt stets dasselbe Gesetz. Ein gewisser Professor Pinkham von der Rutgers-Universität in New Brunswick (New Jersey) hat bewiesen, daß Benfords Gesetz sogar das einzige skalierungsinvariante Verteilungsgesetz ist."

Ich dachte darüber nach. „Soll das heißen, daß man Benfords Beobachtungen als Hinweis auf skalierungsinvariante Phänomene in der Natur nehmen sollte?"

Er nickte. Wir Menschen zählen in arithmetischer Folge: 1, 2, 3,… und wundern uns, ungleiche Wahrscheinlichkeiten für die Anfangsziffern zu finden. Aber das läßt sich dadurch erklären, daß die Natur mit gleichen Wahrscheinlichkeiten unter den Termen einer geometrischen Reihe wählt: x, x^2, x^3…"

Darüber dachte ich noch länger nach. „Ja, aber warum tut sie das?"

Er rutschte unbehaglich auf seinem Stuhl herum. „Schwer zu sagen. Aber daß sie es tut, scheint außer Zweifel. Probiere es aus, an Daten, die du dir selber aussuchst. Es ist wirklich erstaunlich, wie oft es funktioniert. Ich schätze, die Natur legt keinen großen Wert auf absolute Längenskalen."

„Ach was? Protonenradius, Elementarladung, Plancksches Wirkungsquantum?"

„Na ja, wenn du in diese Größenordnungen gehst, wird es wahrscheinlich schwierig. Aber es gab letztes Jahr eine neue Bestätigung – aus der Atomphysik. B. Buck und A. C. Merchant aus Oxford sowie S. M. Perez aus Kapstadt haben Halbwertszeiten beim Alpha-Zerfall zusammengetragen, also die Zeiten, in denen die Hälfte einer Anzahl Atome unter Aussenden von Alphateilchen zerfallen ist. Benfords Gesetz gilt sowohl für die beobachteten wie für die theoretisch berechneten Werte" (Bild 4).

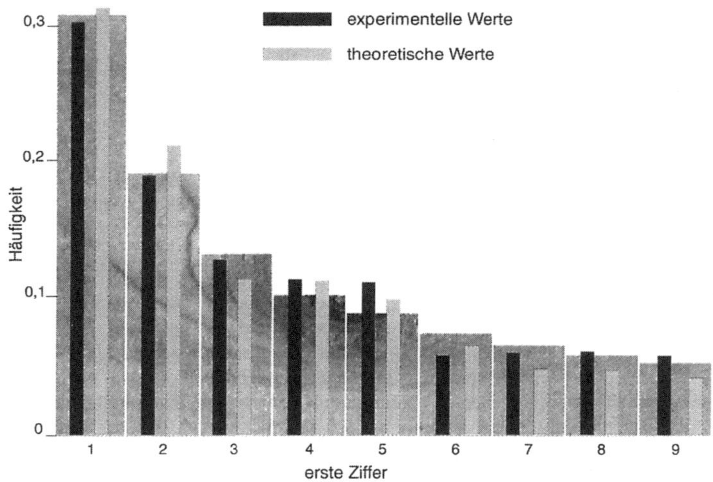

Bild 4: Häufigkeit der ersten Ziffer in den Raten des Alpha-Zerfalls von 477 Isotopen.

Maddox fuhr fort: „Buck und seine Kollegen haben auch noch eine kompliziertere Formel bestätigt, die Benford für die Verteilung der zweiten Ziffern aufgestellt hat."

„Das ist ja richtig Physik."

„Das ist es ja. In diesem Falle gibt es sogar gute Gründe für das Skalierungsverhalten. Der Physiker George Gamow hat 1928 den Alpha-Zerfall mit der damals ganz neuen Quantenmechanik beschrieben. Danach existiert das Alphateilchen in einer Potentialmulde und entkommt ihr mit Hilfe des Tunneleffekts. Die Wahrscheinlichkeit, daß ihm das innerhalb einer gegebenen Zeit gelingt, ist gegeben durch ein sogenanntes Tunnelintegral hoch einer Zahl, die der Zeit proportional ist. Die Tunnelzeiten – und damit die Halbwertszeiten – entsprechen so auf natürliche Weise einer geometrischen Folge und nicht einer arithmetischen. Wenn die Natur das Tunnelintegral zufällig und gleichverteilt wählt, dann sind nach der Quantenmechanik die Halbwertszeiten beim Alpha-Zerfall skalierungsinvariant verteilt – also gilt Benfords Gesetz."

Ich dachte auch darüber nach. Alpha-Zerfall hin und her – aber was ist mit den Flächen der Bahama-Inseln, den Einwohnerzahlen auf den Malediven und den Wechselkursen? Da spielen Tunnelintegrale eigentlich keine Rolle.

Aber… Skaleninvarianz ist eine wesentliche Eigenschaft der Fraktale. Sie manifestiert sich als Selbstähnlichkeit, die Ähnlichkeit eines kleinen Teils zum Ganzen. Eine moderne Interpretation von Benfords Gesetz wäre also, daß die betreffenden Daten von einer fraktalen Struktur herrühren. Damit wird Benfords Gesetz zu einem Teil der Chaos-Theorie, denn Fraktale sind die natürliche Geometrie deterministischer, aber hochkomplexer dynamischer Systeme. Benfords Gesetz sagt uns also, daß Chaos und Fraktale in der Natur allgegenwärtig sind.

Das ist gar nicht allzu weit hergeholt. Es gilt als allgemein anerkannt, daß Fraktale gute Modelle für Inselgruppen und Küstenlinien abgeben; und die chaotischen Prozesse der natürlichen Erosion sind für die fraktale Struktur verantwortlich. Irgendwie hängt also alles miteinander zusammen…

Insgesamt ein weiter Weg für eine Theorie, die mit den Spuren von Schmutzfingern in Logarithmentafeln begonnen hat.

Literaturhinweise

The Peculiar Distribution of First Digits. Von Ralph A. Raimi in: Scientfic American, Dezember 1969, Seiten 109 bis 120.

The First Digit Problem. Von Ralph A. Raimi in: American Mathematical Monthly, Band 83, Seiten 521 bis 538, 1976.

Die fraktale Geometrie der Natur. Von Benoît B. Mandelbrot. Birkhäuser, Basel 1987.

A Number for Your Thoughts. Von Malcolm E. Lines. Adam Hilger, Bristol 1986.

An Illustration of Benford's First Digit Law Using Alpha Decay Half Lives. Von B. Buck, A. C. Merchant und S. M. Perez in: European Journal of Physics, Band 14, Seiten 59 bis 63, 1993.

7
Go-Moku und verwandte Spiele

Go-Moku und andere Spiele auf der Wiese, oder wie man durch geschickte Paarungen (von Feldern) verhindert, daß ein Schäferstündchen langweilig wird.

Margarete, das Schwanenmädchen, und Hans-Martin, der Schafhirt, ruhten auf einer Wiese in der Frühlingssonne, während Taps, der Schäferhund, unter einem Wacholderbaum schlief. Die Blümlein blühten, die Fliegen flogen, die Grashüpfer hüpften, und die Vögel zwitscherten. Es war idyllisch.

„Dieses Herumsitzen ist langweilig", maulte Margarete. „Laß uns irgend etwas spielen."

Hans-Martin schüttelte den Kopf. „Nicht mit dir. Dann gewinnst du immer. Du bist mir zu logisch."

„Dann einigen wir uns doch auf ein Spiel, bei dem man den Sieg nicht durch Logik erzwingen kann – oder von dem ich jedenfalls nicht weiß, wie es geht."

„Na gut", stimmte Hans-Martin zu, der von der ersten Mai-Hitze schon leicht benommen war. Sonst wäre ihm klar gewesen, daß Margarete auch dann überlegene Züge finden würde, wenn sie keine absolut sichere Gewinnstrategie im Kopf hatte. „An welches Spiel denkst du denn?"

„Go-Moku", sagte Margarete entschieden. „Manche nennen es auch Go-Bang. Das Spiel mit den fünf Steinen in einer Reihe. Man spielt es mit zweierlei Steinen auf einem Brett."

„Haben wir aber nicht."

Margarete blickte sich suchend um. Der Bauer wollte den unteren, sauren Teil der Wiese entwässern und hatte dazu schon Dränagerohre gitterförmig ausgelegt. „Sieh doch", rief das Mädchen. „Du setzt deine schwarzen Schafe und ich meine weißen Schwäne."

„Die Schafe gehen doch nie dahin, wo ich will."

„Laß das den alten Taps machen. Ich rufe die Schwäne mit meiner lieblichen Stimme, und sie werden mir folgen."

Margarete fuhr fort: „Wir stellen immer abwechselnd eines unserer Tiere auf einen freien Platz. Gewonnen hat, wer zuerst fünf Tiere nebeneinander in einer Reihe hat" (Bild 1).

„Längs oder quer?"

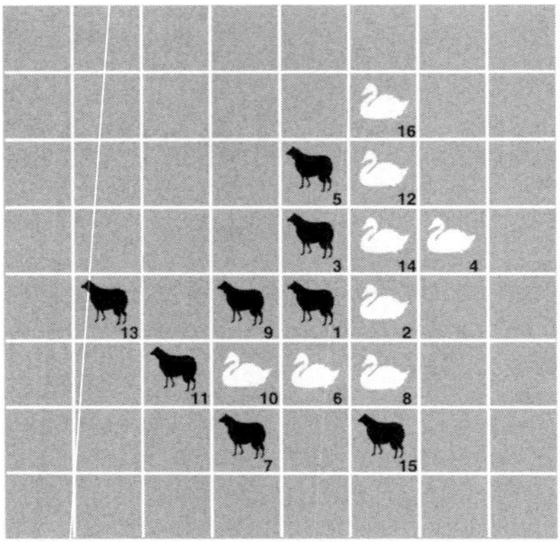

Bild 1: Go-Moku (Fünf-in-einer-Reihe) ist auf einem in Quadrate eingeteilten Brett zu spielen. In dem dargestellten Fall schlagen die Schwäne die Schafe im 16. Zug.

„Oder diagonal – sonst würde das Spiel mit perfekter Strategie immer unentschieden ausgehen."

„Wieso das denn?"

„Oh, verzeih. Ich vergaß, daß du kein Logiker bist. Ich erkläre es dir später."

Margarete gewann die ersten 20 Spiele. Aber Hans blieb unverzagt, denn er sah ab und zu Möglichkeiten, sich zu verbessern. Während der ersten Spiele war ihm noch nicht aufgefallen, wenn er im nächsten Zug zu verlieren drohte. Margarete ging dazu über, „Gleich bist du tot!" zu rufen, so daß er ihren Siegeszug noch mit einem Schaf verhindern konnte (Bild 2). Hans-Martin warnte sie auf die gleiche Weise – er hatte allerdings nicht so häufig Gelegenheit dazu.

Wenn sie sich aber zwei solche Möglichkeiten auf einmal verschaffte, war sein Schicksal besiegelt. Sie begann, ihn auch darauf hinzuweisen, indem sie „zweimal tot" rief, aber dann war es schon zu spät. Sie warnte ihn nun bereits einen Zug vorher mit „fast zweimal tot". Mit zunehmender Erfahrung kamen die Warnungen immer früher, und Zungenbrecher wie „Fast halb tot fast fast zweimal tot" endeten in großem Gekicher. Auch der arme Taps hatte sich bei dem Versuch, mitunter zwei Dutzend Schafe am Platz zu halten, völlig verausgabt und legte sich hechelnd in den Schatten.

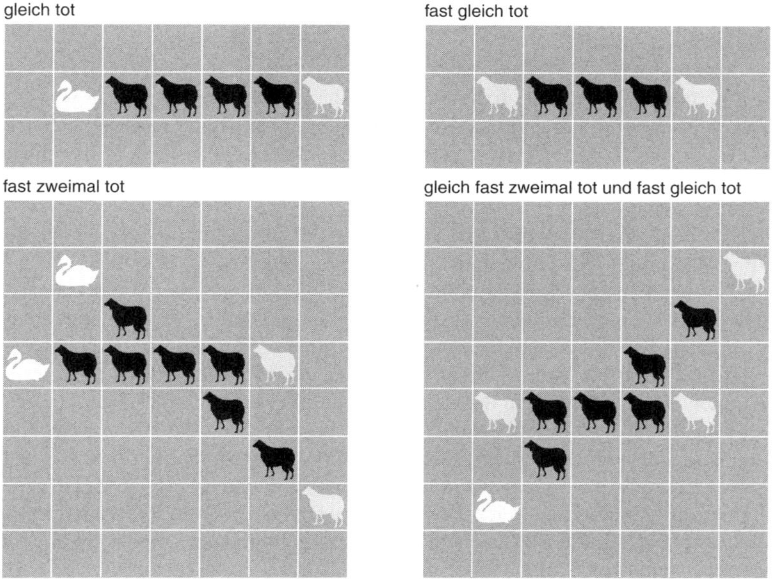

Bild 2: Vier Drohungen. Die Schafe gewinnen, wenn die Schwäne nicht die Felder besetzen, bei denen im nächsten Zug ein fünftes Schaf (hell) in die Reihe gesetzt werden kann – was im zweiten und vierten Fall nicht mehr rechtzeitig möglich ist.

Strategien für Unentschieden

„Warum ist das Spiel so schwer?" fragte Hans-Martin.

„Überleg dir mal dasselbe Spiel mit n statt fünf Steinen", erklärte Margarete. „Wenn n klein ist, dann ist es für den, der anfängt, leicht zu gewinnen, weil die Aufgabe so schnell erledigt ist, daß der Gegner nicht viel dagegen tun kann. Wenn n dagegen groß ist, kann der zweite Spieler immer ein Unentschieden erzwingen, denn der erste muß seine Absichten so früh preisgeben, daß der zweite genügend Zeit hat, eine sich bildende Reihe zu unterbrechen. Die schwierigen Spiele liegen dazwischen, und die kompliziertesten scheinen die zu sein, bei denen fünf oder sechs Steine in einer Reihe gefordert werden."

„Ach so. Bei Eins-in-einer-Reihe gewinnt immer der erste Spieler, denn er erreicht sein Ziel schon im ersten Zug."

„Kluges Kerlchen, Hänsel."

„Lästere nicht, Gretel. Ich überlege mir doch nur zuerst die trivialen Fälle. Bei Zwei-in-einer-Reihe gewinnt auch immer der erste Spieler: Einerlei, wo der zweite seinen Stein hinlegt – es gibt immer ein freies Feld neben dem ersten.“

„Richtig.“

„Bei drei Steinen ist der Eröffnungszug eine Fast-tot-Stellung. Egal, was der zweite Spieler tut, der erste kann zwei Steine in einer Reihe mit zwei offenen Enden erreichen. Es gibt zwar mehrere verschiedene Fälle, aber es ist immer noch ziemlich offensichtlich.“

Margarete nickte.

„Aber mit Vier-in-einer-Reihe komme ich nicht zurecht“, gab Hans-Martin zu. „Was für eine Art Drohung ist der Eröffnungszug?“

„Das ist auch ein schwieriges Problem. Carlyle Lustenberger von der Staatsuniversität von Pennsylvania in Philadelphia hat unter Verwendung eines Computers bewiesen, daß der erste Spieler immer gewinnen kann – vorausgesetzt, das Brett hat wenigstens 4×30 Felder. Andererseits gibt es einen sehr schönen Beweis dafür, daß der zweite Spieler bei Neun-in-einer-Reihe immer ein Unentschieden erreichen kann. Die Idee besteht darin, die Felder geschickt zu Paaren zusammenzufassen: Immer wenn der erste Spieler ein Feld besetzt, geht der zweite sofort auf das andere. Die Paare sind so gewählt, daß jede Reihe mit neun Steinen beide Felder mindestens eines Paares enthalten muß. Also entsteht keine Reihe aus neun gleichfarbigen Steinen, und das Spiel geht unentschieden aus“ (Bild 3).

„Was du nicht alles weißt!“

„Ich weiß sogar noch mehr. Diese Art Strategie nennt man eine Hales-Jewett-Paarung. A. W. Hales und R. I. Jewett haben auf diese Weise bewiesen,

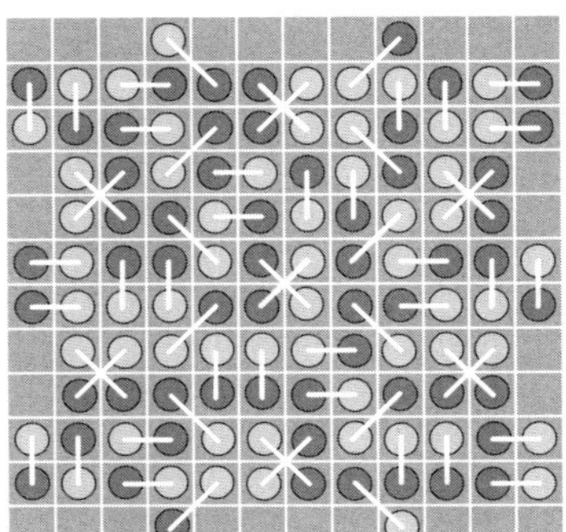

Bild 3: Eine perfekte Strategie für ein Unentschieden bei Neun-in-einer-Linie. Die dicken weißen Striche verbinden die Quadrate zu Paaren. Setzt Weiß auf ein Feld, setzt Grau auf das andere Feld desselben Paares und verhindert so, daß Weiß beide Felder irgendeines Paares besetzen kann.

daß Fünf-in-einer-Reihe auf einem 5×5-Brett stets unentschieden ausgehen kann. Eine Gruppe holländischer Mathematiker hat unter dem Pseudonym T. G. L. Zetters bewiesen, daß dasselbe für Acht-in-einer-Reihe gilt. Dagegen haben Victor Allis und seine Kollegen von der Universität von Limburg in Maastricht gezeigt, daß der erste Spieler bei Fünf-in-einer-Reihe stets gewinnen kann, wenn das Brett mindestens 15 × 15 Felder groß ist" (Spektrum der Wissenschaft, April 1993, Seite 25). „Ob es eine Gewinnstrategie für Reihen der Länge sechs oder sieben gibt, ist noch unbekannt. Wahrscheinlich bringt einen die Idee von Hales und Jewett da nicht weiter."

Hans-Martin lehnte sich ins Gras zurück. „Am schwierigsten fand ich die Einflüsse über große Entfernungen. Du stellst einen Schwan weit weg vom Gedränge, und 20 Züge später stellt sich heraus, daß es gerade auf ihn ankommt."

„Siehst du wohl."

Polyomino-Spiele

„Taps hat sich wieder erholt. Laß uns noch ein Spiel probieren, das ich mir gerade ausgedacht habe. Die gleichen Regeln wie eben, nur daß man zum Gewinnen vier Felder in Form eines 2×2-Quadrates belegen muß."

Margarete dachte einen Augenblick nach. „Ich sollte dich warnen..."

„Ach was. Ich fange an."

Nach 57 Spielen, die sämtlich unentschieden ausgingen, kroch Taps erschöpft in den Baumschatten, und Hans-Martin legte sich frustriert ins Gras. „War doch nicht so eine gute Idee."

„Na ja; nicht so ganz durchdacht... Eine einfache Hales-Jewett-Paarung zeigt, daß das Spiel bei der richtigen Strategie immer unentschieden ausgeht. Stell dir vor, das Brett sei mit Dominosteinen der Größe 2×1 gepflastert, so daß jede Zeile gegenüber der benachbarten um ein Feld versetzt ist, wie Ziegel in einer Mauer. Jeder Dominostein faßt zwei Felder zu einem Paar zusammen. Du kannst nachprüfen, daß jedes 2×2-Quadrat einen Dominostein enthalten muß, und das war's."

„Ach so. Aber was ist mit anderen Formen?"

„Du hast ein Spiel wiedererfunden, das Frank Harary von der Staatsuniversität von New Mexico in Las Cruces einmal vorgeschlagen hat. Wähle irgendeine Form aus aneinanderhängenden Quadraten – ein Polyomino, um den Markennamen von Solomon W. Golomb zu verwenden. Die Spieler besetzen im Wechsel einzelne Felder mit dem Ziel, ein solches Polyomino ihrer Farbe zu erzeugen. Ob noch weitere Steine herumstehen, spielt dabei keine Rolle.

Nennen wir das vereinbarte Polyomino einen Gewinner, wenn der erste Spieler eine Gewinnstrategie hat, also bei beliebigem Gegenspiel als erster die geforderte Form bilden kann. Und nennen wir eine Figur einen Langweiler, wenn der zweite Spieler immer ein Unentschieden erreichen kann. Dann muß jedes größere Polyomino, das einen Langweiler enthält, selbst ein Langweiler sein."

„Warum?"

„Nun, wenn du eine Gewinnstrategie für ein großes Polyomino hättest, würdest du mit derselben Strategie zugleich jedes kleinere erzwingen, das in dem großen enthalten ist. Das ist aber ausgeschlossen, weil unter diesen kleineren – wie wir vorausgesetzt haben – zumindest ein Langweiler ist. Es gibt zwölf minimale Langweiler, und für jeden kann man diese Eigenschaft durch eine geeignete Hales-Jewett-Paarung beweisen" (Bild 4). „Jedes Polyomino,

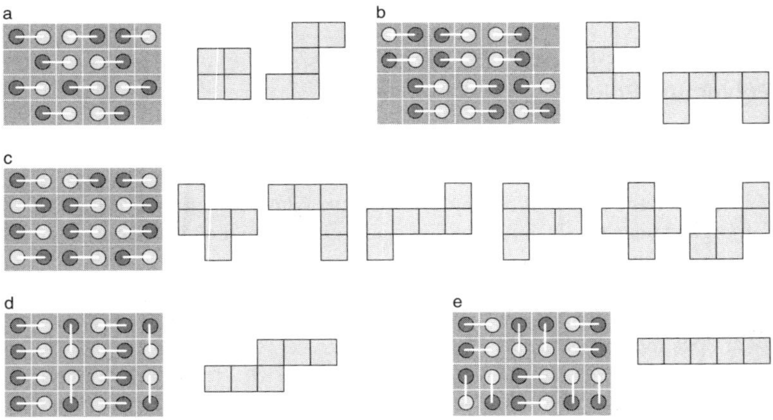

Bild 4: Wenn die Erzeugung eines vorgegebenen Polyominos (rechts in jedem Teilbild) das Ziel des Spiels ist, kann der zweite Spieler durch Anwendung der geeigneten Hales-Jewett-Paarung (links in jedem Teilbild) stets ein Unentschieden erzwingen.

das einen dieser zwölf enthält, ist also auch ein Langweiler. Andererseits ist in einem minimalen Langweiler nicht noch einer enthalten – deswegen heißen sie ja minimal. Da bleiben nur zwölf Formen übrig, und elf von ihnen sind als Gewinner bekannt. Der einzige ungelöste Fall ist die Schlange" (Bild 5; wahrscheinlich ist auch diese Figur ein Gewinner – wenn Sie dafür einen Beweis oder eine Widerlegung finden, bin ich sehr dankbar für eine Zuschrift an den Verlag).

„Das Polyomino, das aus fünf nebeneinanderliegenden Quadraten besteht, ist übrigens ein Langweiler", nahm Margarete den Faden wieder auf. „Das

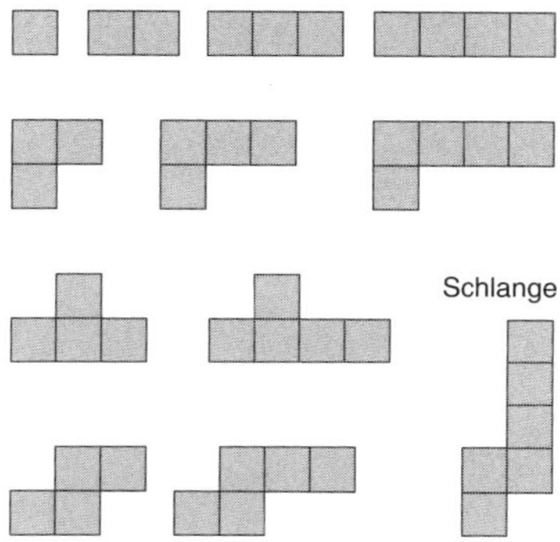

Bild 5: Für jede der dargestellten Polyomino-Formen – mit Ausnahme der Schlange – ist eine sichere Gewinnstrategie bekannt.

beantwortet deine Frage von vorhin: Wenn diagonale Reihen nicht erlaubt sind, ist Fünf-in-einer-Reihe wirklich ein ziemlich langweiliges Spiel."

„Ach so. Taugen diese Paarungen denn auch für andere Probleme?"

„Oh, Dutzende. Zum Beispiel hat Golomb eine Hales-Jewett-Paarung für Acht-in-einer-Reihe in einem $8\times8\times8$-Würfel gefunden. Hales und Jewett selbst haben über n-in-einer-Reihe auf einem k-dimensionalen $n\times n\times\ldots\times n$-Hyperwürfelbrett nachgedacht und bewiesen, daß das Spiel unentschieden ausgeht, wenn n sehr viel größer als k ist. Wenn dagegen k groß gegen n ist, kann der erste Spieler stets gewinnen. Für den Fall, daß n und k annähernd gleich groß sind, weiß man bisher nichts."

„Das ist mir zu esoterisch, Margarete. Aber es erinnert mich an den Witz von dem Mathematiker, der sich in perfekten Kreisen drehte –"

Hans-Martin kam nicht mehr bis zur Pointe, denn in diesem Moment erwachte Taps und begann aufgeregt zu bellen. Alle Schafe waren davongelaufen.

Literaturhinweise

Regularity and Positional Games. Von A. W. Hales und R. I. Jewett in: Transactions of the American Mathematical Society, Band 106, Heft 2, Seiten 222 bis 229, Februar 1963.

Gewinnen. Band 2: Bäumchen-wechsle-dich. Von Elwyn R. Berlekamp, John H. Conway und Richard K. Guy. Vieweg, Braunschweig 1986.

8
Die gekämmte Kugel und die Seifertsche Vermutung

Es ist nicht einfach, einen Igel zu kämmen, vor allem dann nicht, wenn man ein Wurm ist. Aber das ist noch gar nichts gegen die Kunst, einen Stöpsel zu stöpseln.

Heiner Würmeling machte es sich gerade auf dem Sofa bequem und blätterte in dem neuen Sachbuch „Der Wurmbau zu Babel". Da ringelte sich seine Frau ins Zimmer.

„Oh, was für ein Tag!" stöhnte Amelia. „Heiner, bitte erinnere mich daran, nie mehr oberirdisch einkaufen zu gehen. Mit all den Vögeln, es ist wirklich gefährlich! Ich mußte einen zudringlichen Spatz mit dem Regenschirm wegprügeln." Sie holte kurz Luft. „Jetzt bin ich gerade noch rechtzeitig für die Wettervorhersage gekommen. Mach doch bitte den Fernseher an."

„Aber wir haben uns niemals um Oberirdisches gekümmert."

„Nächsten Dienstag veranstaltet der Ringelpietz-Verein ein Grillfest, und ich möchte sicher sein, daß es keinen Wind gibt, der das Feuer auslöschen könnte. Schau, Tante Helminthia hat ein hübsches Deckchen gestiftet, für den Wohltätigkeitsbasar." Sie zeigte ihm ein unscheinbares weißes Tuch mit ebenso unscheinbarer Spitzenborte.

„Sieht nicht gerade nach einer Wohltat aus", dachte Heiner im stillen.

„Nun mach schon", quengelte sie.

Er streckte sich und drückte den Einschaltknopf – mit unerwartetem Effekt: Der Bildschirm wurde heller und heller und dann, mit einem Knacks, wurde es wieder ganz dunkel.

Eine halbe Stunde später hatte Heiner herausgefunden, daß es wohl unumgänglich sei, den Reparaturdienst anzurufen. „Au weia", sagte die Stimme in der Leitung und holte übertrieben tief Luft. „Das kann teuer werden. Mal sehen – ja, ich kann Sie am Donnerstag dieser Woche einschieben. Wiederhören."

Amelia war überhaupt nicht begeistert. „Also", sagte Heiner, um sie zu beruhigen, „eines kann ich dir mit Sicherheit über das Wetter am Dienstag sagen, auch ohne Vorhersage."

„Was?"
„Irgendwo wird es unter Garantie ganz windstill sein."
„Wieso? Wo? Hier?"
„Keine Ahnung, mein Goldfädchen. Aber irgendwo. Sydney oder Buxtehude oder sonst irgendwo."
„Sei nicht so albern, Heiner. Du behauptest immer Dinge, mit denen du dich nicht richtig auskennst..."

Wie kämmt man einen Igel?

„Aber dies weiß ich, daß es an jedem beliebigen Tag irgendwo auf der Erdoberfläche keinen Wind gibt. Na ja, jedenfalls keine horizontale Komponente – allenfalls aufsteigende oder absinkende Luftmassen. Das folgt aus dem wohlbekannten Satz von der behaarten Kugel, auch Igel-Satz genannt."
„Aus dem was?"
„Stell dir eine Kugel vor, die rundherum behaart ist", sagte Heiner. „Und nun versuchst du, die Haare so zu kämmen, daß alle flach und glatt liegen. Genauer: Die Richtungen, in welche die Haare zeigen, verändern sich stetig, und es gibt keine abrupten Wechsel."
„Aha", sagte Amelia verständnislos.
„Der Punkt ist", sagte Heiner, „daß es nicht geht. Es muß entweder einen Scheitel geben, oder aber mindestens eines der Haare steht senkrecht in die Höhe" (Bild 1 oben).
„Wie kannst du da so sicher sein?"
„Das ist ein Satz aus der Topologie. Du weißt schon, das ist so eine Art Gummituch-Geometrie."
„Heiner, ich dachte, wir reden über das Wetter. Und jetzt geht es auf einmal um irgendwelche seltsamen behaarten Kugeln und Gummitücher."
„Verzeih mir, mein Bändelchen. Ich habe nur versucht, ein wichtiges Konzept zu erklären. Topologie beschäftigt sich mit den Eigenschaften von Figuren, die unter stetiger Deformation – Biegen, Strecken, Stauchen, aber nicht Zerschneiden oder Zusammenkleben – unverändert bleiben. Der Igel-Satz ist eine topologische Wahrheit."
„Mmhh", brummelte sie ungläubig.
„Im Gegensatz dazu ist es sehr wohl möglich, einen behaarten Torus – also eine Form wie einen Zuckerkringel – glattzukämmen", setzte Heiner unvorsichtigerweise hinzu (Bild 1 unten).
„Du wirst kein Haar an irgendeinem Zuckerkringel in meinem Haus finden", sagte Amelia indigniert.
„Natürlich ist das in höheren Dimensionen alles viel interessanter", fuhr Heiner verzweifelt fort, um dem Gespräch eine andere Wendung zu geben.

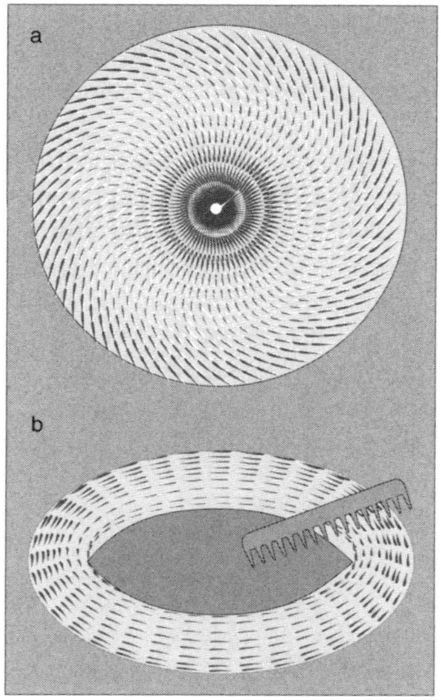

Bild 1: Eine behaarte Kugel läßt sich nicht stetig glattkämmen (oben), ein behaarter Torus hingegen sehr wohl (unten).

„Zum Beispiel ist es möglich, eine n-dimensionale behaarte Sphäre glatt zu kämmen, wenn n ungerade, aber nicht, wenn n gerade ist."

„Was meinst du mit einer n-dimensionalen Sphäre? Eine Sphäre ist eine Kugel, nicht wahr? Und ich würde sagen, die ist dreidimensional."

„Aber mein kleines Schnuckeschnürchen, eine Sphäre, wie du sie meinst, ist zweidimensional. Das heißt natürlich, die Oberfläche einer Kugel", setzte er schnell hinzu. „Man benötigt zum Beispiel auf der Erde nur zwei Koordinaten, – geographische Länge und Breite –, um einen Punkt darauf zu bestimmen. Die Topologen nennen sie deshalb 2-Sphäre. Das eindimensionale Analogon, die 1-Sphäre, ist der Kreis. Es gibt aber auch Sphären in jeder höheren Dimension."

„Höhere Sphären?"

„So ähnlich. Man kann eine 2-Sphäre darstellen als die Menge aller Punkte im dreidimensionalen Raum, die von dem Nullpunkt den Abstand 1 haben, oder – algebraisch ausgedrückt – die Menge aller Punkte mit den Koordinaten (x,y,z), so daß $x^2+y^2+z^2=1$ ist. Entsprechend ist die n-Sphäre gleich der Menge aller Punkte im $(n+1)$-dimensionalen Raum, die im Abstand 1 zum Nullpunkt liegen. In Formeln ausgedrückt, handelt es sich um die Menge aller

Punkte mit den Koordinaten $(x_1,\ldots,x_{n+1})$ und der Eigenschaft, daß $x_1^2+\ldots x_{n+1}^2=1$ ist."

„Und wie hat man sich nun diese ungewöhnliche Ausgeburt mathematischer Genialität vorzustellen?"

„Ach, ganz einfach. Fangen wir mit einer 2-Sphäre an", sagte Heiner. „Wenn du einen Punkt wegnimmst und sie flach nach außen biegst, zum Beispiel durch eine Projektion, erhältst du eine Ebene (Bild 2). Der fehlende Punkt geht sozusagen nach Unendlich. Umgekehrt kann man jede 2-Sphäre durch eine Ebene zusammen mit einem zusätzlichen Punkt darstellen. Der heißt unendlich ferner Punkt, und du kannst dir vorstellen, daß er am Ende jeder Geraden durch den Nullpunkt liegt. Analog kann man sich eine 3-Sphäre vorstellen als den gewöhnlichen dreidimensionalen Raum mit einem unendlich fernen Punkt, der auf jeder Geraden durch den Nullpunkt liegt."

„Oh."

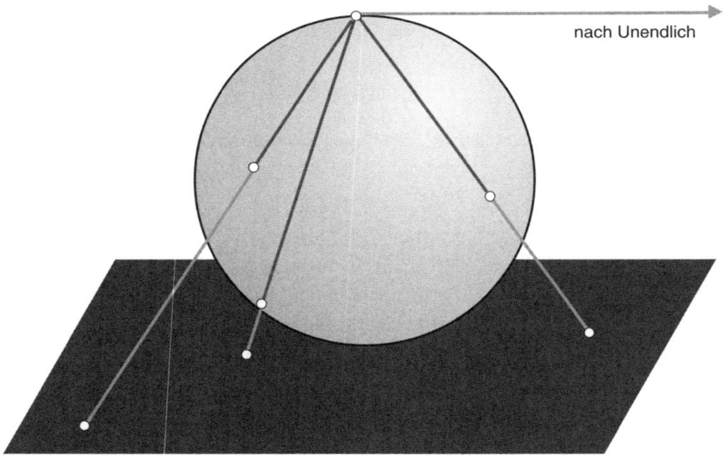

Bild 2: Über eine Projektion lassen sich die Punkte einer Ebene mit denen der 2-Sphäre identifizieren, den Nordpol ausgenommen. Man kann also eine 2-Sphäre als Ebene mit einem unendlich fernen Punkt – entsprechend dem Nordpol – auffassen.

„Es ist nun sehr leicht, die behaarte 3-Sphäre glattzukämmen", fuhr Heiner fort. „Das bedeutet nichts anderes, als die 3-Sphäre – beziehungsweise den gewöhnlichen Raum mit Zusatzpunkt – mit Haaren aufzufüllen, die nahezu parallel zu ihren Nachbarn liegen. Lege zum Beispiel eine Ebene in den Raum und stell dir in dieser Ebene eine Gerade vor, dazu einen Punkt außerhalb der Geraden und eine Menge von Spiralen, die sich aus diesem Punkt herauswinden und sich an die Gerade anschmiegen. Ich skizziere das mal“, sagte er, und die verwirrte Amelia nahm gar nicht wahr, daß er auf Tante Helminthias Deckchen zu zeichnen begann (Bild 3*a*). „Dreh jetzt dieses Bild um die Gerade als Achse, dann wird aus dem Punkt ein Kreis und aus den Spiralen eine Schar spiralförmiger Flächen. Dann kämmst du entlang jeder dieser Flächen so, wie du einen Torus kämmen würdest, mit einer kleinen Variante: In der Nähe der Achse läßt du die Haare ziemlich vertikal stehen, aber je näher die Spiralfläche dem Kreis kommt, desto flacher legst du sie. Die Haare am Kreis liegen tangential. Dann paßt alles glatt zusammen, und kein Haar steht von der 3-Sphäre ab“ (Bild 3*b*).

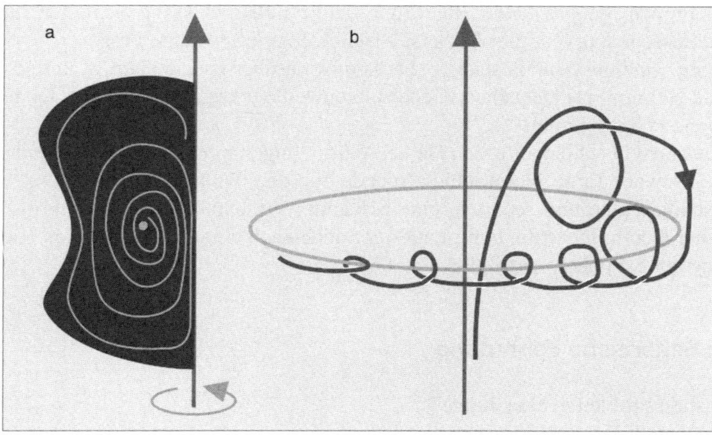

Bild 3: Ein Fluß auf der 3-Sphäre mit nur zwei geschlossenen Kurven. Die Flußlinien verlaufen auf Flächen, die spiralförmig um eine Achse gewickelt sind. Links sieht man einen Querschnitt durch die Spiralflächen (*a*), rechts eine typische Flußlinie (*b*).

„Wo sollen sie denn auch hinstehen? Ich denke, die 3-Sphäre ist der ganze dreidimensionale Raum.“

Heiner wollte gerade zu der Erklärung ansetzen, daß die 3-Sphäre in den vierdimensionalen Raum eingebettet sei, daß die Sache mit dem Kämmen darauf hinauslaufe, Tangentialvektoren an die Sphäre zu legen, und daß ja auf der Erde auch gelegentlich ein Haar zu Berge stehen könne, was dann sicherlich nicht tangential zur Erdoberfläche sei; aber er besann sich gerade noch rechtzeitig, daß Amelia schon etwas überfordert war.

„Was ich meine, mein Älchen, ist, daß keines der Haare in der 3-Sphäre von der Länge null sein muß.“

„Aha“. Amelia betrachtete die Zeichnung mißfällig. „Und was ist mit dem unendlich fernen Punkt?“

„Das Haar am unendlich fernen Punkt steht genauso vertikal.“

„Und das obere Ende der Geraden?“

„Schließt an das untere an. Eigentlich ist die Gerade nämlich nichts anderes als eine geschlossene Kreislinie.“

„Dann hast du zwei unendlich große, ineinanderliegende, kreisförmige, geschlossene Haarsträhnen.“

„Stimmt.“

„So eine Frisur hält niemals. Kannst du das denn auch ohne diese beiden geschlossenen Kreise?“

„Ich weiß es nicht“, sagte Heiner. „Ist es möglich, eine behaarte Sphäre so zu kämmen, daß es keine Haare der Länge null und keine Schleifen, also geschlossene Kurven, gibt? Das ist wirklich eine interessante Frage.“

„Gut“, meinte Amelia scharf. „Du kannst darüber nachdenken, während du Tante Helminthias Deckchen wieder blütenweiß zu kriegen versuchst. Du hast es ganz vollgeschmiert.“

Zerknirscht schlängelte sich Heiner Würmeling zum benachbarten Waschsalon. Er warf Tante Helminthias Spende für den Wohltätigkeitsbasar in die Waschmaschine und schüttete eine Schachtel Waschpulver dazu. Er kritzelte auf der leeren Schachtel herum auf der Suche nach einer schleifenfreien Kämmung der 3-Sphäre – erfolglos.

Die Seifertsche Vermutung

„Hast du Probleme, alter Junge?“

„Albert!“ Das war die vertraute Stimme von Albert Wurmstein, einem Angestellten am örtlichen Patentamt, hoffnungslos zerstreut, aber ein Experte für solche Probleme. Heiner begann sofort zu berichten.

„Aber das ist eine wohlbekannte Frage, die Herbert Seifert von der Universität Heidelberg im Jahre 1950 aufgeworfen hat und die als Seifertsche Vermutung bekannt geworden ist“, rief Albert aufgeregt. „Es ist dabei hilfreich, wenn du dir vorstellst, die 3-Sphäre wäre mit irgendeinem strömenden Medium gefüllt, und die Haare lägen alle in Stromrichtung. Die meisten Strömungslinien folgen einem komplizierten Verlauf, aber manchmal kann eine von ihnen eine geschlossene Schleife bilden. Wie du Amelia gesagt hast, ist es ziemlich leicht, einen Fluß mit zwei geschlossenen Schleifen zu finden – aber sie wollte einen ganz ohne Schleifen haben.“

„Eben.“

„Die Frage lautet also, ob jeder glatte Fluß auf der 3-Sphäre, der keine Fixpunkte hat, mindestens eine periodische Flußlinie besitzt."

„Ich glaube schon."

„Dann hast du Glück, mein Freund. Die Antwort heißt nein."

„Was du nicht sagst!"

„Krystyna Kuperberg von der Universität Auburn in Alabama hat kürzlich das neue Ergebnis angekündigt. Das erste Indiz gegen die Seifertsche Vermutung hatte Paul Schweitzer von der Harvard-Universität in Cambridge (Massachusetts) 1974 gefunden. Sein Beispiel ist glatt in dem Sinne, daß die Richtungen der Flußlinien ganz gut zusammenpassen, aber es ist nicht sehr glatt: Die Richtungen variieren zwar stetig, aber manchmal sehr heftig. Sein System ist nur einmal differenzierbar, wie die Mathematiker sagen. Später hat Jenny Harrison von der Universität von Warwick in Coventry ein glatteres Beispiel gefunden, das dreimal differenzierbar ist. Doch Krystyna Kuperbergs Beispiel ist unendlich oft differenzierbar, glatter geht's nicht. Und ihr Beweis enthält eine geniale neue Idee, die möglicherweise die ganze höherdimensionale Dynamik verändern wird."

„Du erzählst mir das besser genauer", sagte Heiner, gebührend beeindruckt. „Sonst glaubt mir Amelia nicht, daß ich die Antwort kenne."

„Ich will mein Bestes versuchen", sagte Albert. „Sag mal, bist du sicher, daß du genug Waschpulver in die Maschine getan hast?"

„Gute Idee", sagte Heiner und füllte eine weitere Schachtel ein.

„Nun, du weißt, man kann sich die 3-Sphäre als gewöhnlichen Raum vorstellen, vorausgesetzt, man erinnert sich an den unendlich fernen Punkt. Hier hindert er dich daran, alle Flußlinien in die gleiche Richtung weisen zu lassen. Das liefert einen glatten Fluß im gewöhnlichen dreidimensionalen Raum ohne geschlossene Kurven; fügt man jedoch den unendlich fernen Punkt hinzu, schließen sich die Flußlinien."

„Das habe ich Amelia auch gesagt."

„Wenn du das im Hinterkopf behältst, dann vergiß vorübergehend den unendlich fernen Punkt und denke dir nur einen Fluß im gewöhnlichen dreidimensionalen Raum. Alle Lösungswege zu diesem Problem beruhen auf derselben grundlegenden Idee: Man ändert durch Einfügen eines Stöpsels einen gegebenen Fluß ab und eliminiert dadurch eine ausgewählte geschlossene Schleife. Jedes kleine Gebiet der 3-Sphäre enthält eine Schar annähernd paralleler Flußlinien (Bild 4*a*). Man kann ein Bündel dieser Flußlinien herausschneiden und durch etwas Komplizierteres ersetzen: einen Stöpsel" (Bild 4*b*).

Albert Wurmstein fuhr fort: „Der Querschnitt eines Bündels von Flußlinien kann kompliziert aussehen – typischerweise ist er ein Ring (das Gebiet zwischen zwei konzentrischen Kreisen) oder etwas Ähnliches; das Bündel bildet also eine kurze, dicke Röhre von Linien. Wir ersetzen jetzt ein solches Bündel durch einen Stöpsel (*plug*). Das ist ein komplizierterer Fluß, der erstens kom-

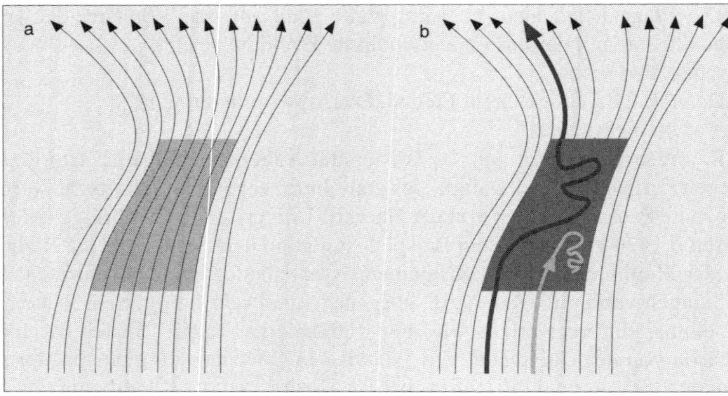

Bild 4: Einpassen eines Stöpsels in einen Fluß ändert die Topologie der Flußlinien.

patibel sein muß: Verläuft eine Flußlinie direkt von einem Ende zum anderen, so müssen sein Ein- und Austrittspunkt durch genau eine Flußlinie des ursprünglichen Flusses miteinander verbunden gewesen sein. Zweitens muß es mindestens eine Flußlinie geben, die im Stöpsel gefangen wird – sie führt in den Stöpsel hinein, aber nicht mehr heraus. Sie muß sich in einer Art Zick-Zack wie ein unendlicher Faden im Innern des Stöpsels umherwinden" (Bild 4*b*).

„Ich denke, ich hab's", sagte Heiner. „Apropos, Albert, erinnerst du dich, ob ich wirklich genug von dem Waschpulver nachgefüllt habe?"

„Ich glaube nicht", sagte Albert. Heiner stoppte die Waschmaschine, kippte noch eine Schachtel „Hyperweiß" hinein und beobachtete fasziniert die geschlossenen Kurven, denen die Waschpulverteilchen in der Lauge folgten, bevor sie sich schließlich auflösten.

„Ach so, Albert. Wenn man einen Stöpsel bei einer geschlossenen Kurve einfügt, so daß die Kurve in den Stöpsel hineinführt und dort gefangen wird, hat man die Schleife eliminiert – die Flußlinie ist nicht mehr geschlossen, sondern zugestöpselt. Das würde reichen für den Fluß, den ich gefunden habe."

„Ja, genau."

„Mit zwei solchen Stöpseln kann man zwei geschlossene Kurven zum Verschwinden bringen."

„Schon, aber siehst du denn nicht, wo dabei das Problem liegt?"

„Nein."

„Vielleicht erzeugt man dabei eine neue geschlossene Kurve?"

„Oh. Na gut, aber aus der Kompatibilitätsbedingung folgt, daß es keine neuen Schleifen geben kann, die außerhalb des Stöpsels verlaufen."

„Sicher. Aber was ist, wenn du innerhalb des Stöpsels neue Schleifen erzeugst, Heiner? Das ist die Hauptschwierigkeit, an der alle früheren Beispiele gescheitert sind. Krystyna Kuperberg hat sie dadurch gemeistert, daß sie Stöpsel eingeführt hat, die sich gewissermaßen in den Schwanz beißen, wie eine Schlange, was dazu führt, daß die geschlossenen Kurven in einem unendlichen Regreß gefangen werden."

„Schlau. Aber wie geht das?"

„Nun, sie beginnt mit einem sogenannten Wilson-Stöpsel, der genau zwei Schleifen enthält" (Bild 5*a*). „F. Wensley Wilson von der Brown-Universität in Providence (Rhode Island) hat ihn 1966 ersonnen. Die Flußlinien innerhalb des Stöpsels sind in Bild 5*b* zu sehen. Sie sind gerade so konstruiert, daß der Wert der Radialkoordinate *r* konstant bleibt; *r* ist der Abstand von der Ringachse. Wenn der Stöpsel verbogen wird, um in den Fluß eingepaßt zu werden,

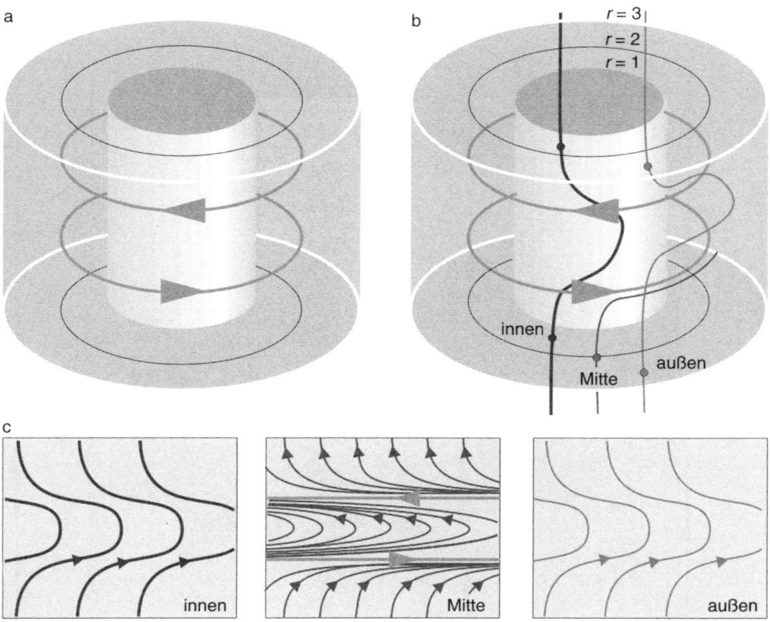

Bild 5: Geometrie eines Wilson-Stöpsels. Die zwei geschlossenen Flußlinien sind fett markiert (*a*). Innerhalb des Zylinders sind die Flüsse verbogen (*b*), wie man bei Herausnahme von Teilzylindern diverser Radien und Abwicklung von deren Mantelfläche sieht (*c*).

werden die Koordinaten als gemeinsam mit dem Stöpsel verbogen angenommen – ein technischer Punkt, der später wichtig sein wird. Nehmen wir an, der äußere Radius sei 3 und der innere 1. Dann liegen die beiden Schleifen in dem Zylinder, der durch $r=2$ definiert ist. In Bild 5*c* sind Flüsse in Zylindern verschiedener Größe zu sehen. Alle Flußlinien, die bei $r=2$ eintreten, werden gefangen – sie lagern sich immer dichter an den unteren Kreis an. Alle anderen Flüsse entkommen wieder. Der Fluß ist so gemacht, daß er bezüglich der Mittelebene spiegelsymmetrisch ist; daraus folgt, daß die Kompatibilitätsbedingung automatisch erfüllt ist."

Stöpsel im Stöpsel im Stöpsel...

„Krystyna Kuperberg nimmt so einen Wilson-Stöpsel", fuhr Albert fort, „aber sie ändert ihn ab, um die beiden Schleifen zu eliminieren, und zwar indem sie zwei Miniatur-Exemplare des Stöpsels in ihn selbst einfügt und diese dabei so deformiert, daß die Flußlinien zusammenpassen" (Bild 6).

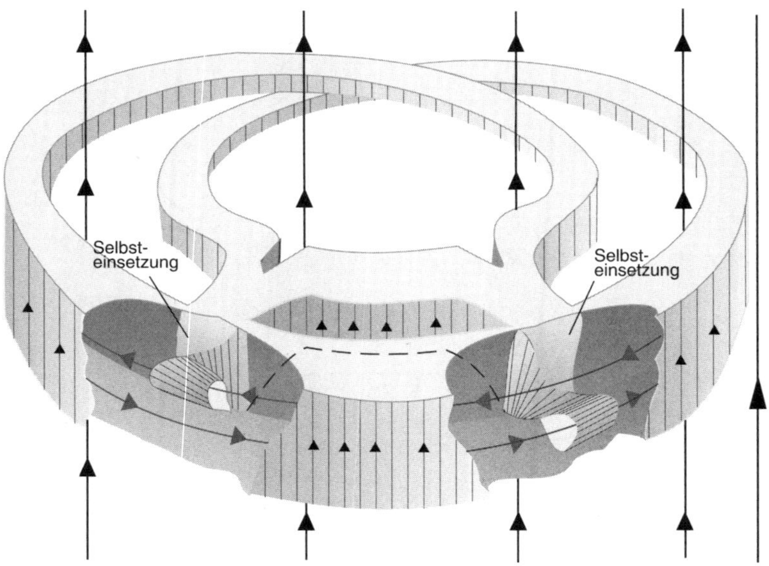

Bild 6: Krystyna Kuperbergs Modifikation des Wilson-Stöpsels, in der alle geschlossenen Flußlinien eliminiert sind.

„Der eingefügte Stöpsel enthält als verkleinerte Kopie des großen wieder zwei eingefügte Stöpsel, und so weiter – eine unendliche Folge immer kleiner werdender Stöpsel. Wenn man sorgfältig vorgeht, erreicht man, daß nicht nur die beiden Schleifen eliminiert sind, sondern auch keine neuen erzeugt werden. Der Trick besteht darin, die Flußlinien innerhalb des Stöpsels so zu wählen, daß die r-Koordinate jedesmal größer wird, wenn eine Flußlinie die Stelle zwischen Stöpsel und eingefügtem Stöpsel überschreitet, ausgenommen eine einzige Linie mit einem Eintrittspunkt bei $r=2$. Genauer: Die r-Koordinate im System des eingefügten Stöpsels ist größer als die im System des alten. Dadurch hat die Flußlinie beim Austritt aus dem eingefügten Stöpsel einen größeren Abstand von der Mittellinie als zuvor. Die r-Koordinate ist also konstant, solange die Flußlinie keine Übergangsstelle trifft, und kann ansonsten allenfalls anwachsen, aber nie abnehmen. Also kann die Flußlinie sich nicht selbst wiedertreffen, wenn sie an eine Übergangsstelle gerät. Diejenigen, die nicht durch einen eingefügten Stöpsel verlaufen, sind nach der Konstruktion ohnehin keine Schleifen. Die einzige Flußlinie, für welche dieses Argument nicht zutrifft, ist die eine bei dem einzelnen besonderen Eintrittspunkt $r=2$. Man vergewissert sich, daß diese gerade eine der beiden Schleifen im Wilson-Stöpsel ist. Mit sorgfältiger mathematischer Buchhaltung kann man sicherstellen, daß im Innern des Stöpsels keine neuen Schleifen erzeugt werden. Die so eingestöpselte Kurve windet sich in einer sehr komplizierten, ja chaotischen Weise – aber es paßt alles glatt zusammen."

„Albert, das ist toll! Aber wo kommt bloß all dieser Schaum her?" fragte Heiner, während sie beide langsam auf die Straße gespült wurden.

„Jemand hat wohl zuviel Waschpulver in die Maschine getan", sagte Albert.

„So ein Idiot."

Ein paar Stunden später berichtete Heiner der skeptischen Amelia ausführlich über Krystyna Kuperbergs negative Lösung des Seifertschen Problems.

„Warst du wohl wieder einen trinken mit diesem Wurmstein?"

„Nein, ich habe den alten Knaben zufällig im Waschsalon getroffen."

„Und hast du Tante Helminthias Deckchen richtig saubergekriegt?"

„Strahlend weiß!"

„Laß mal sehen." Heiner fummelte ein textiles Knäuel aus seiner Tasche.

„Aber das schöne Stück war doch größer als eine Briefmarke!"

„Sie ist eingegangen", meinte Heiner ganz unglücklich.

„Das sehe ich", sagte Amelia pikiert. „Offensichtlich hast du nicht genug Waschpulver in die Maschine getan."

Literaturhinweise

On the Minimal Sets of Non-singular Vector Fields. Von F. W. Wilson in: Annals of Mathematics, Band 84, Seiten 529 bis 536, 1966.

Counterexamples to the Seifert Conjecture and Opening Closed Leaves of Foliations. Von P. A. Schweitzer in: Annals of Mathematics, Band 100, Seiten 386 bis 400, 1974.

A C^{∞} Counterexample to the Seifert Conjecture in Dimension Three. Von Krystyna Kuperberg. Preprint, Department of Mathematics, Auburn University AL 36849, USA. e-mail: kuperkm @mail.auburn.edu.

9
Wächter in der Kunstgalerie

Es ist eine Kunst, einen verwinkelten Raum überwachen zu lassen, dabei Arbeitsplätze einzusparen und nicht zugleich den eigenen Job zu verlieren. Aber was hat das alles mit Geometrie zu tun?

Es geschah während der monatlichen Vorstandssitzung der Firma Schwätzer & Co. Der Chef, Schwätzer persönlich, rief mit unverkennbarer Befriedigung den letzten Tagesordnungspunkt auf: die Sammlung Wahrlos. Es war geplant, sie in einer supermodernen Galerie unterzubringen, die dem Gesamtwerk des unvergleichlichen Sandy Wahrlos gewidmet werden sollte. Schwätzer war stolzer Besitzer sämtlicher Werke dieses Künstlers.

„Die Sicherheit ist ein wichtiger Faktor“, meinte der Finanzchef.

„Selbstverständlich werden wir die Sammlung Wahrlos mit den allerneuesten Überwachungsanlagen ausstatten“, entgegnete Siegfried Köter, der Leiter der Sicherheitsabteilung. „Jedes Bild wird mit einer eigenen Mini-Kamera überwacht.“

„Nein, ich möchte etwas Ausgefallenes für die Wahrlos-Sammlung “, unterbrach ihn Schwätzer.

„Aha, wie ausgefallen?“

„Sehr ausgefallen. Ich will Wächter haben, lebende Wächter.“

„Aber Chef, ist das nicht zu anspruchsvoll? Bedenken Sie allein die Kosten für die Sicherheitsüberprüfung der Leute und die Uniformen – und den Kantinenzuschuß erst! Echte Leute kosten echtes Geld. Nein, ich empfehle die neuesten Schnüffel-Roboter von der renommierten Firma … “

„Ich möchte Wächter, Herr Köter.“

„Jawohl, Chef. Wie viele denn?“

„So viele, daß jeder Quadratzentimeter des Gebäudes für mindestens einen Wächter im Blickfeld liegt. Ich will, daß jeder von ihnen auf einem Drehstuhl sitzt, so daß sie alle einen Rundumblick haben. Stellen Sie so viele ein, wie dafür nötig sind, aber nicht einen mehr, ist das klar? Echte Leute kosten echtes Geld, Sie wissen ja…“

„Jawohl, Herr Direktor. Sind die Pläne für das Gebäude schon fertiggestellt?“

„Noch nicht.“

„Wie soll ich dann wissen, wieviele Wächter gebraucht werden?"

„Der Architekt hat beschlossen, daß das Gebäude ebenerdig sein und 24 Wände haben wird, das bedeutet eine für jede von Wahrlos' Schaffensperioden. Wir machen das so: Weil Sie mit unvollständigen Informationen arbeiten müssen, ermächtige ich Sie, so viele Wächter einzustellen, wie erforderlich sind, um einen beliebigen Raum, der von 24 Wänden begrenzt wird, vollständig überwachen zu können. Dabei muß jeder Wächter eine feste Position einnehmen und einen Rundumblick haben. Ich will aber keinesfalls, daß Sie mehr einstellen als nötig. Sollte sich herausstellen, daß weniger Wächter benötigt werden als das theoretische Maximum, so übernehme ich die Verantwortung. Für den Fall, daß kein denkbarer Grundriß der Galerie so viele Wächter benötigt, wie Sie einstellen, – tja, dann hoffe ich sehr, daß Sie jemanden finden, der Sie einstellt, Herr Köter."

Wenn Mathematiker mit Sternen spielen

Ein leitender Angestellter, dessen Job in Gefahr ist, fackelt nicht lange. Er engagiert auf Firmenkosten den besten und teuersten Berater, den er finden kann, und gibt das Problem an ihn weiter. Köter suchte im Branchenfernsprechbuch und stieß auf die Mathematik-Service Rainer Zufall und Anna Lühse GmbH .

„Das ist eine harte Nuß, Herr Köter", meinte Zufall.

„Wirklich hart", sagte Anna Lühse, die bereits die Lösung kannte. Aber es ist kaufmännisch ungeschickt, das dem Kunden allzufrüh zu erzählen.

„Es gibt nämlich", sagte Zufall, „unheimlich viele Möglichkeiten, 24 Geraden anzuordnen."

Die beiden hatten die Angewohnheit, abwechselnd zu sprechen.

„Und die Anzahl der Wächter, die Sie benötigen, hängt von der gewählten Anordnung ab."

„Glücklicherweise gibt es ein paar gute Lösungsverfahren. Unter Fachleuten spricht man dabei von Kunstmuseumstheoremen.“

„Ja, genau. Wenn etwa für einen Raum ein Wächter ausreicht, nennen wir den Raum sternförmig.“

„Das bedeutet, es gibt einen Punkt im Inneren oder auf dem Rande des Raumes, so daß jeder andere Punkt im Raum mit ihm durch eine Gerade verbunden werden kann, die innerhalb des Raumes verläuft.“

„Nun stellen Sie sich vor, es sind etliche Wächter irgendwie im Raum verteilt. Dann sitzt jeder von ihnen in einem sternförmigen Gebiet – nämlich dem Teil des Raumes, den er überblicken kann. Ihre Frage lautet nun ...“

„Wie hoch ist die minimale Anzahl sternförmiger Gebiete, in die man einen Raum mit 24 Wänden zerlegen kann?“, murmelte Zufall, während er auf seinen Notizblock krakelte (Bild 1 links).

„Zeichnen Sie Grundrisse?“ fragte Köter und betrachtete Zufalls Skizze.

„Gewiß. Wir reden zwar von Räumen, aber auf die dritte Dimension kommt es hier nicht an. Für diesen speziellen Raum mit einer bestimmten Anordnung von drei Wächtern“, fuhr Zufall fort, „sieht man, daß er bis auf sechs verschiedene Gebiete einsehbar ist.“

„Und diese Gebiete sind konvex, also sternförmig“, bemerkte Anna.

„Plaziert man also in jedes dieser Gebiete einen weiteren Wächter, kann man den Raum vollständig überwachen.“

„Großartig“, sagte Köter. „Ich benötige also neun Wächter?“

Die Mathematiker schüttelten mit wissendem Blick den Kopf.

„Keineswegs. Zum einen reicht eventuell eine Anordnung mit weniger Wächtern für diesen speziellen Raum aus.“

„Zum anderen braucht man für einen anderen Raum vielleicht doch mehr.“

„Heißt das, ich brauche neun, es können aber auch mehr sein oder weniger?“

„Genau.“

„Sagen Sie mal, wie hoch ist eigentlich Ihr Honorar?“

„Ach wissen Sie, wir wollten Ihnen nur erst einmal ein Gefühl für die Problematik vermitteln", sagte Zufall mit charmantem Lächeln.

„Selbstverständlich müssen wir hier systematisch vorgehen", beeilte sich Anna Lühse hinzuzufügen.

„Wir müssen den Raum in einfachere Teile zerlegen und diese dann möglichst effizient zu sternförmigen Gebieten zusammensetzen."

„Triangulieren heißt das Zauberwort. Dreiecke sind das Natürlichste."

„Schon, aber es gibt sehr viele verschiedene Möglichkeiten, einen Raum in Dreiecke zu zerlegen."

„Klar. Ich schlage vor, wir machen es, ohne neue Ecken einzuführen."

„Du meinst, wir nehmen nur die Ecken, die der Raum ohnehin schon hat?" fragte Zufall.

„Sicher."

„Geht denn das immer?"

„Ich kann es dir beweisen."

„Nein, mach weiter."

„Als nächstes färbt man alle Eckpunkte des Raumes mit drei verschiedenen Farben und zwar so, daß in jedem Dreieck jede Farbe genau einmal vorkommt."

„Man färbt zunächst die Ecken irgendeines Dreiecks mit verschiedenen Farben. Für jedes angrenzende Dreieck sind die Farben dann eindeutig bestimmt, denn es ist genau eine Ecke eines solchen Dreiecks noch nicht gefärbt. Auf diese Weise arbeitet man sich systematisch durch alle Dreiecke durch."

„Ach so." Köter nickte eifrig. „Und was passiert, wenn wir dieses Verfahren auf Herrn Zufalls Beispiel anwenden?"

„Man erhält sechs rote Ecken (R), neun blaue (B) und neun gelbe (G). Setzt man nun in jede rote Ecke einen Wächter, dann haben die insgesamt den totalen Überblick, denn wenn man in der Ecke eines Dreiecks sitzt, überblickt man zumindest das ganze Dreieck" (Bild 1 rechts).

„Und jedes Dreieck hat genau eine rote Ecke. Natürlich. Das ist hübsch." Köter war überglücklich, daß endlich wieder sein Problem zur Sprache kam. „Wir brauchen also nur sechs Wächter für diesen Raum. Und wir setzen sie in die roten Ecken."

Anna Lühse zeigte nur den Anflug eines spöttischen Lächelns und wandte sich an ihren Kollegen: „Ich hoffe, du siehst, wie man diese Idee verallgemeinern kann?"

„Sicher. Ein Raum mit 24 Wänden hat 24 Ecken. Wir teilen ihn in Dreiecke auf, färben die Ecken nach deinen Regeln und wählen die Farbe aus, die am seltensten auftritt. Die Wächter setzen wir in die Ecken mit dieser Farbe."

„Ganz recht. Die Gesamtanzahl aller roten, blauen und gelben Ecken beträgt 24. Unabhängig davon, wie die Farben den Ecken zugeordnet sind, tritt mindestens eine höchstens achtmal auf."

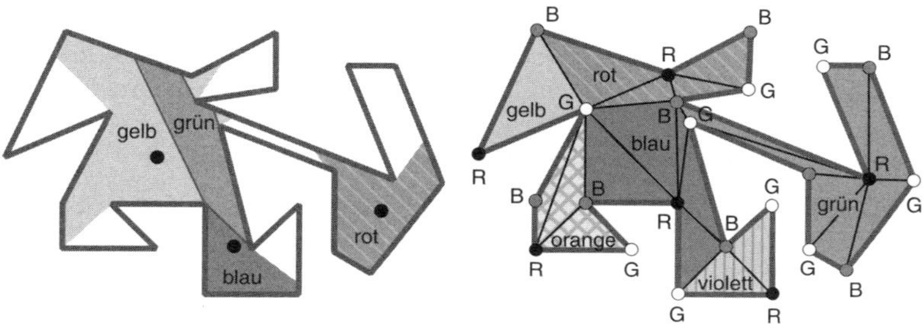

Bild 1: Drei Wächter (schwarze Punkte) können jeweils ein sternförmiges Teilgebiet überschauen (links). Das gelbe und das blaue Gebiet überlappen sich teilweise (hier grün gezeigt). Andere Teile der Galerie sind für keinen der Wächter einsehbar. Die Aufgabe besteht nun darin, den Grundriß des Raums in Dreiecke zu zerlegen und die Ecken des Raums zu färben, und zwar so, daß in jedem Dreieck jede Farbe genau einmal vorkommt (rechts). Danach setzt man die Wächter genau in diejenigen Ecken, deren Farbe am seltensten auftritt. Bei einem Raum mit n Wänden liefert diese Methode eine Lösung mit höchstens $[n/3]$ Wächtern.

„Du meinst, wenn die Summe dreier Zahlen 24 ergibt, dann kann nicht jede von ihnen gleich oder größer als neun sein? Ja, das verstehe ich."

Anna Lühse deutete eine Verbeugung an. „Damit habe ich bewiesen, daß jeder beliebige Raum mit 24 Wänden von acht Wächtern überwacht werden kann."

„Moment mal", sagte Köter, welcher aufmerksam zugehört hatte und dem Schwätzers Drohung nicht aus dem Kopf ging. „Gerade haben Sie gesagt, daß für diesen speziellen Raum nur sechs Wächter gebraucht würden und nicht acht."

„Das ist korrekt, Herr Köter. Aber wir suchen die kleinste Anzahl von Wächtern, die für einen beliebigen Raum mit 24 Wänden benötigt werden. Und wir haben soeben bewiesen, daß es höchstens acht sein müssen."

„Und wie soll ich meinem Chef begründen, daß es auch im allgemeinen Fall nicht mit weniger geht?"

„Das ist ganz einfach", meinte Zufall und griff zum Notizblock. „Wir geben ein Beispiel an, bei dem genau acht Wächter benötigt werden" (Bild 2). „Die

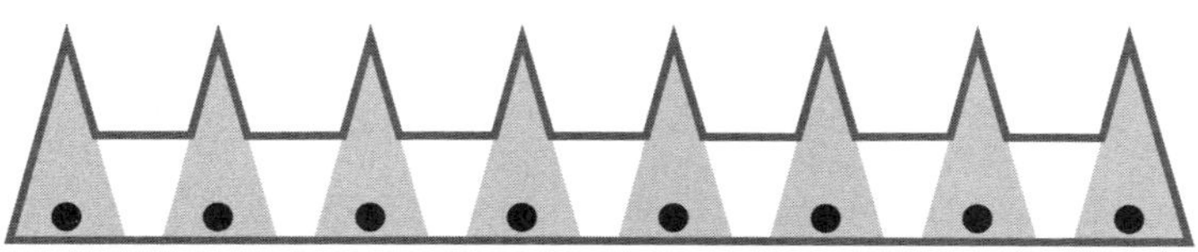

Bild 2: Ein Raum mit $n = 24$ Wänden, für den $[n/3] = 8$ Wächter benötigt werden.

Wächter müssen so plaziert werden, daß sie die acht dreieckigen Alkoven überblicken können. Das ergibt acht sich nicht überschneidende Gebiete. Also muß jedes von ihnen mit einem anderen Wächter besetzt sein. Andererseits zeigt die Anordnung, daß acht Wächter ausreichend sind."

„Aber Sie haben sie nicht in die Ecken gesetzt", protestierte Köter.

„Wir könnten, und das ist für den allgemeinen Beweis sehr hilfreich", sagte Zufall. „Aber wir müssen nicht, und in diesem Falle ist es anders einfacher."

Die allgemeine Lösung des Problems

„Sehr schön", meinte Köter. „Acht Wächter. Ich werde dem Chef sagen, daß das Problem gelöst..." Das Telephon läutete. Köter hob den Hörer ab, sagte einige Male sehr beherrscht „Jawohl, Chef" und legte sorgfältig auf. Dann nahm er sich unvermittelt die nächste greifbare Blumenvase, schleuderte sie durchs Zimmer und brüllte unzusammenhängendes Zeug.

„Ist irgend etwas nicht in Ordnung, Herr Köter?" fragte Anna Lühse mit einem Unterton, den sie für taktvoll hielt.

„Dieser dämliche Architekt hat die Pläne geändert!" schrie Köter. „Die Galerie soll jetzt 173 Wände haben, damit die Bilder nach Themen und nicht nach Stilperioden geordnet werden können."

„Kein Problem, Herr Köter." Zufall faßte ihn beruhigend am Arm. „Da unsere Methode allgemein gilt, kann man sie auch in diesem Falle anwenden. Sie färben die Ecken des Raumes nach Anna Lühses Regel und postieren die Wächter an den Ecken, deren Farbe am seltensten vorkommt. Beträgt nun die Summe dreier Zahlen 173, so kann eine von ihnen allenfalls 173/3 = 57 2/3 sein."

„Soll das heißen, ich brauche 57 2/3 Wächter? Teilzeitarbeit schätzt der Chef nicht besonders."

„Nein, es bedeutet nur, daß eine der Farben höchstens 57mal auftaucht. Sie kommen also mit 57 Wächtern aus – aber im allgemeinen nicht mit weniger. Das sieht man an einem Beispiel mit entsprechend mehr Alkoven."

„Wir haben folgendes bewiesen", sagte Anna Lühse. „Für einen Raum mit n Ecken braucht man $[n/3]$ Wächter. Die eckigen Klammern stehen für das Abrunden nach unten: $[n/3]$ ist die größte ganze Zahl, die kleiner ist als $n/3$. Diese Lösung des Problems stammt von dem tschechischen Mathematiker Václav Chvátal aus dem Jahr 1973. Der Beweis, den ich vorgeführt habe, ist eine Vereinfachung des ursprünglichen, den Steve Fisk vom Bowdoin-College in Brunswick (Maine) 1978 gefunden hat, und –"

Das Telephon läutete erneut. Nach dem Gespräch sank Köter hilflos grinsend in seinen Sessel. „Sie werden es mir nicht glauben, aber schließlich hat der Architekt sich doch für den Raum mit 24 Wänden entschieden. Man konnte sich über die Zuordnung der Bilder zu den verschiedenen Themen nicht einigen. Gut, Sie schicken mir die Rechnung und bis nächsten Donnerstag einen vollständigen Bericht mit einer Zusammenfassung für den Vorstand. Ich habe einen Termin mit Herrn Schwätzer."

„Können wir auch dabei sein?" fragte Anna Lühse. „Wir würden den großen Schwätzer gerne kennenlernen. Wer weiß, wann sich noch einmal so eine Gelegenheit bietet."

Köter dachte einen Augenblick nach und stimmte dann zu. Es würde nichts schaden, die beiden Experten als moralische Unterstützung dabei zu haben. Es konnte ja doch noch heikle Rückfragen geben.

„Acht Wächter, sagen Sie? Gute Arbeit, Herr Köter." Schwätzer war hocherfreut. „Das trifft sich gut. Der Architekt hat nämlich soeben den endgültigen Grundriß der Galerie vorgelegt. Sie können mir jetzt zeigen, wo die Wächter plaziert werden müssen." Er breitete die Pläne auf dem Tisch aus (Bild 3).

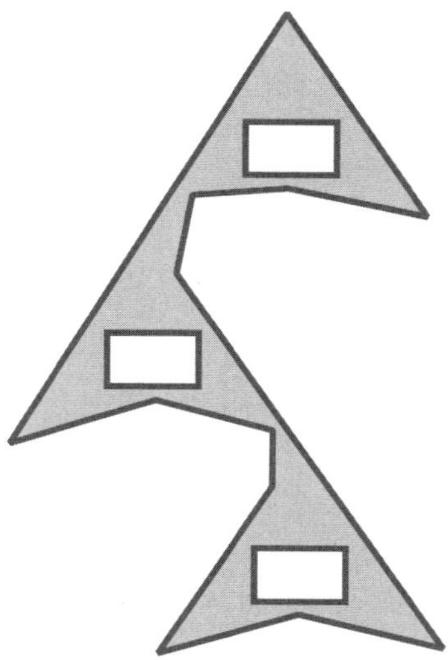

Bild 3: Für den Fall, daß der Raum Löcher hat, ist das Problem im allgemeinen ungelöst. Für diese spezielle Galerie braucht man neun Wächter. Wo müssen sie sitzen?

Und was tut man mit den Löchern?

Köter warf einen kurzen Blick darauf, schluckte trocken und wandte sich dann mit verzweifelter Miene an die Mathematiker. Zufall flüsterte seiner Kollegin zu: „Au weia, Pfeiler. Kein Mensch hat etwas von tragenden Systemen in dem Raum gesagt. Das bedeutet, die entsprechende zweidimensionale Skizze ist mit Löchern durchsetzt. Acht Wächter werden dafür nicht reichen, das sehe ich schon mit bloßem Auge."

„Nein. Hm. Es gibt da eine Vermutung über das Flächenproblem, daß im Falle von n Seiten und l Löchern – "

„Sind da auch die Seiten der auftretenden Löcher mitgezählt?"

„Was? Ja, natürlich – daß die maximale Anzahl von benötigten Wächtern $[(n+l)/3]$ beträgt. Nach diesen Plänen ist $n = 24$ und $l = 3$, also müßten auf jeden Fall neun Wächter –"

„Was haben Sie denn da zu flüstern?" unterbrach Schwätzer die Diskussion der Mathematiker mißtrauisch.

„Oh entschuldigen Sie, Herr Direktor. Wir – äh – bewundern die Pläne des Architekten."

Anna Lühse gab Köter einen verstohlenen Wink. „Nun, wie Herr Köter ganz richtig sagte, können Sie bei 24 Wänden mit acht Wächtern auskommen. Plus einem Vorsteher, selbstverständlich: Irgend jemand muß ja schließlich die Verantwortung tragen und schauen, daß die Aufsicht nicht nachlässig geführt wird. Nicht wahr, Herr Köter?"

Der Sicherheitsabteilungsleiter, dem mittlerweile der Schweiß auf der Stirn stand, riß sich noch einmal zusammen. „Aber klar, Frau Lühse, an den Vorsteher hatte ich selbstverständlich schon gedacht – allein schon wegen der Bedeutung der Sammlung."

„Sie brauchen also insgesamt neun Wächter, Herr Direktor", bekräftigte Rainer Zufall. „Genauso, wie Herr Köter es Ihnen gesagt hat."

„Sie können das alles in der Zusammenfassung nachlesen, Chef", sagte Köter, der sich wieder gefangen hatte.

Er warf den Mathematikern einen Seitenblick zu und wurde mit fast unmerklicher Zustimmung belohnt. Neun Wächter. War das nicht die Zahl, mit der sie angefangen hatten? Egal, das Problem bestand nun darin, die Wächter richtig zu plazieren. Die Mathematiker würden sicher wissen, wohin.

Indes beschlich Köter das Gefühl, daß in diesem Moment der Stundensatz um einiges angehoben wurde. Aber das war ein anderes Problem – nicht seins, sondern das des Finanzchefs.

Literaturhinweise

Mathematical Gems II. Von Ross Honsberger. Mathematical Association of America, 1976.

Old and New Unsolved Problems in Plane Geometry and Number Theory. Von V. Klee und S. Wagon. Mathematical Association of America, 1991.

Unsolved Problems in Geometry. Von Hallard T. Croft, Kenneth J. Falconer und Richard K. Guy. Springer, 1991.

10
Sechs Linien und ein Video

Fast wäre der Video-Abend ein Reinfall geworden. Wen interessiert schon ein Film über verschlungene Röhren in einem Raum voller Gelee? Aber dann platzte doch noch der Knoten.

Das Popcorn ist fertig, und Charlotte hat Sprudel besorgt. „Hast du auch das Video mitgebracht?“ fragte Boris.

„Aber sicher“, erwiderte Annabell und legte die Kassette ein. Auf dem Bildschirm erschien ein unregelmäßiges weißes Linienmuster, dann der Vorspann.

„Was ist das denn für ein merkwürdiger Titel?“ fragte Boris. „Knoten ohne Knoten? Soll das ein Krimi sein?“

„Überraschung“, erwiderte Annabell. „Wart's doch erst mal ab.“

Auf dem Bildschirm wanden sich farbige, wurmartige Röhren wie ein exotisches Lebewesen im Todeskampf.

Charlotte wußte sofort Bescheid: „Außerirdische. Auch gut.“

„Falsch“, widersprach Annabell. „Das ist ein Mathematikfilm, der am Zentrum für Geometrie an der Universität von Minnesota in Minneapolis produziert worden ist.“

Boris erschrak zutiefst. „Mathematik! Wie ekelhaft!“

„Du schwärmst doch sonst immer von allen möglichen Visualisierungen“, stichelte Charlotte. „Sieht doch gut aus. Annabell, wovon handelt der Film eigentlich?“

„Entdeckungen über die Topologie der Knoten.“

„Topologie?“ fragte Boris, und Charlotte gleichzeitig: „Knoten?“

„Ja. Stellt euch vor, ihr bindet ein Stück Schlauch zu einem Knoten und verschmelzt die Enden, so daß sich das Gebilde nicht mehr entwirren läßt. Kann man erkennen, wann zwei solche Knoten äquivalent sind? Das heißt, kann man den einen in den anderen überführen, indem man ihn zusammen mit dem umgebenden Raum geeignet verbiegt und verdrillt, ohne ihn an irgendeiner Stelle zu zerreißen?“

„Wie zerreißt man denn den Raum?“ fragte Boris. „Das sollst du ja gerade nicht“, warf Charlotte ein. „Aber wie verbiegt man ihn?“

„Stellt euch vor, der Raum sei mit einem sehr weichen, dehnbaren, breiigen Gelee ausgefüllt“ (Spektrum der Wissenschaft, August 1989, Seite 42).

„Und das ist Mathematik?" Boris verdrehte die Augen. „Götterspeise? Igitt!"

„Es gibt nicht nur mehr im Universum, als unsere Schulweisheit sich träumen läßt", philosophierte Annabell, „sondern sogar mehr, als man überhaupt zu träumen fähig ist – und in der Mathematik ganz besonders. Ein Raum voll Gelee ist noch eines der kleineren Wunder." Der Bildschirm zeigte nun drei ineinanderhängende Ringe (Bild 1).

Bild 1: Die borromäischen Ringe.

„Das ist eine Verkettung", sagte Annabell. „Ungefähr dasselbe wie ein Knoten, aber mit mehreren Schläuchen. Um genau zu sein: Das hier sind die borromäischen Ringe. Sie sind berühmt, weil je zwei davon nicht miteinander verkettet sind, alle drei aber wohl. Zerschneidet man einen, fällt alles auseinander" (Spektrum der Wissenschaft, Januar 1991, Seite 12).

Alle drei sahen eine Weile zu. „Und was ist jetzt los?"

„Wir sollen die verknoteten Schläuche für einen Moment vergessen und nur den umgebenden Raum betrachten, das sogenannte Komplement dieser Gebilde. Es gilt nämlich der Satz, daß nicht-äquivalente Knoten nicht-äquivalente Komplemente haben."

Charlotte dachte einen Augenblick nach. „Ist denn das nicht offensichtlich? Wenn ich dich richtig verstanden habe, dann ist das Komplement ein ganzer Raum voll Glibber mit einem Tunnel darin, dort, wo der verknotete Schlauch wäre. Wenn man nun den Raum außerhalb eines Knotens so verbiegen kann, daß er wie der Raum außerhalb des anderen Knotens aussieht, wird dann der Knoten – oder der Tunnel – nicht mit verbogen?"

„Ja, aber er könnte dabei irgendwie verzogen werden", sagte Annabell. „Es kann jedenfalls nicht offensichtlich sein, denn für Verkettungen ist dieselbe Aussage falsch. Man kann Verkettungen finden, deren Außenräume gleich sind, deren Innenräume sich aber unterscheiden" (siehe Kasten).

Nicht-äquivalente Verkettungen mit äquivalenten Komplementen

Die zwei Verkettungen oben sind nicht äquivalent, denn wenn man den mittleren Schlauch zerschneidet, fällt die linke auseinander, die andere jedoch nicht. Aber ihre Komplemente sind äquivalent: Man dehne den mittleren Knoten zu einem breiten, zylinderförmigen Ring (unten) und lege nun einen Schnitt dort, wo der Zylinder im rechten Bild seinen Deckel hätte (wenn er einen hätte); dann rotiere man die freigewordene Oberfläche des Zylinders um 360 Grad, so daß der Knoten aus dunklem und hellem Schlauch sich entwindet. Das Innere des Zylinders – das man sich mit Gelee gefüllt vorstellen kann – rotiert mit: am Deckel um 360 Grad, nach unten zu immer weniger und am Boden überhaupt nicht mehr. Dann lasse man den Schnitt wieder verheilen; weil der Drehwinkel genau 360 Grad betrug, wächst zusammen, was zusammengehört. Es entsteht das Bild links unten. Dies zeigt, daß die Komplemente äquivalent sind.

Um zu zeigen, daß zwei Mengen topologisch äquivalent sind, genügt es, eine stetige Abbildung von einer Menge auf die andere anzugeben, deren eindeutige Umkehrung ebenfalls stetig ist: Nahe beieinander liegende Punkte müssen wieder auf nahe beieinander liegende abgebildet werden. Es schadet nicht, wenn sie im Verlauf der Operation vorübergehend getrennt werden. Demgegenüber sind die Anforderungen an die topologische Äquivalenz von Verkettungen höher.

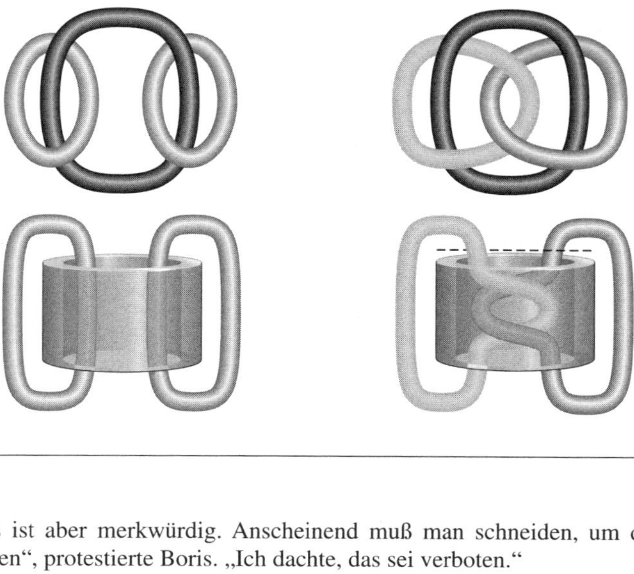

„Das ist aber merkwürdig. Anscheinend muß man schneiden, um das zu beweisen“, protestierte Boris. „Ich dachte, das sei verboten.“

„Na gut, das war nicht die ganze Wahrheit. Man darf ihn zerschneiden, vorausgesetzt, man klebt ihn später genauso wieder zusammen, wie er war."

„Aber dann kann man jeden Knoten lösen", widersprach Boris. „Schneide den Schlauch an irgendeiner Stelle durch, entwirre ihn und klebe die Enden wieder zusammen."

„Genau deswegen, lieber Boris, muß man eben den ganzen Raum um den Knoten herum mit deformieren und nicht nur den Knoten", sagte Charlotte. „Offenbar heißt das Video deshalb ja auch ‚Knoten ohne Knoten'."

Nichteuklidische Geometrien

„Danke, Charlotte", sagte Boris. „Aber jetzt wird es wohl komplizierter."

„Ja", erklärte Annabell. „Es geht um eine neue Entdeckung, daß nämlich die Knotenkomplemente eine natürliche geometrische Struktur haben, die man zur Klassifizierung von Knoten verwenden kann. Das Interessante daran ist, daß nichteuklidische Geometrie dabei herauskommt."

„Was für eine Geometrie? Gibt es mehr als eine?" fragte Charlotte.

„Die euklidische Geometrie, die du aus der Schule kennst, ist nur eine von vielen verschiedenen. In den nichteuklidischen Geometrien machen Parallelen die merkwürdigsten Dinge, oder es gibt gar keine. In zwei Dimensionen kannst du dir nichteuklidische Geometrie veranschaulichen, indem du die Ebene durch eine gekrümmte Fläche ersetzt, etwa eine Kugel oder eine sattelförmige Fläche, und darauf Geraden zeichnest – oder was immer das dann ist. Aber für die Knotenkomplemente mußt du dir einen dreidimensionalen gekrümmten Raum vorstellen, und das ist schwierig. Das Video läßt uns in einem solchen Raum herumfliegen und vermittelt, wie das aussehen würde."

Boris blickte auf den Bildschirm, wo winzige Autos auf einem Kegelmantel um die Wette fuhren. „Fliegen? Mit einem Auto?"

„Die Sache mit dem Fliegen kommt später. Hier sehen wir, wie man nichteuklidische Geometrien herstellen kann, indem man ein Stück aus dem gewöhnlichen Raum herausschneidet und die Schnittflächen zusammenklebt, geradeso, wie du aus einer Kreisscheibe aus Papier einen Kegel machen kannst, indem du ein tortenförmiges Stück herausschneidest. Nur ist es hier etwas mühsamer, sich vorzustellen, wie das Ergebnis aussehen würde. Immer wenn du eine Gerade ziehst und auf eine Schnittfläche triffst, mußt du sie an der entsprechenden Stelle auf der gegenüberliegenden Seite fortsetzen. Die Wirkung ist so, als würden die Linien verbogen, obwohl nach wie vor jedes Stück davon gerade ist. Das gibt nicht nur merkwürdige Effekte bei Parallelen; es können auch Geraden sich selbst überkreuzen."

Boris blickte verwirrt drein. „Annabell, ach Annabell. Wie kann eine gerade Linie verbogen sein?"

„Unter einer Geraden muß man die kürzeste Verbindung zwischen zwei Punkten verstehen. In einem nichteuklidischen Raum erscheinen uns gerade Linien nicht immer als gerade – von außen gesehen. Aber wenn man zugrunde legt, daß ein Lichtstrahl stets den kürzesten Weg nimmt, dann sehen diese Linien für ein in diesem Raum lebendes Wesen gerade aus“ (Spektrum der Wissenschaft, Oktober 1990, Seite 12).

„Man kann nichteuklidische Geometrien auch mit Spiegeln erzeugen“, fuhr Annabell fort, „ähnlich wie bei einem Kaleidoskop. Die Spiegel ändern den Lauf der Lichtstrahlen. Stell dir vor, du wärst in einem würfelförmigen Zimmer, dessen Wände, Decke und Fußboden alle aus Spiegeln bestehen. Was siehst du?“

Charlotte dachte einen Moment nach. „Mich selbst. Viele Male.“

„Ja. Die Spiegelbilder des Würfels füllen den Raum lückenlos aus, und einerlei, wohin du schaust, siehst du immer dich selbst. Na ja, ein Spiegelbild deiner selbst. Aber mathematisch müssen wir keinen Unterschied zwischen dir und deinem Spiegelbild machen. Das läuft darauf hinaus, gegenüberliegende Spiegel in Gedanken zu verkleben, gerade so, wie wir die Schnittkanten des Papiers zum Kegel verklebt haben. Aber jetzt haben wir einen dreidimensionalen Raum mit einer verrückten Geometrie. Beispielsweise trifft die gerade Linie, die von deiner Stirn aus nach vorn verläuft, schließlich wieder auf deine Stirn.“

„Gerade Linien“, grübelte Boris, „können also kehrtmachen?“

„Ja. Aber sie bleiben trotzdem gerade; und wenn du schon immer in einem Knotenkomplement gelebt hättest, würde dich das überhaupt nicht wundern. Nun denk dir eine andere Art Spiegel, die es in Wirklichkeit nicht gibt: solche, die nicht nur seitenverkehrte Bilder zeigen, sondern auch oben und unten vertauschen. Nennen wir sie invertierende Spiegel. Wenn die Wände des Würfels aus invertierenden Spiegeln bestünden, dann sähst du auch viele Male dich selbst, aber zum Teil auf dem Kopf“ (Bild 2).

„Ich bin aber ansehnlicher als das putzige Kerlchen da“, meinte Boris.

„Es soll dir auch nur helfen, dich in eine spezielle Geometrie zu versetzen, und zwar in eine für das Komplement der borromäischen Ringe“, erwiderte Annabell. „Das Video erklärt in allen Einzelheiten, warum sie das ist, aber ich will es kurz machen: An einem invertierenden Spiegel, so wie wir ihn eben definiert haben, wickelt sich der Raum gewissermaßen um sich selbst. Eine Art Raumverdrehung. Könnt ihr euch das vorstellen?“

„Na ja…“

„Gut. Nun nehmt die drei Schläuche, welche die borromäischen Ringe bilden, und zieht jeden von ihnen sehr lang, bis er dünn und fast überall gerade ist. Wie die Rennbahn eines Stadions, nur daß die geraden Teile viel länger sind. Wenn ihr es richtig macht, erhaltet ihr ein Paar paralleler Schläuche in Nord-Süd-Richtung, ein Paar in Ost-West-Richtung und ein Paar senkrecht zu den beiden anderen in vertikaler Richtung. An den Enden ist jedes Paar durch

Bild 2: Eine der möglichen Geometrien für das Komplement der borromäischen Ringe geht aus einem Würfel mit invertierenden Spiegeln an jeder Seitenfläche hervor.

ein U-förmiges Stück verbunden, aber die schieben wir ins Unendliche hinaus, so daß es nicht mehr auf sie ankommt."

„Da treiben sich die Mathematiker überhaupt gerne herum. Aber gut."

„Es gibt eine ähnliche Anordnung von Linien auf einem Würfel. Zeichne je eine gerade Linie auf den Boden und den Deckel, jeweils durch die Mitte, von Norden nach Süden. Auf zwei gegenüberliegende Wände zeichnest du Linien in Ost-West-Richtung und auf die beiden verbleibenden Wände vertikale Linien, wieder in der Mitte. Jetzt kommt's: Stell dir vor, der Würfel trage an allen Seiten invertierende Spiegel. Dann läßt jeder Spiegel die Linie, die auf seiner Fläche verläuft, unverändert. Er stellt sie gewissermaßen nur auf den Kopf, aber das sieht man nicht. Aber wenn man alle anderen invertierenden Reflexionen ausführt, fügen die Bilder der geraden Linien auf den Würfelseiten sich so zusammen und reichen bis ins Unendliche wie die borromäischen Ringe, nachdem wir deren U-Stücke ins Unendliche weggeschoben haben. Und das bedeutet, daß der Raum darum herum – die komische Geometrie mit den vielen Kopien, von denen einige auf dem Kopf stehen – gerade so aussieht wie der Raum um die borromäischen Ringe herum."

„Das glaube ich dir lieber", sagte Charlotte.

Boris war schon von etwas anderem fasziniert: „Das sieht ja aus, als wäre man in einem Käfig und bewegte sich durch die Gitterstäbe heraus und hinein."

Rechtwinklige Dodekaeder

„Das ist der Teil mit dem Fliegen“, erklärte Annabell. „Die Stäbe sind die Kanten von Dodekaedern. Nun, genaugenommen ist das immer dasselbe Dodekaeder, denn ihr müßt euch alles so zusammengeklebt denken wie bei den Seitenflächen des Würfels. In so einem Raum würde man wieder alle Dinge unendlichfach sehen. Dies ist eine andere Geometrie, mit der man das Komplement der borromäischen Ringe versehen kann. Sie verwendet eine andere Sorte Spiegel. So wie gewöhnliche Spiegel auf den Seitenflächen eines Würfels würfelförmige Bilder erzeugen, die den Raum ausfüllen, so machen nichteuklidische Spiegel als Seitenflächen eines Dodekaeders dodekaederförmige Bilder, die den nichteuklidischen Raum ausfüllen. Die Kanten dieser Körper bilden rechte Winkel, so daß vier Stück um jede Kante liegen, und deshalb kann man den ganzen Raum damit ausfüllen.“

„Dodekaeder?“ unterbrach Charlotte. „Körper mit zwölf fünfeckigen Seiten?“

„Genau.“

„Aber deren Kanten treffen nicht im rechten Winkel zusammen.“

„Im euklidischen Raum nicht. Aber dieser Raum ist nichteuklidisch, gekrümmt, wenn du willst – und zwar gerade so viel, daß die Dodekaederwinkel rechtwinklig werden.“

„Aha.“

„Schau hin! Du fliegst durch diesen Raum und kannst die verrückten Krümmungseffekte der nichteuklidischen Geometrie fast fühlen“ (Bild 3; siehe auch Bild 1 aus „Der Tod des Beweises“ von John Horgan, Spektrum der Wissenschaft, Dezember 1993, Seite 88).

„Nach einer Weile kommt man dahinter“, gab auch Boris zu. „Ich würde gerne in so einem Raum leben. Da hat man viel Platz.“

„Wie meinst du das?“

„Nun, wenn man da drin herumfliegt, sieht man, daß neben jedem Dodekaeder noch viele andere sind, mehr, als eigentlich dort hinpassen würden. Der Raum wird größer, als man denkt – um so mehr, je weiter man nach außen kommt.“

„Das nennt man negative Krümmung. Daran siehst du, daß es sich um einen speziellen nichteuklidischen Raum handelt; man nennt ihn hyperbolisch. Und das ist hier der zentrale Punkt. William P. Thurston vom Mathematical Science Research Institute in Berkeley (Kalifornien) hat kürzlich entdeckt, daß fast alle Knoten- und Verkettungskomplemente eine natürliche hyperbolische Geometrie tragen; es gibt ein paar Ausnahmen, aber die sind alle bekannt. Und man kann mit Hilfe der geometrischen Struktur die übrigen Fälle klassifizieren. Das heißt, wenn zwei Knoten oder Verkettungen nicht äquivalent sind, gilt das auch für die geometrischen Strukturen ihrer Komplemente. Ein erstaunli-

Bild 3: Zerlegung eines nichteuklidischen Raumes in rhombische Dodekaeder.

cher Zusammenhang – fast hätte ich Verkettung gesagt – zwischen der flexiblen Topologie und der starren Geometrie der nichteuklidischen Räume. So ist jetzt ein sehr altmodisches Gebiet der Mathematik, die nichteuklidische Geometrie, wieder voll im Trend."

Literaturhinweise

Mathematik. Probleme – Themen – Fragen. Von Ian Stewart. Birkhäuser, Basel 1990.

Three-Dimensional Manifolds, Kleinian Groups and Hyperbolic Geometry. Von William P. Thurston in: Bulletin of the American Mathematical Society, Band 6, Seiten 357 bis 381, 1982.

Not Knot. Knoten ohne Knoten. Videofilm. Hergestellt im Geometry Center, University of Minnesota. Videothek, Spektrum Akademischer Verlag, Heidelberg 1992.

11
Die topologischen Tricks des Matt M. Maddox

Für eine launige Silvesterparty oder sonst einen geselligen Abend fin-den Sie hier einige Auszüge aus dem geheimen Notizbuch des Mathemagiers Matthew M. Maddox: „Topologische Tricks“.

Von allen Gebieten der Mathematik ist für den Zauberkünstler am ergiebigsten die Topologie. Sie wird auch Gummituch-Geometrie genannt, weil sie diejenigen Eigenschaften eines Gegenstands untersucht, die sich unter Verzerrungen (genauer gesagt: unter stetigen Deformationen) nicht ändern.

Es ist immer wieder überraschend, welche Deformationen unter der Bedingung der Stetigkeit noch möglich sind – und noch überraschender, daß es eben doch verborgene, nicht ohne weiteres einsichtige Beschränkungen gibt. Indem der Mathemagier diese beiden dem gesunden Menschenverstand widersprechenden Fakten gegeneinander ausspielt, kann er die einfachsten und doch verwirrendsten Illusionen zustande bringen.

Der Narrenknoten

Sie können einen dekorativen Knoten binden, während alle zuschauen. Aber keiner kann es Ihnen nachmachen, so oft Sie den Trick auch vorführen.

Nehmen Sie ein etwa zwei Meter langes, sehr glattes und flexibles Seil und halten Sie es wie in Bild 1 *a* gezeigt. Lassen Sie die beiden Enden so herabhängen, daß sie ein Gegengewicht zu dem Seilteil zwischen Ihren Handflächen bilden. Bewegen Sie Ihre Hände nun langsam aufeinander zu – unter bedeutsam scheinenden Aktionen der rechten Hand, um das Publikum von den wirklich wichtigen Bewegungen abzulenken, die alle mit der linken Hand auszuführen sind.

Schieben Sie deren Daumen unter das Seil (Bild 1 *b*). Dann ziehen Sie schnell die Finger weg und legen sie hinter das herabhängende Ende (Bild 1 *c*). Schieben Sie, ohne in der Bewegung innezuhalten, Ihre Finger unter das horizontale Seilstück und ziehen Sie dann den Daumen zurück (Bild 1 *d*). Schließlich greifen Sie mit Zeige- und Mittelfinger jeder Hand das Seilende, das von der anderen Hand herabhängt (Bild 1 *e*). Wenn Sie jetzt das Seil festhalten und die Hände auseinanderziehen, erscheint ein hübscher, symmetrischer Knoten (Bild 1 *f*).

Üben Sie die Bewegungsfolge so lange, bis sie ohne zu stocken harmonisch abläuft. Der Knoten löst sich, wenn Sie die Seilenden auseinanderziehen, und

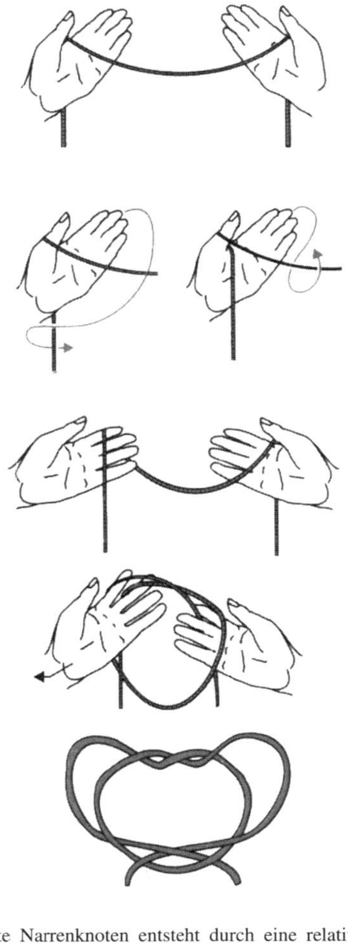

Bild 1: Der sogenannte Narrenknoten entsteht durch eine relativ einfache, aber kaum zu durchschauende Bewegungsfolge.

schon können Sie den Trick wiederholen – je öfter, desto rätselhafter scheint er.

Ein Seil geht in den Ärmel . . .

Kann man sich einer Seilschleife um den Arm entledigen, ohne die Hand aus der Tasche zu ziehen? Es geht, erfordert aber akrobatische Fähigkeiten. Demonstrieren Sie deshalb das Kunststück an einer Person aus dem Kreis, was immer noch eindrucksvoll genug ist.

Nehmen Sie ein zwei Meter langes Stück Seil und verknoten Sie die Enden. Ihr Partner zieht ein Jackett an, knöpft es zu, steckt einen Arm durch die Schleife und dann die Hand in die Jackett-Tasche (Bild 2*a*). Es wäre ein billiger Scherz, nun die ganze Schleife in die Tasche zu stopfen und über die Finger zu ziehen.

Die Grundlage für den wirklich anspruchsvollen Trick: Die Schleife ist gar nicht mit dem Körper verschlungen, weil das Jackett Löcher hat – ein Beispiel topologischer Flexibilität. Schieben Sie zunächst die Schleife zwischen Arm und Ärmel an der Außenseite des Arms hoch (Bild 2*a*). Ziehen Sie sie am Kragen heraus und über den Kopf, dann auf der Außenseite des anderen Armes, aber unter dem Ärmel abwärts (Bild 2*b*), über die freie Hand hinweg und dann den Ärmel wieder hinauf, diesmal an der Innenseite. Fassen Sie nun die Schlinge da, wo sie vor dem Hals vorbeiläuft, und ziehen Sie sie innerhalb

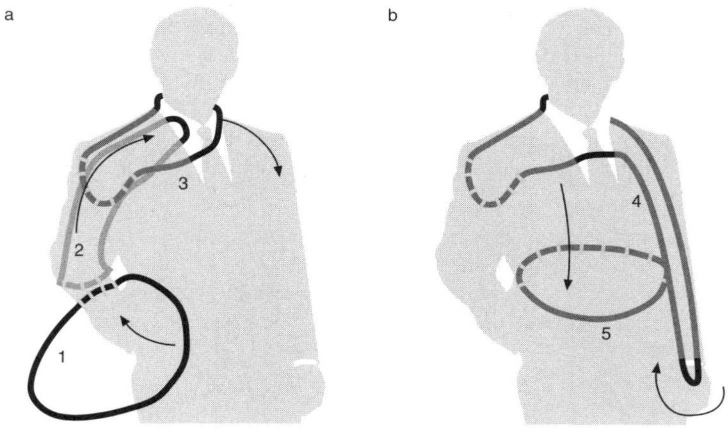

Bild 2: Wie man eine Schleife aus dem Ärmel zieht.

des Jacketts abwärts. Die Schleife zieht sich dann durch die Ärmel, fällt schließlich zu Boden, und der Befreite kann aussteigen.

. . . und in die Hose

Sobald Ihre Zuschauer das Verfahren durchschaut haben, fragen Sie einen Freiwilligen, ob das Kunststück wohl auch gelingen könne, wenn seine Hand nicht in der Jackett-, sondern in der Hosentasche steckt. Nach der eben beschriebenen Bewegungsfolge verfahren Sie, bis die Schleife um die Taille des Opfers liegt; sie ist dann immer noch mit dem Arm verschlungen. Um sie gänzlich loszuwerden, muß man eine ähnliche Bewegungsfolge nochmals durchführen, aber mit der Hose statt dem Jackett.

Stopfen Sie einen Teil der Schleife in den Hosenbund, außen an der Seite gegenüber der in der Tasche steckenden Hand, schieben Sie die Schleife im Hosenbein abwärts, dann über den Fuß, wieder im Hosenbein innen nach oben – und ziehen Sie sie schließlich von dem anderen Hosenbein ab. Dies sieht alles sehr unschicklich aus, und die Zuschauer werden ihren Spaß haben.

Finger durchschneiden

Sie können einen Faden so geschickt um die Finger einer Hand winden, daß es so aussieht, als würden sie durchschnitten, wenn man an dem Faden zieht.

Binden Sie eine einen Meter lange Schnur zu einer Schleife. Legen Sie sie über den kleinen Finger der linken Hand, überkreuzen Sie die Fäden und ziehen Sie sie über den nächsten Finger, überkreuzen Sie wieder in derselben Richtung und fahren Sie so fort, bis der Rest der Schleife hinter dem Daumen herabhängt (Bild 3 *a*). Führen Sie beide Fäden um den Daumen und über die Finger in der umgekehrten Reihenfolge. Zwischen je zwei Fingern überkreuzen Sie wieder die Fäden, aber in der anderen Richtung als auf dem Hinweg (Bild 3 *b*).

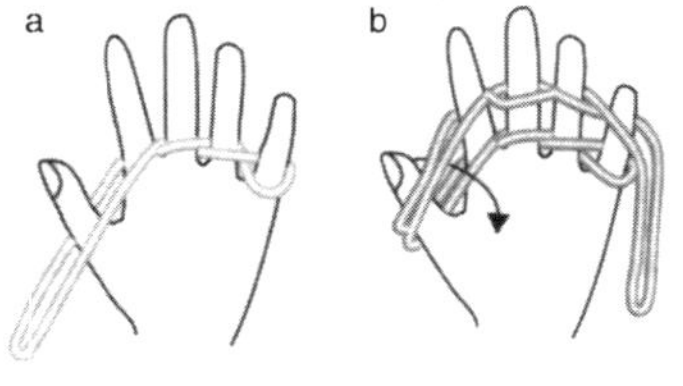

Bild 3: Fingerzerschneiden.

Geben Sie nun unauffällig die Schnur frei, indem Sie den Daumen einknikken, und ziehen Sie fest an der Schlaufe, die vom kleinen Finger herabhängt. Man kann geradezu hören, wie die Schnur die Finger durchschneidet. Aber merkwürdigerweise bleiben sie alle heil – es sei denn, Sie hätten eine Überkreuzung falsch herum gelegt.

Knotenketten

Zu diesem Trick gehört eine Geschichte, die Sie dem Publikum erzählen, während Sie die notwendigen Handgriffe ausführen: König Kreuzhaube III. von Topologopolis hatte eine wunderschöne Tochter namens Möbia. Zwei Männer wollten sie heiraten – ein alter Graf, der so kurzgewachsen, rund und häßlich war, daß er nur Sir Kleine Flasche genannt wurde, und der gutgebaute Schmied Hans Hartnagel. Der König, der mehr auf eine standesgemäße Verbindung als das Glück seines Kindes sah, wollte die Entscheidung durch einen Geschicklichkeitswettbewerb treffen: Derjenige sollte die Hand seiner Tochter erhalten, der in einer Minute die meisten Knoten in einen Faden binden könnte.

Das Volk versammelte sich auf dem Marktplatz, um dem Spektakel beizuwohnen. Punkt zwölf Uhr ließ der Großwesir einen Gong ertönen, und der Graf begann, mit wieselflinken Fingern Knoten um Knoten zu knüpfen, während Hans Hartnagel einfach den Faden viele Male um seinen Daumen wand, aber dabei vergnügt vor sich hinpfiff. Der armen Möbia wurde angst und bange.

„Einundfünfzig“, zählte der Wesir, „zweiundfünfzig“. Nur noch wenige Sekunden – Sir Kleine Flasche hatte schon 77 Knoten gebunden und der Schmied keinen einzigen! Aber als der Wesir „fünfundfünfzig“ ansagte, zog Hans seinen Daumen aus den Schlaufen heraus. Bei „sechsundfünfzig“ steckte er das freie Ende durch die Schlaufen, bei „siebenundfünfzig“ begann er langsam, doch stetig an einem Ende zu ziehen. Bei „achtundfünfzig“ schlang der Graf seinen siebenundachtzigsten Knoten – „neunundfünfzig!“ – und warf siegesgewiß lüsterne Blicke auf die schöne Möbia. Da aber bemerkte er, wie sich in Hansens Faden beim Herausziehen lauter kleine Knoten bildeten, und als der Gong zum zweiten Mal ertönte, hatte der Graf 90 Knoten geschafft, während sich auf dem Faden des Schmieds 100 wie kleine Perlen aneinanderreihten.

Das Geheimnis besteht darin, die Schlaufen wie in Bild 4 *a* zurechtzulegen und nacheinander auf den Daumen zu stecken. Wenn Sie etwa ein Dutzend Schlaufen haben (die hundert in der Geschichte sind eine poetische Übertreibung), schieben Sie das Ende hindurch (Bild 4 *b*). Halten Sie das Ganze fest in Ihrer linken Hand, so daß nur das Ende des Fadens herausschaut, und ziehen

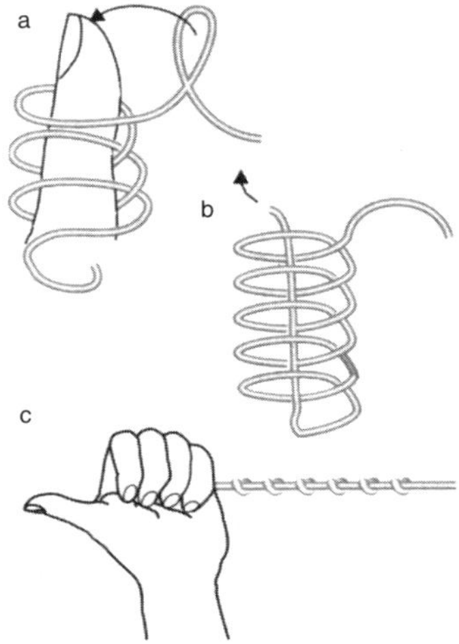

Bild 4: Der Knotentrick von Hans Hartnagel, dem Schmied. Man lege etliche Schlaufen um den Daumen (*a*), streife das ganze Gebilde ab, schiebe das Ende durch die entstehende Röhre (*b*) und erzeuge durch schlichtes Ziehen eine Knotenkette (*c*).

Sie die Schnur vorsichtig und gleichmäßig mit der rechten Hand heraus. Dabei bilden sich die Knoten (Bild 4*c*).

Früher stellten die Feuerwehrleute auf diese Weise geknotete Seile her, an denen Eingeschlossene aus brennenden Häusern herausklettern konnten. Die topologische Erkenntnis ist, daß man zusammengesetzte Knoten – eine ganze Knotenfolge – erzeugen kann, ohne einen nach dem andern formen zu müssen. Auch das Prinzip der mathematischen Induktion spielt hier eine Rolle; denn nachdem man eine Schlaufe herausgezogen und einen Knoten gebildet hat, ist man wieder in der gleichen Situation wie zuvor – abgesehen davon, daß es jetzt eine Schlaufe weniger ist – und kann weitere Knoten herausziehen, solange noch Schlaufen übrig sind.

Das rote Musselinband

Der in Leipzig lehrende Mathematiker August Ferdinand Möbius (1790 bis 1868) hat wichtige Beiträge zur Geometrie geleistet und war Direktor der Sternwarte auf der Pleißenburg; bekannt ist er indes durch das nach ihm benannte Band, das er im Jahre 1858 sowie unabhängig davon Johann Benedikt Listing (1808 bis 1882) entdeckten. Sie können es herstellen, um seine paradox anmutenden Eigenschaften zu erkunden, indem Sie die Enden eines Papierstreifens nach einer halben Drehung zusammenkleben: Es hat nur eine Seite (versuchen Sie es anzumalen!), und wenn man es an der Mittellinie entzweischneidet, entsteht eine zweifach in sich gedrehte Schleife, die bei nochmaligem Längsschnitt in zwei zusammenhängende Möbius-Bänder zerfällt. Für Zaubertricks sind Stoffstreifen anstelle von Papier geeigneter.

Bei dem einfachsten Trick gibt man zwei Freiwilligen je eine Schleife, die sie entlang der Mittellinie zerschneiden sollen, und verspricht demjenigen einen Preis, der als erster zwei getrennte Schleifen vorweisen kann. Aber keiner der beiden hat eine Chance, etwas richtig oder falsch zu machen, weil Sie das eine Band vor dem Zusammennähen um eine halbe Drehung verwunden haben, das andere um eine volle. Wenn die Bänder lang genug sind (4 oder 5 Meter), fällt der Unterschied nicht auf.

Eine Variation hat der Amateur-Zauberer James Wobensmith 1923 unter dem Titel „The red muslin band" beschrieben: Nähen Sie die wie oben präparierten Schleifen mit schlechtem Garn so aneinander, daß Sie sie zu Beginn der Vorführung effektvoll auseinanderreißen können (Bild 5).

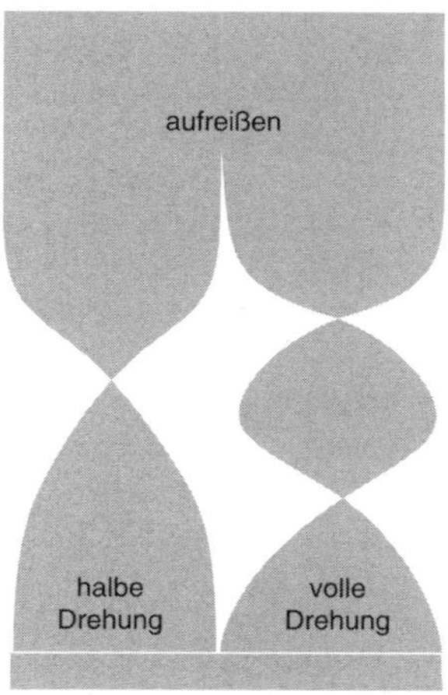

Bild 5: Das präparierte rote Musselinband.

Ein Lasso für Finger

Der folgende Partytrick basiert auf dem Jordanschen Kurvensatz. Eine geschlossene Kurve (Schleife) heißt einfach, wenn sie sich nicht selbst überschneidet. Der Satz des an der École Polytechnique lehrenden Camille Jordan (1838 bis 1922) besagt nun, daß jede einfache, geschlossene Kurve in der Ebene diese in einen Innen- und einen Außenbereich zerlegt. Das scheint selbstverständlich, ist aber schwer zu beweisen. Jordans erste Arbeit darüber war sogar fehlerhaft; die korrekte von 1887 umfaßt immerhin etwa hundert Seiten.

Knoten Sie ein etwa sechs Meter langes Stück Schnur zu einer Schleife. Bitten Sie einen Freiwilligen, sie in beliebig komplizierter Weise auf dem Fußboden auszulegen, aber so, daß die Schnur sich nirgends überkreuzt (Bild 6*a*). Dann bedeckt ein zweiter Freiwilliger fast das ganze Gebilde mit Zeitungspapier, so daß nur in der Mitte ein kleiner rechteckiger Ausschnitt zu sehen bleibt (Bild 6*b*), und einen dritten lassen Sie einen Finger irgendwo in diesem Ausschnitt auf den Boden setzen.

Nun fragen Sie Ihr Publikum: „Wenn ich jetzt außen eine Zeitung wegnehme und an dem freiwerdenden Stück Schnur ziehe, wird dann der Finger

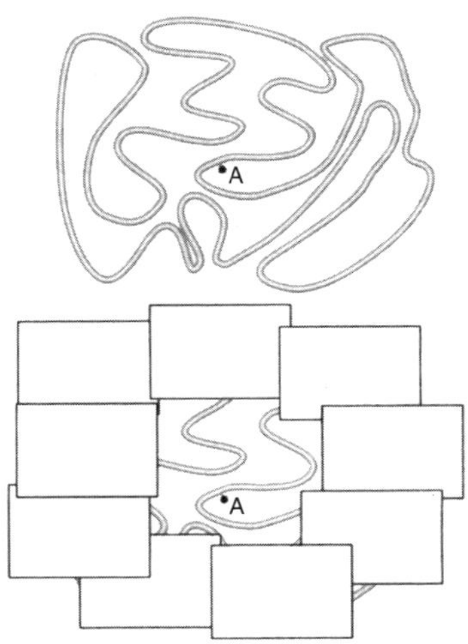

Bild 6: Eine Jordan-Kurve teilt die Ebene in ein Inneres und ein Äußeres, die häufig nicht leicht als solche erkennbar sind. Punkt *A* liegt im Äußeren, ebenso jeder Punkt, der von *A* aus mit einer geraden Anzahl von Überkreuzungen erreichbar ist.

eingefangen oder nicht?“ Eine Antwort scheint unmöglich; aber Sie können immer die richtige geben.

Worin besteht das Geheimnis? Es ergibt sich aus einem Beweis des Jordanschen Kurvensatzes, der für glatte (knickfreie) Kurven gilt. Man verbinde in Gedanken zwei nicht auf der Kurve gelegene Punkte durch eine Linie, welche die Kurve in einer endlichen Anzahl von Punkten schneidet. Ist diese Anzahl gerade, liegen entweder beide Punkte außen oder beide innen; ist die Anzahl hingegen ungerade, liegt ein Punkt innen, der andere außen.

Während das Seil ausgelegt wird, wandert der Zauberer in Gedanken von außen in das Muster ein, ohne das Seil zu überschreiten, bis er einen markanten Punkt in der Nähe der Mitte gefunden hat, der im Äußeren liegt (wie etwa Punkt A in Bild 6). Er merkt sich die Formen der Schnur in der Nähe dieses Punktes, so daß er ihn leicht wiederfindet, wenn der Rest mit Zeitung abgedeckt ist. Wenn der Freiwillige dann seinen Finger aufsetzt, zählt der Zauberer, wie oft er die Schnur überkreuzen muß, wenn er in Gedanken den Finger zu dem gemerkten Punkt A bewegt. Wenn diese Anzahl gerade ist, liegt der Finger im Außenbereich; also läßt sich das Seil abziehen. Anderenfalls bleibt die Schlaufe am Finger hängen.

In einer Variante steckt der Zauberer ein Dutzend Stecknadeln schnell und scheinbar zufällig in den Teppich. Wenn die Schnur dann abgezogen wird, bleiben sie alle stecken. Der Trick ist nicht schwer: Beginnen Sie mit dem gemerkten Punkt, kreuzen Sie zweimal die Schnur und stecken Sie eine Nadel ein; wiederholen Sie diese Prozedur beliebig oft. Sie können es auch so einrichten, daß alle Nadeln in der Schlaufe hängenbleiben: Kreuzen Sie beim ersten Mal nicht zweimal, sondern nur einmal die Schnur und verfahren Sie im übrigen wie zuvor.

Die verdrehte Schere

Nehmen Sie zwei Schnurstücke von drei Meter Länge, ziehen Sie eines durch einen Scherengriff und knoten Sie es zu einer Schleife; verfahren Sie ebenso mit der anderen Schnur und dem zweiten Scherengriff. Achten Sie darauf, daß die beiden Schleifen nicht ineinander hängen. Nun lassen Sie einen Freiwilligen die Schere mit den Klingen nach oben halten und je einen Fuß auf beide herabhängenden Schleifen stellen. Damit verlaufen vier annähernd parallele Schnurstücke von der Schere zum Boden. Drehen Sie die Schere einmal um die Vertikale. Dabei verheddern sich die Schnüre.

Bitten Sie nun den Freiwilligen, die Schnüre wieder zu entwirren, ohne die Schere zu drehen und ohne die Füße zu bewegen; parallelverschieben darf er die Schere beliebig. Aber das wird ihm nichts helfen. Wenn jedoch Sie das Kunststück versuchen, klappt es immer.

Das Geheimnis: Der Zauberer dreht die Schere um 360 Grad, bevor er sie seinem Opfer wiedergibt. Für sich selbst dreht er sie zweimal, also um 720 Grad, und dann läßt sich leicht eine Folge von Bewegungen finden, die alles entwirrt.

Der topologische Grund dahinter ist freilich ziemlich schwierig. Für Fachleute: Es liegt an der Existenz von Elementen der Ordnung 2 in der Fundamentalgruppe der projektiven Ebene. Nach der Drehung um 360 Grad stehen der Mensch und die Schere in einer anderen topologischen Beziehung zueinander als zuvor, was plausibel ist; aber nach Drehung um 720 Grad ist die Beziehung die gleiche wie zu Anfang. Das ist weit weniger plausibel.

Anstelle der Schnurschleifen können Sie Bänder verwenden und verlangen, daß diese am Ende nicht nur entwirrt sein müssen, sondern auch nicht in sich verdreht sein dürfen. Das scheint komplizierter zu sein, vereinfacht das Problem aber tatsächlich, weil es dann weniger Löcher gibt, durch die man die Schere schieben kann. Wenn Sie sich die Kanten der Bänder als Schnurstücke denken, sehen Sie, daß es sich um das gleiche Problem handelt.

Die Befreiung der Handtasche

Für diesen Trick brauchen Sie eine Dame, die eine Handtasche mit zwei Henkeln hat. Befestigen Sie eine lange Schleife mit einmaligem Durchziehen an einem Henkel. Ziehen Sie das andere Ende durch den anderen Henkel (Bild 7*a*) und halten es fest. Nun soll die Dame ihre Handtasche befreien, ohne daß Sie loslassen.

Das Geheimnis besteht darin, die kleine Schleife aufzuweiten und durch den anderen Henkel sowie dann über die gesamte Handtasche zu ziehen (Bild 7). Nur wenige Menschen finden diese Methode von alleine. Der Zauberer kann also zuversichtlich sein, daß er selbst nach mehreren Fehlversuchen der Freiwilligen als erster die Lösung präsentiert.

Nach demselben Verfahren lassen sich kompliziertere Gegenstände mit vielen Henkeln und Löchern von einer Fadenschlinge losmachen, die zuerst wie am Handtaschenhenkel verknotet und dann als Doppelfaden kompliziert um das Ding gewunden ist. Zuerst schiebt man so viel Schnur durch die Windungen, daß sich die erste Schlinge aufweiten läßt. Dann schiebt man diese lose Schlaufe an dem Doppelfaden entlang, getreulich allen Windungen folgend, bis sie frei ist, zieht sie um das ganze Ding herum und bringt sie so auf die andere Seite des Doppelfadens. Schließlich bringt man sie in die Ausgangslage zurück, wobei sie auf der anderen Seite des Doppelfadens verbleibt. Am Ende kann man den Gegenstand vorsichtig herausziehen.

Dazu eine alte Seefahrergeschichte: Ein Pirat hat mehr Gefangene gemacht, als er auf seinem Schiff unterbringen kann. So steckt er sie in ein Beiboot,

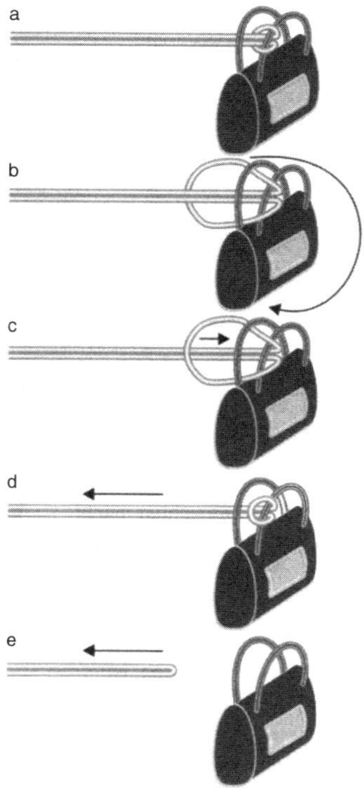

Bild 7: Die Befreiung der Handtasche. Man beachte, daß die kleine Schlaufe des Knotens anfangs hinter den beiden parallelen Schnurstücken liegt (*a*). Weiten Sie diese Schlaufe auf (*b*) und ziehen Sie sie über die ganze Handtasche. Das scheint zunächst nichts zu ändern; aber die Schlaufe liegt jetzt vor statt hinter den Schnüren (*c*). Durch Ziehen am langen Ende (*d*) kommt schließlich die Handtasche frei (*e*).

schlingt ein Doppelseil auf komplizierte Weise um Ösen an Bug und Heck, legt noch Mastwürfe um jede Ruderbank und vertäut das Boot achtern an seinem Schiff (Bild 8). Wie können die Gefangenen entkommen? Der Trick ist am besten mit einem Pappmodell vorzuführen.

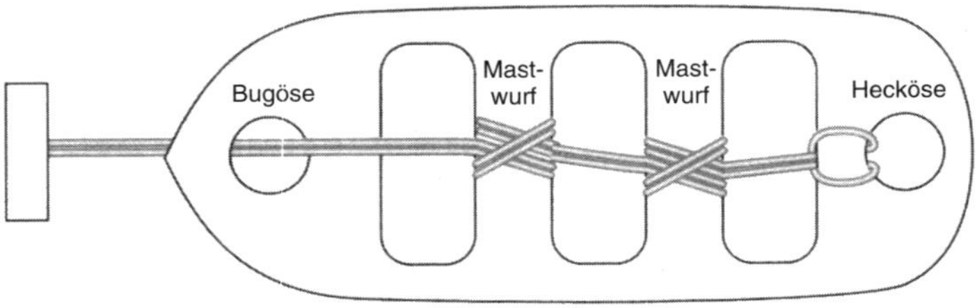

Bild 8: Pappmodell für Beiboot am Piratenschiff; Lösung wie in Bild 7.

Literaturhinweise

Das Ashley-Buch der Knoten. Von Clifford W. Ashley. 4. Auflage. DK Edition Maritim, Hamburg 1993.

Mathemagische Tricks. Von Martin Gardner. Vieweg, Braunschweig 1981.

Get Knotted! Von John Jaworski und Ian Stewart. Pan Books, London 1976.

12
Die Turing-U-Bahn

Kann eine Modelleisenbahn denken? Vielleicht nicht, aber alles berechnen, was berechenbar ist – wenn man beliebig viele Schienen und Weichen zur Verfügung hat.

Die Tweedle-Zwillinge und ich standen eingezwängt in der überfüllten Berliner U-Bahn. Delia Tweedle wurde einfach nur Dee genannt, und folglich mußte ihr Bruder Dum heißen. Wie üblich fielen sie einander dauernd ins Wort.

„Nun, wenn das Universum algorithmisch ist, dann hat die starke künstliche Intelligenz…"

„Mach doch nicht so große Worte, Dee. Du meinst doch, Computer, die denken können…"

„… müssen im Prinzip möglich sein."

„Warum?" fragte ich.

„Wenn unser Universum algorithmisch ist…"

„Könnte man einen Computer so programmieren, daß er es simuliert…"

„Mit allem, was darin ist, einschließlich uns, wie wir diese Unterhaltung führen", folgerte Dee.

„Falls das stimmt, dann kann ein U-Bahn-Netz denken – wenn es hinreichend groß ist", sagte ich. „Ziemlich l-a-n-g-s-a-m, aber dennoch."

„Dummes Zeug!" rief Dee aus. „Eine U-Bahn kann nicht denken."

„Vielleicht nicht. Aber rechnen. Das habe ich gerade in einem faszinierenden Artikel in ‚Eureka' gelesen. Er stammt von Adam Chalcraft und Michael Greene und handelt von den Rechenfähigkeiten von Zuganlagen."

„Meinst du Modellbahnen? Die sind doch heute ohnehin computergesteuert. Klar kann der Computer rechnen."

„Schon recht, aber ich meine die Anlage selbst: Gleise, Weichen, eine kleine Lok, Tunnel durch Gipsberge, Plastik-Fachwerkhäuschen…"

„Niedlich."

„Aber das reicht – und ein richtiges U-Bahn-Netz schon lange. Es rechnet zwar nicht ganz so schnell wie der neueste Parallelcomputer, aber theoretisch sind seine Fähigkeiten dieselben. Ein Computer ist nichts weiter als ein riesiges Netzwerk mit Schaltern, die es selbst umstellen kann; und Züge können während der Fahrt Weichen umstellen. Chalcraft und Greene haben sich nun gefragt: Wenn man einen genügend großen Vorrat an geraden und gebogenen Schienen, Brücken und Weichen verschiedener Art zur Verfügung hat, außerdem eine einzige Lokomotive und kein weiteres rollendes Material – welche Berechnungen kann man ausführen, wenn man die Anlage nur richtig aufbaut?“

„Wieso sollte ein Zug rechnen können?“ rätselte Dee. „Das ist doch nur ein Ding, das sich auf Schienen bewegt.“

Mehr oder weniger faule Weichen

„Elektronen sind auch nur Dinger, die sich entlang von Drähten bewegen, aber Computer rechnen damit“, entgegnete ich. „In beiden Fällen ist Rechenfähigkeit eine Frage der Interpretation. Rechnen heißt, eine Eingabe (*input*) nach vorgeschriebenen Regeln in die richtige Ausgabe (*output*) zu verwandeln. Beide bestehen aus Binärzeichen – Nullen und Einsen. Man bezeichne die beiden Stellungen einer Weiche mit 0 und 1. Das Einlesen des Inputs besteht darin, daß man gewisse Weichen mit der Hand entsprechend einstellt. Dann läßt man den Zug durch die Anlage fahren; dadurch ändern sich manche Weichenstellungen, was wiederum den Weg des Zuges ändert. Schließlich wird er auf ein Abstellgleis geleitet und hält an: Das Programm ist beendet. Aus den Stellungen derselben Weichen liest man den Output ab.“

„Na gut. Aber funktioniert das auch wirklich?“

„Ich will mit dem einfachsten Schalter beginnen, der faulen Weiche. Stell dir ein Y-förmiges Stück Gleis vor. Ein Zug, der in das Y von unten einfährt, verläßt es durch den oberen linken oder rechten Zweig, je nach der Stellung der Weiche, und läßt diese Stellung bestehen. Nennen wir die Stellungen rechts und links. Aber ein Zug, der von oben einfährt, stellt - falls nötig – sich die Weiche auf seinem Weg zurecht und verläßt sie durch den unteren Zweig“ (Bild 1 links).

„Das kenne ich“, sagte Dee. „Das kommt bei Straßenbahnen häufig vor.“

Ich fuhr fort: „Der nächste Weichentyp ist die Federweiche. Im Gegensatz zur faulen Weiche hat sie eine Rückstellfeder, so daß jeder von unten einfahrende Zug die Weiche stets durch denselben oberen Zweig verläßt“ (Bild 1 Mitte).

„Bis jetzt nicht besonders aufregend.“

„Der dritte Typ ist eine Flip-flop-Weiche. Die Züge fahren stets von unten ein und verlassen sie abwechselnd durch den linken und den rechten Zweig“ (Bild 1 rechts). Wir liefen scheppernd in die Station Alexanderplatz ein. „Die große Frage ist nun: Kann man mit diesen Komponenten einen Computer bauen?“

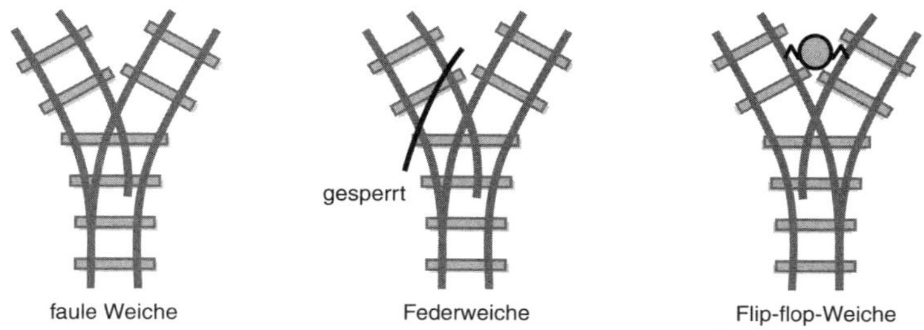

Bild 1: Drei Weichentypen mit ihren Darstellungen. Der fette Strich an der Federweiche deutet an, daß diese Richtung für Züge von unten gesperrt ist. Eine Flip-flop-Weiche stellt sich nach jeder Durchfahrt von unten in die jeweils andere Richtung.

„Was für einen Computer?"

„Eine Turing-Maschine. Der britische Mathematiker Alan Turing (1912 bis 1954) hat bewiesen, daß sein extrem einfaches Modell eines rechenfähigen Systems im Prinzip dasselbe leistet wie jeder beliebige programmierbare Digitalcomputer. Stellt euch eine Turing-Maschine als einen Kasten vor, der sich auf einem sehr langen Band bewegen kann. Das Band ist in Felder eingeteilt, die jeweils das Zeichen 0 oder 1 enthalten. Im Prinzip ist es unendlich lang; aber wenn ihr das nicht mögt, genügt es, wenn ihr bereit seid, bei Bedarf Felder anzufügen.

Der Kasten kann endlich viele innere Zustände annehmen. Für jeden inneren Zustand und jedes Zeichen, das sich gerade genau unter ihm befindet, ist ihm eine gewisse Folge von Aktionen vorgeschrieben, und zwar:

– ‚laß das augenblickliche Zeichen stehen' oder ‚ändere es';
– ‚dann geh ein Feld nach rechts' oder ‚nach links';
– ‚dann nimm einen bestimmten inneren Zustand an, bevor du den nächsten Schritt ausführst.'

Oder der Befehl lautet einfach ‚Stop', und die Rechnung ist beendet" (vergleiche die zweidimensionale Verallgemeinerung, Turmiten, in Spektrum der Wissenschaft, November 1989, Seite 8).

Die Bahn war längst wieder in Bewegung, überfuhr mit großem Lärm zahlreiche Weichen, und die anderen Fahrgäste schauten uns schon mißtrauisch an, während wir uns schreiend zu verständigen suchten.

„Gib uns bitte ein Beispiel", bat Dum.

„Gern. Hier ist eine typische Liste solcher Regeln für eine Turing-Maschine mit den drei Zuständen 1, 2 und 3:

– ‚Zustand 1, Zeichen 0: Ändere das Zeichen, geh nach links, nimm Zustand 2 ein.

– Zustand 1, Zeichen 1: Stop.

– Zustand 2, Zeichen 0: Laß das Zeichen stehen, geh nach rechts, nimm Zustand 3 ein.

– Zustand 2, Zeichen 1: Ändere das Zeichen, geh nach rechts, nimm Zustand 2 ein.

– Zustand 3, Zeichen 0: Ändere das Zeichen, geh nach rechts, nimm Zustand 1 ein.

– Zustand 3, Zeichen 1: Laß das Zeichen stehen, geh nach links, nimm Zustand 2 ein.‘ “

„Na schön. Und was berechnet die Maschine?“

„Keine Ahnung. Am besten probierst du es aus. Die meisten sinnvollen Programme benötigen sowieso mehr als drei innere Zustände.“

„Aber wo bleibt die Modellbahn?“

„Kommt sofort. Die Zeichen, die anfangs auf dem Band stehen, sind die Eingabe für diesen Computer. Die Liste der Anweisungen, was in welchem Zustand und bei welchem Symbol unter dem Kasten zu tun ist, ist das Programm; und die Zeichen auf dem Band, wenn die Maschine anhält, sind die Ausgabe. Erstaunlicherweise können solche primitiven Geräte jeden denkbaren Algorithmus ausführen. Jetzt brauchen wir nur noch eine Gleisanlage, die eine gegebene Turing-Maschine simuliert.“

„So tut, als ob sie eine Turing-Maschine wäre?“

„Wenn sie so tut, dann ist sie eine Turing-Maschine. Laßt euch von dem Wort ‚simulieren‘ nicht in die Irre führen.“

„Ah ja.“

„Das Problem läßt sich in eine Reihe von Teilaufgaben zerlegen. Erstens: Konstruiere eine Gleisanlage, welche die Rolle des Kastens spielen kann. Statt ein Band zu verwenden, stöpseln wir einfach eine riesige Zahl solcher Kästen zusammen. Jeder Kasten hat mehrere Gleisanschlüsse, links und rechts jeweils gleich viele – einen für jeden inneren Zustand“ (Bild 2 oben).

„Statt daß der Kasten sich auf dem Band bewegt…“

„… bewegt sich der Zug entlang der Kästen“, fuhr Dum begeistert fort.

„Man kann genau sagen, an welchem Feld des Bandes gerade gearbeitet wird…“

„… wenn man sieht, in welchem Kasten sich der Zug befindet. Pfiffig.“

„Aber was ist in den Kästen drin?“ fragte Dee. „Schrödingers Katze?“

„Ich werde es schrittweise beschreiben. Die Anschlußgleise dienen sowohl zum Ein- als auch zum Ausfahren, und es soll für den Kasten einerlei sein, aus welcher Richtung der Zug kommt. Deshalb setzt man den Kasten aus einer äußeren Hülle und einem inneren Kern zusammen. Die Hülle leitet Züge von links und rechts auf gemeinsamen Gleisen in den Kern und aus diesem wieder heraus zum linken oder rechten Nachbarkasten, je nach dem Ergebnis des

Turing-Programms. Wir können nun also die Hülle vernachlässigen und uns auf den Kastenkern konzentrieren" (Bild 2 unten).

„Du brauchst bestimmt..." begann Dum.

„Unterprogramme", ergänzte Dee. Die beiden hatten wie immer vorausgedacht. Ein Unterprogramm ist ein Teil eines Programms, der wiederholt verwendet werden kann, indem man ihn aus einem anderen Programmteil aufruft. Wenn ein Unterprogramm seine Arbeit getan hat, macht das aufrufende Programm genau dort weiter, wo es seine Arbeit für das Unterprogramm unterbrochen hat. Aus mehreren Unterprogrammen kann man komplexe Programmsysteme zusammensetzen.

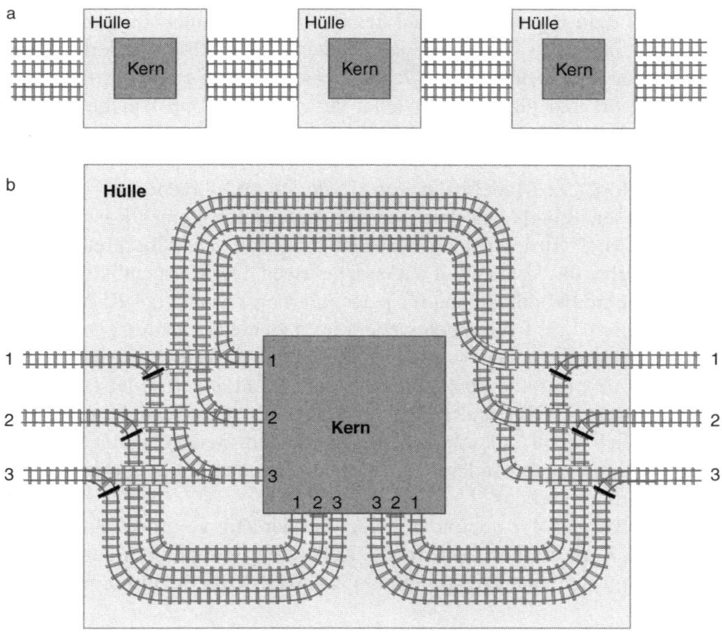

Bild 2: Das Band einer Turing-Maschine läßt sich durch eine Reihe gleicher Kästen ersetzen (oben). Jeder Kasten (unten) besteht aus einer Hülle, die bewirkt, daß Züge aus beiden Richtungen gleich behandelt werden, und sie durch Federweichen an Irrwegen hindert, und einem Kern, der die Regeln der Turing-Maschine ausführt.

Lese- und schreibfähige Gleisanlagen

„Na klar", stimmte ich zu. „Man kann ein Unterprogramm basteln, indem man eine vollständige Gleis-Unteranlage an eine ganze Reihe von faulen Weichen anhängt. Dann kommt der Zug herein, stellt dabei die Weichen und durchfährt die Unteranlage, bis er berechnet hat, was immer das Unterprogramm berechnen soll. Schließlich kommt er dorthin zurück, wo er hergekommen ist, weil er die faulen Weichen bei der Einfahrt entsprechend gestellt hat" (Bild 3 oben).

„Ach so."

„Ein Einzelteil brauchen wir noch: einen Lese-/Schreibkopf. Wenn ein Zug von links in dieses Stück Gleisanlage einfährt, verläßt er es nach rechts auf Gleis 0 oder 1, je nach der Stellung der faulen Weiche *W*; diese steht für das Zeichen auf dem zugehörigen Feld des Bandes. Von links einfahren bedeutet also Lesen. Schreiben – genauer: das Zeichen auf dem Band ändern – tut man durch Einfahren von oben. Ein solcher Zug verwandelt eine Null in eine Eins und umgekehrt und fährt unten wieder aus. Die Flip-flop-Weiche oben wird anfänglich so gestellt, daß der erste von oben einfahrende Zug die Weiche *W* umschaltet" (Bild 3 in der Mitte).

Ich fuhr fort, die Modellbahn von Chalcraft und Greene zu beschreiben: „Aus all diesen Teilen kann man nun den inneren Kern eines Kastens zusammenbauen. Man wird ein paar Brücken brauchen, um Überkreuzungen zu vermeiden, aber das können wir außer acht lassen. Der Kern enthält eine Reihe von Lese-/Schreibköpfen, einen für jeden internen Zustand des Kastens. Deren Ausgabegleise 0 und 1 führen entweder direkt zu einem der Ausgabegleise des Kerns oder über eine Federweiche und eine faule Weiche in ein Unterprogramm, das den Zustand des Feldes auf dem Band ändert, oder aber zu dem Unterprogramm STOP, das den Zug zur Endstation leitet" (Bild 3 unten).

„Das will ich sehen", unterbrach Dee. „In deinem Beispiel lautet eine Regel: ‚Zustand 1, Zeichen 0: Ändere das Zeichen, geh nach links, nimm Zustand 2 ein.' Wie funktioniert das?"

„Sich im Zustand 1 zu befinden heißt, daß der Zug von links auf Gleis 1 in den inneren Kern einfährt. Die vorige Zelle hatte ihn nämlich auf Zustand 1 gesetzt, indem sie ihn auf Ausfahrgleis 1 entlassen hatte. In unserem Falle steht

Bild 3: Der Kern der Turing-Maschine mit den im Text genannten Regeln (unteres Bild). ▶ Der Zug fährt von links ein, führt die entsprechende Regel der Turing-Maschine aus und fährt nach unten wieder aus. Die Ausfahrten 1 und 3 nach links sind tote Gleise, denn die Turing-Maschine bewegt sich in keinem Fall nach links, wenn ihr neu anzunehmender Zustand 1 oder 3 ist. Eine Anschlußmöglichkeit für ein Unterprogramm ist oben dargestellt: Züge fahren über faule Weichen ein und auf demselben Gleis wieder aus. Darunter das Innere eines Lese-/Schreibkopfes; das entscheidende Bauteil ist die Flip-flop-Weiche *W*.

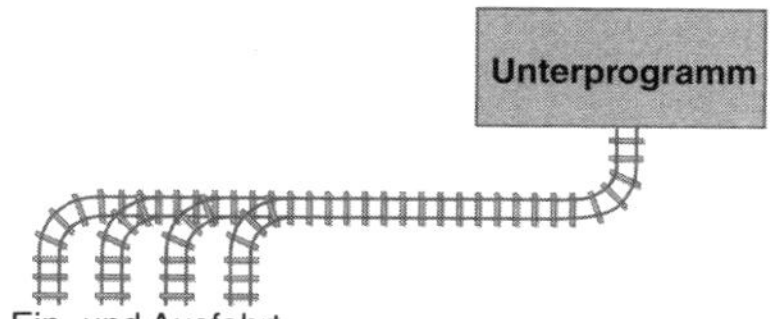
Unterprogramm
Ein- und Ausfahrt

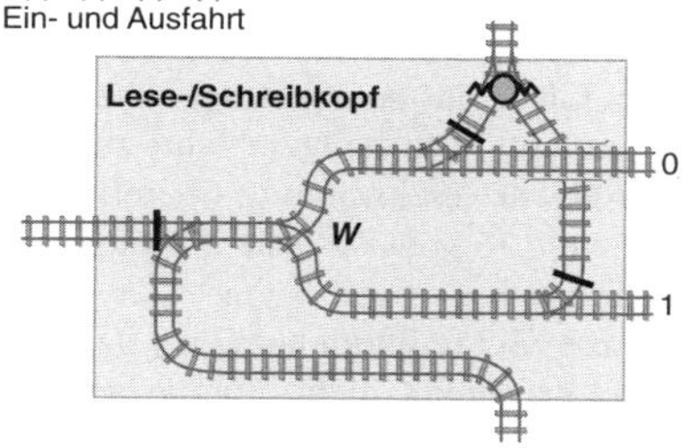
Lese-/Schreibkopf
W
0
1

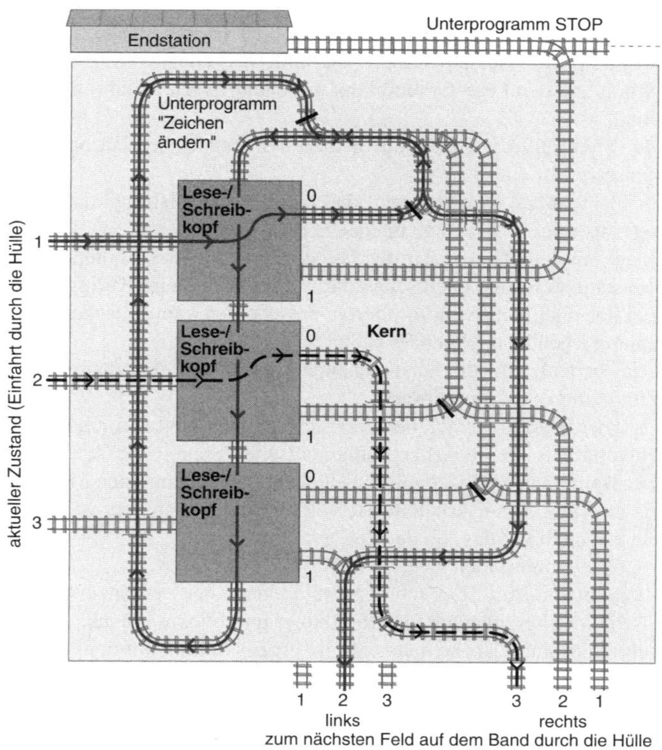
Endstation
Unterprogramm STOP
Unterprogramm
"Zeichen
ändern"
Lese-/
Schreib-
kopf
0
1
Kern
aktueller Zustand (Einfahrt durch die Hülle)
1
2
3
1 2 3
links
3 2 1
rechts
zum nächsten Feld auf dem Band durch die Hülle

in der aktuellen Zelle eine Null, das heißt, alle faulen Weichen *W* in ihren Lese-/Schreibköpfen stehen auf 0. Der Zug fährt also in den obersten Lese-/Schreibkopf ein, verläßt ihn rechts auf Gleis 0 und kommt über eine Federweiche und eine faule Weiche in das Unterprogramm ‚Zeichen ändern'. Über eine weitere Federweiche fährt er abwärts durch alle Lese-/Schreibköpfe und ändert deren Zustände von 0 auf 1. Damit enthält das aktuelle Feld also eine Eins. Der Zug fährt links von den Lese-/Schreibköpfen wieder nach oben, verläßt das Unterprogramm auf dem Gleis, auf dem er eingefahren ist, und fährt dann auf Gleis 2 links aus dem Kern aus. Das heißt, er fährt zum linken Nachbarkasten im Zustand 2, wie verlangt war" (schwarze Linie in Bild 3 unten).

„Hübsch. Nehmen wir die Regel ‚Zustand 2, Zeichen 0: Laß das Zeichen stehen, geh nach rechts, nimm Zustand 3 ein.' Der Zug kommt auf Gleis 2 herein und verläßt den Lese-/Schreibkopf auf Gleis 0, das direkt zum Ausgabegleis 3 rechts führt. Und er kommt nicht einmal in die Nähe der Unterprogramm-Schleife; der Zustand des Kastens bleibt also erhalten" (schwarze gestrichelte Linie in Bild 3 unten).

„Richtig", stimmte Dum zu. „Und genauso klar ist, daß die Regel ‚Zustand 1, Zeichen 1: Stop' wie gewünscht funktioniert. Wenn der Zug auf Gleis 1 hereinkommt und den Lese-/Schreibkopf auf Gleis 1 verläßt, fährt er direkt zur Endstation."

„Genau. Man muß die Gleise nur gemäß den Regeln der Turing-Maschine zusammensetzen."

„Ist dir klar", fragte Dee besorgt, „daß damit gezeigt ist, daß das Verhalten eines Zuges in einer Gleisanlage unentscheidbar ist?"

„Na klar", meinte Dum. „Turing hat gezeigt, daß das Halteproblem für Turing-Maschinen formal unentscheidbar ist. Man kann eine Turing-Maschine bauen, bei der man nicht von vornherein entscheiden kann, für welche Inputs die Rechnung irgendwann beendet ist."

„Und das bedeutet für die entsprechende Gleisanlage, daß man nicht weiß, ob der Zug je die Endstation erreicht."

„Das ist aber beunruhigend", bemerkte ich. „Eigentlich hat mich die formale Unentscheidbarkeit theoretischer mathematischer Fragen nie sonderlich gestört. Aber wenn man ein mechanisches System bauen kann, eine Modelleisenbahn meinetwegen, deren Arbeitsweise vollkommen transparent ist, aber trotzdem nicht zu sagen vermag, ob der Zug jemals ankommt…"

„A propos…", unterbrach Dee.

„Seit dem letzten Halt ist es schon ziemlich lange her", ergänzte Dum.

Ich wischte die beschlagene Scheibe sauber und blickte hinaus: „Hmm, wir fahren sehr langsam. Ich sehe nichts als ein großes Schild, auf dem die Ziffer 1 steht. Und – da hinten ist ein Schild, auf dem steht ‚Flip-flop 7743A/91'."

„Au weia. Dee bekommt Zustände, wenn die U-Bahn zwischen den Stationen anhält", flüsterte Dum.

„In letzter Zeit sind zahlreiche Verbindungen im U-Bahnnetz neu eröffnet worden", überlegte ich. „Vielleicht hat es jetzt die Turing-Schwelle überschritten und die Stufe der künstlichen Intelligenz erreicht."

Dee wurde kreidebleich. In diesem Augenblick öffnete sich die Verbindungstür, und ein Uniformierter betrat den Wagen.

„Wir haben ein kleines technisches Problem", lächelte er. „Nicht weiter schlimm, aber wir müssen eine Weile langsam fahren." Dee seufzte vor Erlösung. „Was ist, geht es der jungen Frau nicht gut?"

„Ach", antwortete Dum, „sie dachte gerade, wir seien in einer Turing-Maschine mit künstlicher Intelligenz steckengeblieben."

„Wir sind kein Touring-Unternehmen", gab der Kontrolleur indigniert zurück. „Wir sind öffentlicher Nahverkehr, da weiß man, wann man Feierabend hat."

Aber dann sah er unsere zweifelnden Blicke und machte sich hastig auf, die übrigen Fahrgäste zu informieren.

Literaturhinweise

Der neue Turing Omnibus. Von Alexander K. Dewdney. Springer, Heidelberg. 1995.

Train Sets. Von Adam Chalcraft und Michael Greene in: „Eureka", Band 53, Seiten 5 bis 12, 1994. Zu beziehen über Arts School, Benet Street, Cambridge CB3 3PY, England; Internet-Adresse: archim@phx.cam.ac.uk.

13
Der Urknaller und die Unheilsarmee

Sollten Sie wirklich noch nicht wissen, wie man mit Pagoden Teufel austreibt, dabei die Welt rettet und auch noch eine Menge Spaß hat? Dann gehen Sie einfach in den Tote-Katzen-Sumpf und fragen Sie die Mathematik-Hexe.

„Läßt du dich auch mal wieder hier blicken?"

Fred Feuerstein, Lehrling bei der Hinkelstein GmbH & Co. KG, war gerade von Ausbesserungsarbeiten an der zykloidisch gepflasterten Schnellstraße (Kapitel 5 in diesem Buch) zurückgekehrt.

„Du kriegst dein Geld nicht, um wochenlang Ferien zu machen", fuhr Otto Steinbeißer, sein Chef, fort.

„Sie zahlen nicht einmal genug für einen Kurzurlaub am Wochenende. Um genau zu sein, Sie bezahlen mich überhaupt nicht!"

„Wenn die Geschäfte schlecht gehen, gibt's kein Geld. Das ist so in dieser Branche."

Im Hof türmten sich Berge von frischgebrochenen und behauenen Steinen, Obelisken, Schieferplatten und Geröll.

„Das sagen Sie jedesmal. Ich dachte, die Rezession wäre vorbei."

„Ach was. Die Talsohle ist gerade mal so eben durchschritten... Waren die Priester zufrieden?"

„Aber Chef! Haben Sie schon mal zufriedene Priester gesehen?"

„Ich meine, haben sie bezahlt?"

„Ja. Nachdem ich ihnen für alle Ewigkeit und darüber hinaus mit dem Fluch der schwarzen Pest gedroht habe."

„Sehr gut. Erstaunlich pünktlich."

„Die Qualität unserer Pflasterung hat sie vom Feilschen abgehalten."

„Möglich." Mittlerweile hatte Steinbeißer bemerkt, daß Fred einen schweren Sack hinter sich hergeschleppt hatte. Ohne groß zu fragen, öffnete er die Verschnürung.

„Steine?! Als ob wir davon nicht genug hätten!"

„Das ist ein Spiel, ein Geschenk für die Mathematik-Hexe." Fred zögerte, aber gab sich dann einen Ruck. „Es hat nur fünfhundert Kupfermünzen gekostet."

„Wieviel haben wir denn von den Priestern bekommen?"

„Ähm… fünfhundert Kupfermünzen. Aber es ist die Sache wert. Ich wette, die Mathematik-Hexe wird begeistert sein."

Steinbeißer wurde jetzt richtig wütend. „Die ganze Arbeit nur für einen großen Haufen Steine?"

„Nein, nein. Ich habe auch die exklusiven Vertriebsrechte für das Teufelsspiel in der ganzen Region."

„Das was?"

„Das Teufelsspiel. Das Ding hier im Sack."

Steinbeißer schlenkerte drohend den Steinmeißel in seiner Hand. „Idiot."

„Sie sollten bedenken", beeilte sich der Lehrling zu erklären, „daß ein Exemplar fünfhundert Kupfermünzen bringt, und es besteht ganz und gar aus Stein."

„Sag das noch mal." Fred tat wie geheißen. „Steine haben wir reichlich", sagte Steinbeißer, und deutlich milder: „Erzähl mir mehr von dem Spiel."

„Ich muß es auch der Mathematik-Hexe erklären. Warum kommen Sie nicht einfach mit?" Und so machten sie sich mit leichtem Schaudern auf den Weg zum Tote-Katzen-Sumpf.

Die Legende vom Großen Urknaller

Als sie ankamen, war die Mathematik-Hexe gerade dabei, Warzenkröten für den Winter einzulegen. Fred überreichte ihr schüchtern sein Geschenk.

„Oh, ein Teufelsspiel!" frohlockte die Hexe, als sie den Sack öffnete. „So eins wollte ich schon immer haben. Eine tolle Idee! Es ist ja hier in der Gegend nicht zu bekommen. Man sollte wirklich versuchen, ein Geschäft damit zu machen. Das Zeug würde weggehen wie eingelegte Warzenkröten."

Sie half Fred, das Spiel auszupacken. Es bestand aus einer großen Platte, die in quadratische Felder unterteilt war, und einer Unzahl flacher, runder, schwarzer Steine. Sie begannen gleich, auf jedes einen Stein zu setzen.

„Eins habt ihr vergessen", meinte Steinbeißer schließlich.

„Nein, ein Feld muß frei bleiben", sagte Fred.

„Warum?"

„Weil ein Zug bei diesem Spiel darin besteht, mit einem Stein über einen benachbarten zu springen und den übersprungenen Stein wegzunehmen. Wenn zu Beginn kein Feld frei ist, kann man überhaupt nicht ziehen. Benachbart heißt dabei vertikal oder horizontal angrenzend, aber nicht diagonal. Und das Ziel des Spiels besteht darin, soviele Steine wie möglich wegzunehmen."

„Es steckt sehr viel mehr dahinter", setzte die Mathematik-Hexe hinzu. „Nach einer alten numerischen Legende ist das Teufelsspiel vor Urzeiten auf einem unendlich großen Brett gespielt worden. Auch dabei war zunächst nur ein Feld unbesetzt, und der Spieler sollte alle Steine entfernen. Selbstverständlich geht das nur in einer unendlichen Anzahl von Zügen. Das Teufelsspiel erzählt eigentlich die Geschichte von der Austreibung der Teufel durch den Großen Urknaller.“

„Bitte was?“

„Die Numerer glauben“, erläuterte die Mathematik-Hexe geduldig, „daß im mythischen Dunkel jede Ecke des Universums mit Teufeln bevölkert war, welche die Entstehung von Raum, Zeit und Materie verhinderten. Dann kam der Große Urknaller und verbannte die Teufel jenseits der unendlichen Grenzen des Universums, so daß unsere Welt entstehen konnte – und so geschah es. Die Numerer hatten erkannt, daß jedesmal, wenn sich ein Teufel an einem anderen vorbei in ein freies Gebiet der gewöhnlichen Raum-Zeit begab, sich dieser in Strahlung auflöste. Dabei wurde kosmische Energie freigesetzt, die sich in einem zusätzlichen freien Raum-Zeit-Gebiet manifestierte.“

„Merkwürdige Beobachtung.“

„Ja, nicht wahr? Wir Numerosophen sprechen dabei vom Standard-Modell des Renormierungs-Bannes in der Kantenmechanik. Das Modell beruht darauf, daß alle Teufel die gleichen Kantenzahlen haben – auf die Eigenschaften der Teufel bezogen bedeutet das ein gleiches Ausmaß an Habgier, Unkeuschheit und Ungehorsam. Darum sind auch alle verwendeten Steine schwarz und gehorchen den gleichen Regeln.“

„Oh, ich verstehe“, sagte Steinbeißer ganz eifrig.

„Böse Teufel?“ fragte Fred.

„Ja.“

„Bose-Teufel?“

„Nein. Fermi-Teufel. Zwei am gleichen Platz gibt es nicht.“

„Und? Ist es möglich?“ fragte Fred weiter.

„Ist was möglich?“ fragte die Hexe zurück.

„Na, ob es möglich ist, alle Teufel zu verbannen.“

„Ich denke doch“, tat sich Steinbeißer wichtig und wandte sich fragend an die Expertin: „Oder etwa nicht?“

„Ja, es ist möglich. Die Grundidee liegt in der Regel von der triadischen Vernichtung.“

„Die was?“

„Wenn drei Teufel in einer Reihe neben einer zweiten Reihe aus drei Teufeln stehen, kann man die erste Reihe durch eine passende Folge von Zügen verschwinden lassen“ (Bild 1). „Das ist sehr nützlich, denn hat man einmal ein Loch in die Phalanx der Teufel gerissen, kann man durch wiederholtes Anwenden dieses Rezeptes weitere Dreiergruppen vernichten.

Der nächste Schritt zum Sieg besteht darin, ein quadratisches Loch der Größe 5×5 zu erzeugen. Man beginnt mit ein paar einfachen Zügen und räumt den verbleibenden Rest mit sechs triadischen Vernichtungen weg“ (Bild 2).

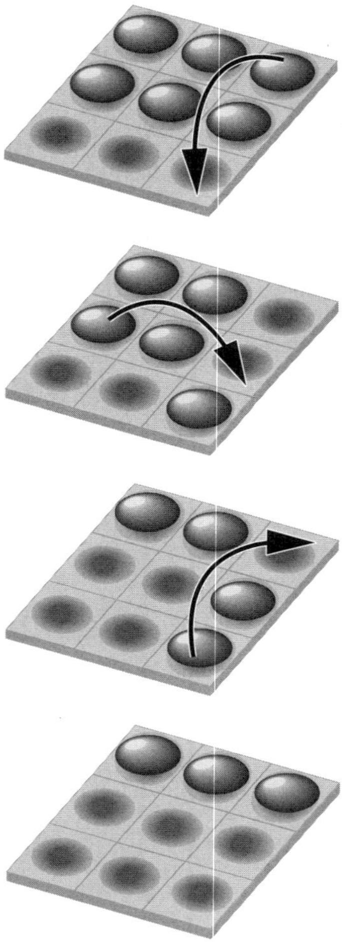

Bild 1: Eine spezielle Zugfolge, die triadische Vernichtung, bringt eine gegebene Reihe von drei Teufeln zum Verschwinden.

Die Mathematik-Hexe fuhr fort: „Dieses Loch kann man jetzt durch triadische Züge entlang dem Rand systematisch vergrößern – zum Beispiel der Reihe nach auf die Formate 7×7, 11×11, 13×13, 17×17 und so weiter. Das heißt, man erhöht die Kantenlänge des Quadrats abwechselnd um zwei und um vier“ (Bild 3 oben).

„Warum?“

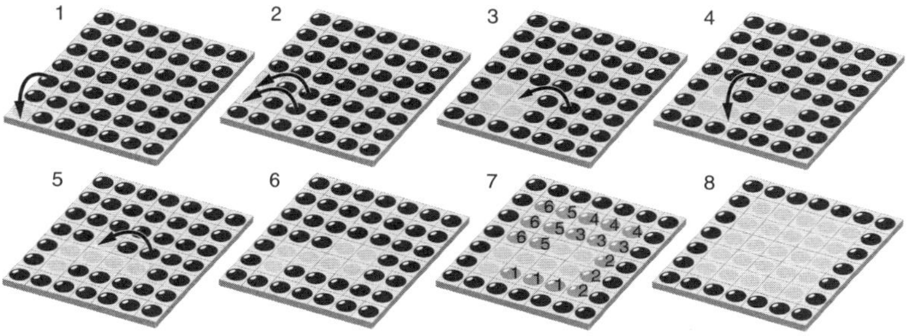

Bild 2: Erzeugung eines leeren 5×5-Quadrats durch triadische Vernichtungen. Im vorletzten Teilbild ist die Reihenfolge zu beachten.

„Man muß verschiedene Schemata anwenden, je nachdem, ob die Kantenlänge um eins größer oder kleiner ist als ein Vielfaches von drei. Sonst passen die Dreiergruppen nicht. Die Fälle wechseln sich ab: Fünf ist um eins kleiner als ein Vielfaches von drei, sieben eins größer, elf eins kleiner, dreizehn eins größer und so weiter.“

„Alles klar."

„Die alte Legende der Numerer sagt noch viel mehr. Eine Gruppe von Ketzern glaubt nämlich, der Große Urknaller sei eines Tages in einen kosmischen Kampf mit dem Großen Zermalmer verwickelt worden und habe aus diesem Grund nur das halbe Universum von den Teufeln befreien können. Wir würden nur deshalb dem Irrglauben anhängen, es sei das ganze Universum, weil wir weit innerhalb des befreiten Gebiets leben. Aber ganz weit draußen sei die Große Mauer. Dahinter beginne ein halb-unendlicher Halbraum voller Teufel, die nur darauf warteten, ihr Reich zurückzuerobern.“

„Wie weit draußen?“

„Unvorstellbar. Vielleicht um die tausend Eselsjahre.“

„Was ist ein Eselsjahr?“

„Die Entfernung, die ein Esel in einem Jahr zurücklegt.“

Sie verstummten, überwältigt von der Unendlichkeit des Kosmos. Freds Frage „Mit oder ohne Möhren?“ wurde als belanglos empfunden bei den Größenordnungen, um die es ging.

„Deshalb ist der Himmel schwarz“, fuhr die Mathematik-Hexe fort. „Die sichtbaren Sterne sind alle diesseits der Großen Mauer. Dahinter erhebt sich die unendliche Finsternis.“

„Klingt vernünftig“, meinte Fred.

„Unwiderlegbar“, sagte Steinbeißer. „Es wäre nur überzeugender, wenn man die Große Mauer sehen könnte.“

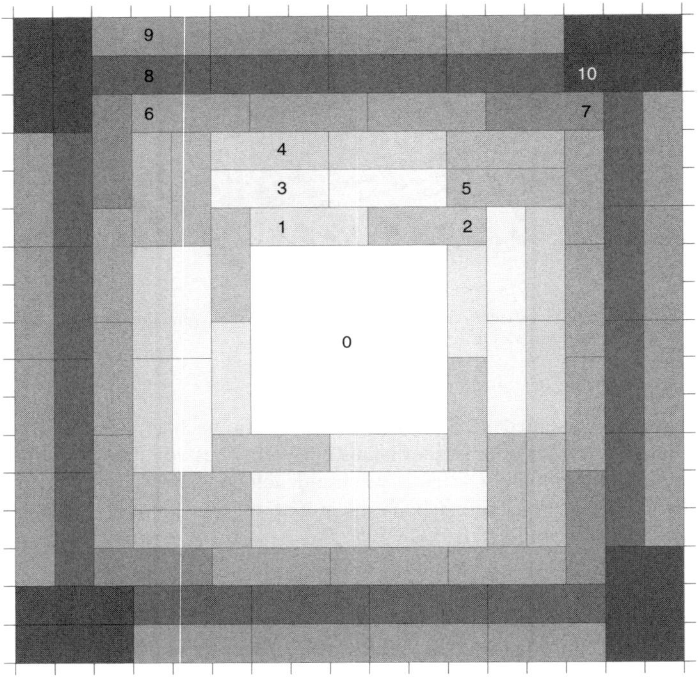

Große Mauer

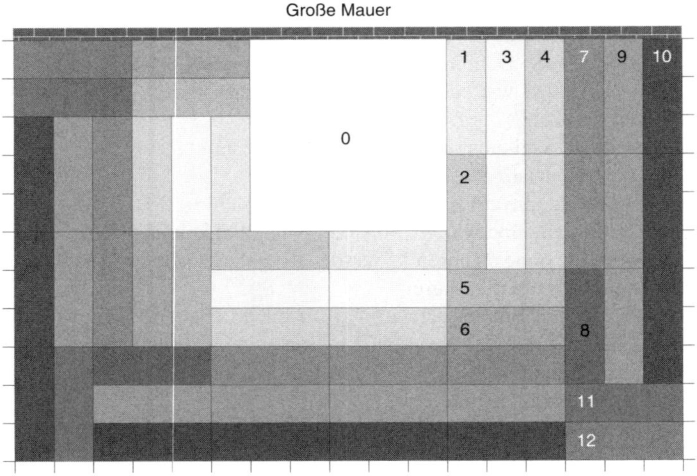

„Kann man aber nicht. Sie ist ja schwarz."

„Ach so."

„Die Numerosophen haben herausgefunden, wie der Urknaller wenigstens eine Halbebene entteufelt haben könnte. Es geht fast so wie eben. Er fängt mit einem 5×5-Quadrat an und vergrößert es schrittweise. Nur verwendet er jetzt eine andere Folge von triadischen Zügen, so daß die Mauer aus Teufeln auf einer Seite des 5×5-Quadrates unangetastet bleibt" (Bild 3 unten).

Die Steineklopfer dachten eine Weile über diese Geschichte und ihren Wahrheitsgehalt nach. „Können denn die Teufel noch immer unsere Welt heimsuchen?" fragte Steinbeißer.

„Nein. Es gibt eine numerosophische Entdeckung von großer kosmologischer Bedeutung", entgegnete die Hexe.

„Und die wäre?"

„Sie lautet: Bevölkern die Teufel nur eine Halbebene, so können sie niemals weiter als nur einige Felder weit in die normale Welt eindringen."

„Wieso Halbebene?"

„Die Numerosophen denken immer nur über die Ebene nach. Der ganze dreidimensionale Raum ist ihnen zu schwierig. Also denkt man sich, daß die Teufel eine Halbebene füllen; die Große Mauer ist nichts weiter als die unendliche Reihe von Teufeln, die an der Grenze zur normalen Welt stehen."

„Na ja, aber wenn der Große Zermalmer es in seiner Macht hat, unendlich viele Teufel zu bewegen, wird er doch unendlich weit kommen."

„Eben nicht. Aber fangen wir langsam an, zunächst mit endlich vielen Teufeln. Irgendwo in der Ebene ist eine gedachte Linie, die der Großen Mauer entspricht. Hinter der Mauer darf der Große Zermalmer Teufel auf Plätze seiner Wahl setzen und dann die üblichen Züge machen. Wie groß muß diese Armee sein, damit er einen Teufel null, eins, zwei, drei, vier oder fünf Felder weit ins Diesseits schicken kann?"

„Was heißt null Felder?"

„Nichtstun. Es muß mindestens einen Teufel geben, auch wenn der nirgendwohin gehen kann. Aber das ist im wesentlichen eine Definitionsfrage. Für ein Feld braucht man zwei Teufel, für zwei Felder vier, für drei Felder acht Teufel. Was glaubst du, wie viele man für vier Felder braucht?"

„Klare Sache. Sechzehn."

„Würde man meinen. Aber die richtige Antwort ist zwanzig. Es gibt, abgesehen von Spiegelungen, genau zwei Aufstellungen von zwanzig Teufeln, mit

◄ **Bild 3:** Der Große Urknaller säubert das ganze Universum (oben), indem er mit Hilfe triadischer Züge in der Reihenfolge der Numerierung das quadratische Loch vergrößert. Eine Nummer bezeichnet nicht nur eine Triade, sondern alle gleichfarbigen. Sie sind zu vernichten, bevor man zur nächsten Nummer übergeht. Das halbe Universum befreit der Urknaller nach einem geringfügig anderen Verfahren (unten).

denen es funktioniert“ (Bild 4). „Natürlich stellt sich jetzt die Frage, wie es weitergeht. Was meinst du wohl, kommt als nächstes in der Folge 1, 2, 4, 8, 20?“

„Das weiß der Urknaller allein!“

„Ich weiß es auch: unendlich. Selbst mit einer unendlich großen Armee ist es unmöglich, auch nur einen Teufel fünf Felder weit diesseits der Großen Mauer zu plazieren, falls die Armee am Anfang vollständig jenseits der Mauer liegt.“

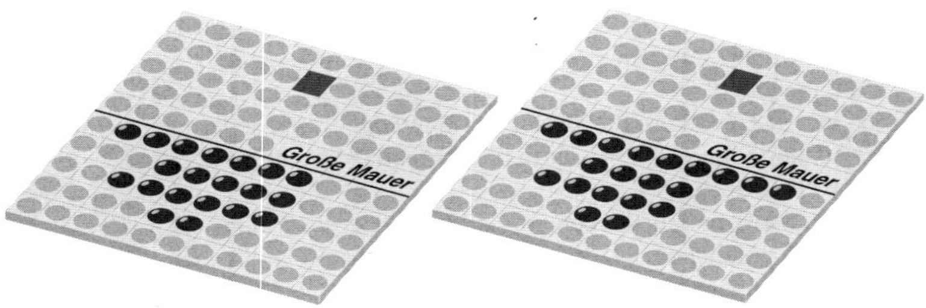

Bild 4: Die zwei möglichen Anordnungen für eine Armee von zwanzig Teufeln, die einen ihrer Soldaten vier Felder weit diesseits der Großen Mauer schicken kann. Man sieht, daß es, abgesehen von Spiegelungen, keine weiteren möglichen Anordnungen geben kann.

Pagodenfunktionen und ein unlösbares Rätsel

„Reicht es nicht, wenn man für beliebig große, aber endliche Armeen Bescheid weiß?“

„Du wirst noch ein richtiger Numerosoph, Fred. Warum meinst du das?“

„Nun, wenn ein Teufel fünf Felder weit vorangekommen wäre, hätte er das ja in einer endlichen Anzahl von Zügen geschafft.“

„Richtig. Also?“

„Na ja, für eine endliche Folge von Zügen wird nur ein endlicher Teil der Armee benötigt. Man kann also genausogut mit einer Armee endlicher Größe beginnen.“

„Hervorragend. Einleuchtend, Herr Steinbeißer, nicht wahr?“

„Ach, ich glaube Ihnen sowieso alles.“ Aber nachdem er eine Weile nachgedacht hatte, fuhr er doch fort: „Ein Problem beschäftigt mich noch. Können Sie mir sagen, wieso Sie so sicher sind, daß man mit keiner Armee fünf Felder weit vordringen kann?“

Die Mathematik-Hexe lächelte und meinte nur: „Pagodenfunktionen!“

„Was ist das?"

„Ein Hilfsmittel, mit dem man Sätze über das Teufelsspiel beweisen kann. Man ordnet jedem Feld des Brettes einen Zahlenwert zu. Der Wert einer Spielstellung ist dann die Summe der Werte derjenigen Felder, auf denen Teufel sitzen. Eine derartige Zuordnung heißt Pagodenfunktion, falls jeder zulässige Zug ihren Wert entweder vermindert oder unverändert läßt."

„Woher kommt so eine Funktion?"

„Die dürfen Sie sich ausdenken. Welche Werte Sie den Feldern zuweisen, ist zunächst beliebig. Es muß nur die Bedingung erfüllt sein, daß zulässige Züge die Pagodenfunktion verkleinern oder gleich lassen. Unter dieser Einschränkung sucht man sich die Funktion so aus, daß man etwas mit ihr beweisen kann.

Ich erkläre es am besten an einem Beispiel. Angenommen, wir haben ein kreuzförmiges Brett, wie es für die Solitairspiele verwendet wird. Fünf Felder in Form eines kleinen Kreuzes in der Mitte sind frei, alle anderen besetzt. Gibt es eine endliche Folge von Zügen, welche die Konstellation umkehrt? Das heißt, am Ende sollen nur noch so viele Steine übrig sein, daß genau die fünf Felder in der Mitte besetzt sind" (Bild 5).

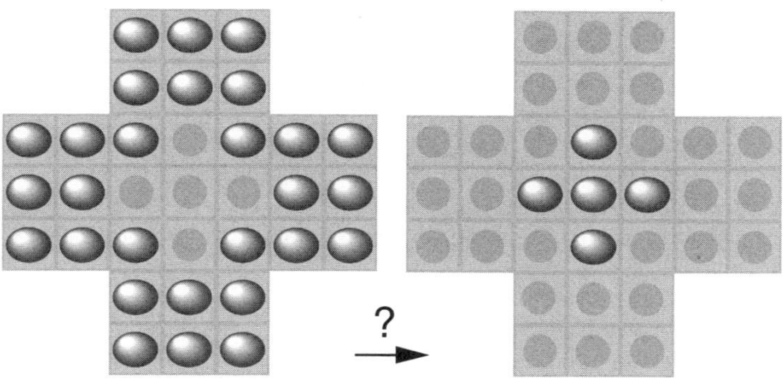

Bild 5: Gibt es eine Zugfolge, die aus der linken Stellung die rechte macht?

Fred und Steinbeißer versuchten ihr Bestes, aber vergebens.

„Hübsch, nicht wahr? Damit kann man seine Freunde stundenlang beschäftigen. Es geht nämlich nicht."

Die Hexe kritzelte ein Schema in den feuchten Erdboden (Bild 6). „Das ist eine Pagodenfunktion für ein derartiges Brett. Man kann nachprüfen, daß es keinen Zug gibt, der den Wert der Konfiguration vergrößert. Es genügt, sich zu

		–1	0	–1		
		1	1	1		
–1	1	0	1	0	1	–1
0	1	1	2	1	1	0
–1	1	0	1	0	1	–1
		1	1	1		
		–1	0	–1		

Bild 6: Dieses Bild zeigt eine Pagodenfunktion für das Rätsel aus Bild 5. Mit ihrer Hilfe kann man die Unlösbarkeit beweisen.

vergewissern, daß für drei Werte in einer Reihe, nennen wir sie a, b und c, immer $a + b > c$ und $b + c > a$ gilt. Wenn nämlich Teufel a Teufel b überspringt und auf dem freien Feld c landet, dann ändert sich der Beitrag dieser drei Felder zur Gesamtsumme von $a + b$ nach c, und alles andere bleibt unverändert. Dasselbe gilt für den Fall, wenn c über b nach a springt. Wegen der Ungleichungen kann also der Gesamtwert bei einem Zug allenfalls gleich bleiben, jedenfalls aber nicht abnehmen.

Nun ist aber der Wert der Startkonfiguration gleich vier. Denn jeder Arm des Kreuzes trägt $1 + 1 + 1 + (-1) + 0 + (-1) = 1$ zum Gesamtwert bei, und die besetzten Ecken des inneren Quadrats tragen den Wert 0. Der Gesamtwert der gesuchten Endkonfiguration beträgt andererseits $1 + 1 + 1 + 1 + 2 = 6$. Das ist größer. Aber es existiert kein Zug, der den Gesamtwert vergrößert, also gibt es auch keine Folge von Zügen, die den Wert von vier auf sechs vergrößert, und das Problem hat somit keine Lösung."

„Schlau", mußten beide zugeben.

„Vier Numerosophen von unglaublicher Geistesgröße, wahre Giganten unseres Berufsstandes, haben eine Pagodenfunktion für die Armee des Großen Zermalmers gefunden. Ihre Namen sind Elwyn Berlekampsson, Johnhorton Conwaysson, Richard Guysson und Mike Boardmansson. Bei ihrer Lösung kommt erstaunlicherweise der Goldene Schnitt $\varphi = (\sqrt{5} - 1)/2 = 0{,}618\,034\ldots$ ins Spiel. Diese Zahl ist für uns aus vielen Gründen von geheimnisvoller Bedeutung. Sie tritt zum Beispiel bei den Längenverhältnissen im Pentagramm auf. Aber für die Armee des Großen Zermalmers ist die entscheidende Eigenschaft die magische Gleichung $\varphi^2 + \varphi = 1$."

Die Hexe zeichnete eine Pagodenfunktion für das Problem des Großen Zermalmers (Bild 7).

φ^3	φ^2	φ	1	φ	φ^2	φ^3
φ^4	φ^3	φ^2	φ	φ^2	φ^3	φ^4
φ^5	φ^4	φ^3	φ^2	φ^3	φ^4	φ^5
φ^6	φ^5	φ^4	φ^3	φ^4	φ^5	φ^6
φ^7	φ^6	φ^5	φ^4	φ^5	φ^6	φ^7
φ^8	φ^7	φ^6	φ^5	φ^6	φ^7	φ^8
φ^9	φ^8	φ^7	φ^6	φ^7	φ^8	φ^9
φ^{10}	φ^9	φ^8	φ^7	φ^8	φ^9	φ^{10}

Bild 7: Mit Hilfe dieser Pagodenfunktion sieht man ein, daß keine Armee endlicher Stärke einen ihrer Soldaten fünf Felder weit hinter die Große Mauer schicken kann. φ ist die Zahl des Goldenen Schnitts.

„Die Frage ist, ob ein Teufel fünf Felder weit ins Diesseits geschickt werden kann. Wir ordnen dem Zielfeld den Wert eins zu und den anderen Feldern geeignete Potenzen von φ. Mit Hilfe der magischen Gleichung kann man zeigen, daß das tatsächlich eine Pagodenfunktion ist. Jede Stellung, bei der auf dem Zielfeld und eventuell auf weiteren Feldern ein Teufel sitzt, hat den Wert eins oder mehr. Andererseits läßt sich der Wert aller Felder jenseits der Großen Mauer algebraisch durch Summation geometrischer Reihen berechnen. Zunächst ist

$$\varphi^2 + \varphi^3 + \varphi^4 + \ldots = \varphi^2 / (1 - \varphi).$$

Wegen der magischen Gleichung ist $1 - \varphi = \varphi^2$, also ist die obige Summe gleich eins. Daraus folgt nach Multiplikation mit φ^{n-2} für $n \geq 2$

$$\varphi^n + \varphi^{n+1} + \varphi^{n+2} + \ldots = \varphi^{n-2}.$$

Der Gesamtwert der ersten Reihe hinter der Großen Mauer ergibt sich zu

$$(\varphi^5 + \varphi^6 + \varphi^7 + \ldots) + (\varphi^6 + \varphi^7 + \varphi^8 + \ldots)$$
$$= \varphi^3 + \varphi^4 = \varphi^2(\varphi + \varphi^2) = \varphi^2.$$

Durch Multiplikation mit φ ergibt sich für den Gesamtwert der zweiten Reihe φ^3, für den der dritten φ^4 und so weiter. Der Gesamtwert aller Felder hinter der Großen Mauer beträgt also

$\varphi^2 + \varphi^3 + \varphi^4 + \ldots = 1.$

Da jedes Feld hinter der Großen Mauer einen von null verschiedenen Wert hat, beträgt schließlich der Gesamtwert jeder endlichen Armee weniger als eins. Der ist durch keine Folge zulässiger Züge auf eins oder mehr zu erhöhen. Das aber müßten wir erreichen, wollten wir einen Teufel fünf Felder über die Große Mauer hinausbringen. Kurz gesagt: Der Große Zermalmer kann höchstens einen winzigen Teil dessen zurückgewinnen, was er einst verloren hat."

„Erregend", meinte Fred.

„Beruhigend", meinte Steinbeißer. „Aber das Schönste ist die Geschichte mit dem unendlichen Brett. Mir scheint, wir könnten ungeheure Umsätze machen, wenn wir jedes Teufelsspiel nach diesem Modell anfertigten... "

Literaturhinweis

Gewinnen, Band 4. Solitairspiele. Von Elwyn R. Berlekamp, John H. Conway und Richard K. Guy. Vieweg, Braunschweig 1986.

14
Steiners Verhältnis

Eine geniale Theorie zeigt, daß die Möglichkeiten, durch Optimierung Material zu sparen, manchmal begrenzt sind – so sehr, daß häufig das Optimieren den Aufwand nicht lohnt.

„Aber die kürzeste Verbindung zwischen zwei Punkten ist doch eine Gerade!" schrie Friedrich Spanner aufgebracht.

„Das bestreite ich ja nicht", entgegnete Franz Steiner ruhig. „Ich meine nur, daß wir nicht unbedingt alle Knoten in die Städte legen müssen, die vernetzt werden sollen."

„Und wo wollen Sie dann all diese Extrapunkte hinlegen?"

„Das ist genau meine Frage."

Die Oberpfälzer Infobahn GmbH, eine neue Firma mit großen Plänen und knapper Kapitaldecke, wollte Vohenstrauß, Tirschenreuth und Pressath durch Glasfaserkabel verbinden. Nur konnten sich die beiden Chefs nicht über die Strategie einigen. Spanner meinte, es sei am besten, eine Stadt herauszugreifen und von dort zu den beiden anderen Kabel in gerader Linie zu verlegen.

„Welche Stadt?" fragte Steiner.

„Das hängt von den Entfernungen ab, ist aber gar nicht schwer zu entscheiden. Von dem Dreieck aus den drei Städten streiche man die längste Seite weg und lege Kabel entlang den beiden anderen Seiten."

„Klingt vernünftig. Aber..." Steiner hatte die vage Vorstellung, die Gesamtlänge würde sich noch verkürzen lassen, wenn man eine vierte Stadt mit in das Netz aufnähme. Das ist auf den ersten Blick zwar nicht besonders einleuchtend; wenn er aber recht hätte, wo müßte der zusätzliche Knotenpunkt liegen, und wieviel Kabellänge könnte man damit einsparen?

Vohenstrauß, Tirschenreuth und Pressath sind jeweils ungefähr 30 Kilometer voneinander entfernt (Bild 1). Spanners Netzwerk wäre – unter Weglassung der Direktverbindung Pressath–Vohenstrauß – 57 Kilometer lang. Wie steht es nun mit Steiners windiger Idee? Ungefähr in der Mitte des Dreiecks, am Ufer des Flüßchens Waldnaab, liegt eine Ansiedlung mit vielsagendem Namen ungefähr 15 bis 18 Kilometer von jeder der drei Städte entfernt.

„Schauen Sie sich das an, Herr Spanner. Mitteldorf. Wenn wir einen Knotenpunkt dorthin legen und Leitungen zu allen drei Städten..."

„Quatsch! Mehr Knoten heißt mehr Kabel."

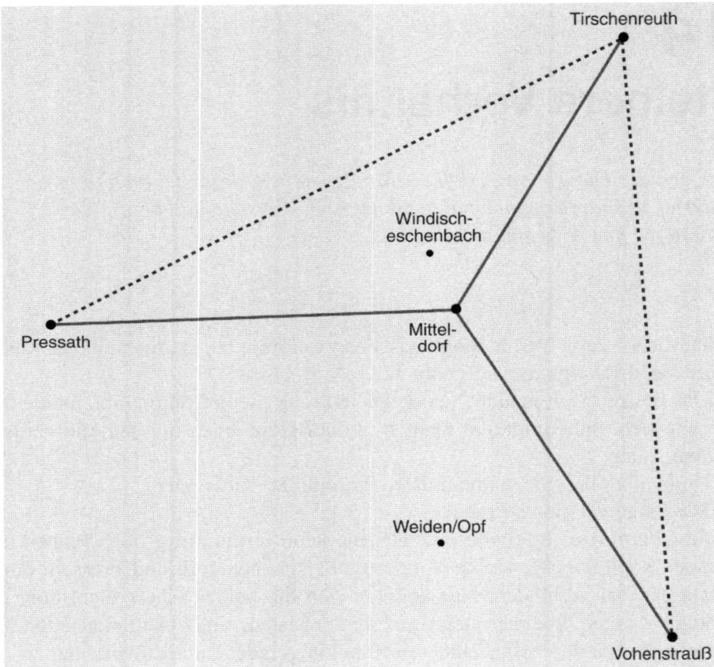

Bild 1: Die Oberpfälzer Infobahn GmbH spart Kabel beim Aufbau eines Informationsnetzes, indem sie einen zusätzlichen Knotenpunkt einfügt. Die punktiert gezeichneten Verbindungen sind zusammen 57 Kilometer lang, die durchgehenden nur 52,2 Kilometer.

„Eben nicht. Kann man ausrechnen. Eine Leitung von Mitteldorf aus zu jeder Stadt macht zusammen – Moment, haben wir gleich – 52,2 statt 57 Kilometer nach Ihrer Methode. Das sind achteinhalb Prozent weniger."

Spanner schaute ungläubig auf die Karte, kratzte sich am Kopf und gab sich schließlich geschlagen. Das Faxgerät piepte, aber sie achteten nicht darauf.

„Ich überlege gerade: Man kann sich die gleiche Frage für jede beliebige Menge von Städten stellen", fuhr Steiner fort. „Wie lang ist das kürzeste Netzwerk, das jede mit jeder verbindet, wenn alle Knotenpunkte in den gegebenen Städten liegen müssen? Und wie sieht das kürzeste Netzwerk aus, wenn wir uns die Freiheit nehmen, irgendwo weitere Knoten anzulegen?"

Spanner hatte etwas Entscheidendes begriffen: „Wenn man mehr Möglichkeiten zur Auswahl hat, kann das Optimum nur besser werden. Schließlich sind wir ja nicht gezwungen, neue Knoten einzuführen. Aber um wieviel besser?"

Während Steiner entschwand, um in einer Datenbank nach einer Antwort zu suchen, rief Spanner nach der Sekretärin, weil sich die eingehenden Faxe zu türmen begannen. Es wäre ihm nicht eingefallen, sie selber zu sortieren.

Einige Stunden später kam Steiner zurück. „Wir sind nicht die ersten, die sich diese Fragen stellen. Es gibt sogar eine große Menge Literatur dazu. Edgar Gilbert und Henry Pollak von den AT&T Bell-Laboratorien in Murray Hill (New Jersey) haben 1968 folgende Vermutung aufgestellt: Einerlei, wie die Städte liegen, kann man durch Einführen zusätzlicher Knotenpunkte nicht mehr als 13,4 Prozent der Kabellänge einsparen. Man spricht von der Vermutung zum Steinerschen Verhältnis oder auch von der *Steiner ratio conjecture.*"

„Was haben Sie für ein Verhältnis?"

„Nicht ich. Jakob Steiner." Nach einem kurzen Blick auf die mitgebrachten Zettel: „Mathematiker aus Bern. 1796 bis 1863."

„Und warum sagt man nicht Gilbert-Pollak-Vermutung?"

„Das liegt an den Zuschreibungsgewohnheiten der Mathematiker."

„Und die besagen?"

„Benenne die Idee nach einem bereits verstorbenen Menschen, der sie zwar nicht hatte, aber irgendwie vage damit befaßt war. Jedenfalls ist es keine Vermutung mehr, sondern der Satz vom Steinerschen Verhältnis..."

„Satz von Gilbert-Pollak", beharrte Spanner.

„Eigentlich wäre ‚Satz von Du und Hwang' die korrekte Bezeichnung. Denn 1991, nach 23 Jahren unnachgiebiger, aber weitgehend unergiebiger Anstrengungen haben Ding-Zhu Du von der Universität Princeton und Frank Hwang von den Bell-Laboratorien die Vermutung bewiesen" (Spektrum der Wissenschaft, November 1991, Seite 26).

Spanner stieg gedankenverloren über den Haufen Faxpapier und holte sich eine Tasse längst erkalteten Kaffees. „Ach so. AT&T ist eine Telephongesellschaft, da ist das naheliegend."

Gerüste und Steiner-Bäume

„Dazu gibt es eine interessante Geschichte, aber die erzähle ich Ihnen später. Wichtig ist zunächst, wie ich bei meiner Recherche gelernt habe, die Sache mathematisch sauber zu formulieren. Wir denken uns die zu verbindenden Städte als Punkte in einer Ebene und die Verbindungskabel als gerade Strecken. Ob wir nun neue Verbindungsknoten einführen oder nicht – unser Netz aus Punkten und Strecken muß auf jeden Fall einen sogenannten Baum bilden. Das heißt, es darf kein geschlossener Rundweg entstehen; denn sonst gäbe es ja zwei verschiedene Verbindungen zwischen zwei Punkten, und von denen könnte man eine weglassen. Ein solches Netz, das jede Stadt mit jeder auf genau eine Weise verbindet, ohne neue Knotenpunkte einzuführen, heißt aufspannender Baum oder auch Gerüst. Es gibt viele mögliche Gerüste zu einer gegebenen Menge von Städten, aber im Prinzip könnte man sie alle auflisten und unter ihnen das kürzeste auswählen."

Nehmen wir beispielsweise Ahlen, Bochum, Coesfeld und Dülmen. Bild 2 zeigt einige Gerüste und deren Gesamtlängen. Bei dem kürzesten gehen von einem Verzweigungspunkt in Dülmen Verbindungen zu den anderen drei Städten aus. Für Ahaus, Bergkamen, Coesfeld und Dülmen hingegen, die annähernd auf einer Geraden liegen, besteht der kürzeste aufspannende Baum aus der Verbindung Ahaus–Coesfeld–Dülmen–Bergkamen, in dieser Reihenfolge, und hat keinen Verzweigungspunkt.

Das Problem ist viel komplizierter, wenn die Kabel sich auch außerhalb der Städte verzweigen dürfen. Das kürzeste Netzwerk zwischen Tirschenreuth, Pressath und Vohenstrauß beispielsweise ist dasjenige, das alle drei mit Mitteldorf – genauer: einem namenlosen Punkt zwischen Mitteldorf, Kotzenbach

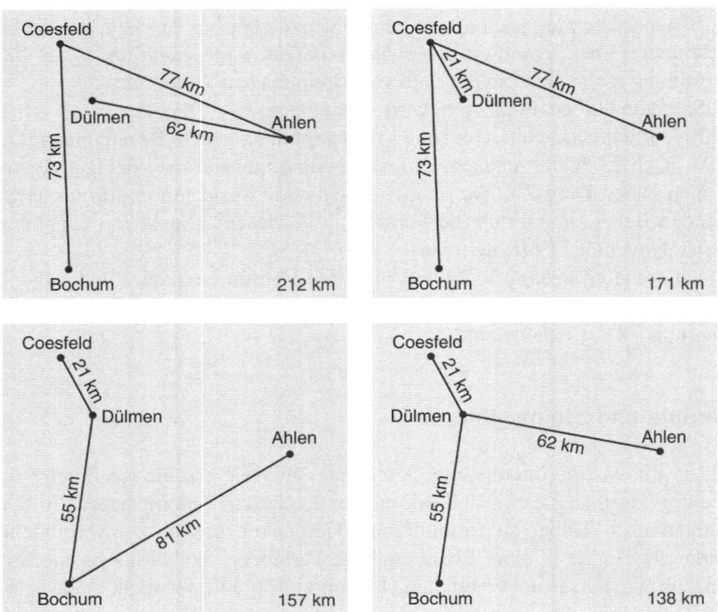

Bild 2: Vier der sechzehn möglichen Gerüste (aufspannenden Bäume) für die Städte Ahlen, Bochum, Coesfeld und Dülmen. Das unten rechts abgebildete ist das kürzeste.

und Rotzendorf – verbindet. Im allgemeinen muß das kürzeste Netzwerk, das eine gegebene Menge von Städten verbindet, ebenfalls ein Baum sein, der sogenannte Steiner-Baum (Spektrum der Wissenschaft, März 1989, Seite 78).

„Wer war eigentlich dieser Steiner?“ unterbrach Spanner, als sein Kollege mit der Erklärung so weit gekommen war. „Was hat er mit dem Problem zu tun?“

„Nicht allzuviel“, erwiderte Steiner. „Er hat halt 1837 das Problem für drei Städte gelöst. Richard Courant und Herbert Robbins haben seinen Namen 1941 in ihrem klassischen populären Buch ‚Was ist Mathematik?‘ mit dem Problem verbunden. Weder diese beiden noch Steiner scheinen gewußt zu haben, daß Evangelista Torricelli“ –wieder ein Blick auf den Spickzettel – „1608 bis 1647, und Bonaventura Cavalieri, 1598 bis 1647, ihm schon 1640 zuvorgekommen waren.“ Steiner wußte, daß Spanner ein Faible für historische Daten hatte.

„War dieser Torricelli nicht der Typ, der das Barometer erfunden hat?“

„Eben der. Und Cavalieri war einer der Urväter der modernen Infinitesimalrechnung. Die beiden haben zwei Fälle unterschieden. Wenn einer der Winkel des Dreiecks 120 Grad oder größer ist, besteht das kürzeste Netzwerk aus den zwei Dreiecksseiten, die dieser stumpfen Ecke anliegen. Im anderen Falle besteht es aus den drei Strecken, die von den drei Städten aus zu dem sogenannten Steiner-Punkt laufen. Das ist der eindeutig bestimmte Punkt, an dem sich diese drei Verbindungen unter einem Winkel von jeweils 120 Grad treffen“ (Bild 3).

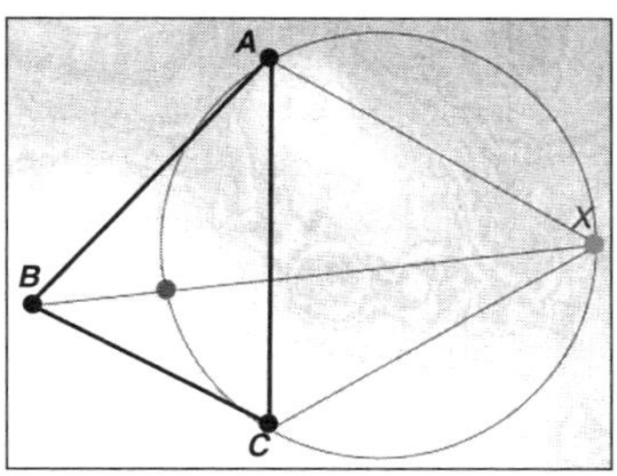

Bild 3: Konstruktion des Steiner-Punktes für ein beliebiges Dreieck *ABC*. Man konstruiere über (zum Beispiel) der Seite *AC* das gleichseitige Dreieck *ACX*. Dessen Umkreis schneidet *BX* im Steiner-Punkt *P*.

Steiner fuhr fort, seinen Namensvetter zu preisen. „Auch bei mehr als drei Städten müssen sich die Kanten des Steiner-Baumes in jedem neu eingeführten Knoten unter 120 Grad treffen. Das ist nicht besonders schwer zu sehen und wurde ebenfalls von Steiner bewiesen. Wesentlich schwerer ist es, einen solchen Baum tatsächlich zu finden. Die ersten ernsthaften Untersuchungen dazu stammen von Milos Kössler und Vojtech Jarník aus dem Jahre 1934."

„Es leuchtet ein, daß das nicht einfach ist", erwiderte Spanner. „Man muß ja eine ungeheure Menge denkbarer Steiner-Punkte in Betracht ziehen."

„Sie haben es erfaßt. Stellen Sie sich zum Beispiel sechs Städte in den Ecken zweier benachbarter Quadrate vor. Einen Steiner-Baum für ein einzelnes Quadrat zu finden ist nicht schwer. Dann bleibt noch, die zwei verbleibenden Städte des anderen Quadrats anzuhängen; das ist auch nicht schwer" (Bild 4 *a*).

„Aha. Ist das nun ein Steiner-Baum?"

„Ja."

„Also ist es das optimale Netzwerk?"

„Nein."

„Aber Sie haben mir doch gerade gesagt, daß die kürzesten Netzwerke Steiner-Bäume heißen."

„Diese Mathematiker verallgemeinern manchmal so schnell, daß man kaum mitkommt. Man nennt ein Netz einen Steiner-Baum, wenn jeder neu eingeführte Knoten aus drei Kanten mit Winkeln von 120 Grad besteht. Also: Jeder optimale Baum ist ein Steiner-Baum, aber nicht umgekehrt."

„Aha. Und was Sie da gezeichnet haben, ist der optimale Steiner-Baum?" (Bild 4*b*)

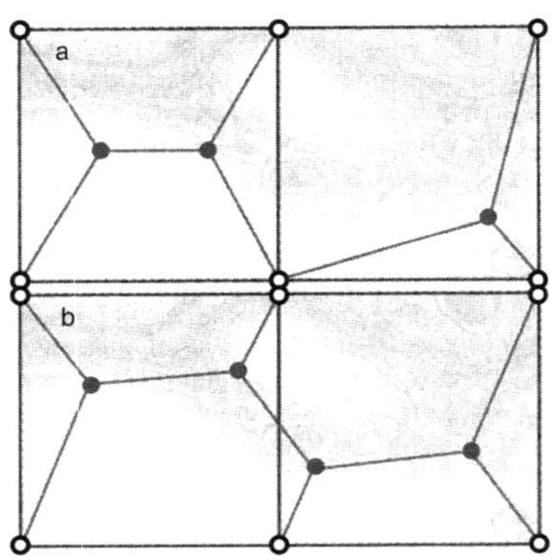

Bild 4: Konstruktion von Steiner-Bäumen für sechs Städte an den Ecken zweier benachbarter Quadrate. Man verbinde zunächst vier Städte eines Quadrats durch einen Steiner-Baum. Die verbleibenden zwei Städte bilden zusammen mit einer der bereits vernetzten ein gleichschenklig-rechtwinkliges Dreieck. Fügt man dessen Steiner-Baum hinzu, so ist das entstehende Netz komplett (*a*), aber nicht optimal. Der kürzeste Steiner-Baum entsteht durch Einfügen eines zusätzlichen Knotens (*b*).

„Ein optimaler Steiner-Baum."

„Also der mit der kürzesten Länge?"

„Einer von zwei gleich langen optimalen. Den anderen bekommen Sie durch Spiegelung an der horizontalen Mittellinie."

„Spitzfindigkeiten."

„Jedenfalls sieht man an dem Beispiel, daß man kürzeste Steiner-Bäume nicht schrittweise, eine Stadt nach der anderen einbeziehend, konstruieren kann."

„Das sehe ich ein", sagte Spanner, rief zwischendurch abermals barsch – und erfolglos – nach der Sekretärin und fragte weiter: „Was haben Gilbert und Pollak nun getan?"

„Sie fragten sich, was die Länge eines minimalen aufspannenden Baums und die eines optimalen Steiner-Baums miteinander zu tun haben. Nennen wir die erste Größe die Gerüstlänge der Städte und die zweite die Steiner-Länge. Nun ist jedes Gerüst auch ein Steiner-Baum."

„Wieso? Ich denke, Steiner-Baum ist, wenn in jedem neu eingeführten Knoten..."

„Wir führen aber keine neuen Knoten ein."

„Also ist die Bedingung trivialerweise erfüllt?"

„Richtig."

„Was soll dann diese Spielerei mit Worten?"

„Ganz einfach: Für jede gegebene Menge von Städten ist die Gerüstlänge stets größer oder gleich der Steiner-Länge; denn die ist definiert als die Länge des kürzesten unter allen Steiner-Bäumen. Die Frage ist: Wie groß kann der Unterschied sein?"

Der klassische Steiner-Baum

„Na schön", erwiderte Spanner, „nehmen wir als Beispiel zum Probieren ein gleichseitiges Dreieck mit Seitenlänge 1. Dann beträgt die Gerüstlänge 2 und die Steiner-Länge $\sqrt{3}$."

„Genau", stimmte Steiner zu. „In diesem Fall beträgt also das Verhältnis von Steiner-Länge zu Gerüstlänge $\sqrt{3}/2 = 0{,}8660...$. Und das heißt, daß..."

„... die Einsparung an Länge, wenn man den kürzesten Steiner-Baum statt des kürzesten Gerüsts nimmt, ungefähr 13,4 Prozent beträgt."

„Sie sind ein kluges Kerlchen. Aber Sie brauchen sich nichts darauf einzubilden. Gilbert und Pollak haben nun vermutet, daß man unter keinen Umständen mehr einsparen könne. Einerlei, wie viele Städte es sind und wie sie liegen, stets ist das Verhältnis von Steiner-Länge zu Gerüstlänge größer oder gleich $\sqrt{3}/2$."

„Sie meinen, die Längenersparnis, die man durch die Verwendung eines kürzesten Steiner-Baumes statt eines kürzesten Gerüstes erreichen kann, ist niemals mehr als 13,4 Prozent?“

„So lautet die Vermutung.“

„Nehmen wir an, wir wissen, wieviel eine Verkabelung entlang den Strekken eines kürzesten Gerüstes kostet. Dann wäre es also sinnlos, mehr als 13,4 Prozent dieser Summe für den Versuch aufzuwenden, einen kürzesten Steiner-Baum zu berechnen?“

„Ja.“

Ähnliche, wenn auch in der Praxis kompliziertere Probleme stellen sich bei Gasleitungen, Fernsehkabeln, Buslinien, Eisenbahnstrecken oder Flugverbindungen und – scheinbar weit hergeholt – bei Theorien zur biologischen Evolution. Die genetische Information eines Lebewesens steckt in seiner DNA, codiert durch eine Folge aus dem Sortiment der vier Basen Adenin, Thymin, Cytosin und Guanin. Eine solche Folge würde beispielsweise als AATTCGCTCA… geschrieben. Man identifiziere die DNA-Sequenz eines Organismus mit einer Stadt und den – geeignet quantifizierten – Unterschied zweier Sequenzen mit der Entfernung der beiden Städte. Der Steiner-Punkt von drei solchen Sequenzen ist dann der wahrscheinlichste gemeinsame Vorfahr, genauer: unter allen potentiellen gemeinsamen Vorfahren derjenige, für den man die geringste Gesamtanzahl an Mutationen unterstellen muß. Diesen Vorfahr muß es nicht wirklich gegeben haben; dennoch liefert diese Methode Hinweise darauf, wie die DNA-Moleküle sich verändert haben könnten und wie eng oder weitläufig die Organismen verwandt sind.

Eine Vielzahl weiterer Fragen hat immerhin Analogien zum Steiner-Baum-Problem; die wichtigste betrifft den Entwurf elektronischer Schaltungen. Hier legt man die Verbindungen meist entlang den Linien eines Rechteckgitters, also nur horizontal oder vertikal. Aber es gibt Fragen – und Antworten – der gleichen Art wie bei Steiner-Bäumen.

Die Vermutung zum Steiner-Verhältnis ist wichtig, wenn die Kosten der Berechnung relevant sind, denn wir werden gleich sehen, daß es viel einfacher ist, ein kürzestes Gerüst zu bestimmen als einen kürzesten Steiner-Baum. Es könnte also billiger sein, zugunsten eines geringeren Rechenaufwands eine Materialverschwendung von 13,4 Prozent in Kauf zu nehmen.

„Wissen Sie“, sagte Steiner, „wenn AT&T eine Nebenstellenanlage für die verstreuten Büros einer Firma einrichtete, nahm man bis vor kurzem die Gerüstlänge als Maßstab für den Preis. Ein Kunde hätte also mit Hilfe imaginärer Büros in Steiner-Punkten die Rechnung drücken können. Die Vermutung begrenzt solche potentiellen Einsparungen nun auf 13,4 Prozent, und das ist für den Anbieter nicht allzu peinlich.“

„Warum haben die Leute von AT&T sich diese Sorgen nicht erspart, indem sie selbst die Steiner-Länge zugrunde legten?“ fragte Spanner.

„Konnten sie nicht."

„Warum nicht?"

Steiner seufzte. „Die Gerüstlänge zu bestimmen ist einfach, selbst für eine riesige Anzahl Städte. Man beginnt mit der kürzesten Verbindung zwischen irgend zwei Städten, die man finden kann. Danach fügt man stets die kürzestmögliche Verbindung zwischen irgend zwei noch unverbundenen Städten hinzu, die keine Schleife erzeugt, und fährt so fort, bis alle Städte miteinander verbunden sind" (Bild 5).

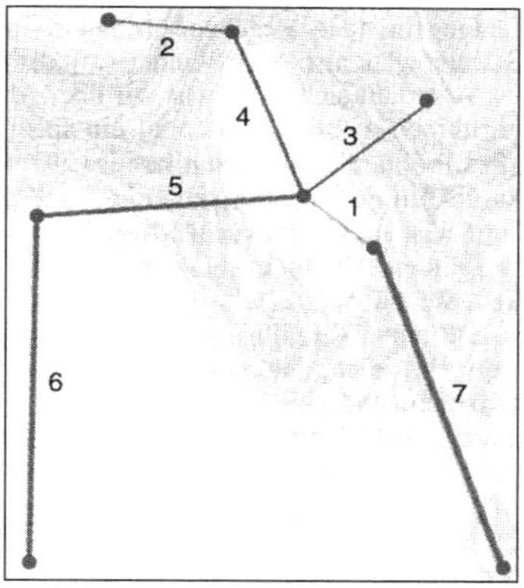

Bild 5: Der gierige Algorithmus zur Bestimmung des kürzesten Gerüstes. Man füge in jedem Schritt der bereits ausgewählten (möglicherweise unzusammenhängenden) Menge von Verbindungen die kürzeste Strecke zwischen zwei Städten hinzu, die keinen geschlossenen Weg erzeugt.

„Und das funktioniert?"

„Immer. Das Verfahren heißt übrigens gieriger Algorithmus."

„Was ist ein Algorithmus?"

„Ein genau bestimmtes Verfahren, das ein Computer ausführen kann und das garantiert die gesuchte Lösung liefert."

„Wir könnten einen Algorithmus gebrauchen, der die Sekretärin wiederfindet – wir haben hier mittlerweile ungefähr 20 Kilometer Faxpapier. Na gut. Warum heißt der Algorithmus gierig?"

„Gierige Algorithmen nehmen in jedem Schritt das größte Stück, das sie kriegen können, wenn es darum geht, eine möglichst große Gesamtsumme aufzuhäufen. Das ist manchmal ungünstig. Wer sich zunächst mit bescheidenen Gewinnen begnügt oder auch einmal einen Verlust in Kauf nimmt, kann am Ende viel besser abschneiden" (Spektrum der Wissenschaft, März 1993, Seite 42). „In diesem Fall", fuhr Steiner fort, „ist Gier zweckmäßig. Es geht zwar darum, etwas zu minimieren statt zu maximieren, aber die Idee ist eigentlich die gleiche. Also nimmt man denselben Namen."

„Er müßte eigentlich asketischer Algorithmus heißen", wandte Spanner ein. „Na schön. Und wie funktioniert der Algorithmus zur Bestimmung kürzester Steiner-Bäume?"

„Das ist es ja gerade", erwiderte Steiner verdrießlich. „Das ist sehr schwer."

„Kann man nicht jeweils drei Städte zusammenfassen, deren Steiner-Punkt bestimmen und dann…?"

„Eben nicht. Schon für ein so einfaches System wie vier Städte in den Ecken eines Quadrats sind solche Punkte nicht Steiner-Punkte für irgendeine Teilmenge von drei Städten" (Bild 4).

„Ach so. Und die Ebene enthält unendlich viele Punkte."

„In der Tat. Obwohl die meisten für die Lösung vermutlich nicht in Frage kommen, ist es gar nicht klar, daß es überhaupt Algorithmen gibt, die in endlicher Zeit die Lösung finden."

„Und? Gibt es welche?"

„Ja. Den ersten hat Zdzislaw A. Melzak von der Universität von British Columbia in Vancouver (Kanada) erfunden. Aber seine Methode ist nicht wirklich praktikabel. Sie wird schon für mäßige Städtezahlen extrem aufwendig. Inzwischen ist sie verbessert worden, aber nicht entscheidend."

Spanner starrte den immer noch wachsenden Faxhaufen an und schüttelte sich wie ein Hund, der aus dem Wasser kommt. „Warum ist das so schwer?"

Steiner lehnte sich in seinem Sessel zurück und machte eine ausladende Geste. „Dafür gibt es, ausgelöst durch die zunehmende Nutzung der Computer, eine herrliche neue Theorie, die Komplexitätstheorie. Sie untersucht nicht nur einzelne Algorithmen, sondern insbesondere deren Effizienz" (Spektrum der Wissenschaft, April 1994, Seite 64).

„Effizienz habe ich schon einmal gehört. Ist das eine dieser neuartigen Management-Strategien?"

Leichte und schwere Probleme

„Bleiben wir mal bei der Theorie", sagte Steiner. „Nehmen wir an, ein Problem ist gegeben, in das irgendeine Anzahl n von Objekten (bei uns Städten) eingeht. Wie stark wächst dann die Laufzeit eines Algorithmus zur Lösung des Problems mit wachsendem n an? Wenn diese Zeit nicht schneller wächst als ein festes Vielfaches einer festen Potenz von n, sagen wir $5n^2$ oder $1066n^4$, dann sagt man, der Algorithmus läuft in polynomialer Zeit. Und Probleme, für die es solche Algorithmen gibt, betrachtet man als ‚leicht'. In der Praxis ist der

Algorithmus dann meistens brauchbar, es sei denn, die Konstante oder der Exponent wären wirklich riesig. Wenn aber die Laufzeit schneller wächst als polynomial, zum Beispiel exponentiell wie 2^n oder 10^n, dann ist der Algorithmus in der Praxis meistens unbrauchbar. Und Probleme, für die es nur solche Algorithmen gibt, nennt man ‚schwer'."

„Geben Sie mir ein paar Beispiele."

„Na gut. Die Addition zweier n-stelliger Zahlen erfordert einschließlich der Überträge höchstens $2n$ Ziffernadditionen. Jede dieser Elementaroperationen läßt sich in einer konstanten Zeit ausführen. Also ist die Zeit zur Addition zweier n-stelliger Zahlen ein konstantes Vielfaches (hier 2) der ersten Potenz von n. Die gewöhnliche Schulmethode der Multiplikation zweier solcher Zahlen benötigt etwa n^2 Ziffernmultiplikationen und nicht mehr als $2n^2$ Additionen, also $3n^2$ Ziffernoperationen. Die Schranke enthält also nur die zweite Potenz von n. Schulkinder mögen es anders sehen, aber diese Probleme gelten als leicht."

„Verstanden."

„Gut. Betrachten wir dagegen das Problem des Handlungsreisenden: Finde die kürzeste Route, die einen Vertreter durch eine vorgeschriebene Menge von Städten und zurück zum Ausgangspunkt führt. Wenn es n Städte gibt, dann beträgt die Anzahl der Routen, die in Betracht kommen, $n! = n(n-1)(n-2) \times \ldots \times 3 \times 2 \times 1$, und das wächst schneller als jede Potenz von n. Alle Wege durchzuprobieren wäre also hoffnungslos ineffizient."

Spanner stimmte zu und fragte: „Was ist im Bereich zwischen polynomialer und exponentieller Zeit?"

„Da ist ein Niemandsland von ‚verhältnismäßig einfachen' oder auch ‚mäßig schwierigen' Problemen. Ob Lösungsverfahren dafür praktisch brauchbar sind oder nicht, ist eine Frage der Erfahrung."

„Aha."

„Verrückterweise ist es das größte Problem der Komplexitätstheorie, zu beweisen, daß es überhaupt interessante Probleme gibt, die wirklich schwer sind."

„Wie wäre es mit der Beantwortung aller dieser Fax-Nachrichten? Das wird von Minute zu Minute exponentiell schwerer."

„Ach was. Wenn man das Sortieren geschickt anstellt, ist der Aufwand n mal Logarithmus von n. Das ist leicht. Und das Antworten? Je mehr man liegen läßt, desto mehr erledigt sich von selbst.

Aber im Ernst: Die Schwierigkeit liegt darin, daß es leicht ist zu zeigen, daß ein Problem leicht ist, aber schwer, daß es schwer ist. Wenn man zu einem Problem einen einzigen Algorithmus angeben kann, der es in polynomialer Zeit löst, hat man bewiesen, daß das Problem leicht ist. Es muß nicht der beste Algorithmus sein – irgendeiner genügt. Aber ein Algorithmus, der ein Problem in nicht-polynomialer Zeit löst, sagt noch nichts darüber, ob das Problem schwer ist. Vielleicht hat man nur einen ungeschickten Algorithmus gewählt. Man muß alle überhaupt nur möglichen Algorithmen zur Lösung des Problems betrachten und zeigen, daß keiner davon in polynomialer Zeit läuft."

„Das sehe ich ein. Gibt es wenigstens Vermutungen darüber, was ein schweres Problem ist?"

„Zum Beispiel das Problem des Handlungsreisenden. Oder das Packungs-Problem: Wie kann man Gegenstände mit bestimmten Abmessungen in möglichst wenige Behälter mit gegebenen Abmessungen packen? Oder das Rucksack-Problem: Gegeben ein Rucksack und viele Gegenstände, läßt sich der Rucksack mit einer Auswahl der Gegenstände lückenlos füllen? Aber bisher hat niemand zeigen können, daß irgendeines dieser Probleme wirklich schwer ist. Immerhin gelangte Stephen Cook von der Universität Toronto in Kanada 1971 zu einem wichtigen Ergebnis: Wenn ein Problem in dieser Gruppe schwer ist, dann gilt das für alle anderen auch; denn man kann jedes so umformulieren, daß es zu einem Spezialfall eines anderen Problems derselben Gruppe wird. Diese Klasse nennt man NP-vollständig, wobei NP für ‚nichtdeterministisch polynomial' steht. Alle Experten meinen, diese Probleme seien wirklich schwer."

„Warum?"

„Wahrscheinlich aus psychologischen Gründen. Man kann einfach nicht glauben, daß es für alle die Probleme aus dieser großen Klasse eine unentdeckte Wunderwaffe geben soll. Jedenfalls haben Ron Graham, Michael Garey und David Johnson von AT&T gezeigt, daß das Problem der Steiner-Bäume NP-vollständig ist. Ein effizienter Algorithmus zur Bestimmung der genauen Steiner-Länge für jede gegebene Menge von Städten wäre also eine Wunderwaffe."

„Also läßt sich alles, was wir über Algorithmen wissen wollen, auf ein spezielles Problem in Kommunikationsnetzen zurückführen", sagte Spanner erstaunt.

„So ist es. Oder auf eines von Tausenden anderer Probleme. Lösen Sie eines, und Sie haben sie alle. Die Vermutung zum Steiner-Verhältnis ist auch wichtig, weil sie zeigt, daß man anstelle eines schweren Problems ein leichtes lösen kann, ohne allzuviel zu verlieren. Und das bedeutet, daß die Methoden zum Beweis der Vermutung auch wichtig sind."

„Was sind das für Methoden?"

Der Beweis

„Für das gleichseitige Dreieck, mit dem alles begann, gibt es eine recht natürliche Lösung. Das legt nahe, daß es einen einfachen Beweis der Vermutung geben müßte. Aber wenn es den gibt, dann hat ihn bisher niemand gefunden.

Die Einfachheit des Spezialfalls ist also irreführend. Selbst der Beweis von Du und Hwang ist ziemlich trickreich.

Wer es für kleine Anzahlen mit direkten Methoden versucht, versinkt in einem Wust von Formeln. Gilbert und Pollak hatten für ihre Vermutung viele Hinweise; sie vermochten zum Beispiel zu zeigen, daß das Steiner-Verhältnis stets mindestens 0,5 beträgt. Um 1990 hatten diverse Leute durch heroische Rechnungen die Vermutung für Netze mit 4, 5 und 6 Städten bestätigt. Für beliebig viele Städte war die untere Abschätzung für das Verhältnis nacheinander von 0,5 auf 0,57, 0,74 und schließlich auf 0,8 angehoben worden. Vor einigen Jahren verbesserten Graham und Fang Chung von den Bell-Laboratorien die Schranke auf 0,824. Die dazu erforderliche Rechnung nannten sie selber ‚fürchterlich'. Es war klar geworden, daß dies der falsche Weg war."

„Sehr hilfreich", meinte Spanner in einem Anflug von Sarkasmus.

„Lästern Sie nicht. Das war vielleicht hilfreicher, als Sie denken. Dadurch wurde die Aufmerksamkeit auf abstraktere Methoden gelenkt. Weitere Fortschritte waren nur zu erwarten, wenn man die fürchterlichen Rechnungen vereinfachen könnte. Es gelang Du und Hwang, sie vollständig zu umgehen. Die Grundfrage ist: Wie bringt man gleichseitige Dreiecke ins Spiel? Für die weiß man alles, aber von da bis zu einer allgemeinen Anordnung von Städten, die derselben Schranke genügen soll, klafft eine Riesenlücke. Wie kann man dieses Niemandsland durchqueren?"

„Wollen wir darauf nicht lieber erst eingehen, wenn alle diese Faxe beantwortet sind?"

„Ach, warten Sie noch einen Moment. Dies hier ist wirklich unglaublich faszinierend. Es gibt eine Art Zwischenstation im Niemandsland. Stellen Sie sich die Ebene eingeteilt in lauter gleichseitige Dreiecke vor, also ein reguläres Dreiecksgitter. Städte setzen wir nur in die Ecken dieser Dreiecke. Es stellt sich heraus, daß dann als Kandidaten für Steiner-Punkte lediglich die Mittelpunkte der Dreiecke in Frage kommen. Kurz gesagt, wir haben jetzt viel mehr Überblick, nicht nur über die Rechnung, sondern auch über die theoretische Untersuchung" (Bild 6).

„Wundervoll. Aber normalerweise liegen Städte nicht auf den Ecken eines Dreiecksgitters."

„Doch. Jedenfalls die, auf die es wirklich ankommt. Das haben Du und Hwang gezeigt. Nehmen wir an, die Vermutung wäre falsch. Dann muß es ein Gegenbeispiel geben: irgendeine Anordnung von Städten, für die das Verhältnis kleiner als $\sqrt{3}/2$ ist. Sie fanden heraus: Wenn es ein solches Gegenbeispiel gibt, dann muß es auch eines geben, dessen Städte sämtlich auf einem solchen Dreiecksgitter liegen. Dadurch kommt nun eine Regelmäßigkeit in die Sache hinein, und der Rest ist relativ einfach."

Spanner dachte einen Augenblick nach. „Gut, aber wie haben sie bewiesen, daß es reicht, die Vermutung für das Gitter zu verifizieren?"

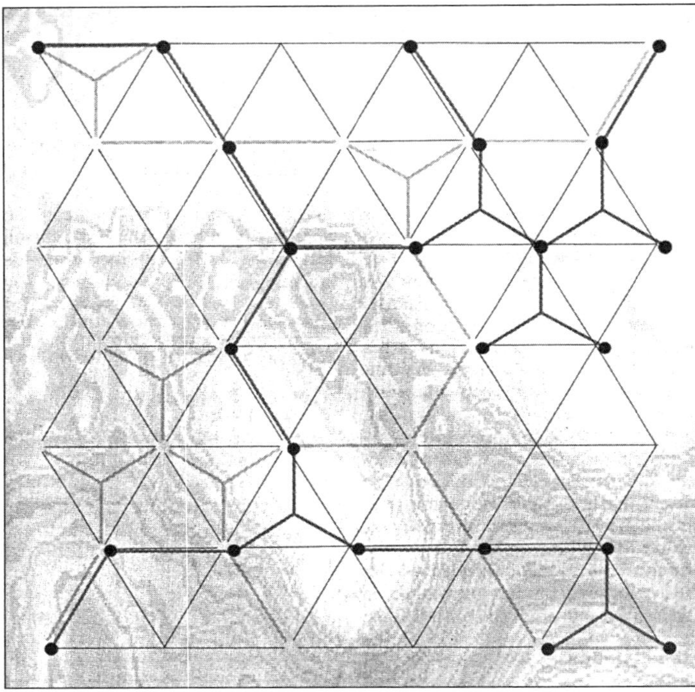

Bild 6: Ein Steiner-Baum für Städte auf einem Dreiecksgitter hat eine viel übersichtlichere Struktur als einer für Städte in allgemeiner Lage. Du und Hwang führten die Vermutung zum Steiner-Verhältnis auf eine für ein solches Dreiecksgitter zurück.

„Eine wunderbare Übung im lateralen Denken. Zuerst machten sie aus der Vermutung ein Minimax-Problem aus der Spieltheorie. John von Neumann und Oskar Morgenstern haben sie erfunden und 1947 in ihrem klassischen Werk ‚Theory of Games and Economic Behavior' veröffentlicht. Zwei Spieler treten gegeneinander an und versuchen, den maximalen Gewinn des Gegners zu minimieren. In dem Spiel von Du und Hwang wählt ein Spieler die ungefähre Form des Steiner-Baumes und der andere den kürzesten Steiner-Baum dieser Form, den er finden kann. Die Auszahlungsfunktion dieses Spiels hat eine spezielle Eigenschaft namens Konvexität. Damit bewiesen Du und Hwang, daß es zu einem beliebigen Gegenbeispiel eines auf dem Gitter geben muß.

Diese elegante neue Methode erledigt eine Frage, die zuvor völlig unangreifbar schien, schlägt quasi eine Schneise durch einen Dschungel von Berechnungen und Fallunterscheidungen und liefert eine saubere, konzeptionell einfache Lösung. Sie ist nicht einfach und setzt eine gewisse mathematische Kunstfertigkeit voraus. Aber sie ist eine so dramatische Verbesserung, daß sie alle früheren Ansätze deklassiert.

Wichtiger noch: Sie liefert einen Ansatz zur Untersuchung analoger Fragen. Man formuliere das Problem in der Sprache der Spieltheorie, beweise eine geeignete Konvexitätseigenschaft und führe es so auf eine Frage zurück, für deren Lösung es viel weniger Möglichkeiten gibt. Dann löse man das reduzierte Problem – wie auch immer – und ist fertig. Die Maxime ‚erst denken, dann rechnen' sollte jedem Mathematiker tief ins Gehirn graviert sein."

Ergriffen von der so eindrucksvoll demonstrierten Schönheit der Theorie wandte sich Spanner dann doch der Praxis zu und wühlte sich durch den Berg an Faxen. Plötzlich brach er in gottlose Flüche aus.

„Was ist?"

„Eines dieser unbeantworteten Faxe ist vom Stadtrat von Tirschenreuth. Sie haben entschieden, daß wir den Auftrag für die Vernetzung mit Pressath und Vohenstrauß nicht bekommen."

Steiners Miene verdüsterte sich. „Warum nicht?"

Spanner knurrte ihn an: „AT&T hat uns um 13,4 Prozent unterboten."

Literaturhinweise

Was ist Mathematik? Von Richard Courant und Herbert Robbins. 4. Auflage. Springer, Heidelberg 1992.

Mathemagische Tricks. Von Martin Gardner. Vieweg, Braunschweig 1981.

Steiner Minimal Trees. Von Edgar N. Gilbert und Henry O. Pollak in: SIAM Journal of Applied Mathematics, Band 16, Seiten 1 bis 29, 1968.

Companion to Concrete Mathematics. Von Z. A. Melzak. Wiley, New York 1973.

Studentenfutter. 100 Aufgaben für Mathe-Feinschmecker. Von Hugo Steinhaus. Urania, Leipzig 1991.

Steiner Problems in Networks: A Survey. Von Pawel Winter in: Networks, Band 17, Seiten 129 bis 167, 1987.

15 Schach auf einem Go-Brett

Sind Sie es auch leid, an regnerischen Urlaubstagen immer wieder die gleichen Spiele hervorzuholen? Dann lassen Sie sich erzählen, wie man mit Go-Steinen Schachstrategien verfolgt.

An einem dieser trüben, naßkalten Aprilabende saßen die Drillinge Anna, Bella und Carlo ziemlich mißmutig beisammen.

„Mir ist langweilig“, knatschte Bella.

„Laßt uns doch eine Partie Go spielen“, schlug Carlo vor.

„Oh nein, nicht schon wieder! Mir drehen sich schon weiße und schwarze Kreise im Kopf“, entgegnete Bella.

„Dann spielen wir doch Gess“, meinte Anna. „Die Arbeitsgemeinschaft für Spiele und Rätsel der Archimedischen Gesellschaft – das ist eine Studentenvereinigung an der Universität Cambridge in England – hat als neues Spiel eine Art Bastard von *Go* und *Chess* erfunden.“

„Auf deutsch Goschach oder Gach.“

„Meinethalben. Das Ungewöhnliche ist, daß eine Figur im allgemeinen aus mehreren Steinen besteht. Welche Steine eine Figur bilden – das ist Interpretationssache und kann sich während des Spiels ändern. Man spielt auf einem klassischen Go-Brett mit 18×18 Feldern. Allerdings setzt man die Steine nicht wie bei Go auf die Schnittpunkte der Linien, sondern auf die Felder selbst. Jeder der beiden Spieler Schwarz und Weiß hat 43 Steine. Sie ziehen abwechselnd. Schwarz beginnt. Seht her, ich baue mal die Anfangsstellung auf. Sie ist wie bei Schach“ (Bild 1).

„Wieso?“ wandte Carlo ein, „ich sehe nur je sechs einsame Vorposten und auf den drei Grundlinien ein ziemlich verwirrendes Muster.“

„Das ist es ja gerade. Jede schwarze Figur besteht aus einem Quadrat der Größe 3×3, in dem mindestens ein schwarzer, aber kein weißer Stein sitzt; die weißen sind entsprechend aufgebaut. Eine Figur darf sich sogar teilweise außerhalb des Brettes befinden, solange mindestens ein Feld auf dem Brett bleibt. Soweit einleuchtend?“

„Aber klar doch“, antworteten Bella und Carlo gleichzeitig.

„Eine Figur bewegt sich als Einheit – wie, das hängt von der Lage ihrer Steine ab. Das mittlere ihrer neun Felder gibt an, wie weit sie sich bewegen darf: Ist es unbesetzt, darf die Figur sich höchstens drei Felder weit von ihrer

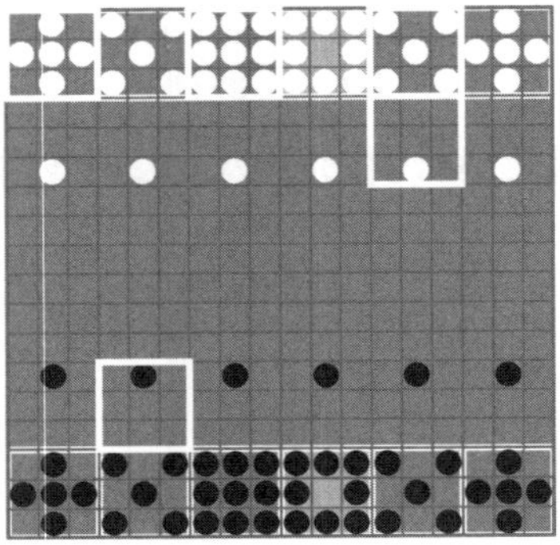

Bild 1: Das ist die Anfangsstellung bei Goschach oder Gach. Jedes Gebiet der Größe 3×3, das mindestens einen Stein und keine verschiedenfarbigen Steine enthält, definiert eine Figur. Weiß eingerahmt sind Figuren, die in ihren Zugmöglichkeiten den Schachfiguren Läufer, Turm, Dame, König und Bauer entsprechen; die beiden wie der König ziehenden Ringe sind hell unterlegt.

Ausgangsposition entfernen. Ist es besetzt, darf sie in jede zulässige Richtung beliebig weit wandern, es sei denn, es stehen ihr Hindernisse im Weg. Das kommt später.

Die Steine auf den äußeren Feldern geben an, welche Richtungen zulässig sind. Zum Beispiel darf eine Figur mit einem Stein in der Nordwest-Ecke sich diagonal in Nordwest-Richtung bewegen" (Bild 2 links).

„Also ist die Form einer Figur so etwas wie ein Plan für ihre Zugmöglichkeiten?" fragte Carlo.

„Genau. Das ist der Vorteil von Gach gegenüber Schach."

„Jetzt verstehe ich, wieso die Anfangsstellung wie bei Schach ist", sagte Bella. „Gruppiert man die Steine zu 3×3-Quadraten, findet man auf der Grundlinie von links nach rechts Turm, Läufer und Dame. Und eine Figur mit acht Steinen und einem freien Feld in der Mitte bewegt sich gerade so wie der König."

„Richtig", bestätigte Anna. „Diese Figur kann sich höchstens drei Felder weit bewegen, weil das mittlere Feld leer ist, und in alle Richtungen, weil sämtliche Felder am Rand besetzt sind. Eine solche Figur heißt Ring, und man muß gut auf seinen Ring aufpassen."

„Wie beim Schach auf den König?"

„Eher noch mehr, weil du verloren hast, wenn deinem Ring auch nur ein Stein fehlt. Allerdings hast du die Freiheit, während des Spiels weitere Ringe zu erzeugen, und dein Gegner hat erst gewonnen, wenn du keinen intakten Ring mehr hast."

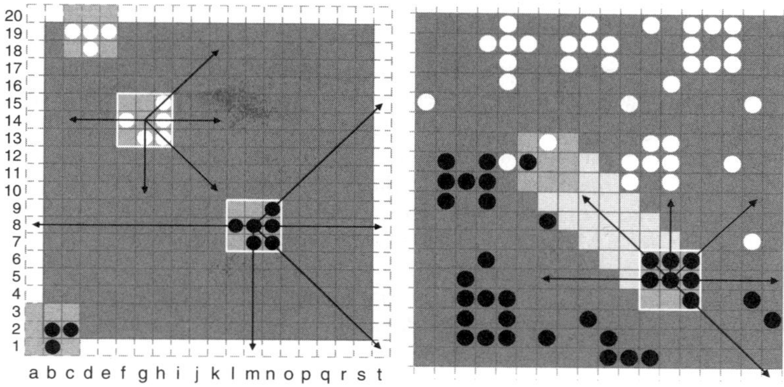

Bild 2: Die Steine innerhalb einer Figur bestimmen, in welche Richtung und wie weit die Figur ziehen darf (links): maximal drei Felder, wenn das mittlere Feld unbesetzt ist, sonst beliebig weit. Eine Figur darf nicht weiter voranschreiten, wenn ihr Schuh (helle Flächen) erstmals auf andere Steine tritt (rechts). Jeder unter ihren Schuh geratene Stein beliebiger Farbe muß entfernt werden.

„Ich nehme an, daß sich die einzelnen Steine ganz vorne wie Bauern verhalten“, überlegte Carlo.

„Genau. Nur den Springer gibt es nicht – weil man bei Gach keine anderen Figuren überspringen kann. Aber ansonsten, und das ist wichtig, kannst du während des Spiels deine Figuren beliebig definieren, das heißt ein passendes 3×3-Gebiet zum Ziehen auswählen. Verschiedene Figuren können sich also überlappen. Das erhöht die Anzahl der möglichen Züge. Noch komplizierter wird es, wenn irgendein Hindernis im Weg steht.“

Schlagen

„Was verstehst du denn unter einem Hindernis?“

„Gute Frage. Es bewegen sich ja nicht nur die Steine einer Figur, vielmehr muß man sich vorstellen, daß das ganze 3×3-Gebiet, das sie ausmacht, gezogen wird. Man nennt das ihren Schuh. Eine Figur kann sich nur so weit bewegen, bis sie mit dem Schuh einen anderen eigenen oder fremden Stein bedeckt. Dann muß sie stehenbleiben, und alle bedeckten Steine werden vom Brett entfernt, gleich von welcher Farbe sie sind. Es ist meistens nicht besonders günstig, eigene Steine zu schlagen – aber nicht verboten. Man kann seine Figur auch so verschieben, daß sie nicht auf ein Hindernis stößt. Wie bei

Schach ist man nicht gezwungen, bei jedem Zug eine gegnerische Figur zu schlagen“ (Bild 2 rechts).

„Und was ist mit einer Figur, die nur einen einzelnen Stein in der Mitte hat?“

„Sie dürfte nach den Regeln beliebig weit verschoben werden, aber eben in keine Richtung.“

„Das heißt, sie kann sich überhaupt nicht vom Fleck rühren!“

„Richtig. Außerdem ist kein Zug erlaubt, der die Partie unverändert läßt. Das Spiel ist aus, wenn ein Spieler keinen vollständigen Ring mehr hat; der ist dann der Verlierer. Man muß also darauf achten, sich mindestens einen Ring zu erhalten, so wie ein Schachspieler seinen König schützen muß. Allerdings kann man während des Spiels weitere Ringe erzeugen, und es reicht aus, wenn einer von ihnen unbeschädigt bleibt. Man sollte also nicht versehentlich einen eigenen Ring aufbrechen – es sei denn, das brächte einen strategischen Vorteil.“

„Laß mich mal kurz rekapitulieren“, fiel Carlo ein. „Obwohl die Anfangsstellung derjenigen bei Schach mit den Zugmöglichkeiten von König, Dame, Läufer, Turm und Bauer nachempfunden ist, muß man im weiteren Verlauf nicht an den zugehörigen schach-ähnlichen 3×3-Konfigurationen festhalten. Man kann die ursprüngliche Anordnung aufgeben und irgendwelche 3×3-Gebiete als Figur auffassen. Diese Figur kann zu neuen Konfigurationen beitragen, indem sie durch Verschieben in die Nähe anderer Steine der eigenen Farbe gerät, oder Steine verlieren, indem der Gegner oder der eigene Spieler welche abräumt. Dadurch unterscheidet sich das Spiel doch stark von Schach.“

„Aber viele der Grundprinzipien sind denen bei Schach sehr ähnlich: Erhalte mindestens einen Ring, baue eine gute Bauern-Verteidigung auf, beherrsche freie Linien, vermeide Stellungen, in denen eine deiner Figuren bewegungsunfähig wird, und so weiter. Schachspieler lernen das Spiel sehr schnell.“

„Laßt uns doch endlich spielen“, drängte Bella.

„Gut. Ich will nur noch erklären, wie man die Züge aufschreibt. Es ist sehr einfach. Man bezeichnet die Zeilen von 2 bis 19 und die Spalten von b bis s. Ein Feld wird durch seine Zeile und die Spalte gekennzeichnet.“

„Merkwürdige Bezeichnung, die bei b und 2 anfängt.“

„Aber die Figuren dürfen sich teilweise außerhalb des Brettes befinden. Es gibt also unsichtbare Zeilen 1 und 20 und unsichtbare Spalten a und t. Die Position einer Figur wird beschrieben durch die Koordinaten ihres mittleren Steins. Die Figur auf g5 belegt also auch die Felder f4, f5, f6, g4, g5, g6, h4, h5 und h6.“

Ein Bei-Spiel

„Ich nehme Schwarz“, sagte Bella, „also fange ich an, nicht wahr? Ich ziehe von f6 nach f7.“ (Bild 3 zeigt die ersten Züge in diesem Spiel.)

„Aha, du versuchst offensichtlich eine schlagkräftige Figur aufzubauen, die sich diagonal bewegen kann“, sagte Carlo, der sich als Kiebitz betätigte.

„Ach ja? Ich dachte, ich bewege vorsichtig einen Bauern.“

„Ich antworte mit p15 auf m12“, erklärte Anna.

„Jetzt versuchst du, das Zentrum zu beherrschen und zugleich einen zweiten Ring zu bilden. Aber nicht mit mir. Ich ziehe von e3 nach e6.“

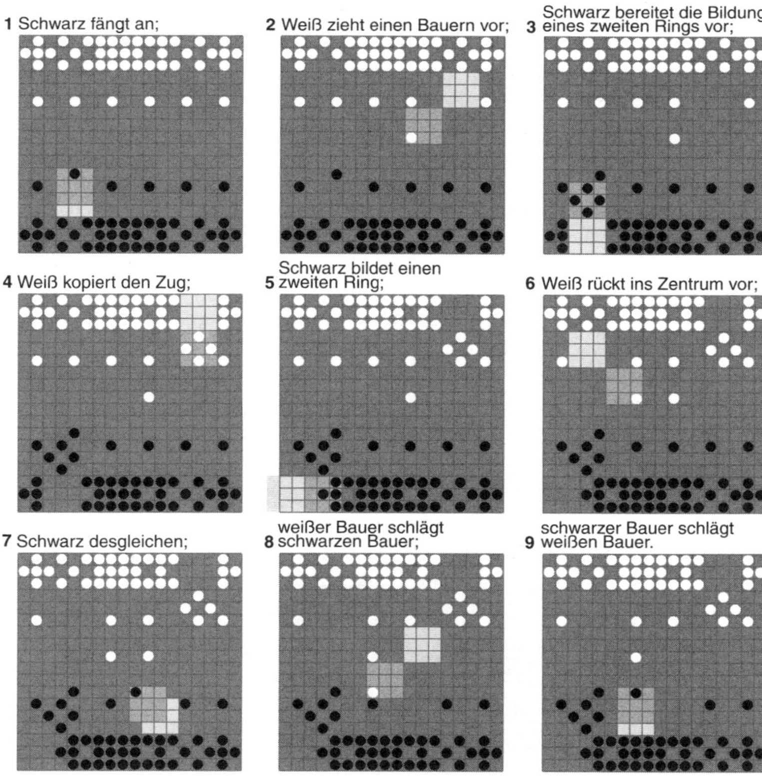

Bild 3: Eröffnungszüge einer Partie Gach. Die Stellung der ziehenden Figur ist weiß (vor dem Zug) und hellgrau (nach dem Zug) unterlegt.

„Und ich antworte mit p18 nach p15."

„Und was jetzt?" grübelte Bella auf der verzweifelten Suche nach einem guten Zug, der sie aus ihrer mißlichen Lage befreien könnte.

„Versuch es doch mal mit b3–e3", drängte Carlo.

„Geht das denn? Ach so, stimmt ja! Die Figuren dürfen außerhalb des Bretts stehen, zumindest teilweise. Und ich bilde so einen zweiten Ring, um mich abzusichern."

„Das hilft nicht viel", konterte Anna, „e15 nach h12."

„Du versuchst weiter, das Zentrum zu besetzen, wie ich sehe."

„Und außerdem bereitet sie einen Angriff auf deinen neuen Ring vor", bemerkte Carlo.

„Stimmt. Wie wäre es mit m6–l7, um mir freies Schußfeld zu verschaffen?"

„Nicht schlecht."

„Von wegen. Jetzt hab ich dich", triumphierte Anna: „m12 nach j9. Bauer schlägt Bauer. Oder so ähnlich."

„Das ist kein besonders guter Zug", erklärte Carlo. „Du kannst den Stein auf l14 kaum bewegen, wenn du nicht auf der Stelle verlieren willst. Dahinter ist dein Ring, und davor hat eine sehr schlagkräftige schwarze Figur freies Feld."

„Zu spät", freute sich Bella. „Ich nehme dir jetzt einen Stein weg: i6–i7."

„Sehr phantasielos", kritisierte Carlo. „Ich würde h6–i7 vorschlagen. Oder vielleicht j6–k7?"

„Jetzt sei endlich still!"

„Ich decke meinen Ring und mache für meine Dame den Weg frei: h15–k12", entgegnete Anna freudig und rieb sich die Hände vor Vergnügen.

„Das kann ich auch: i7 schlägt i10."

„Damit brachte Bella zwar einen ihrer Ringe in Gefahr, sie hatte aber noch einen ungefährdeten übrig.

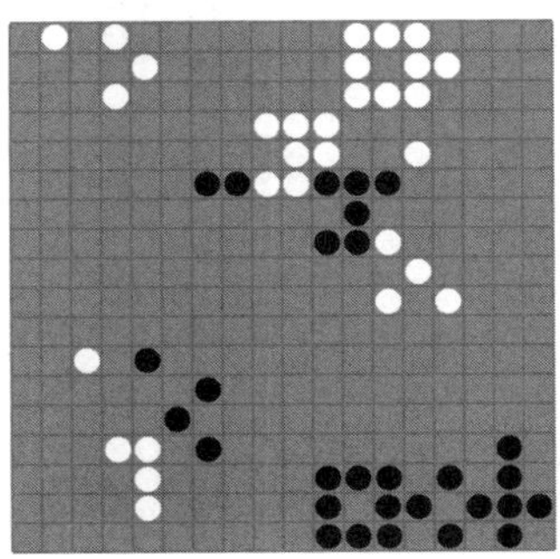

Bild 4: Weiß droht mit Matt in zwei Zügen. Welches ist der alles entscheidende Zug?

„Mhm… m15–j12."

„Deine Bauern sind viel zu weit vorgerückt!"

„Du sollst den Mund halten, hat Bella gesagt!"

Es ging noch einige Züge so weiter, bis schließlich die in Bild 4 gezeigte Stellung erreicht war. Weiß war am Zug. Anna dachte nach und rief dann: „Du hast verloren!"

„Was? Wieso?" schrie Bella.

Wissen Sie, wie der entscheidende Zug zum Sieg aussieht? Die Antwort finden Sie am Ende dieses Artikels.

Literaturhinweis

Gess the Game. Von Paul Bolchover in: Eureka, Band 53, Seiten 24 bis 27, 1994.

Lösung: o11–j6. Danach ist nicht mehr zu verhindern, daß der schwarze Ring beschädigt wird. Zwar kann Schwarz sich mit dem Zug m3–14 noch einmal retten und verhindern, daß Weiß mit einem Angriff über die Diagonale zum Ziel kommt. Aber Weiß kann den Ring zerstören, indem es von j7 nach j6 zieht und den eigenen Stein bei i5 zusammen mit dem schwarzen Stein bei k5 schlägt

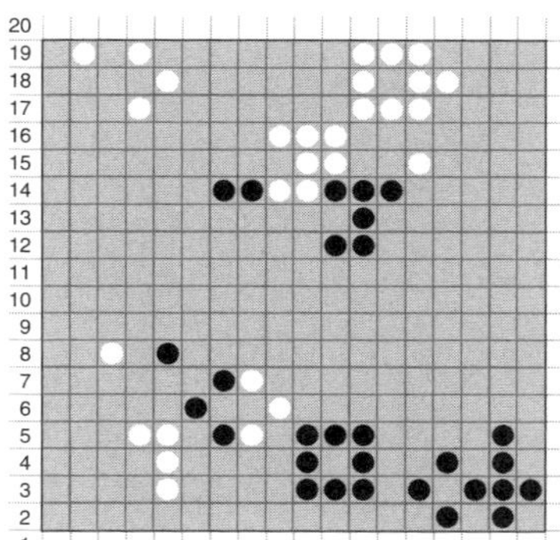

16
Poolbillard mit Hindernissen

Wenn von den fünfzehn farbigen Poolbillard-Kugeln eine zerstört wird, wie kann man dann noch die Spielregeln einhalten? Am sichersten ist es, zwölf weitere zu zerschlagen.

Karl Nodruff setzte sorgfältig das Queue zu einem komplizierten Stoß an: hart, schräg von oben und mit viel Effet, damit der Anstoßball den Haufen entlanglief, die Bande touchierte und dann…

Hugo Egon Später, der Geschäftsführer der großen Poolbillard-Halle, blickte aus einer hinteren Zuschauerreihe hinab. Alles war bereit für die erste Fernsehübertragung des Wettbewerbs „Ein Loch für Europa“ im Spiel-Spaß-Sport-Programm des neuen Senders Pro 777. Nodruffs letzte Trainingsrunde ging dem Ende zu. Bis zum Beginn der Sendung war noch eine halbe Stunde Zeit.

Nodruff holte langsam aus und stieß entschlossen zu. Die weiße Kugel schoß schief davon, traf am Rande eines Seitenlochs die Bande, rotierte wild auf dem grünen Tuch und fuhr dann in die Gruppe der farbigen Kugeln. Durch ein unerforschliches Phänomen der chaotischen Dynamik wurde eine von ihnen nach oben geschleudert, schoß in hohem Bogen über den Spieltisch hinaus und knallte auf den Boden.

„Vorsichtig!“ schrie Später. „Diese Kugeln sind Spezialanfertigungen, damit sie glänzen, aber das Scheinwerferlicht nicht reflektieren. Wir haben nur diesen einen Satz, und sie kosten mich ein Vermögen!“

„Tut mir leid“, entgegnete Nodruff. „Ist ja nichts passiert.“

Der Schiedsrichter bereitete das erste Spiel vor. Auf die entsprechende Markierung des Tisches legte er einen Holzrahmen in Form eines gleichseitigen Dreiecks und begann, die fünfzehn farbigen Spielkugeln dicht gepackt hineinzulegen. Doch dabei zerbröselte plötzlich eine in seiner Hand.

Nach einer Sekunde der Sprachlosigkeit brach eine wilde Diskussion los: Anschuldigungen, Unschuldsbeteuerungen, Beleidigungen. Später befürchtete, Spiel und Sendung absagen zu müssen. Und damit stand sehr viel Geld auf dem Spiel.

Herbert Häcker, Nodruffs Gegner in der ersten Runde, machte schließlich zur Güte den unkonventionellen Vorschlag, mit vierzehn statt fünfzehn Kugeln zu spielen.

„Ist das erlaubt?“ fragte Später.

„Wir spielen nach den offiziellen Pro-777-Regeln, nicht wahr? Paragraph 755 b Absatz 2 besagt, daß der Schiedsrichter in Ausnahmefällen Spielvarianten mit weniger Kugeln erlauben kann."

„Was ist das für ein Unfug?"

„Relikt aus alten Zeiten. Früher wurde Poolbillard in finsteren Stadtvierteln gespielt; dort kamen oft Kugeln abhanden, wenn eine Partei, für die es schlecht stand, damit den Spielabbruch erzwingen wollte. Daher die Regel."

„Schon recht", sagte der Schiedsrichter. „Nur: Nach Paragraph 42 c Absatz 9 müssen die Kugeln stramm in das hölzerne Dreieck passen. Wenn eine fehlt, wird das wohl nicht mehr gehen."

„Dann machen wir das Dreieck eben kleiner", schlug Häcker vor.

„Was?"

„Keine Vorschrift sagt, wie groß das Dreieck sein muß, oder?"

„Hm – nein. Es muß natürlich aus abgelagertem malaysischem Tigerholz gefertigt sein, aber wir könnten alte, defekte Dreiecke aus dem Keller ausschlachten. Fragen wir den Schreiner –"

„Es ist nur schade", unterbrach Später, „daß wir nicht wissen, welche Größe das neue Dreieck haben muß, so daß sich genau vierzehn Kugeln dicht hineinpacken lassen."

„Und wenn man bedenkt, daß eine Kugel sich gerade von selbst aufgelöst hat…" begann Nodruff.

„Die haben Sie kaputtgemacht."

„Wenn man bedenkt, daß sie sich von selbst aufgelöst hat", begann Nodruff unbeirrt von neuem, „würde ich an Ihrer Stelle gleich einen ganzen Satz von Dreiecken anfertigen lassen, so daß wir für jede Anzahl von Kugeln, von eins bis vierzehn, ein passendes haben. Nur für den Fall, daß noch weitere Kugeln während des Spiels zerfallen…"

„Guter Vorschlag", lenkte Später ein. „Ich werde mit dem Schreiner reden. Wie groß soll er die Dreiecke machen?"

„Der ist doch ein abgebrochener Mathematikstudent. Das wird er schon herausfinden."

„Na schön."

Man maximiere das Minimum

Hugo Egon Später fand den Schreiner im Keller, wo er einige Queues reparierte, und erklärte ihm das Problem.

„Oh. Das ist nicht ganz einfach", erwiderte der. „Man weiß zwar schon einiges über derartige geometrische Probleme. Aber ich bin nicht sicher, ob wir damit auskommen. Passen Sie auf: Es geht darum, eine Anzahl Punkte so in einem gleichseitigen Dreieck zu verteilen, daß der minimale Abstand zwischen ihnen maximal wird."

„Was? Wie kann man ein Minimum maximieren?"

„Setzen Sie erst einmal in Gedanken die Punkte irgendwie in das Dreieck. Schauen Sie sich alle Entfernungen zwischen je zweien an und von denen die kleinste. Dann versuchen Sie, die Punkte so gegeneinander zu verschieben, daß diese kleinste Entfernung größer wird. Das machen Sie so lange, bis es nicht größer geht. Dann haben Sie den minimalen Abstand maximiert."

„Aha. Aber wieso sprechen Sie die ganze Zeit von Punkten? Wir müssen doch Kugeln in das Dreieck packen."

„Das läuft auf dasselbe hinaus. Schauen Sie sich die Sache genau von oben an. Dann geht es darum, Kreise in ein gleichseitiges Dreieck zu packen. Die Kreise dürfen nicht über das Dreieck hinausragen; also müssen ihre Mittelpunkte in einem kleineren Dreieck liegen, das innerhalb des ersten liegt und allseits einen Kugelradius kleiner ist" (Bild 1 links).

Er fuhr fort: „Dann muß man nur noch darüber nachdenken, wo die Punkte in dem kleineren Dreieck liegen müssen. Die Kugeln dürfen sich nicht überlappen. Also müssen ihre Mittelpunkte wenigstens einen Kugeldurchmesser auseinanderliegen. Das Problem läuft also letztlich darauf hinaus, die Mittelpunkte in dem kleineren Dreieck so zu plazieren, daß ihr gegenseitiger Abstand maximal ist."

„Ach so. Aber wenn man es so macht, ist die Seitenlänge des Dreiecks fest und der Kugeldurchmesser variabel. Bei uns haben die Kugeln dagegen eine feste Größe, und wir müssen die Abmessungen des Dreiecks verändern."

„Das ist dasselbe, nur aus einer anderen Perspektive. Ich kann das Ergebnis nachträglich immer so vergrößern oder verkleinern, daß der minimale Abstand der Punkte gleich dem Durchmesser einer Kugel ist; daraus ergibt sich die Größe des Dreiecks. Es ist nur leichter, sich ein festes Dreieck zu denken und die Entfernungen herauszufinden."

„Wenn Sie meinen. Ich schätze, die erste Aufgabe ist, einen Punkt in das Dreieck zu packen?"

„Nun, ähm, das ist – ein Spezialfall. Dann schrumpft nämlich das innere Dreieck zu einem Punkt zusammen. Aber es ist doch klar, daß die größte Kugel, die in ein gleichseitiges Dreieck von der Seitenlänge 1 hineinpaßt, den Radius $1/(2\sqrt{3})$ hat."

„Ich glaub's Ihnen", sagte Nodruff, der soeben den Keller gefunden hatte. „Die Leute von Pro 777 werden langsam nervös, Hugo Egon."

„Die sollen sich nicht aufregen", sagte Später mit gespielter Zuversicht. „Der Meister hier hat die Sache im Griff."

„Ach ja?" fragte Nodruff und machte sich wieder davon.

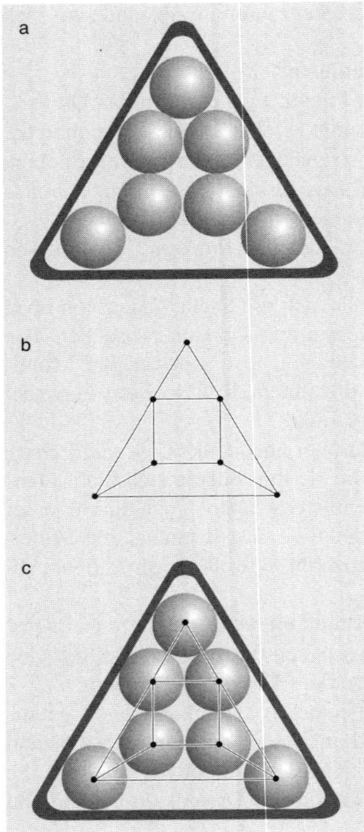

Bild 1: Statt Kugeln in das große Dreieck zu packen, kann man ihre Mittelpunkte unter Einhaltung des Mindestabstands von zwei Radien in das kleinere Dreieck setzen (links); nachweislich optimale Packungen von Kugeln in ein gleichseitiges Dreieck (rechts).

Plausible Vermutungen

Der Schreiner fuhr unbeirrt fort: „Für bis zu zwölf Punkte und für die offizielle Anzahl fünfzehn ist die beste Packung bekannt – nachweisbar" (Bild 1 rechts). „Für dreizehn und vierzehn Punkte gibt es allerdings nur ziemlich überzeugende Vermutungen über die bestmöglichen Anordnungen, aber eben keine Sicherheit. Dasselbe gilt für siebzehn und neunzehn Punkte" (Bild 2).

„Und was kommt heraus?" wollte Später endlich wissen.

„Kann man ausrechnen" (Bild 3).

„Und wie beweist man das?" fragte Später. „Ich muß nämlich absolut sicher sein. Sonst könnte das Turnier für ungültig erklärt werden, und Pro 777 zahlt nichts für die Übertragungsrechte."

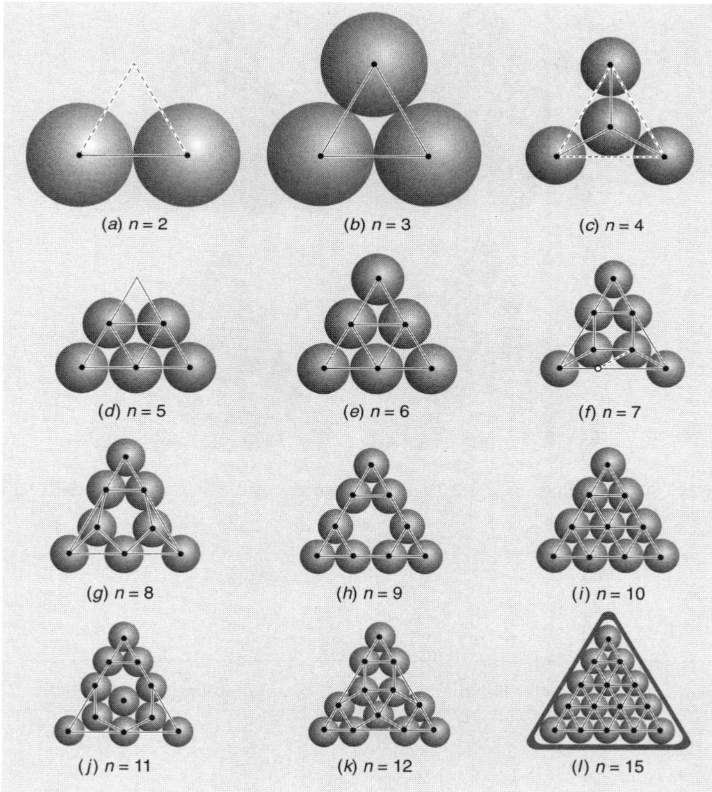

Bild 1: Fortsetzung

„Na ja; am einfachsten ist es, wenn man eine geeignete Zerlegung des Dreiecks findet. Man teilt es in verschiedene Gebiete auf und überlegt sich, wie die Punkte auf die einzelnen Gebiete verteilt sein müssen."

„Das ist aber schwierig."

„So schlimm ist es gar nicht. Angenommen, Sie teilen das Dreieck in drei gleiche Gebiete auf (Bild 4 *a*). Wenn $n = 4$ ist, müssen in mindestens eins der Gebiete – den Rand eingeschlossen – zwei Punkte fallen. Daraus folgt, daß der maximale Minimalabstand höchstens so groß sein kann wie der Durchmesser der Gebiete, also $1/\sqrt{3}$. Und um diesen Wert überhaupt zu erreichen, muß man einen Punkt in den Mittelpunkt des Dreiecks legen und den anderen in eine

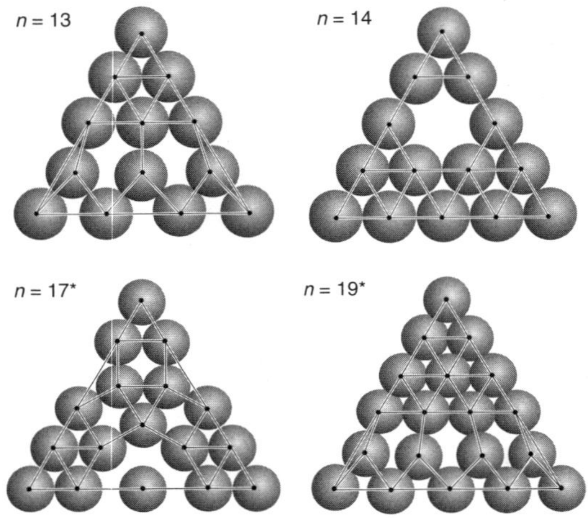

Bild 2: Die vermutlich optimalen Dreieckspackungen für dreizehn, vierzehn, siebzehn und neunzehn Kugeln.

n	maximaler Minimalabstand *d*		Seitenlänge des Dreiecks	
2	1	= 1,000000	$\sqrt{3}+1$	= 2,732051
3	1	= 1,000000	$\sqrt{3}+1$	= 2,732051
4	$1/\sqrt{3}$	= 0,577350	$2\sqrt{3}$	= 3,464102
5	1/2	= 0,500000	$\sqrt{3}+2$	= 3,732051
6	1/2	= 0,500000	$\sqrt{3}+2$	= 3,732051
7	$(\sqrt{3}-1)/2$	= 0,366025	$2\sqrt{3}+1$	= 4,464102
8	$(\sqrt{33}-3)/8$	= 0,343070	$\sqrt{3}+1+\sqrt{33}/3$	= 4,646905
9	1/3	= 0,333333	$\sqrt{3}+3$	= 4,732051
10	1/3	= 0,333333	$\sqrt{3}+3$	= 4,732051
11	$(3-\sqrt{6})/2$	= 0,275255	$\sqrt{3}+2/3(3+\sqrt{6})$	= 5,365494
12	$2-\sqrt{3}$	= 0,267949	$2\sqrt{3}+2$	= 5,464102
13*		0,251813		5,703252
14*	1/4	= 0,250000	$\sqrt{3}+4$	= 5,732051
15	1/4	= 0,250000	$\sqrt{3}+4$	= 5,732051
17*	$(3-\sqrt{3})/6$	= 0,211324	$2\sqrt{3}+3$	= 6,464102
19*		0,200321		6,724039

Bild 3: Die maximal möglichen Minimalabstände *d* für *n* Punkte in einem gleichseitigen Dreieck der Seitenlänge 1. Damit andererseits entsprechend viele Kugeln mit dem Radius 1 in ein gleichseitiges Dreieck passen, muß dieses die Seitenlänge $\sqrt{3} + 1/d$ haben (rechte Spalte). Vermutete Zahlenwerte sind durch Sterne gekennzeichnet.

Ecke. Dann aber müssen die beiden übrigen Punkte auch in Eckpunkten des Dreiecks liegen, und wir erhalten die optimale Lösung (Bild 1 rechts, *c*). Zusätzlich haben wir gezeigt, daß die optimale Anordnung in diesem Falle eindeutig bestimmt ist."

Der Schreiner kam richtig in Fahrt. „Für $n = 7$ kann man eine etwas andere Zerlegung verwenden" (Bild 4 *b*). „Merkwürdigerweise ist die Lösung für $n = 7$ nicht mehr eindeutig, und das ist die erste Zahl, für die das passiert. Und bei zwölf Punkten…"

„Schon gut", unterbrach Später. „Ich bin überzeugt davon, daß Sie wissen, wovon Sie reden. Bauen Sie jetzt lieber die Dreiecke."

Der Schreiner machte sich an die Arbeit und sägte die Seiten für das 2-Kugel-Dreieck zu.

„Geht das nicht vielleicht ein bißchen schneller?"

„Gut Ding will Weile haben. – Ach, Herr Später, was machen wir mit den Werten, die nur vermutet werden?"

„Ach ja… Zerbrechen Sie sich darüber nicht den Kopf. Hm – welche Zahlen waren das doch gleich?"

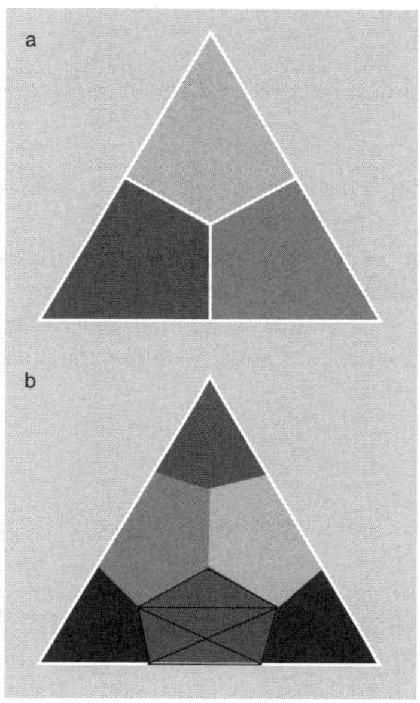

Bild 4: Durch geeignete Zerlegung des Dreiecks kann man beweisen, daß die angegebenen Lösungen für vier (oben) und für sieben Kugeln (unten) optimal sind.

„Dreizehn und vierzehn sind die einzigen, die in Ihrem Spiel berücksichtigt werden müssen."

„Das ist ärgerlich! Wir haben gerade vierzehn Kugeln, und wenn nur noch eine sich verabschiedet, haben wir dreizehn. Ironie des Schicksals!"

„Es kommt noch viel ironischer."

„Und zwar?"

„Der vermutete Wert für $n = 14$ ist der gleiche wie für $n = 15$. Sie müssen aus der üblichen Anordnung nur eine Kugel herausnehmen."

„Das heißt..."

„...daß Sie für vierzehn Kugeln fast mit Sicherheit dasselbe Dreieck brauchen wie für fünfzehn. Sie können also das nehmen, was Sie schon haben."

Später atmete durch. „Wenn also nicht noch mehr Kugeln kaputtgehen und die Vermutung für $n = 14$ stimmt..."

„... hätten wir gar nichts tun müssen."

Später blickte auf seine Uhr. „Das ist wahrscheinlich die Rettung."

„Wieso?"

„Weil in dreißig Sekunden die Sendung beginnt." Er sprang auf.

Der Schreiner schlug den letzten Nagel ein. „Das 2-Kugel-Dreieck", sagte er stolz und hielt es gegen das Licht, um die Winkel zu überprüfen. Später machte kehrt. „Geben Sie's mir!"

„Aber warum?"

„Die Dreiecke für drei bis dreizehn Kugeln werden Sie nicht mehr schaffen."

„Richtig."

„Wenn noch eine Kugel zerbröselt..."

„... dann haben Sie ein Problem."

„Nein. Ich bin lange genug in diesem Geschäft. Ich schlage dann einfach noch elf weitere zu Pulver." Später hielt triumphierend das 2-Kugel-Dreieck hoch und raste, immer drei Stufen auf einmal, die Kellertreppe hoch. Ehe die Tür ins Schloß fiel, hörte der Schreiner noch die ersten Worte der Ansage.

Literaturhinweise

Unsolved Problems in Geometry. Von H. T. Croft, K. J. Falconer und R. K. Guy. Springer, Berlin 1991.

On Partition of an Equilateral Triangle. Von R. L. Graham in: Canadian Journal of Mathematics, Band 19, Seiten 394 bis 409, 1976.

Densest Packings of Congruent Circles in an Equilateral Triangle. Von Hans Melissen in: American Mathematical Monthly, Band 100, Seiten 916 bis 925, 1993.

17
Ameisen und die Erklärung der Welt

Und wenn ich alle Weisheit der Welt hätte, so wär's mir nichts nütze; denn ich könnte noch nicht einmal weissagen, ob eine winzig kleine Ameise auf den Pfad der Tugend gerät.

Auf den unvorbereiteten Besucher hätte der Weltkongreß des Plenums Umfeld Mathematik und Philosophie (PLUMP) wahrscheinlich wie absurdes Theater gewirkt. Eine elegant gekleidete Mittsechzigerin diskutierte heftig gestikulierend mit einem blassen, pickeligen Typ mit Springerstiefeln und langen, fettigen Haaren. Eine magere Frau mit Punk-Frisur trug ein T-Shirt mit der Aufschrift „Betrachte diesen Raum". Eine übererregte Fuzzologin erläuterte geschäftig ihre flexible Erweiterung der konventionellen Logik; aber ihre Gesprächspartner, drei skeptische Konstruktivisten, hätten die Theorie gerne etwas starrer gehabt. In der Ecke hämmerte ein sehr entrückt wirkender Mensch wie besessen auf die Tasten seines Laptops ein.

Mit einem Blick sah ich: Hier war ich richtig, und die Reise hatte sich gelohnt. Ich sprach die Punkerin mit dem T-Shirt an: „Ich betrachte ihn."

„Hä?"

„‚Diesen Raum'. Ich sehe nichts Unerwartetes."

Luise, so hieß sie, argwöhnte eine unfeine Anspielung und sah mich mißtrauisch an. „Es geht um die Formel – wenn sie überhaupt je gefunden wird."

„Die Formel?"

„Ich glaube nicht mehr an einen schnellen Durchbruch, seit diese Schwachköpfe im amerikanischen Kongreß den Supraleitenden Super-Collider gestoppt haben."

„Ach, die Weltformel", sagte ich. „Die Theorien über Alles." Sie war offensichtlich Fundamentalistin; das hätte ich ahnen können.

„Spotten Sie nur", sagte sie. Ich schüttelte heftig den Kopf, und sie fuhr fort: „Ich glaube einfach, daß alles im Universum von einem fundamentalen Gesetz beherrscht wird und daß das wichtigste Ziel der Wissenschaft sein sollte, dieses Gesetz zu finden."

„Ja, aber wenn es überhaupt existiert, warum sollte es dann ein mathematisches Gesetz sein?" fragte der pickelige Knabe.

„Schon das Wort Gesetz impliziert eine Präzision, die nur in der Mathematik zu finden ist", entgegnete Luise. „Mathematik ist ja gerade das Studium von logischen Folgerungen aus einfachen, präzisen Gesetzen."

„Was genau verstehen Sie unter ‚logisch'?" wollte einer der Konstruktivisten wissen.

„Was meinen Sie mit ‚präzise'?" fragte die Fuzzologin.

Luise ließ sich nicht aus dem Konzept bringen. „Wenn wir erst einmal die Gesetze der Natur gefunden haben, können wir alles andere daraus herleiten. Statt eines unordentlichen Flickenteppichs aus näherungsweise gültigen Theorien wären wir schlicht im Besitz der Wahrheit."

„Ich glaube, Sie diskutieren auf einer falschen Ebene", warf ich ein. „Erst vor 100 Jahren haben die Mathematiker bewiesen, daß im Prinzip die gesamte Zukunft des Universums sich aus seinem gegenwärtigen Zustand ergibt. Daraus leitete sich das Bild vom Universum als Uhrwerk her und die Vorstellung, einfache Gesetze müßten zwangsläufig einfaches Verhalten erzeugen. Aber genau das stimmt ja nicht: Einfache Gesetze können extrem komplexes Verhalten zur Folge haben, und manche deterministischen Systeme sind von zufallsbestimmten nicht zu unterscheiden."

„Ach ja, das deterministische Chaos", sagte einer der Konstruktivisten, leicht angewidert. Zu Luise gewandt, fuhr ich fort: „Nehmen wir meinetwegen an, Sie hätten recht. Dann gehorcht das Universum tatsächlich einer kleinen Anzahl einfacher fundamentaler Gesetze, und wir finden diese. Verstehen wir dann die Welt besser, in der wir leben?"

„Aber selbstverständlich", antwortete Luise. „Erstens haben wir dann ein solides philosophisches Fundament für die Betrachtung der Natur. Zweitens ist alles, was in unserer alltäglichen Welt geschieht, Folge der fundamentalen Gesetze. Also erklären die Gesetze alles."

„Im Prinzip vielleicht", wandte ich ein, „aber praktisch nicht. Zum Beispiel jagen Katzen gern Mäuse. Können Sie eine Kette überzeugender logischer Schlüsse angeben, die von Ihren fundamentalen Gesetzen ausgeht und bei der Aussage endet, daß Katzen gern Mäuse jagen? Selbst wenn es eine solche Schlußkette gäbe, wären die zugehörigen Berechnungen extrem lang und vollkommen unbegreifbar."

Luise mußte widerstrebend zustimmen. Ich fuhr fort: „Jede Theorie über Alles leidet unter einem falschen Konzept von ‚Erklärung'. Eine Erklärung ist ein expliziter Beweis, der von einer Voraussetzung zu einer Schlußfolgerung führt, und nicht nur eine vage Aussage mit dem Inhalt, daß das Ergebnis irgendwie durch die Voraussetzungen erzwungen wird."

Langtons Ameise

Der Mensch mit dem Laptop erwachte aus seiner Trance. „Darf ich Ihnen allen etwas zeigen? Schauen Sie mal auf den Bildschirm.“ Ein feines Quadratgitter erschien. „Sehen Sie die Ameise?“

„Wo?“

„Im Mittelpunkt, nur unsichtbar. Aber jetzt werde ich sie in Bewegung setzen.“

Auf einen Tastendruck raste irgend etwas wie verrückt über das Gitter und hinterließ eine chaotische Spur von weiß oder schwarz gefärbten Quadraten. Nach etwa einer Minute begann es plötzlich, einen seltsam gemusterten, diagonal verlaufenden Streifen zu erzeugen, und verschwand in einer Ecke des Bildschirms (Bild 1).

„Faszinierend“, sagte Luise. „Übrigens, wie ich bereits erwähnt habe, ist die Weltformel...“

„Wenn Sie mich erklären lassen, was Sie gerade gesehen haben“, unterbrach der vergeistigte Wissenschaftler, „werden Sie mühelos erkennen, daß es von allerhöchster Relevanz für das Diskussionsthema ist.“

„Das sagen Sie immer, selbst wenn es um eine Gewinnstrategie für Schiffeversenken geht.“

„Gedulden Sie sich nur einen Moment. Ich habe Ihnen soeben Langtons Ameise vorgeführt. Erfinder dieses erstaunlich einfachen zellulären Automaten ist Chris Langton vom Santa-Fe-Institut.“

„Die Komplexitätsmafia? Aus der Wüste von New Mexico?“

„Genau. Diese Leute untersuchen globale Gesetzmäßigkeiten in komplexen Systemen. Langtons Ameise ist ein einfaches Beispiel. Anfangs sitzt sie im mittleren Quadrat und schaut in eine bestimmte Richtung – sagen wir nach Osten. Sie bewegt sich Schritt für Schritt über die Ebene, die aus lauter schwarz oder weiß gefärbten Quadraten besteht. Die Farbe des Feldes, auf dem sie gerade sitzt, bestimmt ihre nächste Aktion. Ist es schwarz, färbt die Ameise es weiß und dreht sich dann um 90 Grad nach links. Ein weißes Feld färbt sie schwarz und dreht sich um 90 Grad nach rechts. Anschließend krabbelt sie ein Feld weiter in ihrer neuen Richtung. Diese einfachen Regeln wendet sie auf ihrem neuen Feld wieder an, und so weiter.“

„Klingt nach Turing-Maschine“, sagte ein Konstruktivist.

„Ja, aber eine in zwei Raumdimensionen. Es handelt sich um eine spezielle Art Turmiten“ (Spektrum der Wissenschaft, November 1989, Seite 8). Nathan, der Laptop-Besitzer, fuhr fort: „Wenn die Ameise auf einem vollständig weißen Bildschirm startet, bildet sie zunächst ein schwarzes 2×2-Quadrat; ihr weiterer Weg ist nicht mehr einfach zu beschreiben“ (Bild 2).

„Ein überraschend komplexes Verhalten für einen derart einfachen Satz von Regeln“, bemerkte ich.

Bild 1: Nach ungefähr 10 000 chaotischen Schritten geht Langtons Ameise, ein sehr einfacher Automat mit sehr kompliziertem Verhalten, zum Autobahnbau über (links oben): In je 104 Schritten verlängert sie das Muster um 2 Felder nach links oben.

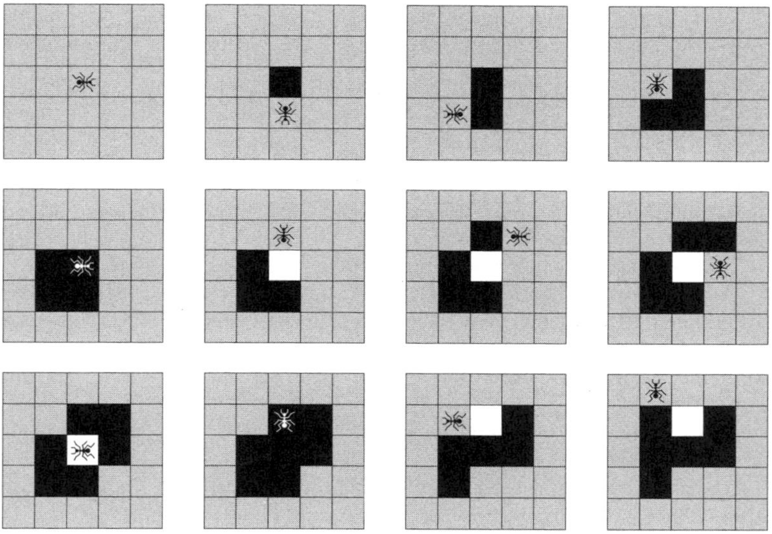

Bild 2: Die ersten zwölf Schritte von Chris Langtons Ameise auf einem anfangs vollständig weißen Bildschirm. Um die Bewegung besser zu verdeutlichen, sind weiße Quadrate, die von der Ameise bislang noch nicht besucht wurden, grau dargestellt.

„Sehen Sie, Luise, die Ameisen-Ebene ist ein eigenes kleines Universum. Und in dem sind Langtons Regeln die Theorie über Alles“, rief Nathan begeistert. „Schauen Sie sich das an. So etwa bis zum 500. Schritt kehrt das Tier immer wieder zum Mittelpunkt zurück und hinterläßt eine Folge von nahezu symmetrischen Mustern. Während der nächsten ungefähr 10 000 Schritte geht es sehr chaotisch zu. Dann plötzlich scheint es, als wüßte die Ameise endlich, was sie will: Sie baut eine Struktur auf, die ihr Entdecker James Propp vom Massachusetts Institute of Technology in Cambridge eine Autobahn nennt. Immer wieder durchläuft die Ameise eine Folge von genau 104 Schritten, jedesmal um zwei Felder in Richtung Nordwesten versetzt“ (Bild 1).

„Faszinierend“, bemerkte ich. Luises Gesichtsausdruck signalisierte Mißbilligung. „Na und?“ schien sie zu sagen.

„Das wirklich Faszinierende ist“, führte Nathan weiter aus, „daß die Ameise stets in die Phase des Autobahnbaus zu geraten scheint, sogar dann, wenn man anfangs schwarze Quadrate über das Gitternetz verstreut.“

„Das glaube ich nicht“, bemerkte einer der Konstruktivisten. „Wenn ich sie unmittelbar neben einem unendlich langen Gitterzaun aus schwarzen Quadraten mit einer geeigneten Gitterweite starten lasse…“

„Verzeihung. Endlich viele schwarze Quadrate in beliebiger Anordnung. Nur – bislang konnte niemand beweisen, daß die Ameise stets eine Autobahn baut."

„Gibt es denn überhaupt bewiesene Aussagen für den Fall endlich vieler schwarzer Quadrate?"

„Ja", antwortete Nathan. „E. G. D. Cohen und X. P. Kong von der Rockefeller-Universität in New York haben gezeigt, daß der Weg der Ameise zwangsläufig unbeschränkt ist. Sie überschreitet die Grenzen jedes endlichen Gebietes" (Kasten auf folgender Seite).

„Was hat das bloß mit der Weltformel zu tun?" fragte Luise gereizt.

„Wir kennen die Theorie über Alles für Langtons Ameise", versuchte Nathan zu erklären. „Die Regeln. Wir haben sie ja selbst festgelegt. Trotzdem kann niemand eine einfache kleine Frage beantworten: Baut die Ameise, ausgehend von einer beliebigen Umwelt mit endlich vielen schwarzen Zellen, stets eine Autobahn?"

„Also mangelt es in diesem Punkt der Theorie über Alles an Erklärungskraft?" fragte ich.

„Genau. Sie sagt alles voraus, aber erklärt nichts. Der Satz von Cohen und Kong hingegen erklärt, warum jede Ameisenspur unbeschränkt ist."

„Ich sehe einige Ungereimtheiten in Ihrer Schlußfolgerung", bemerkte Luise. „Erstens: Woher hat der Satz von Cohen und Kong seine Erklärungskraft, wenn nicht von der Theorie über Alles, aus der er folgt? Zweitens beruht Ihr Argument auf bloßer Unkenntnis. Vielleicht bringt morgen jemand einen Beweis dafür, daß Ameisen immer Autobahnen bauen – und dann haben Sie Pech gehabt."

„Das kann sein", entgegnete Nathan. „Aber ich muß Ihrem ersten Punkt widersprechen. Die Erklärung für die Unbeschränktheit der Ameisen-Bahnen kommt nicht aus der Theorie über Alles, sondern daraus, daß man die Folgerung aus dieser Theorie, nämlich den Satz von Cohen und Kong, explizit macht. Sie können Ihre Weltformel mitsamt eindeutiger Abhängigkeit von den Anfangsbedingungen herunterbeten, bis Sie schwarz werden. Davon wissen Sie immer noch nicht, ob es eine beschränkte Bahn gibt. Genauso hilft uns unsere erschöpfende Kenntnis der Theorie nicht zu entscheiden, ob Autobahnbauen das Schicksal jeder Ameise ist, bis jemand es – aus der Theorie – beweist."

„Oder widerlegt."

„Ist das nicht ein bißchen viel Philosophie für ein einzelnes ungewöhnliches Beispiel?" warf ich ein.

„Eigentlich nicht", konterte Nathan. „Langtons Ameise ist geradezu typisch für regelbasierte Systeme. Es gibt eine Vielzahl von Verallgemeinerungen, und sie bieten viele Überraschungen, aber auch Gemeinsamkeiten, was ich noch viel merkwürdiger finde. Setzen Sie spaßeshalber in Ihrem Computer eine oder

Der Satz von Cohen und Kong

Die Theorie über Alles in Chris Langtons Ameisen-Universum ist zeitumkehrbar: Aus dem gegenwärtigen Muster von Schwarz und Weiß sowie Position und Blickrichtung der Ameise ergibt sich eindeutig nicht nur die Zukunft, sondern auch die Vergangenheit. Um das einzusehen, genügt es sich zu vergewissern, daß jeder einzelne Schritt umkehrbar ist.

Angenommen, es existiere eine beschränkte Bahn. Dann können nur endlich viele Felder überhaupt ihre Farbe ändern; entsprechend kann das System nur endlich viele verschiedene Zustände annehmen. Dabei ist ein Zustand definiert als eine Kombination aus Schwarz-Weiß-Muster, Position der Ameise und ihrer Orientierung. Irgendwann muß also das System einen Zustand annehmen, den es schon einmal hatte. Von da an durchläuft es periodisch immer wieder dieselbe Folge von Zuständen. Mehr noch: Wegen der Zeitumkehrbarkeit kann man die Bewegung rückwärts verfolgen und stellt fest, daß sie von Anfang an periodisch war. Also betritt die Ameise jedes Feld, das sie überhaupt betritt, unendlich oft.

Ihre Bewegung verläuft abwechselnd horizontal und vertikal, da sich ihre Richtung bei jedem Schritt um 90 Grad ändert. Es stellt sich heraus, daß es zwei Sorten von Feldern gibt. Die einen betritt die Ameise stets in vertikaler Richtung (nennen wir sie V-Felder), die anderen (die H-Felder) in horizontaler Richtung. V- und H-Felder wechseln sich auf der Ebene ab wie schwarze und weiße Schachbrettfelder. Denn bei jedem Schritt wechselt die Ameise sowohl ihre Orientierung als auch die Feldsorte.

Man wähle nun ein Feld, das die Ameise besucht und das maximal weit rechts oben liegt in dem Sinne, daß das rechte und das obere Nachbarfeld nie besucht werden. Ein solches Feld existiert wegen der Annahme, die Bahn sei beschränkt; nennen wir es *M*. Nehmen wir an, *M* sei ein H-Feld. Dann muß es von links betreten und nach unten verlassen worden sein; also war es weiß, denn die Ameise hat eine Rechtsdrehung vollführt. Zugleich hat sie aber *M* schwarz gefärbt. Also muß sie dieses Feld bei ihrem nächsten Besuch nach oben verlassen. Dieses Feld wird aber nie besucht – so war *M* ja gerade gewählt. Ein analoger Widerspruch ergibt sich, wenn *M* eine V-Zelle ist. Damit ist die Annahme widerlegt; es gibt also keine beschränkte Bahn, was zu beweisen war.

mehrere Ameisen in ein ausgewähltes Umfeld und sehen Sie zu, was sie treiben. Sie können Regeln ändern und eine völlig andere Welt definieren – zum Beispiel Bienenwaben anstelle der Quadrate. Es gibt übrigens eine praktische Anwendung: In der statistischen Mechanik betrachtet man Anordnungen von Teilchen – statt der Ameisen –, die zu jedem gegebenen Zeitpunkt nur in einem von mehreren Zuständen existieren können" (vergleiche Spektrum der Wissenschaft, Oktober 1989, Seite 10).

Verallgemeinerte Ameisen

Nathan wußte noch mehr: „Es gibt auch außerhalb von Santa Fe Ameisenforscher: Grek Turk von der Universität Stanford in Kalifornien, Leonid A. Bunimovich vom Georgia Institute of Technology in Atlanta, Serge E. Troubetzkoy von der Universität Bielefeld, der inzwischen an der Staatsuniversität von New York in Stony Brook arbeitet, und Bernd Rümmler, der hauptberuflich Versicherungsmathematiker in Göttingen ist. Sie untersuchen verallgemeinerte Ameisen in Ebenen, deren Felder nicht nur schwarz oder weiß sein, sondern *n* verschiedene Farben annehmen können.

Die Farben sind mit 0, 1, 2, … n–1 numeriert. Wenn eine Ameise auf einem Feld steht, färbt sie es um, und zwar mit der in der Numerierung folgenden Farbe. Ein Feld mit der Farbe k erhält also die Farbe zu k+1; aus der Farbe $n-1$ wird die Farbe 0.

Außerdem ändert sie ihre Laufrichtung, und zwar nach einer Regel, die in einer Kette aus Nullen und Einsen festgelegt ist. Die Glieder der Kette sind ebenfalls von 0 bis $n-1$ numeriert. Die bisherige Farbe des Feldes, auf dem die Ameise steht, habe die Nummer k. Dann wendet sie sich nach rechts, falls das k-te Symbol eine Eins ist, sonst nach links. Sie bewegt sich dann ein Feld weiter, und der Vorgang beginnt erneut.

Langtons ursprüngliche Ameise entspricht der Regel-Kette 10.“

„Zehn?“

„Eins – null. Von der Ameise aus gesehen, ist eine Regelkette keine Zahl. Aber Sie haben die Freiheit, sie als Zahl zu interpretieren – zweckmäßig im Binärsystem. Auf diese Weise hat jede Ameise ihrerseits eine Nummer.“

„Beziehungsweise ihre Regelkette.“

„Was ungefähr dasselbe ist. Einige Ketten ergeben eine triviale Dynamik – beispielsweise läuft eine Ameise mit der Regel 11 (oder auch 111…1) ewig auf einem 2×2-Quadrat um. Aber jede Regel, die sowohl 0 als auch 1 enthält, erzeugt eine unbeschränkte Bahn. Das folgt aus einer Variante des Beweises von Cohen und Kong.“

Nathan war nicht mehr zu bremsen. „Angenommen, Sie beginnen der Einfachheit halber mit einem blanken Bildschirm – alle Quadrate sind weiß. Die Ameise 100 erzeugt anfangs Muster, die etwa so aussehen wie die von Langtons Ameise – zuerst symmetrisch, dann chaotisch. Nach 150 Millionen Schritten verhält sie sich immer noch chaotisch. Wird sie je eine Autobahn bauen? Keiner weiß das.

Bei Ameise 110 ist es einfach: Sie geht nach 150 Schritten zum Autobahnbau über, und für ein Stückchen neuer Fahrbahn braucht sie nur 18 Schritte statt 104 wie Langtons Ameise. Dagegen ist 1000 hoffnungslos chaotisch. Die Ameise 1101 beginnt chaotisch, fängt aber nach 250 000 Schritten an, eine

Autobahn zu bauen; die Zykluslänge ist 388. Ameise 1100 macht ein komplexes Muster nach dem anderen, und immer wieder ist ein bilateral symmetrisches darunter – unendlich oft" (Bild 3).

„Bor äy", sagte der Pickelige. „Und was ist mit Autobahnen?"

„Schlecht", erwiderte Nathan. „Die Ameise 1100 kommt nämlich immer wieder nach Hause zurück. Aber das ist eine andere Geschichte".

Nathan erhob die Stimme und wandte sich mit großer Geste an das Volk. „Ich fordere jeden auf, all diese Verhaltensweisen auf einfache Weise zu klassifizieren oder ausgehend von der Regel-Kette das Langzeitverhalten vorherzusagen – und wenn es nur für den Fall einer anfänglich blanken Ebene ist."

Luise warf ihm einen giftigen Blick zu. „Sie haben nicht bewiesen, daß niemand das kann."

„Stimmt", unterbrach ich. „Aber die Chancen sind schlecht. Wenn man nur geringfügig komplexere Regeln zuläßt, kommt man zum Beispiel zum ‚Spiel des Lebens' von John Horton Conway. Wie Conway selbst bewiesen hat, gibt es in diesem Spiel bestimmte Konfigurationen, die universelle Turing-Maschi-

Bild 3: Die Ameise 1100 kehrt immer wieder an ihren Ausgangspunkt zurück. In diesen Momenten ist das von ihr erzeugte Muster spiegelsymmetrisch, wie hier nach dem Schritt Numer 16 464. Farbe 0 ist weiß dargestellt, 1 mittelgrau, 2 hellgrau und 3 schwarz.

nen bilden – programmierbare Computer“ (Spektrum der Wissenschaft, Juli 1985, Seite 4).

„Ach so.“ Auf einmal wußte einer der Konstruktivisten weiter. „Wie schon Alan Turing gezeigt hat, ist das Langzeitverhalten einer Turing-Maschine unentscheidbar. Zum Beispiel ist es unmöglich, im voraus zu bestimmen, ob ein beliebiges Programm anhält oder nicht.“

„Eben“, führte ich den Gedanken weiter. „Im Spiel des Lebens entspricht dies der formalen Unentscheidbarkeit der Frage: ‚Wird diese Konfiguration unbeschränkt wachsen?‘ Hier liegt also ein Fall vor, daß wir die Theorie über Alles kennen und eine einfache Frage wissen, die auf der Basis dieser Theorie nachweislich nicht beantwortet werden kann.“

„Genau“, stimmte Nathan zu und wandte sich an Luise. „Wie kommen Sie überhaupt darauf, daß für unser Universum eine Theorie über Alles einen Erkenntnisgewinn bringen könnte?“

Da fiel ihr nur noch Fundamentalistisches ein: „Das muß man einfach glauben. Immerhin ist ja nicht ausgeschlossen, daß eine Theorie über Alles eine Frage beantwortet, dir mir gerade besonders wichtig ist.“

Literaturhinweise

Gewinnen. Strategien für mathematische Spiele, Band 4: Solitairspiele. Von Elwyn R. Berlekamp, John H. Conway und Richard K. Guy. Vieweg, Braunschweig/Wiesbaden 1985.

Mathematical Entertainments. Von David Gale in: The Mathematical Intelligencer, Band 15, Heft 2, Seiten 54 und 55, Frühjahr 1993.

Further Ant-ics: Trajectories of Generalized Ants. Von Jim Propp in: The Mathematical Intelligencer, Band 16, Heft 1, Seiten 37 bis 42, Winter 1994.

Further Travels with My Ant. Von David Gale, Jim Propp, Scott Sutherland und Serge Troubetzkoy. In: The Mathematical Intelligencer, Band 17, Heft 3, Sommer 1995.

Index

C

D

E

H

L

M

Q

R

S

U

V

W

X

Z